水利行业职业技能培训教材

# 水土保持治理工

主编　赵力毅

U0253427

黄河水利出版社

## 内 容 提 要

本书依据人力资源和社会保障部、水利部制定的《水土保持治理工国家职业技能标准》的内容要求编写。全书分为水利职业道德、基础知识和相关专业知识与操作技能等三大部分。基础知识部分介绍了水土流失及背景知识、水土流失治理及水土保持措施等。操作技能部分按初期工、中级工、高级工、技师和高级技师职业技能标准要求分级、分模块组织材料，包括水土保持调查、水土保持规划设计、水土保持施工、水土保持管护等实用内容。

本书与《水土保持治理工》试题集(光盘版)相配套使用，可供水土保持治理工职业技能培训、职业技能竞赛和职业技能鉴定业务使用。

### 图书在版编目(CIP)数据

水土保持治理工/赵力毅主编. —郑州：黄河水利出版社,2013.5
水利行业职业技能培训教材
ISBN 978 - 7 - 5509 - 0404 - 0

Ⅰ.①水… Ⅱ.①赵… Ⅲ.①水土保持 – 综合治理 – 技术培训 – 教材　Ⅳ.①S157.2

中国版本图书馆 CIP 数据核字(2012)第 319671 号

出　版　社：黄河水利出版社
　　　　　地址：河南省郑州市顺河路黄委会综合楼 14 层　　　邮政编码：450003
发行单位：黄河水利出版社
　　　　　发行部电话：0371 – 66026940、66020550、66028024、66022620(传真)
　　　　　E-mail：hhslcbs@126.com
承印单位：河南承创印务有限公司
开本：787 mm × 1 092 mm　1/16
印张：35.25
字数：814 千字　　　　　　　　　　　　　印数：1—3 000
版次：2013 年 5 月第 1 版　　　　　　　　印次：2013 年 5 月第 1 次印刷

定价：85.00 元

# 《水土保持治理工》编委会

主　　　编　赵力毅

**参加编写人员**

黄河水利委员会天水水土保持科学试验站

　　　岳新发　安乐平　苏广旭　马春林

黄河水利委员会绥德水土保持科学试验站

　　　冯光成　穆振莲　李　平

黄河水利委员会西峰水土保持科学试验站

　　　张绒君　郭　锐

黄河水利委员会黄河上中游管理局

　　　刘烜娥　胡建军　程　鲲

黄河水利委员会河南水文水资源局

　　　曲耀宗

黄河水利职业技术学院

　　　王卫东　赵兴安

黑龙江省水土保持科学研究所

　　　温　是　解运杰

河北省水土保持工作总站

　　　周庆华

水利部精神文明建设指导委员会办公室

　　　袁建军　王卫国　刘千程

# 前 言

为了适应水利改革发展的需要,进一步提高水利行业从业人员的技能水平,根据 2009 年以来人力资源和社会保障部、水利部颁布的河道修防工等水利行业特有工种的国家职业技能标准,水利部组织编写了相应工种的职业技能培训教材及试题集。

各工种职业技能培训教材的内容包括职业道德,基础知识,初级工、中级工、高级工、技师、高级技师的理论知识和操作技能,还包括该工种的国家职业技能标准和职业技能鉴定理论知识模拟试卷两套。随书赠送试题集光盘。

本套教材和试题集具有专业性、权威性、科学性、整体性、实用性和稳定性,可供水利行业相关工种从业人员进行职业技能培训和鉴定使用,也可作为相关工种职业技能竞赛的重要参考。

本次教材编写的技术规范或规定均采用最新的标准,涉及的个别计量单位虽属非法定计量单位,但考虑到这些计量单位与有关规定、标准的一致性和实际使用的现状,本次出版时暂行保留,在今后修订时再予以改正。

编写全国水利行业职业技能培训教材及试题集,是水利人才培养的一项重要工作。由于时间紧,任务重,不足之处在所难免,希望大家在使用过程中多提宝贵意见,使其日臻完善,并发挥重要作用。

水利行业职业技能培训教材及试题集
编审委员会
2011 年 12 月

# 编写说明

水土保持治理工职业技能培训教材是依据人力资源和社会保障部、水利部制定的《水土保持治理工国家职业技能标准》编写的,有以下几个特点:

(1)在内容上,以实用性和可操作性为原则,体现理论对操作的指导作用和专业知识为生产服务的指导思想,突出技能培训特点,技能操作篇幅大体占整本教材的60%左右。

(2)在结构上,除对各个级别有共同要求的"基础知识"外,针对水土保持治理工职业活动领域,将相关专业知识和操作技能按照模块化的方式,分初级工、中级工、高级工、技师、高级技师5个等级进行编写。教材的模块级对应于相应工种职业标准的"职业功能",章级对应于职业标准的"工作内容",节级对应于职业标准的"技能要求"和"相关知识"确定,其下各层次中有机融合了"技能要求"和"相关知识"的内容进行阐述。

(3)在各等级的衔接上突出"知识递进,技能递增",高级别不再讲授低级别已讲内容。

(4)本教材及试题集采用了最新国家标准和行业规范、法定计量单位和最新名词、术语;采用反映最新的成熟的技术、工艺、材料,统计数据或资料引用近3年内的数据或成果。为了便于理解,如习惯或习俗上比较通用的有些技术、概念的称谓,也予以保留。

水土保持治理工职业技能培训教材分别介绍了水土保持治理工初级工、中级工、高级工、技师、高级技师等5个级别职业技能考核鉴定的知识和技能。内容包括水利职业道德、基础知识和各级别理论知识与操作技能模块部分三方面的内容。"基础知识"包括水土流失及背景知识,水土流失治理及水土保持措施基本知识,水土保持调查,水土保持前期工作,水土保持工程施工,测量、采样基本知识,识图知识,水土保持管护知识,相关法律、法规、标准知识等9部分;每个级别分开编写的操作技能模块部分包括水土保持调查、水土保持规划设计、水土保持施工、水土保持管护、培训指导与管理等。

《水土保持治理工》试题集是为与水土保持治理工职业技能培训教材配套使用而编写的。试题内容紧扣教材,根据职业技能鉴定试题库要求编写。按初级工、中级工、高级工、技师、高级技师5个等级分开编写,高级别不再涵盖低级别已要求的题目。分理论试题和操作技能试题两大部分。理论试题类型有单选题、多选题、判断题、简答题、综合题,按不同题型附有答案或答题要点,并附有以高级工和技师为例的模拟试卷;操作技能试题包括准备要求、考核要求和配分评分标准。《水土保持治理工》试题集以电子光盘形式,作为水土保持治理工职业技能培训教材附录同时发行。

本书主编为赵力毅,主审为张长印。参编人员及其分工如下:

水利职业道德:袁建军、王卫国、刘千程;

基础知识:水土流失及背景知识(赵力毅),水土流失治理及水土保持措施基本知识(王卫东、赵兴安、岳新发),水土保持调查(张绒君、赵力毅、苏广旭、郭锐、曲耀宗),水土保持前期工作(温是、解运杰、胡建军),水土保持工程施工(赵力毅、王卫东、冯光成、赵兴安、岳新发、安乐平、马春林),测量、采样基本知识(赵兴安、张绒君、苏广旭、曲耀宗),识图知识(赵力毅、温是、解运杰、刘烜娥、程鲲),水土保持管护知识(王卫东、赵兴安),相关法律、法规、标准知识(周庆华、岳新发、赵力毅);

各级别相关专业知识和操作技能模块:水土保持调查(张绒君、赵力毅、刘烜娥、曲耀宗、郭锐),水土保持规划设计(温是、解运杰、胡建军、刘烜娥、程鲲),水土保持施工(赵力毅、王卫东、冯光成、赵兴安、岳新发、刘烜娥、马春林、安乐平、穆振莲、李平),水土保持管护(张绒君、赵兴安、胡建军、郭锐),培训指导与管理(岳新发、赵力毅、周庆华)。

上述参编人员同时承担了试题集各部分的编写。袁宝琴、雷鸣参与了本书图、表的编制和文字校对。

本书的编写得到人力资源和社会保障部鉴定中心,水利部人事司,水利部人才资源开发中心,水利部水保司,水利部水土保持监测中心,黄河水利委员会人事劳动教育局,黄河水利委员会黄河上中游管理局,长江水利委员会水土保持局,黄河水利委员会天水、西峰、绥德水土保持科学试验站,黑龙江省水土保持科学研究所,河北省水土保持工作总站,黄河水利职业技术学院,黄河水利出版社等单位的大力支持。水利部水土保持监测中心副主任、教授级高级工程师张长印对全书进行了认真审阅;国际泥沙研究培训中心副主任、教授级高级工程师宁堆虎对本书的编写提出了宝贵的修改意见和建议;水利部人才资源开发中心副主任史明瑾、副处长张榕红等提出了许多重要的指导意见。先后参加本书编写大纲及书稿审查的人员还有侯京民、陈楚、孙晶辉、童志明、乔殿新、姚春生、骆莉、崔洁、吕洪予、李明、胡玉法、陈冬奕、贾立海、岳德军等。在此表示诚挚的感谢!

限于编者水平,疏漏之处在所难免,敬请读者批评指正。

**编 者**

2013 年 3 月

# 目　录

## 第3篇　操作技能——初级工

## 第4篇　操作技能——中级工

## 第5篇　操作技能——高级工

# 第6篇　操作技能——技　师

# 第7篇　操作技能——高级技师

# 第1篇　水利职业道德

# 第 1 章　水利职业道德概述

## 1.1　水利职业道德的概念

道德是一种社会意识形态,是人们共同生活及行为的准则与规范,道德往往代表着社会的正面价值取向,起判断行为正当与否的作用。

职业道德,就是同人们的职业活动紧密联系的符合职业特点所要求的道德准则、道德情操与道德品质的总和,它既是对本职人员在职业活动中行为的要求,又是职业对社会所负的道德责任与义务。

水利职业道德是水利工作者在自己特定的职业活动中应当自觉遵守的行为规范的总和,是社会主义道德在水利职业活动中的体现。水利工作者在履行职责过程中必然产生相应的人际关系、利益分配、规章制度和思想行为。水利职业道德就是水利工作者从事职业活动时,调整和处理与他人、与社会、与集体、与工作关系的行为规范或行为准则。水利职业道德作为意识形态,是世界观、人生观、价值观的集中体现,是水利人的共同的理想信念、精神支柱和内在力量,表现为价值判断、价值选择、价值实现的共同追求,直接支配和约束人们的思想行为,具体界定着每个水利人什么是对的,什么是错的,什么是应该做的,什么是不应该做的。

## 1.2　水利职业道德的主要特点

(1)贯彻了社会主义职业道德的普遍性要求。水利职业道德是体现水利行业的职业责任、职业特点的道德。水利职业道德作为一个行业的职业道德,是社会主义职业道德体系中的组成部分,从属和服务于社会主义职业道德。社会主义职业道德对全社会劳动者有着共同的普遍性要求,如全心全意为人民服务、热爱本职工作、刻苦钻研业务、团结协作等,都是水利职业道德必须贯彻和遵循的基本要求。水利职业道德是社会主义职业道德基本要求在水利行业的具体化,社会主义职业道德基本要求与水利职业道德的关系是共性和个性、一般和特殊的关系。

(2)紧紧扣住了水利行业自身的基本特点。水利行业与其他行业相比有着显著的特点,这决定了水利职业道德具有很强的行业特色。这些行业特色主要有:一是水利工程建设量大,投资多,工期长,要求水利工作者必须热爱水利,具有很强的大局意识和责任意识。二是水利工程具有长期使用价值,要求水利工作者必须树立"百年大计、质量第一"的职业道德观念。三是工作流动性大,条件艰苦,要求水利工作者必须把艰苦奋斗、奉献社会作为自己的职业道德信念和行为准则。四是水利科学是一门复杂的、综合性很强的自然科学,要求水利工作者必须尊重科学、尊重事实、尊重客观规律、树立科学求实的精神。五是水利工作是一项需要很多部门和单位互相配合、密切协作才能完成的系统工程，要求水利工作者必须具有良好的组织性、纪律性和自觉遵纪守法的道德品质。

（3）继承了传统水利职业道德的精华。水利职业道德是在治水斗争实践中产生，随着治水斗争的发展而发展的。早在大禹治水时，就留下了他忠于职守，公而忘私，三过家门不入，为民治水的高尚精神。李冰父子不畏艰险、不怕牺牲、不怕挫折和诬陷，一心为民造福，终于建成了举世闻名的都江堰分洪灌溉工程，至今仍发挥着巨大的社会效益和经济效益。新中国成立以来，随着水利事业的飞速发展，水利职业道德也进入了一个崭新的发展阶段。在三峡水利枢纽工程、南水北调工程、小浪底水利枢纽工程等具有代表性的水利工程建设中，新中国水利工作者以国家主人翁的姿态自觉为民造福而奋斗，发扬求真务实的科学精神，顽强拼搏、勇于创新、团结协作，成功解决了工程量和技术上的一系列世界性难题，并涌现出许多英雄模范人物，创造出无数动人的事迹，表现出新中国水利工作者高尚的职业道德情操，极大地丰富和发展了中国传统水利职业道德的内容。

# 1.3　水利职业道德建设的重要性和紧迫性

一是发展社会主义市场经济的迫切需要。建设社会主义市场经济体制，是我国经济振兴和社会进步的必由之路，是一项前无古人的伟大创举。这种经济体制，不仅同社会主义基本经济制度结合在一起，而且同社会主义精神文明结合在一起。市场经济体制的建立，要求水利工作者在社会化分工和专业化程度日益增强、市场竞争日趋激烈的条件下，必须明确自己职业所承担的社会职能、社会责任、价值标准和行为规范，并要严格遵守，这是建立和维护社会秩序、按市场经济体制运转的必要条件。

二是推进社会主义精神文明建设的迫切需要。《公民道德建设实施纲要》指出：党的十一届三中全会特别是十四大以来，随着改革开放和现代化事业的发展，社会主义精神文明建设呈现出积极向上的良好态势，公民道德建设迈出了新的步伐。但与此同时，也存在不少问题。社会的一些领域和一些地方道德失范，是非、善恶、美丑界限混淆，拜金主义、享乐主义、极端个人主义有所滋长，见利忘义、损公肥私行为时有发生，不讲信用、欺诈欺骗成为公害，以权谋私、腐化堕落现象严重。特别是党的十七届六中全会关于推动社会主义文化大发展大繁荣的决定明确指出"精神空虚不是社会主义"。思想道德作为文化建设的重要内容，必须加强包括水利职业道德建设在内的全社会道德建设。

三是加强水利干部职工队伍建设的迫切需要。2011年，中央1号文件和中央水利工作会议吹响了加快水利改革发展新跨越的进军号角。全面贯彻落实中央关于水利的决策部署，抓住这一重大历史机遇，探索中国特色水利现代化道路，掀起治水兴水新高潮，迫切要求水利工作要为社会经济发展和人民生活提供可靠的水资源保障和优质服务。这就对水利干部职工队伍的全面素质提出了新的更高的要求。水利职业道德作为思想政治建设的重要组成部分和有效途径，必须深入贯彻落实党的十七大精神和《公民道德建设实施纲要》，紧紧围绕水利中心工作，以促进水利干部职工的全面发展为目标，充分发挥职业道德在提高干部职工的思想政治素质上的导向、判断、约束、鞭策和激励功能，为水利改革发展实现新跨越提供强有力的精神动力和思想保障。

　　四是树立行业新风、促进社会风气好转的迫切需要。职业活动是人生中一项主要内容,人生价值、人的创造力以及对社会的贡献主要是通过职业活动实现的。职业岗位是培养人的最好场所,也是展现人格的最佳舞台。如果每个水利工作者都能注重自己的职业道德品质修养,就有利于在全行业形成五讲、四美、三热爱的行业新风,在全社会树立起水利行业的良好形象。同时,高尚的水利职业道德情怀能外化为职业行为,传递感染水利工作的服务对象和其他人员,有助于形成良好的社会氛围,带动全社会道德风气的好转。

# 1.4　水利职业道德建设的基本原则

　　(1)必须以科学发展观为统领。通过水利职业道德进一步加强职业观念、职业态度、职业技能、职业纪律、职业作风、职业责任、职业操守等方面的教育和实践,引导广大干部职工树立以人为本的职业道德宗旨、筑牢全面发展的职业道德理念、遵循诚实守信的职业道德操守,形成修身立德、建功立业的行为准则,全面提升水利职业道德建设的水平。

　　(2)必须以社会主义价值体系建设为根本。坚持不懈地用马克思主义中国化的最新理论成果武装水利干部职工头脑,用中国特色社会主义共同理想凝聚力量,用以爱国主义为核心的民族精神和以改革创新为核心的时代精神鼓舞斗志,用社会主义荣辱观引领风尚。把社会主义核心价值体系的基本要求贯彻到水利职业道德中,使广大水利干部职工随时都能受到社会主义核心价值的感染和熏陶,并内化为价值观念,外化为自觉行动。

　　(3)必须以社会主义荣辱观为导向。水利是国民经济和社会发展的重要基础设施,社会公益性强、影响涉及面广、与人民群众的生产生活息息相关。水利职业道德要积极引导广大干部职工践行社会主义荣辱观,树立正确的世界观、人生观和价值观,知荣辱、明是非、辨善恶、识美丑,加强道德修养,不断提高自身的社会公德、职业道德、家庭美德水平,筑牢思想道德防线。

　　(4)必须以和谐文化建设为支撑。要充分发挥和谐文化的思想导向作用,积极引导广大干部职工树立和谐理念,培育和谐精神,培养和谐心理。用和谐方式正确处理人际关系和各种矛盾;用和谐理念塑造自尊自信、理性平和、积极向上的心态;用和谐精神陶冶情操、鼓舞人心、相互协作;成为广大水利干部职工奋发有为、团结奋斗的精神纽带。

　　(5)必须弘扬和践行水利行业精神。"献身、负责、求实"的水利行业精神,是新时期推进现代水利、可持续发展水利宝贵的精神财富。水利职业道德要成为弘扬和践行水利行业精神的有效途径和载体,进一步增强广大干部职工的价值判断力、思想凝聚力和改革攻坚力,鼓舞和激励广大水利干部职工献身水利、勤奋工作、求实创新,为水利事业又好又快的发展,提供强大的精神动力和力量源泉。

# 第 2 章　　水利职业道德的具体要求

## 2.1　爱岗敬业，奉献社会

　　爱岗敬业是水利职业道德的基础和核心，是社会主义职业道德倡导的首要规范，也是水利工作者最基本、最主要的道德规范。爱岗就是热爱本职工作，安心本职工作，是合格劳动者必须具备的基础条件。敬业是对职业工作高度负责和一丝不苟，是爱岗的提高完善和更高的道德追求。爱岗与敬业相辅相成，密不可分。一个水利工作者只有爱岗敬业，才能建立起高度的职业责任心，切实担负起职业岗位赋予的责任和义务，做到忠于职守。

　　按通俗的说法，爱岗是干一行爱一行。爱是一种情感，一个人只有热爱自己从事的工作，才会有工作的事业心和责任感；才能主动、勤奋、刻苦地学习本职工作所需要的各种知识和技能，提高从事本职工作的本领；才能满腔热情、朝气蓬勃地做好每一项属于自己的工作；才能在工作中焕发出极大的进取心，产生出源源不断的开拓创新动力；才能全身心地投入到本职工作中去，积极主动地完成各项工作任务。

　　敬业是始终对本职工作保持积极主动、尽心尽责的态度。一个人只有充分理解了自己从事工作的意义、责任和作用，才会认识本职工作的价值，从职业行为中找到人生的意义和乐趣，对本职工作表现出真诚的尊重和敬意。自觉地遵照职业行为的要求，兢兢业业、扎扎实实、一丝不苟地对待职业活动中的每一个环节和细节，认真负责地做好每项工作。

　　奉献社会是社会主义职业道德的最高要求，是为人民服务和集体主义精神的最好体现。奉献社会的实质是奉献。水利是一项社会性很强的公益事业，与生产生活乃至人民生命财产安全息息相关。一个水利工作者必须树立全心全意为人民服务、为社会服务的思想，把人民和国家利益看得高于一切，才能在急、难、险、重的工作任务面前淡泊名利、顽强拼搏、先公后私、先人后己，以至在关键时刻能够牺牲个人的利益去维护人民和国家的利益。

　　张宇仙是四川省内江市水文水资源勘测局登瀛岩水文站职工。她以对事业的执着和忠诚、爱岗敬业的可贵品质、舍小家顾大家的高尚风范，获得了社会各界的广泛赞誉。1981 年，石堤埝水文站发生了有记录以来的特大洪水，张宇仙用一根绳子捆在腰上，站在洪水急流中观测水位。1984 年，她生小孩的前一天还在岗位上加班。1998 年，长江发生百年不遇的特大洪水，其一级支流沱江水位猛涨，这时张宇仙的丈夫病危，家人要她回去，然而张宇仙舍小家顾大家，一连五个昼夜，她始终坚守在水情观测第一线，收集洪水资料 156 份，准确传递水情 18 份，回答沿江垂询电话 200 余次，为减小洪灾损失作出了重要贡献。当洪水退去，她赶回丈夫身边时，丈夫已不能说话，两天后便去世了。她上有八旬婆母,下有未成年的孩子,面对丈夫去世后沉重的家庭负担,张宇仙依然坚守岗位,依然如故地孝敬婆母,依然一次次毅然选择了把困难留给自己,把改善工作环境的机会让给他人。她以自己的实际行动表达了对党、对人民、对祖国水利事业的热爱和忠诚,获得了人们的高度赞扬,被授予"全国五一劳动奖章"、"全国抗洪模范"、"全国水文标兵"等光荣称号。

曹述军是湖南郴州市桂阳县樟市镇水管站职工。他在 2008 年抗冰救灾斗争中,视灾情为命令,舍小家为大家,舍生命为人民,主动请缨担任架线施工、恢复供电的负责人。为了让乡亲们过上一个欢乐祥和的春节,他不辞劳苦、不顾危险,连续奋战十多个昼夜,带领抢修队员紧急抢修被损坏的供电线路和基础设施。由于体力严重透支,不幸从 12 m 高的电杆上摔下,英勇地献出了自己宝贵的生命。他用自己的实际行动生动地诠释了"献身、负责、求实"的行业精神,展现了崇高的道德追求和精神境界,被追授予"全国五一劳动奖章"和"全国抗冰救灾优秀共产党员"等光荣称号。

## 2.2　崇尚科学,实事求是

崇尚科学,实事求是,是指水利工作者要具有坚持真理的求实精神和脚踏实地的工作作风。这是水利工作者必须遵循的一条道德准则。水利属于自然科学,自然科学是关于自然界规律性的知识体系以及对这些规律探索过程的学问。水利工作是改造江河,造福人民,功在当代,利在千秋的伟大事业。水利工作的科学性、复杂性、系统性和公益性决定了水利工作者必须坚持科学认真、求实务实的态度。

崇尚科学,就是要求水利工作者要树立科学治水的思想,尊重客观规律,按客观规律办事。一要正确地认识自然,努力了解自然界的客观规律,学习掌握水利科学技术。二要严格按照客观规律办事,对每项工作、每个环节都持有高度科学负责的精神,严肃认真,精益求精,决不可主观臆断,草率马虎。否则,就会造成重大浪费,甚至造成灾难,给人民的生命财产造成巨大损失。

实事求是,就是一切从实际出发,按客观规律办事,不能凭主观臆断和个人好恶观察和处理问题。要求水利工作者必须树立求真务实的精神。一要深入实际,深入基层,深入群众,了解、掌握实际情况,研究解决实际问题。二要脚踏实地,干实事,求实效,不图虚名,不搞形式主义,决不弄虚作假。

中国工程勘察大师崔政权,生前曾任水利部科技委员、原长江水利委员会综合勘测局总工程师。他一生热爱祖国、热爱长江、热爱三峡人民,把自己的毕生精力和聪明才智都献给了伟大的治江事业。他一生坚持学习,呕心沥血,以惊人的毅力不断充实自己的知识和理论体系,勇攀科技高峰。为了贯彻落实党中央、国务院关于三峡移民建设的决策部署,给库区移民寻找一个安稳的家园,保障三峡工程的顺利实施,他不辞劳苦,深入库区,跑遍了周边的山山水水,解决了移民搬迁区一个个地质难题,避免了多次重大滑坡险情造成的损失。他坚持真理,科学严谨,求真务实,敢于负责,鞠躬尽瘁,充分体现了一名水利工作者的高尚情怀和共产党员的优秀品质。

## 2.3　艰苦奋斗,自强不息

　　艰苦奋斗是指在艰苦困难的条件下,奋发努力,斗志昂扬地为实现自己的理想和事业而奋斗。自强不息是指自觉地努力向上,发愤图强,永不松懈。两者联系起来是指一种思想境界、一种精神状态、一种工作作风,其核心是艰苦奋斗。艰苦奋斗是党的优良传统,也是水利工作者常年在野外工作,栉风沐雨,风餐露宿,在工作和生活工作条件艰苦的情况下,磨炼和培养出来的崇高品质。不论过去、现在、将来,艰苦奋斗都是水利工作者必须坚持和弘扬的一条职业道德标准。

　　早在新中国成立前夕,毛主席就告诫全党:务必使同志们继续保持谦虚、谨慎、不骄、不躁的作风,务必使同志们继续保持艰苦奋斗的作风。新中国成立后又讲:社会主义的建立给我们开辟了一条到达理想境界的道路,而理想境界的实现,还要靠我们的辛勤劳动。邓小平在谈到改革中出现的失误时说:最重要的一条是,在经济得到了可喜发展、人民生活水平得到改善的情况下,没有告诉人民,包括共产党员在内应保持艰苦奋斗的传统。当前,社会上一些讲排场、摆阔气,用公款大吃大喝,不计成本、不讲效益的现象与我国的国情和艰苦奋斗的光荣传统是格格不入和背道而驰的。在思想开放、理念更新、生活多样化的时代,水利工作者必须继续发扬艰苦奋斗的光荣传统,继续在工作生活条件相对较差的条件下,把艰苦奋斗作为一种高尚的精神追求和道德标准严格要求自己,奋发努力,顽强拼搏,斗志昂扬地投入到各项工作中去,积极为水利改革和发展事业建功立业。

　　"全国五一劳动奖章"获得者谢会贵,是水利部黄河水利委员会玛多水文巡测分队的一名普通水文勘测工。自1978年参加工作以来,情系水文、理想坚定,克服常人难以想象和忍受的困难,三十年如一日,扎根高寒缺氧、人迹罕见的黄河源头,无怨无悔、默默无闻地在平凡的岗位上做出了不平凡的业绩,充分体现了特别能吃苦、特别能忍耐、特别能奉献的崇高精神,是水利职工继承发扬艰苦奋斗优良传统的突出代表。

## 2.4　勤奋学习,钻研业务

　　勤奋学习,钻研业务,是提高水利工作者从事职业岗位工作应具有的知识文化水平和业务能力的途径。它是从事职业工作的重要条件,是实现职业理想、追求高尚职业道德的具体内容。一个水利工作者通过勤奋学习,钻研业务,具备了为社会、为人民服务的本领,就能在本职岗位上更好地履行自己对社会应尽的道德责任和义务。因此,勤奋学习,钻研业务是水利职业道德的重要内容。

　　科学技术知识和业务能力是水利工作者从事职业活动的必备条件。随着科学技术的飞速发展和社会主义市场经济体制的建立,对各个职业岗位的科学技术知识和业务能力水平的要求越来越高,越来越精。水利工作者要适应形势发展的需要,跟上时代前进的步伐,就要勤奋学习,刻苦钻研,不断提高与自己本职工作有关的科学文化和业务知识水平;就要积极参加各种岗位培训,更新观念,学习掌握新知识、新技能,学习借鉴他人包括国外的先进经验;就要学用结合,把学到的新理论知识与自己的工作实践紧密结合起来,干中学,学中干,用所学的理论指导自己的工作实践;就要有敢为人先的开拓创新精神,打破因循守旧的偏见,永远不满足工作的现状,不仅敢于超越别人,还要不断地超越自己。这样才能在自己的职业岗位上不断有所发现、有所创新,有所前进。

刘孟会是水利部黄河水利委员会河南河务局台前县黄河河务局一名河道修防工。他参加治黄工作 26 年来,始终坚持自学,刻苦研究防汛抢险技术,在历次防汛抢险斗争中都起到了关键性作用。特别是在抗御黄河"96·8"洪水斗争中,他果断采取了超常规的办法,大胆指挥,一鼓作气将口门堵复,消除了黄河改道的危险,避免了滩区 6.3 万亩(1 亩 = 1/15 hm$^2$)耕地被毁,保护了 113 个行政村 7.2 万人的生命财产安全,挽回经济损失 1 亿多元。多年的勤奋学习,钻研业务,使他积累了丰富的治理黄河经验,并将实践经验上升为水利创新技术,逐步成长为河道修防的高级技师,并在黄河治理开发、技术人才培训中发挥了显著作用,创造了良好的社会效益和经济效益。荣获了"全国水利技能大奖"和"全国技术能手"的光荣称号。

湖南永州市道县水文勘测队的何江波同志恪守职业道德,立足本职,刻苦钻研业务,不断提升技能技艺,奉献社会,在一个普通水文勘测工的岗位上先后荣获了"全国五一劳动奖章"、"全国技术能手"、"中华技能大奖"等一系列荣誉,并逐步成长为一名干部,被选为代表光荣地参加了党的十七大。

## 2.5　遵纪守法,严于律己

遵纪守法是每个公民应尽的社会责任和道德义务,是保持社会和谐安宁的重要条件。在社会主义民主政治的条件下,从国家的根本大法到水利基层单位的规章制度,都是为维护人民的共同利益而制定的。社会主义荣辱观中明确提出要"以遵纪守法为荣,以违法乱纪为耻",就是从道德观念的层面对全社会提出的要求,当然也是水利职业道德的重要内容。

水利工作者在职业活动中,遵纪守法更多体现为自觉地遵守职业纪律,严格按照职业活动的各项规章制度办事。职业纪律具有法规强制性和道德自控性。一方面,职业纪律以强制手段禁止某些行为,靠专门的机构来检查和执行。另一方面,职业道德用榜样的力量来倡导某些行为,靠社会舆论和职工内心的信念力量来实现。因此,一个水利工作者遵纪守法主要靠本人的道德自律、严于律己来实现。一要认真学习法律知识,增强民主法治观念,自觉依法办事,依法律己,同时懂得依法维护自身的合法权益,勇于与各种违法乱纪行为作斗争。二要严格遵守各项规章制度,以主人翁的态度安心本职工作,服从工作分配,听从指挥,高质量、高效率地完成岗位职责所赋予的各项任务。

优秀共产党员汪洋湖一生把全心全意为人民群众谋利益作为心中最炽热的追求。在他担任吉林省水利厅厅长时发生的两件事,真实生动地反映了一个领导干部带头遵纪守法、严格要求自己的高尚情怀。他在水利厅明确规定:凡水利工程建设项目,全部实行招标投标制,并与厅班子成员"约法三章":不取非分之钱,不上人情工程,不搞暗箱操作。1999 年,汪洋湖过去的一个老上级来水利厅要工程,没料想汪洋湖温和而又毫不含糊地对他说:你想要工程就去投标,中上标,活儿自然是你的,中不上标,我也不能给你。这是规矩。他掏钱请老上级吃了一顿午饭,把他送走了。女儿的丈夫家是搞建筑的,小两口商量想搞点工程建设。可是谁也没想到,小两口在每年经手 20 亿元水利工程资金的父亲那里,硬是没有拿到过一分钱的活。

## 2.6　顾全大局,团结协作

顾全大局,团结协作,是水利工作者处理各种工作关系的行为准则和基本要求,是确保水利工作者做好各项工作、始终保持昂扬向上的精神状态和创造一流工作业绩的重要前提。

大局就是全局,是国家的长远利益和人民的根本利益。顾全大局就是要增强全局观念,坚持以大局为重,正确处理好国家、集体和个人的利益关系,个人利益要服从国家利益、集体利益,局部利益要服从全局利益,眼前利益要服从长远利益。

团结才能凝聚智慧,产生力量。团结协作,就是把各种力量组织起来,心往一处想,劲往一处使,拧成一股绳,把意志和力量都统一到实现党和国家对水利工作的总体要求和工作部署上来,战胜各种困难,齐心协力搞好水利建设。

水利工作是一项系统工程,要统筹考虑和科学安排水资源的开发与保护、兴利与除害、供水与发电、防洪与排涝、国家与地方、局部与全局、个人与集体的关系,江河的治理要上下游、左右岸、主支流、行蓄洪配套进行。因此,水利工作者无论从事何种工作,无论职位高低,都一定要做到:一是牢固树立大局观念,破除本位主义,必要时牺牲局部利益,保全大局利益。二是大力践行社会主义荣辱观,以团结互助为荣,以损人利己为耻。要团结同事,相互尊重,互相帮助,各司其职,密切协作,工作中虽有分工,但不各行其是,要发挥各自所长,形成整体合力。三是顾全大局、团结协作,不能光喊口号,要身体力行,要紧紧围绕水利工作大局,做好自己职责范围内的每一项工作。只有增强大局意识、团结共事意识,甘于奉献,精诚合作,水利干部职工才能凝聚成一支政治坚定、作风顽强、能打硬仗的队伍,我们的事业才能继往开来,取得更大的胜利。

1991 年,淮河流域发生特大洪水,在不到 2 个月的时间里,洪水无情地侵袭了 179 个地(市)、县,先后出现了大面积的内涝,洪峰严重威胁淮河南岸城市、工矿企业和铁路的安全,将要淹没 1 500 亩耕地,涉及 1 000 万人。国家防汛抗旱总指挥部下令启用蒙洼等三个蓄洪区和邱家湖等 14 个行洪区分洪。这样做要淹没 148 万亩耕地,涉及 81 万人。行洪区内的人民以国家大局为重,牺牲局部,连夜搬迁,为开闸泄洪赢得了宝贵的时间,为夺取抗洪斗争的胜利作出了重大贡献,成为了顾全大局、团结治水的典型范例。

## 2.7　注重质量,确保安全

注重质量,确保安全,是国家对社会主义现代化建设的基本要求,是广大人民群众的殷切希望,是水利工作者履行职业岗位职责和义务必须遵循的道德行为准则。

注重质量,是指水利工作者必须强化质量意识,牢固树立"百年大计,质量第一"的思想,坚持"以质量求信誉,以质量求效益,以质量求生存,以质量求发展"的方针,真正做到把每项水利工程建设好、管理好、使用好,充分发挥水利工程的社会经济效益,为国家建设和人民生活服务。

确保安全,是指水利工作者必须提高认识,增强安全防范意识。树立"安全第一,预防为主"的思想,做到警钟长鸣,居安思危,长备不懈,确保江河度汛、设施设备和人员自身的安全。

注重质量,确保安全,对水利工作具有特别重要的意义。水利工程是我国国民经济发展的基础设施和战略重点,国家每年都要出巨资用于水利建设。大中型水利工程的质量和安全问题直接关系到能否为社会经济发展提供可靠的水资源保障,直接关系到千百万人的生产生活甚至生命财产安全。这就要求水利工作者必须做到:一是树立质量法制观念,认真学习和严格遵守国家、水利行业制定的有关质量的法律、法规、条例、技术标准和规章制度,每个流程、每个环节、每件产品都要认真贯彻执行,严把质量关。二是积极学习和引进先进科学技术和先进的管理办法,淘汰落后的工艺技术和管理办法,依靠科技进步提高质量。三是居安思危,预防为主。克服麻痹思想和侥幸心理,各项工作都要像防汛工作那样,立足于抗大洪水,从最坏处准备,往最好处努力,建立健全各种确保安全的预案和制度,落实应急措施。四是爱护国家财产,把行使本职岗位职责的水利设施设备像爱护自己的眼睛一样进行维护保养,确保设施设备的完好和可用。五是重视安全生产,确保人身安全。坚守工作岗位,尽职尽责,严格遵守安全法规、条例和操作规程,自觉做到不违章指挥、不违章作业、不违反劳动纪律、不伤害别人、不伤害自己、不被别人伤害。

长江三峡工程建设监理部把工程施工质量放在首位,严把质量关。仅 1996 年就发出违规警告 50 多次,停工、返工令 92 次,停工整顿 4 起,清理不合格施工队伍 3 个,核减不合理施工申报款 4.7 亿元,为这一举世瞩目的工程胜利建成作出了重要贡献。

# 第3章　职工水利职业道德培养的主要途径

## 3.1　积极参加水利职业道德教育

水利职业道德教育是为培养水利改革和发展事业需要的职业道德人格,依据水利职业道德规范,有目的、有计划、有组织地对水利工作者施加道德影响的活动。

任何一个人的职业道德品质都不是生来就有的,而是通过职业道德教育,不断提高对职业道德的认识后逐渐形成的。一个从业者走上水利工作岗位后,他对水利职业道德的认识是模糊的,只有经过系统的职业道德教育,并通过工作实践,对职业道德有了一个比较深层次的认识后,才能将职业道德意识转化为自己的行为习惯,自觉地按照职业道德规范的要求进行职业活动。

水利职业道德教育,要以为人民服务,树立正确的世界观、人生观、价值观教育为核心,大力弘扬艰苦奋斗的光荣传统;以实施水利职业道德规范,明确本职岗位对社会应尽的责任和义务为切入点,抓住人民群众对水利工作的期盼和关心的热点、难点问题;以与群众的切身利益密切相关,接触群众最多的服务性部门和单位为窗口,把职业道德教育与遵纪守法教育结合起来,与科学文化和业务技能教育结合起来,采取丰富多彩、灵活多样、群众喜闻乐见的形式,开展教育活动。

每个水利工作者要积极参加职业道德教育,才能不断深化对水利职业道德的认识,增强职业道德修养和职业道德实践的自觉性,不断提高自身的职业道德水平。

## 3.2　自觉进行水利职业道德修养

水利职业道德修养是指水利工作者在职业活动中,自觉根据水利职业道德规范的要求,进行自我教育、自我陶冶、自我改造和自我锻炼,提高自我道德情操的活动,以及由此形成的道德境界,是水利工作者提高自身职业道德水平的重要途径。

职业道德修养不同于职业道德教育,具有主体和对象的统一性,即水利工作者个体就是这个主体和对象的统一体。这就决定了职业道德修养是主观自觉的道德活动,决定了职业道德修养是一个从认识到实践、再认识到再实践,不断追求、不断完善的过程。这一过程将外在的道德要求转化为内在的道德信念,又将内在的道德信念转化为实际的职业行为,是每个水利工作者培养和提高自己职业道德境界、实现自我完善的必由之路。

水利职业道德修养不是单纯的内心体验,而是水利工作者在改造客观世界的斗争中改造自己的主观世界。职业道德修养作为一种理智的自觉活动,一是需要科学的世界观作指导。马克思主义中国化的最新理论成果是科学世界观和方法论的集中体现,是我们改造世界的强大思想武器。每个水利工作者都要认真学习,深刻领会马克思哲学关于一切从实际出发,实事求是、矛盾分析、归纳与演绎等科学理论,为加强职业道德修养提供根本的思想路线和思维方法。二是需要科学文化知识和道德理论作基础。科学文化知识是关于自然、社会和思维发展规律的概括和总结。学习科学文化知识,有助于提高职业道德选择和评价能力,提高职业道德修养的自觉性;有助于形成科学的道德观、人生观和价值观,全面、科学、深刻地认识社会,正确处理社会主义职业道德关系。三是理论联系实际,知行统一为根本途径。要按照水利职业道德规范的要求,勇于实践和反复实践,在职业活动中不断学习、深入体会水利职业道德的理论和知识。要在职业工作中努力改造自己的主观世界,同各种非无产阶级的腐朽落后的道德观作斗争,培养和锻炼自己的水利职业道德观。要以职业岗位为舞台,自觉地在工作和社会实践中检查和发现自己职业道德认识和品质上的不足,并加以改正。四是要认识职业道德修养是一个长期、反复、曲折的过程,不是一朝一夕就可以做到的,一定要坚持不懈、持之以恒地进行自我锻炼和自我改造。

## 3.3　广泛参与水利职业道德实践

水利职业道德实践是一种有目的的社会活动,是组织水利工作者履行职业道德规范,取得道德实践经验,逐步养成职业行为习惯的过程;是水利工作者职业道德观念形成、丰富和发展的一个重要环节;是水利职业道德理想、道德准则转化为个人道德品质的必要途径,在道德建设中具有不可替代的重要作用。

组织道德实践活动,内容可以涉及水利工作者的职业工作、社会活动以及日常生活等各方面。但在一定时期内,须有明确的目标和口号,具有教育意义的内容和丰富多彩的形式,要讲明活动的意义、行为方式和要求,并注意检查督促,肯定成绩,找出差距,表扬先进,激励后进。如在机关里开展“爱岗敬业,做人民满意的公务员”活动,在企业中开展“讲职业道德,树文明新风”活动,在青年中开展“学雷锋,送温暖”活动,组织志愿者在单位和宿舍开展“爱我家园、美化环境”活动等。通过这些活动,进行社会主义高尚道德情操和理念的实践。

每一个水利工作者都要积极参加单位及社会组织的各种道德实践活动。在生动、具体的道德实践活动中,亲身体验和感悟做好人好事,向往真善美所焕发的高尚道德情操和观念的伟大力量,加深对高尚道德情操和观念的理解,不断用道德规范熏陶自己,改进和提高自己,逐步把道德认识、道德观念升华为相对稳定的道德行为,做水利职业道德的模范执行者。

# 第 2 篇　基 础 知 识

基础知识包括水土流失及背景知识,水土流失治理及水土保持措施基本知识,水土保持调查,水土保持前期工作,水土保持工程施工,测量、采样基本知识,识图知识,水土保持管护知识,相关法律、法规、标准知识等 9 个方面。

# 第 1 章　水土流失及背景知识

## 1.1　水土流失的定义、类型与形式及主要危害

### 1.1.1　水土流失的定义

水土流失是指在水力、风力、重力及冻融等自然营力和人类活动作用下,水土资源和土地生产能力的破坏及损失,包括土地表层侵蚀和水的损失。

### 1.1.2　水土流失的类型与形式

水土流失的类型指根据引发水土流失的主要作用力的不同而划分的水土流失类别。水土流失形式指在作用力相同的情况下,水土流失所表现出的不同方式。

### 1.1.3　水土流失的主要危害

水土流失的主要危害表现在以下几个方面:

(1)降低土壤肥力。水土流失可使大量肥沃的表层土壤丧失,造成土地瘠薄、沙化、硬石化,影响农业生产。据统计,我国每年流失土壤约 50 亿 t,损失 N、P、K 元素 4 000 多万 t。

(2)破坏地面完整,蚕食农田,加剧沟壑发展。年复一年的水土流失,使有限的土地资源遭到严重破坏,地形破碎,沟壑纵横,威胁群众生存。

(3)淤积水库、湖泊,阻塞河道,抬高河床,严重影响水利工程和航运事业。

(4)威胁城镇、工矿、交通设施安全。水土流失常引起洪灾、泥石流等灾害,危及城镇、工矿、交通设施安全。

(5)恶化生态环境,加剧干旱等自然灾害的发生、发展,影响到人类整个生存环境。

## 1.2　土壤侵蚀定义及主要类型

### 1.2.1　土壤侵蚀定义

土壤侵蚀是指在水力、风力、冻融、重力等自然营力和人类活动作用下,土壤或其他地面组成物质被破坏、剥蚀、搬运和沉积的过程。

土壤侵蚀强度通常用土壤侵蚀模数来表征,即单位面积和单位时段内的土壤侵蚀量,其常用单位名称为吨每平方千米年(t/(km²·a)),或采用单位时段内的土壤侵蚀厚度,单位名称为毫米每年(mm/a)。

### 1.2.2　土壤侵蚀主要类型

土壤侵蚀主要类型有水力侵蚀、重力侵蚀、风力侵蚀、冻融侵蚀和混合侵蚀等。

水力侵蚀是土壤及其母质或其他地面组成物质在降雨、径流等水体作用下发生破坏、剥蚀、搬运和沉积的过程,包括面蚀、沟蚀等。它是土壤侵蚀的重要类型。

重力侵蚀是指土壤及其母质或基岩主要在重力作用下发生位移和堆积的过程。主要包括崩塌、泻溜、滑坡和泥石流等形式。

风力侵蚀指风力作用于地面,引起地表土粒、沙粒飞扬、跳跃、滚动和堆积,并导致土壤中细粒损失的过程。风力侵蚀简称为风蚀。

冻融侵蚀是指土体和岩石因反复冻融作用而发生破碎、位移的过程。

混合侵蚀是指两种或两种以上侵蚀营力共同作用下形成的一种侵蚀类型,如崩岗、泥石流等。

# 1.3　土壤侵蚀类型区划分和土壤侵蚀强度分级

## 1.3.1　土壤侵蚀类型区划分

我国土壤侵蚀类型区分为水力侵蚀、风力侵蚀、冻融侵蚀三大类型区(一级区)。

以水力侵蚀为主的类型区分为西北黄土高原区、东北黑土区、北方土石山区、南方红壤丘陵区和西南土石山区等五个二级类型区。

风力侵蚀类型区分为"三北"戈壁沙漠及沙地风沙区和沿河环湖滨海平原风沙区两个二级类型区。

冻融侵蚀类型区分为北方冻融土侵蚀区和青藏高原冰川冻土侵蚀区两个二级类型区。

## 1.3.2　土壤侵蚀强度分级

### 1.3.2.1　容许土壤流失量

容许土壤流失量是指根据保持土壤资源及其生产能力而确定的年土壤流失量上限,通常小于或等于成土速率。对于坡耕地,是指维持土壤肥力,保持作物在长时期内能经济、持续、稳定地获得高产所容许的年最大土壤流失量。因为我国地域辽阔,自然条件千差万别,各地区的成土速度也不相同,我国主要侵蚀类型区的容许土壤流失量见表2-1-1。

表 2-1-1　我国主要侵蚀类型区的容许土壤流失量　　(单位:t/(km²·a))

| 类型区 | 西北黄土高原区 | 东北黑土区 | 北方土石山区 | 南方红壤丘陵区 | 西南土石山区 |
|---|---|---|---|---|---|
| 容许土壤流失量 | 1 000 | 200 | 200 | 500 | 500 |

#### 1.3.2.2　土壤侵蚀强度分级标准

根据土壤侵蚀的实际情况,把水力侵蚀、风力侵蚀强度分为微度、轻度、中度、强烈、极强烈和剧烈等六级。

水力侵蚀、风力侵蚀强度分级一般以年均侵蚀模数为主要判别指标。其对应的分级标准如表 2-1-2 所示。

表 2-1-2　土壤侵蚀强度分级标准

| 级别 | 水力侵蚀平均侵蚀模数($t/(km^2 \cdot a)$) | 风蚀平均侵蚀模数($t/(km^2 \cdot a)$) |
|---|---|---|
| 微度 | <200、500、1 000 | <200 |
| 轻度 | 200、500、1 000~2 500 | 200~2 500 |
| 中度 | 2 500~5 000 | 2 500~5 000 |
| 强烈 | 5 000~8 000 | 5 000~8 000 |
| 极强烈 | 8 000~15 000 | 8 000~15 000 |
| 剧烈 | >15 000 | >15 000 |

重力侵蚀强度分级以崩塌面积占坡面面积比(%)为判别指标,侵蚀强度分为轻度、中度、强烈、极强烈和剧烈等五级。分级指标见表 2-1-3。

表 2-1-3　重力侵蚀强度分级指标

| 崩塌面积占坡面面积比(%) | <10 | 10~15 | 15~20 | 20~30 | >30 |
|---|---|---|---|---|---|
| 强度分级 | 轻度 | 中度 | 强烈 | 极强烈 | 剧烈 |

除此之外,还有面蚀、沟蚀、混合侵蚀(泥石流)等分级标准,此处不一一赘述。

## 1.4　影响土壤侵蚀的因素

影响土壤侵蚀的因素有自然因素和人类活动因素。

### 1.4.1　自然因素

自然因素是产生土壤侵蚀的基础和潜在因素,主要有气候、地形、地质、土壤和植被等。

(1)气候:降水、风、气温等。
(2)地形:坡度、坡长、坡形、坡向等。
(3)地质:岩性、新构造运动等。
(4)土壤:类型、质地、结构等。
(5)植被:种类、分布、覆盖度等。

### 1.4.2　人类活动因素

人类活动对土壤侵蚀的影响具有双重性,即不利因素加剧土壤侵蚀,而有利因素则使土壤侵蚀得到控制。

（1）不利因素：主要是不合理的人为活动，包括破坏森林、陡坡开荒、过度放牧、不合理的耕作方式、生产建设项目引起新增水土流失的活动等。

（2）有利因素：即人类控制土壤侵蚀的活动等，包括合理改变地形条件、改良土壤性状、改善植被状况等。

# 1.5　地形、地貌、土壤、植被基本知识

## 1.5.1　地形、地貌

地形是陆地表面各种各样的形态，总称地形，也称地貌。按形态可以分为山地、平原、高原、盆地、丘陵等五种基本类型。比如我国的青藏高原、四川盆地等。在测绘工作中，地形是地表起伏和地物的总称。地物是地表面自然形成和人工建造的固定性物体，例如，居民点、道路、江河、树林、建筑物等。地表高低起伏的总趋势一般称为地势。

不过地形和地貌这两个概念在使用上也常有区别，地形着重反映地势的变化和地表形态。地貌不但反映地表形态，而且反映成因、结构等的差异。

我国地形的特点是地形复杂，地势西高东低，呈阶梯状分布。可分为三级，第一级阶梯是位于我国西南部的青藏高原，海拔 4 000 m 以上，是我国地形最高的部分。第二级阶梯（从第一阶梯往北、往东）是我国高原和盆地的主要分布地区，海拔 1 000～2 000 m，主要地形区有塔里木盆地、准噶尔盆地、四川盆地、内蒙古高原、黄土高原、云贵高原等。第三级阶梯（从第二级阶梯往东）是我国平原的主要分布地区，海拔多在 500 m 以下，有东北平原、华北平原、长江中下游平原等。

反映地形地貌的因子一般有地貌类型、地面坡度、沟壑密度、地表物质组成、土地利用类型等。

## 1.5.2　土壤

土壤是地球陆地表面能生长植物的疏松表层，由矿物质、有机质、水分、空气和土壤生物（包括微生物）等组成，是岩石的风化物（成土母质）在气候、地形、生物等因素作用下逐渐形成的。它可不断给植物提供水分和养分，是人类从事农业生产活动的基础。

按土壤质地分类，土壤通常可以分为沙质土、黏质土、壤土三类。沙质土的性质：含沙量多，颗粒粗糙，渗水速度快，保水性能差，通气性能好；黏质土的性质：含沙量少，颗粒细腻，渗水速度慢，保水性能好，通气性能差；壤土的性质：含沙量一般，颗粒一般，渗水速度一般，保水性能一般，通气性能一般。

我国地域辽阔，影响土壤形成的自然条件（如地形、母质、气候、生物等）差异很大，加上农业历史悠久，人类耕作活动对土壤形成的影响深刻，因此土壤种类繁多，它们的性质和生产特性也各不相同。中国主要土壤发生类型可概括为红壤、棕壤、褐土、黑土、栗钙土、漠土、潮土（包括砂姜黑土）、灌淤土、水稻土、湿土（草甸、沼泽土）、盐碱土、岩性土和高山土等。

表征土壤的因子一般有土壤类型、分布、土层厚度、质地、肥力等。

### 1.5.3　植被

植被是指某一地区内由许多植物组成的各种植物群落的总称。按植物群落类型划分,植被的类型可分为森林植被、草原植被、草甸植被、荒漠植被等。按形成原因,又可分为自然植被和人工植被。自然植被是一地区的植物长期发展的产物,包括原生植被、次生植被和潜在植被。人工植被包括农田、果园、草场、人工造林和城市绿地等。根据植物茎的形态将植物分为乔木、灌木、草本植物和藤本植物四类。

我国植被的地理分布主要受水热条件控制,表现出明显的地带性规律和区域差异,可分为三大区,即东部湿润森林区、西北草原荒漠区和青藏高寒植被区。

表征植被的因子一般有植被类型、植物种类、分布、林草覆盖率等。

## 1.6　气象、水文、泥沙基本知识

### 1.6.1　气象

气象指地球表面大气中的冷热、干湿、风、云、雨、雪、霜、雾、雷电等各种物理现象和物理过程的总称,包括大气层内各层大气运动的规律、对流层内发生的天气现象和地面上旱涝冷暖的分布等。

气象要素一般有气温、≥10 ℃有效积温、蒸发量、多年平均降水量和极值及出现时间、降水年内分配、无霜期、冻土深度、年平均风速、年大风日数及沙尘暴日数等。气象要素是表述气候的基本依据。

### 1.6.2　降水、径流、泥沙基本知识

#### 1.6.2.1　降水

从大气中降落的雨、雪、冰雹等,统称为降水。降水的特征通常用几个基本要素来表示,如降水量、降水历时、降水强度、降水面积、暴雨及暴雨中心等。

降水量:指一定时段内降落在某一点或某一面积上的总水量,用深度表示,以 mm 计。一场降水的降水量指该次降水过程的降水总量,日降水量是指一日内降水总量,年降水量是指一年内降水总量。我国平均年降水量总的分布趋势是由东南向西北递减。

降水历时:指降水持续的时间(分、时、日),以 min、h 或 d 计。

降水强度:指单位时间的降水量,如果是降雨又称雨强或雨率,以 mm/min 或 mm/h 计。

降水面积:指降水笼罩的平面面积,以 km² 计。

暴雨及暴雨中心:我国气象上规定,24 h 降水总量达到 50 mm 的降雨(或 12 h 降水总量达到 30 mm 的降雨)称为暴雨。暴雨中心指暴雨集中的较小的局部地区。

#### 1.6.2.2　径流

径流是由于降水而从地面与地下汇集到河沟,并沿河槽下泄的水流的统称。可分地

面径流、地下径流两种。表示径流大小的方式有流量、径流总量、径流深等。

流量:单位时间内流过河流某断面的水体积称为流量,以 m³/s 计。通常表示流量状况的有瞬时流量和时段平均流量。某一断面各个时刻 $t$ 测得流量 $Q$,指该时刻的瞬时流量。时段平均流量指在一定的历时内,通过某一过水断面的变化流量的平均值。如日平均流量、月平均流量、年平均流量及多年平均流量值。

径流总量:在一定时段内,通过河流某一断面的累积水量,以 m³、万 m³ 或亿 m³ 计。一个年度内在河槽里流动的水流叫做年径流,年径流量是在一年里通过河流某一断面的水量。

径流深:是指计算时段内径流总量平铺在整个流域面积上所测得的水层深度,以 mm 计。若时段为 $T(s)$,流量为 $Q(m^3/s)$,流域面积为 $F(km^2)$,则径流深为:$Y = QT/(1\,000F)(mm)$。

### 1.6.2.3　泥沙

#### 1. 泥沙的概念

在土壤侵蚀过程中,随水流输移和沉积的土体、矿物岩石等固体颗粒,总称泥沙。河流中的泥沙,按其运动形式可大致分为悬于水中并随之运动的"悬移质"、受水流冲击沿河底移动或滚动的"推移质",以及相对静止而停留在河床上的"河床质"三种。

#### 2. 表示产沙特征的指标

表示产沙特征的指标一般为流域产沙量、产沙模数等。

流域产沙量:通过流域出口观测断面的泥沙量及其上游工程拦蓄和沟道、河床及湖泊等沉积的泥沙量的总和,通常以 t、万 t 或亿 t 计。

产沙模数:某一时段内,流域产沙量与相应集水面积的比值,通常以 t/(km² · a)计。

#### 3. 表示输沙特征的指标

表示输沙特征的指标通常有含沙量、输沙率、输沙量、输沙模数等。

含沙量:单位体积的浑水内所含干泥沙的质量,称为含沙量,以 kg/m³ 计。

输沙率:一定水流和床沙组成条件下,水流能够输移的泥沙量,称为输沙率。可用单位时间流过河流某断面的泥沙质量来表示,以 kg/s 计。

输沙量:指时段内通过河流某断面的总沙量,时段可以是几小时、日、旬、月、年、多年等。若时段为一年,则称为年输沙量,多年输沙总量的年平均值称为多年平均输沙量。以 t、万 t 或亿 t 计。

输沙模数:某一时段内,流域输沙量与相应集水面积的比值,通常以 t/(km² · a)计。

# 1.7　人为水土流失的概念

人为水土流失指由于人类不合理的经济活动如开矿、修路等生产建设中破坏地表植被后不及时恢复,或随意倾倒废土弃石,以及毁林毁草、陡坡开荒、过度放牧等造成的水土流失。

# 1.8　社会经济状况主要指标

从水土保持行业实际看,在调查、规划等工作中,描述区域(流域)社会经济状况的主要指标通常有人口、劳力、人均耕地、土地利用率、土地利用结构、农村各业产值比、人均粮食、人均收入等。

# 1.9　我国主要河流的分布、流域的概念

## 1.9.1　我国主要河流的分布

中国境内河流众多,流域面积在 1 000 km² 以上者多达 1 500 余条。河流分为外流河与内陆河(也称内流河)。外流河流向除东北和西南地区的部分河流外,受我国地形西高东低的总趋势控制,干流大都自西向东流。

### 1.9.1.1　我国的七大江河水系

我国的七大江河水系指的是长江、黄河、淮河、海河、珠江、松花江、辽河。

**1.长江**

长江是我国的第一大河,居世界第三位。长江发源于唐古拉山主峰——各拉丹冬雪山,干流流经青海、西藏、云南、四川、重庆、湖北、湖南、江西、安徽、江苏和上海等 11 个省(区、市),在崇明岛流入东海。全长 6 300 km,流域面积 180 万 km²,平均每年入海总径流量 9 793.5 亿 m³。长江从河源到河口,可分为上游、中游和下游,宜昌以上为上游,宜昌至湖口为中游,湖口以下为下游。

长江的主要支流有雅砻江、岷江、嘉陵江、乌江、沅江、汉江和赣江等,它们的平均流量都在 1 000 m³/s 以上(均超过黄河水量),其中,流域面积以嘉陵江为最大,为 16 万 km²;长度以汉江最长,为 1 577 km;水量以岷江最丰,为 877 亿 m³。

**2.黄河**

黄河为中国第二大河。黄河发源于青藏高原巴颜喀拉山北麓的约古宗列盆地,流经青海、四川、甘肃、宁夏、内蒙古、山西、陕西、河南、山东等 9 省(区),在山东省垦利县注入渤海。全长 5 464 km,流域面积 75 万 km²。黄河河源至河口镇(托克托)为上游段,河口镇至河南郑州的桃花峪为中游段,桃花峪以下为下游段。

黄河的主要支流有湟水、洮河、祖厉河、窟野河、无定河、汾河、渭河、洛河、沁河、大汶河等。其中渭河为黄河的最大支流。黄河的突出特点是水少沙多,平均年径流总量仅 580 亿 m³,占全国河川径流总量的 2%,在中国各大江河中居第 8 位。黄河含沙量极大,平均含沙量达 35 kg/m³,年输沙量 16 亿 t,是举世闻名的多沙河流。

**3.淮河**

淮河位于长江与黄河两条大河之间,是中国中部的一条重要河流,由淮河水系和沂沭泗两大水系组成,干流全长 1 000 km,流域面积 26 万 km²。淮河发源于河南与湖北交界处的桐柏山太白顶(又称大复峰),干支流斜铺密布在河南、安徽、江苏、山东 4 省。流域

范围西起伏牛山,东临黄海,北屏黄河南堤和沂蒙山脉。淮河是中国地理上的一条重要界线,是中国亚热带湿润区和暖温带半湿润区的分界线。

### 4.海河

海河是中国华北地区最大的水系。海河干流起自天津金钢桥附近的三岔河口,东至大沽口入渤海,其长度仅为 73 km。但是,它却接纳了上游北运、永定、大清、子牙、南运河五大支流和 300 多条较大支流,构成了华北最大的水系——海河水系。这些支流像一把巨扇铺在华北平原上。它与东北部的滦河、南部的徒骇河与马颊河水系共同组成了海河流域,流域面积 31.8 万 $km^2$,地跨北京、天津、河北、山西、河南、山东、内蒙古等 7 省(区、市)。

### 5.珠江

珠江是中国第四大河,干流总长 2 215.8 km,流域面积为 45.26 万 $km^2$(其中极小部分在越南境内),地跨云南、贵州、广西、广东、湖南、江西以及香港、澳门 8 省(区)。珠江水系由西江、北江、东江和三角洲河网组成,干支流河道呈扇形分布,形如密树枝状。西江是珠江水系的主干流,全长 2 214 km,流域面积 35.3 万 $km^2$。珠江水系河流众多,集水面积在 1 万 $km^2$ 以上的河流有 8 条,1 000 $km^2$ 以上的河流有 49 条。

### 6.松花江

松花江是我国东北边境国际河流黑龙江最长的一条支流。全长 1 927 km,流域面积约为 54.5 万 $km^2$,占东北三省总面积的 69.32%,地跨吉林、黑龙江两省。其主要支流有嫩江(全长 1 089 km,流域面积 28.3 万 $km^2$,占松花江流域总面积的一半以上)、呼兰河、牡丹江、汤旺河等。佳木斯以下为广阔的三江平原,沿岸是一片土地肥沃的草原,多沼泽湿地,为我国著名的“北大荒”。

### 7.辽河

辽河全长 1 430 km,流域面积 22.94 万 $km^2$,发源于河北平泉县,流经河北、内蒙古、吉林和辽宁 4 个省(区)。东、西辽河在辽宁省昌图县福德店附近汇合后始称辽河。辽河干流河谷开阔,河道迂回曲折,沿途分别接纳了招苏台河、清河、秀水河,经新民至辽中县的六间房附近分为两股,一股向南称外辽河,在接纳了辽河最大的支流——浑河后又称大辽河,最后在营口入海;另一股向西流,称双台子河,在盘山湾入海。

#### 1.9.1.2　**我国主要的内陆河**

内陆河河流水源主要来自冰峰雪岭山区的冰雪融水,最后流入内陆湖或消失于沙漠、盐滩之中。

我国的内陆河主要分布在西北内陆地区,如塔里木河、伊犁河、黑河、格尔木河等。塔里木河是我国最大的内陆河,全长 2 137 km,流经新疆境内。

## 1.9.2　流域的概念

通俗地讲,流域是指河流的干流和支流所流过的整个区域。具体定义是指地表水和地下水的分水线所包围的集水区域或汇水区,习惯上是指地表水的集水区域。如果流域地表水分水线与地下水的分水线重合称为闭合流域,反之称为不闭合流域。

每条河流都有自己的流域,一个大流域可以按照水系等级分成数个小流域,小流域又可以分成更小的流域等。流域之间的分水地带称为分水岭,分水岭上最高点的连线为分水线,是分开相邻流域或河流地表集水的边界线,即集水区的边界线。处于分水岭最高处的大气降水,以分水线为界分别流向相邻的河系或水系。例如,中国秦岭以南的地面水流向长江水系,秦岭以北的地面水流向黄河水系。分水岭有的是山岭,有的是高原或平原。山区或丘陵地区的分水岭明显,在地形图上容易勾绘出分水线。平原地区分水岭不显著,仅利用地形图勾绘分水线有困难,有时需要进行实地调查确定。

流域特征:主要包括流域地理位置、流域面积、河网密度、流域形状、流域高度、流域方向等。

流域地理位置:指流域所处的地理坐标,即经纬度。

流域面积:流域地面分水线和出口断面所包围的平面面积,在水文上又称集水面积,单位是 $km^2$。这是河流的重要特征之一,其大小直接影响河流和水量大小及径流的形成过程。

河网密度:流域中干支流总长度和流域面积之比。单位是 $km/km^2$。其大小说明水系发育的疏密程度。受到气候、植被、地貌特征、岩石土壤等因素的控制。

流域形状:有扇形、羽毛状的等。常用流域形状系数来表征。流域形状系数指流域平均宽度和流域长度的比值。流域形状系数接近 1 时,流域形状接近扇形,流域形状系数愈小则流域愈狭长。

流域高度:指流域内地表平均高程。主要影响降水形式和流域内的气温,进而影响流域的水量变化。

流域方向:常用干流方向来表征。

流域根据其中的河流最终是否入海可分为内流区(内流流域)和外流区(外流流域)。

# 1.10　小流域的概念、小流域地貌单元基本知识

通常把面积不超过 50 $km^2$ 的集水单元称为小流域。

小流域基本地貌单元分为沟间地(坡)和沟谷地(沟)。沟间地指从分水岭至沟缘线之间的区域,沟谷地指沟缘线至谷底间的区域。

# 第 2 章　　水土流失治理及水土保持措施基本知识

## 2.1　水土保持的定义、方针、作用

### 2.1.1　水土保持的定义

水土保持是防治水土流失,保护、改良与合理利用水土资源,维护和提高土地生产力,减轻洪水、干旱和风沙灾害,以利于充分发挥水土资源的生态效益、经济效益和社会效益,建立良好生态环境,支撑可持续发展的生产活动和社会公益事业。

水土保持的对象不只是土地资源,还包括水资源。保持的内涵不只是保护,而且包括改良与合理利用。不能把水土保持理解为土壤保持、土壤保护,更不能将其等同于土壤侵蚀控制。水土保持是自然资源保育的主体。

《中华人民共和国水土保持法》(简称《水土保持法》)中所称水土保持,是指对自然因素和人为活动造成水土流失所采取的预防和治理措施。

### 2.1.2　水土保持方针

水土保持是山区发展的生命线,是国民经济和社会发展的基础,是国土整治、江河治理的根本,是我们必须长期坚持的一项基本国策。国家对水土保持实行"预防为主、保护优先、全面规划、综合治理、因地制宜、突出重点、科学管理、注重效益"的方针。

### 2.1.3　水土保持的作用

水土保持的作用主要有:

(1)增加蓄水能力,提高降水资源的有效利用。水土保持流域综合治理措施可增加拦蓄降水资源的能力,在解决山丘区农村人畜饮水困难的同时,可缓解农业生产缺水问题,增加抗御旱灾能力。同时,水土保持综合治理增加了植物(含作物)的面积和生物产量,改水分无效蒸发为有效蒸腾,提高了降水资源的利用率。

(2)削洪增枯,提高河川水资源的有效利用率。由于水土流失综合治理增加了流域降水的拦蓄能力,改变了地表径流和地下径流的分配格局与时序,从而在一定程度上改变河川径流的年内分配,削减洪峰流量,增加枯水流量。

(3)控制土壤侵蚀,减少河流泥沙。水土流失综合治理,通过基本农田建设(如黄土高原的坡改梯)、林草植被建设、土壤耕作制度的改进,以及沟道工程建设(如黄土高原的淤地坝),可以大大降低土壤侵蚀模数,控制土壤侵蚀的发生发展,显著地减少进入河川的泥沙量,从而抑制河床的抬高。水土保持是江河治理的"根本"措施。

(4)改善生态环境,维系生态安全。水土保持通过工程措施与植物措施相结合,并通

过大范围的生态自然修复,可以重建植被生态系统,控制土壤流失及其所衍生的面源污染,进而改善水体质量等水文环境,保护宝贵的水土资源,维系生态环境的安全。

(5)促进区域(流域)社会经济可持续发展。水土保持有效提高了工农业生产能力和人民生活水平,加快脱贫致富的步伐,促进流域社会经济的可持续发展。

# 2.2　水土流失综合治理基本知识

## 2.2.1　水土流失综合治理

水土流失综合治理简称综合治理,是按照水土流失规律、经济社会发展和生态安全的需要,在统一规划的基础上,调整土地利用结构,合理配置预防与控制水土流失的工程措施、植物措施和耕作措施,形成完整的水土流失防治体系,实现对流域(或区域)水土资源及其他自然资源的保护、改良与合理利用的活动。

开展水土流失综合治理的科学程序是:一是进行水土保持查勘(或调查);二是编制水土保持规划;三是进行水土保持治理措施的设计;四是组织实施。

## 2.2.2　小流域综合治理

小流域综合治理是以小流域为单元,在全面规划的基础上,预防、治理和开发相结合,合理安排农、林、牧等各业用地,因地制宜地布设水土保持措施,实施水土保持工程措施、植物措施和耕作措施的最佳配置,实现从坡面到沟道、从上游到下游的全面防治,在流域内形成完整、有效的水土流失综合防护体系,既在总体上,又在单项措施上能最大限度地控制水土流失,达到保护、改良和合理利用流域内水土资源及其他自然资源,充分发挥水土保持生态效益、经济效益和社会效益的水土流失防治活动。

在我国进行综合治理的小流域面积一般规定在 $30 \text{ km}^2$ 以下,最大不超过 $50 \text{ km}^2$。以小流域为单元进行综合治理是山丘区有效地开展水土保持的根本途径。小流域综合治理的重点是控制水土流失,保持水土,合理开发利用水土资源,建立有机、高效的农林牧业生产体系。

小流域综合治理的基本特点,概括起来主要有 5 方面:独立性、多样性、综合性、基础性和可持续性。小流域综合治理的基本功能表现在防护功能、生态功能、经济功能和社会功能等 4 个方面。

## 2.2.3　水土流失综合治理的发展

随着经济社会的快速发展、自然条件的变化,人们越来越认识到水资源短缺、水污染和人为水土流失等问题对人类社会的影响,在水土流失综合治理的方略上,一方面防治战略实现重大转变,防治理念和技术不断创新,将水土保持生态修复、雨水高效利用与径流调控、面源污染控制、建设新的生态清洁小流域等新的治理理念和技术方法贯穿于综合治理中;另一方面,工程建设力度不断加大,国家水土保持重点工程规模和范围扩大,示范推广力度加大。2000 年以来,积极推进水土保持科技示范园区、水土保持大示范区建设,走上了以小流域治理为基础,大流域为骨干,典型示范,集中连片、规模推进的发展轨道。

### 2.2.3.1　水土保持生态修复

生态修复主要指在自然突变和人类活动影响下受到破坏的自然生态系统的恢复与重建工作。即对生态系统停止人为干扰,以减轻负荷压力,依靠生态系统的自我调节能力与自组织能力使其向有序的方向进行演化,或者利用生态系统的这种自我恢复能力,辅以人工措施,使遭到破坏的生态系统逐步恢复或使生态系统向良性循环方向发展。

进入 21 世纪以来,按照人与自然和谐相处的理念,在地广人稀、降雨条件适宜、水土流失相对较轻的山区、丘陵区,以封育保护、禁牧轮牧、围栏休牧、舍饲养畜等为主要内容的水土保持生态自然修复工作,已成为防治水土流失的一项重要措施和手段、生态建设的重要途径和方法。实施水土保持生态修复工程,通过封育保护、转变农牧业生产方式,控制人们对大自然的过度干扰、索取和破坏,依靠生态系统的自我修复能力,提高植被覆盖度,减轻水土流失。同时,加快这些地区的基本农田、水利基础设施建设,改善农村生产生活条件,发展集约高效农牧业,增加农民的经济收入,实现"小开发,大保护";发展沼气和以电代柴,实施生态移民,确保农牧民安居乐业和社会稳定,为生态修复创造条件,促进大面积生态修复。

### 2.2.3.2　雨水高效利用与径流调控

干旱、半干旱地区雨水的利用技术主要是通过改变地表微地形,以及地表径流汇集方式,提高入渗能力,改变雨水在空间和时间上的分配,来实现调控雨水和径流,防止土壤侵蚀,增加土壤水分,提高坡地农业产量的目的。水保型雨水高效利用的实质是从形成水土流失的动力源——降水入手,人工调控坡地径流的形成机制。雨水利用的方式主要有三种:一是微地形改变雨水就地利用,通过地表微地形的改变,如夷平、垄起等来增加地表土壤入渗能力,或者聚集雨水就地利用。水土保持措施中的梯田、鱼鳞坑、水平沟、水平阶等就是这种方式的具体应用。二是微地形改变雨水叠加利用,在微地形改变雨水就地利用的基础上,将邻近地表雨水汇集其上加以利用的一种叠加利用方式。如隔坡梯田、田间微集水大垄沟覆膜种植技术属于这一范畴。三是改变地表入渗能力异地利用,通过修建或利用已有的集流场地,将集流场的雨水蓄集在修建的水窖(旱井)、涝池及其他小型蓄水实施中供异地利用。

### 2.2.3.3　面源污染防治

环境污染分为点源污染与面源污染。点源污染指有固定排放点的污染源,如企业工业废水及城市生活污水,由排放口集中汇入江河湖泊。面源污染也称非点源污染,是指溶解和固体的污染物从非特定地点,在降水或融雪的冲刷作用下,通过径流过程而汇入受纳水体(包括河流、湖泊、水库和海湾等)并引起有机污染、水体富营养化或有毒有害等其他形式的污染。根据面源污染发生区域和过程的特点,一般将其分为城市面源污染和农业面源污染两大类。

农业面源污染是指在农业生产活动中,农田中的泥沙、营养盐、农药及其他污染物,在降水或灌溉过程中,通过农田地表径流、壤中流、农田排水和地下渗漏进入水体而形成的面源污染。这些污染物主要来源于农田施肥、农药、畜禽及水产养殖和农村居民生活垃圾。农业面源污染是最为重要且分布最为广泛的面源污染,具有位置、途径、数量不确定,随机性大,流失范围广,防治难度大等特点。加强水源地泥沙和面源污染控制等重点项目建设,治山、治水、治污相结合,多措并举,控制面源污染,净化水质,维系河道及湖库周边生态系统,是江河流域面上水土流失防治工作的重点之一。

#### 2.2.3.4　生态清洁小流域

生态清洁小流域是指流域内水土资源得到有效保护、合理配置和高效利用,沟道基本保持自然生态状态,行洪安全,人类活动对自然的扰动在生态系统承载能力之内,生态系统良性循环,人与自然和谐,人口、资源、环境协调发展的小流域。

生态清洁小流域建设是小流域治理与水资源保护、水污染治理结合的一种创新模式。与传统小流域综合治理作比较,在防治目标上,提出在治理水土流失的同时,将水源保护及面源污染防治也作为主要的防治目标;在防治对象上,将村庄的治理美化和环境改善也作为主要治理内容,即水土保持工作下山进村;在防治布局上,按"生态修复区、生态治理区、生态保护区"三道防线布设防治措施;在防治措施上,增加了污水、垃圾的处置,各项措施与当地景观相协调,体现人水和谐,生态优先。

近年来,生态清洁型小流域建设迈出重要步伐,北京、江苏、浙江、四川和重庆等地先后开展生态清洁型小流域建设的实践与探索,为防治面源污染、开展水源保护积累了宝贵经验。

#### 2.2.3.5　水土保持科技示范园区建设

"水土保持科技示范园区",是指具有水土保持的社会宣传、示范推广作用和科普示范功能,所在区域的水土流失应具有典型性,能够代表区域内水土流失的主要类型、程度、危害及生态环境、地质地理等基本特征,面积不小于 50 hm²,并具有一定的典型性,能够布设水土流失综合防治的各项措施,便于开展科学研究和技术推广的科研试验与示范推广园区。

自 2004 年水利部提出了建设"水土保持科技示范园区"实施方案,指导和规范"水土保持科技示范园区"建设活动以来,已建设了北京延庆上辛庄、福建闽北、江西德安、广东茂名小良、青海长岭沟等一批起点高、质量精、效益好,集科研、推广、示范、教育、休闲和产业开发为一体的水土保持科技示范园,已成为当地水土保持示范和科普教育、科研单位试验研究与大专院校硕士博士培养的基地和窗口。并于 2007 年、2009 年、2011 年、2012 年先后命名表彰了 84 个"水利部水土保持科技示范园区",极大地推动了全国范围的水土保持科技示范园建设。

#### 2.2.3.6　水土保持大示范区建设

1998 年以来,党中央、国务院高度重视并不断加大水土保持生态建设投入力度,水土流失防治步伐明显加快,成效显著提高。在推进国家重点治理过程中,甘肃省天水市、贵州省毕节地区和山西省朔州市等一些地方积极探索,大胆实践,创新项目管理体制和运行机制,按照大示范区的形式组织和开展水土保持生态建设,取得了非常突出的成效,全面提升了水土流失综合防治水平,走出了一条新时期开展水土保持生态建设的成功之路。

大示范区建设,作为水土保持生态建设中的一个新生事物,目前尚处于探索阶段。根据各地实践,大示范区是指按照项目组织实施、建设规模较大、建设内容丰富、措施配置合理、建设机制灵活、科技含量高、示范作用强、效益显著,能够集中体现水土流失综合防治特点和统筹社会各方面力量的水土保持生态建设项目区。示范区面积一般都在数百平方千米,有的甚至达到上千平方千米。

　　大示范区主要的特点有:建设规模大、建设内容特色突出、建设机制灵活、科技含量高、示范作用强、效益显著。

# 2.3　水土保持措施的种类

　　水土保持措施是指在水土流失区,为防治水土流失,保护、改良和合理利用水土资源而采用的农业技术措施、林草措施、工程措施的总称。

　　水土保持综合治理措施按以下两种方法分类:

　　一是根据治理措施本身的特性分类。分为工程措施、林草措施(或称植物措施)和耕作措施三大类,见图 2-2-1。

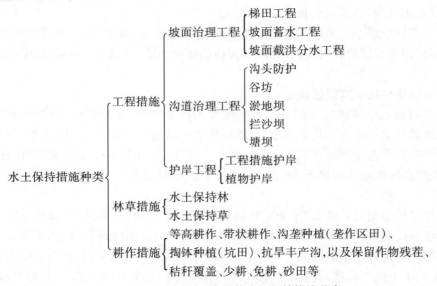

图 2-2-1　常见的水土保持措施种类

　　二是根据治理对象分类。分为坡耕地治理措施、荒地治理措施、沟壑治理措施、风沙治理措施、崩岗治理措施和小型水利工程等六大类。

## 2.3.1　水土保持工程措施的主要类型

　　水土保持工程措施是应用工程原理,为防治水土流失,保护、改良和合理利用水土资源而修建的工程设施。

　　水土保持工程措施是小流域综合治理措施体系的组成部分,它与水土保持耕作措施及水土保持林草措施同等重要,不能互相代替。根据所在位置和作用,常见的水土保持工程措施可分为坡面治理工程、沟道治理工程和护岸工程 3 大类。

### 2.3.1.1　坡面治理工程分类、作用

　　坡面治理工程是为防治坡面水土流失,保护、改良和合理利用坡面水土资源而修筑的

工程设施。

坡面治理工程是小流域综合治理措施的第一道防线,措施范围主要包括坡耕地和荒坡地上的水土保持工程。坡面治理工程按其作用和修建形式,可分为梯田工程、坡面蓄水工程和坡面截洪分水工程。

1. 梯田工程

梯田工程是指在坡地上沿等高线修建的、断面呈阶梯状的田块,包括田坎、田埂、田面三部分。梯田是山区、丘陵区常见的一种基本农田,它是由于地块顺坡按等高线排列呈阶梯状而得名。

梯田的作用和功能是:改变地形坡度,拦蓄雨水,增加土壤水分,防治水土流失,达到保水、保土、保肥目的,同改进农业耕作技术结合,能大幅度地提高产量,从而为贫困山区退耕陡坡,种草种树,促进农、林、牧、副业全面发展创造了前提条件。所以,梯田是改造坡地,保持水土,全面发展山区、丘陵区农业生产的一项措施。

梯田工程按其断面形式可分为水平梯田、坡式梯田、隔坡梯田。

根据田坎建筑材料可分为土坎梯田和石坎梯田。石坎梯田多修建在土石山区或石质山区。长江流域最为多见。按土地利用方向可分为农田梯田、水稻梯田、果园梯田、林木梯田等。以灌溉与否可分为旱地梯田、灌溉梯田。按施工方法可分为人工梯田、机修梯田。

在我国南方,旱作梯田称梯地或梯土,种植水稻的称梯田。

2. 坡面蓄水工程

坡面蓄水工程可分为水窖、涝池、蓄水池、蓄水堰等。这类工程在西北、华北半干旱地区、西南山区、沿海石质山区、海南等地比较多见。主要修建在道路旁、场院、田间地边或坡面低洼处等。

坡面蓄水工程用于集蓄雨水,一方面减少地面径流冲刷,另一方面解决农村人畜饮水、田间补灌等问题。

3. 坡面截洪分水工程

坡面截洪分水工程,主要是指分段拦截坡面径流,就地入渗或分散径流,疏导排水,防止径流集中下泄而冲刷坡面上的农地、林地和草地等的系统工程设施。主要有水平阶、水平沟、截水沟、排水沟、鱼鳞坑等。在北方干旱、半干旱地区主要用于拦截坡面径流,蓄水保土,大多属于人工造林的整地工程。在南方多雨地区,主要用于坡面径流的截水、分水、导流排水。

### 2.3.1.2　沟道治理工程分类、作用

沟道治理工程是指为固定沟床,防治沟蚀,减轻山洪及泥沙危害,合理开发利用水沙资源而在沟道中修筑的工程设施。其作用是固定沟床、防止或减轻山洪及泥石流危害。沟道治理工程包括沟头防护工程、谷坊、拦沙坝、塘坝、淤地坝、小型水库工程等。由于山沟所在流域的地质、地形、气候、土壤、植被等自然条件及人类活动影响的不同,不同沟道发生山洪、泥石流灾害的危险程度也不同。需要根据沟道的类型选用适当的治理措施。沟道治理工程不仅需要与治理沟道的林草措施相结合,而且需要与山坡防护工程相结合,统一规划,坡沟兼治,综合治理。

### 1. 沟头防护工程

沟头防护工程是指在侵蚀沟道源头修建的防止沟道溯源侵蚀的工程设施。其主要作用是防止坡面径流由沟头进入沟道或使之有控制地进入沟道,从而制止沟头前进、沟底下切和沟岸扩张,并拦蓄坡面径流泥沙,提供生产和人畜用水。沟头防护工程分为蓄水式和泄水(排水)式两类。

#### 1)蓄水式沟头防护工程

蓄水式沟头防护工程的作用是将沟头集水区的径流拦蓄在拦水沟埂或埂墙涝池之中,防止径流从沟头下泄,引起溯源侵蚀。蓄水式沟头防护工程在黄河中游黄土地区采用比较普遍,分沟埂式和埂墙蓄水池(涝池)式两种形式。

#### 2)泄水式沟头防护工程

泄水式沟头防护工程是将沟头集汇的径流安全地排入沟道中,避免冲刷,防止沟头前进。泄水式沟头防护工程有跌水式(在高差较小的陡崖或陡坡,用浆砌块石修成跌水,下设消力池)、悬臂式(在高差较大的陡崖或陡坡,用塑料管或陶管置于土质沟头之上,将水挑泄至沟底的消力池内)。

### 2. 谷坊

谷坊是指横筑于易受侵蚀的小沟道或小溪中的小型固沟、拦泥、滞洪建筑物,高度在 5 m 以下。一般在小流域治理规划中,在沟底比降较大(5% ～10%或更大)、沟底下切剧烈发展的沟段,修筑梯级谷坊群使其成为一个有机的整体。

谷坊的主要作用有:固定与抬高侵蚀基准面,防止沟床下切;抬高沟床,稳定坡脚,防止沟岸扩张及滑坡;减缓沟道纵坡,减小山洪流速,减轻山洪或泥石流灾害;使沟道逐渐淤平,形成坝阶地,为发展农林业生产创造条件。

谷坊可按所使用的建筑材料、使用年限和透水性的不同进行分类。根据谷坊所用的建筑材料的不同,大致可分为土谷坊、干砌石谷坊、枝梢(梢柴)谷坊、插柳谷坊(柳桩编篱)、浆砌石谷坊、竹笼装石谷坊、木料谷坊、混凝土谷坊、钢筋混凝土谷坊和钢料谷坊。根据使用年限不同,可分为永久性谷坊和临时性谷坊。浆砌石谷坊、混凝土谷坊和钢筋混凝土谷坊为永久性谷坊,其余基本上属于临时性谷坊。按谷坊的透水性质,又可分为透水性谷坊与不透水性谷坊,如土谷坊、浆砌石谷坊、混凝土谷坊、钢筋混凝土谷坊等为不透水性谷坊,而只起拦沙挂淤作用的插柳谷坊等为透水性谷坊。

### 3. 拦沙坝

拦沙坝是在沟道修建的以拦蓄山洪、泥石流、沟道中固体物质为主要目的的挡拦建筑物。多建在主沟或较大的支沟内,通常坝高大于 5 m,拦沙量在 1 万 ～100 万 $m^3$,甚至更大。它是我国土石山区、南方山区山沟治理工程的主要形式之一,在黄土区也称拦泥坝。

拦沙坝的主要作用是:①拦蓄泥沙(包括块石),调节沟道内水沙,以免除对下游的危害,便于下游河道整治;②提高坝址的侵蚀基准,减缓坝上游淤积段河床比降,加宽河床,减小流速,从而减小了水流侵蚀能力;③稳定沟岸崩塌及滑坡,减小泥石流的冲刷及冲击力。防止溯源侵蚀,抑制泥石流发育规模。

拦沙坝的坝型主要根据山洪或泥石流的规模及当地的材料来决定。按结构分,主要坝型有以下几种:

（1）重力坝：依自重在地基上产生的摩擦力来抵抗坝后泥石流产生的推力和冲击力。其优点是：结构简单，施工方便，就地取材，耐久性强。

（2）切口坝：又称缝隙坝，是重力坝的变形，即在坝体上开一个或数个泄流缺口。主要用于稀性泥石流沟，有拦截大砾石、滞洪、调节水位关系等特点。

（3）错体坝：错体坝将重力坝从中间分成两部分。并在平面上错开布置，主要用于坝肩处有活动性滑坡又无法避开的情况。坝体受滑坡的推力后可允许有少量的横向位移，不致造成拦沙坝破坏。

（4）拱坝：拱坝可建在沟谷狭窄、两岸基岩坚固的坝址处。拱坝在平面上呈凸向上游的弓形，拱圈受压应力作用，可充分利用石料和混凝土很高的抗压强度，具有省工、省料等特点；但拱坝对坝址地质条件要求很高，设计和施工较为复杂，溢流口布置较为困难，因此在泥石流防治工程中应用较少。

（5）格栅坝：格栅坝是泥石流拦沙坝又一种重要的坝型，近年发展得很快，出现了多种新的结构。格栅坝具有良好的透水性，可有选择性地拦截泥沙，还具有坝下冲刷小、坝后易于清淤等优点。格栅坝主体可以在现场拼装，施工速度快。格栅坝的缺点是坝体的强度和刚度较重力坝小，格栅易被高速流动的泥石流和大砾石击坏，需要的钢材较多，要求有较好的施工条件和熟练的技工。

（6）钢索坝：钢索式拦沙坝是采用钢索编制成网，再固定在沟床上而构成的。这种结构有良好的柔性，能消除泥石流巨大的冲击力，促使泥石流在坝上游淤积。这种坝结构简单，施工方便，但耐久性差，目前使用得很少。钢索式拦沙坝按建筑材料分有砌石坝、混合坝、铁丝石笼坝等坝型。

4. 塘坝

塘坝又称塘堰、堰塘、山塘等，在沟溪内筑坝或利用地势低洼处拦蓄地表径流、山泉溪水的小型蓄水设施，蓄水量一般在 1 000～100 000 m³。这里特指采用筑坝（一般为浆砌石重力坝）的形式修建在沟头、沟溪或沟底的工程措施，是沟道治理体系的重要组成部分。建筑物结构一般由坝体、溢洪道和泄水洞（也称塘坊）三部分组成，也有滚水式的。塘坝广泛分布在西南及北方土石山区、南方丘陵山区和东北漫岗丘陵区。

5. 淤地坝

淤地坝是指在多泥沙沟道修建的以控制沟道侵蚀、拦泥淤地、减少洪水和泥沙灾害为主要目的的沟道治理工程设施。广泛分布于黄土高原的各级沟道中，基本上都是采用碾压或水坠施工的均质土坝。坝内所淤成的土地称为坝地。

1）淤地坝的作用

淤地坝的作用如下：稳定和抬高侵蚀基点，防止沟底下切和沟岸坍塌，控制沟头前进和沟壁扩张；蓄洪、拦沙、削峰，减少入河、入库泥沙，减轻下游洪沙灾害；拦泥、落淤、造地，变荒沟为良田，可为山区农林牧业发展创造有利条件。

2）淤地坝的分类

淤地坝按规模分为小型、中型和大型三种类型。

淤地坝按筑坝材料可分为土坝、石坝、土石混合坝等；按坝的用途可分为缓洪骨干坝、拦泥生产坝等；按施工方法可分为碾压坝、水坠坝（水力冲填坝）、定向爆破坝、堆石坝、干砌石坝、浆砌石坝等。

小流域坝系是指在小流域中,由相互联系和发挥综合效益的淤地坝、治沟骨干工程、小水库等组成的坝库群工程设施,是中国黄土高原水土流失严重地区重要而独特的治沟工程体系。

水土保持骨干工程(简称骨干坝),库容在 50 万~500 万 $m^3$,是修建在各级沟道中的控制性坝工建筑物,其主要作用是保护下游规模较小的淤地坝群,以防洪为主,提高整个小流域的防御标准。其坝高、建筑物组成等与大型淤地坝相似,库容的范围包含了大型淤地坝,因此控制性大型淤地坝一般也称骨干坝。也有中型淤地坝经过坝体加高,库容增大,改做骨干坝的。

3)淤地坝的结构

淤地坝一般由坝体、溢洪道、放水建筑物三个部分组成,通常称为"三大件"。

坝体是横拦沟道的挡水拦泥建筑物,用以拦蓄洪水,淤积泥沙,抬高淤积面。溢洪道是排泄洪水建筑物,当淤地坝洪水位超过设计高度时,就由溢洪道排出,以保证坝体的安全和坝地的正常生产。放水建筑物多采用竖井式和卧管式,沟道常流水,库内清水等通过放水设备排泄到下游。反滤排水设施是为排除坝内地下水,防止坝地盐碱化,增加坝坡稳定性而设置的。

### 2.3.1.3　护岸工程

水土保持护岸工程是用来保护沟岸免遭山洪和泥石流冲刷的防护性工程措施,沟道中设置护岸工程,主要用于下列情况:①由于山洪、泥石流冲击使山脚遭受冲刷而有山坡崩坍危险的地方;②在有滑坡的山脚下,设置护岸工程兼起挡土墙的作用,以防止滑坡及横向侵蚀;③保护谷坊、拦沙坝等建筑物;④沟道纵坡陡急,两崖土质不佳的地段,除修谷坊防止下切外,还应修护岸工程。

水土保持护岸工程一般分为工程措施护岸、植物措施护岸和综合措施护岸 3 大类。

1. 工程措施护岸

工程措施护岸类型:按材料和砌筑方法,可分为干砌石护岸工程(重力式、贴坡式)、浆砌石护岸工程(重力式、贴坡式、网格式、复合式)、混凝土护岸工程(重力式、贴坡式、网格式、复合式、水泥砂浆(喷浆))。

在工程布局和结构上,工程措施护岸工程一般包括护坡与护基(或护脚)两部分。枯水位以下称为护基工程,枯水位以上称为护坡工程。

为了防止护岸工程被破坏,除应注意工程本身质量外,还应防止因基础被冲刷而遭受破坏。因此,在坡度陡急的山洪沟道中修建护岸工程时,常需同时修建护基工程。如果下游沟道坡度较缓,一般不修护基工程,但护岸工程的基础需有足够的埋深。

护基(脚)工程常潜没于水中,时刻都受到水流的冲击和侵蚀作用。因此,在建筑材料与结构上要求具有抗御水流冲击和推移质磨损的能力;富有弹性,易于恢复和补充,以适应河床变形;耐水流侵蚀的性能好,以及便于水下施工等。传统常用的护脚工程有抛石和石笼等。

护坡工程又称护坡堤,可采用砌石结构,也可采用混凝土结构护坡。砌石护岸堤可分单层干砌块石、双层干砌块石和浆砌石 3 种。混凝土护坡有混凝土和钢筋混凝土板、混凝土异形块等。

2. 植物措施护岸

植物措施护岸的类型包括乔灌混交林护岸、种草(皮)护坡、草灌护坡。

(1)乔灌混交林护岸:对坡度 10°~20°(南方坡面土层 15 cm 以上、北方坡面土层 40 cm 以上)、立地条件较好的地方,常采用乔灌混交林护岸。采用适应当地条件、速生的深根性与浅根性相结合的乔灌木、藤本植物混交护岸。

(2)种草(皮)护坡:对于坡比小于 1:1.5,土层较薄的沙质或土质坡面,常采用种草(皮)护坡。

(3)草灌护坡:在坡面的坡度、坡向和土质较复杂的地方,实行乔灌草结合的植物或藤本植物护坡。

3. 综合措施护岸

综合措施护岸的类型一般有砌石草皮护岸、格状框条护坡、挂网喷草护坡等。

## 2.3.2　林草措施(植物措施)

水土保持林草措施(植物措施)是指在水土流失地区,为防治水土流失,保护、改良和合理利用水土资源,所采取的造林、种草及封禁保护等生产活动。

水土保持植物措施根据其防护作用、经营目的及植物类别分水土保持林、水土保持经济林和水土保持草。各种植物措施在实际运用时可以根据具体情况结合使用或综合布置,即宜林则林、宜草则草、林草结合、乔灌结合等。

林草措施(植物措施)的作用:植被覆盖是自然因素中防治土壤侵蚀起积极作用的因素,几乎在任何条件下都有阻缓水蚀和风蚀的作用。植被在水土保持上的功效主要表现为:拦截雨滴,调节地表径流,固结土体,改良土壤性状;降低风速,防止风害。此外,森林还有提高空气湿度,增加降雨量;调节气温,防止干旱及冻害;净化空气,保护和改善环境等多种作用。

### 2.3.2.1　水土保持林

1. 水土保持林的含义

水土保持林指以防治水土流失为主要功能的人工林和天然林。根据其功能的不同,可分为坡面防护林、沟头防护林、沟底防护林、塬边防护林、护岸林、水库防护林、防风固沙林、海岸防护林等。

2. 水土保持林的作用

水土保持林是水土保持林业技术措施的主要组成部分。主要作用表现在:树冠拦截降水和调节地表径流。通过林中乔、灌木林冠层对天然降水的截留,改变降落在林地上的降水形式,削弱降雨强度和其冲击地面的能量;通过枯枝落叶层缓流下渗,调节径流,分散水流,拦滤泥沙。

3. 水土保持造林的主要技术

水土保持造林的主要技术包括以下几个方面。

(1)根据防治水土流失、改善生态环境和增加经济收入、提高群众生活的需要,合理地确定水土保持林与经济林(果)种植面积的比例。经济林果要集约化经营。

（2）必须注意适地适树。无论是经济林还是水土保持林或水源涵养林,选植的树种,都必须适应当地的环境条件。例如,黄土高原北半部气候干旱,山坡上造水土保持林,一般以灌木为主,乔木只种在沟底和"四旁"(渠旁、路旁、村旁、宅旁)等土壤水分条件较好的地方。

（3）建立高质量的苗圃。根据造林需用的不同树种及其相应的数量,以乡、村为单元建立规模适当的高质量苗圃,就近育苗。用好苗、壮苗满足造林需要,是提高造林质量的重要一环。

（4）选择适宜的整地工程。整地能改善林地小气候和土壤理化性质,增强土壤蓄水保墒保肥能力。常见的造林整地工程有水平阶(反坡梯田)、水平沟、撩壕整地、鱼鳞坑等。整地时间一般在造林前一年或半年提前进行整地。北方地区最好在雨季前整地,有利于截蓄雨水。

（5）选择适宜的造林方法。造林方法按所使用的造林材料(种子、苗木、插穗等)不同,一般分为植苗造林、播种造林和分植造林。植苗造林是营造水土保持林最广泛采用的造林方法,其突出优点是不受自然条件的限制,此外可以节省种子,在种源不足的情况下,可以先育苗再造林。播种造林分为人工播种造林和飞机播种造林,一般适用于大粒种子的树种如核桃、油茶、板栗、栎类、山杏、油桐等,也适用于油松、华山松、侧柏、柠条等中小粒种子的树种。播种造林比较适应林地环境条件,但易受鸟兽危害,往往没有植苗造林保存率高,特别是自然条件较差的地方尤为明显。分植造林是利用树木的营养器官(如茎、枝、条、根、地下茎等)直接进行造林的方法。该方法只适用于营养器官具有萌芽能力的树种,如杨、柳、杉木、竹类等。分植造林不需要种子和育苗,但因没有现成的根系,故要求较湿润的土壤条件。

（6）选择适宜的造林季节。造林季节可分为春季造林、雨季造林、秋季造林和冬季造林。春季气温回升,土壤解冻,土壤水分比较充足,是我国大部分地区造林的适宜季节。雨季造林适合于夏季降雨集中的地区,如华北、西北和西南等地,造林时机选择一般在下过1～2场透雨后,出现连阴天气时最好。秋季造林应在落叶后至土壤冻结以前进行,寒冷多风地区对萌芽力强的阔叶树要进行截干,埋土覆盖。冬季造林可在土不冻结的西南、华南两个地区进行。

（7）必须进行抚育管理。抚育管理是巩固造林成果、加速林木生长的重要措施。主要是改善土壤条件,保护林木生长,免受自然和人为破坏,以及调整林木生长过程等。

### 2.3.2.2　水土保持草

#### 1. 水土保持草的含义

水土保持草是指在水土流失地区的为治理荒山、荒坡、荒沟、荒滩和没有植被覆盖的河岸、堤岸、坝坡、退耕的陡坡地,以及由于过度放牧引起退化的天然草场等而培育的人工草地或人工改良的天然草地类型。

#### 2. 水土保持草的作用

与木本植物相比,草本植物对环境,特别是极端环境的适应能力更强。因此,在水土流失地区,根据不同立地条件或区域自然条件的特点,可以通过种植草本植物或林、草结合的综合生物措施治理水土流失。草本植物除保持水土外,还可以改良土壤,提供"三料"(饲料、肥料、燃料),进行综合利用,开展多种经营,达到以草促牧、以草促农、以草促副,农、林、牧、副全面发展的目的。

#### 3. 水土保持草的主要措施

水土保持草主要包括人工种草、封坡育草措施等。

##### 1) 人工种草

人工种草包括陡坡地退耕种草和荒坡种草两方面。人工种草必须与发展牲畜业相结合,以草定畜、草畜平衡,做到饲草与牲畜协调发展。人工种草要选择产草量高、固土作用强,品质优良、牲畜爱吃的草种,兼顾保持水土和发展牲畜两个方面。

##### 2) 封坡育草

在我国一些地多人少地区,有大片的荒坡和草原,生产活动以畜牧业为主(纯牧区),有的在放牧的同时还兼营农业(半农半牧区),由于过度放牧或扩大耕地,造成草场退化,载畜量降低,不仅影响畜牧业发展,而且造成水土流失和土地沙化,水土流失面积和风沙区面积日益扩大,草场面积日益缩小,形成恶性循环。封坡育草、轮封轮牧的措施:一是以乡或村为单元,把现有的草坡分成若干片,其中部分放牧,部分封禁;让地面的草类有恢复生长的时机,等封禁的这一部分地面草长好以后就可以放牧,原来放牧那一部分再封禁。二是对封禁育草的部分地面,用木桩和铅丝做成围栏圈起来,进行有效保护。三是选条件较好的地面,进行人工种草,以补充饲草不足,促进封禁实施。

### 2.3.3　水土保持耕作措施

水土保持耕作措施是在遭受水蚀和风蚀的农田中,采用改变微地形、增加地面覆盖和土壤抗蚀力,实现保水、保土、保肥、改良土壤、提高农作物产量的农业耕作方法。可分为以下 4 种方法:①改变微地形的保水保土耕作措施,主要有等高耕作、带状耕作、沟垄种植、掏钵种植、抗旱丰产沟、休闲地水平沟等。②增加地面植物被覆的保水保土耕作措施,主要有草田轮作、间作、套种、带状间作、合理密植、休闲地上种绿肥等。③增加土壤入渗、提高土壤抗蚀性能的保水保土耕作措施,主要有深耕、深松、增施有机肥、留茬播种等。④减少土壤蒸发的保水保土耕作措施,主要有地膜覆盖、秸秆覆盖、砂田等。

## 2.4　人为水土流失防治基本知识

### 2.4.1　人为水土流失防治的概念

人为水土流失指由于人类不合理的经济活动,破坏了地面植被和稳定的地形,以及随意排放固体废弃物而造成的水土流失。人类不合理的经济活动包括滥砍滥伐林木、毁坏天然草地、陡坡开荒、过度放牧,以及开矿、修路等生产建设中扰动和破坏地表(岩层)后不及时恢复植被,或随意倾倒废土弃石等。

人为水土流失防治主要有以下几个方面:一是保护现有林草植被,禁止乱砍滥伐,禁止毁林毁草、开荒垦种,禁止在陡坡地、干旱地区铲草皮和挖树根。二是禁止在 25°以上陡坡地开垦种植农作物。对现有 25°以上的陡坡耕地,应在建设基本农田的基础上,逐步退耕,种树种草,恢复植被。三是在山区、丘陵区、风沙区开矿、修路、兴修水利工程等生产建设,在建设项目环境影响报告书中,必须有水土保持主管部门同意的水土保持方案,与主体工程同时设计、同时施工、同时投产使用,以防止由于破坏原有地形和地表植被产生新的水土流失。

## 2.4.2　生产建设水土流失防治的措施类型

生产建设过程中为了防治产生新的水土流失,根据不同情况应当因地制宜地主要采取以下八类技术措施:

一是拦挡措施。利用拦渣墙、拦渣坝、拦渣堤等形式,就地拦挡开矿、修路等的弃渣、弃土、弃石等,避免在暴雨中被冲刷流失。

二是护坡措施。对开矿、修路等形成的挖方陡坡、填方陡坡或弃渣、废土堆积成的陡坡,根据不同情况采取植物护坡(种树、种草)、工程护坡(浆砌块石、干砌块石)、综合护坡(砌石草皮、格状框条),以及削坡开级(将陡峭土坡上部削缓,堆放在下部,或将陡坡开挖成若干台 1 m 左右宽的小台阶)等措施,防止暴雨中陡坡产生冲刷。

三是土地整治措施。对开矿、修路等地面上形成的深坑、浅凹,用机械或人工进行平整,根据不同情况,分别改造成池塘或农、林、牧业用地。

四是防洪排导措施。在生产建设项目基建施工和生产运行过程中,布设的拦洪坝、排洪排水、护岸护滩、泥石流防治等工程措施。

五是降水蓄渗措施。指针对建设屋顶、地面铺装、道路、广场等硬化地面导致区域内径流量增加,所采取的雨水就地收集、入渗、储存、利用等措施。

六是临时防护措施。是指在工程项目的基建施工期,为防止项目在建设过程中的各类施工场地扰动面、占压区等造成的水土流失而采取的临时性防护措施。包括临时工程防护如挡土墙、护坡、截(排)水沟等,临时植物防护措施如种树、种草、草树结合或种植农作物等,以及因地制宜地采取其他临时防护措施。

七是植被建设措施。主要指对生产建设项目区及其周边的弃渣场、取土场、石料场及各类开发扰动面的林草恢复工程,以及工程本身的各类边坡、裸露地、闲置地和生活区、厂区、管理区及施工道路等区域的植被绿化工程措施。

八是防风固沙措施。在风蚀区域进行生产建设时,因开挖地面、破坏植被,并由此加剧风蚀和风沙危害。防风固沙工程措施主要包括沙障固沙、造林固沙、种草固沙、沙丘平整、化学固沙(利用化学胶结物固沙)等。

# 第 3 章　水土保持调查

水土保持调查的类型按其涉及的范围和内容,可分为水土保持综合调查和水土保持专题(专项)调查。调查的形式一般可分为野外调查、统计调查和遥感调查。在实际工作中往往是多种形式的结合。

## 3.1　水土保持调查的形式

### 3.1.1　野外调查

野外工作中的野外勘测、查勘、勘察、踏察等,尽管侧重点有所不同,广义上统称为野外调查,也称实地调查、现场调查等。野外调查主要指在野外实地、现场进行包括观察、询查、测量、测定、采样等各项工作。野外调查有三个方面的目的:一是直接取得第一手资料;二是印证已有资料(也称第二手资料或历史资料);三是发现新问题。其中直接取得第一手资料是野外调查最重要的目的。

野外调查是水土保持调查的重要方法,无论是水土流失综合调查还是水土保持专题(专项)调查,都离不开野外调查。

野外调查的全过程,可以划分为准备工作、野外工作(外业)和室内总结(内业)等三个阶段。

#### 3.1.1.1　水土保持野外调查的准备工作

野外调查的准备工作主要有背景资料的准备、野外调查设备的准备和调查记录表格的准备。

1. 背景资料的准备

(1)调查之初必须明确调查的目的、要求、对象、范围、深度、工作时间、参加的人数、所采用的方法及预期所获得的成果。这也是调查提纲的主要内容。

(2)收集并熟悉调查地和调查对象的相关资料。一是前人研究工作的资料;二是相关学科的资料,如地形地貌、水文、气象、农林牧业资料以及社会经济资料等。

2. 野外调查设备的准备

野外调查用的仪器、设备,一般分为通用和专用两大类。适用于野外调查的通用设备主要有:罗盘、高度表、GPS、大比例尺地形图、望远镜、照相机、放大镜、铁锤、手铲、卷尺、标本盒(袋、夹)、标签,以及用以记录的笔记本、铅笔等。专用设备是指适用于不同学科的专门仪器或设备。例如:测量用的水准仪、经纬仪、全站仪等;水文调查用的流速仪、水尺、求积仪、计算纸等;土壤调查用的土镐、土锹、土钻、取土刀等;生物调查用的年轮仪、测高器、步度计、测盖度用点测仪、采集器(筒、袋)、枝剪等。

3. 调查记录表格的准备

无论是综合性的还是专项野外调查,都应分门别类地设计统一规范的调查表格,如观察记录、测量记录、采样记录等,以及为方便记录所配备的计算纸、绘图纸、透明方格纸等。

### 3.1.1.2　野外调查的外业工作

野外调查的外业工作是野外调查的核心,主要包括以下几方面。

1. 确定野外调查外业工作的基本形式

当野外调查的范围确定后,一般采用线路调查和样地(观测点)调查两种基本形式。

1)线路调查

线路调查即在调查范围内按不同方向选择几条具有代表性的线路,沿着线路调查。路线的选择要以通过尽量多的类型和便于掌握全区概貌为原则。此外,路线还要尽量通过典型地段(或类型区),以便在那里设置观测点进行详细的调查。这种方法虽然比较粗糙,但可以窥其全貌,适宜于大面积的,特别是调查对象分布不均匀的地区。

2)样地(观测点)调查

在调查范围选择不同地段(或类型区)设置样地(观测点),在样地(观测点)内作细致的调查研究。野外调查的大部分工作如观察、测定、测量、取样等都是在样地(观测点)上进行的。样地(观测点)的设置是按不同的环境、调查的目的、对象而定的。

2. 野外定点

野外调查时,需要在地形图上确定观测点或目标的位置,这个工作称为野外定点。

野外定点最常用的方法有目估法(也称地形地物法)和交会法。目估法是指根据测点周围地形,地物的距离和方位的相互关系,用眼睛来判断测点在地形图上的位置。交会法则借助仪器或其他量测工具进行定点。前者适用于精度要求不太高时的小比例尺定点,后者适用于精度要求较高的大比例尺定点。

3. 观察、询查

观察是野外调查的最重要的认知方式和环节。它又分为路线观察和定点观察两种。在进行路线观察时,除重点观察既定的专项内容外,还应关注那些沿途能够见到的地质、地形、土壤、植物等一般地学现象的变化情况,以及土壤侵蚀状况、水土保持工程情况等,随时对照地形图,及时标绘到地形图上;定点观察是指在确定的样地(观测点)上对调查目标进行更详细的分辨、识别和描述,主要包括形态特征、数量特征、组成特征和质地特征。定点观察是野外调查的重点。

询查是指现场询问调查。有些情况光靠观察是不能解决问题的,必须对当地居民或有经验者进行访问和调查。如水土流失发生时间的调查、无观测资料的暴雨洪水调查、水土保持工程运行以及社会经济方面的调查等。

4. 测量、测定

水土保持野外调查中,对流域自然地理环境、水土流失、水土保持工程、水土保持植物中涉及的一些参数的测量、测定工作是必不可少的,是获得各项调查数据参数的重要途径。例如在水土保持工程中,经常需要测量求算面积、坡度、土方量、库容、比降等常用参数;在水土保持植物调查中常需要测定求算林木树高、树冠距离、树冠冠幅、木积量、树冠体积、林木胸径、郁闭度、草地盖度等参数。对上述参数的精度要求不同,所选用的测量、测定或计算方法也不尽相同。在野外常用的方法是常规地面测量方法和植物学测定方法。

5. 采样

各种样品是野外调查的重要资料,在外业阶段一定要重视对样品的采集。

水土保持野外调查时需要采集的样品,主要包括土壤、植物、水样、松散沉积物等。这些样品大体可以划分为两大类:标本和分析样品。植物标本主要用于室内鉴定和展示陈列,一般应按规格采集,应照顾到植株的根、茎、叶、花各部分的完整性等;土壤、水样等分析样品是专为室内化验用的,则应分别按专业要求采集、保管和运输。

在野外采集的样品,都需在现场登录、编号。采集的样品要妥善保管,防止丢失和损坏,也不要把标签弄混乱,以免给室内鉴定和分析带来麻烦。

6. 野外记录与野外拍摄

1) 野外记录

水土保持野外调查外业工作的各项野外记录,是宝贵的原始资料,是进行内业工作综合分析和进行研究的基础与重要依据,也是野外调查的重要成果。对野外记录的要求,一是真实性,符合客观实际;二是全面、详细,突出重点;三是整齐、清晰;四是图文并茂。

不同的外业项目野外记录一般都有固定的格式,主要包括地点、日期、天气情况;观测点的位置(如观测点多,则应编号);该点观测的对象;观察的内容,是观测记录的主要部分,应把观察到的内容逐项记录清楚;必要时绘制剖面图、平面示意图和素描图。

2) 野外拍摄

随着科技的发展,野外调查中的野外拍摄显得越来越重要,对一些典型断面、剖面、重要景观拍照或录像,既是野外观察、测量、采样等工作中必不可少的辅助手段,也是对野外记录的重要补充。野外拍摄资料也是野外调查的重要成果。

### 3.1.1.3　野外调查的内业工作

野外调查的内业工作即室内总结,是深入系统地对调查所获得的各种材料进行分析研究。这一阶段要做好以下三方面的工作:资料整理和图件清绘;标本鉴定和样品分析;撰写调查报告。

## 3.1.2　统计调查

统计调查是根据调查的目的与要求,运用各种统计方法,有计划、有组织地收集数据资料的过程。无论是自然科学还是社会科学,统计调查的运用十分广泛,其理论和方法日趋成熟。由于水土保持是农、林、水等学科的交叉学科,具有科学性、综合性、生产性和社会性的特征,因此水土保持统计调查融合了农业、林业、社会经济统计等不同学科的调查方法,在水土保持调查中具有重要的基础地位,是水土保持调查最常用的调查方式。

### 3.1.2.1　统计调查的种类

统计调查从不同角度可以作不同的分类:

(1)按其组织形式,可分为统计报表制度和专门调查。统计报表制度是国家统计系统和业务部门为了定期取得系统、全面的基本统计资料而采用的一种自下而上的调查方法。这是我国取得国民经济统计资料的主要形式。水土保持调查中的梯田、造林、种草、其他土地面积,以及人口、劳力、各业产值、社会经济资料等,就是从统计报表中分析获取的。专门调查是为研究某些专门问题所组织的一种调查方式,包括抽样调查、普查、重点调查和典型调查等。水土保持统计调查多数采用专门调查的方法。

(2)按调查对象包括的范围不同,分为全面调查和非全面调查。全面调查是对被研究现象总体的所有单位无一遗漏地都进行调查;非全面调查则是对被研究总体的一部分单位进行调查。非全面调查主要指抽样调查、重点调查和典型调查等几种调查方法。

(3)按调查时间的连续性分,可分为经常性调查和一次性调查。

经常性调查是指随着研究对象的发展变化,连续不断地进行调查登记、观测记载。主要用于连续观察一定时期内事物发展的过程。例如:统计报表中作物产量、水文年鉴中的降水量等就是对某一时期(时段)的量值连续观察的结果。

一次性调查是指间隔一段时期而进行的调查。一次性调查可以是定期进行的,也可以是不定期进行的。例如,世界上许多国家的人口普查,每隔10年举行一次,而有的普查则是不定期举行的。

(4)按资料收集的方式不同,可分为分类查阅收集、直接观察法、采访法、报告法和问卷调查。

分类查阅收集:就是通常所说的收集资料,调查者根据调查目的来确定需要的资料来源类型与内容,查阅、收集取得行业内外的现有资料,包括观测资料、以往调查资料、有关研究成果、区划和规划成果、史志类资料、统计资料、法规和文件、图形图像资料等。该法的特点:一是获取信息途径广而便捷,如行业内外各部门、科研情报机构、图书馆、报刊杂志社以及利用互联网检索查询等;二是费小效宏。分类查阅收集是调查中最常用的方法,但要保证资料的有效性,需要认真筛选。

直接观察法:是指调查人员亲自到现场对调查对象进行查点和计量的方法。如调查新修梯田的面积、农产品产量等时,调查人员亲自到现场实测。采用这种方法能够保证资料的准确性,但所需人力、财力、物力和时间比较多。

采访法:是直接根据被调查者的回答来取得调查资料的方法,又称询问法。它又分为个别访问和开调查会两种形式。

报告法:是被调查单位利用业务技术核算原始记录为根据,按照一定的表格形式和要求,向有关部门提供统计资料的方法。我国现行的统计报表制度就是采用报告法收集资料逐级上报的。

问卷调查:它是以问卷形式提问。采用随机或有意识地选择若干调查单位,发出问卷,要求被调查者在规定的时间内反馈信息,借以对调查对象总体作出估计。问卷调查多用于民意测验,了解人民群众对社会现象产生的问题的一些看法。

### 3.1.2.2 统计报表

1.统计报表的概念

统计报表是当前我国收集统计资料的主要方法之一,它是按照国家或上级部门统一规定的表格形式、统一规定的指标内容、统一的报送程序和报送时间,由填报单位自下而上地逐级提供统计资料的一种统计调查组织形式。我国现行的统计报表,主要包括国民经济基本统计报表和专业统计报表。

2.统计报表的种类

(1)按调查范围不同,可分为全面的统计调查表和非全面的统计调查表。全面的统计调查表要求调查对象的每一个单位都要填报;非全面的统计调查表只要求调查对象的一部分单位填报。

(2)按报送周期长短不同,可分为日报、旬报、月报、季报、半年报和年报。除年报外,都称为定期报表。

(3)按填报单位的不同,可分为基层报表和综合报表。由基层单位填报的统计调查表是基层报表;由主管部门或统计部门根据基层报表逐级汇总填报的统计调查表是综合报表。

(4)按报表内容和实施范围,分为国家的、部门的和地方的统计调查表。国家的统计调查表是根据国家统计调查项目和统计调查计划制定的,包括国家统计局单独拟订的和国家统计局与国务院有关部门共同拟订的统计调查项目。部门统计调查表是根据有关部门统计调查项目和统计调查计划制定的,一般用来收集各主管部门所需的专业统计资料,在各主管部门系统内施行。地方统计调查表是根据有关的地方统计调查项目和统计调查计划制定的,用来满足地方人民政府需要的地方性统计调查。

3.统计报表制度

1)统计报表制度的概念

统计报表制度,是对统计报表内容的一系列规定形成的一项必须遵守的制度。它是我国重要的国家管理制度之一,按照法律规定,执行统计报表制度是各地方、各部门、各单位必须向国家履行的一种义务。

2)统计报表制度的基本内容

统计报表制度的基本内容包括报表目录、表式和填表说明三大部分。

报表目录:是指明确各种报表的填报单位(报送单位)、调查对象、报送时间和报送方式程序等要求事项。

表式:是指统计表的具体格式,表内要求填报的指标项目以及表外填报的各项补充资料。

填表说明:编制每种报表的填表说明是指明表式中各种问题的理解和填写方法,以及有关注意事项。填表说明应包括填报范围(或汇总范围)、统计目录、指标解释、统计分组(类)或有关的划分标准及代码等问题。

3)统计报表的组成

统计报表一般由表头、表尾和统计表格三部分组成。

表头:表头分为标题、填报单位(位于左)、报表的报告期(位于中间)、报表的批准机关和有效期等(位于右)。

表尾:一般为辅助信息,例如统计负责人、填表人。

统计表格:由主词栏和宾词栏两个部分组成。主词栏是统计表中所要说明的总体及其组成部分;宾词栏是统计表中用来说明总体数量特征的各个统计指标。

### 3.1.2.3　专门调查

很多情况下,按照特定任务的要求和调查对象,需要采取专门调查的方式。专门调查包括普查、重点调查、典型调查和抽样调查。

**1. 普查**

1）普查的概念

普查是专门组织的一次性全面调查,指对调查总体中的每一个对象进行调查的一种调查组织形式。普查的特点是对所有调查单位一一进行调查,调查资料比较准确、全面;但普查涉及面广、时间性强,需动员大量的人力、物力,组织工作比较繁重复杂。

2）普查的类型

普查可分为逐级普查、快速普查、全面详查。逐级普查是按照部门分级,从最基层全面调查开始,一级一级向上汇总,各级部门可根据规定或需求汇总和分析相应级别的资料。快速普查则是根据需要以报表、网络、电话等多种形式进行快速调查汇总的一种方法。全面详查是对某一区域进行非常详尽的全面调查,如全国土地详查。

3）适用范围

普查在水土保持工作中应用广泛,主要有:

(1)逐级普查方法应用于大面积的定期或不定期的水土流失普查和水土保持调查;

(2)快速普查应用于水土流失监测站网的例行调查,一般采用报表形式或电传、网传形式进行;

(3)全面详查适用于小流域水土流失与水土保持综合调查以及生产建设项目水土流失与水土保持综合调查。

4）普查应注意的问题

(1)统一调查时间;

(2)调查项目应统一,不同时期的普查项目应保持一致,以利于汇总和对比;

(3)尽可能同时对各个调查单位进行调查,并力求在最短的时间内完成。

**2. 重点调查**

1）重点调查的概念

重点调查是一种非全面调查,是从被研究总体的全部单位中选择一部分重点单位所进行的调查。所谓重点单位,就是在所研究现象的总量中占有较大比重,能够反映整个研究对象基本情况的单位。一般地说,当调查任务只是要求掌握基本情况,而部分单位又比较集中地反映所研究对象在某些标志上的主要情况时,采用重点调查比较适宜。这样可以用较少的时间、人力和物力,满足一般研究任务的需要。例如,调查黄土高原的淤地坝状况,选择陕北、晋西北地区作为重点调查单位,因为这些地区的淤地坝数量占黄土高原淤地坝的很大比重,能够反映黄土高原的淤地坝建设的基本情况。

重点调查的优点在于调查单位少,可以调查较多的项目和指标,了解较详细的情况,节省人力和时间。但必须指出,由于重点单位和一般单位的差别较大,重点调查不具有普遍性,并不能以此来推算总体。

2）适用范围

重点调查适用于全国或大区域范围内对重点治理措施、重点治理流域、重点示范流域及重点城市和生产建设项目水土流失及其防治、水土保持执法监督规范化建设等项目的详细调查,以便掌握全国或大区域范围内的水土保持总体情况。重点调查可以是一次性调查,也可以定期进行调查。

3)重点调查单位的选择

重点调查的关键是重点调查单位的选择。重点调查单位根据调查任务不同,可以是一些企业、行业和部门,也可以是一些地区和城市。重点调查单位选多少,要根据调查任务确定。一般来说,选出的单位应尽可能少些,而其标志值在总体中所占的比重应尽可能大些。其基本标准是所选出的重点调查单位的标志值必须能够反映调查总体的基本情况。例如在前例中,陕北、晋西北地区在黄土高原的各地区中只是少数,但它们的淤地坝数量却占很大比重。另外,选中的单位在调查对象方面应有比较完整的统计、施工、验收等方面的资料。

3. 典型调查

1)典型调查的概念

典型调查是一种非全面调查,即从众多调查研究对象中有意识地选择若干具有代表性的单位进行深入、周密、系统的调查研究。一般地说,通过典型调查可以找出它们的综合特征,以此来概括说明同类现象发展变化的一般情况、总的规律与趋势,揭示事物的内在矛盾,找出关键性问题等。

典型调查的特点是:调查单位少,能深入细致地调查;取得的资料代表性较高;灵活机动,省工省时,调查的时效性高;典型调查的资料可以用来补充和验证全面统计的数字,推估有关现象的总体。但典型调查由于是有意识地选择调查单位,主观性较大。

2)适用范围

(1)水土流失典型事例及灾害性事故调查:主要包括滑坡、崩岗、泥石流、山洪等。

(2)小流域综合治理典型调查:包括水土保持措施新技术采用的推广示范调查及水土保持政策法规执行情况和新的治理经验调查。

(3)全国重点或示范流域、重点城市及生产建设项目水土流失防治调查。

(4)流域规划设计中不同类型区水土流失及其防治调查。

3)典型单位的选择

典型单位的选择,是典型调查的核心问题。典型可以是单个的,也可以是整群的;可以是临时的,也可以是固定的。要根据调查研究的具体要求来确定,选择标准是被选中的单位具有充分的代表性。如为了总结推广先进经验,就应选择先进的典型;为了反映一般情况,应选择具有中等水平的典型;为了近似地估算总体的数值,应把总体分成若干类型,从每一类型中按它在总体中的比例选择若干个典型等。

4)重点调查与典型调查的区别

重点调查与典型调查都是非全面调查,但二者是有区别的。

(1)重点调查研究的单位标志总量占总体标志总量的很大比重,但不具有普遍的代表性。典型调查研究单位是在对总体有相当了解和分析的基础上,有意识地选择出来的,如果采用分类选择的方法,则具有普遍的代表性。

(2)重点调查单位的选择具有客观性,典型调查单位的选择具有主观性。二者的根本区别是选择调查单位的方法不同。

(3)重点调查不具备用重点调查单位的量推断总体总量的条件,典型调查在一定条件下可以用典型单位的量推断总体总量。

**4.抽样调查**

1）抽样调查的概念

抽样调查是一种非全面调查,是在被调查对象总体中,抽取一定数量的样本,对样本指标进行量测和调查,以样本统计特征值(样本统计量)对总体的相应特征值(总体参数)作出具有一定可靠性的估计和推断的调查方法。被研究事物或现象的所有个体(数值或单元)称为总体;从总体中按预先设计的方法抽取一部分单元,这部分单元称为样本,组成样本的每个单元称为样本单元。

与其他非全面调查比较,抽样调查的特点是:

(1)只抽取总体中一小部分单位进行调查,取得数据,并据此从数量上推算总体。

(2)抽选部分单位时要遵循随机原则。

(3)抽样调查会产生抽样误差,抽样误差可以计算,并且可以加以控制。

2）常用的抽样方法

常用的抽样方法有简单随机抽样、系统抽样、分层随机抽样、整群抽样等。在具体操作过程中,还可以综合运用两种或两种以上的抽样方法,尽量保证用最少的投入取得较为理想的调查效果。

3）抽样调查的应用

抽样调查在水土保持调查中的应用广泛,主要有以下几个方面:

(1)大面积水土保持措施调查。

(2)一定区域范围内土地利用类型变化和土壤侵蚀类型及其程度的监测。

(3)综合治理和生产建设项目中水土保持工程质量的抽检。

(4)水土保持效益调查中样本地块、样本农户的布设。

(5)监测样点布设。

## 3.1.3 遥感调查

### 3.1.3.1 遥感调查的概念

遥感是对大地进行综合观测的一项技术。目前,遥感技术已广泛应用于农业、林业、水土保持、地质、海洋、气象、水文、军事、环境保护等领域。遥感调查就是通过对遥感信息数据的分析,宏观地掌握地面事物的现状情况,研究自然现象和规律的一种调查方式。它非常适用于大面积的宏观调查。遥感调查根据信息源可分为航空遥感(航片)调查和航天遥感(卫星影像)调查。

### 3.1.3.2 水土保持遥感调查的适用范围

近年来,遥感技术在水土保持调查中的应用取得了一定的进展。水土保持遥感监测调查的适用范围:

(1)水土流失状况,如土壤侵蚀类型、强度、分布及其危害等。

(2)水土流失防治现状,包括水土保持措施的数量和质量。

(3)部分土壤侵蚀因子调查,主要是植被、地形地貌、地面组成物质等。

(4)大型建设项目水土流失监测(需精度较高的卫星影像)。

#### 3.1.3.3　遥感调查的方法

1. 遥感信息的选择与使用

1）信息源的选择与使用

按照调查或监测区域的大小和制图比例尺要求，选择相应的航空遥感（航片）、航天遥感信息源（卫片）。

2）时间跨度的确定

时间跨度是指在同一次遥感调查中，当监测区由多景遥感影像组成时，遥感影像之间的时间差。时间跨度应当按照调查区域级别分类确定，不宜太大。监测技术规程要求：全国、大江大河流域、省（区、市）和重点防治区遥感信息的时间跨度不得超过 2 年；县和小流域的时间跨度不得超过 6 个月。

3）时相选择

时相选择应根据工作区域和任务不同进行选择。遥感时相的选择，既要根据地物本身的属性特点，同时也要考虑同一地物不同区域间的差异。遥感图像的影像特征有非常明显的地方性，因此在选择时相时必须二者兼顾。一般情况下，我国东北地区选择 5 月上旬至 6 月上旬或 10 月上旬，华北地区选择 5 月中下旬，华中、华东和西南的北部地区选择 4 月上旬，华南大部分和西南的南部地区选择冬季，西北地区则选择 5 ~ 6 月或 9 ~ 10 月。

2. 遥感调查的程序

遥感调查的程序是：确定计划任务，组织培训监测人员，野外考察，建立解译标志，遥感图像解译，野外校核，图形编辑与面积量算，检查与验收，成果资料管理。

3. 精度、质量控制

精度、质量控制包括图像拼接与投影质量控制、解译质量控制和成果质量控制等 3 个方面。航片精度、质量的各类绝对误差一般以 mm 为单位控制，遥感影像精度、质量的各类绝对误差以像元为单位控制。

## 3.2　水土保持综合调查

水土保持综合调查包括自然条件调查、自然资源调查、社会经济调查、水土流失（土壤侵蚀）调查和水土保持现状调查等 5 个方面。调查的一般方法可大致归纳为两类：一是收集、查阅有关资料，包括观测资料、以往调查资料、有关研究成果、区划和规划成果、史志类资料、统计资料、法规和文件、图像资料等；二是野外或实地调查，包括实地勘测（勘察、测量）和现场询问、访谈和座谈等。

### 3.2.1　自然条件调查

自然条件调查着重调查地貌、水文和气象、土壤、植被等。

#### 3.2.1.1　地貌调查

地貌调查分为宏观地貌调查和微观地貌调查。前者的范围为大中流域或区域，后者的范围为小流域。

（1）宏观地貌调查：了解山地（高山、中山、低山）、高原、丘陵、平原、阶地、沙漠等地形以及大面积的森林、草原等天然植被。从现有资料上了解地貌分区,再在调查范围内选几条主要路线进行普查。

(2)微观地貌调查:以小流域为单元进行实地调查,了解以下情况:流域面积(km²)和形状、沟道情况(干沟长度、主要支沟长度、沟壑密度、流域切割裂度、沟道比降、沟底宽度和沟谷坡度)、坡面情况(坡面长度、地面坡度组成)等。

#### 3.2.1.2　水文和气象调查

水文和气象调查的主要包括降雨、温度、蒸发、风和灾害性气候。主要从水文和气象部门的观测资料中分析。

#### 3.2.1.3　土壤(地面组成物质)调查

调查内容主要有:土壤的类型、质地、厚度、养分(有机质、全氮、速效氮等)。

土壤的类型、质地和养分可查阅土壤志或农业区划相关资料进行宏观调查;土壤厚度可采用微观调查方法实测,如用土钻或其他方法取样分析。

#### 3.2.1.4　植被调查

调查内容主要有:植物的种类、分布、覆盖情况等。

植被调查多采用线路调查,也可采用标准样方(乔木林样地面积应大于 400 m²,一般为 600 m²;草地调查为 1~4 m²;灌木林为 25~100 m²)。

### 3.2.2　自然资源调查

自然资源主要包括土地资源、水资源、生物资源、光热资源和矿产资源等 5 类。

#### 3.2.2.1　土地资源调查

土地资源调查包括土地类型、土地资源评价、土地利用现状等。

大范围宏观调查,应收集土地管理部门和农、林、牧等部门的普查及分区成果,结合局部现场调查,并在不同类型区内选有代表性的小流域进行具体调查,加以验证。微观调查,应与当地农民和乡、村干部结合,用土地详查的办法,一坡一沟地进行调查,着重了解土地资源评价和土地利用现状中存在的问题。

#### 3.2.2.2　水资源调查

大范围的宏观调查主要收集水利部门的水利区划成果和水文站的观测资料,结合局部现场调查验证,着重了解以下内容:年均径流深的地区分布;人均水量(m³/人)和单位面积耕地平均水量(m³/hm²),人畜饮水困难地区的分布范围、面积等;不同类型区地表径流的年际分布与年内分布;河川径流含沙量、河川径流的利用现状等。

微观调查以小流域为单元,在上、中、下游干沟和主要支沟进行具体调查。调查非汛期的常水流量和汛期中的洪水流量、含沙量。

#### 3.2.2.3　生物资源调查

生物资源调查包括植物资源、动物资源调查。

在植物资源中着重调查可供用材、果品、纤维、编织(含工艺品)、药用、油脂、淀粉、染料、调料、山货、观赏等方面开发利用的树种和草类。在动物资源中着重调查易于饲养、繁殖,肉、皮、毛、绒等产品在市场上有竞争能力的畜、禽、鱼、虫和珍奇动物。

大范围的宏观调查,从植物、动物、农业、林业、畜牧、水产、综合经营等部门收集有关资料,结合局部现场调查进行验证。微观调查,除查阅有关资料外,着重现场调查和向有经验的农民进行访问。

#### 3.2.2.4　光热资源调查

根据气象站、水文站的观测资料,结合农业气象,调查年均大于 10 ℃ 的积温(℃)、年均日照时数(h)和年均辐射总量($J/cm^3$)三项主要指标。

#### 3.2.2.5　矿产资源调查

着重了解煤、铁、铝、铜、石油、天然气等各类矿藏分布范围、蕴藏量、开发情况,矿业开发对当地群众生产生活和水土流失、水土保持的影响,发展前景等。

大范围宏观调查,应向各地各级计划委员会和地质、矿产部门收集有关资料,结合局部现场调查进行验证。微观调查,除查阅有关资料外,应着重对调查范围内各类矿点逐个进行具体调查。对因开矿造成水土流失的,应选有代表性的位置,具体测算其废土、弃石剥离量与年均新增土壤流失量。

### 3.2.3　社会经济调查

社会经济调查主要包括人口、劳力调查,农村各业生产调查,农村群众生活调查等。

#### 3.2.3.1　人口、劳力调查

着重调查现有人口总数、人口密度、农业人口与非农业人口,劳力总数、农业劳力与非农业劳力,人口自然增长率、劳力自然增长率等。

主要从县以上各级民政部门和计划部门或乡、村行政部门收集有关资料,按不同类型区或乡、村分别进行统计计算。如小流域内上、中、下游人口密度和劳力分布等情况不一样,应按上、中、下游分别统计。

#### 3.2.3.2　农村各业生产调查

重点调查农村产业结构,即农、林、牧、副、渔各业的年均产值(元)占农村总生产的比重。

调查方法从农业、林业、畜牧、水利、水产、综合经营、土地管理等部门收集有关资料,并在小流域的上、中、下游,各选有代表性的乡、村、农户和农地、林地、牧地、鱼池和各类副业操作现场进行深入的典型调查或抽样调查。

#### 3.2.3.3　农村群众生活调查

调查内容以人均粮食和人均收入为重点,同时还应了解人均占有牲畜量、燃料、饲料、肥料和人畜饮水等情况。

除在调查范围内收集行政区(县、乡、村)的统计资料,深入村社进行现场询问、访谈和座谈等调查外,还应选择“好、中、差”三种不同经济情况的典型农户进行重点调查。

### 3.2.4　水土流失(土壤侵蚀)调查

水土流失(土壤侵蚀)调查的主要内容是水土流失(土壤侵蚀)情况调查、水土流失危害调查和水土流失成因调查。

### 3.2.4.1　水土流失情况调查

1.调查内容

着重调查不同侵蚀类型(水力侵蚀、重力侵蚀、风力侵蚀)及其侵蚀强度(微度、轻度、中度、强度、极强度、剧烈)的分布面积、位置与相应的侵蚀模数,并据此推算调查区的年均侵蚀总量。

(1)水力侵蚀调查:水力侵蚀调查包括面蚀和沟蚀两项。面蚀调查包括细沟侵蚀和浅沟侵蚀。沟蚀调查包括沟头前进、沟底下切与沟岸扩张三方面。调查中应分别了解其年均侵蚀数量。

(2)重力侵蚀调查:重力侵蚀主要在沟壑内,调查应包括崩塌、滑塌、泻溜等主要形态及其与水力侵蚀相伴产生形成的泥石流。调查中应分别了解其崩滑数量、在沟中被冲走的数量和影响的土地面积。在有大型滑坡和大量泥石流的地方,应另作专项调查。

(3)风力侵蚀调查:风力侵蚀调查包括风力将原地的土壤(或沙粒)扬起刮走和将外地的土壤(或沙粒)吹来埋压土地两方面。调查中了解其土壤(或沙粒)刮走和运来的数量。在风沙区应调查沙丘移丘移动情况。

对以上各类土壤侵蚀形态,分别调查其侵蚀模数,并根据水利部颁发的《土壤侵蚀分级标准》分别划定其侵蚀强度。

2.调查方法

(1)大面积调查。应调查以下两个方面:一是收集有关部门对土壤侵蚀区的研究成果,进行调查范围的水土流失分区,参照使用其关于水土流失情况的资料。二是在不同类型区选有代表性的小流域,进行水土流失情况的具体调查,加以验证。

(2)小面积调查。应调查以下几个方面:一是结合自然条件中地貌的调查、土地资源中土地类型和土地资源评价等的调查,逐坡逐沟地具体调查面蚀、沟蚀、重力侵蚀、风力侵蚀等各种侵蚀类型的分布位置、面积及其侵蚀模数。二是侵蚀强度的调查,对某一具体位置可根据地中或地边的树木、墓碑等根部地面多年下降的情况加以量算;或根据地面的坡度、坡长、土质、植被等情况,引用同一类型区水土保持站的观测资料。对各类土地的综合侵蚀强度,可根据沟中坝库拦泥量进行推算。

### 3.2.4.2　水土流失危害调查

水土流失危害调查包括对当地的危害和对下游的危害两方面。

(1)对当地的危害调查:主要包括土壤肥力调查、地面完整情况调查,还应对危害所造成的影响进行调查。

(2)对下游的危害:主要包括加剧洪涝灾害,泥沙淤积水库(塘坝),泥沙淤塞河道、湖泊、港口等。调查方法主要是向水利、航运等部门收集有关资料,并进行局部现场调查验证。

### 3.2.4.3　水土流失成因调查

水土流失成因调查从自然因素和人为因素两方面进行调查。

1.自然因素调查

结合调查范围内自然条件的调查,了解地形、降雨、土壤(地面组成物质)、植被等主要自然因素对水土流失的影响。

(1)大面积调查中,根据不同自然条件划分各个类型区,通过各类型区的水文站的径流泥沙观测资料进行对比分析,了解地形、降雨、土壤、植被四项主要自然因素及其不同的组合情况对水土流失的影响。

(2)小面积调查中,结合不同土地类型与不同土地利用情况下不同的土壤侵蚀强度,现场调查地形(坡度、坡长)、土壤(地面组成物质)、植被对水土流失的影响。根据同类型区内水土保持站的观测资料进行验证,并将不同年降雨量和不同暴雨情况下的水土流失量进行对比,了解降雨对水土流失的影响。

2.人为因素调查

以完整的中、小流域为单元,全面系统地调查流域内近年来(可从 1980 年开始)由于开矿、修路、陡坡开荒、滥牧、滥伐等人类活动破坏地貌和植被、新增的水土流失量;结合水文站的观测资料,分析各流域在大量人为活动破坏以前和以后洪水泥沙变化情况,加以验证。具体可参见本章"3.3.5 人为水土流失专项调查"。

### 3.2.5 水土保持现状调查

水土保持现状调查重点内容是各项治理措施的数量、质量、分布和效益。调查采用统计资料分析、图上量算和实地调绘相结合的方法。

(1)规模和质量:调查各项治理措施的开展面积和保存面积,各类水土保持工程的数量、质量。

(2)布局与结构:大面积调查中应了解重点治理小流域的分布与作用。在小流域调查中还应了解各项措施(坡面措施、沟道措施)的布局、结构。

(3)治理效益:各项治理措施和小流域综合治理的基础效益(保水、保土)、经济效益、社会效益和生态效益。

## 3.3 水土保持专题(专项)调查

由于调查的目的不同,专题(专项)调查的类型众多。大致分为两类,一类是属于基础性专题(专项)调查,与水土保持关系非常密切,调查成果是水土保持各项工作重要的资料依据,如土地利用现状调查、暴雨洪水调查等;另一类是根据水土保持工作需要进行的水土保持专项调查,如重点(典型)流域调查、生产建设项目水土保持调查、人为水土流失调查等。

### 3.3.1 土地利用现状调查

#### 3.3.1.1 土地利用现状调查的主要内容和方法

大范围的土地利用现状调查主要是以县为单位,以图斑为基本单元,按土地利用现状分类,查清各类用地的面积、分布、利用状况和权属状况。采用全面调查的方法,综合运用实地调查、统计调查、遥感监测等手段,属于普查性质。我国《土地调查条例》规定,每 10 年进行一次全国土地调查;根据土地管理工作的需要,每年进行土地变更调查。

土地利用现状调查的主要目的是得到流域(或区域)土地利用结构的指标。不同行业土地用途不同,土地利用结构的释义也不尽相同。在水土保持行业中,土地利用结构一般是流域(区域)耕地、林地、园地、草地、荒地、其他等各种用地之间的比例关系。

水土保持中对大范围的土地利用现状调查,往往是收集土地部门已有的资料进行分析。经常实施的较小范围的调查,如小流域土地利用现状调查,主要内容是查清调查小流域内各土地利用类型及分布,量算出各地类面积并汇总调查小流域内的总面积及各地类面积,编制小流域土地利用现状图。小流域土地利用现状调查的基本方法首先是对土地利用进行分类,然后以 1:5 000 或 1:10 000 地形图为底图,采用野外调绘、调查登记、室内整理等步骤最终形成调查成果。

### 3.3.1.2　土地利用现状分类

#### 1.我国土地利用分类体系

我国分别于 1984 年、1993 年、2001 年、2007 年对我国土地利用现状分类体系进行了修订和完善。现行《土地利用现状分类》(GB/T 21010—2007)主要依据土地的用途、经营特点、利用方式和覆盖特征等因素,对土地利用类型进行归纳、划分。采用一级、二级两个层次的分类体系,共分 12 个一级类、57 个二级类。其中一级类包括:耕地、园地、林地、草地、商服用地、工矿仓储用地、住宅用地、公共管理与公共服务用地、特殊用地、交通运输用地、水域及水利设施用地、其他土地。同时根据土地利用规划、管理的需要,《中华人民共和国土地管理法》在二级分类的基础上,又归并为农用地(包括耕地、林地、草地、农田水利用地、养殖水面等)、建设用地(包括城乡住宅和公共设施用地、工矿用地、交通水利设施用地、旅游用地、军事设施用地等)和未利用地等三大类土地。

#### 2.水土保持中土地利用类型划分

针对水土保持实际工作要求,现行《土地利用现状分类》(GB/T 21010—2007)一、二级分类体系无法满足水土保持工作需要。为此在 2009 年颁布的《水土保持工程项目建议书编制规程》(SL 447—2009)、《水土保持工程可行性研究报告编制规程》(SL 448—2009)、《水土保持工程初步设计报告编制规程》(SL 449—2009)中,根据水土保持行业特点,在国家一、二级分类的基础上,续分土地利用类型至三、四级。如将耕地(一级类)中的旱地(二级类)划分为旱平地、梯田、坡耕地、沟川坝地等 4 个三级类;三级类的坡耕地依据坡度再分为 5°~8°、8°~15°、15°~25°、25°~35°、>35°等 5 个四级类;梯田划分为水平梯田、坡式梯田 2 个四级类。参见表 2-3-1。

## 3.3.2　暴雨洪水调查

暴雨洪水调查的目的是查明历史上或近期(包括当年)发生的超过一定标准的暴雨、洪水情况,取得必要的调查资料以满足水利水土保持工程设施和水资源规划的需要。暴雨洪水调查是延长暴雨洪水资料年限,增加系列代表性的重要途径,是与水土保持密切相关的一项重要的基础工作。

暴雨洪水的标准常用频率或重现期表示。频率和重现期互为倒数关系,如暴雨或洪水频率为 1% 时,重现期为百年一遇;暴雨或洪水频率为 2% 时,重现期为 50 年一遇。

### 3.3.2.1　暴雨调查

一般情况下,当发生点暴雨(含不同历时和次暴雨量)超过 100 年一遇,或基本站洪水超过 50 年一遇的相应面暴雨时,应进行暴雨调查。

表 2-3-1　土地利用现状分类表（适用于水土保持）

| 一级类 | 二级类 | 三级类 | 四级类 | 备注 |
|---|---|---|---|---|
| 耕地 | 指种植农作物的土地，包括熟地、新开发、复垦、整理地、休闲地（含轮歇地、轮作地）；以种植农作物（含蔬菜）为主，间有零星果树、桑树或其他树木的土地；平均每年能保证收获一季的已垦滩地和海涂。耕地中包括南方宽度小于 1.0 m、北方宽度小于 2.0 m 固定的沟、渠、路和地坎（埂）；临时种植药材、草皮、花卉、苗木等的耕地，以及其他临时改变用途的耕地 | | | |
| | 水田 | 指用于种植水稻、莲藕等水生农作物的耕地。包括实行水生、旱生农作物轮种的耕地 | | |
| | 水浇地 | 指有水源保证和灌溉设施，在一般年景能正常灌溉，种植旱生农作物的耕地。包括种植蔬菜等的非工厂化的大棚用地 | | |
| | 旱地 | 指无灌溉设施，主要靠天然降水种植旱生农作物的耕地，包括没有灌溉设施，仅靠引洪淤灌的耕地 | | |
| | | 旱平地 | <1° | 分布于北方自然形成的小于 5° 的平缓耕地 |
| | | | 1°~5° | |
| | | 梯田 | 水平梯田 | 田面坡度小于 1° 的梯田 |
| | | | 坡式梯田 | 田面坡度大于 1° 的梯田，包括东北漫岗梯地 |
| | | 坡耕地 | 5°~8° | 实际应用中可根据情况适当归并 |
| | | | 8°~15° | |
| | | | 15°~25° | |
| | | | 25°~35° | |
| | | | >35° | |
| | | 沟川坝地 | 沟川（台）地 | 分布于北方的川台地 |
| | | | 坝滩地 | 由淤地坝淤地形成的坝地，包括引洪漫地 |
| | | | 坝平地 | 分布于南方的山间小盆地、川台地 |
| 园地 | 指种植以采集果、叶、根、茎、汁等为主的集约经营的多年生木本和草本作物，覆盖度大于 50% 和每亩株数大于合理株数 70% 的土地。包括用于育苗的土地 | | | |
| | 果园 | 指种植果树的园地。果园的三级地类可根据实际情况按树种细分 | | |
| | 茶园 | 指种植茶树的园地 | | |
| | 其他园地 | 指种植桑树、橡胶、可可、咖啡、油棕、胡椒、药材等其他多年生作物的园地 | | |
| | | 经济林栽培园 | | 经济林栽培园是指在耕地上种植的并采取集约经营的木本粮油等其他类的栽培园，四级地类可根据实际情况按树种细分 |
| | | 其他 | | 其他园地的四级地类可根据实际情况按树种细分 |

续表 2-3-1

| 一级类 | 二级类 | 三级类 | 四级类 | 备注 |
|---|---|---|---|---|
| 林地 | 指生长乔木、竹类、灌木的土地,以及沿海生长红树林的土地。包括迹地,不包括居民点内部的绿化林木用地、铁路、公路征地范围内的林木,以及河流、沟渠的护堤林 | | | |
| | 有林地 | 指树木郁闭度不小于0.2的乔木林地,包括红树林地和竹林地 | | |
| | | | 用材林 | 三、四级可根据需要按林业有关标准进行划分 |
| | | | 防护林 | |
| | | | 经济林 | 指种植木本食油等经济林木的土地(非耕地) |
| | | | 薪炭林 | |
| | | | 特种用途林 | |
| | 灌木林地 | 指灌木覆盖度不小于40%的林地 | | 三、四级可依需要按林业有关标准进行划分 |
| | | | | |
| | 其他林地 | 包括疏林地(指树木郁闭度0.10~0.19的疏林地)、未成林地、迹地、苗圃等林地 | | |
| | | | 疏林地 | 树木郁闭度0.10~0.19 |
| | | | 未成林造林地 | |
| | | | 迹地 | |
| | | | 苗圃 | |
| 草地 | 指以生长草本植物为主的土地 | | | |
| | 天然牧草地 | 指以天然草本植物为主,用于放牧或割草的草地 | | |
| | 人工牧草地 | 指人工种植牧草的草地 | | |
| | 其他草地 | 指树木郁闭度小于0.1,表层为土质,以生长草本植物为主,不用于畜牧业的草地 | | |
| | | | 天然草地 | 覆盖度大于40%的,天然生长的,以草本植物为主的,不用于畜牧业的草地 |
| | | | 人工草地 | 覆盖度大于40%的,人工种植的,以草本植物为主的,不用于畜牧业的草地 |
| | | | 荒草地 | 覆盖度不大于40%的不用于畜牧业的其他草地 |
| 交通运输用地 | 指用于运输通行的地面线路、场站等的土地。包括民用机场、港口、码头、地面运输管道和各种道路用地 | | | |
| | 铁路用地 | 指用于铁道线路、轻轨、场站的用地。包括设计内的路堤、路堑、道沟、桥梁、林木等用地 | | |
| | 公路用地 | 指用于国道、省道、县道和乡道的用地。包括设计内的路堤、路堑、道沟、桥梁、汽车停靠站、林木及直接为其服务的附属用地 | | |
| | 农村道路 | 指公路用地以外的南方宽度不小于1.0 m、北方宽度不小于2.0 m的村间、田间道路(含机耕道) | | |
| | 机场用地 | 指用于民用机场的用地 | | |
| | 港口码头用地 | 指用于人工修建的客运、货运、捕捞及工作船舶停靠的场所及其附属建筑物的用地,不包括常水位以下部分 | | |
| | 管道运输用地 | 指用于运输煤炭、石油、天然气等管道及其相应附属设施的地上部分用地 | | |

续表 2-3-1

| 一级类 | 二级类 | 三级类 | 四级类 | 备注 |
|---|---|---|---|---|
| 水域及水利设施用地 | | 指陆地水域,海涂,沟渠,水工建筑物等用地。不包括滞洪区和已垦滩涂中的耕地、园地、林地、居民点、道路等用地(本类可以根据设计需要适当简化归并) | | |
| | 河流水面 | 指天然形成或人工开挖河流常水位岸线之间的水面,不包括被堤坝拦截后形成的水库水面 | | |
| | 湖泊水面 | 指天然形成的积水区常水位岸线所围成的水面 | | |
| | 水库水面 | 指人工拦截汇集而成的总库容不小于 10 万 $m^3$ 的水库正常蓄水位岸线所围成的水面 | | |
| | 坑塘水面 | 指人工开挖或天然形成的蓄水小于 10 万 $m^3$ 的坑塘常水位岸线所围成的水面 | | |
| | 沿海滩涂 | 指沿海大潮高潮位与低潮位之间的潮浸地带。包括海岛的沿海滩涂。不包括已利用的滩涂 | | |
| | 内陆滩涂 | 指河流、湖泊常水位至洪水位间的滩地;时令湖、河洪水位以下的滩地;水库、坑塘的正常蓄水位与洪水位间的滩地。包括海岛的内陆滩地。不包括已利用的滩地 | | |
| | 沟渠 | 指人工修建,南方宽度不小于 1.0 m,北方宽度不小于 2.0 m,用于引、排、灌的渠道,包括渠槽、渠堤、取土坑、护堤林 | | |
| | 水工建筑用地 | 指人工修建的闸、坝、堤路林、水电厂房、扬水站等常水位岸线以上的建筑物用地 | | |
| | 冰川及永久积雪 | 指表层被冰雪常年覆盖的土地 | | |
| 城镇村及工矿用地 | | 指城乡居民点、独立居民点以及居民点以外的工矿、国防、名胜古迹等企事业单位用地,包括其内部交通、绿化用地 | | |
| | 城市 | 指城市居民点,以及与城市连片的和区政府、县级市政府所在地镇级辖区内的商服、住宅、工业、仓储、机关、学校等单位用地 | | |
| | 建制镇 | 指建制镇居民点,以及辖区内的商服、住宅、工业、仓储、学校等企事业单位用地 | | |
| | 村庄 | 指农村居民点,以及所属的商服、住宅、工矿、工业、仓储、学校等用地 | | |
| | 采矿用地 | 指采矿、采石、采砂(沙)场,盐田,砖瓦窑等地面生产用地及尾矿堆放地 | | |
| | 风景名胜及特殊用地 | 指城镇村用地以外用于军事设施、涉外、宗教、监教、殡葬等的土地,以及风景名胜(包括名胜古迹、旅游景点、革命遗址等)景点及管理机构的建筑用地 | | |
| 其他土地 | 设施农用地 | 指直接用于经营性养殖的畜禽舍、工厂化作物栽培或水产养殖的生产设施用地及其相应附属用地,农村宅基地以外的晾晒场等农业设施用地 | | 本类可以根据设计需要适当简化归并。田坎、盐碱地、沼泽地、沙地、裸地可归并为未利用地 |
| | 田坎 | 主要指耕地中南方宽度不小于 1.0 m,北方宽度不小于 2.0 m 的地坎 | | |
| | 盐碱地 | 指表层盐碱聚集,生长天然耐盐植物的土地 | | |
| | 沼泽地 | 指经常积水或渍水,一般生长沼生、湿生植物的土地 | | |
| | 沙地 | 指表层为沙覆盖,基本无植被的土地。不包括滩涂中的沙地 | | |
| | 裸地 | 指表层为土质,基本无植被覆盖的土地;或表层为岩石、石砾,其覆盖面积不小于 70% 的土地 | | |

注:对比《土地利用现状分类》(GB/T 21010—2007),本表将 05、06、07、08、09 一级类和 103、121 二级类归并为"城镇村及工矿用地"。

暴雨调查的内容包括不同历时最大暴雨量、起讫时间、强度、时程分配、暴雨中心、走向、分布面积;补充与修订已有的暴雨观测记录;估算暴雨的重现期;评定调查暴雨量的可靠程度;分析天气现象和暴雨成因及暴雨对生产和民用设施的破坏与损失情况等。暴雨调查的方法要结合历史资料查询、访谈询问、承雨器雨量分析等多方互相印证核实。

#### 3.3.2.2　洪水调查

洪水调查分历史洪水调查和近期或当年特大洪水调查。一般在以下情况下,要进行洪水调查:

(1)当基本水文站发生下列情况之一时:历史洪水水位最大、第二、第三;洪水超过50年一遇;漏测实测系列的最大洪水;河堤决口、分洪滞洪影响洪峰和洪量。

(2)中型以上水库溃坝宜进行溃坝洪水调查。

(3)在无基本站的河流或河段,可根据需要进行洪水调查。

洪水调查包括考察洪水痕迹,收集有关资料和洪水测量,确定洪水的水面比降和过水断面,分析洪水的地区来源及组成情况,推算一次洪水的总量、洪峰流量、洪水过程以及重现期的全部技术工作,从而为水文规律分析和工程水文计算提供资料,为生产建设服务。

### 3.3.3　水土保持典型(或重点)流域调查

为了掌握区域水土保持动态,经常进行一些专项调查,如典型流域调查、重点流域(示范区)调查等。这类调查除要进行前述3.2节的基本内容外,侧重点应调查投资方式、治理模式、经营管理、治理效益及总结治理经验等,以利于大面积的示范推广。调查方法可采用收集资料、实地考察等方法。

### 3.3.4　生产建设项目水土保持调查

生产建设项目水土保持调查有两种类型,一是全国或区域性生产建设项目水土保持调查,二是某一特定生产建设项目水土保持调查。

#### 3.3.4.1　全国或区域性生产建设项目的水土保持调查

全国或区域性生产建设项目的水土保持调查一般与全国水土保持定期普查同时进行,以县级为单元,通过逐级调查上报完成。这类项目的调查除实行各部门的行业上报统计制度外,一般采取抽样调查方法进行验证,对抽中的样点进行全面调查。对重点项目一般进行详查。

#### 3.3.4.2　某一特定生产建设项目的水土保持调查

1. 调查内容

某一特定项目的水土保持调查,应根据批准的生产建设项目水土保持方案确定相应内容,一般包括:

(1)新增水土流失因子:建设项目占用土地面积、扰动地表面积;项目挖方、填方数量及其面积,弃土、弃石、弃渣量及堆放面积。

(2)水土流失状况:水土流失面积、流失量和流失程度变化情况;对下游和周边地区造成的危害及其趋势。

(3)水土流失防治效果:防治措施的数量和质量;林草措施的成活率、保存率、生长情况及覆盖度;防护工程的稳定性、完好程度和运行情况;各项防治措施的拦渣保土效果。

调查指标主要包括土壤流失控制率、植被恢复系数、拦渣率、扰动土地整治率、水土流失治理度及林草覆盖度和水损失控制方面的指标。

2.调查方法

一般采取与收集监测资料和实地调查相结合的方法。地面监测资料包括监测断面、监测点等定位观测资料,对规模大、影响范围广的特大型工程还应收集遥感监测资料。

### 3.3.5　人为水土流失专项调查

#### 3.3.5.1　人为水土流失的产生原因

(1)破坏植被。乱砍滥伐森林、放火烧山、南方的炼山全垦造林、毁林搞副业、毁林开荒种地以及过度采伐等人为对天然植被的破坏,是产生大量水土流失的直接原因。在草原地区,毁草开荒、过度放牧是造成风蚀的主要因素。铲草皮积肥、刨草根做燃料,也容易产生水土流失。

(2)不合理的耕作方式。顺坡耕种最易引起水土流失;不合理的轮作与施肥措施,也会使地力减退、土壤团粒结构破坏,从而加剧土壤侵蚀;广种薄收更是一种破坏表土的耕作习惯,易造成土壤侵蚀。

(3)陡坡开荒。黄土高原的广种薄收,不少地方开荒到顶,几乎全为坡耕地,导致没有植被保护的坡地水土流失十分剧烈;在江南丘陵区,人口密度大而耕地少,几乎可以开垦的坡地已被全部开垦。这种滥用土地资源的后果,使土层越来越薄,在土层薄的土石山区,由于土壤流失、岩石裸露,土地失去利用价值。

(4)开矿、修路、挖砂、采石等生产建设。开矿、修路、挖砂、采石等生产建设活动,任意破坏地貌、植被,任意倾倒废弃土石和矿渣、尾砂等,也加剧水土流失。

(5)人口的增长与环境容量的矛盾。随着人口的增加,人们对自然的索取日益增多,往往造成水土流失。

#### 3.3.5.2　人为水土流失调查的主要内容

(1)植被破坏情况:包括占用林草面积,毁坏林草面积,毁坏林草的原因、方式和程度,特别是露天开采的土地破坏情况。

(2)占用、毁坏水土保持治理区的面积。

(3)占用耕地情况,其中占用梯田、坝地、水浇地等基本农田面积。

(4)废弃固体物排放量,包括采剥、弃土(取土)量,废渣(矸石)排放量,生活垃圾及其他废弃固体物排放量、排放地点、排放方式,堆放场占地面积。分建设期、生产初期、运行期三个阶段调查。

(5)辐射影响及潜在危害。

#### 3.3.5.3　人为水土流失调查的方法

人为水土流失调查方式可采用访问调查法、实测调查法和对比分析法等。具体可从以下几个方面来考虑:

(1)对于各种矿区应调查开采面积、可储量、生产能力、剥采比,以估算新的水土流失量。

(2)对修建铁路、公路工程应调查铁路、公路的长度,单位长度的弃土、弃石方量,以估算新的水土流失量。

（3）在水利水电工程建设中，应调查施工场地、取土场、沙石料场、开挖面积范围的裸露土地面积、渠线长度，单位面积（或单位长度）的弃土、弃石方量，以估算新的水土流失量。

（4）火电厂煤灰、渣排弃量调查，应调查火力发电厂的总装机、年耗煤量、年出灰渣总量，以估算新的水土流失量。

（5）调查建厂及其他基本建设施工场地开挖面积范围、弃土弃石方量、裸露土地面积，以估算新的水土流失量；对于能源、重工业基建及运行期排弃的固体物质量，应根据其生产规模估算其新的水土流失量。

（6）调查开荒、毁林、毁草面积，根据当地水土保持站（所）观测资料，估算新的水土流失量。

（7）其他人为水土流失量调查，包括调查建房、修窑的数量及其弃土弃石方量，以估算城镇建设带来的新的水土流失量；根据城镇工厂、企业生产力及居民人口数量，估算其每年城镇的垃圾及废弃物排弃量。

# 第 4 章　水土保持前期工作

## 4.1　水土保持前期工作管理程序

### 4.1.1　水土保持前期工作阶段划分

水土保持前期工作划分为规划、项目建议书、可行性研究、初步设计四个阶段。

### 4.1.2　水土保持前期工作管理程序

规划阶段：水土保持规划是一种政府行为，一般由政府委托相应机构按《水土保持法》的规定以及规划区域的实际情况进行编制，规划报告经县级以上人民政府批准后，是开展水土保持工作的纲领性文件，也是政府有计划地安排规划中确定的重点地区进行重点项目建设立项的依据。

项目建议书阶段：项目建议书是在规划的指导下，根据规划确定的工程项目，按轻重缓急编制的工程立项技术文件。

可行性研究阶段：项目建议书被批准后，即视为该项目已列入建设计划，接下来应按规定开展项目的可行性研究工作，编制可行性研究报告，该报告一经批准，则工程项目正式立项。

初步设计阶段：可行性研究报告批复后应进行水土保持初步设计，经有关部门审批后，列入年度计划。初步设计审批后，应由建设单位委托具备相应资质的单位开展施工图设计，组织施工。

在具体管理实施中，针对水土保持项目的特点，项目建议书与可行性研究报告一般针对大中流域或县级以上行政区域，而初步设计则针对小流域或骨干工程。因此，在建设管理程序上有时作适当简化，将项目建议书与可行性研究报告合并，初步设计与施工图设计合并。

## 4.2　水土保持规划的作用、意义及规划成果

### 4.2.1　水土保持规划的作用和意义

水土保持规划的法律地位在《水土保持法》中有明确规定：县级以上人民政府水行政主管部门会同同级人民政府有关部门编制水土保持规划，对流域或者区域预防和治理水土流失、保护和合理利用水土资源作出整体部署，以及根据整体部署对水土保持专项工作或者特定区域预防和治理水土流失作出专项部署。依法编制水土保持规划是开展水土流

失防治的基础。因此,经各级人民政府批准实施的水土保持规划,是各地开展水土保持的纲领性文件。对推动水土流失地区保护、开发利用水土资源和防治水土流失,促进社会经济和资源环境发展,具有重要意义。

### 4.2.2 水土保持规划成果的主要内容

水土保持规划成果包括规划报告、附表、附图和附件四部分。

水土保持规划报告的主要内容包括:规划概要,基本情况,规划依据、原则和目标,水土保持分区及规划布局,综合防治规划,环境影响评价,投资估算,效益分析与经济评价,进度安排与近期实施意见,组织管理。

规划的附表包括基本情况与规划成果表、主要经济技术指标计算过程表。

规划的附图主要包括规划区行政区划图、水土流失现状图、水土保持"三区"与水土流失类型区图、水土保持综合防治规划图。

规划的附件包括小流域设计资料(县级规划)、重点项目规划、重点工程规划、经济评价过程和效益计算等(视规划需要)、投资估算。

## 4.3 项目建议书的目的

项目建议书是国家基本建设项目前期工作程序中的一个重要阶段。项目建议书经批准后,将作为工程立项和开展可行性研究的依据,为后续工作推进提供技术和程序的保障。

## 4.4 项目可行性研究的主要工作

可行性研究报告以批准的项目建议书或规划为依据,对工程项目的建设条件进行调查和勘测,从技术、经济、社会、环境等方面进行全面的分析论证,进行可行性评价。

可行性研究的主要工作包括:

(1)论述项目建设的必要性,确定项目建设任务。

(2)确定建设目标和规模,选定项目区,明确重点建设小流域(或片区)。明确水土保持单项工程的建设规模。

(3)明确现状水平年和设计水平年,查明并分析项目区自然条件、社会经济技术条件、水土流失及其防治状况等基本建设条件;水土保持单项措施涉及工程地质问题的,查明主要工程地质条件。

(4)提出水土流失防治分区,确定工程总体布局。根据建设规模和分区,选取典型小流域进行措施设计并推算措施数量;确定单项措施位置,初步明确工程型式及主要技术指标。

(5)估算工程量,基本确定施工组织形式、施工方法和要求、总工期及进度安排。

(6)初步确定水土保持监测方案。

(7)基本确定技术支持方案。

（8）明确管理机构，提出项目管理模式和运行管护方式。

（9）估算工程投资，提出资金筹措方案。

（10）分析主要经济评价指标，评价项目的国民经济合理性和可行性。

# 4.5　项目初步设计的主要工作

水土保持工程初步设计是在批准的可行性研究报告基础上，以小流域为单元，在调查、勘察、试验、研究，取得可靠基本资料的基础上，将各项治理措施落实到小班，为水土保持施工建设提供技术依据。主要工作包括：

（1）复核项目建设任务和规模。

（2）查明小流域（片区）自然、社会经济、水土流失的基本情况。

（3）水土保持工程措施应确定工程的等级、设计标准及工程布置，作出相应设计；确定水土保持单项工程的工程等级。

（4）水土保持林草措施应按立地条件类型选定树种、草种并作出典型设计。

（5）封育治理等措施应根据立地条件类型和植被类型分类作出典型设计。

（6）确定施工布置方案、条件、组织形式和方法，进行劳力平衡分析，作出进度安排。

（7）提出工程的组织管理方式和监督管理办法。

（8）编制初步设计概算，明确资金筹措方案。

（9）分析工程的经济效益、生态效益和社会效益。

# 4.6　水土保持方案编制目的和内容

## 4.6.1　水土保持方案编制的目的

水土保持方案是针对生产建设项目预防和治理生产或建设过程中的水土流失而编制的水土保持专项预防和治理方案。通过编制水土保持方案，制定并实施有效的防治措施，可使生产建设项目建设新增水土流失得到有效控制，生态环境得到改善；同时也是落实有关法律规定，为水行政主管部门监督执法提供依据。

## 4.6.2　水土保持方案编制的主要内容

水土保持方案编制的主要内容包括：

（1）说明建设项目名称、位置、工程特性概况。说明工程所在项目区自然条件，社会经济情况，水土流失及水土保持概况。

（2）对主体工程的水土保持功能进行分析评价。

（3）确定工程防治责任范围（包括建设区和直接影响区）和防治分区。

（4）对工程扰动土地、弃土弃渣及可能造成的水土流失进行预测。

（5）确定工程防治标准，提出水土流失防治目标。

（6）进行水土保持措施设计，提出实施进度安排。

（7）制订水土保持监测方案。

（8）进行投资估算及效益分析。

（9）提出方案实施的保证措施。

（10）提出结论与建议。

# 第 5 章　水土保持工程施工

水土保持工程施工包括水土保持沟道工程施工、坡面治理工程施工、护岸工程施工、水土保持造林、水土保持种草等五个方面。

## 5.1　水土保持沟道工程施工基本知识

水土保持沟道治理工程包括沟头防护工程、谷坊、淤地坝(拦沙坝、塘坝)等。

### 5.1.1　常用建筑材料基本知识

#### 5.1.1.1　常用建筑材料基本性质

建筑材料基本性质包括物理性质、力学性质和其他性质。

1.建筑材料的物理性质

建筑材料的物理性质包括密度和孔隙率。

密度是材料单位体积内的质量。材料质量一般是指干燥状态下的质量,材料体积一般指自然状态下材料的外形体积。

孔隙率是指材料中的孔隙体积与总体积的百分比。

2.建筑材料的力学性质

建筑材料的力学性质,是指材料及其制品在外力作用下的变形性质和抵抗外力破坏的能力。包括强度和变形。

强度是指材料受压、受拉、受弯及受剪直至破坏时,单位面积上所能承受的最大荷载。一般包括抗压、抗拉、抗弯及抗剪几种强度。

变形是材料在外力作用下发生的形状和体积变化。

3.建筑材料的其他性质

建筑材料的其他性质包括吸水性与吸湿性、抗渗性和抗冻性。

吸水性指材料与水接触吸收水分的性能,用吸水率表示。

吸湿性是指材料在空气中吸收水分的能力,用含水率表示。

抗渗性指在水压力作用下材料抵抗渗透的能力,用渗透系数表示。

抗冻性是指材料在水饱和状态下,能接受反复冻融而不破坏,同时也不严重降低强度的性质。材料抗冻性的大小,用抗冻标号表示。

#### 5.1.1.2　常用建筑材料

水土保持施工中常用建筑材料有土料、砖、天然石料、石灰、砂、石子、水泥、水泥混凝土、砂浆等。

1.土料

土料是水土保持施工中最基本的材料。按土的工程分类,可分为碎石类土、沙土和黏性土。

土料的工程性质主要包括松散性和压实性。

松散性是指自然状态下,经开挖扰动之后,因土体变得松散而使体积增大,这种性质叫做土的松散性。

压实性指当在自然状态下的土挖松后,再经过人工或机械的碾压、振动,土可被压实的性质。在土方工程中经常有三种土方的名称,即自然方、松方、实体方。它们之间有着密切的关系。体积关系:$V_实 < V_自 < V_松$;容重关系:$\gamma_松 < \gamma_自 < \gamma_实$。

**2. 砖**

砖的种类很多,在水土保持施工中最常用的是普通黏土砖。普通黏土砖(以下简称砖)是用黏土制成普通砖坯,风干后经烧制而成的。

砖的标准外形尺寸为 240 mm×115 mm×53 mm,呈直角六面体,自然状态密度约为 1 700 kg/m³。外形合格的过火砖才可以使用。

砖的强度与标号:砖的抗压强度较好,其抗拉、抗剪、抗折性能较差。旧标准中采用砖的标号(其计量单位为 kg·f/cm²)衡量砖的强度(根据抗压强度和抗折强度),分为四个标号,即 75、100、150、200;等级分为二等(75)、一等(100)、特等(150、200)。现行标准采用砖的强度等级衡量砖的强度,其划分是根据标准试验方法所测得的抗压强度(计量单位为 N/mm²),并考虑了规定的抗折强度要求确定的,分为 MU7.5、MU10、MU15 和 MU20。与石料相比,砖的绝热保温性能好,吸水率大,抗冻性能低,能满足墙体材料要求,不宜用于修筑水下和水位变化区的建筑物。

**3. 天然石料**

天然石料是水土保持工程中常用的主要建筑材料。将天然岩石用机械或人工加工,或不加工而获得的各种块状或散粒状石料,统称天然石料。其特点是:抗压强度高,耐久性好,硬度高,脆性大,开采困难。

常用的建筑石料有花岗岩、石灰岩、闪长岩、辉长岩、玄武岩、石英岩等。水土保持施工中的石料往往是就地取材。

水土保持工程中的天然石料,主要技术性能有密度、抗压强度和抗冻性。密度越高,石料质量越好。天然石料的抗压强度标号分为 50、75、100、150、200、300、400、500、600、800、1000 等,抗冻标号分为 5、10、15、25、50、100、200 等。

按对石料的开采加工程度不同,可分为乱毛石、平毛石和粗毛石。乱毛石是爆破后直接得到的外形不规则、厚度不小于 15 cm 的石块,常用于建筑物的次要部位,如石谷坊、石块梯田、堆石坝、护坡护岸、挡土墙等。平毛石是至少有两个大致平行面,较方正,高度不小于 20 cm 的石块,用于砌筑建筑物的主要部位。粗毛石是经过加工,外形规则的石块,用于拱、涵、墩墙等建筑物。

**4. 石灰**

石灰分为生石灰和熟石灰。生石灰熟化后,再陈伏两周后使用。在工程建筑中主要用于配制砌筑砂浆、抹面灰浆。用熟石灰粉拌制灰土(石灰、黏土)、三合土(石灰、黏土、砂),用于建筑物基础、低级路面路基等。

石灰使用注意事项:一是石灰不宜用在潮湿环境中,更不可用于水下工程;二是纯石灰浆不宜单独使用;三是生石灰易吸湿水化,剧烈放热,体积膨胀,故在储运时要注意安全,生石灰要随到随用,不可存放过久。

5. 砂

粒径在 5 mm 以下的岩石颗粒称为砂。有天然砂和人工砂两类。天然砂中河砂应用最广。人工砂是用岩石粉碎而成的,成本很高,较少应用。砂多用于配制各种砂浆和混凝土。

砂的主要物理性质包括密度、孔隙率和含水率。砂的粗细程度用细度模数表示。

6. 石子

粒径大于 5 mm 的岩石块称为石子。石子有天然石子(卵石)和人工石子(碎石)两种。石子多用于配制普通混凝土,它是混凝土的粗骨料。混凝土用石子的质量一般从有害杂质含量、颗粒形状和颗粒级配三方面考虑。

7. 水泥

水泥是水硬性胶凝材料,它与水混合后,经过一系列变化而凝结硬化,并能把砂、石等散状材料胶结成具有强度的整体。水泥与水拌和后形成塑性浆体,然后逐渐变稠并失去塑性,这一过程称为凝结。随后强度逐渐提高,成为坚固的水泥石,这一过程称为硬化。水泥凝结硬化是一系列复杂的化学物理变化过程。水泥最重要的技术性质是凝结时间和强度。普通水泥的初凝时间不得早于 45 min,终凝时间不得迟于 12 h。

工程建筑中常用的水泥有硅酸盐水泥、普通硅酸盐水泥、矿渣硅酸盐水泥等。每一种水泥根据强度又划分为若干强度等级。不同品种和强度等级的水泥,其性能各异,直接影响混凝土的性质。

我国曾经在较长时期内采用水泥标号来衡量水泥的强度指标(抗压强度和抗折强度),例如硅酸盐水泥的标号分为 425、525、625 和 725 等 4 个;普通硅酸盐水泥的标号有 275、325、425、525、625 和 725 等 6 个;矿渣硅酸盐水泥有 275、325、425、525 和 625 等 5 个。目前,我国采用强度等级取代水泥标号,来衡量水泥的强度指标。水泥强度从标号到强度等级的变化,主要是由于采用了不同的强度检验方法,即由 GB 法改为 ISO 法。这是我国水泥标准为向国际标准靠拢并与其保持一致作出的重大修改。

根据《通用硅酸盐水泥标准》(GB 175—2007),硅酸盐水泥(P. Ⅰ、P. Ⅱ)分为 42.5、42.5R、52.5、52.5R、62.5 和 62.5R 等 6 个强度等级;普通硅酸盐水泥(P. O)有 42.5、42.5R、52.5 和 52.5R 等 4 个强度等级;矿渣硅酸盐水泥(P. S. A 和 P. S. B)有 32.5、32.5R、42.5、42.5R、52.5 和 52.5R 等 6 个强度等级。

储运水泥时要注意防水、防潮。做到不同品种、标号的水泥分别堆放,先到先用。储存时间一般不应超过 3 个月。

8. 水泥混凝土

水泥混凝土(以下简称混凝土)是由水泥、砂、石子和水按适当比例配制成混合物,经过凝结硬化而成的较坚固的人造石。水利水保工程建筑常用普通混凝土密度为 1 900 ~ 2 500 kg/m³,用天然砂、石子作为粗、细骨料。

9. 砂浆

砂浆是由胶结材料和骨料组成的。胶结材料一般用水泥、石灰等,骨料多用天然砂。

按胶结材料不同,可分为水泥砂浆、石灰砂浆和混合砂浆(如水泥石灰砂浆、石灰黏土砂浆、水泥黏土砂浆等)。按在工程建筑中的用途不同,分为砌筑砂浆、抹面砂浆、勾缝砂浆等。按骨料粒径大小的不同,可分为普通砂浆和小石子砂浆,普通砂浆的骨料是砂,小石子砂浆的骨料是砂和小石子。

## 5.1.2 水土保持沟道工程施工的一般程序

水土保持沟道工程施工的一般程序是:在修筑过程中,按照设计要求,进行施工放样后,主要施工程序有基础处理、主体工程修筑和其他建筑物工程施工。

### 5.1.2.1 施工放样

施工放样是指把设计图纸上工程建筑物的平面位置和高程,用一定的测量仪器和方法测设到实地上去的测量工作,也称施工放线。测图工作是利用控制点测定地面上地形特征点,缩绘到图上。施工放样则与此相反,是根据建筑物的设计尺寸,找出建筑物各部分特征点与控制点之间位置的几何关系,算得距离、角度、高程等放样数据,然后利用控制点,在实地上定出建筑物的特征点,据以施工。

### 5.1.2.2 基础处理

水土保持沟道工程的基础处理也称基础开挖处理。

1. 基础处理的原因

天然的基础表面往往会有树木、树根、杂草、乱石、浮土、水井、窑洞、坟墓、探坑等,表面土壤的有机混合物含量比较高,自然容重小,基础范围内可能有高压缩性松软土层、湿陷性黄土层等。如果不进行开挖、清除、处理,将给建筑物基础的防渗性、稳定性留下很大隐患,因此在施工之前必须进行基础处理。

2. 开挖的顺序

开挖处理的顺序是:先上而下,先两岸岸坡后沟道(河槽)坝基。

3. 基础处理的内容

水土保持沟道工程的基础处理一般包括清基、削坡和开挖结合槽。对于沟头防护工程、谷坊等,基础处理相对简单一些,对于淤地坝(拦沙坝、塘坝)等,不同的地基(如坝体、溢洪道、放水建筑物等)都要进行基础处理,相对复杂一些。

1)清基

在修筑主体工程前,首先将坝基范围内的浮土、碎石、树根、草及其他杂物清除干净。不得留在坝内作回填土用。对于石质沟床,应清除表层覆盖物,再进行开挖,将强风化层全部除掉,以开挖到设计要求为原则。岩坡清除后不应成台阶状。

2)削坡

削坡主要是针对岸坡进行的处理。淤地坝(拦沙坝、塘坝)等坝体与两岸山坡的结合,应采用斜坡平顺连接。两岸坡与坝体相接连的部分,均应清理至不透水层,以免留下渗水通道。若为土质岸坡,要削成平整的斜坡,对于岩石岸坡存在的反坡,为了减少削坡的方量,可以用混凝土填补成平顺的斜坡。

3)开挖结合槽(截水槽)

开挖结合槽(截水槽)的目的主要是使坝体与坝基结合牢固,同时防止渗透。在水土保持工程上一般称为结合槽,水利工程上一般称为截水槽。对于覆盖层比较浅的,一般开挖成结合槽(截水槽),并回填与坝体相同的土料。开挖坝基和岸坡结合槽时,针对土质沟床、石质沟床应严格按设计尺寸开挖到位。覆盖层比较深的,一般采用灌浆法进行处理。

#### 5.1.2.3　主体工程施工

主体工程一般指沟道工程的主要建筑物,如淤地坝(拦沙坝、塘坝等)、谷坊工程的坝体、沟头防护工程的围埝等。由于水土保持沟道工程的不同和修筑方式的不同,施工方法也有所不同。

#### 5.1.2.4　其他建筑物工程施工

其他建筑物工程施工主要指谷坊工程的溢水口,淤地坝、拦沙坝、塘坝等的放水建筑物、溢洪道等。

### 5.1.3　水土保持沟道工程的施工方法

#### 5.1.3.1　淤地坝、拦沙坝、塘坝施工

在我国,淤地坝、拦沙坝、塘坝是主要的水土保持沟道工程,其施工的技术特征是专业性强、综合性强和区域性强。由于这些工程修建在水土流失严重的沟谷中,除受水文、气象、地形、地质等因素影响外,一般属于行洪沟道上的挡水建筑物,关系着下游人民生命财产的安全,因此施工规模往往较大,施工强度较高,技术要求高,质量要求严。一般由专业施工队伍组织施工,保证工程质量。

1. 淤地坝施工

淤地坝按规模分为小型、中型和大型三种类型;按筑坝材料可分为土坝、石坝、土石混合坝等;按施工方法可分为碾压坝、水力冲填坝(水坠坝)、砌石坝等。黄土高原淤地坝多数为碾压坝和水坠坝。

按照筑坝材料在坝内的配置可将土坝分为:①均质土坝。坝体主要由一种筑坝材料筑成。②多种土质坝。坝体由几种筑坝材料筑成,防渗料位于坝体中间或上游。③心墙土坝。防渗料位于坝体中间,上下游坝壳为单一的透水料。④斜墙土坝。防渗料位于坝体上游,下游为单一的透水坝壳。黄土高原地区绝大部分淤地坝为均质土坝。

淤地坝在建筑物结构组成上,通常说的"三大件",一般由坝体、溢洪道、放水建筑物三个部分组成,大型淤地坝及骨干工程、多数中型坝都采用此结构;"两大件"即由坝体、放水建筑物(或溢洪道)两部分组成,中小型淤地坝往往采用这种结构;"一大件"即仅有坝体,俗称"闷葫芦"坝,洪水泥沙处理为全拦全蓄,仅适用于集水面积较小的小型淤地坝,为了增加其安全性,一般坝顶布设浆砌石非常溢流口。

淤地坝的施工技术同淤地坝的发展一样,逐步发展,从开始的人工推土上坝、人工夯实到机械运土和机械碾压夯实,以及发展到水坠、定向爆破等先进施工沟埝筑坝。淤地坝的基本施工方法主要有下列几个方面:

(1)施工准备。包括施工场地、施工定线。施工场地准备包括选好土、石料场,通路、通水、通电、通信,修建堆放物资的临时仓库等。施工定线包括根据规划设计图纸,将坝体、溢洪道、泄水洞等各项建筑物的位置,用测量方法落实到地面,并用打桩等方法予以确

定。淤地坝施工放样主要包括坝轴线的测定、坝身控制测设、清基开挖线和起坡线的放样、坝体边坡的放样、溢洪道和泄水洞的测设等。

（2）基础处理。包括清基、削坡和开挖结合槽等,参见本章"5.1.2　水土保持沟道工程施工的一般程序"中的基础处理。

（3）碾压坝施工。碾压坝指其坝体是利用碾压机具分层压实筑坝材料形成的。大部分土坝都是碾压坝。碾压坝比较密实,完工后沉陷量较小,一般不超过坝高的1%,抗剪强度较高,坝坡较陡,节省工程量。这种坝历史悠久,使用最广。碾压施工主要包括取土、铺土整平、压实、整坡、坝体分段施工接头与接坡处理、反滤体施工等工序。具体施工技术要求应符合《水土保持治沟骨干工程技术规范》（SL 289—2003）、《水土保持综合治理 技术规范 沟壑治理技术》（GB/T 16453.3—2008）等的要求。

碾压坝常用的压实机具有羊脚碾、履带拖拉机等;常用的夯实机具有人工夯具、蛙式打夯机等,一般用于较狭窄的施工场地或碾压机具难以施工的部位。

土坝坝坡（主要是下游坝）常沿高程每隔10~15 m,应在坝的外坡上下部位修筑马道（又叫戗台）,马道一般宽为1 m左右。其作用是拦截雨水、防止冲刷,同时便于进行坝体检修和观测,马道一般修在坡度变化处。

反滤体也称反滤层,是在大中型淤地坝和骨干坝下游坝坡的趾部,沿渗流方向将砂、石料按颗粒粒度或孔隙率逐渐增大的顺序分层铺筑而成的防止管涌的滤水设施。常见的反滤体的型式有棱体式反滤层和斜卧式反滤层。反滤体的材料一般由三层材料组成:最里层紧贴土质坝体为粗砂,中间为砾石,最外层为干砌石块石。棱体式反滤层与坝体开始填筑时同步进行修筑,斜卧式反滤层在下游坝坡下部做成后铺砌。

（4）水坠坝施工。水坠坝又称水力冲填坝,是利用水力和重力将高位土场土料冲拌成一定浓度的泥浆,引流到坝面,经脱水固结形成的土坝。黄土高原地区具备水坠坝建设条件区域修建的治沟骨干工程与大中型淤地坝较多,建设技术和经验日臻完善。水坠坝又分为水坠均质坝和水坠非均质坝。前者是指坝体由泥浆非分选冲填而成的水坠坝,冲填土料的颗粒在全断面内分布较均匀,无明显分离现象。后者是指坝体由泥浆分选冲填而成的水坠坝,冲填土料的颗粒在水的冲力和自重作用下,由粗到细逐步沉积,形成坝壳区、过渡区和中心防渗区。

水坠坝的施工主要包括施工场地布置（开辟水源、筑堰蓄水、选择抽水机组等、取土场布置、泥沟与输泥渠布置等）、冲填施工（冲填方式、冲填畦块划分等）、围埝修筑、造泥施工（造泥、泥浆浓度控制等）、坝体水分的排除（坝面积水排除、泥面垫干土、利用反滤体排水,坝内专用排水设施砂沟、砂井、排水褥垫排水等）。具体施工技术应符合《水土保持治沟骨干工程技术规范》（SL 289—2003）、《水土保持综合治理 技术规范 沟壑治理技术》（GB/T 16453.3—2008）、《水坠坝技术规范》（SL 302—2004）等的要求。

（5）溢洪道施工。溢洪道是淤地坝工程枢纽的重要建筑物,它承担着宣泄超过大坝拦蓄能力的洪水,保证工程安全的作用。溢洪道分为河床式和河岸式两大类。河床式溢洪道多用于混凝土坝枢纽中,在土坝枢纽中,一般不允许在坝上泄水,而在河岸上适当地点修建河岸式溢洪道。淤地坝工程一般采用河岸式开敞溢洪道。多建在紧靠大坝的基岩上,也可建造在土基上。溢洪道由进口段（包括引水渠、渐变段、溢流坎）、陡坡段、出口段

（包括消力池、渐变段、尾渠）三部分组成，是一个整体性很强的水工建筑物。

溢洪道的施工包括开挖和衬砌。溢洪道过水断面应按设计宽度、深度和边坡施工，严格控制溢洪道底高程，不得超高和降低。

在土质山坡上开挖溢洪道，其上部的山坡应开挖排水沟，保证安全。溢洪道开挖的土宜利用上坝，在施工安排上和土坝施工平行。在岩石山坡上开挖溢洪道，应沿溢洪道轴线开槽，再逐步扩大到设计断面。无论土质、岩石山坡，稳定边坡比都应符合《水土保持治沟骨干工程技术规范》（SL 289—2003）、《水土保持综合治理 技术规范 沟壑治理技术》（GB/T 16453.3—2008）的要求。为了提高承受高速水流冲刷和行洪能力，可根据设计采用浆砌石或混凝土衬砌。

（6）放水建筑物。淤地坝放水建筑物由取水建筑物、放水涵洞、出口消能段组成。取水建筑物采用卧管或竖井，并通过消力池（井）与之连接；放水涵洞位于坝下，一般与坝轴线基本垂直；出口消能段一般砌筑锥体或翼墙与明渠连接，缓坡明渠采用防冲铺砌，陡坡明渠采用底流消能或挑流消能设施。放水建筑物的施工包括浆砌石涵洞砌筑、预制混凝土涵管的施工及出口消能段的施工。具体施工技术要求应符合《水土保持治沟骨干工程技术规范》（SL 289—2003）、《水土保持综合治理 技术规范 沟壑治理技术》（GB/T 16453.3—2008）等的要求。

（7）浆砌石施工。浆砌石是指用石料与砂浆砌筑而成的浆砌石体。按石料划分有毛石砌体和料石砌体。按石料砌筑位置，石料可分为"角石"、"面石"（也称沿子石）和"腹石"。砌筑程序是自下而上，先砌筑角石，再砌面石，最后砌腹石。在淤地坝施工中，溢洪道、放水涵洞等建筑物要进行浆砌石砌筑作业，另外一些地区的浆砌石坝是一种地方性很强的当地材料坝，已建工程中，以中小型工程为主。浆砌石施工方法有两种，一是灌浆法，二是坐浆法。

灌浆法的操作方法是：当沿子石砌好，腹石用大石排紧，小石塞严后，用清稀粥状灰浆往石缝中浇灌，直至把石缝填满为止。这种方法的优点是：操作简单、方便，灌浆速度快，效率高。主要缺点是：下层石料不易灌满，质量不易控制，砂浆的水灰比常较大，用水量多，强度低，难以达到设计要求；由于浆稀，砂浆常沿子石缝隙外流，影响灌实效果，稀浆易于离析，水泥易顺水流走，砂子集中，不易凝结。所以，灌浆法不能保证施工质量。在实际施工中不宜采用。

坐浆法的主要优点是：既节约水泥，又保证质量，是目前最常用的方法。即先铺一层砂浆再放块石，块石间的空隙用砂浆灌满，随即用中小石块仔细填到已灌满空隙的砂浆中，使砂浆挤出，因此坐浆法也叫挤浆法，又叫铺浆法。浆砌石施工的工序是砌筑面准备、选料、铺浆（坐浆）、安放石料、质检、勾缝、养护等。

（8）干砌石施工。干砌石是指不用胶结材料而将石块砌筑起来。干砌石包括干砌块（片）石和干砌卵石。由于干砌石主要依靠石块之间相互的摩擦力及单个块石本身重量来维持稳定，故不宜用于砌筑墩、台或其他主要受力的结构部位。一般多用于建筑物的护坡、护底工程以及防冲部分的护岸工程等。干砌石常用的砌筑方法有两种，即平缝砌筑法和花缝砌筑法。

平缝砌筑法适用于干砌块石施工，石块宽面长向与坡面方向垂直，水平分层砌筑，同一层仅有横缝,但竖向纵缝必须错开。花缝砌筑法多用于干砌毛石施工,砌石水平向不分层,大面朝上,小面朝下,相互填充挤实砌成。

干砌石施工的工序一般为备料、削坡(或平整底面)、放样、铺设垫层、选石、试放、修凿、安砌、封边等。

(9)混凝土施工。混凝土是指由胶凝材料将集料胶结成整体的工程复合材料的统称。通常讲的混凝土一词是指用水泥作胶凝材料,砂、石子作集料,与水(加或不加外加剂和掺合料)按一定比例配合,经搅拌、成型、养护而得的水泥混凝土,也称普通混凝土,它广泛应用于水利水保工程。混凝土工程施工包括骨料制备(加工)、混凝土制备、混凝土运输、混凝土浇筑与养护等工序。

骨料制备(加工)是指从料场开采的石料需要通过破碎、筛分、冲洗等加工过程,制成符合级配要求,质量合格的各级粗、细骨料。普通混凝土用天然砂、石子作为粗、细骨料。混凝土制备是按混凝土配合比设计要求,将其各组成材料拌和成均匀的混凝土料,以满足浇筑的需要。混凝土制备主要包括配料和拌和两个生产环节。混凝土运输是混凝土施工中的重要环节,对工程质量和施工进度影响较大,混凝土运输包括水平运输和垂直运输两个运输过程,前者即从拌和机前到浇筑仓前,后者从浇筑仓前到仓内。混凝土的浇筑施工过程包括浇筑仓面准备、入仓辅料、平仓振捣。混凝土的养护是指混凝土浇筑完毕后,在一定的时间内保持适宜的温度和湿度,以利于强度的增加。

**2. 拦沙坝、塘坝施工**

拦沙坝的施工因拦沙坝的类型不同而不同。在我国多为浆砌石重力溢流坝或格栅坝。塘坝有小型均质坝、浆砌石坝(一般为重力式滚水坝)等。其施工方法和淤地坝施工大致相同。

### 5.1.3.2　谷坊施工

**1. 土谷坊施工方法**

土谷坊包括坡面小冲刷沟的土谷坊和沟道里的土谷坊两类。土谷坊施工工序为定线、清基、开挖结合槽、填土夯实修筑、挖溢水口、种植灌草。施工方法如下:

(1)定线。根据规划确定的谷坊位置,按设计的谷坊尺寸,在地面上划出坝基轮廓线。

(2)清基。在确定好谷坊位置处,将轮廓线以内的浮土、草皮、树根、乱石刨净。

(3)开挖结合槽。清基后,沿坝轴线中心,从沟底至两岸沟坡开挖结合槽,槽底要平,谷坊两端各嵌入沟岸,如沟岸是光石层,应将岩石凿毛使谷坊与沟岸紧密结合。

(4)填土夯实修筑。挖好结合槽以后,按设计规格施工。首先将土填入结合槽,夯实,使土谷坊稳固地坐落在结合槽内,与地基结为一体。上一层土,夯实一层,分层填筑,一直修到设计高度。边修筑边收坡,内外侧坡要随时拍实。用于修筑谷坊的土料,干湿度要合适。

(5)挖溢水口。按照溢水口的设计断面,做好溢水口,并用草皮或砖、石砌护。选择谷坊的一端土质坚硬或有岩石的地方开挖,出水口要离谷坊脚远一点,以不淘刷谷坊脚为原则。

(6)种植灌草。在谷坊上种植灌草,加强固土。

2. 柳谷坊施工

柳谷坊施工工序包括桩料选择和埋桩、编篱与填石、填土。

(1)桩料选择和埋桩。按设计要求的长度和桩径,选生长能力强的活立木。按设计深度打入沟底,注意:桩身应与地面垂直,打桩时勿伤柳桩外皮,芽眼向上。各排的柳桩要呈"品"字形互相错开,不要重合。

(2)编篱与填石。以柳桩为经,安排横向编篱。与地面齐平时,在背水面最后一排桩间铺柳枝,桩外露梢,作为海漫。各排编篱中填入卵石或块石,靠篱处填大块,中间填小块。编篱(及其中填石)顶部做成下凹弧形溢水口。

(3)填土。编篱与填石完成后,在迎水面填土,填土断面呈梯形或三角形。

3. 石谷坊施工

在有石料的地方,可修筑石谷坊。石谷坊有干砌块石谷坊、干砌卵石谷坊和浆砌石谷坊。

1)干砌块石谷坊

干砌块石谷坊施工工序为清基、挖结合槽、修筑。

(1)清基:按规划划出谷坊基线后,进行清基。清基要注意:土质沟底,应清到坚硬的土质上;如是淤积的砂砾石沟底,应清到硬底;如是石质沟底,要清除表层碎石。

(2)挖结合槽:清基后,在谷坊基线中央挖一条结合槽,槽底要平,从沟底一直挖到两边沟岸处,谷坊修多高,两岸要挖多高。为使外坡砌得稳固,还要在谷坊外坡脚挖一条沟。

(3)修筑:按设计规格,先将大石块牢牢镶入结合槽内,第一层大石块平面要朝下,以后各层朝上。背水坡用粗条石砌筑,迎水坡砌块石之间要错开咬紧,小缝要用小石块塞紧,依次砌下去,直到设计高度,边砌边收坡。如是土质沟底或沙砾层地沟,谷坊下游要做护底。当谷坊砌到溢水口底部的高度时,要按溢水口的设计断面留出溢水口。

2)干砌卵石谷坊

如当地沟道中卵石多,就用卵石垒砌。修筑方法同干砌石块谷坊,但不挖结合槽,清基时在内外坡脚挖深一些。谷坊的外坡要选用长形卵石,并与谷坊外坡垂直镶砌,不要平放;每层卵石要错开缝,石头之间要紧靠。谷坊内坡要用大小卵石混合堆砌,这样砌得结实。不能堆沙砾,因为沙砾在溢水时容易被冲走,使谷坊坍塌。

干砌块石和卵石谷坊只能拦沙缓洪,不能蓄水。

3)浆砌石谷坊

浆砌石谷坊比较耐久,能蓄水、拦沙、调洪。一般多修在有常流水的沟道内,用以蓄水或抬高水位,灌溉农田;也可发展家禽和水产。此类谷坊多用粗料石浆砌。基础处理、砌筑块石与干砌谷坊相同,只是砌筑块石时要用水泥砂浆勾缝。溢水口设在谷坊顶部中央,同时在谷坊的一端修一放水闸,以便灌溉。

### 5.1.3.3　沟头防护施工

1. 蓄水型沟头防护工程施工

蓄水型沟头防护工程分为围埝式和围埝蓄水池式。

1)围埝式沟头防护工程施工

围埝式沟头防护工程施工工序包括定线、清除杂物、开沟取土筑埝。施工方法如下:

（1）定线。应根据设计要求,确定围堰（一道或几道）位置走向,做好定线。

（2）清除杂物。沿堰线上下两侧清除地面杂草、树根、石砾等杂物。

（3）开沟取土筑堰,分层夯实。

2）围埂蓄水池式沟头防护工程施工

围埂蓄水池式沟头防护工程由围埂＋蓄水池组成。其施工工序包括围埂施工、蓄水池开挖和蓄水池施工。施工方法如下：

（1）围埂施工见"1）围埂式沟头防护工程施工"。

（2）蓄水池开挖。根据设计要求,确定蓄水池位置、形式、尺寸,进行开挖。

（3）蓄水池施工。①按设计要求进行基础处理,做好防渗。②边墙砌筑。③蓄水池体完成后,要用水泥抹面,进行防渗处理。

2.排水型沟头防护工程的施工

排水型沟头防护工程分为跌水式和悬臂式沟头防护工程。

1）跌水式沟头防护工程施工

跌水式沟头防护工程一般在高差较小的陡崖或陡坡修建。跌水式沟头防护建筑物,由进水口、陡坡（或多级跌水）、消力池、出口海漫等组成。其施工方法如下：

（1）基础开挖。进水口、陡坡（或多级跌水）、消力池、出口海漫等应按设计宽度、深度和边坡开挖。

（2）施工方法参照淤地坝溢洪道施工。

2）悬臂式沟头防护工程施工

悬臂式沟头防护工程的施工方法如下：

（1）应按设计备好管材及各种建筑材料。

（2）挑流槽应置于沟头上地面处,先挖开地面,埋水泥板,将挑流槽固定在板上,再用土压实,并用数根木桩铆固在土中,保证其牢固。

（3）水泥板等下部扎根处,应铺设浆砌料石,石上开孔,将桩下部插入孔中,加以固定。扎根处应保证不因雨水冲蚀而摇动。

（4）浆砌块石应做好清基。

（5）消能设备（框内装石或铅丝笼装石）应先向下挖深 $0.8 \sim 1.0$ m,然后放进筐石。

（6）消能设备应与沟道内植物和谷坊设施结合利用,不应产生破坏。

# 5.2　水土保持坡面治理工程施工基本知识

水土保持坡面治理工程主要包括坡耕地和荒坡上的水土保持工程。它是治理水土流失的第一道防线,是水土保持综合治理的重要组成部分。按其作用和修建形式,可分为梯田工程、坡面蓄水工程和坡面截洪分水工程。

## 5.2.1　水土保持坡面工程施工一般程序

水土保持坡面工程施工的一般程序是：按照设计要求,进行施工放样定线、清基、主体工程施工（开挖、修筑、整平等）和其他建筑物工程施工。根据水土保持坡面工程的类型不同,主体工程的施工工序有所不同。

## 5.2.2　梯田工程施工

梯田是山区、丘陵区常见的一种基本农田,它是由于地块顺坡按等高线排列呈阶梯状而得名。梯田的结构包括田坎、田埂、田面三部分。梯田工程根据田坎建筑材料可分为土坎梯田和石坎梯田。

### 5.2.2.1　梯田工程的施工工序

土坎梯田的施工工序包括施工定线、田坎清基、修筑田坎、保留表土、修平田面等5道工序。

石坎梯田的施工工序包括施工定线、田坎清基、挖坎基、修筑石坎、坎后填膛与修平田面。

### 5.2.2.2　土坎梯田工程的施工方法

土坎梯田施工分为人工修筑梯田和机械修筑梯田。

1.人工修筑梯田

(1)施工定线。梯田的施工定线包括定基线和定坎线(施工线)。一般借助仪器(如手水准、水准仪等)按等高原理从顶部开始,逐台往台下定线。对特殊地形,采取灵活的方法,因地制宜地调整施工线(坎线)。

(2)田坎清基。在清基线范围内把埂基和开沟处的表土清除干净,并清除清基线范围内的石砾等杂物,填塞洞穴,整平、夯实。

(3)修筑田坎。用生土填筑,分层夯实,根据设计田坎坡度,逐层内收,拍光坎外坡,坎后填实。各地常用的人工筑埂的方法有铁锨筑埂、挑土筑埂、椽帮埝等。

(4)保留表土。表土是农民经过多年培肥的,在修梯田时,切忌打乱表土层,要尽量多保留表土,以免减产。处理表土的方法一般有:表土逐台下移法(俗称蛇蜕皮法)、表土逐行置换法、表土分带堆置还原法(也称分带堆土法)、表土中间堆置法(又称中间堆土法)。

(5)修平田面。一般采用下挖上填法(俗称外切里垫法)和上挖下填法(俗称里切外垫法)相结合的方法。下挖上填法是指在田坎线以下1.5 m范围,从田坎下方取土,填到田坎上方。上挖下填法指其余田面范围从田面中心线以上取土,填到中心线以下。在施工实践中群众还总结出中间开沟掏洞塌落法,即先在地块中上部挖一条深0.5～0.6 m的沟,用锄头挖空沟墙,让上面的生土塌落下来,然后把生土运到填方处。此法适用于冬季施工,田面较宽,地坎不太高时采用,但要注意安全。用上述方法把生土整平后,再将表土均匀铺在生土上。

2.机械修筑梯田

机械修筑梯田的机具分为主要机具和辅助机具。主要机具包括:正向运土的有推土机和铲运机;侧向运土的有机引犁、铲抛机;正侧向联合应用的有平地机、回转式推土机。

机械修筑梯田,一般采用运筹法,人、机结合,事先规划好地块,最好是连台梯田,坡度在15°以下,坡度愈缓,工效愈高。在推平每块坡地时,要尽量少空转,运距不能太短,以减少机械磨损和耗油,并提高工效。采用机械修梯田,一个台班可顶50～60个人工,有的可顶 100 个以上人工。人工修埂和平整地头地边,而推土机则平整土地。机修梯田不易保留表土。

#### 5.2.2.3　石坎梯田工程的施工方法

石坎梯田在石山区和土石山区常见,有些地方有好几百年的历史。其优点是:地坎坚固耐久,不易冲毁;地坎侧坡陡,占地少;坎壁蒸发量少,有利于坎边作物生长;就地取材,干砌结构简单,冬季能施工。石坎梯田的定线、清基与土坎梯田的施工要求相同。

（1）修砌石坎。砌前要选好石料,并把石料分为大、中、小三类堆放,然后逐层向上修砌。因石坎梯田的建筑材料有条石、块石、卵石、片石、土石混合(南方近年有素混凝土空心砖与石料结合的形式等),在砌筑施工工艺上也略有不同。

（2）坎后填膛与修平田面。两道工序结合进行。坎后填膛即在下挖上填法和上挖下填法修平田面过程中,将夹在土内的石块、石砾拾起,分层堆放在石坎后,呈三角形断面对石坎起支撑作用,然后填土进行田面平整。

### 5.2.3　坡面蓄水工程施工

坡面蓄水工程主要包括水窖、涝池、蓄水池、蓄水堰等。

#### 5.2.3.1　水窖施工

在丘陵和高原地区,修建水窖(旱井),把雪水、雨水就地蓄存起来,用以解决人畜用水或抗旱点浇,这是黄土地区一项抗旱防旱的好经验。它的优点是投资小,收益快,工程简易,只要管理得好,使用年限很长。

水窖位置选择不当,容易漏水或倒塌。在选择地形时,最好选坡度较缓、土质坚实、土层深厚、上有来水的地方,不要选在渠边、房边或沙多、有树的地方。群众总结为"三好"及"四不要"。三好:一是土壤好(红胶土),二是土质密度好,三是土地平整来水条件好;四不要:一不要在地畔边修建,二不要在树林附近修建,三不要在房屋附近修建,四不要在陡坡修建。

水窖施工的工序包括窖体开挖、窖体防渗和地面部分施工。

（1）窖体开挖。挖井式水窖,先挖井筒子,从窖口开始,按照各部分设计垂直向下挖,井底一般成锅底或平底。为使井身挖端正,可由井口中心吊一根系有垂球的绳子,以绳子到井壁为半径画圆,随开挖随测量,以校正井身是否端正。

挖窑式水窖,从窑门开始,先刷齐窑面,根据设计尺寸挖好标准断面,用打窑洞的办法开挖,并逐层向里挖进,挖至设计的长度为止。在窑门顶部吊一中心线,并做一个半圆形标准尺寸木架,校核断面尺寸用。

（2）窖体防渗。一般包括胶泥捶壁防渗、水泥抹面防渗、水泥砂浆砌石防渗、混凝土防渗等。

（3）地面部分施工。包括用砖或块石砌台、开水路、设置拦污栅等。

#### 5.2.3.2　涝池、蓄水池、蓄水堰施工

涝池的修建位置一般应选择在路旁低于路面、土质较好、暴雨中有足够的地表径流流入的地方,距沟头、沟边 10 m 以上。大型涝池应着重考虑能修建足够容量的池体和足够的径流来源。

　　涝池、蓄水池、蓄水堰施工按不同型式,一般包括开挖、筑埂、夯实、防渗、衬砌等工序。一般土质涝池,按设计尺寸开挖,挖出的土料可在池周做成土埂。池底应用黏土防渗,对小裂缝应进行灌浆处理。蓄水池或大型涝池应根据规划的位置和设计尺寸进行开挖,处理好基础,并按设计进行基础防渗。边墙砌筑可采用砖或石料,衬砌完成后进行水泥砂浆抹面防渗处理。蓄水堰施工中的小土坝应分层夯实。

### 5.2.4　坡面截洪分水工程施工

　　截水沟与排水沟施工的工序包括放样和定线、挖沟和筑埂、铺衬防冲。
　　截水沟与排水沟的施工应遵循以下要求:
　　(1)根据设计截水沟与排水沟的布置路线进行放样和定线。
　　(2)截、排水沟修建中的沟槽开挖、沟沿填土。根据截水沟与排水沟的设计断面尺寸,沿施工线进行挖沟和筑埂。筑埂填方部分应将地面清理耙毛后方可均匀铺上,并进行夯实,沟底或沟埂薄弱环节应作加固处理。
　　(3)在截水沟与排水沟的出口衔接处,应铺草皮或作石料衬砌防冲。在每道跌水处,应按设计要求进行专项施工。
　　(4)竣工后,应及时检查断面尺寸与沟底比降是否符合规划设计要求。

## 5.3　水土保持护岸工程施工基本知识

　　护岸工程包括护脚、护坡、封顶三部分,施工前应根据防护部位实际情况,按照设计要求制订详细的施工方案并编制详细的施工计划。根据设计图纸或施工需要布设控制导线、桩号及具有代表性的观测断面桩,并对护岸段进行近岸(水上、水下)地形测量,绘制平面地形图及间距为 10~20 m 的断面图。按照设计进行施工放样,施工时一般先护脚,后护坡、封顶。
　　护脚工程是护岸工程中的基础,应严格按照施工方案、施工程序和质量控制要求施工。
　　护坡方式有堆石、干砌石、浆砌石以及草皮生态防护等方式,应遵照设计要求和防护段实际情况选用。
　　封顶工程应与护坡工程密切配合,连续施工,不遗留任何缺口。对顶部边缘处的集水沟、排水沟等设施,要精心规范施工。

## 5.4　水土保持造林施工基本知识

### 5.4.1　造林育苗的方式

　　造林育苗根据苗木形成的方式分播种育苗、营养繁殖育苗、移植育苗和容器育苗。播种育苗由种子经过培育,生根、发芽后形成幼苗;营养繁殖育苗是利用树种的营养器官(根、茎、芽、叶)培育苗木的方法;移植育苗是对生长比较缓慢,培育时间较长,且在培育过程中需要经过移植进行育苗的方法;容器育苗是指在容器中直接播种形成幼苗,在造林时容器和苗木一起栽植的育苗方法。

## 5.4.2　播种育苗的方法

播种育苗分苗床育苗和大田育苗两种方式。其方法要点如下:

(1)苗床育苗:根据苗床的形式分高床、低床和平床三种方式。高床床面高出步道 20 cm 左右,适宜于雨水较多、排水不良的南方黏壤土地区。低床床面低于步道 20 cm 左右,适宜于北方干旱地区以及水源不足的地方。平床床作技术简单,成本低,但气候干旱地区其应用受到限制。床作育苗的步道宽度为 30～50 cm,床面宽度为 1～1.3 m,在坡地上床的走向应与等高线平行。

(2)大田育苗:其作业方式分高垄、低垄和平作三种方式。垄断面为一梯形剖面,上面微微隆起,底宽 50～80 cm,高 15 cm 左右,垄面宽 20～45 cm,垄长一般为 30～40 m。

## 5.4.3　造林整地工程的类型

水土保持整地工程技术是水土保持造林技术的重要组成部分。整地工程的常见形式有水平阶、水平沟、反坡梯田和鱼鳞坑等。适用于水土流失比较严重和土层深厚的地方。

(1)水平阶整地:沿等高线自下而上里切外垫,表土逐台下翻,最后一台就近取土覆盖台面,开垦成带状台阶式的整地方式。

(2)水平沟整地:指沿等高线挖沟的整地方法。水平沟修筑时沿等高线自上而下开挖,将表土堆放在上方,用底土培埂,表土回填于植树斜坡上。

(3)反坡梯田:在 15°以下缓坡上沿等高线修建的田面内倾(外高内低)的窄梯田。

(4)鱼鳞坑整地:在坡面上修筑呈品字形排列的半圆形坑穴状整地方式。该整地方式适宜于地形破碎及坡度较大的沟坡地段。

## 5.4.4　造林的方法

### 5.4.4.1　播种造林

播种造林又称直播造林,是将林木种子直接播种在造林地进行造林的方法。这种方法省去了育苗工序,而且施工容易,便于在大面积造林地上进行造林;但是这种方法造林对造林立地条件要求较严格,造林后的幼林抚育管理措施要求也较高。播种造林的适用条件:适合于种粒大、发芽容易、种源充足的树种,如橡栎类、核桃、油茶、油桐和山杏等大粒种子。其要求造林地土壤水分充足,各种灾害性因素较轻,对边远且人烟稀少地区的造林更为适宜。

播种造林根据播种的方式又分块状播种、穴播、缝插、条播和撒播等。

### 5.4.4.2　植苗造林

植苗造林又称栽植造林、植树造林,是用根系完整的苗木作为造林材料进行造林的方法。其特点是对不良环境条件的抵抗力较强,生长稳定,因此对造林地立地条件的要求相对地说不那么严格。但是,在造林时苗木根系有可能受损伤或挤压变形和失水,栽植技术要求高,必须先育苗,却也节省种子。总之,植苗造林法受树种和造林地立地条件的限制较少,是应用最广泛的造林方法。

### 5.4.4.3　分殖造林

分殖造林是利用树木的营养器官(干、枝、根等)及竹子的地下茎作为造林材料直接进行造林的方法。其特点是能够节省育苗时间和费用,造林技术简单,操作容易,成活率较高,幼树初期生长较快,而且在遗传性能上保持母本的优良性状。但要求有立地条件较高的造林地,同时分殖造林材料来源受母树的数量与分布状况的限制,这种方法主要用于适宜营养繁殖的树种,如松树、杨树、柳树、泡桐和竹类等。

### 5.4.4.4　其他方法

(1)插条造林:选择 1.5~2.0 cm 粗、1~2 年生的枝条,剪去侧枝,剪成长 30~40 cm 的插穗,按照一定的株行距,在事先整好的地里扦插,然后踏实。插条造林在春季和秋季都可以进行,春季应在发芽前、土壤解冻后这一段时间内,而秋季则应在落叶后到土壤冻结前。

(2)插根造林:这种造林方法和插条造林方法差不多,在春秋季均可进行,所不同的是插穗用的是粗 1 cm 以上的根,剪成 15~20 cm 长的段。按照一定的株行距,在提前整好的地上挖直径 20 cm、深 30 cm 的坑,将根按 45°角倾斜埋入,要注意,插穗的方向是大头向上,上部不但不外露,反而要埋入土下 2~3 cm。

(3)分蘖造林:直接利用分蘖苗进行造林的方法。一般在春季或秋季在母树林内掘出分蘖苗,直接运输到造林地进行造林,栽植时要保证根系舒展,并且要覆土踏实。

## 5.5　水土保持种草施工基本知识

### 5.5.1　种草的方法

水土保持种草方法根据育草的方式分直播种草、栽植和埋植种草。

直播种草利用草种种籽直接播种,是水土保持的主要育草方式。要求首先建立草籽基地,以保证有足够的优良草种。草籽基地要求选择土壤肥沃、无积水、能灌溉的草地进行草种繁殖。不具备建立草籽基地条件的,应选择生长良好、无病虫害的草地,加强管理,作为留种地。

有些草种因气候、土壤、水分等自然因素的影响,或因牧草种子细小,直播不易成功,可以采用栽植或埋植种草。草种栽植要求先进行草种育苗,其育苗方式仍采用直播进行,待草苗达到规定的高度时进行移栽。有些草本植物,可以利用其地下茎、地上茎进行埋植繁育,如芦苇、芭茅等。

### 5.5.2　选择水土保持种草的条件

水土保持种草的目的是防治水土流失,因此其草种选择的基本条件是草种抗逆性强、保土性好、经济价值高。草种选择必须综合考虑其防护和经济性能,做到适地适草,以保证其正常生长和良好发育。在干旱、半干旱地区选种旱生草类,如沙蒿、冰草等;一般地区选种中生草类,如苜蓿、鸭茅等;水域岸边、沟底等低湿地选种湿生草类,如田菁、芦苇等。

### 5.5.3　水土保持草种子的处理方法

为促使种子早萌发,提高发芽率和草苗质量,在播种前应进行处理。草种处理主要包括浸种处理、春化处理、软化处理和接种根瘤菌等方法。浸种处理指将种子用水浸泡,使其充分吸水,提高发芽率。春化处理通过将种子在低温(0～10 ℃)下保持一段时间(温度、时间因草种特性不同而定),提高种子在春季低温条件下的发芽率。软化处理对于一些种皮较硬或具有较厚蜡质层的草种,利用机械碾压的办法进行脱壳,或同细沙混拌摩擦软化种皮,促进种子发芽。豆科草类种子在播种前可以按照规定的程序或方法使用根瘤菌拌种剂进行拌种,促进草种根瘤的形成。

### 5.5.4　直播种草的播种方法

直播种草的方法分条播、穴播和撒播。条播是首先在地面上开沟,然后将种子播入沟内,并覆土。条播开沟和播种可以分开进行,也可以将开沟、播种、覆土、振压各个环节结合进行。穴播是直接在地面上开穴播种,并随即覆土。撒播是将种子均匀播撒在地上,然后覆土。

## 5.6　生产建设项目水土流失防治施工基本知识

### 5.6.1　生产建设项目水土流失防治施工方法

生产建设项目水土流失防治工程的施工必须紧密结合建设主体工程的特点进行,最大限度地避免在建设过程中造成大量水土流失。施工时应注意以下原则:

(1)施工道路应定线定位,避免依山就势的开挖,减小施工扰动范围,施工时应设置临时拦挡设施,必要时可设置桥隧。伴行道路、检修道路等应按有关标准设计,满足施工要求,减少水土流失;临时道路在施工结束后应进行迹地恢复。

(2)在施工前对表土应进行剥离,集中堆放,施工结束后应进行回填或综合利用。

(3)应及时布设相应的防护措施,尽量减少地表裸露的时间,遇暴雨或大风天气应采取遮盖、拦挡、排水等临时防护措施。

(4)弃土(石、渣)排放时应"先拦后弃",临时堆土(石、渣)及料场加工的成品料应集中堆放,并设置拦挡措施;施工完毕应对施工场地进行整治。

(5)开挖土石和取料场地应先设置截排水、沉沙、拦挡等措施后开挖。

(6)土(砂、石、渣)料在运输过程中应采取保护措施,防止沿途散溢,造成水土流失。

### 5.6.2　生产建设项目水土流失防治施工管理

根据我国水土保持法规定,建设项目中用于水土流失防治的各项水土保持设施的施工必须同主体工程同时设计、同时施工、同时投入使用。另外,在主体工程完工时,应同时对水土流失治理设施进行竣工验收。因此,建设项目水土保持各项工程设施的施工在管理上应遵循法律规定的"三同时"制度,即按照主体工程施工组织设计、建设工期、工艺流程,坚持积极稳妥、留有余地、尽快发挥效益的原则,并根据水土保持分区措施布设及施工的季节性、施工顺序、保证措施、工程质量和施工安全等要求进行合理安排,确保水土保持工程施工的组织性、计划性、有序性以及资金、材料和机械设备等资源的有效配置,保证工程按期完成。

水土保持工程施工的分期实施是进度安排的一项重要内容,应与主体工程相协调,并根据工程量组织劳动力,避免窝工浪费和影响主体工程进度。水土保持各类工程的施工一般应先工程措施再植物措施,工程措施一般应安排在非主汛期,大的土方工程尽可能避开汛期。植物措施应以春、秋季为主。施工建设中,应按"先拦后弃"的原则,先期安排水土保持措施的实施。结合四季自然特点和工程建设特点及水土流失类型,在适宜的季节进行相应的措施布设,如风蚀区应避开大风季节,水蚀区应避开暴雨洪水危害等。

# 第6章　测量、采样基本知识

## 6.1　测量基本知识

### 6.1.1　测量工作概述

#### 6.1.1.1　测量的任务与作用

测量的任务与作用,包括两个部分:

测定(测绘)——由地面到图形。指使用测量仪器,通过测量和计算,得到一系列测量数据,或把地球表面的地形缩绘成地形图。

测设(放样)——由图形到地面。指把图纸上规划设计好的建筑物、构筑物的位置在地面上标定出来,作为施工的依据。

#### 6.1.1.2　测量的基本工作

由于地面点间的相互位置关系,是以水平角(方向)、距离和高差来确定的,故测角、量距、测高程是测量的基本工作,观测、计算和绘图是测量工作的基本技能。

#### 6.1.1.3　测量工作的基本原则

(1)布局上由整体到局部,精度上由高级到低级,工作次序上先控制后细部。

(2)前一步工作未作检核,不进行下一步工作。

### 6.1.2　常用测量工具、测量仪器的用途

#### 6.1.2.1　常用测量工具的种类及用途

量测地面上两点之间水平距离的常用工具有钢尺、皮尺、绳尺、花杆、测钎。当量测精度要求较高时使用钢尺;精度要求较低时使用皮尺和绳尺;花杆主要用来标志位置、标定方向;测钎用来标志位置或记数已测过的整尺次数。

#### 6.1.2.2　常用测量仪器的种类及用途

测量仪器根据其功能和作用分为定向、测距、测角、测高、测图以及摄影测量等种类。

(1)经纬仪:测量水平角和竖直角的仪器。由望远镜、水平度盘与垂直度盘和基座等部件组成。按读数设备分为游标经纬仪、光学经纬仪和电子(自动显示)经纬仪。经纬仪广泛用于控制测量、地形测量和施工放样测量等。在经纬仪上附有专用配件时,可组成激光经纬仪、坡面经纬仪等。此外,还有专用的陀螺经纬仪、矿山经纬仪、摄影经纬仪等。我国经纬仪系列有 DJ07、DJ1、DJ2、DJ6、DJ15、DJ60 六个型号(“DJ”表示“大地测量经纬仪”,“07、1、2、……”分别为该类仪器以秒为单位表示的一测回水平方向的中误差)。

(2)水准仪:测量两点间高差的仪器。由望远镜、水准器(或补偿器)和基座等部件组成。按构造分为定镜水准仪、转镜水准仪、微倾水准仪、自动安平水准仪。水准仪广泛用

于控制测量、地形测量和施工放样测量等工作。

（3）平板仪：地面人工测绘大比例尺地形图的主要仪器。由照准仪、平板和支架等部件组成。在照准仪上附加电磁波测距装置，可使作业更为方便迅速。

（4）电磁波测距仪：应用电磁波运载测距信号测量两点间距离的仪器。测程在 $5 \sim 20$ km 的称为中程测距仪，测程在 5 km 之内的为短程测距仪。精度一般为 $5 \, mm + 5 \times 10^{-6} D$ （D 为测程），具有小型、轻便、精度高等特点。电磁波测距仪已广泛用于控制测量、地形测量和施工放样测量等中，成倍地提高了外业工作效率和量距精度。

（5）电子速测仪：由电子经纬仪、电磁波测距仪、微型计算机、程序模块、存储器和自动记录装置组成，快速进行测距、测角、计算、记录等多功能的电子测量仪器。有整体式和组合式两类。整体式电子速测仪为各功能部件整体组合，可自动显示斜距、角度，自动归算并显示平距、高差及坐标增量，具有较高的自动化程度。组合式电子速测仪，即电子经纬仪、电磁波测距仪、计算机及绘图设备等分离元件，按需要组合，既有较高的自动化特性，又有较大的灵活性。电子速测仪适用于工程测量和大比例尺地形测量。

## 6.1.3　仪器维护的基本知识

测量仪器很多属于精密仪器，在存放、搬移和使用过程中必须严格按照规则进行操作与维护，以免损坏或降低其量测精度。

### 6.1.3.1　测量仪器存放与搬移注意事项

（1）仪器应存放在通风、干燥、温度稳定的房间里。存放仪器时，特别是在夏天和车内，应保证温度在一定的范围之内。注意防止未经许可的人员接触仪器。

（2）测量人员携带仪器乘坐汽车时，应将仪器放在腿上并抱持怀中，或背起来以防颠簸震动损坏仪器，应切实做好防碰撞、防震工作。

（3）在工作过程中，短距离迁站时先检查连接螺栓是否牢固；然后将三脚架合拢，一手挟持脚架于肋下，另一手紧握仪器基座置仪器于胸前。若距离较远时，应装箱背运。

（4）观测结束后，先将脚螺旋和各制动、微动螺旋旋到正常位置，然后按原样装箱，若箱子合不上，应检查仪器各部位状态是否放置正确，切不可用力强压箱盖，以免损坏仪器。

### 6.1.3.2　测量仪器使用注意事项

（1）操作前应先熟悉仪器。一切操作均应手轻、心细、动作柔稳。仪器开箱前，应将仪器箱平放在地上。严禁手提或怀抱着仪器箱子开箱，以免开箱时仪器落地摔坏。开箱后注意看清楚仪器在箱中安放的状态，以便在用完后按原样安放。

（2）仪器自箱中取出前，应松开各制动螺栓，提取仪器时，用手托住仪器基座，另一手握持支架，将仪器轻轻取出。仪器取出后，及时合上箱盖，以免灰尘进入箱内。

（3）安置仪器时，千万不要不拧仪器的连接螺栓就将仪器放在脚架平面上，螺栓松了以后应立即将仪器从脚架上卸下来。仪器安置后，必须有人看护。

（4）转动仪器前，先松开相应制动螺栓，用手轻扶支架使仪器平稳旋转。当仪器有不正常的情况出现时，应首先查明原因，不应继续勉强使用，以免使仪器损坏程度加重或产生错误的测量结果。制动螺栓应松紧适当，应尽量保持微动螺旋在微动行程的中间一段移动。

（5）仪器应尽量避免日晒、雨淋，烈日下或在雨中测量时，应给仪器打伞。

（6）仪器镜头清洗时，要用干净、柔软的布或镜头纸进行擦拭，不可用手直接擦拭物镜、目镜、棱镜等光学部件的表面。

（7）仪器如有激光发射，不可用眼睛直接观测激光束，也不要用激光束对准其他人。

（8）早晨测量时，由于人与仪器之间的温差，仪器光学部分（如目镜）将产生水汽，可能影响到观测，可用镜头纸将其轻轻擦去。

### 6.1.4　测量放线、记录基本知识

#### 6.1.4.1　测量放线的概念

测量放线是各项工程施工放样的重要内容，指在施工阶段按照设计和施工要求，将图纸上设计的构筑物基线及道路、管线工程中线位置和长度通过仪器与量距工具标注在实地上的过程。

施工放样与地形图测绘的工作目的不同。测绘地形图是通过测量水平角、水平距离和高差，经过计算求得地面特征点的空间位置元素，然后根据这些数据并配上相应的符号绘制成地形图。而施工放样是把图上设计建筑物的特征点标定在实地上，与测绘图过程相反。

#### 6.1.4.2　测量记录的要求

（1）测量记录的基本要求：原始真实、数字正确、内容完整、字体工整。

（2）记录应填写在规定的表格中。开始应先将表头所列各项内容填好，并熟悉表中所列各项内容与相应的填写位置。

（3）记录应当场及时填写清楚。不允许先记在草稿纸上后转抄誊清，以防转抄错误，保持记录的"原始性"。采用电子记录手簿时，应打印出观测数据。记录数据必须符合法定计量单位。

（4）字体要工整、清楚。相应数字及小数点应左右成列、上下成行、一一对齐。记错或算错的数字，不准涂改或擦去重写，应将错数画一斜线，将正确数字写在错数的上方。

（5）记录中数字的位数应反映观测精度。如水准读数应读至 mm，若某读数整为 1.33 m 时，应记为 1.330 m，不应记为 1.33 m。

（6）记录工程中的简单计算，应现场及时进行，如取平均值等，并作校核。

（7）记录人员应及时校对观测所得到的数据。根据所测数据与现场实况，以目估法及时发现观测中的明显错误，如水准测量中读错整米数等。

（8）草图、点之记图应当场勾绘方向，有关数据和地名等应一并标注清楚。

（9）注意保密测量，记录多有保密内容，应妥善保管，工作结束后，应上交有关部门保存。

## 6.2　土样、水样、植物标本采集知识

### 6.2.1　土样采集

土壤样品的采集是土壤分析或室内土工试验工作中的一个重要环节，是直接影响着分析结果和结论是否正确的一个先决条件。由于土壤本身的差异很大，采样误差要比分

析误差大得多,因此必须重视采集有代表性的样品。另外,要根据分析目的不同而采用不同的采样和处理方法。

在水土保持工作中,对于水土保持工程建设中地基土及填筑土料的工程性质试验测定,生态效益分析中耕作土壤的养分、区域土壤的污染情况分析等,都要涉及土样采集的问题。主要包括土壤剖面样品、土壤物理性质样品、土壤盐分动态样品、土壤混合样品、土壤含水量样品、土壤污染样品等。

### 6.2.1.1　常用的野外土样采集工具

在野外,常用的土样采集工具包括土钻、土铲、取土环刀、测尺、装土袋、土盒、工具袋等。

采集农地或荒地表层土壤样品,可用小型铁铲。测定土壤一般物理性质,如土壤容重、孔隙率和持水特性等用做容量测定的土壤样品,可利用环刀。环刀为两端开口的圆筒,下口有刃,圆筒的高度和直径均为 5 cm 左右。最常用的采样工具是土钻。土钻分手工操作和机械操作两类。手工操作的土钻式样甚多,有采集浅层土样的矮柄土钻,观察 1 m 左右土层内剖面特征的螺丝头土钻,后者进土省力,尤其适用于观察地下水位变化,但采集土样量小。采集供化学分析或不需原状土的物理分析用的土样时,用开口式土钻。采集不破坏土壤结构或形状的原状土样,用套筒式(管式)土钻。若要分析土壤中金属含量,则应避免使用金属器具取样。

### 6.2.1.2　土样采集的一般方法

采集土壤样品的方法,包括采样的布设和取样技术。

(1)采样点布设:用于室内土工试验的土样,可在代表性的地点试坑、平洞、竖井、天然地面及钻孔中采集。采集在水平空间分布有代表性的土样(如混合样品)时,采样点的布置方式一般有对角线法、棋盘式、蛇形(S 形)等,见图 2-6-1。

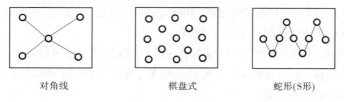

对角线　　　　　　　　棋盘式　　　　　　　　蛇形(S形)

**图 2-6-1　采样点的布置方式**

(2)采样深度:采样深度视采样目的而定。如混合土样采样深度一般为 0~20 cm。由于土壤空间的分布,既有水平差异,还有因时间和其他因素的不同而造成的垂直差异,因而有些样品还要根据土壤剖面层次分层采集土样。为避免采取上层样品对下层的土壤的混杂污染,分层采样时一般先取底层土样,再向上逐层取样。

(3)采集土壤样品的时间和数量:视采集的对象和目的而定。有些样品可以随时采集,有些样品如耕作层土壤混合样品采集时间一般在作物收获后或播种前采集。土样采集数量应根据不同要求采到足够数量。

(4)样品标记:将所采土样装入布袋或聚乙烯塑料袋、土盒,内外均应附标签,标明采样编号、名称、采样深度、采样地点、日期、采集人。

(5)样品保管与运输:样品运输过程中严防破损、混淆或玷染,及时送回实验室。原状土样和需要保持天然含水率的扰动土样在试验前应妥善保管,并应采取防止水分蒸发的措施。如原状土样蜡封应严密,保管和运输过程中不得受震、受热、受冻。测定土壤污染的样品应低温暗处冷藏(低于 4 ℃)。

## 6.2.2　水样采集

水样采集的目的是为水体理化性质、生物学性质及泥沙分析提供测试水样。要求备有盛水容器、采样器、交通工具(船只)等。

水样采集的方式包括采集表层水和采集不同深度的水两种方式。

### 6.2.2.1　采集表层水

在河流、湖泊等可以直接汲水的场合,可用适当的容器和水桶采样。如在桥上采样时,可将系着绳子的聚乙烯桶或带有坠子的采样瓶投入水中汲水。

### 6.2.2.2　采集不同深度的水

在湖泊、水库等处采集一定深度的水时,可用直立式或有机玻璃采水器,这类装置在下沉过程中,水就从采集器中流过,当达到预定的深度时,容器能够闭合而汲取水样。在河水流动缓慢的情况下,采用上述方法时,最好在采样器下边系上适宜重量的坠子,当水深流急时,要系上相应重量的铅鱼,并配备绞车。

## 6.2.3　植物标本采集

植物标本是进行教学和科研工作的重要材料。它可为植物资源的开发利用和保护提供科学依据,如物种的信息,包括形态特征、地理分布、生态环境、物候期、化学成分等。

高等植物大都根据花、果、叶和种子的构造及地下茎或根的形态和类别而分类,如果缺一部分,标本将无法鉴定,所以要求标本采集时应完整采集其花、果、叶、根等器官,即形成完整标本。由于植物的生长发育阶段不同,遇到未开花、结果时,可先采下植株,留下标记,记下采集地点,待花、果期再来补采配齐。

(1)草本植物的采集:选择典型、完整的进行全株挖取,扎根较浅、土壤疏松时,可用手提、手拔;根系较深、土质较硬时,不可轻易拔取,要用小铁铲在根部周围松土浅挖,顺势将植株提出,并谨防折断主根。

(2)木本植物标本的采集:灌木和乔木,只采取局部茎叶、枝条、花和果实,树身较高时,可用高枝剪选采。

采下的标本要及时编号挂签。挂好号签后即将有关标本的一些情况进行现场登记,按要求内容填写到记录本上,记录本上有采集地点、生境、海拔、体态、株高、胸径、根、茎、叶、叶序、花、花序、果、中名、土名、学名、采集人、日期等内容。

在野外标本采集后要及时进行整理并放入标本夹。入夹前先将植株上的浮尘污物抖下或用湿布轻轻拭去,粘连在根部的泥土也要去净,然后摘除破败的叶片等,略作清理,再在标本夹的底板上铺垫 5 张吸水纸,把标本平放在吸水纸上,舒展枝叶,使叶片有正面也有反面。然后,在标本上垫吸水纸 3 张,以后随放随垫。垫纸时要注意垫实垫平,上下层的植株根部要颠倒着放,以保持标本夹的压力均衡。

# 第 7 章　识图知识

## 7.1　地形图基础知识

### 7.1.1　地形图的概念

地形图是按一定的比例尺,用规定的符号表示地貌、地物平面位置和高程的正射投影图。

### 7.1.2　地形图的种类及用途

#### 7.1.2.1　地形图的种类

地形图按组织测绘的部门及服务对象的不同,可分为两大类:

(1)国家基本比例尺地形图:为了适应国家经济建设和国防建设的需要,测绘部门统一组织测制了不同规格的地形图。地形图的规格种类,主要是按比例尺来分的,有1:5 000、1:1万、1:2.5 万、1:5万、1:10 万、1:25 万、1:50 万和1:100 万八种,称为基本比例尺地形图,简称基本地形图,又称国家基本地图。

(2)工程用大比例尺地形图:由部门或单位针对某一工程建设的规划设计和具体施工需要,在小范围内实测的地形图。如1:500、1:1 000、1:2 000 比例尺地形图等。

通常把1:500、1:1 000、1:2 000、1:5 000、1:1万比例尺地形图称为大比例尺地形图;把1:2.5万、1:5万、1:10 万比例尺地形图称为中比例尺地形图;把 1:25 万、1:50 万、1:100万比例尺地形图称为小比例尺地形图。

#### 7.1.2.2　地形图的用途

由于不同比例尺地形图内容的详细程度和概括程度不同,其应用范围和应用功能亦不同。详见表 2-7-1。

表 2-7-1　地形图的用途

| 基本比例尺地形图 | 成图特点 | 内容的详细（概括)程度 | 用途 |
|---|---|---|---|
| 1:5 000、1:1万、1:2.5 万 | 航空摄影测量方法成图,只有重要地区才绘制 | 内容详细、精确 | 其中1:1万地形图是我国国民经济各部门和国防建设的主要用图。<br>主要用于较小范围内详细研究和评价地形,工程勘察、规划、设计,野外调查,大比例尺的地质测量和普查,科学研究,国防建设的特殊需要,以及可作为编制更小比例尺地形图或专题地图的基础资料 |

续表 2-7-1

| 基本比例尺地形图 | 成图特点 | 内容的详细（概括）程度 | 用途 |
|---|---|---|---|
| 1:5万 | 航空摄影测量方法成图 | 内容较详细、精确 | 其中1:5万地形图是我国国民经济各部门和国防建设的基本用图。<br>主要用于一定范围内较详细研究和评价地形,供民经济各部门勘察、规划、设计、科学研究、教学等使用;也是军队的战术用图;同时也是编写更小比例尺地形图或专题图的基础资料 |
| 1:10万 | 根据1:5万地形图编绘,极少数为实测绘制 | | |
| 1:25万 | 根据1:10万地形图编绘 | 内容较概括,每幅图包括的实地面积较大 | 主要供各部门在较大范围内作总体的区域规划、查勘计划、资源开发利用与自然地理调查,也可供国防建设使用,也可作为编制更小比例尺地形图或专题地图的基础资料 |
| 1:50万 | 根据1:10万地形图编绘 | 内容概括,每幅图包括的实地面积较大 | 用于较大范围内进行宏观评价和研究地理信息,是国家各部门共同需要的基本地理信息和地形要素的平台,可以作为各部门进行经济建设总体规划、省域经济布局、生产布局、国土资源开发利用的计划和管理用图或工作底图,也可作为国防建设用图,以及更小比例尺普通地图的基本资料和专题地图的地理底图。<br>其中1:100万地形图是地形图分幅的基础 |
| 1:100万 | 根据1:25万、1:50万地形图编绘 | | |

地形图也是水土保持野外工作和室内必不可少的工具之一,广泛用于水土保持勘察调查、规划设计、科学研究、施工、管理等工作中。借助地形图可全面了解不同范围区域（地区）的地形、地物、自然地理等情况,还可以帮助我们初步选择工作路线,制订工作计划。此外,地形图是水土保持图的底图。

## 7.1.3　地形图的五大要素

地形图的五大要素通常指地形图比例尺、地物符号、地貌符号、指北方向线、图例注记。

### 7.1.3.1　地形图比例尺

图上某一线段的长度与实地相应水平距离之比（即图上长与实地长之比）,称为地形图比例尺。

1.比例尺的种类

地形图上比例尺的表示形式,常见的有数字比例尺、直线比例尺。

（1）数字比例尺:直接用数字表示的用分子为1的分数式来表示的比例尺,称为数字比例尺,如1/5 000、1/100 000;也可用比式表示,如1:5万、1:10万。也有用文字表示的,如五万分之一、十万分之一。

（2）直线比例尺:为便于直接在地形图上量测距离,免除计算的麻烦,地形图上都绘有图解式的比例尺。因为这种比例尺是用直线表示的,所以称为直线比例尺。

### 2. 比例尺的作用和意义

地形图比例尺的作用和意义主要体现在其表示的实地范围大小及内容详略两方面。比例尺大小与范围、表示内容详略关系如表 2-7-2 所示。

**表 2-7-2　比例尺大小与范围、表示内容详略关系**

| 比例尺 | 实地范围 | 表示内容 |
| --- | --- | --- |
| 大 | 小 | 详 |
| 小 | 大 | 略 |

(1) 地图比例尺的大小决定着实地范围在地图上缩小的程度。当地图幅面大小一样时,对不同的比例尺来说,表示的实地范围是不同的。比例尺大,所包括的实地范围就小;反之,比例尺小,所包括的实地范围就大。例如 1 km² 的居民地,在 1∶5 万地形图上为 4 cm²,可以表示出居民地的轮廓和细貌;在 1∶10 万图上为 1 cm²,有些细貌就表示不出来了;在 1∶25 万图上,只有 0.16 cm²,仅能表示出一个小点。

(2) 地图比例尺的大小,决定着图上量测的精度和表示地形的详略程度。一般人的肉眼能分辨的图上最小距离是 0.1 mm,因此通常把图上 0.1 mm 所表示的实地水平长度,称为比例尺的精度。图上 0.1 mm 的长度,在不同比例尺地图上的实地距离是不一样的,如 1∶5 万图为 5 m,1∶10 万图为 10 m,1∶25 万图为 25 m,1∶50 万图为 50 m。显然,比例尺越大,图上量测的精度越高。表示的地形情况就越详细;反之,比例尺越小,图上量测的精度越低,表示的地形情况就越简略。

### 3. 从地形图上量距的方法

比例尺是图上进行长度和面积量算的依据。怎样进行图上量算距离呢?下面介绍几种量算距离的方法。

(1) 依直线比例尺量取距离。用直线比例尺量取距离时,先用两脚规(或纸条、草棍等)量出两点间的长度,并保持此长度,再到直线比例尺上比量;使两脚规的一端对准一个整公里数,另一端放在尺头部分,即可读出两点间的实地距离。

(2) 依数字比例尺计算距离。根据比例尺的意义,可以得出图上长、相应实地水平距离和比例尺三者之间的关系式:实地距离 = 图上长 × 比例尺分母。这是计算距离的基本公式。具体计算时,先用直尺在图上量取两点间的厘米数,然后将该厘米数代入公式,就得出两点间实地距离。如在 1∶5 万图上量得甲、乙两点为 3.4 cm,则实地距离为:3.4 cm × 50 000 ÷ 100 = 1 700(m)。为了计算方便,可先把比例尺分母消去两个零,然后再乘厘米数,即可口算出实地的米数。

## 7.1.3.2　地物符号

地面的各类建筑物、构筑物、道路、水系及植被等称为地物,表示这些地物的符号,就是地物符号。地物符号根据其表示地物的形状和描绘方法的不同,分为比例符号、非比例符号和半比例符号。

（1）比例符号：轮廓较大的地物，如房屋、运动场、湖泊、森林、田地等，凡能按比例尺把它们的形状、大小和位置缩绘在图上的，称为比例符号。这类符号表示出地物的轮廓特征。

（2）非比例符号：轮廓较小的地物，或无法将其形状和大小按比例画到图上的地物，如三角点、水准点、独立树、里程碑、水井和钻孔等，则采用一种统一规格、概括形象特征的象征性符号表示，这种符号称为非比例符号，只表示地物的中心位置，不表示地物的形状和大小。

（3）半比例符号：对于一些带状延伸地物，如河流、道路、通信线、管道、垣栅等，其长度可按测图比例尺缩绘，而宽度无法按比例表示的符号称为半比例符号，这种符号一般表示地物的中心位置，但是城墙和垣栅等，其准确位置在其符号的底线上。

上述三类符号，只能表示地物的形状、位置、大小和种类，但不能表示其质量、数量和名称，因此还有对地物加以说明的文字、数字或特定符号，称为地物注记。作为符号的补充和说明，如地区、城镇、河流、道路名称；江河的流向、道路去向以及林木、田地类别等说明。

### 7.1.3.3　地貌符号——等高线

地形图上表示地貌的方法有多种，目前最常用的是等高线法。用等高线表示地貌，能精确地反映地面的高低、斜坡形状和山脉走向，我国的基本比例尺地形图，主要是用这种方法表示地貌的。对峭壁、冲沟、梯田等特殊地形，不便用等高线表示时，则绘注相应的符号。

1. 等高线表示地貌的原理

等高线是由地面上高程相等的各点连接而成的曲线。

等高线的构成原理是：假想把一座山从底到顶按相等的高度一层一层水平切开，山的表面就出现许多大小不同的截口线，然后把这些截口线垂直投影到同一平面上，便形成一圈套一圈的曲线图形。因为同一条曲线上各点的高程都相等，所以叫等高线。地形图就是根据这个原理测绘出等高线来显示地貌的。如图 2-7-1 所示。

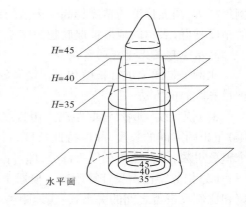

**图 2-7-1　等高线原理**

2. 等高线的特点

（1）在同一条等高线上各点的高度相等，并各自闭合，不能中断，如果不在同一幅图内闭合，则必定跨越邻幅或许多幅图后闭合。（等高封闭）

（2）在同一幅地图上，等高线多，山就高；等高线少，山就低；凹地相反。（多高少低）

（3）在同一幅地图上，等高线间隔密，实地坡度陡；等高线间隔稀，实地坡度缓。（密陡稀缓）

（4）等高线的弯曲形状与相应实地地貌形态相似。（形似实地）

（5）两条不同高程的等高线不能相交，除非在垂直的悬崖峭壁处才可能有两条或多条等高线重合的现象。（悬崖峭壁重合）

（6）等高线与山脊线（分水线）、山谷线（合水线）成正交，在山脊线处的等高线凸面向着低处；在山谷线处的等高线凸面向着高处。（遇脊线谷线正交）

**3. 等高距的一般规定**

相邻两条等高线的高差（垂直距离）称为等高距。通常用 $h$ 表示。等高距的大小根据地形图比例尺和地面起伏情况确定。同一测区或同一幅图中，只能采用一种基本等高距。相邻等高线间的水平距离，称为等高平距。

等高距愈大，等高线愈少，表示地貌就愈简略；等高距愈小，等高线愈多，表示地貌就愈详细。地图比例尺越大，等高距就越小；地图比例尺越小，等高距就越大。如我国现有的 1∶1 万比例尺地图，等高距一般为 2.5 m；1∶2.5 万比例尺地图，等高距一般为 5 m；1∶5万比例尺地图，等高距一般为 10 m。

**4. 等高线的种类**

（1）基本等高线：又称主曲线或首曲线。它是地图上用来表示各种地貌的主要曲线。

（2）加粗等高线：又称计曲线。它除具有等高线的作用外还有助于判读和计量高程，是将基本等高线每隔一定的数目（一般 5 条）加粗而成的曲线。

（3）半距等高线：又称间曲线。在地形比较平缓的情况下，基本等高线不能准确地反映变化状况，在相邻两条等高线之间插入 1/2 等高距的虚线，这种虚曲线便是半距等高线。

（4）补助等高线：或称助曲线。就是用半距等高线仍无法表示地形变化时，加绘 1/4等高距的短虚线，这便是补助等高线。如图 2-7-2 所示。

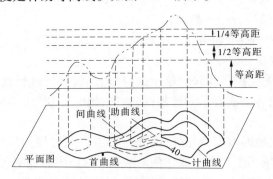

**图 2-7-2　等高线的种类**

此外，为了表示斜坡方向，在独立山顶、凹地处，绘一与等高线相垂直的短线，叫示坡线，不与等高线相连的一端指向下坡方向。

**5. 典型地貌的等高线**

地面上地貌的形态是多样的，对它进行仔细分析后，就会发现它们不外是几种典型地貌的综合。等高线图上的基本地貌类型示意图如表 2-7-3 所示。

表 2-7-3　等高线图上的基本地貌类型

| 地形 | 山地山峰 | 盆地洼地 | 山脊 | 山谷 | 鞍部 | 峭壁陡崖 |
|---|---|---|---|---|---|---|
| 表示方法 | 闭合曲线外低内高 | 闭合曲线外高内低 | 等高线凸向山脊连线低处 | 等高线凸向山谷连线高处 | 一对山谷等高线组成 | 多条等高线汇合重叠在一处 |
| 示意图 | | | | | | |
| 等高线图 | | | | | | |
| 地形特征 | 四周低中部高 | 四周高中部低 | 从山顶到山麓凸起部分 | 从山顶到山麓低凹部分 | 相邻两个山顶之间,呈马鞍形 | 近于垂直的山坡,称峭壁;峭壁上部突出处,称悬崖或陡崖 |
| 说明 | 示坡线画在等高线外侧,坡度向外侧降 | 示坡线画在等高线内侧,坡度向内侧降 | 山脊线也叫分水线 | 山谷线也叫集水线 | 鞍部是山谷线最高处、山脊线最低处 | |

典型地貌等高线特征如下:

(1)四周低中间高——山顶,四周高中间低——盆地;

(2)等高线向低处突出——山脊;

(3)等高线向高处弯曲——山谷;

(4)两个山顶之间的部分——鞍部;

(5)等高线重叠——悬崖(陡崖)。

6.等高线的勾绘方法

勾绘等高线时,首先用铅笔轻轻描绘出山脊线、山谷线等地性线,再根据碎部点的高程勾绘等高线。不能用等高线表示的地貌,如悬崖、峭壁、土堆、冲沟、雨裂等,应按图式规定的符号表示。

由于碎部点是选在地面坡度变化处,因此相邻点之间可视为均匀坡度。这样可在两相邻碎部点的连线上,按平距与高差成比例的关系,内插出两点间各条等高线;定出其他相邻两碎部点间等高线应通过的位置。将高程相等的相邻点连成光滑的曲线,即为等高线。

## 7.1.3.4　指北方向线

地面上某点指向磁北极的方向线叫磁北方向线。在地形图上,绘有若干等距离平行的、北端带有箭头(称指北矢标)的磁北方向线,即磁子午线。指北矢标所指的方向为北。磁北方向线不仅可以确定地图方位,而且还能标定地图、量测磁方位角和估算距离。

除一些图指北矢标特别注明方向外,一般地形图的方位是上北下南、左西右东。

#### 7.1.3.5　**图例注记**

图例注记主要指比例尺注记、等高距注记与图例说明。

### 7.1.4　地形图坐标系统和高程系统

测绘地面上某个点的位置时,需要两个起算点:一是平面位置,二是高程。计算这两个位置所依据的系统,就叫坐标系统和高程系统。我国的国家基本地形图,统一采用"1980 年中国国家大地坐标系"和"1985 国家高程基准"。

### 7.1.5　地形图图式

为了把地面上的地物、地貌描画在图纸上,让用图的人能认出是什么物体,测绘部门制订了简明易懂的符号和有关规定,这个规定就叫地形图图式,简称图式。我国现行的图式是由国家测绘总局和总参测绘局共同制定的,它是测制、出版地形图的法定依据,也是识别和使用地形图的基本工具。有了统一的图式,测图的人和用图的人就有了共同的语言。使用地图时,如果对某个符号不认识,查阅一下图式,就能找到答案。但查阅图式时,要注意两点:一是查阅的图式要与使用的地图比例尺一致。二是查阅图式时,要注意图式的版本,不然符号就会弄错。

## 7.2　水土保持图基本知识

### 7.2.1　《水利水电工程制图标准水土保持图》中的部分术语

(1)图例:示意性地表达某种被绘制对象的图形或图形符号。

(2)图式:水土保持图所应遵循的式样。内容包括图幅、图标、图线、字体、比例以及小班注记和着色等。

(3)图样:在图纸上按一定规则、原理绘制的能表示被绘制对象的位置、大小、构造、功能、原理、流程等的图。

(4)小班:也称地块,是土地利用调查、水土流失调查、水土保持调查及规划设计时的最小单位。同一小班应具有相同的属性。

### 7.2.2　《水利水电工程制图标准水土保持图》中的图式类型

《水利水电工程制图标准水土保持图》图式包括通用图式、综合图式、工程措施图式、植物措施图式、园林式种植工程图式(适用于开发建设项目水土保持和城市水土保持规划设计)等几种类型。

### 7.2.3　《水利水电工程制图标准水土保持图》中水土保持综合图的类型

水土保持综合图包括水土保持分区图或土壤侵蚀分区图、重点小流域分布图、水土流失类型及现状图、水土保持现状图、土地利用和水土保持措施现状图、土壤侵蚀类型和水土流失程度分布图、水土保持工程总体布置图或综合规划图等综合性图。

## 7.2.4　水土保持工程图的图类及比例

《水利水电工程制图标准水土保持图》中水土保持工程图的图类包括总平面布置图、主要建筑物布置图、基础开挖图、基础处理图、结构图、钢筋图、细部构造图等。其相应比例见表2-7-4,根据实际情况选择。

表 2-7-4　水土保持工程图比例

| 图类 | 比例 |
|---|---|
| 总平面布置图 | 1∶5 000、1∶2 000、1∶1 000、1∶500、1∶200 |
| 主要建筑物布置图 | 1∶2 000、1∶1 000、1∶500、1∶200、1∶100 |
| 基础开挖图、基础处理图 | 1∶1 000、1∶500、1∶200、1∶100、1∶50 |
| 结构图 | 1∶500、1∶200、1∶100、1∶50 |
| 钢筋图 | 1∶100、1∶50、1∶20 |
| 细部构造图 | 1∶50、1∶20、1∶10、1∶5 |

## 7.2.5　造林、种草图式

除按照水土保持造林或种草典型设计格式外,造林、种草图式应包括剖面图和平面图。

# 第 8 章　水土保持管护知识

水土保持管护指水土保持工程竣工验收后的技术管理。包括水土保持工程措施、植物措施、耕作措施的技术管理。水土保持管护是水土保持防治体系的重要组成部分,也是水土保持治理工职业功能之一。

水土保持工程种类较多,不同工程管护的技术要求和技术难度差异较大,部分工程可以由一般农户进行日常管理,而部分工程则需要由专业技术人员进行专业维护。为了规范水土保持工程竣工验收后的技术管理,《水土保持工程运行技术管理规程》(SL 312—2006)提出了水土保持管护的技术要求及采取的技术措施。

## 8.1　水土保持措施的管护原则、管护责任

### 8.1.1　管护原则

水土保持措施管护工作的原则是:

(1)坚持"谁受益、谁管护"的原则。

(2)坚持日常维护管理和重点检查维护相结合的原则。

(3)注重对水土保持工程进行合理开发利用,并与水土保持工程监测紧密结合的原则。

### 8.1.2　管护责任

#### 8.1.2.1　水土保持措施管护责任主体

水土保持措施管护责任主体指管护责任人和管护责任单位。

#### 8.1.2.2　水土保持措施管护责任

水土保持措施管护责任可分为维修养护责任、检查观测责任、监督检查责任、安全防汛责任、失职失察及事故责任。

(1)维修养护责任:水土保持措施维修养护责任主要指日常维护管理和重点检查维护。日常维修管理是指由管护责任人或管护责任单位结合生产活动进行一般技术性的维护。如对各种工程设施,要及时维修、加固,对排水沟、沉沙池等工程进行泥沙清淤、修复损毁等,严禁在工程管理范围内取土、挖坑、爆破、打井、挖沙、耕作和其他对工程有害的活动等;对植物设施,要进行补植、抚育和管理等。重点检查维护指对淤地坝、拦沙坝、塘堰等重点工程每年汛期前由专业人员进行安全性检查维护,如淤地坝泄水工程防漏检查、溢洪道维修养护等。

(2)检查观测责任:对重点工程如淤地坝、拦沙坝等应根据工程规模和需要,进行土石坝安全监测,观测坝体的沉陷、位移、裂缝和渗流,观测雨量、库水位、库内淤积、泄水流

量、含沙量和库区坍塌等。

（3）监督检查责任：对淤地坝、拦沙坝、塘堰等重点工程，县级水土保持主管部门每年进行重点监督检查，督促淤地坝所在乡（镇）人民政府和管护人员对淤地坝进行维修养护，确保工程正常运行，预防事故的发生。

（4）安全防汛责任：县防汛指挥部将淤地坝、拦沙坝、塘堰等重点工程的防汛工作纳入全县重点防汛目标管理责任制，统筹防汛经费和防汛物资。对超标准洪水，应制订安全管理运用方案。

（5）失职失察及事故责任：对因失职对工程维修养护管护不力的，应追究管护责任，造成重大责任事故的，依法追究法律责任。

# 8.2　水土保持工程措施管护的内容

水土保持工程措施管护主要指对梯田、水平阶（反坡梯田）、水平沟（水平竹节沟）、鱼鳞坑、截水沟、排水沟、蓄水池、水窖、塘堰（山塘、涝池）、沉沙池、沟头防护、谷坊、淤地坝、拦沙坝、引洪漫地工程、崩岗治理工程等的管护。

在水土保持工程措施实施和竣工验收后，要加强汛前和每次暴雨后的工程检查维护，确保工程在设计防御标准内安全度汛；保护工程护埂、护坎植物及周围林草植被，禁止人为破坏；开展工程的经济效益、生态效益、社会效益监测工作。

## 8.2.1　坡面工程措施的管护

### 8.2.1.1　梯田

以保持梯田的田间蓄排水工程和坡面水系工程连接畅通，维护田坎、田埂以及田间道路的稳固，保持田面平整，改善梯田土壤的理化性状，提高土壤肥力为管护重点。

### 8.2.1.2　水平阶（反坡梯田）

以保持水平阶阶面平整和阶坎稳固，保持坡面水系工程及水平阶面排水沟渠连接通畅为管护重点。

### 8.2.1.3　水平沟（水平竹节沟）

以保持沟埂稳固，培固土挡，保护好沟埂间的坡面植被为管护重点。

### 8.2.1.4　鱼鳞坑

以保持坡面排水畅通，维护鱼鳞坑坑埂的稳固为管护重点。

### 8.2.1.5　截水沟

以保持截水沟的稳固和坡面蓄排水工程连接通畅为管护重点。

### 8.2.1.6　排水沟

应以保持排水沟稳固、通畅，加强出水口及防冲设施的检查维护为管护重点。

### 8.2.1.7　蓄水池

以加强汛期（特别是暴雨前后）的巡查，保证蓄水池和排水沟渠连接通畅，维护工程安全，在旱季防止池壁干裂为管护重点。

### 8.2.1.8　水窖

以水窖的日常维护、防淤、防污、防疫为管护重点。

### 8.2.1.9　塘堰(山塘、涝池)

应以汛期前及暴雨后检查维护其坝体及配套设施,保证在设计防御暴雨标准内安全度汛为管护重点。

### 8.2.1.10　沉沙池

应以保持沉沙池的引水渠、排水渠与坡面水系工程连接畅通,及时清除沉沙池和渠道内的泥沙为管护重点。

## 8.2.2　沟道工程措施的管护

### 8.2.2.1　沟头防护工程

沟头防护工程以加强汛期检查,及时修复工程损毁,保持排水畅通,安全度汛为管护重点。

### 8.2.2.2　谷坊

谷坊以加强汛前和暴雨后的检查维护,保持坝体稳固,保护谷坊区植被,进行合理土地开发利用为管护重点。

### 8.2.2.3　淤地坝

淤地坝以落实管护责任主体,加强检查维护,做好坝区及上游水土保持,保证安全运用为管护重点。

### 8.2.2.4　拦沙坝

以落实管护责任主体,保证坝体稳固,汛期安全为管护重点。

## 8.2.3　崩岗治理工程

崩岗治理工程的管护以保证截水沟、排水沟、谷坊、拦沙坝、造林种草等崩岗治理措施的综合防护效能正常发挥为管护重点。对谷坊、拦沙坝淤积的土地进行开发利用。

# 8.3　水土保持植物措施管护的内容、方法

水土保持植物措施管护包括水土保持林、经济林果、种草和封禁治理的管护。植物种植后,应适时抚育管理,提高成活率、保存率及植被覆盖率;在林木郁闭、草地覆盖度达到70%之前,应对水土保持整地工程、沙障进行维修管护;落实工程的管护责任主体,健全技术管护制度;制定护林防火制度和乡规民约,禁止放牧、铲草皮、耙枯枝落叶及其他不利于林木生长和损坏整地工程的活动。

## 8.3.1　水土保持林管护

水土保持林管护主要包括林地的管理、幼林的抚育管理、抚育间伐和低效水土保持林的抚育改造。

#### 8.3.1.1 林地的管理

(1)新造幼林地应竖立醒目的警示牌,严格封禁管护,落实管护制度和管护人员。

(2)防止人畜破坏,防止林地火灾,防治病、虫、鼠害。

(3)退耕地幼林期可种植牧草、绿肥,增加地面植被覆盖度。

#### 8.3.1.2 幼林的抚育管理

幼林的抚育管理包括间苗定苗、除草松土、修枝整形(水土保持纯林郁闭前,不宜修枝)、幼林的检查与补植。

#### 8.3.1.3 抚育间伐

(1)抚育间伐后的林木应分布均匀。

(2)抚育间伐的强度不应过大,每次抚育间伐后林木的疏密度不得低于0.7,陡坡处林木疏密度不应低于0.8,但混交林允许达到0.6。

(3)抚育间伐前应进行调查,确定抚育间伐的范围,选择砍伐木,并在砍伐木的胸高处做上标记。

#### 8.3.1.4 低效水土保持林的抚育改造

(1)对老化、难以郁闭成林的林分应进行改造。

(2)对于生长迅速衰退的林分,应通过抚育间伐进行复壮。

### 8.3.2 水土保持经果林

对于水土保持经果林要以业主经营管理为主体,实行规模经营、集约经营;做好排灌设施及经济林果整地工程的定期检查和维护工作;加强汛期巡视,对损毁工程及时修复;加强对农户的技术培训,提高经济林果管理人员的管理技术水平。

水土保持经果林管护包括幼林的抚育管理和经济林果生产期的管理。

### 8.3.3 水土保持种草

水土保持种草的管护主要包括人工草地管理和草地利用。

#### 8.3.3.1 人工草地管理

(1)以农户承包管护为主体,实行联户承包、业主承包等多种经营管理形式,落实管护责任制,加强技术培训,健全技术管护制度。

(2)有条件的地方宜设置围栏。

(3)幼苗期应加强田间管理,清除杂草,及时补种漏播或缺苗地块。

(4)根据草地土壤肥力和草种的生长状况,适时施用适量的氮肥、磷肥、钾肥。

(5)有水源条件的草地应根据需要及时灌溉,且施肥和灌溉结合起来。无水源条件,可修集雨工程或引洪漫地工程进行灌溉。

(6)及时防治病虫害和鼠害。

(7)退化草地应在春末夏初季节及时进行松耙补种,灌水施肥,消灭杂草和刈割老龄植株。松耙补种效果不佳的,应全部翻耕,重新种植其他牧草。

#### 8.3.3.2 草地利用

草地利用包括防蚀草地、放牧草地、刈割草地的利用。对有食用、药用及其他经济价值的草种,应根据草种特性及利用时期及时采收、晒制。采种草地严禁放牧。

## 8.3.4　封禁治理

凡有封禁治理的乡村,应落实管护责任人(管护责任主体),签订管护合同,定期检查兑现。根据《中华人民共和国水土保持法》和《中华人民共和国森林法》等法律,结合本地实际制定封禁管理制度,明确规定封禁方法、措施和时间。封禁期严禁一切不利于植被生长的人为活动。应保护好封禁治理的界桩、警示牌、宣传碑(牌)及乡规民约宣传栏等。封山育林应采取补播补植、平茬复壮、松土、施肥、修枝疏伐、防治病虫害等人工抚育措施,促进植被恢复。封育割草区只允许定期割草,不允许放牧牲畜。轮封轮牧区应严格按规定的封育期和轮牧期进行合理放牧,并不应超过规定的放牧强度。

县水土保持部门应依法行使预防监督权,对破坏封禁治理的典型案例及时查处,保护和巩固治理成果。

### 8.3.4.1　封禁治理标准

封山育林地:连续封禁 3~5 年以上。南方地区,植被覆盖度达到 90% 以上,形成乔、灌、草结合的良好植被结构;北方干旱地区植被覆盖率达到 70%,初步形成草灌结合的植被结构。

封坡育草地:南方地区,草地覆盖度达到 90% 以上;北方干旱地区,草地覆盖度达到70% 以上。

### 8.3.4.2　开封利用

植被达到封禁治理标准后,遵循有关的法律法规,在不造成新的水土流失的前提下,有组织、有计划地进行开封利用。水土保持林间伐强度应保证不降低其水土保持的能力。林木开封时间宜在秋冬季节,草地的开封时间根据轮封轮牧的放牧期及牧草的生长状况确定。

# 第9章　相关法律、法规、标准知识

## 9.1　《中华人民共和国水土保持法》相关规定

《中华人民共和国水土保持法》,1991 年 6 月 29 日第七届全国人民代表大会常务委员会第二十次会议通过,2010 年 12 月 25 日第十一届全国人民代表大会常务委员会第十八次会议修订予以公布。

修订后的《水土保持法》共分总则、规划、预防、治理、监测和监督、法律责任、附则等 7章 60 条。

### 9.1.1　总则

#### 9.1.1.1　制定《水土保持法》的目的

为了预防和治理水土流失,保护和合理利用水土资源,减轻水、旱、风沙灾害,改善生态环境,保障经济社会可持续发展。

#### 9.1.1.2　水土保持工作方针

水土保持工作实行预防为主、保护优先、全面规划、综合治理、因地制宜、突出重点、科学管理、注重效益的方针。

#### 9.1.1.3　水土保持工作职责

国务院水行政主管部门主管全国的水土保持工作。

国务院水行政主管部门在国家确定的重要江河、湖泊设立的流域管理机构(以下简称流域管理机构),在所管辖范围内依法承担水土保持监督管理职责。

县级以上地方人民政府水行政主管部门主管本行政区域的水土保持工作。

县级以上人民政府林业、农业、国土资源等有关部门按照各自职责,做好有关的水土流失预防和治理工作。

#### 9.1.1.4　其他规定

各级人民政府及其有关部门应当加强水土保持宣传和教育工作,普及水土保持科学知识,增强公众的水土保持意识。

国家鼓励和支持水土保持科学技术研究,提高水土保持科学技术水平,推广先进的水土保持技术,培养水土保持科学技术人才。

任何单位和个人都有保护水土资源、预防和治理水土流失的义务,并有权对破坏水土资源、造成水土流失的行为进行举报。

国家鼓励和支持社会力量参与水土保持工作。对水土保持工作中成绩显著的单位和个人,由县级以上人民政府给予表彰和奖励。

## 9.1.2　规划

### 9.1.2.1　水土保持规划的编制依据和原则

水土保持规划应当在水土流失调查结果及水土流失重点预防区和重点治理区划定的基础上,遵循统筹协调、分类指导的原则编制。

### 9.1.2.2　水土流失调查与公告

国务院水行政主管部门应当定期组织全国水土流失调查并公告调查结果。

省(区、市)人民政府水行政主管部门负责本行政区域的水土流失调查并公告调查结果,公告前应当将调查结果报国务院水行政主管部门备案。

县级以上人民政府应当依据水土流失调查结果划定并公告水土流失重点预防区和重点治理区。

对水土流失潜在危险较大的区域,应当划定为水土流失重点预防区;对水土流失严重的区域,应当划定为水土流失重点治理区。

### 9.1.2.3　水土保持规划的内容及编制要求

水土保持规划的内容应当包括水土流失状况,水土流失类型区划分,水土流失防治目标、任务和措施等。

水土保持规划包括对流域或者区域预防和治理水土流失、保护及合理利用水土资源作出的整体部署,以及根据整体部署对水土保持专项工作或者特定区域预防和治理水土流失作出的专项部署。

水土保持规划应当与土地利用总体规划、水资源规划、城乡规划和环境保护规划等相协调。

编制水土保持规划,应当征求专家和公众的意见。

### 9.1.2.4　水土保持规划编制主体

县级以上人民政府水行政主管部门会同同级人民政府有关部门编制水土保持规划,报本级人民政府或者其授权的部门批准后,由水行政主管部门组织实施。

水土保持规划一经批准,应当严格执行;经批准的规划根据实际情况需要修改的,应当按照规划编制程序报原批准机关批准。

### 9.1.2.5　其他规划中水土流失预防和治理的规定

有关基础设施建设、矿产资源开发、城镇建设、公共服务设施建设等方面的规划,在实施过程中可能造成水土流失的,规划的组织编制机关应当在规划中提出水土流失预防和治理的对策与措施,并在规划报请审批前征求本级人民政府水行政主管部门的意见。

## 9.1.3　预防

### 9.1.3.1　封育保护、自然修复等措施规定

地方各级人民政府应当按照水土保持规划,采取封育保护、自然修复等措施,组织单位和个人植树种草,扩大林草覆盖面积,涵养水源,预防和减轻水土流失。

### 9.1.3.2　取土、挖沙、采石等活动的管理

地方各级人民政府应当加强对取土、挖沙、采石等活动的管理,预防和减轻水土流失。

　　禁止在崩塌、滑坡危险区和泥石流易发区从事取土、挖沙、采石等可能造成水土流失的活动。崩塌、滑坡危险区和泥石流易发区的范围，由县级以上地方人民政府划定并公告。崩塌、滑坡危险区和泥石流易发区的划定，应当与地质灾害防治规划确定的地质灾害易发区、重点防治区相衔接。

### 9.1.3.3　植被保护规定

　　水土流失严重、生态脆弱的地区，应当限制或者禁止可能造成水土流失的生产建设活动，严格保护植物、沙壳、结皮、地衣等。

　　在侵蚀沟的沟坡和沟岸、河流的两岸以及湖泊和水库的周边，土地所有权人、使用权人或者有关管理单位应当营造植物保护带。禁止开垦、开发植物保护带。

### 9.1.3.4　水土保持设施的管理与维护

　　水土保持设施的所有权人或者使用权人应当加强对水土保持设施的管理与维护，落实管护责任，保障其功能正常发挥。

### 9.1.3.5　陡坡地开垦种植规定

　　禁止在25°以上陡坡地开垦种植农作物。在25°以上陡坡地种植经济林的，应当科学选择树种，合理确定规模，采取水土保持措施，防止造成水土流失。

　　各省（区、市）根据本行政区域的实际情况，可以规定小于25°的禁止开垦坡度。禁止开垦的陡坡地的范围由当地县级人民政府划定并公告。

　　禁止毁林、毁草开垦和采集发菜。禁止在水土流失重点预防和重点治理区铲草皮、挖树兜或者滥挖虫草、甘草、麻黄等。

### 9.1.3.6　林木采伐规定

　　林木采伐应当采用合理方式，严格控制皆伐；对水源涵养林、水土保持林、防风固沙林等防护林只能进行抚育和更新性质的采伐；对采伐区和集材道应当采取防止水土流失的措施，并在采伐后及时更新造林。

　　在林区采伐林木的，采伐方案中应当有水土保持措施。采伐方案经林业主管部门批准后，由林业主管部门和水行政主管部门监督实施。

### 9.1.3.7　生产建设项目水土流失防治和水土保持方案有关规定

　　生产建设项目选址、选线应当避让水土流失重点预防区和重点治理区；无法避让的，应当提高防治标准，优化施工工艺，减少地表扰动和植被损坏范围，有效控制可能造成的水土流失。

　　在山区、丘陵区、风沙区以及水土保持规划确定的容易发生水土流失的其他区域开办可能造成水土流失的生产建设项目，生产建设单位应当编制水土保持方案，报县级以上人民政府水行政主管部门审批，并按照经批准的水土保持方案，采取水土流失预防和治理措施。没有能力编制水土保持方案的，应当委托具备相应技术条件的机构编制。

　　水土保持方案应当包括水土流失预防和治理的范围、目标、措施及投资等内容。

　　水土保持方案经批准后，生产建设项目的地点、规模发生重大变化的，应当补充或者修改水土保持方案并报原审批机关批准。水土保持方案实施过程中，水土保持措施需要作出重大变更的，应当经原审批机关批准。

　　生产建设项目水土保持方案的编制和审批办法，由国务院水行政主管部门制定。

依法应当编制水土保持方案的生产建设项目,生产建设单位未编制水土保持方案或者水土保持方案未经水行政主管部门批准的,生产建设项目不得开工建设。

依法应当编制水土保持方案的生产建设项目中的水土保持设施,应当与主体工程同时设计、同时施工、同时投产使用;生产建设项目竣工验收,应当验收水土保持设施;水土保持设施未经验收或者验收不合格的,生产建设项目不得投产使用。

依法应当编制水土保持方案的生产建设项目,其生产建设活动中排弃的砂、石、土、矸石、尾矿、废渣等应当综合利用;不能综合利用,确需废弃的,应当堆放在水土保持方案确定的专门存放地,并采取措施保证不产生新的危害。

县级以上人民政府水行政主管部门、流域管理机构,应当对生产建设项目水土保持方案的实施情况进行跟踪检查,发现问题及时处理。

## 9.1.4　治理

### 9.1.4.1　水土保持重点工程建设与管理规定

国家加强水土流失重点预防区和重点治理区的坡耕地改梯田、淤地坝等水土保持重点工程建设,加大生态修复力度。

县级以上人民政府水行政主管部门应当加强对水土保持重点工程的建设管理,建立和完善运行管护制度。

### 9.1.4.2　江河源头区、饮用水水源保护区和水源涵养区水土流失的预防与治理规定

国家加强江河源头区、饮用水水源保护区和水源涵养区水土流失的预防与治理工作,多渠道筹集资金,将水土保持生态效益补偿纳入国家建立的生态效益补偿制度。

### 9.1.4.3　水土保持补偿费规定

开办生产建设项目或者从事其他生产建设活动造成水土流失的,应当进行治理。

在山区、丘陵区、风沙区以及水土保持规划确定的容易发生水土流失的其他区域开办生产建设项目或者从事其他生产建设活动,损坏水土保持设施、地貌植被,不能恢复原有水土保持功能的,应当缴纳水土保持补偿费,专项用于水土流失预防和治理。专项水土流失预防和治理由水行政主管部门负责组织实施。水土保持补偿费的收取使用管理办法由国务院财政部门、国务院价格主管部门会同国务院水行政主管部门制定。

生产建设项目在建设过程中和生产过程中发生的水土保持费用,按照国家统一的财务会计制度处理。

### 9.1.4.4　承包治理规定

国家鼓励单位和个人按照水土保持规划参与水土流失治理,并在资金、技术、税收等方面予以扶持。

国家鼓励和支持承包治理荒山、荒沟、荒丘、荒滩,防治水土流失,保护和改善生态环境,促进土地资源的合理开发和可持续利用,并依法保护土地承包合同当事人的合法权益。

承包治理荒山、荒沟、荒丘、荒滩和承包水土流失严重地区农村土地的,在依法签订的土地承包合同中应当包括预防和治理水土流失责任的内容。

#### 9.1.4.5　水土流失分区治理规定

在水力侵蚀地区,地方各级人民政府及其有关部门应当组织单位和个人,以天然沟壑及其两侧山坡地形成的小流域为单元,因地制宜地采取工程措施、植物措施和保护性耕作等措施,进行坡耕地和沟道水土流失综合治理。

在风力侵蚀地区,地方各级人民政府及其有关部门应当组织单位和个人,因地制宜地采取轮封轮牧、植树种草、设置人工沙障和网格林带等措施,建立防风固沙防护体系。

在重力侵蚀地区,地方各级人民政府及其有关部门应当组织单位和个人,采取监测、径流排导、削坡减载、支挡固坡、修建拦挡工程等措施,建立监测、预报、预警体系。

在饮用水水源保护区,地方各级人民政府及其有关部门应当组织单位和个人,采取预防保护、自然修复和综合治理措施,配套建设植物过滤带,积极推广沼气,开展清洁小流域建设,严格控制化肥和农药的使用,减少水土流失引起的面源污染,保护饮用水水源。

#### 9.1.4.6　已在禁止开垦的陡坡地上开垦种植农作物的规定

已在禁止开垦的陡坡地上开垦种植农作物的,应当按照国家有关规定退耕,植树种草;耕地短缺,退耕确有困难的,应当修建梯田或者采取其他水土保持措施。

在禁止开垦坡度以下的坡耕地上开垦种植农作物的,应当根据不同情况,采取修建梯田、坡面水系整治、蓄水保土耕作或者退耕等措施。

#### 9.1.4.7　生产建设活动水土流失防治规定

对生产建设活动所占用土地的地表土应当进行分层剥离、保存和利用,做到土石方挖填平衡,减少地表扰动范围;对废弃的砂、石、土、矸石、尾矿、废渣等存放地,应当采取拦挡、坡面防护、防洪排导等措施。生产建设活动结束后,应当及时在取土场、开挖面和存放地的裸露土地上植树种草、恢复植被,对闭库的尾矿库进行复垦。

在干旱缺水地区从事生产建设活动,应当采取防止风力侵蚀措施,设置降水蓄渗设施,充分利用降水资源。

#### 9.1.4.8　山区、丘陵区、风沙区等区域治理规定

国家鼓励和支持在山区、丘陵区、风沙区以及容易发生水土流失的其他区域,采取下列有利于水土保持的措施:

(1)免耕、等高耕作、轮耕轮作、草田轮作、间作套种等;

(2)封禁抚育、轮封轮牧、舍饲圈养;

(3)发展沼气、节柴灶,利用太阳能、风能和水能,以煤、电、气代替薪柴等;

(4)从生态脆弱地区向外移民;

(5)其他有利于水土保持的措施。

### 9.1.5　监测和监督

#### 9.1.5.1　加强水土保持监测工作的规定

县级以上人民政府水行政主管部门应当加强水土保持监测工作,发挥水土保持监测工作在政府决策、经济社会发展和社会公众服务中的作用。县级以上人民政府应当保障水土保持监测工作经费。

国务院水行政主管部门应当完善全国水土保持监测网络,对全国水土流失进行动态

监测。

### 9.1.5.2　明确了生产建设单位水土流失监测义务

对可能造成严重水土流失的大中型生产建设项目,生产建设单位应当自行或者委托具备水土保持监测资质的机构,对生产建设活动造成的水土流失进行监测,并将监测情况定期上报当地水行政主管部门。

从事水土保持监测活动应当遵守国家有关技术标准、规范和规程,保证监测质量。

### 9.1.5.3　水土保持监测公告规定

国务院水行政主管部门和省(区、市)人民政府水行政主管部门应当根据水土保持监测情况,定期对下列事项进行公告:

(1)水土流失类型、面积、强度、分布状况和变化趋势;

(2)水土流失造成的危害;

(3)水土流失预防和治理情况。

### 9.1.5.4　水土保持情况监督检查职权规定

县级以上人民政府水行政主管部门负责对水土保持情况进行监督检查。流域管理机构在其管辖范围内可以行使国务院水行政主管部门的监督检查职权。

### 9.1.5.5　水政监督检查人员依法履行监督检查职责的规定

水政监督检查人员依法履行监督检查职责时,有权采取下列措施:

(1)要求被检查单位或者个人提供有关文件、证照、资料;

(2)要求被检查单位或者个人就预防和治理水土流失的有关情况作出说明;

(3)进入现场进行调查、取证。

被检查单位或者个人拒不停止违法行为,造成严重水土流失的,报经水行政主管部门批准,可以查封、扣押实施违法行为的工具及施工机械、设备等。

水政监督检查人员依法履行监督检查职责时,应当出示执法证件。被检查单位或者个人对水土保持监督检查工作应当给予配合,如实报告情况,提供有关文件、证照、资料;不得拒绝或者阻碍水政监督检查人员依法执行公务。

### 9.1.5.6　不同行政区域之间发生水土流失纠纷的规定

不同行政区域之间发生水土流失纠纷应当协商解决;协商不成的,由共同的上一级人民政府裁决。

## 9.1.6　法律责任

《水土保持法》对违反水土保持法律规定和造成水土流失等违法行为,确定了相应的处罚条款。共有 12 条罚则:

(1)第四十七条规定,水行政主管部门或者其他依照本法规定行使监督管理权的部门,不依法作出行政许可决定或者办理批准文件的,发现违法行为或者接到对违法行为的举报不予查处的,或者有其他未依照本法规定履行职责的行为的,对直接负责的主管人员和其他直接责任人员依法给予处分。

(2)第四十八条规定,违反本法规定,在崩塌、滑坡危险区或者泥石流易发区从事取土、挖沙、采石等可能造成水土流失的活动的,由县级以上地方人民政府水行政主管部门责令停止违法行为,没收违法所得,对个人处1 000元以上1万元以下的罚款,对单位处2万元以上20万元以下的罚款。

(3)第四十九条规定,违反本法规定,在禁止开垦坡度以上陡坡地开垦种植农作物,或者在禁止开垦、开发的植物保护带内开垦、开发的,由县级以上地方人民政府水行政主管部门责令停止违法行为,采取退耕、恢复植被等补救措施;按照开垦或者开发面积,可以对个人处每平方米2元以下的罚款、对单位处每平方米10元以下的罚款。

(4)第五十条规定,违反本法规定,毁林、毁草开垦的,依照《中华人民共和国森林法》、《中华人民共和国草原法》的有关规定处罚。

(5)第五十一条规定,违反本法规定,采集发菜,或者在水土流失重点预防区和重点治理区铲草皮、挖树蔸、滥挖虫草、甘草、麻黄等的,由县级以上地方人民政府水行政主管部门责令停止违法行为,采取补救措施,没收违法所得,并处违法所得1倍以上5倍以下的罚款;没有违法所得的,可以处5万元以下的罚款。

在草原地区有前款规定违法行为的,依照《中华人民共和国草原法》的有关规定处罚。

(6)第五十二条规定,在林区采伐林木不依法采取防止水土流失措施的,由县级以上地方人民政府林业主管部门、水行政主管部门责令限期改正,采取补救措施;造成水土流失的,由水行政主管部门按照造成水土流失的面积处每平方米2元以上10元以下的罚款。

(7)第五十三条规定,违反本法规定,有下列行为之一的,由县级以上人民政府水行政主管部门责令停止违法行为,限期补办手续;逾期不补办手续的,处5万元以上50万元以下的罚款;对生产建设单位直接负责的主管人员和其他直接责任人员依法给予处分:

——依法应当编制水土保持方案的生产建设项目,未编制水土保持方案或者编制的水土保持方案未经批准而开工建设的;

——生产建设项目的地点、规模发生重大变化,未补充、修改水土保持方案或者补充、修改的水土保持方案未经原审批机关批准的;

——水土保持方案实施过程中,未经原审批机关批准,对水土保持措施作出重大变更的。

(8)第五十四条规定,违反本法规定,水土保持设施未经验收或者验收不合格将生产建设项目投产使用的,由县级以上人民政府水行政主管部门责令停止生产或者使用,直至验收合格,并处5万元以上50万元以下的罚款。

(9)第五十五条规定,违反本法规定,在水土保持方案确定的专门存放地以外的区域倾倒砂、石、土、矸石、尾矿、废渣等的,由县级以上地方人民政府水行政主管部门责令停止违法行为,限期清理,按照倾倒数量处每立方米5元以上20元以下的罚款;逾期仍不清理的,县级以上地方人民政府水行政主管部门可以指定有清理能力的单位代为清理,所需费用由违法行为人承担。

(10)第五十六条规定,违反本法规定,开办生产建设项目或者从事其他生产建设活动造成水土流失,不进行治理的,由县级以上人民政府水行政主管部门责令限期治理;逾期仍不治理的,县级以上人民政府水行政主管部门可以指定有治理能力的单位代为治理,所需费用由违法行为人承担。

（11）第五十七条规定，违反本法规定，拒不缴纳水土保持补偿费的，由县级以上人民政府水行政主管部门责令限期缴纳；逾期不缴纳的，自滞纳之日起按日加收滞纳部分 5‰ 的滞纳金，可以处应缴水土保持补偿费 3 倍以下的罚款。

（12）第五十八条规定，违反本法规定，造成水土流失危害的，依法承担民事责任；构成违反治安管理行为的，由公安机关依法给予治安管理处罚；构成犯罪的，依法追究刑事责任。

# 9.2　《中华人民共和国水法》相关规定

《中华人民共和国水法》（简称《水法》），2002 年 8 月 29 日中华人民共和国主席令第 74 号公布。《水法》包括总则，水资源规划，水资源开发利用，水资源、水域和水工程的保护，水资源配置和节约使用，水事纠纷处理与执法监督检查，法律责任，附则等，共 8 章 82 条。

## 9.2.1　总则

立法目的：合理开发、利用、节约和保护水资源，防治水害，实现水资源的可持续利用，适应国民经济和社会发展的需要。

《水法》适用范围为在本国领域内开发、利用、节约、保护、管理水资源，防治水害，《水法》所称的水资源包括地表水和地下水。

水资源的所有权：《水法》明确水资源属于国家所有，水资源的所有权由国务院代表国家行使。农村集体经济组织的水塘和由农村集体经济组织修建管理的水库中的水，归各该农村集体经济组织使用。

国家对水资源依法实行取水许可证制度和有偿使用制度，但是农村集体经济组织及其成员使用本集体经济组织的水塘、水库的水除外。

国家保护水资源，采取有效措施，保护植被，植树种草，涵养水源，防治水土流失和水体污染，改善生态环境。

国家对水资源实行流域管理与行政区域管理相结合的管理体制。

## 9.2.2　水资源规划

国家制定全国水资源战略规划。开发、利用、节约、保护水资源和防治水害，应当按照流域、区域统一制定规划。规划分为流域规划和区域规划，流域规划包括流域综合规划和流域专业规划；区域规划包括区域综合规划和区域专业规划。综合规划，是指根据经济社会发展需要和水资源开发利用现状编制的开发、利用、节约、保护水资源和防治水害的总体部署。专业规划，是指防洪、治涝、灌溉、航运、供水、水力发电、竹木流放、渔业、水资源保护、水土保持、防沙治沙、节约用水等规划。

流域范围内的区域规划应当服从流域规划，专业规划应当服从综合规划。

### 9.2.3　水资源开发利用

《水法》规定,水资源开发利用应当坚持兴利与除害相结合,兼顾上下游、左右岸和有关地区之间的利益,充分发挥水资源的综合效益,并服从防洪的总体安排。

水资源开发利用的优先权:在开发、利用水资源的顺序上,应当首先满足城乡居民生活用水,并兼顾农业、工业、生态环境用水以及航运等需要。在干旱和半干旱地区开发、利用水资源,应当充分考虑生态环境用水需要。

### 9.2.4　水资源、水域和水工程的保护

水资源开发、利用等水事活动的守则及责任:水资源开发、利用、节约、保护和防治水害等水事活动,应当遵守经批准的规划;因违反规划造成江河和湖泊水域使用功能降低、地下水超采、地面沉降、水体污染的,应当承担治理责任。

水资源开采的补偿制度:开采矿藏或者建设地下工程,因疏干排水导致地下水水位下降、水源枯竭或者地面塌陷,采矿单位或者建设单位应当采取补救措施;对他人生活和生产造成损失的,依法给予补偿。

饮用水水源保护区制度:国家建立饮用水水源保护区制度,省(区、市)人民政府应当划定饮用水水源保护区,并采取措施,防止水源枯竭和水体污染,保证城乡居民饮用水安全。

大排污口审批制度:《水法》规定,禁止在饮用水水源保护区内设置排污口。在江河、湖泊新建、改建或者扩大排污口,应当经过有管辖权的水行政主管部门或者流域管理机构同意,由环境保护行政主管部门负责对该建设项目的环境影响报告书进行审批。

跨河建筑物建设审查制度:《水法》明确,在河道管理范围内建设桥梁、码头和其他拦河、跨河、临河建筑物、构筑物,铺设跨河管道、电缆,应当符合国家规定的防洪标准和其他有关的技术要求,工程建设方案应当依照防洪法有关规定报经有关水行政主管部门审查同意。

河道采砂许可制度:国家实行河道采砂许可制度,河道采砂许可制度实施办法,由国务院规定。河道管理范围内采砂,影响河势稳定或者危及堤防安全的,有关县级以上人民政府水行政主管部门应当划定禁采区和规定禁采期,并予以公告。

### 9.2.5　水资源配置和节约使用

《水法》规定,国家对用水实行总量控制和定额控制相结合的制度。

### 9.2.6　法律责任

违法行为及责任:《水法》规定,禁止在江河、湖泊、水库、运河、渠道内弃置、堆放阻碍行洪的物体和种植阻碍行洪的林木及高秆作物。在江河、湖泊、水库、运河、渠道内弃置、堆放阻碍行洪的物体和种植阻碍行洪的林木及高秆作物的;围湖造地或者未经批准围垦河道的,由县级以上人民政府水行政主管部门或流域管理机构依据职权,责令停止违法行为,限期清除障碍或者采取其他补救措施,处1万元以上5万元以下的罚款。这条规定对

《水土保持法》的贯彻落实具有很大的促进作用。

### 9.2.7　附则

《水法》所称水工程,是指在江河、湖泊和地下水源上开发、利用、控制、调配和保护水资源的各类工程。

## 9.3　《中华人民共和国防洪法》有关规定

《中华人民共和国防洪法》(简称《防洪法》),1997 年 8 月 29 日中华人民共和国主席令第 88 号公布。《防洪法》包括总则、防洪规划、治理与防护、防洪区和防洪工程设施的管理、防汛抗洪、保障措施、法律责任、附则等,共 8 章 66 条。

### 9.3.1　总则

立法目的:防治洪水,防御、减轻洪涝灾害,维护人民的生命和财产安全。

防洪工作原则:《防洪法》明确,防洪工作实行全面规划、统筹兼顾、预防为主、综合治理、局部利益服从全局利益的原则。

防洪工作制度:防洪工作按照流域或者区域实行统一规划、分级实施和流域管理与行政区域管理相结合的制度。

防洪工作职责:国务院水行政主管部门在国务院的领导下,负责全国防洪的组织、协调、监督、指导等日常工作。国务院水行政主管部门在国家确定的重要江河、湖泊设立的流域管理机构,在所管辖的范围内行使法律、行政法规规定和国务院水行政主管部门授权的防洪协调与监督管理职责。

国务院建设行政主管部门和其他有关部门在国务院的领导下,按照各自的职责,负责有关的防洪工作。

县级以上地方人民政府水行政主管部门在本级人民政府的领导下,负责本行政区域内防洪的组织、协调、监督、指导等日常工作。县级以上地方人民政府建设行政主管部门和其他有关部门在本级人民政府的领导下,按照各自的职责,负责有关的防洪工作。

### 9.3.2　防洪规划

防洪规划是指为防治某一流域、河段或者区域的洪涝灾害而制定的总体部署,包括国家确定的重要江河、湖泊的流域防洪规划,其他江河、河段、湖泊的防洪规划以及区域防洪规划。

防洪规划应当服从所在流域、区域的综合规划;区域防洪规划应当服从所在流域的流域防洪规划。

防洪规划是江河、湖泊治理和防洪工程设施建设的基本依据。

在江河、湖泊上建设防洪工程和其他水工程、水电站等,应当符合防洪规划的要求;水库应当按照防洪规划的要求留足防洪库容。

### 9.3.3　治理与防护

《防洪法》规定,防治江河洪水,应当蓄泄兼顾,充分发挥河道行洪能力和水库、洼淀、湖泊调蓄洪水的功能,加强河道防护,因地制宜地采取定期清淤疏浚等措施,保持行洪畅通。防治江河洪水,应当保护、扩大流域林草植被,涵养水源,加强流域水土保持综合治理。

河道、湖泊管理实行按水系统一管理和分级管理相结合的原则,加强防护,确保畅通。

河道、湖泊管理范围内的土地和岸线的利用,应当符合行洪、输水的要求。禁止在河道、湖泊管理范围内建设妨碍行洪的建筑物、构筑物,倾倒垃圾、渣土,从事影响河势稳定、危害河岸堤防安全和其他妨碍河道行洪的活动。禁止在行洪河道内种植阻碍行洪的林木和高秆作物。

### 9.3.4　防洪区和防洪工程设施的管理

《防洪法》所明确的防洪区,是指洪水泛滥可能淹及的地区,分为洪泛区、蓄滞洪区和防洪保护区。洪泛区是指尚无工程设施保护的洪水泛滥所及的地区。蓄滞洪区是指包括分洪口在内的河堤背水面以外临时贮存洪水的低洼地区及湖泊等。防洪保护区是指在防洪标准内受防洪工程设施保护的地区。

大中城市,重要的铁路、公路干线,大型骨干企业,应当列为防洪重点,确保安全。

受洪水威胁的城市、经济开发区、工矿区和国家重要的农业生产基地等,应当重点保护,建设必要的防洪工程设施。

### 9.3.5　防汛抗洪

防汛抗洪工作制度:《防洪法》规定,防汛抗洪工作实行各级人民政府行政首长负责制,统一指挥、分级分部门负责。

国务院设立国家防汛指挥机构,负责领导、组织全国的防汛抗洪工作,其办事机构设在国务院水行政主管部门。

在国家确定的重要江河、湖泊可以设立由有关省(区、市)人民政府和该江河、湖泊的流域管理机构负责人等组成的防汛指挥机构,指挥所管辖范围内的防汛抗洪工作,其办事机构设在流域管理机构。

有防汛抗洪任务的县级以上地方人民政府设立由有关部门、当地驻军、人民武装部负责人等组成的防汛指挥机构,在上级防汛指挥机构和本级人民政府的领导下,指挥本地区的防汛抗洪工作,其办事机构设在同级水行政主管部门;必要时,经城市人民政府决定,防汛指挥机构也可以在建设行政主管部门设城市市区办事机构,在防汛指挥机构的统一领导下,负责城市市区的防汛抗洪日常工作。

有防汛抗洪任务的县级以上地方人民政府根据流域综合规划、防洪工程实际状况和国家规定的防洪标准,制订防御洪水方案(包括对特大洪水的处置措施)。

长江、黄河、淮河、海河的防御洪水方案,由国家防汛指挥机构制定,报国务院批准;跨省(区、市)的其他江河的防御洪水方案,由有关流域管理机构会同有关省(区、市)人民政府制定,报国务院或者国务院授权的有关部门批准。防御洪水方案经批准后,有关地方人民政府必须执行。

各级防汛指挥机构和承担防汛抗洪任务的部门和单位,必须根据防御洪水方案做好防汛抗洪准备工作。

## 9.3.6　有关法律责任

违法行为及违法责任:对违反《防洪法》第二十二条第二款、第三款规定,有下列行为之一的,责令停止违法行为,排除阻碍或者采取其他补救措施,可以处5万元以下的罚款:

(1)在河道、湖泊管理范围内建设妨碍行洪的建筑物、构筑物的;

(2)在河道、湖泊管理范围内倾倒垃圾、渣土,从事影响河势稳定、危害河岸堤防安全和其他妨碍河道行洪的活动的;

(3)在行洪河道内种植阻碍行洪的林木和高秆作物的。

# 9.4　有关标准和技术规范

按照标准的适用范围,我国的标准分为国家标准、行业标准、地方标准和企业标准四个级别。

水土保持方面的标准一般为国家标准、水利行业标准、地方标准三类。

国家标准由国务院标准化行政主管部门(国家质量技术监督检验检疫总局、中国国家标准化管理委员会)制定或与有关国务院部委联合制定(编制计划、组织起草、统一审批、编号、发布)。国家标准在全国范围内适用,其他各级别标准不得与国家标准相抵触。国家标准的代号以"国标"汉语拼音字头起头表示:分为强制性国家标准 GB 、推荐性国家标准 GB/T、国家标准指导性技术文件 GB/Z 等。如中华人民共和国国家标准《开发建设项目水土保持技术规范》(GB 50433—2008)就是强制性国家标准,中华人民共和国国家标准《水土保持综合治理 技术规范》(GB/T 16453—2008)属于推荐性国家标准。

水利行业标准由水利部制定,在水利行业范围内或全国范围内某一专业领域适用。水利行业标准的代号以"水利"汉语拼音字头起头表示。如中华人民共和国水利行业标准《土壤侵蚀分类分级标准》(SL 190—2007)、中华人民共和国水利行业标准《水利水电工程制图标准水土保持图》(SL 73.6—2001)等。

## 9.4.1　《土壤侵蚀分类分级标准》

《土壤侵蚀分类分级标准》(SL 190—2007)属于中华人民共和国水利行业标准。编写目的是:统一水土保持工作中的水土流失调查、土壤侵蚀图的编制、新的水土流失监督及土壤侵蚀动态监测、水土保持规划设计与预防治理工作评价的基础数据。本标准适用于全国土壤侵蚀的分类与分级。

《土壤侵蚀分类分级标准》(SL 190—2007)对原标准《土壤侵蚀分类分级标准》(SL 190—96)进行了修订。《土壤侵蚀分类分级标准》(SL 190—2007)主要内容包括总则、术语、土壤侵蚀类型分区、土壤侵蚀强度分级、土壤侵蚀程度分级。

### 9.4.2 《水土保持综合治理 技术规范》

中华人民共和国国家标准《水土保持综合治理 技术规范》（GB/T 16453—2008）对原标准《水土保持综合治理 技术规范》（GB/T 16453—1996）进行了修改。

《水土保持综合治理 技术规范》（GB/T 16453—2008）共包括 6 个部分，即坡耕地治理技术、荒地治理技术、沟壑治理技术、小型蓄排引水工程、风沙治理技术和崩岗治理技术。

### 9.4.3 《开发建设项目水土保持技术规范》

为贯彻国家有关法律、法规，预防、控制和治理开发建设活动导致的水土流失，减轻对生态环境可能产生的负面影响，防止水土流失危害，国家建设部和国家质量监督检验检疫总局于 2008 年联合颁发了中华人民共和国国家标准《开发建设项目水土保持技术规范》（GB 50433—2008），该规范的适用范围为建设或生产过程中可能引起水土流失的开发建设项目的水土流失防治。

本规范共分为 14 章和两个附录。主要内容是总则、术语、基本规定、各设计阶段的任务、水土保持方案、水土保持初步设计专章、拦渣工程、斜坡防护工程、土地整治工程、防洪排导工程、降雨蓄渗工程、临时防护工程、植被建设工程、防风固沙工程等。

本规范中用黑体字标志的条文为强制性条文，必须严格执行。

### 9.4.4 《水利水电工程制图标准水土保持图》

中华人民共和国水利行业标准《水利水电工程制图标准水土保持图》（SL 73.6—2001）适用于水土保持区域治理、水土保持流域治理、水土保持生态环境建设、开发建设项目水土保持方案等项目的规划，项目建议书、可行性研究、初步设计、招标设计、施工图设计等规划设计阶段的制图。本规范分为总则、术语和符号、图式、图例 4 部分。

## 9.5 《中华人民共和国劳动法》和《中华人民共和国劳动合同法》的相关知识

### 9.5.1 《中华人民共和国劳动法》

《中华人民共和国劳动法》（简称《劳动法》），1994 年 7 月 5 日中华人民共和国主席令第 28 号公布。《劳动法》包括总则、促进就业、劳动合同和集体合同、工作时间和休息休假、工资、劳动安全卫生、女职工和未成年工特殊保护、职业培训、社会保险和福利、劳动争议、监督检查、法律责任、附则等，共 13 章 107 条。

立法的目的是保护劳动者的合法权益，调整劳动关系，建立和维护适应社会主义市场经济的劳动制度，促进经济发展和社会进步。

《劳动法》的适用范围是：在中华人民共和国境内的企业、个体经济组织（以下统称用人单位)和与之形成劳动关系的劳动者;国家机关、事业组织、社会团体和与之建立劳动合同关系的劳动者。

《劳动法》第三条规定,劳动者享有平等就业和选择职业的权利、取得劳动报酬的权利、休息休假的权利、获得劳动安全卫生保护的权利、接受职业技能培训的权利、享受社会保险和福利的权利、提请劳动争议处理的权利以及法律规定的其他劳动权利。劳动者应当完成劳动任务,提高职业技能,执行劳动安全卫生规程,遵守劳动纪律和职业道德。

劳动合同亦称劳动契约,是劳动者与用人单位(包括企业单位、事业单位、国家机关、社会团体、雇主)确立劳动关系、明确双方权利和义务的协议。根据《劳动法》等劳动法律、法规,依法订立的劳动合同受国家法律保护,对订立合同的双方当事人产生约束力,是处理劳动争议的直接证据和依据。

《劳动法》第五十二条规定,用人单位必须建立、健全劳动卫生制度,严格执行国家劳动安全卫生规程和标准,对劳动者进行劳动安全卫生教育,防止劳动过程中的事故,减少职业危害。

《劳动法》第五十六条规定,劳动者在劳动过程中必须严格遵守安全操作规程。

劳动者对用人单位管理人员违章指挥、强令冒险作业,有权拒绝执行;对危害生命安全和身体健康的行为,有权提出批评、检举和控告。

《劳动法》第六十六条规定,国家通过各种途径,采取各种措施,发展职业培训事业,开发劳动者的职业技能,提高劳动者素质,增强劳动者的就业能力和工作能力。

《劳动法》第六十八条规定,用人单位应当建立职业培训制度,按照国家规定提取和使用职业培训经费,根据本单位实际,有计划地对劳动者进行职业培训。

从事技术工种的劳动者,上岗前必须经过培训。

《劳动法》第六十九条规定,国家确定职业分类,对规定的职业制度、职业技能标准,实行职业资格证书制度,由经过政府批准的考核鉴定机构负责对劳动者实施职业技能考核鉴定。

## 9.5.2　《中华人民共和国劳动合同法》

《中华人民共和国劳动合同法》(简称《劳动合同法》),2007 年 6 月 29 日中华人民共和国主席令第 65 号公布。《劳动合同法》包括总则、劳动合同的订立、劳动合同的履行和变更、劳动合同的解除和终止、特别规定(集体合同、劳务派遣、非全日制用工)、监督检查、法律责任、附则等,共 8 章 98 条。

《劳动合同法》立法目的是完善劳动合同制度,明确劳动合同双方当事人的权利和义务,保护劳动者的合法权益,构建和发展和谐稳定的劳动关系。

《劳动合同法》的适用范围是中华人民共和国境内的企业、个体经济组织、民办非企业单位等组织(以下称用人单位)与劳动者建立劳动关系,订立、履行、变更、解除或者终止劳动合同。国家机关、事业单位、社会团体和与其建立劳动关系的劳动者,订立、履行、变更、解除或者终止劳动合同,依照本法执行。

《劳动合同法》第三条规定,订立劳动合同,应当遵循合法、公平、平等自愿、协商一致、诚实信用的原则。

依法订立的劳动合同具有约束力,用人单位与劳动者应当履行劳动合同约定的义务。

《劳动合同法》第十七条规定,劳动合同应当具备以下条款:

(1)用人单位的名称、住所和法定代表人或者主要负责人;

(2)劳动者的姓名、住址和居民身份证或者其他有效身份证件号码;

(3)劳动合同期限;

(4)工作内容和工作地点;

(5)工作时间和休息休假;

(6)劳动报酬;

(7)社会保险;

(8)劳动保护、劳动条件和职业危害防护;

(9)法律、法规规定应当纳入劳动合同的其他事项。

劳动合同除前款规定的必备条款外,用人单位与劳动者可以约定试用期、培训、保守秘密、补充保险和福利待遇等其他事项。

### 9.5.3　《劳动法》与《劳动合同法》的关系

《劳动法》是调整劳动关系(包括劳动合同关系在内)的法律,而《劳动合同法》是专门规范劳动合同的法律,属于《劳动法》的特别法,是对《劳动法》中关于劳动合同部分的细化和补充。根据特别法优先于普通法适用的原理,劳动合同在签订、实施、解除等过程中应优先适用《劳动合同法》,但对于工资、工时、劳动保障等《劳动合同法》没有涉及的制度,仍然要靠《劳动法》来规范。《劳动法》中与《劳动合同法》冲突的,以《劳动合同法》为准。

## 9.6　《中华人民共和国合同法》

《中华人民共和国合同法》(简称《合同法》),1999 年 3 月 15 日中华人民共和国主席令第 15 号发布。《合同法》包括总则、分则、附则三部分,共 23 章 428 条。

### 9.6.1　总则

《合同法》立法的目的是保护合同当事人的合法权益,维护社会经济秩序,促进社会主义现代化建设。

《合同法》所称的合同,是平等主体的自然人、法人、其他组织之间设立、变更、终止民事权利义务关系的协议。

《合同法》第三、四、五、六、七、八条明确规定了合同当事人应遵守的基本原则:

(1)合同当事人的法律地位平等,一方不得将自己的意志强加给另一方。

(2)当事人依法享有自愿订立合同的权利,任何单位和个人不得非法干预。

(3)当事人应当遵循公平原则确定各方的权利和义务。

(4)当事人行使权利、履行义务应当遵循诚实信用原则。

(5)当事人订立、履行合同,应当遵守法律、行政法规,尊重社会公德,不得扰乱社会经济秩序,损害社会公共利益。

（6）依法成立的合同,对当事人具有法律约束力。当事人应当按照约定履行自己的义务,不得擅自变更或者解除合同。依法成立的合同,受法律保护。

《合同法》第十条规定,当事人订立合同,有书面形式、口头形式和其他形式。法律、行政法规规定采用书面形式的,应当采用书面形式。当事人约定采用书面形式的,应当采用书面形式。

《合同法》第十一条规定,书面形式是指合同书、信件和数据电文（包括电报、电传、传真、电子数据交换和电子邮件）等可以有形地表现所载内容的形式。

《合同法》第十二条规定,合同的内容由当事人约定,一般包括以下条款:①当事人的名称或者姓名和住所;②标的;③数量;④质量;⑤价款或者报酬;⑥履行期限、地点和方式;⑦违约责任;⑧解决争议的方法。当事人可以参照各类合同的示范文本订立合同。

## 9.6.2　分则

《合同法》分则部分规定了合同的类型及具体内容。

合同的类型包括:买卖合同,供用电、水、气、热力合同,赠与合同,借款合同,租赁合同,融资租赁合同,承揽合同,建设工程合同,运输合同,技术合同,保管合同,仓储合同,委托合同,行纪合同,居间合同。

水土保持工程一般涉及的合同种类是承揽合同、建设工程合同和技术合同。

### 9.6.2.1　承揽合同

《合同法》第二百五十一条规定,承揽合同是承揽人按照定作人的要求完成工作,交付工作成果,定作人给付报酬的合同。

承揽包括加工、定作、修理、复制、测试、检验等工作。

第二百五十二条规定,承揽合同的内容包括承揽的标的、数量、质量、报酬、承揽方式、材料的提供、履行期限、验收标准和方法等条款。

### 9.6.2.2　建设工程合同

《合同法》第二百六十九条规定,建设工程合同是承包人进行工程建设、发包人支付价款的合同。建设工程合同包括工程勘察、设计、施工合同。

第二百七十条规定,建设工程合同应当采用书面形式。

第二百七十二条规定,发包人可以与总承包人订立建设工程合同,也可以分别与勘察人、设计人、施工人订立勘察、设计、施工承包合同。发包人不得将应当由一个承包人完成的建设工程肢解成若干部分发包给几个承包人。

总承包人或者勘察、设计、施工承包人经发包人同意,可以将自己承包的部分工作交由第三人完成。第三人就其完成的工作成果与总承包人或者勘察、设计、施工承包人向发包人承担连带责任。承包人不得将其承包的全部建设工程转包给第三人或者将其承包的全部建设工程肢解以后以分包的名义分别转包给第三人。

禁止承包人将工程分包给不具备相应资质条件的单位。禁止分包单位将其承包的工程再分包。建设工程主体结构的施工必须由承包人自行完成。

第二百七十五条规定,施工合同的内容包括工程范围、建设工期、中间交工工程的开工和竣工时间、工程质量、工程造价、技术资料交付时间、材料和设备供应责任、拨款和结算、竣工验收、质量保修范围和质量保证期、双方相互协作等条款。

第二百七十九条规定,建设工程竣工后,发包人应当根据施工图纸及说明书、国家颁发的施工验收规范和质量检验标准及时进行验收。验收合格的,发包人应当按照约定支付价款,并接收该建设工程。建设工程竣工经验收合格后,方可交付使用;未经验收或者验收不合格的,不得交付使用。

### 9.6.2.3 技术合同

《合同法》第三百二十二条规定,技术合同是当事人就技术开发、转让、咨询或者服务订立的确立相互之间权利和义务的合同。

第三百二十三条规定,订立技术合同,应当有利于科学技术的进步,加速科学技术成果的转化、应用和推广。

技术合同分为技术开发合同、技术转让合同、技术咨询合同和技术服务合同。

第三百二十四条规定,技术合同的内容由当事人约定,一般包括以下条款:

(1)项目名称;

(2)标的的内容、范围和要求;

(3)履行的计划、进度、期限、地点、地域和方式;

(4)技术情报和资料的保密;

(5)风险责任的承担;

(6)技术成果的归属和收益的分成办法;

(7)验收标准和方法;

(8)价款、报酬或者使用费及其支付方式;

(9)违约金或者损失赔偿的计算方法;

(10)解决争议的方法;

(11)名词和术语的解释。

# 第 3 篇　操作技能——初级工

# 模块 1 水土保持调查

## 1.1 野外调查

### 1.1.1 小流域地形地貌的野外观察

小流域地形地貌野外观察的重点是分清小流域的基本地貌单元,认识和掌握小流域地形地貌组成要素的特点。

#### 1.1.1.1 小流域基本地貌单元组成

沟间地(分水岭、坡)、沟谷地(沟)组成了小流域的基本地貌单元。

谷缘线(也称沟缘线)将小流域划分为沟间地、沟谷地两个地貌单元。

沟间地是指从分水岭至沟缘线之间的区域,即位于沟缘线以上,包括分水岭附近的梁峁顶部、梁峁坡和邻近沟缘线的梁峁陡坡。沟间地地貌有三种主要类型:塬、梁、峁。塬是平坦的高地,四周为沟谷环绕,是受流水侵蚀最小的一种地貌。梁是长条形的高地,俗称"两沟夹一梁";峁是孤立的黄土丘。峁和梁通常是互相联结在一起的,间杂沟谷,也被称为丘陵。梁峁的地形支离破碎,自然环境不利。在横剖面上,沟间地两侧以沟坡顶端坡度转折处为界,即沟谷顶部的谷缘部分(沟缘线),习惯上称之为"塬边"、"梁边"、"峁边"。

沟谷地指沟缘线至谷底间的区域。包括沟坡和沟床或沟底,沟谷地所指区域也可称为沟道。

#### 1.1.1.2 小流域地形地貌组成要素的特点及其野外识别

对小流域地形地貌组成要素的观察,一般先进行宏观范围的观察,选择在分水岭附近,由近及远,自上而下,借助望远镜观察,视野宽阔。其次选择梁峁坡和深入沟谷进行较细致的观察。对照1:1万地形图观察,效果更佳。

(1)小流域由分水岭、阳坡、阴坡和沟谷组成。

分水岭:是指分隔相邻两个流域的山岭或高地,降落在分水岭两侧的降水沿着两侧斜坡注入不同的水系或河流。在自然界中,分水岭较多的是山岭、高原,但也可以是微缓起伏的平原。分水线是分水岭的脊线。它是相邻流域的界线,一般为分水岭最高点的连线。

阳坡和阴坡:坡向就是地形坡面的朝向,按东、南、西、北、东南、东北、西南、西北分为八向位。如向南的叫南坡、向北的叫北坡等。山地一年中太阳直射最多的南坡称为阳坡。东坡与西坡称为半阳坡或半阴坡。山地一年中太阳直射最少的北坡称为阴坡。我国处于北半球,一般山南为阳,山北为阴,水北为阳,水南为阴。阳坡的植被往往没有阴坡的茂密。

沟谷:是底部发育河床的低洼地形,按形态可分为窄"V"形沟道、"V"形沟道、"U"形沟道及具有河漫滩的平底沟。

(2)小流域从平面形态分为主沟道和支毛沟等。小流域内最长的一条沟道称为主沟道,其余的小沟道都叫支毛沟。

(3)小流域自上(高)到下(低)组成要素:分水岭(梁峁顶)、梁峁坡、谷缘线、谷坡、谷底等。

谷缘线是从梁峁到谷坡的转折线,其上为未受现代沟谷切割、侵蚀相对轻微、坡度较小的梁峁坡面。

沟谷可分为谷底和谷坡两部分。谷底包括河床、河漫滩;谷坡是河谷两侧的岸坡,常有河流阶地发育。谷坡与谷底的交界处称谷坡麓(坡脚线)。一般坡脚线到谷缘线之间为谷坡。

(4)沿小流域纵断面可划分为沟口、沟谷段、沟脑等。

## 1.1.2 土壤侵蚀的野外观察

土壤侵蚀有多种类型,根据产生土壤侵蚀的"动力",分布最广泛的土壤侵蚀为水力侵蚀、重力侵蚀和风力侵蚀。坡面水力侵蚀、重力侵蚀的野外观察重点,一是分清主要的侵蚀形式,二是掌握和辨识其形态特征。如侵蚀沟的类型包括由小到大的级别、成因、一般分布规律、形态特征等。

### 1.1.2.1 水力侵蚀的野外识别

水力侵蚀是土壤及其母质或其他地面组成物质在降雨、径流等水体作用下,发生破坏、剥蚀、搬运和沉积的过程。降雨、径流等水体作用主要是指降雨雨滴击溅、地表径流冲刷和下渗水分的作用。在山区、丘陵区和一切有坡度的地面,暴雨时都会产生水力侵蚀。根据水力作用于地表物质形成不同的侵蚀形态,其主要形式分为面蚀、沟蚀两种。

**1. 面蚀**

面蚀是降雨和地表径流对地表土体比较均匀地剥离和搬运的一种水力侵蚀形式,主要包括溅蚀、片蚀和细沟侵蚀。在野外识别时应注意面蚀现象主要发生在没有植被或植被稀少的坡地上。

野外观察时,在无措施的全坡面径流小区、微型集水区上,或在休闲坡耕地、荒地选择适宜的样地,基本上都能观察到溅蚀、片蚀和细沟侵蚀这三种面蚀现象。

(1)溅蚀:在雨滴击溅作用下土壤结构破坏和土壤颗粒产生位移的现象称为雨滴击溅侵蚀,简称溅蚀。

(2)片蚀:坡地上没有固定流路的薄层水流,较均匀地冲刷地表疏松物质引起的侵蚀现象,称为片蚀。按其侵蚀特征分为层状侵蚀(表层土壤相对较均匀流失,主要发生在坡耕地上)、鳞片状侵蚀(因片蚀坡面产生许多彼此近于平行排列的鳞片状斑纹,主要发生在植被破坏、弃耕或过度放牧荒地上)和地表沙砾化(松散细颗粒被冲蚀,较粗沙砾残积地表,使地表颗粒粗化,主要发生在土石山区)。

(3)细沟侵蚀:坡面径流逐步汇集成小股水流,将地面冲成深度和宽度不超过 20 cm 的小沟的水力侵蚀。

**2. 沟蚀**

沟蚀是指坡面径流冲刷土体,切割陆地地表,在地面形成沟道并逐渐发育的过程。它是由汇集在一起的地表径流冲刷破坏土壤及其母质,形成切入地表及以下沟壑的土壤侵蚀形式。面蚀产生的细沟,在集中的地表径流侵蚀下继续加深、加宽、加长,当沟宽深发展超过 20 cm 时,不能为耕作所平复时,即变成沟蚀。沟蚀形成的沟壑成为侵蚀沟。沟蚀虽不如面蚀涉及的面广,但其侵蚀量大、速度快,且把完整的坡面切割成沟壑密布、面积零散的小块坡地,使耕地面积减小,对农业生产的危害亦十分严重。

根据沟蚀程度及表现形态,沟蚀可以分为浅沟侵蚀、切沟侵蚀和冲沟侵蚀等不同类型。沟头前进(溯源)、沟底下切和沟岸扩张(淘岸侧蚀)是沟蚀的三种侵蚀方式。在野外识别时应留意,这三种侵蚀方式常常同时存在。

(1)浅沟侵蚀:在细沟面蚀的基础上,地表径流进一步集中,由小股径流汇集成较大的径流,既冲刷表土又下切底土,形成横断面为宽浅槽形的浅沟,这种侵蚀形式称为浅沟侵蚀。浅沟侵蚀是由面蚀发展到沟蚀的重要的过渡形式。浅沟侵蚀形式往往是野外识别的难点。

(2)切沟侵蚀:浅沟侵蚀继续发展,冲刷力量和下切力量不断增大,沟深切入母质中,有明显的沟头,并形成一定高度的沟头跌水,这种沟蚀现象叫做切沟侵蚀。切沟侵蚀是侵蚀沟发育的盛期阶段,是沟头前进、沟底下切和沟岸扩张十分剧烈的阶段。所以,这时是防治沟蚀最困难的阶段。

(3)冲沟侵蚀:冲沟侵蚀是切沟侵蚀的进一步发展,水流更加集中,下切深度越来越大,横断面呈"U"形,并逐渐定型,沟底纵断面与原坡面有明显差异的侵蚀现象。

3.侵蚀沟的类型和野外辨识

沟谷的发展从小到大的级别依次是细沟、浅沟、切沟、悬沟、冲沟、坳沟(干沟)和河沟等,一般统称为侵蚀沟。侵蚀沟的观察和识别应留意其侵蚀形态与几何特征,常用目估法,必要时可进行简易量测。一般情况下,在大暴雨或特大暴雨过后,在未进行农作修复时,是观察侵蚀沟的有利时机。

(1)细沟:深几厘米至 10 ~ 20 cm,宽十几厘米至几十厘米,纵比降与所在地面坡降一致。大暴雨后,细沟在农耕坡地上密如蛛网。

(2)浅沟:深 0.5 ~ 1.0 m,宽 2 ~ 3 m。纵比降略大于所在斜坡的坡降,横剖面呈倒"人"字形,在耕垦历史越久和坡度与坡长越大的坡面上,浅沟的数目越多。它是由梁、峁坡地水流从分水岭向下坡汇集、侵蚀的结果。

(3)切沟:深 1.0 ~ 2.0 m 至十多米,宽 2.0 ~ 3.0 m 至数十米。纵比降略小于所在斜坡坡降,横剖面呈尖"V"字形,沟坡和沟床不分,沟头有高 1 ~ 3 m 的陡崖。它是坡面径流集中侵蚀的产物,或者是潜蚀发展而成,多出现在梁、峁坡下部或谷缘线附近,其沟头常与浅沟相连。如果浅沟的汇水面积较小,未能发育为切沟,汇集于浅沟中的水流汇入沟谷地时,常在谷缘线下方陡崖上侵蚀成半圆筒形直立状沟,称为悬沟。

(4)冲沟:深十多米至 40 ~ 50 m,宽 20 ~ 30 m 至百米,长度可达百米以上。纵剖面微向上凹,横剖面呈"U"字形,其谷缘线附近常有切沟或悬沟发育。老冲沟的谷坡上有坡积黄土,沟谷平面形态呈瓶状,沟头接近分水岭;新冲沟无坡积黄土,平面形态为楔形,沟头前进速度较快。大多数冲沟由切沟发展而成。

(5)坳沟又称干沟,它和河沟是古代侵蚀沟在现代条件下的侵蚀发展。它们的纵剖面都呈上凹形,横剖面为箱形,谷底有近代流水下切生成的"V"字形沟槽。坳沟和河沟的区别是：前者仅在暴雨期有洪水水流，一般没有沟阶地；后者多数已切入地下水面，沟床有季节性或常年性流水，有沟阶地断续分布。

### 1.1.2.2　重力侵蚀的野外识别

重力侵蚀是指土壤及其母质或基岩在重力作用下，发生位移和堆积的过程。主要包括滑坡、泻溜、崩塌等形式。它是一种以重力作用为主引起的土壤侵蚀形式。在野外识别时应注意重力侵蚀常发生在山地、丘陵坡度较大的梁峁山坡，在沟坡和河谷较陡的岸边也常发生重力侵蚀，由人工开挖坡脚形成的临空面、修建渠道和道路形成的陡坡也是重力侵蚀多发地段。

#### 1. 滑坡

1）滑坡的概念、危害及产生条件

坡面上部分土体或岩石在重力等作用下，沿坡体内部的一个或多个滑动面（带）整体向下运动的现象称为滑坡，俗称"走山"、"垮山"、"地滑"、"土溜"等。滑坡常常给工农业生产以及人民生命财产造成巨大损失，有的甚至是毁灭性的灾难。例如摧毁农田、房舍，伤害人畜，毁坏森林、道路以及农业机械设施和水利水电设施等，有时甚至给乡村或城镇造成毁灭性灾害。

产生滑坡的基本条件是斜坡体前有滑动空间，两侧有切割面。在此前提下，岩土类型（结构松散，抗剪强度和抗风化能力较低）、地质构造条件（斜坡上各种节理、裂隙、断层等发育）、地形地貌（坡度大于10°、小于45°，下陡中缓上陡、上部成环状的坡形）等，是产生滑坡的主要条件。降水特别是特大暴雨、地震、不合理的人类工程活动等是滑坡产生的主要诱发因素。例如中国西南地区，特别是西南丘陵山区，最基本的地形地貌特征就是山体众多，山势陡峻，沟谷河流遍布于山体之中，与之相互切割，因而形成众多的具有足够滑动空间的斜坡体和切割面，广泛存在滑坡发生的基本条件和主要条件，滑坡灾害相当频繁。

2）滑坡的划分及组成要素

滑坡常按滑坡体的规模分为小型滑坡（滑坡体体积小于10万 $m^3$）、中型滑坡（10万~100万 $m^3$）、大型滑坡（100万~1 000万 $m^3$）、巨型滑坡（1 000万 $m^3$ 以上）。按形成的年代可分为古滑坡、老滑坡、新滑坡和正在发展中的滑坡。发育完全的新生滑坡同时具备以下主要组成要素：

（1）滑坡体，指滑坡的整个滑动部分，简称滑体；

（2）滑坡壁，指滑坡体后缘与不动的山体脱离开后，暴露在外面的形似壁状的分界面；

（3）滑动面，指滑坡体沿下伏不动的岩、土体下滑的分界面，简称滑面；

（4）滑动带，指平行滑动面受揉皱及剪切的破碎地带，简称滑带；

（5）滑坡舌，指滑坡前缘形如舌状的凸出部分，简称滑舌；

（6）滑坡台阶，指滑坡体滑动时，由于各种岩、土体滑动速度差异，在滑坡体表面形成台阶状的错落台阶；

（7）滑坡周界，指滑坡体和周围不动的岩、土体在平面上的分界线。

3）滑坡的野外识别方法

在野外，从宏观角度观察滑坡体，可以根据一些外表迹象和特征，粗略地判断它的稳定性。

已稳定的老滑坡体有以下特征:①后壁较高,长满了树木,找不到擦痕,且十分稳定;②滑坡平台宽大且已夷平,土体密实,有沉陷现象;③滑坡前缘的斜坡较陡,土体密实,长满树木,无松散崩塌现象,前缘迎河部分有被河水冲刷过的现象;④目前的河水远离滑坡的舌部,甚至在舌部外已有漫滩、阶地分布;⑤滑坡体两侧的自然冲刷沟切割很深,甚至已达基岩;⑥滑坡体舌部的坡脚有清澈的泉水流出等。

不稳定的滑坡体常具有下列迹象:①滑坡体表面总体坡度较陡,而且延伸很长,坡面高低不平;②有滑坡平台,面积不大,且有向下缓倾和未夷平现象;③滑坡表面有泉水、湿地,且有新生冲沟;④滑坡表面有不均匀沉陷的局部平台,参差不齐;⑤滑坡前缘土石松散,小型坍塌时有发生,并面临河水冲刷的危险;⑥滑坡体上无巨大直立的树木。

**2. 泻溜**

在陡峭的山坡或沟坡上,由于冷热干湿交替变化,表层物质严重风化,造成土石体表面松散和内聚力降低,形成与母岩体接触不稳定的碎屑物质,这些岩土碎屑在重力作用下时断时续地沿斜坡坡面或沟坡坡面下泻的现象称为泻溜。

野外观察时应注意,泻溜主要发生在石质山区、红土或黄土地区沟壑两岸的陡壁上,且多出现在沟道上游陡峭(45°~70°)的阴坡、河流的凹岸。促进泻溜发展的因素主要是水分或温度变化引起的膨胀与收缩、植被缺乏、沟道发育的阶段性以及人为活动的影响。红土表层受风化作用,剥蚀成粗颗粒,脱离母体,其下部没有任何支撑,由其自身的重量经常地、分散地泻溜到沟中,随水冲走。每次每处数量不大,只有数立方米,但日积月累,给下游河道增加不少泥沙。黄土地区,当农耕地坡度超过35°时,会发生耕土泻溜,并留下明显的溜土痕迹。此外,在过陡山坡上放牧,矿山开采时废渣、废石堆放不合理,以及交通线路、水利工程建设施工过程中都可能引起泻溜的产生。

**3. 崩塌**

**1) 崩塌的定义及危害**

崩塌是指陡峻山坡上岩块、土体在重力作用下,发生突然的急剧的倾落运动。多发生在大于60°~70°的斜坡上。崩塌的物质称为崩塌体。崩塌体为土质者,称为土崩;崩塌体为岩质者,称为岩崩;大规模的岩崩,称为山崩。崩塌可以发生在任何地带,山崩限于高山峡谷区内。崩塌体与坡体的分离界面称为崩塌面,崩塌面往往就是倾角很大的界面,如节理、片理、劈理、层面、破碎带等。崩塌体的运动方式为倾倒、崩落。崩塌体碎块在运动过程中滚动或跳跃,最后在坡脚处形成堆积地貌——崩塌倒石锥。崩塌倒石锥结构松散、杂乱、无层理、多孔隙;由于崩塌所产生的气浪作用,使细小颗粒的运动距离更远一些,因而在水平方向上有一定的分选性。

崩塌会使建筑物,有时甚至使整个居民点遭到毁坏,使公路和铁路被掩埋。由崩塌带来的损失,不单是建筑物毁坏的直接损失,并且常因此而使交通中断,给运输带来重大损失。崩塌有时还会使河流堵塞形成堰塞湖,这样就会将上游建筑物及农田淹没,在宽河谷中,由于崩塌能使河流改道及改变河流性质,而造成急湍地段。

**2) 崩塌的特征**

一是速度快,一般为 5~200 m/s;二是规模差异大,崩塌体小到小于 1 m³,大到上亿 m³;三是崩塌下落后,崩塌体各部分相对位置完全打乱,大小混杂,形成较大石块翻滚较远的倒石锥。

　　3)崩塌体的野外识别方法

　　对于可能发生的崩塌体,主要根据坡体的地形、地貌和地质结构的特征进行识别。通常可能发生的坡体在宏观上有如下特征:①坡体大于45°且高差较大,或坡体成孤立山嘴,或凹形陡坡。②坡体内部裂隙发育,尤其垂直和平行斜坡延伸方向的陡裂隙发育或顺坡裂隙或软弱带发育,坡体上部已有拉张裂隙发育,并且切割坡体的裂隙、裂缝即将可能贯通,使之与母体(山体)形成了分离之势。③坡体前部存在临空空间,或有崩塌物发育,这说明曾发生过崩塌,今后还可能再次发生。

　　具备了上述特征的坡体,即是可能发生的崩塌体,尤其当上部拉张裂隙不断扩展、加宽,速度突增,小型坠落不断发生时,预示着崩塌很快就会发生,处于一触即发状态之中。

　　4)其他重力侵蚀形式的野外识别

　　重力侵蚀除以上侵蚀形式外,野外观察时应注意一些地区存在的特殊形式。

　　(1)陷穴:地表径流沿黄土的垂直缝隙渗流到地下,由于可溶性矿物质和细粒土体被淋溶至深层,土体内形成空洞,上部的土体失去顶托而发生陷落,呈垂直洞穴,这种侵蚀现象就叫陷穴。

　　陷穴是黄土高原地区特有的侵蚀现象。在黄土沟头5~10 m范围内,地面有低洼积水处容易发生陷穴。外形像土质水井一样,大致呈圆形的穴口,直径2~3 m或5~6 m,穴深5~6 m,甚至20~30 m,有的下部与沟底相通。产生的原因是:由于黄土有垂直节理性,而且土中富含易溶于水的碳酸盐,当地面低洼处积水以后,沿着垂直节理向下渗透,将土体中的碳酸盐溶解,形成更易透水的上下通道,水流在地下与沟底相通,将土粒逐步带到沟中,穴的下部逐渐空虚,上部土体由于自身重量没有支撑就垂直下坠,致使陷穴越来越深。有的地方沟头或沟边出现一连串陷穴,发展的结果即成为沟壑的一部分。

　　(2)崩岗:边坡上部岩石土体被裂隙分开或拉裂后,突出向外倾倒、翻滚、坠落的破坏现象称为崩岗。由于崩岗的发生有时岩石土体既受本身重力作用,又受到水力作用,国家标准《水土保持术语》(GB/T 20465—2006)也将崩岗列入混合侵蚀中。

　　崩岗是我国南方广东、江西等省风化花岗岩地区特有的现象。在这些地区,由于气温高、降雨多,山区、丘陵区的风化花岗岩深50~60 m或更深,由松散的石英颗粒组成。当地面有林草植被覆盖时,不会有崩岗发生,一旦地面植被破坏,暴雨中坡面水流集中到浅沟,很快形成切沟和冲沟。沟头和沟壁的风化花岗岩石英颗粒大片大片地崩塌下来形成"崩口"。开始时崩口宽、深各10 m左右,长20~30 m,逐步发展到宽、深20~30 m到40~50 m,长100~200 m甚至400~500 m。崩岗是沟壑侵蚀的一种特殊形式。

　　(3)地爬(土层蠕动):寒温带及高寒地带土壤湿度较高的地区在春季土壤解冻时,上层解冻的土层与下层冻结的土层之间形成两张皮,解冻的土层在重力分力作用下沿斜坡蠕动,在地表出现皱褶,称地爬或土层蠕动。

　　(4)岩层蠕动:岩层蠕动是斜坡上的岩体在自身重力作用下,发生十分缓慢的塑性变形或弹性变形。

　　(5)山剥皮:土石山区陡峭坡面在雨后或土体解冻后,山坡的一个部分土壤层及母质层剥落,裸露出基岩的现象称为山剥皮。

### 1.1.3  水土保持措施的类型和野外识别

#### 1.1.3.1  水土保持措施的主要类型

水土保持措施按功能类型可分为水土保持工程措施、水土保持林草措施和水土保持耕作措施三大类。水土保持工程措施分为沟道工程(主要有淤地坝、拦沙坝、塘坝(堰)、谷坊、沟头防护工程等)、坡面治理工程(主要有梯田、坡面蓄水工程、坡面截洪分水工程等)、护岸工程(工程措施护岸、植物措施护岸、综合措施护岸等)。水土保持林草措施分为水土保持林、经济林果、种草和封禁治理等。水土保持耕作措施包括等高耕作、带状耕作、沟垄种植(垄作区田)、掏钵种植(坑田)、抗旱丰产沟,以及保留作物残茬、秸秆覆盖、少耕、免耕、砂田等。

在小流域治理生产实践中,习惯上按修建的位置及分布特点,把水土保持措施按坡面措施和沟道措施归类。坡面措施包括梯田、造林、种草、坡面蓄水工程、坡面截洪分水工程等。沟道措施包括淤地坝、拦沙坝、谷坊、沟头防护工程和沟道防护林工程等。

#### 1.1.3.2  水土保持措施的野外识别

**1.沟道治理工程**

沟道治理工程顾名思义是为固定沟床,防治沟蚀,减轻山洪及泥沙危害,合理开发利用水沙资源而在沟道中修筑的工程设施。在野外识别时应注意,一是各地对有些措施的习惯叫法不同,二是各种措施的地域性。

(1)淤地坝:在多泥沙沟道修建的以控制沟道侵蚀、拦泥淤地、减少洪水和泥沙灾害为主要目的的沟道治理工程设施。广泛分布于黄土高原的各级沟道中,基本上都是采用碾压或水坠施工的均质土坝。

淤地坝分为小型、中型和大型三种类型。在野外识别时应注意观察各类坝的坝高、库容、淤地面积、修建的位置、单坝控制面积(集水面积)、建筑物的组成等。其中坝高、修建的位置和建筑物组成在现场最容易识别。参见表3-1-1。

表 3-1-1  小型、中型和大型淤地坝识别

| 类型 | 坝高(m) | 库容(万 m³) | 淤地面积(hm²) | 单坝集水面积(km²) | 修建的位置 | 建筑物组成 |
|---|---|---|---|---|---|---|
| 小型淤地坝 | 5~15 | 1~10 | 0.2~2 | 1 以上 | 修在小支沟或较大支沟的中上游 | 土坝与溢洪道或土坝与泄水洞"两大件" |
| 中型淤地坝 | 15~25 | 10~50 | 2~7 | 1~3 | 修在较大支沟下游或主沟上中游 | 少数为土坝、溢洪道、泄水洞"三大件",多数为土坝与溢洪道或土坝与泄水洞"两大件" |
| 大型淤地坝 | 25 以上 | 50~100(大一型)100~500(大二型) | 7 以上 | 3~5 或更大 | 修在主沟的中、下游或较大支沟下游 | 土坝、溢洪道、泄水洞"三大件"齐全 |

　　另外,野外识别时应注意,在小流域坝系中,由国家投资修建的"水土保持骨干工程"(简称骨干坝),库容在 50 万 ~ 500 万 m³,修建在各级沟道中,是控制性滞洪、拦泥、淤地的坝工建筑物,其主要作用是保护下游规模较小的淤地坝群,以防洪为主,提高整个小流域的防御标准。其坝高、建筑物组成等与大型淤地坝相似,库容的范围包含了大型淤地坝,因此控制性大型淤地坝一般也称骨干坝。也有中型淤地坝经过坝体加高,库容增大,改做骨干坝的。

　　(2)拦沙坝:在沟道修建的以拦蓄山洪、泥石流等固体物质为主要目的的拦挡建筑物。多建在主沟或较大的支沟内,通常坝高大于 5 m,拦沙量在 1 万 ~ 100 万 m³,甚至更大。它是我国土石山区、南方山区山沟治理工程的主要形式之一,在黄土区也称拦泥坝。拦沙坝可分为重力坝及拱坝两大类型。拦沙重力坝又可分为土坝、干砌石坝、浆砌石坝、土石混合坝、铁丝石笼坝、格栅坝、缝隙坝等坝型。

　　(3)塘坝:又称塘堰、堰塘、山塘等,在沟溪内筑坝或利用地势低洼处拦蓄地表径流、山泉溪水的小型蓄水设施,蓄水量一般在 1 000 ~ 100 000 m³。这里特指采用筑坝(一般为浆砌石重力坝)的形式修建在沟头、沟溪或沟底的工程措施,是沟道治理体系的重要组成部分。建筑物结构一般由坝体、溢洪道和泄水洞(也称塘涵)三部分组成,也有滚水式的。广泛分布在西南、北方土石山区、南方丘陵山区和东北漫岗丘陵区。

　　(4)谷坊:横筑于易受侵蚀的小沟道或小溪中的小型固沟、拦泥、滞洪建筑物,高度在 5 m 以下。按不同建筑材料分为石谷坊、土谷坊、植物谷坊(梢枝谷坊、插柳谷坊、竹笼谷坊等)。主要修建在沟底比降较大(5% ~ 10% 或更大)、沟底下切剧烈发展的沟段。

　　(5)沟头防护工程:在侵蚀沟道源头修建的防止沟道溯源侵蚀的工程设施。修建的重点位置是当沟头以上有坡面天然集流槽,暴雨中坡面径流由此集中泄入沟头,引起沟头前进和扩张的地方。防止坡面地表径流从沟头下泄,从而制止沟头前进。野外识别时应注意蓄水型和排水型两种沟头防护工程的区别。蓄水型沟头防护工程有围埂式(围绕沟头修筑土埂)、围埂蓄水池式(围埂 + 蓄水池);排水型沟头防护工程有跌水式(在高差较小的陡崖或陡坡,用浆砌块石修成跌水,下设消力池)、悬臂式(在高差较大的陡崖或陡坡,用塑料管或陶管悬臂置于土质沟头陡坎之上,将来水挑泄下沟,沟底设消力池)。

　　2.坡面水土保持措施

　　1)梯田

　　梯田指在坡地上沿等高线修建的、断面呈阶梯状的田块,包括田坎、田埂、田面三部分。按其断面形式可分为水平梯田、坡式梯田、隔坡梯田。根据田坎建筑材料可分为土坎梯田和石坎梯田。在我国南方,旱作梯田称梯地或梯土,种植水稻的称梯田。

　　水平梯田是在坡面上沿等高线修建的田面水平平整、横断面呈台阶状的田块。在黄土高原塬区(塬面塬边、平缓塬坡)上修建的水平梯田又称条田或墕地(墕地的叫法主要在陕西渭北地区)。

　　坡式梯田是在坡面上,沿等高线上下分段修筑田埂,埂间保持原坡面的田块。坡式梯田主要在东北黑土漫岗区以及黄土高原缓坡耕地(3°左右)上多见。

　　隔坡梯田是指保持自然植被的坡地与水平梯田上下相间而组合的梯田。隔坡梯田多修建在西北黄土高原地区坡耕地坡度较大(15° ~ 20°)的地方。在坡面上,从上到下,每隔 5 ~ 6 m 坡面修一台水平梯田(田面宽 5 m 左右),这样一面面斜坡与一台台水平梯田交替排列。

石坎梯田多修建在土石山区或石质山区。长江流域最为多见。

2）坡面蓄、截、排水工程

坡面蓄、截、排水工程一般分为小型蓄水工程和坡面截、排水工程。野外识别时应注意这类工程的具体类型多样，各地叫法不一，应区别修建位置、形式、规模等。

（1）小型蓄水工程：可分为水窖、涝池、蓄水池、蓄水堰等。这类工程在西北、华北半干旱地区、西南山区、沿海石质山区、海南等地比较多见。主要修建在道路旁、场院、田间地边或坡面低洼处等。用于集蓄雨水，一方面减少地面径流冲刷，另一方面解决农村人畜饮水、田间补灌等问题。

水窖：又称旱井（广西称水柜）。在地下挖筑成井状的或窖状的，用于蓄积地表径流，解决人畜用水、农田灌溉的一种工程设施。一般分为井式和窖式两种。在土质地区的水窖多为圆形断面，岩石地区水窖一般为矩形宽浅式。根据形状和防渗材料，水窖形式可分为黏土水窖、水泥砂浆薄壁水窖、混凝土盖碗水窖、砌砖拱顶薄壁水窖、水泥砂浆水窖等。水窖的容积井式水窖一般 30 ~ 50 m³，窖式水窖一般 100 m³ 以上。

涝池、蓄水池、蓄水堰：这三种形式的蓄水工程在《水土保持综合治理 技术规范 小型蓄排引水工程》（GB/T 16453.4—2008）中，蓄水池列在"坡面小型蓄排工程"中，涝池、蓄水堰列在"路旁沟底小型蓄引工程"的"涝池"中，为了便于野外识别，本教材特单独列出。

涝池是修于路旁（或道路附近，或改建的道路胡同之中）的大水池。用于拦蓄道路径流，防止道路冲刷与沟头前进；减轻道路和沟壑的水土流失。多为土质，深 1.0 ~ 1.5 m，形状依地形而异，有圆形、方形、矩形等。野外识别时应注意涝池常修建在道路附近，低于道路路面，一般涝池容积 100 ~ 500 m³。大型涝池容积数千到数万立方米。

蓄水池一般布设在坡脚或坡面局部低凹处，或专门配套修建有集流场，与排水沟的终端相连，容蓄坡面排水或集流场集流。野外识别时应注意蓄水池一般修建在坡地上，容积 100 ~ 1 000 m³。

蓄水堰一般修建在路壕或小型沟溪中，分段修筑小土坝，拦蓄暴雨径流。单堰容量一般 500 ~ 1 000 m³。

（2）坡面截、排水工程：主要是分段拦截坡面径流，就地入渗或分散径流，疏导排水，防止径流集中下泄而冲刷坡面上的农地、林地和草地等。主要有水平沟、截水沟、排水沟、水平阶、反坡梯田、鱼鳞坑等。在北方干旱、半干旱地区主要用于拦截坡面径流，蓄水保土。大多属于人工造林的整地工程。在南方多雨地区，主要用于坡面径流的分水、导流排水。

水平沟：又称竹节沟、竹节壕、水平槽等。在山坡上沿等高线每隔一定距离修建的截流、蓄水沟（槽），沟（槽）内间隔一定距离设置一个土垱以间断水流。常与营造水土保持林相结合。在水土流失严重的山地和黄土地区的陡坡多见。

截水沟：又称环山截洪沟、坡面截流沟等。在坡地上沿等高线修筑的拦截、疏导坡面径流，具有一定比降的沟槽工程。这类工程以分散拦蓄林地、荒坡、耕地等坡面地表径流为主要目的，或者是为了拦截坡面泥水，防止进入稻田，或把拦截的坡面径流有计划地输送到田间、蓄水工程或沟道。在多雨的南方常见。

排水沟：一般布设在截水沟的两端或较低一端，用以排除截水沟不能容纳的地表径流。排水沟有时直接布设在坡面下方，拦排坡面及上游来水。排水沟的终端应连接蓄水池或天然排水道。

水平阶:在坡面上沿等高线修建窄带水平台阶地。一般布设在地形比较完整、土层较厚的坡面,在山地和黄土地区的缓坡与中缓坡上多见,也是常见的造林整地工程。

反坡梯田:在坡面上,沿等高线修建的田面向内倾斜成一定反向坡度(外高内低)的梯田。一般适于15°以下的坡面。反坡3°~5°,田面宽1.5~2 m,田面间距2~4 m。是常见的造林整地工程。

鱼鳞坑:在坡面上修筑的交错如鱼鳞形呈"品"字形排列的半圆形坑穴,分大小两种。小鱼鳞坑适用于陡坡、土薄、地形破碎处;大鱼鳞坑适用于土厚、植被茂密的中缓坡,是常见的陡坡造林整地工程。

3)水土保持林草措施

一般布设在荒山、荒坡、荒沟、荒滩、河岸和"四旁"地,以及退耕的陡坡地、残林地、疏林地等地类,根据不同立地条件和当地支柱产业发展的需要,可分别布设造林、种草和封育治理措施。水土保持林按树种组成可分为乔木林、灌木林、乔木混交林和乔灌混交林等。水土保持种草措施,除人工种植草本植物外,还包括天然草地改良。

(1)造林:水土保持林的种类很多,从野外调查识别的角度出发,初级工需要掌握的是常见的造林整地工程、常见的乔木树种、常见的灌木树种。

常见的造林整地工程有:水平沟、水平阶、反坡梯田、鱼鳞坑。

常见的乔木树种:油松、马尾松、落叶松、樟子松、华山松、黄山松、云南松、湿地松、南亚松、黑松、火炬松、侧柏、云杉、冷杉、杨树、白桦、红桦、蒙古栎、辽东栎、麻栎、青冈栎、旱柳、刺槐、白榆、臭椿、楸树、泡桐、桑树、山杏、枣树、苹果、板栗、核桃、柿树、木荷、桉树、木麻黄、大叶相思、台湾相思、大叶合欢等。

常见的灌木树种:柠条、紫穗槐、沙棘、杞柳、沙柳、花椒、马桑、胡枝子、荆条、狼牙刺、虎榛子、枸杞等。

(2)种草:在水土流失地区,为蓄水保土、改良土壤、美化环境、促进畜牧业发展而进行的草本植物培育活动。从野外调查识别的角度出发,一是辨识人工草地和天然草地,二是了解不同区域的常见草种。

人工草地一般布设在宜牧坡地上,人工种植筛选的优良草种,包括宜牧坡耕地种草、陡坡地退耕种草和荒坡种草,也有在农地上进行草田轮作的。天然草地一般指天然生长的荒草地。人工草地与天然草地相比产草量要高,而且品质好。

北方地区主要水土保持草种有苜蓿、草木樨、沙打旺、毛叶苕子、无芒燕麦、冰草、羊草、苏丹草、鹅冠草、野豌豆、红三叶、红豆草、小冠花等。

南方地区主要水土保持草种有龙须草、草木樨、紫花苜蓿、红三叶、白三叶、猪屎草、蒿藤、鸡角草、爬地兰、黑燕麦、苏丹草、苇状羊茅、无刺含羞草、印度豇豆、知风草、金色狗尾草、多花木兰等。

风沙区主要水土保持草种有沙蒿、沙米、沙打旺、芨芨草、沙片、棉蓬、披碱草等。

## 1.1.4　几何尺寸、面积的量算

### 1.1.4.1　利用常规工具进行几何尺寸、面积等的量算方法

1. 野外实地量测

一是对于规则地形或物体,先用皮尺、卷尺、钢尺或测绳量其长、宽、高或深,再根据其

对应的面积或体积公式计算；二是对于非规则地形或物体，须先将其划分为小块的三角形、梯形等规则地形或物体，然后再按照规则地形或物体量算的方法分块量算，最后求和即得非规则地形或物体的面积或体积。

2. 图上面积量算

1）方格法

如图 3-1-1 所示，将透明方格纸（方格边长为 1 mm、2 mm、5 mm 或 1 cm）覆盖在要量测的图纸上，先数出图形内的完整方格数 $n_1$，然后将不完整的方格用目估法折合成整方格数 $n_2$，两者相加乘以每格所代表的面积值，即为所量图形的面积。计算公式为：

$$S = (n_1 + n_2)A = (n_1 + n_2)aM^2 \tag{3-1-1}$$

式中　$S$——所量图形的面积；

　　　$n_1$——完整方格数；

　　　$n_2$——不完整方格用目估法折合成的完整方格数；

　　　$A$——1 个方格的实地面积；

　　　$a$——1 个方格的图纸面积；

　　　$M$——地形图的比例尺分母。

量算时，应注意式（3-1-1）中 $a$ 的单位（$mm^2$ 或 $cm^2$）与所要求的图形面积单位之间的转换。

当采用毫米格，要求图形面积单位为 $m^2$ 时，则：

$$S = (n_1 + n_2)A = (n_1 + n_2)aM^2/10^6 \tag{3-1-2}$$

当采用厘米格，要求图形面积单位为 $m^2$ 时，则：

$$S = (n_1 + n_2)A = (n_1 + n_2)aM^2/10^4 \tag{3-1-3}$$

2）平行线法

如图 3-1-2 所示，将绘有等间距（1 mm 或 2 mm）平行线的透明膜片（或透明纸）覆盖在待测图形上，则图形被分割成若干个近似梯形，梯形的高就是平行线的间距 $h$，图形分割各平行线的长度为 $l_1, l_2, l_3, \cdots, l_n$，则各梯形面积分别为：

$$\begin{cases} S_1 = \dfrac{1}{2}h(0 + l_1) \\[2mm] S_2 = \dfrac{1}{2}h(l_1 + l_2) \\[2mm] \cdots\cdots \\[2mm] S_n = \dfrac{1}{2}h(l_{n-1} + l_n) \\[2mm] S_{n+1} = \dfrac{1}{2}h(l_n + 0) \end{cases}$$

量出图形内各平行线的长度，就可以按下式求出图上面积：

$$S = l_1 h + l_2 h + \cdots + l_n h = h\sum l_i \tag{3-1-4}$$

式中　$S$——所量图形的面积；

　　　$l_1, l_2, l_3, \cdots, l_n$——图形内各平行线的长度；

　　　$h$——平行线的间距；

$\sum l_i$——图形内各平行线的长度之和。

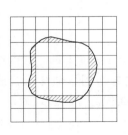

图 3-1-1　方格法

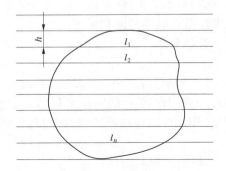

图 3-1-2　平行线法

将图上面积化为实地面积时,如果是地形图,应乘以比例尺分母的平方;如果是纵横比例尺不同的断面图,则应乘以纵横两个比例尺分母之积。

3)求积仪法

在地形图上,应用机械式或电子求积仪求取地块面积。应按求积仪的使用说明进行操作。

目前常用的电子求积仪(见图 3-1-3),适用于各种不同图形的面积量算。其测量方法如下。

图 3-1-3　电子求积仪

(1)准备。将图纸水平固定在图板上,把跟踪放大镜放在图形中央,并使动极轴与跟踪臂成 90°,然后用跟踪放大镜沿图形边界线运行 2 ~ 3 周,检查是否能平滑移动,否则,调整动极轴位置。

(2)开机。按 ON 键,显示"0"。

(3)单位设置。用 UNIT－1 键设定单位制;用 UNIT－2 键设定同一单位制的单位。

(4)比例尺设置与确定。①比例尺 1 : $M$ 的设定:用数字键输入 $M$,按 SCALE 键,再按 R－S 键,显示 $M^2$,即设定好。②横向 1 : $X$,纵向 1 : $Y$ 的设定:输入 $X$ 值,按 SCALE 键;再输入 $Y$ 值,按 SCALE 键,然后按 R－S 键,显示"$X \cdot Y$"值,即设定好。③比例尺 $X$ : 1 的设定:输入 $\dfrac{1}{X}$,按 SCALE 键,再按 R－S 键,显示"$(\dfrac{1}{X})^2$",即设定好。

(5)面积测量。将跟踪放大镜的中心照准图形边界线上某点,作为开始起点,然后按 START 键,蜂鸣器发出音响,显示"0",用跟踪放大镜中心准确地沿着图形的边界线顺时针移动,回到起点后,若进行累加测量时,按下 HOLD 键;若进行平均值测量时,按下 MEMO 键;测量结束时,按 AVER 键,则显示所定单位和比例尺的图形面积。

(6)累加测量。在进行两个以上图形的累加测量时,先测量第一个图形,按 HOLD 键,将测定的面积值固定并存储;将仪器移到第二个图形,按 HOLD 键,解除固定状态并进行测量。同样可测第 3 个……直到测完。最后,按 $\boxed{\text{AVER}}$ 或 $\boxed{\text{MEMO}}$ 键,显示出累加面积值。

(7)平均值测量。为了提高精度,可以对同一图形进行多次测量(最多 10 次),然后取平均值。具体做法是:每次测量结束后,按下 $\boxed{\text{MEMO}}$ 键,最后按 $\boxed{\text{AVER}}$ 键,则显示 $n$ 次测量的平均值。注意每次测量前均应按 $\boxed{\text{START}}$ 键。

### 1.1.4.2　利用常规工具测量长、宽或高的方法

1. 平地量距

(1)先分别在 $A$、$B$ 两点上竖立花杆(或测钎),标定直线方向。然后,后尺员手持钢尺(或皮尺、卷尺)零端位于 $A$ 点;前尺员手持钢尺(或皮尺、卷尺)的另一端,同时携带一组测钎,沿 $AB$ 方向前进,行至一尺段长处停下。

(2)后尺员目视指挥前尺员将尺(或皮尺、卷尺)拉在 $AB$ 直线上,后尺员以尺的零刻划线对准 $A$ 点,当两人同时将钢尺拉紧、拉平、拉稳后,前尺员在尺的末端刻线处竖直地插下一根测钎(在坚硬地面处,可用铅笔在地面画线作标记),得到点 1。这样便量完一个尺段($A-1$ 的丈量工作)。

(3)两人同时携尺前进,当后尺员行至 1 点处,同法进行第二尺段的丈量。如此逐段丈量,一直量到终点 $B$ 止。每量完一整尺,后尺员都应收取一根测钎,至终点 $B$ 时,后尺员所持的测钎数目应等于前尺员所插的测钎数目 $n$,即为量过的整尺段数。最后,量出至 $B$ 点不足一整尺的余长 $q$,则 $A$、$B$ 两点间的水平距离为

$$D_{往} = nl + q_{往} \tag{3-1-5}$$

式中　$n$——整尺段数(即在 $A$、$B$ 两点之间所拔测钎数);

$l$——钢尺长度,m;

$q$——不足一整尺段的余长,m。

(4)为了防止丈量错误和提高精度,一般还应由 $B$ 点向 $A$ 点进行返测,返测时应重新进行定线。其结果为:

$$D_{返} = nl + q_{返} \tag{3-1-6}$$

(5)计算相对误差 $K$ 和 $AB$ 的水平距离 $D_{平均}$:

$$K = \frac{|D_{往} - D_{返}|}{D_{平均}} = \frac{1}{\dfrac{D_{平均}}{|D_{往} - D_{返}|}} \tag{3-1-7}$$

$$D_{平均} = \frac{1}{2}(D_{往} + D_{返}) \tag{3-1-8}$$

在平坦地区量距,相对误差 $K$ 不应大于 1/2 000,在特殊困难地区也不应大于 1/1 000。

2. 斜坡量距

1)平量法

在倾斜地面上量距时,当两点的高差不大但地面坡度变化不均匀时,可采用平量法。具体是将钢尺零度点对准起点 $A$,当钢尺拉平后,用垂球将尺上某一分划投影到地面上,

同时以测钎标定,并记下此分划读数,再从测钎处往下,仿此一直量到终点 $B$。则 $AB$ 两点间的平距 $D$ 为:

$$D = l_1 + l_2 + \cdots + l_n$$

式中,$l_i$ 可以是整尺长,当地面坡度稍大时,也可以是不足一整尺的长度。

采用平量法量距,返测也只能从高处往低处丈量。两次丈量结果的相对误差不应大于 1/1 000,若符合要求,取两次丈量的平均值为最后结果。

2)斜量法

在倾斜地面上量距时,如果两点间的地面坡度较大且比较均匀,可采用斜量法。沿斜坡丈量出倾斜距离 $L$,同时测定 $A$、$B$ 两点间的高差 $h$,或斜坡的倾斜角 $\alpha$,然后分别按下列公式计算 $AB$ 两点间的平距 $D$:

$$D = \sqrt{L^2 - h^2} \tag{3-1-9}$$
$$D = L\cos\alpha \tag{3-1-10}$$

### 1.1.4.3  利用常规工具测量树木胸径或地径、高度和冠幅的方法

1. 树木胸径或地径的测量方法

乔木林一般量其胸径。胸径是指树木在地面向上 1.3 m 处的树干直径。灌木林一般量其地径。地径是指树木离地面 20 cm 左右处的树干直径。常用游标卡尺、电子游标卡尺、卷尺或皮尺进行量测。

1)用游标卡尺测量的方法

用游标卡尺测量的步骤如下:

(1)测量前的检查:用软布将量爪擦干净,使其并拢,查看游标和主尺身的零刻度线是否对齐。如果对齐就可以进行测量,如没有对齐则要记取零误差,游标的零刻度线在尺身零刻度线右侧的叫正零误差,在尺身零刻度线左侧的叫负零误差。

(2)测量:测量时先拧松紧固螺钉,右手拿住尺身,大拇指移动游标,使树木胸径或地径位于测量爪之间,并使游标卡尺尺身与树干垂直,当量爪与树干紧紧相贴时,用紧固螺钉将游标固定在尺身上,防止滑动。

(3)读数:读数等于主尺读数加游标尺读数。读数时首先以游标尺零刻度线为准在主尺身上读取毫米整数,即以毫米为单位的整数部分,然后看游标尺上第几条刻度线与主尺身的刻度线对齐,如第 6 条刻度线与主尺身刻度线对齐,则小数部分即为 0.6 mm(若没有正好对齐的线,则取最接近对齐的线进行读数)。如有零误差,则一律用上述结果减去零误差(零误差为负,相当于加上相同大小的零误差)。

如果需测量几次取平均值,不需每次都减去零误差,只要从最后结果减去零误差即可。

2)用电子游标卡尺测量的方法

用电子游标卡尺测量的步骤如下:

(1)测量前的准备:安装好电池,将其单位调到 mm,将量爪擦干净,使其并拢,查看电子游标卡尺读数是否为零。如果为零就可以进行测量。如不为零则要记取零误差。

(2)测量:测量时先拧松紧固螺钉,右手拿住尺身,大拇指移动游标,使树木胸径或地

径位于测量爪之间,并使游标卡尺尺身与树干垂直,当量爪与树干紧紧相贴时,用紧固螺钉将游标固定在尺身上,防止滑动。

(3)读数:直接读数即可。如有零误差,则一律用上述结果减去零误差(零误差为负,相当于加上相同大小的零误差)。

3)用直径卷尺或皮尺测量

先用直径卷尺或皮尺量出树木胸径或地径的周长,然后根据公式 $D = C$(胸径或地径的周长)/3.14 计算出树木的胸径或地径。

**2.用两根直杆测量树高的方法**

(1)任意选择两根直杆,一根的长度(除去插入地下部分)约为测者的眼高,另一根较长,利用两杆梢头观测树顶,使两杆的梢头与树顶三点成一直线。

(2)用皮尺或卷尺或钢尺分别测量被测树木到两杆的距离。

(3)计算出树高。树高计算公式为:

$$树高 = 两杆长度之差 \times \frac{短杆到被测树木的距离}{长杆到短杆的距离} + 短杆长$$

**3.用皮尺或卷尺测量树木的冠幅**

树冠是指树木干部以上的全部枝、叶的总体。冠幅是指树冠的最大直径。

先在标准林地确定南北和东西方向,再用皮尺或卷尺分别测量出该树南北和东西方向的最大直径。测量时一个测量员手持皮尺或卷尺的零点对准树冠南(或北)面的起点,另一测量员手持皮尺或卷尺的另一端,站在树冠北(或南)面使其对准树冠的末端,并拉平皮尺或卷尺,末端所指的读数即为南北冠幅,用同样方法量测该树冠的东西冠幅。

# 1.2　统计调查

## 1.2.1　统计调查的种类、一般方法

### 1.2.1.1　统计调查的种类

参见基础知识"3.1.2　统计调查"。

### 1.2.1.2　水土保持统计调查的一般方法之一——询问调查

**1.询问调查的概念**

询问调查也叫采访法,是将拟调查事项有计划地以多种询问的方式向被调查者提出问题,通过他们的回答来获得有关信息和资料的一种调查方法。

**2.水土保持询问调查的应用范围**

(1)深入村社、农户等,了解和掌握与水土保持有关的一些社会经济情况,弥补统计资料的遗漏和不足。

(2)调查公众对水土保持政策法规的了解和认识程度,对水土流失及其防治的观点和看法,对水土流失危害和水土保持的认识与评价,以及公众对水土保持的参与程度。

(3)调查专家对水土保持政策、法规及水土保持科学技术的研究、推广和应用的认

识、看法和观点。

（4）调查总结水土流失及其防治方面的经验、存在的问题和解决的办法。

3. 询问调查的形式和特点

询问调查常用的方式是现场询问和电话访问。其中现场询问调查又分为个别访问和会议调查询问两种形式。

现场询问调查的最大特点是直接性和灵活性。个别访问比较机动灵活，如果深入调查，得到的资料也往往比较真实，但所花费的人力、物力、财力比较大，调查结果容易受到调查者的工作态度和技术熟练程度等因素的影响。一般当调查的内容多而比较复杂时，适于采用个别访问的方式。会议调查询问比较省时、省力，费用小，但存在从众的心理，受影响大，调查效果好坏与会议组织者的组织能力、业务水平和工作能力有很大关系。

电话访问方便快捷，被调查者受控因素少，可以畅所欲言，但双方存在时间、交流、表达等限制。一般情况下，当调查内容较简单时适于采用电话访问。

4. 询问调查的原则

询问调查的原则是可接受原则和真实性原则。

5. 询问调查的方法和技巧

1）询问调查准备工作

无论面谈或电话访问，首先应确定调查一个或若干个主题，列出调查提纲、要点等，并准备相应的调查表格。

2）对调查人员的基本素质要求

首先做到"六"勤，即脚勤、手勤、嘴勤、耳勤、眼勤、脑勤。其次具有责任感、敏锐的洞察力和一定的分析问题、处理问题、观察问题的能力。

3）语言技巧

调查人员都要同被调查对象直接交谈。为此，调查人员必须做到以下几点：

（1）礼貌待人，语态平和，语言有趣味性；不强压、不主张，善于启发和因势利导；语言通俗、明确、简短，用语准确、明了。

（2）把握可接受性原则，提问题时要注意人们的自尊心、虚荣心、怕露富等心理因素，有些不便于当众提问、回答的问题可以寻求恰当的时机和方式沟通。有时询问调查的同一调查内容，一次解决不了的可以进行多次。

（3）坚持真实性原则，为了保证资料的真实性，必要时要善于运用巧妙设问、迂回等提问技巧。

4）调查记录

调查记录应清楚、明了，尽量详细。调查记录的主要内容包括时间、地点、人员、调查内容（逐项记录）、进行讨论的结果等。

5）调查表格填写

到调查地点后，根据提前设计好的调查表格，要求调查对象（可以是单位、个人、家庭或特殊群体）真实填写调查表格中的内容，对于调查表格中的单项内容，调查人要解释清楚。

## 1.2.2 水土保持治理措施现状调查

### 1.2.2.1 水土保持治理措施现状调查的目的

水土保持治理措施现状调查是水土保持现状调查的主要内容之一。主要目的是调查清楚流域或区域的各项水土保持措施的数量、质量、分布和效益。最终成果是调查统计出一套水土保持治理现状表格(重点反映数量),绘制出水土保持治理措施现状图(重点反映分布),编写水土保持治理措施现状调查报告(反映数量、质量、分布和效益等综合情况)。在水土保持规划、可行性研究等前期工作,以及水土保持管理和专项研究中都离不开水土保持治理措施现状调查。

水土保持治理措施现状调查,一般采用统计资料分析和应用专门调查方法(典型调查、重点调查等)核实相结合的方法,有条件时结合应用遥感调查的方式进行核实。首先,收集调查区域范围内土地部门、水利部门、农林牧等部门的统计年报资料;其次,根据水土保持有关规范要求的统计口径,按基本统计单位,从上述统计年报中摘录统计出现状年份的水土保持措施各个类型的数量;最后,按一定的方法进行核实。

### 1.2.2.2 水土保持治理措施现状统计表的填表方法

水土保持治理措施现状统计表中一般要求填写经过调查核实的数量,如面积、措施个数等。按统计调查工作顺序,水土保持治理措施现状统计表有单项措施统计表、分区统计表、汇总表等。常用的水土保持治理措施现状统计表的格式见表3-1-2～表3-1-6,是一种汇总表的格式。

水土保持治理措施现状表填写中涉及以下内容。

1. 现状年份

现状年份,指统计资料截止的年份(一般为最近的年份),亦即在规划中的现状水平年。水土保持治理措施现状的数量指标(面积、措施个数等)是治理期内(从治理年份至现状年份)的累计值。

2. 调查区域范围

调查区域范围是指要调查的水土保持措施实施区域的范围。如果以自然区域为单位调查则指大、中、小不同的流域(区域),如果以行政区为单位调查则指省、县、乡等。如表头中的××流域、××省(区)。

3. 调查统计单位、基本调查统计单位

调查统计单位指调查范围内按自然区域或行政区域划分的不同层次的统计实体。有一级统计单位、二级统计单位、三级统计单位等。一般统计单位的级数越多,资料信息越详细。如表3-1-2中划分了省(区)和县(区、旗)两级,表3-1-3中划分了类型区、县(区、旗)、小流域等三级。

基本调查统计单位指统计的最小单位。也就是习惯上说的资料统计到县、乡或小流域。表中主要信息栏显示的是基本统计单位的数据。例如表3-1-2中是以县(区、旗)为基本统计单位的,表3-1-3、表3-1-5中是以小流域为基本统计单位的,表3-1-4、表3-1-6中是以乡(镇)为基本统计单位的。一般来说,基本统计单位的级别越小,反映的资料越系统、越详细,调查统计工作量越大。

**4.水土保持治理措施类型的数量指标**

水土保持治理措施现状统计表主要显示的是各项措施的数量指标。数量指标反映了调查范围内水土保持治理的规模。根据水土保持治理措施的类型，一般分为两类数量指标。

（1）以治理面积作为数量指标。以治理面积作为数量指标基本上反映了一个流域或区域的主要水土保持治理措施的规模。如梯田、坝地、水地、水保林草等。如表 3-1-2、表 3-1-3、表 3-1-4 中反映的是面积数量指标。

表 3-1-2　　**××流域水土保持主要治理措施现状统计表（现状年××年）**　　（单位：hm²）

| 省（区） | 县（区、旗） | 面积 | | 水土保持主要治理措施 | | | | | | | | | | | | | 治理措施面积合计 | 治理程度（%） | |
| | | 总面积 | 流失面积 | 梯田 | 坝地 | 小片水地 | 水保林 | | | 经果林 | | | 种草 | 封禁治理 | | | | | 占总面积 | 占流失面积 |
| | | | | | | | 乔木林 | 灌木林 | 小计 | 经济林 | 果园 | 小计 | | 封山育林 | 封坡育草 | 小计 | | | |
| | … | | | | | | | | | | | | | | | | | | |
| | 合计 | | | | | | | | | | | | | | | | | | |
| | … | | | | | | | | | | | | | | | | | | |
| | 合计 | | | | | | | | | | | | | | | | | | |
| | 总计 | | | | | | | | | | | | | | | | | | |

表 3-1-3　　**××流域水土保持主要治理措施现状统计表（现状年××年）**　　（单位：hm²）

| 类型区 | 县（区、旗） | 小流域 | 面积 | | 水土保持主要治理措施 | | | | | | | | | | | | | 治理措施面积合计 | 治理程度（%） | |
| | | | 总面积 | 流失面积 | 梯田 | 坝地 | 小片水地 | 水保林 | | | 经果林 | | | 种草 | 封禁治理 | | | | | 占总面积 | 占流失面积 |
| | | | | | | | | 乔木林 | 灌木林 | 小计 | 经济林 | 果园 | 小计 | | 封山育林 | 封坡育草 | 小计 | | | |
| | | 小计 | | | | | | | | | | | | | | | | | | |
| | | 小计 | | | | | | | | | | | | | | | | | | |
| | 合计 | | | | | | | | | | | | | | | | | | | |
| | | 小计 | | | | | | | | | | | | | | | | | | |
| | 合计 | | | | | | | | | | | | | | | | | | | |
| | 总计 | | | | | | | | | | | | | | | | | | | |

表 3-1-4　××流域水土保持主要治理措施现状统计表(现状年××年)　　　　(单位:hm²)

| 类型区 | 县(区、旗) | 乡(镇) | 面积 | | 水土保持主要治理措施 | | | | | | | | | | | | | 治理措施面积合计 | 治理程度(%) | |
| | | | 总面积 | 流失面积 | 梯田 | 坝地 | 小片水地 | 水保林 | | | 经果林 | | | 种草 | 封禁治理 | | | | 占总面积 | 占流失面积 |
| | | | | | | | | 乔木林 | 灌木林 | 小计 | 经济林 | 果园 | 小计 | | 封山育林 | 封坡育草 | 小计 | | | |
| | | | | | | | | | | | | | | | | | | | | |
| | | | | | | | | | | | | | | | | | | | | |
| | | 小计 | | | | | | | | | | | | | | | | | | |
| | | | | | | | | | | | | | | | | | | | | |
| | | 小计 | | | | | | | | | | | | | | | | | | |
| | 合计 | | | | | | | | | | | | | | | | | | | |
| | | 小计 | | | | | | | | | | | | | | | | | | |
| | 合计 | | | | | | | | | | | | | | | | | | | |
| 总计 | | | | | | | | | | | | | | | | | | | | |

治理程度是反映一个流域或区域治理规模的综合数量指标。其值为治理措施总面积所占土地总面积或水土流失面积的百分比。

(2)以工程的数量(个数)及工程量作为数量指标。有些水土保持治理措施如工程措施的规模无法用治理面积来反映,则以工程的数量(个数)及工程量作为数量指标。如表 3-1-5、表 3-1-6 中的小型蓄排工程、淤地坝(拦沙坝、塘坝)、水库等。

## 1.2.3　社会经济状况调查

### 1.2.3.1　社会经济状况的基本指标

通常调查区域社会经济状况的基本指标主要有三类,即反映人口劳力情况、各业生产情况和群众生活情况。

1.反映人口劳力情况的指标

反映人口劳力情况的指标主要有人口、劳力、人口密度、人均耕地等。

(1)人口:包括总人口、农业人口和非农业人口。总人口指调查区域的常住人口的总数量(单位:人);农业人口指调查区域内具有农村户籍的人口数量(单位:人);一般非农业人口为总人口与农业人口的差值。

(2)劳力:指农村劳动力,是指乡村人口中年龄在 16 岁以上、经常参加集体经济组织(包括乡镇企业、事业单位)和家庭副业劳务的人口的数量(单位:人),也称乡村劳动力资源。

(3)人口密度:指调查区域内单位面积人口数量(单位:人/km²);农业人口密度指单位面积农业人口数量(单位:人/km²)。

表 3-1-5　××流域水土保持工程措施调查统计表(现状年××年)

（单位:数量,座、处;工程量,m³)

| 类型区 | 县(区、旗) | 小流域 | 小型蓄排工程 | | | | | | | | | | | | | 淤地坝(拦沙坝、塘坝) | | 水库 | |
|---|---|---|---|---|---|---|---|---|---|---|---|---|---|---|---|---|---|---|---|---|
| | | | 谷坊 | | 涝池 | | 水窖 | | 蓄水池 | | 沟头防护 | | 截、排水沟 | | 合计 | | | | | |
| | | | 数量 | 工程量 | 数量 | 工程量 | 数量 | 工程量 | 数量 | 工程量 | 数量 | 工程量 | 数量 | 工程量 | 数量 | 工程量 | 数量 | 工程量 | 数量 | 工程量 |
| | | | | | | | | | | | | | | | | | | | | |
| | | 小计 | | | | | | | | | | | | | | | | | | |
| | | | | | | | | | | | | | | | | | | | | |
| | | 小计 | | | | | | | | | | | | | | | | | | |
| | 合计 | | | | | | | | | | | | | | | | | | | |
| | | | | | | | | | | | | | | | | | | | | |
| | | 小计 | | | | | | | | | | | | | | | | | | |
| | | | | | | | | | | | | | | | | | | | | |
| | | 小计 | | | | | | | | | | | | | | | | | | |
| | 合计 | | | | | | | | | | | | | | | | | | | |
| 总计 | | | | | | | | | | | | | | | | | | | | |

注:工程量(m³)指库容或容积量。

表 3-1-6　××省(区)水土保持工程措施调查统计表(现状年××年)

（单位:数量,座、处;工程量,m³)

| 地区 | 县(区、旗) | 乡(镇) | 小型蓄排工程 | | | | | | | | | | | | | | 淤地坝(拦沙坝、塘坝) | | 水库 | |
|---|---|---|---|---|---|---|---|---|---|---|---|---|---|---|---|---|---|---|---|---|
| | | | 谷坊 | | 涝池 | | 水窖 | | 蓄水池 | | 沟头防护 | | 截、排水沟 | | 合计 | | | | | |
| | | | 数量 | 工程量 | 数量 | 工程量 | 数量 | 工程量 | 数量 | 工程量 | 数量 | 工程量 | 数量 | 工程量 | 数量 | 工程量 | 数量 | 工程量 | 数量 | 工程量 |
| | | | | | | | | | | | | | | | | | | | | |
| | | 小计 | | | | | | | | | | | | | | | | | | |
| | | 小计 | | | | | | | | | | | | | | | | | | |
| | 合计 | | | | | | | | | | | | | | | | | | | |
| | | 小计 | | | | | | | | | | | | | | | | | | |
| | | 小计 | | | | | | | | | | | | | | | | | | |
| | 合计 | | | | | | | | | | | | | | | | | | | |
| 总计 | | | | | | | | | | | | | | | | | | | | |

注:工程量(m³)指库容或容积量。

（4）人均耕地：一般指调查区域内耕地面积与农业人口之比（单位：$hm^2/$人或亩/人）。

**2. 反映各业生产情况的指标**

反映各业生产情况的指标主要有人均产值、产业结构等。

（1）人均产值：即调查区域的人均年产值。人均年产值 = 农村各业年产值÷农村总人口（单位：元、万元/人）。

（2）产业结构：即调查区域内农、林、牧、副、渔各业的年产值占总产值的比重。

**3. 反映群众生活情况的指标**

反映群众生活情况的指标主要有人均粮食、人均纯收入等，近年来又增加了恩格尔系数，作为人均收入指标的相关与互补指标。

（1）人均粮食：指调查区域内人均拥有粮食的数量（单位：kg/人）。

（2）人均纯收入：指的是按农村人口平均的"纯收入"，反映的是一个国家或地区居民收入的平均水平。如"农民纯收入"指的是农村居民当年从各个来源渠道得到的总收入，相应地扣除获得收入所发生的费用后的收入总和。计算公式为：农民人均纯收入 =（农村居民家庭总收入 - 家庭经营费用支出 - 生产性固定资产折旧 - 税金和上交承包费用 - 调查补贴)/农村居民家庭常住人口。区域调查中常用人均纯收入 =（年产值 - 生产费用)÷总人口（单位：元/人）。

（3）恩格尔系数：是指食品支出占居民消费总支出的比重。通常将恩格尔系数作为人均收入指标的相关与互补指标来衡量区域居民消费结构的变动特点。根据联合国粮农组织规定，恩格尔系数大于 60% 为绝对贫困；50% ~ 59% 为勉强度日（中国称为温饱阶段）；40% ~ 49% 为"小康"；30% ~ 39% 为富裕；20% ~ 29% 为最富裕。

**1.2.3.2 社会经济状况调查的方法及调查表**

社会经济状况调查主要是通过收集调查区域内的社会经济资料、访问等获得。可以组织全面统计资料分析，按小流域或行政区为单位进行典型调查，或者组织进行农户调查等。主要调查表详见表 3-1-7 ~ 表 3-1-10。

表 3-1-7 土地、人口、劳力情况调查表

| 小流域 | 区（县、村） | 户（个） | 总人口（人） | 农业人口（人） | 农业劳力（人） | 总面积（$hm^2$） | 流失面积（$km^2$） | 人口密度（人/$km^2$） | 人均土地（$hm^2$/人） | 人均耕地（$hm^2$/人） | 人均基本农田（$hm^2$/人） | 产值 | | 纯收入 | |
|---|---|---|---|---|---|---|---|---|---|---|---|---|---|---|---|
| | | | | | | | | | | | | 总（万元） | 人均（元/人） | 总（万元） | 人均（元/人） |
| | | | | | | | | | | | | | | | |
| | | | | | | | | | | | | | | | |
| | | | | | | | | | | | | | | | |

注：①农村人口（劳力）= 总人口 - 城市人口（劳力）。人口密度 = 农业人口÷总面积。人均土地（耕地、基本农田）= 总面积（耕地、基本农田)÷农业人口。人均纯收入 =（年产值 - 生产费用)÷农村总人口。

②各项内容除产值、收入按前三年平均情况填写外，其他均按调查前一年情况填写。

表 3-1-8　农村产业结构与产值调查表

| 小流域 | 区(县、村) | 农村各业年产值(万元) | | | | | 农村各业年产值比例（%） | | | | | 人均(元/人) | |
|---|---|---|---|---|---|---|---|---|---|---|---|---|---|
| | | 农业 | 林果业 | 牧业 | 副业 | 合计 | 农业 | 林果业 | 牧业 | 副业 | 合计 | 年产值 | 年收入 |
| | | | | | | | | | | | | | |
| | | | | | | | | | | | | | |

注：人均年产值＝农村各业年产值÷农村总人口；人均年收入＝（农村各业年产值－生产费用）÷农村总人口。

表 3-1-9　粮食生产情况调查表

| 小流域 | 区(县、村) | 粮田面积(hm²) | | | | | 平均单产(kg/hm²) | | | | | 粮食总产(kg) | | | | | 人均粮食(kg/人) |
|---|---|---|---|---|---|---|---|---|---|---|---|---|---|---|---|---|---|
| | | 坡地 | 梯田 | 坝地 | 小片水地 | 合计 | 坡地 | 梯田 | 坝地 | 小片水地 | 合计 | 坡地 | 梯田 | 坝地 | 小片水地 | 合计 | |
| | | | | | | | | | | | | | | | | | |
| | | | | | | | | | | | | | | | | | |

注：各项内容均按调查前三年的平均数填写。

表 3-1-10　典型农户食品支出情况调查表

| 调查区域 典型农户 | | 食品支出(元) | | | | | | 消费总支出(元) | 恩格尔系数（%） |
|---|---|---|---|---|---|---|---|---|---|
| | | 粮食 | 蔬菜 | 肉 | 蛋 | 奶 | 其他食品 | | |
| 好 | … | | | | | | | | |
| | 平均 | | | | | | | | |
| 中 | … | | | | | | | | |
| | 平均 | | | | | | | | |
| 差 | … | | | | | | | | |
| | 平均 | | | | | | | | |
| 平均 | | | | | | | | | |

1. 人口劳力调查

主要从县以上各级民政部门、计划部门或乡、村行政部门收集有关人口劳力的资料，并按不同类型区、小流域或乡、村分别进行统计计算现有人口总量、人口密度（人/km²）、农业人口、劳力总数、农村劳力、人均耕地等。

2. 农村各业生产调查

主要从农业、林业、畜牧、水利、水产、综合经营、土地管理等部门收集有关资料，并在小流域的上、中、下游，各选有代表性的乡、村、农户和农地、林地、牧地、鱼池和各类副业操作现场进行典型调查或抽样调查农村各业生产情况，最后按不同类型区、小流域或乡、村分别进行统计，计算农、林、牧、副、渔各业的生产情况和年均收入（元）及各占农村总生产的比重。

3. 农村群众生活调查

农村群众生活调查，除进行一般调查外，还应选择"好、中、差"三种不同经济情况的典型农户进行重点调查。

（1）人均粮食和现金收入调查：根据当地的粮食总产和收入总量按调查时农村总人口平均计算。人均粮食调查时应调查不同年景（丰年、平年、歉年）的情况，人均收入应了解收入来源组成，并对不同类型地区的人均粮食和收入情况分别统计计算；如果上、中、下游收入有较大差异亦应分别统计，并说明其原因。

（2）典型农户食品支出情况调查：在调查区域内选择"好、中、差"三种不同经济情况的典型农户若干户，分别调查食品支出（包括粮食、肉、蛋、奶、蔬菜、其他食品等）、消费总支出，分别计算平均数从而推算平均恩格尔系数。

### 1.2.4　统计报表的种类

统计报表是按照国家有关法规的规定，自上而下地统一布置，以一定的原始记录为依据，按照统一的表式、统一的指标项目、统一的报送时间和报送程序，自下而上地逐级定期提供基本统计资料的一种调查方式。统计报表所包含的范围比较全面，项目比较系统，分组比较齐全，指标的内容和调查周期相对稳定。目前，它仍是我国统计调查中收集统计资料的主要方式。

统计报表的种类：

（1）按调查范围不同，可分为全面的统计调查表和非全面的统计调查表。全面的统计调查表要求调查对象的每一个单位都要填报；非全面的统计调查表只要求调查对象的一部分单位填报。

（2）按报送周期长短不同，可分为日报、旬报、月报、季报、半年报和年报。

（3）按填报单位的不同，可分为基层报表和综合报表。由基层单位填报的统计调查表是基层报表，填报的单位称为基层填报单位；由主管部门或统计部门根据基层报表逐级汇总填报的统计调查表是综合报表，填报的单位称为综合填报单位。

（4）按报表内容和实施范围，分为国家的、部门的和地方的统计调查表。国家的统计调查表是根据国家统计调查项目和统计调查计划制定的，包括国家统计局单独拟订的和国家统计局与国务院有关部门共同拟订的统计调查项目。部门的统计调查表是根据有关部门统计调查项目和统计调查计划制定的，一般用来收集各主管部门所需的专业统计资料，在各主管部门系统内施行。地方的统计调查表是根据有关的地方统计调查项目和统计调查计划制定的，用来满足地方人民政府需要的地方性统计调查。

# 模块 2　水土保持施工

## 2.1　沟道工程施工

### 2.1.1　沟头防护工程施工

#### 2.1.1.1　蓄水型沟头防护工程施工

1. 围埂式沟头防护工程施工方法

(1) 定线。应根据设计要求,确定围堰(一道或几道)位置走向,进行定线。

(2) 清除杂物。沿埂线上下两侧各宽 0.8 m 左右,清除地面杂草、树根、石砾等杂物。

(3) 开沟取土筑埂,分层夯实。埂体干密度为 1.4 ~ 1.5 t/m³。沟中每 5 ~ 10 m 修一小土挡,防止水流集中。

2. 围埂蓄水池式沟头防护工程施工方法

围埂蓄水池式沟头防护工程由围埂 + 蓄水池组成。

(1) 围埂施工见"1. 围埂式沟头防护工程施工方法"。

(2) 蓄水池开挖。根据设计要求,确定蓄水池位置、形式、尺寸,进行开挖。

(3) 蓄水池施工。①按设计要求进行基础处理,做好防渗。②边墙用料可选择砖石等材料,随当地材料条件而定。石方衬砌要求料石(或较平整块石)厚度不小于 30 cm,接缝宽度不大于 2.5 cm,砌石顶部要平,每层铺砌要稳,相邻石料要靠的紧,缝间砂浆要灌饱满,上层石块要压住下一层石块的接缝。砖衬砌要用 12 墙(标准砖的尺寸是 24 cm × 12 cm × 6 cm,12 墙是以 12 cm 为墙厚,砖长(24 cm)沿墙的走向摆放砌筑的墙),压缝筑砌,缝间砂浆饱满。③蓄水池体完成后,要用水泥抹面,进行防渗处理。施工中尤应注意边、角、接茬及其他具有漏水隐患部位的处理。

#### 2.1.1.2　排水型沟头防护工程的施工

1. 跌水式沟头防护的基础开挖

跌水式沟头防护一般在高差较小的陡崖或陡坡修建。跌水式沟头防护建筑物,由进水口、陡坡(或多级跌水)、消力池、出口海漫等组成。进行基础开挖时需要注意以下几点:

(1) 进水口、陡坡(或多级跌水)、消力池、出口海漫等应按设计宽度、深度和边坡开挖。

(2) 在土质山坡开挖,其过水断面边坡不应小于 1∶1.5;在石质山坡上开挖,应沿断面轴线开槽,再逐步扩大到设计断面,不同风化程度岩石的稳定边坡比,弱风化岩石为(1∶0.5) ~ (1∶0.8),微风化岩石为(1∶0.2) ~ (1∶0.5)。

(3) 要特别注意各个渐变段的开挖尺寸。

2.悬臂式沟头防护的施工方法

（1）应按设计备好管材及各种建筑材料。

（2）挑流槽应置于沟头上地面处,先挖开地面,深 0.3～0.4 m,长宽各约 1.0 m,埋水泥板,将挑流槽固定在板上,再用土压实,并用数根木桩铆固在土中,保证其牢固。

（3）水泥板等下部扎根处,应铺设浆砌料石,石上开孔,将桩下部插入孔中,加以固定。扎根处应保证不因雨水冲蚀而摇动。

（4）浆砌块石应做好清基。底座(0.8 m×0.8 m)～(1.0 m×1.0 m),逐层向上缩小。

（5）消能设备(框内装石或铅丝笼装石)应先向下挖深 0.8～1.0 m,然后放进筐石。

（6）消能设备应与沟道内植物和谷坊设施结合利用,不应产生破坏。

## 2.1.2　土谷坊、植物谷坊施工

### 2.1.2.1　土谷坊施工方法

土谷坊包括坡面小冲刷沟的土谷坊和沟道里的土谷坊两类。

土谷坊施工方法如下:

（1）定线。根据规划确定的谷坊位置,按设计的谷坊尺寸,在地面上画出坝基轮廓线。

（2）清基。在确定好的谷坊位置处,将轮廓线以内的浮土、草皮、树根、乱石刨净,一般应清除 10～15 cm 深。

（3）开挖结合槽。清基后,沿坝轴线中心,从沟底至两岸沟坡开挖结合槽,宽深各 0.5～1.0 m。结合槽常见尺寸深 50 cm、宽 80 cm(见图 3-2-1),槽底要平,谷坊两端各嵌入沟岸 50 cm。如沟岸是光石层,应将岩石凿毛,使谷坊与沟岸紧密结合。

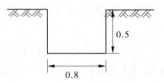

**图 3-2-1　开挖结合槽断面图**
（单位:m）

（4）填土夯实修筑。挖好结合槽以后,按设计规格施工。首先将土填入结合槽,夯实,使土谷坊稳固地坐落在结合槽内,与地基结为一体。填土前先将坚实土层探松 3～5 cm。每层填 25～30 cm 厚,上一层土,夯实一层,夯实至 20～25 cm;上新土前,将夯实表面刨松 3～5 cm,再夯实,依次类推,如此分层填筑,一直修到设计高度。边修筑边收坡,内外侧坡要随时拍实。用于修筑谷坊的土料,干湿度要合适。要求干密度 1.4～1.5 t/m³。经验测试抓一把土用手捏能成团,轻轻从手心掉到地上又能散开。

（5）挖溢水口。按照溢水口的设计断面,做好溢水口,并用草皮或砖、石砌护。选择谷坊的一端土质坚硬或有岩石的地方开挖,出水口要离谷坊脚远一点,以不淘刷谷坊脚为原则。

（6）种植灌草。在谷坊上种植灌草,加强固土。

### 2.1.2.2　植物谷坊施工方法

植物谷坊的材料不同,修筑方法基本相同。常见的有柳桩谷坊、柳桩块石谷坊、沙棘谷坊、沙棘块石谷坊、柴草谷坊、竹笼谷坊等。规模大一些的也称植物柔性坝。现以柳桩谷坊、柳桩块石谷坊、柴草谷坊为例,介绍其修筑方法。

　　1. 柳桩谷坊的修筑

　　一般在柳树多的地区,流域面积小、石头少、沟底坡度较缓的土沟中,最宜修建柳桩谷坊。2~3 年后,柳桩可长到 2~3 m。沟道内成为一排排柳树,不仅能拦沙,而且还有经济收入。具体做法是:

　　(1)桩料选材。按设计要求的长度和桩径,选生长能力强的活立木。

　　(2)埋桩。用粗 5~10 cm、长 1~2 m 的活柳树桩,按设计深度打入沟底,一般 0.5~1.0 m 深,桩与桩的距离为 20~30 cm。排与排的距离为 0.5 m。每道谷坊一般打 3~5 排柳桩,各排的柳桩要呈"品"字形互相错开,不要重合。每排柳桩数,依沟道宽度而定。为了提高防洪拦泥的效益,可在露出的柳桩上用柳条编成篱笆。打桩时应注意,桩身应与地面垂直,打桩时勿伤柳桩外皮,芽眼向上。

　　2. 柳桩块石谷坊的修筑

　　在石料多的沟道中,可修筑柳桩块石谷坊。它与柳桩谷坊的不同之处就是用了石块。修筑的方法与柳桩谷坊一样,每排用柳条编成篱笆后,在排与排之间用块石或卵石填入,填石的高度要低于桩顶 10~15 cm。没有石料的地方,也可以填入土料,变成柳桩土谷坊。但要注意柳桩打入土中不得小于 1 m,以免被水冲倒或冲歪,影响效果。

　　3. 柴草谷坊的修筑

　　在南方一些坡面上的小冲刷沟和其他小毛沟中,常修筑柴草谷坊。修筑方法如下:

　　(1)选材。一般用芒箕或其他柴草枝梢作材料修筑。

　　(2)扎柴捆。施工时,先用竹篾或藤条将柴草捆成粗 0.4~0.5 m 的柴捆,每隔 0.5 m 结扎一道。

　　(3)压石土。将柴捆顺水流方向放在挖好的基础上,一层柴捆压一层砾石或泥土,层层压实,同时要注意逐层缩短收坡。

　　(4)打(钉)桩。每个柴捆上要钉木桩 2~3 个,桩距 1 m,木桩入土深 1.0~1.5 m。谷坊两端要插入沟岸 0.5~1.0 m。柴捆连续结扎,长度依沟道宽度而定。然后使柴捆横铺在沟道上,两端各插入沟岸 1 m 左右,靠梢捆外坡每隔 0.5~0.8 m 钉木桩一排。

## 2.1.3　淤地坝、拦沙坝、塘坝(堰)工程基础处理

　　淤地坝、拦沙坝、塘坝(堰)工程基础处理一般包括清基、削坡和开挖结合槽(水利工程上也称截水槽)。基础处理也称坝基开挖处理。开挖处理的顺序是:先上而下,先两岸岸坡,后沟道(河槽)坝基。

### 2.1.3.1　清基

　　在筑坝前,首先将坝基范围内的浮土、碎石、树根、草及其他杂物清除干净,不得留在坝内作回填土用。清基范围应超出坝基 0.5 m,一般清基深 0.5 m 左右。对于石质沟床,应清除表层覆盖物,再进行开挖,将强风化层全部除掉,以开挖到设计要求为原则。岩坡清除后不应呈台阶状。

### 2.1.3.2　削坡

　　坝体与两岸山坡的结合,应采用斜坡平顺连接。两岸坡与坝体相接连的部分,均应清理至不透水层,以免留下渗水通道。若为土质岸坡,要削成平整的斜坡,削坡清理后的坡

度不陡于(1:1)~(1:1.5);若为石质岸坡削坡,清理后的坡度不陡于(1:0.5)~(1:0.75),对于岩石岸坡存在的反坡,为了减少削坡的方量,可以用混凝土填补成平顺的斜坡。

#### 2.1.3.3　开挖结合槽(截水槽)

对于覆盖层比较浅的,一般开挖成结合槽(截水槽),并回填与坝体相同的土料。开挖坝基和岸坡结合槽时,应严格按设计尺寸开挖到位。结合槽(截水槽)开挖注意事项如下:

(1)对于土质沟床,应沿坝轴线位置开挖,梯形断面底宽0.5~1.0 m,深0.5~1.0 m,边坡1:1。

(2)对于岩石不透水坝基,自坝轴线向上游两岸增挖2~3道结合槽(截水槽),其间距10~15 m,沟底因经常水流和填土时间的紧迫,结合槽(截水槽)的开挖比较困难,可先清除风化层后,砌以梯形断面的刚性齿墙,高1~3 m,顶宽不小于0.5 m,边坡(5:1)~(6:1),以防渗透形成管流。两岸结合槽(截水槽)须彻底截断透水砾石层至未风化的岩石,并用黏土(红胶土)夯填。结合槽(截水槽)横断面呈梯形,底宽不小于1 m,两岸坡比应为(2:1)~(3:1),视开挖的深度而定。

(3)岩石基础上有较厚的淤积层时,为避免大量的清基工作量,对沟床淤积物无须全部清除,只需除掉含大量腐殖质并带黑色的淤积物,之后即在淤积层上自坝轴线向上游开挖3~5道结合槽(截水槽),相距10~15 m(视淤积物厚度而定),断面呈梯形,坝轴处须挖至不透水层为止,其他各道挖深3 m即可,底宽不小于1 m,并用黏土夯填,超出淤积面1~3 m。

(4)对于砾石透水基础,对于拦泥坝,可在坝轴线以上开挖结合槽(截水槽)3道,深3 m,两边深入岸坡,用黏土夯填,超出砾石层表面1~3 m,形成塑性齿墙,减少坝体渗透。对于蓄水坝,可在坝趾范围及上游20 m,增加截水槽5道,两边深入岸坡用黏土夯填,并将各截水槽并联起来,形成防渗铺盖。

### 2.1.4　浆砌石、混凝土施工基本知识

#### 2.1.4.1　浆砌石施工

浆砌石施工方法有两种,一是灌浆法,二是坐浆法。

灌浆法的操作方法是:当沿子石砌好,腹石用大石排紧,小石塞严后,用清稀粥状灰浆往石缝中浇灌,直至把石缝填满为止。这种方法的优点是:操作简单、方便,灌浆速度快,效率高。主要缺点是:下层石料不易灌满,质量不易控制,砂浆的水灰比常较大,用水量大,强度低,难以达到设计要求;由于浆稀,砂浆常由沿子石缝隙外流,影响灌实效果,稀浆易于离析,水泥易顺水流走,砂子集中,不易凝结。所以,灌浆法不能保证施工质量,不宜采用。

坐浆法的主要优点是:既节约水泥,又保证质量,是目前最常用的方法。其操作方法是:在基础开砌前将基础表面泥土、石片及其他杂质清除干净,以免结合不牢。铺放第一层石块时,所有石块都必须大面朝下放稳,用脚踏踩不动为止。一般大石块下不应用小块石支垫,使石面能直接与土面接触。填腹石时,应根据石块自然形状,交错放置,尽量使块石与石块间的空隙最小,然后按规定将拌好的砂浆填在空隙中,以填满空隙的1/3~1/2

为度,再根据各个缝隙形状和大小,选用合适的中、小石块放入,用小锤轻轻敲击,使石块全部挤入缝隙内的砂浆中,填满整个缝隙。所有空隙原则上一块挤入填满最好。如空隙过大,一块片石挤入未填满,可在未填满的空隙中,填入灰浆再用小石填。在灰缝中尽量用小片石或碎石填塞以节约灰浆,挤入的小块石不要高于砌的石面,也不必用灰浆找平。

### 2.1.4.2　混凝土施工

混凝土施工次序为:放样→立模→混凝土拌和、运输→混凝土浇筑、振捣→混凝土养护、脱模。

(1)模板尽量采用钢模,也可采用成型木模板、竹胶板等。模板应达到以下要求:尺寸准确、结构坚固,有足够的刚度;支撑牢固,不允许有变形或滑移;接缝需紧密,不漏浆;表面平整光洁,应涂抹脱模剂,禁止使用废机油作为脱模剂。

(2)混凝土拌和一般采用机械拌和,使用量较少的混凝土拌和可采用人工拌和。机械拌和时,将一盘配合料按砂、水泥、石子的顺序依次加入料斗,然后将水和生料同时注入拌筒。需拌和至混凝土成分、色泽、稀稠均匀一致为止,最短拌和时间不得小于 2.5 min。人工拌和时先倒入砂,后倒水泥,用铁铲干拌 3 遍;然后在中间扒一个坑,倒入石子和 2/3 的水,翻拌 1 遍;再进行翻拌(至少 2 遍),其余 1/3 水随拌随洒,直至拌和均匀为止。

(3)混凝土运输应符合迅速、安全、经济等原则,应尽量减少混凝土运输距离。运输过程中发生离析现象时,运到浇筑现场后,应在钢板上人工拌和 3 ～ 5 次,严禁加水。

(4)混凝土浇筑前,应对基面进行清理,做到无杂物、无松动岩石。混凝土应随浇随平仓,不得堆积,铺设均匀,无骨料集结,混凝土浇捣必须连续施工。一般使用插入式振捣器,快插慢拔,插点要均匀排列,逐点移动,顺序进行,不得遗漏,每个插入点延续时间以混凝土表面不再下沉、不出现气泡、开始泛浆为准,一般为 20 ～ 30 s。

(5)混凝土浇筑完毕初凝后应及时洒水养护,保持模板和混凝土湿润。脱模时间以不变形、不坍落为标准。脱模后及时用草袋、麻袋等覆盖,养护时间一般最少 14 d。

## 2.1.5　浆砌石施工中石料表面的清扫、砌石勾缝

在浆砌石施工中,石料表面的清扫、砌筑面的准备和勾缝,是重要的施工工艺。

### 2.1.5.1　石料表面的清扫和砌筑面的准备

石料表面的清扫应注意将岩屑、沙、泥等杂物仔细清除。

对于土质基础砌筑时,应先将基础夯实,并在基础面上铺一层 3 ～ 5 cm 厚的稠砂浆。对于岩石基面,应先将表面已松散的岩石剔除,具有光滑表面的岩石须人工凿毛,并清除岩屑、碎片、沙、泥等杂物,洒水湿润。

对于水平施工缝,一般在新一层砌筑前凿去已凝固的浮浆,并进行清扫、冲洗,使新旧砌体紧密结合。对于竖向施工缝,在恢复砌筑时,必须进行凿毛、冲洗处理。

### 2.1.5.2　砌石勾缝

浆砌块(片)石的外露面应进行勾缝,勾缝不仅可以加固砌体,同时对减少渗水也有很大作用。勾缝工作就是在砂浆凝固前,先将缝内深度不大于 2.5 cm 的砂浆刮出,用水将缝内冲洗干净后,再用较稠的砂浆进行勾缝,勾缝宽度一般不大于 3 cm。勾缝形式有外凸半圆满式和外凸平抹式。在水工建筑物中,一般均采用外凸平抹式。砌体与土壤的

接触面,通常不加勾缝,如果为了防止渗水,则可用砂浆抹面。

### 2.1.6　混凝土砌体的洒水养护

混凝土的养护分为自然养护和蒸汽养护。最常见的是自然养护,指在常温下(平均气温不低于 +5 ℃)洒水养护。

一是创造使水泥得以充分水化的条件,加速混凝土硬化;二是防止混凝土成型后因日晒、风吹、干燥、寒冷等自然因素的影响而出现超出正常范围的收缩、裂缝及破坏等现象。混凝土的标准养护条件为温度(20±3)℃,相对湿度保持90%以上,时间28 d。在实际工程中一般无法保证标准养护条件,而只能采取措施在经济实用条件下取得尽可能好的养护效果。

混凝土自然养护应符合下列规定:

(1)在混凝土浇筑完毕后,应在 12 h 以内洒水,必要时覆盖。

(2)混凝土的洒水养护日期:硅酸盐水泥、普通硅酸盐水泥和矿渣硅酸盐水泥拌制的混凝土,不得少于 7 d;掺用缓凝型外加剂或有抗渗性要求的混凝土,不得少于 14 d。

(3)洒水次数应能保持混凝土具有足够的湿润状态。养护初期,水泥水化作用进行较快,需水也较多,洒水次数要多;气温高时,也应增加洒水次数。

(4)养护用水的水质与拌制用水相同。

## 2.2　坡面治理工程施工

### 2.2.1　梯田的功能、种类、修筑方法

#### 2.2.1.1　梯田的功能

梯田工程由田坎、田埂、田面三部分构成。

梯田的功能是改变地形坡度,拦蓄雨水,增加土壤水分,防治水土流失,达到保水、保土、保肥的目的,同改进农业耕作技术结合,能大幅度地提高产量,从而为贫困山区退耕陡坡,种草种树,促进农、林、牧、副业全面发展创造了前提条件。所以,梯田是改造坡地,保持水土,全面发展山区、丘陵区农业生产的一项措施。

#### 2.2.1.2　梯田的种类

按其断面形式可分为水平梯田、坡式梯田、隔坡梯田。水平梯田是在坡面上沿等高线修建的田面水平平整,横断面呈台阶状的田块。在黄土高原塬区(塬面塬边、平缓塬坡)上修建的水平梯田又称条田或墹地(墹地的叫法主要在陕西渭北地区)。坡式梯田是在坡面上,沿等高线上下分段修筑田埂,埂间保持原坡面的田块。坡式梯田主要在东北黑土漫岗区以及黄土高原缓坡耕地(3°左右)上多见。隔坡梯田是指保持自然植被的坡地与水平梯田上下相间而组合的梯田。隔坡梯田多修建在西北黄土高原地区坡耕地坡度较大(15°~20°)的地方。在坡面上,从上到下,每隔 5~6 m 坡面修一台水平梯田(田面宽 5 m左右),这样一面面斜坡与一台台水平梯田交替排列。

根据田坎建筑材料可分为土坎梯田和石坎梯田。石坎梯田多修建在土石山区或石质山区。长江流域最为多见。按土地利用方向可分为农田梯田、水稻梯田、果园梯田、林木梯田等。以灌溉与否可分为旱地梯田、灌溉梯田。按施工方法分为人工梯田、机修梯田。

在我国南方,旱作梯田称梯地或梯土,种植水稻的称梯田。

### 2.2.1.3　梯田的修筑方法

**1.土坎梯田的修筑方法**

土坎梯田的修筑包括施工定线、清基、筑埂、保留表土、田面平整等五道工序。

**2.石坎梯田的修筑方法**

石坎梯田的修筑包括施工定线、清挖坎基、修筑石坎、坎后填膛与修平田面。

## 2.2.2　土坎梯田坎、埂修筑

土坎梯田坎、埂修筑应符合下列规定:

(1)田坎要用生土填筑,土中不能夹杂石砾、树根、草皮等杂物;施工过程中,土壤含水率以12% ~16%为宜。

(2)筑坎时,先清基开槽,槽宽60~80 cm,槽深20~30 cm,作为清基线。在此基础上逐层筑坎夯实,每层覆虚土厚约20 cm,夯实厚约15 cm,土壤干容重达1.4 t/m³左右。

(3)修筑中每道埂坎应全面均匀地同时升高,不应出现各段参差不齐,影响接茬处质量。

(4)筑坎时,一般用铣拍、脚踩、碾压等方法。在筑坎过程中随着田坎升高按设计的田坎坡度,逐层向内收缩,并将坎面拍光,在雨季施工或凸坡地段,坎外侧坡角应比计算值小2° ~3°,以利安全。

(5)随着田坎升高,坎后的田面也相应升高,将坎后填实,使田面与田坎紧密结合在一起。

## 2.2.3　坡面截、引、排水工程的种类、功能

坡面截、引、排水工程包括坡面蓄水工程和坡面截洪分水工程。

### 2.2.3.1　坡面蓄水工程

坡面蓄水工程可分为水窖、涝池、蓄水池、蓄水堰等。这类工程在西北、华北半干旱地区、西南山区、沿海石质山区、海南等地比较多见。主要修建在道路旁、场院、田间地边或坡面低洼处等。

坡面蓄水工程的功能:坡面蓄水工程用于集蓄雨水,一方面减少地面径流冲刷,另一方面解决农村人畜饮水、田间补灌等问题。

### 2.2.3.2　坡面截洪分水工程

坡面截洪分水工程,主要有水平阶、水平沟、截水沟、排水沟、鱼鳞坑等。

坡面截洪分水工程的功能如下:分段拦截坡面径流,就地入渗或分散径流,疏导排水,防止径流集中下泄而冲刷坡面上的农地、林地和草地等。在北方干旱、半干旱地区主要用于拦截坡面径流,蓄水保土。大多属于人工造林的整地工程。在南方多雨地区,主要用于坡面径流的截水、分水、导流排水。

### 2.2.4　截、排水沟的施工方法

截水沟与排水沟的施工应遵循以下要求：

（1）根据设计截水沟与排水沟的布置路线进行放样和定线。

（2）截、排水沟修建中的沟槽开挖、沟沿填土。根据截水沟与排水沟的设计断面尺寸，沿施工线进行挖沟和筑埝。筑埝填方部分应将地面清理耙毛后方可均匀铺土，并进行夯实，沟底或沟埝薄弱环节应作加固处理。

（3）在截水沟与排水沟的出口衔接处，应铺草皮或作石料衬砌防冲。在每道跌水处，应按设计要求进行专项施工。

（4）竣工后，应及时检查断面尺寸与沟底比降是否符合规划设计要求。

### 2.2.5　常见蓄水池的功能、种类

常见蓄水池主要有涝池、蓄水池。

涝池、蓄水池、蓄水堰这三种形式的蓄水工程在《水土保持综合治理技术规范 小型蓄排引水工程》（GB/T 16453.4—2008）中，蓄水池列在"坡面小型蓄排工程"中，涝池、蓄水堰列在"路旁沟底小型蓄引工程"的"涝池"中。

涝池是修于路旁（或道路附近，或改建的道路胡同之中）的开敞式大水池。用于拦蓄道路径流，防止道路冲刷与沟头前进，减轻道路和沟壑的水土流失。多为土质，深 1.0 ~ 1.5 m，形状依地形而异，有圆形、方形、矩形等。一般涝池容积 100 ~ 500 m³。大型涝池容积数千到数万立方米。

蓄水池一般布设在坡脚或坡面局部低凹处，或专门配套修建有集流场，与排水沟的终端相连，容蓄坡面排水或集流场集流。蓄水池一般修建在坡地上，容积 100 ~ 1 000 m³。

### 2.2.6　蓄水池池体开挖

蓄水池池体开挖多由人工施工。蓄水池池体开挖可按以下要求进行：

（1）应按设计要求开挖，严格掌握垂直度、坡度和高程。挖出的土料，可在池周做成土埝（留下进水口），增加蓄水量。

（2）一般涝池多为土质，挖深 1.0 ~ 1.5 m，形状依地形而异，圆形直径一般 10 ~ 50 m；方形、矩形边长各 10 ~ 30 m，四周边坡比一般 1:1。

（3）大型蓄水池挖深 2 ~ 3 m，圆形直径 20 ~ 30 m，方形、矩形边长一般 30 ~ 50 m，特大型的可达 70 ~ 100 m。土质的周边坡比 1:1。

## 2.3　护岸工程施工

### 2.3.1　护岸工程的作用与种类

#### 2.3.1.1　水土保持护岸工程的作用

水土保持护岸工程的作用：一是用来直接保护沟岸免遭山洪和泥石流冲刷；二是保护

沟岸的稳定,防止因下部沟岸滑塌、崩塌等重力侵蚀而引起的更大规模的滑坡及山崩。沟道中设置护岸工程,主要用于下列情况:①由于山洪、泥石流冲击使山脚遭受冲刷而有山坡崩坍危险的地方;②在有滑坡的山脚下,设置护岸工程兼起挡土墙的作用,以防止滑坡及横向侵蚀;③保护谷坊、拦沙坝等建筑物;④沟道纵坡陡急,两崖土质不佳的地段,除修谷坊防止下切外,还应修护岸工程。

### 2.3.1.2 水土保持护岸工程的种类

护岸工程一般分为工程措施护岸、植物措施护岸和综合措施护岸3大类。

1. 工程措施护岸

(1)工程措施护岸类型:按材料和砌筑方法,可分为干砌石护岸工程(贴坡式、重力式)、浆砌石护岸工程(贴坡式、重力式、网格式、复合式)、混凝土护岸工程(贴坡式、重力式、网格式、复合式、水泥砂浆(喷浆))。

(2)工程措施护岸工程一般包括护坡与护基(脚)两部分。枯水位以下称为护基工程,枯水位以上称为护坡工程。为了防止护岸工程被破坏,除应注意工程本身的质量外,还应防止因基础被冲刷而遭受破坏。因此,在坡度陡急的山洪沟道中修建护岸工程时,常需同时修建护基工程。如果下游沟道坡度较缓,一般不修护基工程,但护岸工程的基础,需有足够的埋深。

护基(脚)工程:护基(脚)工程常潜没于水中,时刻都受到水流的冲击和侵蚀作用。传统常用的护基(脚)工程有抛石和石笼等。

护坡工程:护坡工程又称护坡堤,可采用砌石结构,也可采用混凝土结构护坡。砌石护岸堤可分单层干砌块石、双层干砌块石和浆砌石3种。混凝土护坡有混凝土和钢筋混凝土板、混凝土异形块等。

2. 植物措施护岸

植物措施护岸的类型包括乔灌混交林护岸、种草(皮)护坡、草灌护坡。

(1)乔灌混交林护岸:对坡度10°~20°(南方坡面土层15 cm以上、北方土层40 cm以上)、立地条件较好的地方,常采用乔灌混交林护岸。采用适应当地条件、速生的深根性与浅根性相结合的乔灌木、藤本植物混交护岸。

(2)种草(皮)护坡:对于坡比小于1:1.5,土层较薄的沙质或土质坡面,常采用种草(皮)护坡。

(3)草灌护坡:在坡面的坡度、坡向和土质较复杂的地方,实行乔灌草结合的植物或藤本植物护坡。

3. 综合措施护岸

综合措施护岸的类型一般有砌石草皮护岸、格状框条护坡、挂网喷草护坡、木桩植树加抛石、抛石植树加梢捆护岸工程等。

## 2.3.2 护岸工程施工的一般方法

护岸工程包括护脚、护坡、封顶三部分,施工前应根据防护部位实际情况,按照设计要求制订详细的施工方案并编制详细的施工计划。根据设计图纸或施工需要布设控制导线、桩号及具有代表性的观测断面桩,并对护岸段进行近岸(水上、水下)地形测量,绘制平面地形图及间距为 10 ~ 20 m 的断面图。按照设计进行施工放样,一般施工时先护脚,后护坡,再封顶。

护脚(基)工程是护岸工程中的基础,应严格遵照施工方案、施工程序和质量控制要求施工。采用抛投石料(石笼、土工包、柴枕、六棱框架等)进行护脚时,抛投前应将充裕的抛投材料运至施工现场;抛投物料的数量和质量应满足设计要求,抛投时机宜在枯水期内选择;抛投时宜从下游侧向上游侧依次抛投。石笼抛完后,须用大石块将笼与笼之间不严密处抛投补齐;抛投过程中应及时探测水下抛石坡度、厚度,检查抛投施工情况是否符合设计要求。

护坡方式有堆石、干砌石、浆砌石、混凝土以及草皮生态防护等方式,应遵照设计要求和防护段实际情况选用。护坡施工的一般方法是:①施工前,应按设计要求先进行削坡,坡面必须平顺坚实,不得有突起、松动块体或虚土浮渣等缺陷;②在处理好的坡面上按设计要求铺好碎石粗砂反滤层或土工合成材料垫层;③从坡脚开始,依次向上护至坡顶。

封顶工程应与护坡工程密切配合,连续施工,不遗留任何缺口。对顶部边缘处的集水沟、排水沟等设施,要精心规范施工。

## 2.3.3　导流渠开挖

在水土保持护岸工程施工中,有时需要开挖导流渠将沟道或河道中的常流水导向下游,以创造干地施工的条件。导流渠开挖的施工方法有人工开挖、机械开挖和爆破开挖等,具体采用什么开挖方法取决于地形条件、技术条件、土壤种类、渠道纵断面和横断面尺寸以及地下水位等因素。

导流渠开挖一般有人工开挖、机械开挖和爆破开挖三种方式。

### 2.3.3.1　人工开挖

1. 施工排水

排水是渠道开挖的关键问题。排水应按照上游照顾下游、下游服从上游的原则,即向下游放水的时间和流量应照顾下游的排水条件,同时下游应服从上游的需要。一般下游应先开工,且不得阻碍上游水量的排泄,以保证水流畅通。如需排除降水和地下水,还必须开挖排水沟。

2. 开挖方法

在干地施工时,应自中心向外分层开挖,先深后宽,边坡处可按边坡比挖成台阶状,待挖至设计要求时,再进行削坡。渠道开挖时,可根据土质、地下水和地形条件,分别采用龙沟一次到底法(见图 3-2-2)、分层开挖法(见图 3-2-3)的开挖方法。

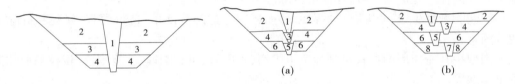

图 3-2-2　龙沟一次到底法　　　　　　　　图 3-2-3　分层开挖法

#### 2.3.3.2　机械开挖

1. 推土机开挖渠道

采用推土机开挖渠道,其深度一般不宜超过1.5~2.0 m,填筑渠道高度不宜超过2.0~3.0 m,其边坡不宜陡于1:2(见图3-2-4)。在渠道施工中,推土机还可以平整渠底、清除植土层、修整边坡、压实渠道等。

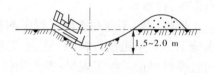

图 3-2-4　推土机开挖渠道

2. 反铲挖掘机开挖渠道

当渠道开挖较深时,采用反铲挖掘机开挖是较为理想的选择。该方案有方便快捷、生产率高的特点,在生产实践中应用相当广泛,其布置方式有沟端开挖和沟侧开挖两种,如图3-2-5所示。

#### 2.3.3.3　爆破开挖

开挖岩基渠道和盘山渠道时,宜采用爆破开挖法。

开挖程序是先挖平台再挖槽。开挖平台时,一般采用抛掷爆破,尽量将待开挖土体抛向预定地方,形成理想的平台。挖槽爆破时,先采用预裂爆破或预留保护层,再采取浅孔小炮或人工清边清底。其施工程序如图3-2-6所示。

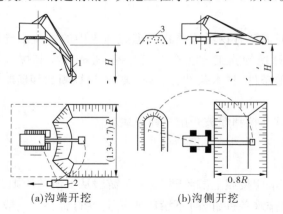

1—挖土机;2—自卸汽车;3—弃土堆
图 3-2-5　反向挖掘机开挖方式与工作面示意

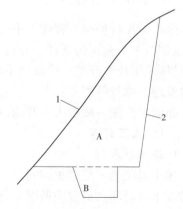

1—山坡线;2—设计开挖轮廓线;
A—开挖平台;B—开挖渠槽
图 3-2-6　施工程序示意

### 2.3.4　施工围堰填筑

围堰是导流工程中的临时挡水建筑物,用来围护施工基坑,保证水工建筑物能在干地施工。导流任务完成后,一般还需要拆除。

围堰除满足稳定、防渗、抗冲等要求外,还应考虑结构简单、造价便宜、修建和拆除方便等因素。

围堰按其所使用的材料可分为草土围堰、土围堰、土石围堰、木笼围堰、板桩围堰和混凝土围堰等。

护岸工程施工围堰一般采用土围堰和土石围堰。

#### 2.3.4.1　土围堰的填筑

土围堰多用草袋、麻袋或塑料编织袋装土两面（或近迎水面）叠放，中心填土而成。土围堰施工简便、造价低廉、拆除方便，为小型工程所常用。适用于水深不大、流速较小、工期不长的工程。

#### 2.3.4.2　土石围堰的填筑

土石围堰一般用块石或粗碎屑土石填筑，设有黏土或细砂防渗体。

土石围堰的施工分为水上、水下两部分，水上部分的施工与一般的土石坝施工相同，可采用分层填筑、碾压施工的方法，并适时安排防渗体的施工，水下部分的施工，石渣、堆石体的施工可采用进占法，也可采用各种驳船抛填水下材料。

土石围堰在水利工程中应用较为广泛，具有抗冲能力大、施工方便、能充分利用开挖料、可在流速较大的水下堆筑等优点。

# 2.4　水土保持造林

## 2.4.1　造林整地

### 2.4.1.1　造林整地的功能

水土保持造林整地是保持水土、改善土壤理化性质、提高造林成活率的重要环节，对促进幼林生长，尽快起到防护效能具有重要作用。

造林整地的基本功能表现在以下三个方面：

（1）改善林木生长立地条件，促进林木生长。水土保持造林地一般为自然状态的荒山荒坡，立地条件较差。造林前通过整地改变原有植被构成、土壤理化性质、微生物活动和小地形条件，从而使造林地的光照条件、土壤水分、土壤空气、土壤温度、土壤养分及微生物活动等影响树木生长的环境条件因子达到有效改善，促进林木生长，提高造林成活率。

（2）保持水土，减免土壤侵蚀。整地不仅可以为幼林的成活创造条件，同时通过疏松土体或改变小地形不仅可以增强土壤的蓄水能力，也可以有效地提高地面拦蓄径流和泥沙的能力。实践表明，合理整地可以有效地保持水土，减免土壤侵蚀。但必须注意选择适当的整地方式，提高整地质量，否则会由于破坏原有土地特征而加剧水土流失。

（3）利于造林施工，提高造林质量。通过整地清除播种或植苗时的各种地面障碍，不仅有利于提高作业速度和质量，同时使播种或植苗便于机械化作业，提高造林的效率。

### 2.4.1.2　造林整地的方式

造林整地的方式分一般整地和工程整地两大类。

1.一般整地

一般整地主要分全面整地、带状整地和块状整地等形式。

1）全面整地

全面整地是把造林地的土壤进行全面翻耕。这种整地方式可以比较彻底地清除灌木和杂草，能较好地改善土壤理化性质，为机械化作业和林粮间作创造条件，幼林生长状况比局部整地效果好,但全面整地比较费工,整地成本较高,主要适宜于平原地区。在水土流失地区不适宜进行全面整地。

2)带状整地

带状整地是把造林地的土壤翻垦成长条状。条带之间保留一定宽度的不垦带,不但改善立地条件的作用较好,而且有利于水土保持,也便于机械化作业。带状整地适宜于风蚀较轻的平坦造林地以及坡度平缓的山地,或坡度虽大但坡面完整的山地、林中空地等。

3)块状整地

块状整地是将造林地呈块状进行翻耕。其优点是动土面积小、省工、具有灵活性等,但改善立地条件的作用较差。

2.工程整地

工程整地的方式主要有水平阶、水平沟、反坡梯田和鱼鳞坑等。工程整地适宜于水土流失比较严重而土层深厚的地方。

1)水平阶修筑

水平阶修筑沿等高线修筑,适宜于15°~25°的陡坡,其破土面与坡面构成一定角度,阶面的断面稍向内倾斜。阶面宽1.0~1.5 m,具有3°~5°的反坡,阶长3~5 m,上下阶间的水平距离以设计的行间距为准。水平阶修筑要求在暴雨中各台水平阶间斜坡径流,在阶面上能全部或大部容纳入渗,以此确定阶面宽度、反坡坡度或调整阶间间距。

2)水平沟修筑

水平沟沿等高线进行开挖,其断面呈梯形,一般上沟口上宽0.5~1 m,沟口底宽0.3~0.5 m,沟深0.4~0.6 m,沟由半挖半填做成,内侧挖出的生土用在外侧做埂,树苗置于沟底外侧。水平沟的上下间距及具体尺寸根据造林设计和暴雨径流情况而定。水平沟适用于水土流失严重、坡度15°~25°的山地或黄土地区的陡坡地段。

3)鱼鳞坑修筑

鱼鳞坑沿等高线呈“品”字形开挖,形如鱼鳞。开挖时先将表土刮向左右两侧,再挖心土培于坑的下方,围成圆弧形土埂,埂高0.2~0.3 m,再将表土放入坑内,坑呈倒坡形。大鱼鳞坑长径0.8~1.5 m,短径0.5~0.8 m,坑深0.3~0.5 m。鱼鳞坑的行距和穴距根据造林设计的行距和株距确定,树苗栽植在坑内距下沿0.2~0.3 m的位置。坑的两端开挖宽深各0.2~0.3 m倒“八”字形的截水沟。

## 2.4.2　植苗造林、播种造林和分殖造林

### 2.4.2.1　植苗造林

1.植苗造林方法

植苗造林是用苗木作为造林材料进行造林的方法,又称植树造林或栽植造林。水土保持植苗造林主要采用裸根苗栽植,但在立地条件较差,裸根植苗不易成活的地方,可以采用带土的容器苗进行造林(一般为穴植)。裸根苗的栽植可根据苗木大小、树种特性和土壤条件等采用穴植、靠壁栽植和缝植法进行。

1)穴植法

穴植法是在经过整地的地上挖穴植苗,常用于侧根发达的苗木栽植。植苗坑穴的大

小应根据不同树种和树苗情况,以根系舒展为标准。栽植经济林果、珍贵树种和速生丰产林,需要在坑穴底部松挖 0.2 m 左右,施入基肥,与底土拌匀,上覆一层虚土。栽植时应将树苗扶直、栽正,根系舒展,深浅适宜。填土时应先填表土、湿土,后填生土、干土,分层踏实。在墒情不好时,要浇灌透水,再覆上一层虚土,以利保墒。

2）靠壁栽植

靠壁栽植类似穴植,但坑的一壁要垂直,使苗根紧贴垂直壁栽植苗木,从一侧填土踏实。

3）缝植法

缝植法是指在植苗前用锄头或植树锹在植苗点上做成楔形窄缝,在未提出植树工具之前把苗木插入缝内,略向上提动,使苗根舒展,然后提出植树工具,并在穴的一侧把土挤实,使土壤和根系密切结合。缝植法适应于疏松的沙质土和直根性树种的小苗木栽植。

2.植苗造林的特点及应用条件

植苗造林所用的苗木,已经形成了完整的根系和茎秆,对造林地的环境条件要求不严,对外界不良环境因子有较强的抵抗力,幼林郁闭早,其幼林抚育年限相应较短。植苗造林的适用范围非常广泛,尤其在干旱地区、水土流失严重地区、流动沙地或固定沙地、杂草滋生造林地、冻拔危害严重的造林地及鸟兽危害严重的地区采用植苗造林成功率较高。

植苗造林的苗木主要来源苗圃育苗,苗龄 1～2 年生。山地造林以播种苗为主,防护林用移植苗较多。苗木的具体规格应根据立地条件和树种的生物学、生态学特性而定。

3.植苗造林苗木的保护和处理

植苗造林对苗木的保护和处理是保证造林成功的关键之一。苗木栽植前过多失水是导致苗木死亡的主要原因。因此,从起苗、假植、包装、运输到栽植等各个环节,必须围绕保持苗木体内水分平衡问题采取各项保护措施,如保持根系完整、避干燥、避直晒、避损伤,并即时栽植等。为保证水土保持造林的苗木质量,按照国家相应的技术规范规定,对苗木从出圃到栽植应做到以下几点:

(1)从苗圃起苗前,必须根据造林设计,确定苗木规格标准,并按要求起壮苗、好苗,防止弱苗、劣苗、病苗等混入。

(2)苗木出土前 2～3 d 应浇水,起苗后进行的苗木分级、包装和运送整个过程应注意根部保湿,防止受冻和遭受风吹日晒。

(3)起苗后应尽快栽植,做到随起随栽。如因故不能及时栽植,应采取假植措施,做到疏排、深埋、踏实、适量浇水。如假植时间较长,或大苗长途运送,栽植前应将根系短期浸水复壮。

(4)外地远距离、大范围调运苗木,应经过植物检疫,防止病虫害传播。

(5)栽植前应对树苗进行挑选。要求所用苗木必须发育良好,根系完整,顶芽饱满,无病虫害,无机械损伤。

(6)同一块地内栽植的树苗,要求苗龄和苗木生长状况基本一致。

### 2.4.2.2　播种造林

1.播种造林方法

播种造林又称直播造林,是将种子直接播种在造林地上,使其发芽、生长、成林的一种造林方法。播种造林可采用穴播、条播和飞播进行。

（1）穴播：指直接在地上开穴播种。穴播灵活性大，整地工作量小，是播种造林中采用最多的方式。穴播操作过程是：在经过整地的林地上，按事先设计好的株行距开挖穴坑，将上层肥沃土壤填入，播大粒种子填到距地面 7 cm 左右，小粒种子填到距地面 4 cm 左右时，整平踏实穴面，并将种子播入穴内。大粒种子播时横放，以便于发芽；小粒种子在穴内撒播或条播。穴播后应覆土，并轻轻踏实。

（2）条播：是在全面整地或带状整地的宜林地上作单行或数行成带地进行播种造林。在水土流失或沙区播种灌木时常用。条播后应进行覆土、踏实。

（3）飞播：是在地广人稀的大面积荒山荒坡地区，利用飞机进行的播种造林，即飞播造林。飞播造林前应对造林地进行必要的整理与种子处理工作。若造林地草灌密集，应提前一年进行夏砍秋烧，其次要求对种子进行品质检验与筛选，且小粒种子通过拌土大粒化。飞播后的当年秋季，应采取路线调查的方法对飞播质量和效果进行评估，以确定是否需要进行人工补植。

播种造林的播种量的多少应根据树种特性、种子质量及计划播种密度来确定。种子品质高、立地条件好、整地质量高的造林地播种量可以少些；反之，应适当增加播种量。

2. 播种造林的特点及应用条件

1）播种造林的特点

播种造林的特点是不必育苗，可以省去繁重费力的栽植工序，操作简单，造林成本低，节约劳力，易于机械化作业。此外，播种造林的幼苗适应性强，不需移植，根系完整，不受损伤，没有缓苗期，生长稳定；但播种造林耗种量大，成活率低，幼林阶段生长缓慢，抚育次数多而且费工，种子播后易遭受鸟兽危害。

2）播种造林的应用条件

（1）种子条件：适用于种粒大，发芽容易，种源又比较充足的树种，如橡栎类、核桃、油茶和山杏等大粒种子；再如华山松、油松、马尾松等来源较容易的中小粒种子。

（2）林地条件：造林地的土壤要求湿润，高温、干旱、霜冻、风沙、杂草、病虫鸟兽等各种灾害性因素较轻，对边远而人烟稀少的地区进行造林更为适宜。

### 2.4.2.3　分殖造林

1. 分殖造林种类

利用树木地上、地下营养器官进行造林的方法称为分殖造林。适用于地下水位较高、土壤水分条件较好的河滩与沙漠丘间低洼地区。分殖造林所用树种均具有较强的发根和萌蘖能力，如杨、柳、紫穗槐等。分殖造林常用的方法有插干、压条、埋条、分根、分蘖和地下茎分殖造林。

2. 分殖造林的方法和技术要点

（1）插干造林：插干造林是我国北方地区常见的造林方法之一，即利用树木的粗枝、幼树树干和苗木等直接插入造林地进行造林的方法。一般选择 2~4 年生的粗枝或苗干，直径一般为 2~8 cm，长度为 0.5~3.5 m。插干造林根据干长分高干造林和低干造林两种方法。高干造林的干长一般为 2~3.5 m，栽植深度为 0.4~0.8 m，在公路两侧、河川两岸及侵蚀沟两侧可采用此法，为防止干旱，通常在枝干顶部涂上泥巴。低干造林的干长一般为 0.5~2 m，多用于河滩和低湿地段的造林。

（2）压条造林：压条造林是在比较干旱的沙滩上进行造林的一种方法。将 2 ~ 4 根长 1 m 左右的枝条根端交叉埋在 0.5 m 深、0.6 m 长、0.3 m 宽的坑内，枝头分向两边，覆土后枝梢露出地面 10 ~ 12 cm。

（3）埋条造林：适用于湿润的河滩地带，分全埋法和露枝法两种。全埋法是采用 1 ~ 2 年生，1 ~ 2 m 长的枝条去除侧枝后埋入 3 ~ 6 cm 深的土中；露枝法是将带侧枝的 1 ~ 2 年生枝条埋入 20 ~ 30 cm 的土中，侧枝露出地面 3 ~ 6 cm，然后填土踏实。

（4）分根造林：是指从母树根部截取根段，然后直接埋入造林地，使其萌发新根，育出新株的造林方法。如泡桐、漆树、楸树、刺槐、文冠果等萌根能力很强的树种，取出挖根并将其截成 15 ~ 20 cm 长的根插穗，埋入土中，上端微露并在切口上封土，以防水分蒸发，便于根苗成活。

（5）分蘖造林：是将根蘖性很强的母树根部生出的萌蘖苗连根挖出进行造林的方法。如毛白杨、山杨、刺槐、枣树等根蘖性很强的树种可以采用此法。

（6）地下茎造林：是竹类木质植物造林的主要方法。竹类的地下茎有枝节，称"竹鞭"，在土壤中蔓延时，每年由竹鞭抽笋成竹。地下茎造林的过程是选取 3 年左右繁殖能力强的母竹，挖其竹鞭后，埋入整好的造林地内。

## 2.4.3 造林季节的选择

造林季节分春季造林、夏季造林、秋季造林和冬季造林。我国地域辽阔，自然条件南北差异较大，各地必须因地制宜地确定造林季节和时间。

（1）春季造林：适宜于我国大部分地区和大部分树种，是造林的黄金季节。从树木的生理活动来说，正是新芽萌动的时段。从环境方面来看，气温回升，土壤解冻，且大部分地区土壤湿润。选择此时造林，成活率高。春季造林在可能的条件下应尽量提早，这样有利于加强苗木对干旱和高温的抵抗力。

（2）夏季造林：也称雨季造林，适用于冬春干燥多风、雨雪稀少而夏季雨量比较集中的地区，如华北、西北及西南等地。夏季降雨集中，造林地土壤水分充足湿润，空气湿度大，温度较高，利于种子萌发和幼苗生长。夏季造林水分蒸腾强烈，对苗木体内水分平衡的影响较大，应采取适当的防护措施。夏季造林一般在透雨之后的阴天及再次降雨之前进行，大体时间可选择在"头伏"末"二伏"初。

（3）秋季造林：秋季气温逐渐降低，土壤水分比较稳定。在冻害不太严重的西北、华北地区可以选择秋季造林。秋季造林时，苗木开始落叶，并逐渐进入休眠期，其地上部分的水分蒸腾作用已经很低，而根系尚具有一定的活动能力，对于植苗造林树种的根系伤口愈合比较有利。秋季播种造林的时间不宜过早，以免当年出苗遭受冻害。

（4）冬季造林：我国南方地区，由于土壤不结冻或结冻期很短，可选择冬季造林。从秋末到初春都是冬季造林的适宜时段，树种多为落叶阔叶类型。

造林季节确定后，具体造林时间应根据每天的天气状况而定。干燥炎热的天气或大风天气不宜造林，而阴雨天气造林成活率比较高。冬季造林时，白天温度应相对较高，以防苗木根系冻伤。

### 2.4.4　造林密度的确定依据

#### 2.4.4.1　不同林种、树种的造林密度确定

用材林的造林密度一般每公顷 2 000 ~ 3 000 株,根据树种特性每公顷可以小到 600 株,大到 5 000 株;经济林果造林密度一般每公顷 1 000 ~ 2 000 株,根据树种特性每公顷可以小到 500 株,大到 5 000 株;以灌木为主的饲料林和薪炭林,一般每公顷 10 000 ~ 20 000 丛,个别树种可小到 6 000 丛。

#### 2.4.4.2　不同立地条件的造林密度确定

我国南方水热条件较好地区的造林密度可比北方水热条件较差的地区大些;实施间伐的造林密度应比不进行间伐的造林密度大些;实施林粮间作、粮果间作的造林密度应采取特小的造林密度,一般每公顷 30 ~ 40 株或 50 ~ 100 株。

水土保持主要造林树种造林密度如表 3-2-1 所示。

表 3-2-1　我国主要水土保持树种和灌木造林密度

| 树种 | 造林密度(株/hm²) | 树种 | 造林密度(株/hm²) |
|---|---|---|---|
| 泡桐、意杨、毛竹 | 500 ~ 1 000 | 杉木 | 1 500 ~ 4 500 |
| 旱柳、杨树 | 600 ~ 1 000 | 柳杉 | 2 400 ~ 3 000 |
| 毛白杨、旱柳 | 1 665 ~ 3 330 | 麻黄 | 1 500 ~ 2 500 |
| 箭杆杨、小叶杨 | 1 665 ~ 2 490 | 楸树 | 2 500 ~ 3 000 |
| 杞柳 | 9 990 ~ 19 995 | 黄菠萝、核桃楸 | 4 350 ~ 6 600 |
| 紫穗槐、沙棘 | 9 990 ~ 19 995 | 红松 | 3 000 ~ 4 440 |
| 柠条 | 6 660 ~ 9 990 | 马尾松 | 3 600 ~ 10 005 |
| 落叶松、侧柏 | 4 995 ~ 6 660 | 湿地松、火炬松 | 1 500 ~ 2 250 |
| 樟子松、赤松 | 3 330 ~ 6 660 | 云南松 | 6 600 ~ 10 005 |
| 油松 | 1 665 ~ 4 995 | 桉树 | 1 500 ~ 3 600 |

# 2.5　水土保持种草

### 2.5.1　种草整地方法

水土保持种草前应进行精细整地,改善各类人工草种生长的土壤条件,促进草种成长,并尽快形成地面草被。

水土保持种草整地一般采取等高耕作中的水平犁沟整地方式。耕翻土壤 20cm 左右,并及时耙糖保墒。有条件的可采取与造林相似的工程整地,如水平阶整地。工程整地的标准和要求同造林整地相同,应提前一年先行整修,待秋冬蓄积雨雪后,第二年种草。

## 2.5.2　种草、植草方法

### 2.5.2.1　直播种草

1. 直播种草方法要点

直播种草的主要方式分条播、穴播、撒播和飞播。不同播种方式的技术要点和适应条件如下：

（1）条播：适宜地面比较完整，坡度在 25° 以下，一般用牲畜带犁沿等高线开沟，或牲畜带耧完成。南方多雨地区，犁沟可与等高线呈 1% 左右的比降。根据不同的草冠情况和种草的目的，分别采取不同行距。行距确定一般以最大草冠覆盖地面为原则，放牧草地多采取宽行距（1.0 ~ 1.5 m）条播。

（2）穴播：适宜于地面比较破碎，坡度较陡，以及坝坡、堤坡、田坎等部位，或播种植株较大的草类。穴播时沿等高线人工开穴，行距和穴距大致相等，且相邻上下两行穴位呈"品"字形排列。

（3）撒播：对退化草场进行人工改良时采用。一般应选择抗逆性较强的草种，特别注重选用当地草场中的优良草种，并在雨季或土壤墒情较好时进行。

（4）飞播：地广人稀种草面积较大时采用。

2. 草种的混播

草种混播是直播种草的特殊形式，在直播的几种方式中采取两种以上的草类进行混播，以增加覆盖，增强保土作用，并促进草类生长，提高品质。

一般以禾本科牧草与豆科牧草混播、根茎型草类与疏丛型草类混播较好，其配合比例见表 3-2-2。

表 3-2-2　不同草类混播比例　　　　　　　　　　　（%）

| 草地年限 | 第一类混播 | | 第二类混播 | |
|---|---|---|---|---|
| | 禾本科草类 | 豆科草类 | 根茎型草类 | 疏丛型草类 |
| 短期（2 ~ 3 年） | 25 ~ 35 | 65 ~ 75 | 0 | 100 |
| 中期（4 ~ 5 年） | 75 ~ 80 | 20 ~ 25 | 10 ~ 25 | 75 ~ 90 |
| 长期（8 ~ 10 年） | 80 ~ 90 | 10 ~ 20 | 50 ~ 75 | 25 ~ 50 |

3. 直播种草的播期选择

不同草类在不同立地条件下，各有不同的最佳播种期。一般可根据当地的实际经验确定。在干旱、半干旱地区应通过试验（在春夏之间 2 ~ 3 个月时间内，每 5 ~ 10 d 播种一次），分别观测出苗和生长情况，确定最佳播种期。

春播需地面温度回升到 12 ℃ 以上，土壤墒情较好时进行。秋播不宜太晚，要求出苗后能有一个月左右的生长期，以利越冬。

### 2.5.2.2　栽植种草的方法要点

栽植，即移苗种植。栽植苗多由覆膜育苗培育，以确保土壤水分、土壤温度条件利于种苗生长。不同草种的栽植时间和移苗规格不尽相同，如油莎草、沙打旺苗高 9 ~ 21 cm

时即可移栽。栽植之前应进行细致整地,施足底肥,开沟或挖穴。栽植时应注意保证移苗根系的完整性,最好带土移栽。移苗栽入沟内或穴中后,覆土培实,有条件的地区适当灌溉,以缩短缓苗期,促其快速生长。

### 2.5.2.3　埋植种草的方法要点

有些草本植物,可以利用其地下茎、地上茎进行埋植繁育。如芦苇、象草、小冠花等。地下茎埋植一般在春季解冻后、萌芽出土前进行。将挖掘的地下茎平植于预先开挖好的浅沟内覆土踏实,并及时灌水。地上茎埋植一般在夏天进行。将尚未抽穗开花的地上茎埋植于开好的浅沟内,并注意其梢部露出地面,覆土踏实后随即灌水。

## 2.5.3　草皮铺设的方法

草皮铺设多用于道路工程及堤坝工程的边坡防护,通常和工程护坡措施结合使用。草皮铺设可以在植草区直接播撒草种,待萌发出土后直接形成草皮,也可以从草圃移挖后,在植草区按墩栽植或成片铺栽。

用于草皮铺设的草种应选择既具有良好的护土固坡作用,同时又具有美化作用的草种。草皮植造时间一般在 4 ~ 5 月进行,也可以在雨季进行。密度应视草种生长特性和工程防护的要求而定,以尽早形成坡面覆盖,发挥防护效益为设计依据。

新植草皮管护的重点是及时浇(洒)水,确保成活。有条件时也可以进行施肥,促进其快速生长。在保证草皮防护效应的情况下,可以对草皮进行适当的修剪,既可以提升其景观美化效果,也可以改善草皮的通风透光性能,有利于草皮的稳定生长。对于过于稀疏的草皮应及时进行补植。草皮补植一般采用带土成块移植的方法,以提高补植成功率。补植后应注意贴紧拍实,并及时浇水。

人工繁育的草种,其性状特征具有一定的兴衰周期性。受其自身内在生长发育规律、人为管理及各种不良自然条件因素的影响,草皮会逐渐出现退化甚至死亡现象。遇到这种情况,应及时进行草皮更新。

# 模块 3　水土保持管护

## 3.1　工程措施管护

　　水土保持工程措施应包括梯田、水平阶(反坡梯田)、水平沟(水平竹节沟)、鱼鳞坑、截水沟、排水沟、蓄水池、水窖、塘堰(山塘、涝池)、沉沙池、沟头防护、谷坊、淤地坝、拦沙坝、引洪漫地工程、崩岗治理工程等。

　　水土保持工程运行技术管理应符合下列要求:

　　(1)健全水土保持工程运行技术管理制度,加强工程的统一管理,保证各项工程安全运行。

　　(2)坚持"谁受益、谁管理"的原则,落实工程管护的责任主体。

　　(3)坚持日常维护管理和重点检查维护相结合的原则。对淤地坝、塘坝、拦沙坝等重点工程,除管护责任主体进行日常管理外,县级水土保持主管部门每年应进行重点检查和督查。其他水土保持工程,以工程管护责任主体为主进行日常管理。

　　(4)注重对水土保持工程进行合理开发利用,与水土保持工程监测紧密结合。

　　水土保持工程措施的技术管理应符合下列规定:

　　(1)加强汛前和每次暴雨后的工程检查维护,确保工程在设计防洪标准内安全度汛。

　　(2)保护工程护埂、护坎植物及周围林草植被,禁止人为破坏。

　　(3)开展工程的经济效益、生态效益、社会效益监测工作。

### 3.1.1　沟道工程管护

#### 3.1.1.1　沟道工程管护的主要内容

　　沟道治理工程的措施有:沟头防护工程、谷坊工程,以拦蓄调节泥沙为主要目的的各种拦沙坝,以拦泥淤地、建设基本农田为目的的淤地坝及沟道防护工程等。

　　沟道工程管护的主要内容:工程检查与观测、防洪抢险与救急、工程维修与养护。工程检查包括工程竣工检查、汛前检查、汛期检查。定期观测雨量、水位、淤积、泄水流量、含沙量、库区塌岸,根据工程规模和生产需要对工程进行沉陷、位移、裂缝、渗流观测。同时,应对工程的主要部位的运行情况进行必要的记录。防洪抢险与救急指在汛期应制定防洪抢险的预案,及时修复工程损毁部位,保持排水畅通,以利于安全度汛。工程维修与养护是指在做好日常养护的同时,要及时修复汛期损毁工程,确保各项设施的安全运行。

#### 3.1.1.2　沟头防护工程、谷坊工程汛前和暴雨后的检查、记录

　　沟头防护工程管护的重点是:加强沟头防护工程和沟道工程的安全检查,及时修复损毁部位,确保安全度汛。

1. 沟头防护工程汛前和暴雨后的检查、记录

不同形式的沟头防护工程检查要求不同。

(1)围埝式沟头防护工程:围埝式沟头防护工程土埝的稳固是管护工作的关键。应在汛前和暴雨后对工程进行全面检查,发现损毁部位应及时进行修复。同时,要采取有效措施,保护土埝及土埝间坡面的草灌木,以保持土埝稳固。每年要对蓄水沟进行1~2次清淤,培固土埝,保持蓄水沟的蓄水深度。

(2)围埝蓄水池式沟头防护工程:汛前和暴雨后应对沟渠、涵管、沉沙池、闸门等配套设施进行全面检查,及时维修损毁部位,并保证蓄水池与蓄水池之间的水流畅通。在使用时,应保持蓄水池一定的水深,以避免池底干裂漏水。汛期应根据降雨和前期蓄水情况,安排专人进行安全巡查,合理进行排水和蓄水,确保工程安全运行。平时应加强对工程的管护,保护土埝和土埝间的坡面植被,禁止人畜破坏。

(3)悬臂式沟头防护工程:汛前和暴雨后应加强对工程的检查,检查的重点是悬臂端和沟底消能设施的完好情况。对悬臂端水槽和沟底消能设施出现的损毁,应及时予以修复,保证水槽牢固和完好并发挥作用。汛期时若出现跌水击溅淘刷沟底,应用块石或混凝土铺垫防冲。

(4)跌水式沟头防护工程:汛前检查的重点是消力池及出水口的防冲设施,要及时修复消力池及出水口防冲设施的损毁部位,以保证出水口防冲设施的稳固和消力池稳固。

沟头防护工程检查记录方法参见表3-3-1。

表3-3-1　沟头防护工程汛前和暴雨后的检查记录表

检查人员:　　　　　　　　　　　记录人员:

| 工程形式 | 检查重点 | 检查时间 | 损毁部位 | 完好/损毁程度 | 损毁原因 | 备注 |
|---|---|---|---|---|---|---|
| 围埝式沟头防护 | 土埝 | | | | | |
| 围埝蓄水池式沟头防护 | 沟渠、涵管、沉沙池、闸门 | | | | | |
| 悬臂式沟头防护 | 悬臂端和沟底消能设施 | | | | | |
| 跌水式沟头防护 | 消力池及出水口的防冲设施 | | | | | |

注:检查时间可填"汛前/年、月、日"或"××暴雨后/年、月、日"。

2. 谷坊工程汛前和暴雨后的检查、记录

谷坊工程管护的重点是:加强汛前和暴雨后的检查维护,保持坝体稳固,保护谷坊区植被,合理进行土地开发利用。

谷坊淤满后,应防冲排洪,充分利用淤成的土地,进行整治利用,根据沟道上游来沙量确定是否需要再修建梯级谷坊。

土谷坊内外边坡宜种植适应当地生长条件、固土能力强的草灌木。日常应管护好谷坊迎水坡和背水坡的草灌植物。每年汛前和暴雨后应进行全面检查,及时清除溢洪口的堵塞物,保持溢洪口水流的通畅;对发现的坝体裂缝、沉陷应进行及时的修复;汛期溢洪口和出口处易发生水流淘刷或形成冲坑,应及时用块石进行铺垫防冲。

石谷坊汛前和暴雨后应对坝体和消能防冲设施进行全面检查维护,保持坝体稳固,溢洪口畅通,消能防冲设施功能完好,汛期应进行巡视,及时处理出现的问题。

植物谷坊应保持溢水口畅通,加强谷坊及两侧沟坡植物抚育管理,促进植物生长、分蘖和繁育。

谷坊工程检查记录方法参见表 3-3-2。

**表 3-3-2 谷坊工程汛前和暴雨后的检查记录表**

检查人员: 记录人员:

| 工程形式 | 检查重点 | 检查时间 | 损毁部位 | 完好/损毁程度 | 损毁原因 | 备注 |
|---|---|---|---|---|---|---|
| 土谷坊 | 坝体、溢洪口、坝坡草灌 | | | | | |
| 石谷坊 | 坝体、溢洪口、消能防冲设施 | | | | | |
| 植物谷坊 | 坝体、溢洪口、坝岸结合部位 | | | | | |

**注**:检查时间可填"汛前/年、月、日"或"××暴雨后/年、月、日"。

### 3.1.1.3 土谷坊坝体裂缝、沉陷修复

裂缝是土谷坊常见的一种破坏形式。根据裂缝分布的部位,可分为表面裂缝和内部裂缝;按裂缝的走向可分为横向裂缝、纵向裂缝、水平裂缝和龟纹裂缝;按裂缝的成因可分为沉陷裂缝、滑坡裂缝、干缩裂缝、冰冻裂缝和振动裂缝。处理坝体裂缝首先应根据观测资料、裂缝类型和部位、裂缝产生原因,按不同情况进行处理。对表面干缩裂缝和冰冻裂缝,一般可进行封闭处理;其他裂缝多用开挖回填夯实等措施处理。

洪水浸泡、底部淘刷或未加压实的土谷坊会发生坝体沉陷,土谷坊断面较小,其修复一般采用重新翻修夯实处理,对由于渗漏引起的沉陷则应先处理渗漏,再采用翻修夯实处理。

### 3.1.1.4 植物谷坊及两侧沟坡植物抚育管理,溢水口堵塞物清除

植物谷坊包括多排密植型植物谷坊和柳桩编篱型植物谷坊,是一种植物措施与工程措施结合在一起的谷坊,采用植物材料作为主要建筑材料。采用这种模式治沟,施工简单,省工省料,固土效果好,而且柳条成活以后,还可以获得可观的经济效益。对于已成活的植物谷坊,可利用其植物枝条在谷坊上游淤泥面上成片种植植物,以形成沟底防冲林,巩固谷坊治理成果;对谷坊下游及两侧沟坡的植物抚育管理应以促进植物生长、分蘖和繁育为重点。汛期由于水流带来的漂浮物极易堵塞溢洪口,造成排水不畅,进而危及工程安全,因此要加强汛期的巡查,及时清理溢水口堵塞物,保持植物谷坊溢水口畅通。谷坊淤满后,应防冲排洪,开发整治利用淤成的土地。

### 3.1.1.5 淤地坝排水沟内的淤泥和杂物清除

淤地坝是以拦泥淤地为主要目的的治沟工程。排水沟是淤地坝工程淤满后正常使用的引水渠和排洪渠,一般修在淤地坝一侧。排水沟在使用后会出现淤泥和杂物堵塞,若不及时清理,会影响坝体的安全和淤地坝的正常使用。因此,要及时清除排水沟内的淤泥和杂物,以保证正常引水和排洪的需要。

## 3.1.2 坡面工程管护

### 3.1.2.1 坡面工程管护的主要内容

水土保持坡面工程是为防治坡面水土流失而修建的截排水设施,一般包括梯田、水平

阶(反坡梯田)、水平沟(水平竹节沟)、鱼鳞坑、截水沟、排水沟。

**1. 梯田的管护**

梯田管护的重点是保持梯田的田间蓄排水工程和坡面水系工程连接畅通,维护田坎、田埂以及田间道路的稳固,保持田面平整,改善梯田土壤的理化性状,提高土壤肥力。

**1)梯田的合理使用**

梯田修平后,应在挖方部位多施有机肥,且单位面积的施肥量应较一般施肥量的多一倍左右,同时深耕 30 cm,以促进生土熟化。对于新修建的水平梯田(及隔坡梯田的平台部分),第一年应选种能适应生土的作物,或种一季绿肥作物与豆科牧草。在梯田田坎利用方面,可根据田面宽度、田坎高度与坡度,分别选种经济价值高、对田面作物生长影响小的树种、草种,发展田坎经济;根据所选草种、树种的植物生理特性,经过试验研究,确定在田坎上种植的方式(株距、位置等),以及经营管理要求,力争田坎上植物优质、高产;田坎利用应与搞好田坎的维修养护、保证田坎安全相结合。

**2)梯田的维修养护**

每年汛后和每次较大暴雨后,要对梯田区进行检查,发现田坎(田埂)有缺口、穿洞等损毁现象,应及时予以修补;梯田田面平整后,地中原有浅沟处,雨后产生不均匀沉陷,田面出现浅沟集流的,在庄稼收割后,及时取土填平;坡式梯田的田埂,应随着埂后泥沙淤积情况,每年从田埂下方取土,加高田埂,保持埂后按原设计要求有足够的拦蓄容量;隔坡梯田的平台与斜坡交接处,如有泥沙淤积,应及时将泥沙均匀摊在水平田面,以保持田面水平。石坎梯田应经常检查石坎是否稳固,有无松动、外倾、垮塌等现象,发现问题及时修补;石坎梯田可在田坎内侧种植具有经济价值的护坎植物。

**2. 水平阶(反坡梯田)管护**

水平阶管护重点是保持水平阶阶面平整和阶坎稳固,保持坡面水系工程及水平阶面排水沟渠连接通畅。在汛前和暴雨后,应清除坡面水系工程和水平阶面排水沟渠内的淤泥和杂物,保持水流畅通。种植经济林果的水平阶,可在阶面种植牧草。

**3. 水平沟管护**

水平沟管护重点是保持沟埂稳固,培固土挡,保护好沟埂间的坡面植被。每年汛前和暴雨后应培固沟埂和土挡。保持水平沟溢流口与排水沟连接畅通,维护溢流口草皮或衬砌物。若水平沟未到设计使用年限就淤满,应根据设计使用年限的要求进行清淤,清淤时应保护好土挡。沟埂上可种植适宜当地条件的灌草,以固埂防冲。

**4. 鱼鳞坑管护**

鱼鳞坑的管护重点是保持坡面排水畅通,维护鱼鳞坑坑埂的稳固。平时应保护好鱼鳞坑周围的原有植被,经常维修坡面和鱼鳞坑间的截水沟、排水沟,以防止洪水冲毁鱼鳞坑。对石埂鱼鳞坑,在维护时应保持石埂的稳固,发现垮塌或冲口应及时修复;对土埂鱼鳞坑,则要加强每年汛前和暴雨后培土并夯实土埂,有条件的地区可在土埂上种植固土能力强的灌草。

**5. 截水沟管护**

管护重点是保持截水沟的稳固和坡面蓄排水工程连接通畅。管护的主要内容有:

(1)保持截水沟的稳固,防止水流冲刷。汛前和暴雨后检查整个渠系的连接是否畅通,清除沟内杂物;保护沟埂、沟壁及坡面的草皮、灌木,防止破坏;沟埂、沟壁和沟底发生崩塌、沉陷、裂缝等现象,应及时修补、加固;沟底和沟壁冲刷严重时,应进行加固或衬砌;对截水沟的出口衔接处应经常维护,发现冲刷或损坏,及时修补、加固。

(2)截水沟清淤。每年清淤 1～2 次,清淤时应避免损坏沟底和沟壁,清出的淤泥可就地摊铺在沟埂上,整平压实。

(3)截水沟防渗、防漏。有防渗处理的,发现渗漏及时按原施工设计要求重新处理,没有防渗处理的,挖开渗漏水处,填土夯实,重新种植草皮。

6.排水沟管护

管护重点是加强出水口及防冲设施的检查维护,以保持排水沟稳固、通畅。

汛期前和暴雨后应对排水沟进行全面检查,及时修复排水沟的沉陷、崩塌、裂缝和被冲坏的沟底、沟壁。若跌水、出水口处冲刷严重,应采用块石铺垫或混凝土加固。做好排水沟的清淤、防渗管护工作。

### 3.1.2.2 梯田的田埂、田坎损毁、水毁情况检查和记录

梯田田坎分为土坎和石坎,保护土坎护坎、护埂植物,加强抚育管理和病虫害防治工作,在暴雨后,应检查田坎、田埂有无冲毁。经常检查石坎是否稳固,有无松动、外倾、垮塌等现象,发现问题及时修补。

梯田的田埂、田坎损毁、水毁情况检查和记录方法见表 3-3-3。

表 3-3-3 梯田工程汛前和暴雨后的检查记录表

检查人员: 记录人员:

| 工程形式 | 检查重点 | 检查时间 | 损毁部位 | 完好/损毁程度 | 损毁原因 | 备注 |
|---|---|---|---|---|---|---|
| 土坎水平梯田 | 田坎、田埂、田面 | | | | | |
| 土坎坡式梯田 | 田坎、田埂、田面 | | | | | |
| 石坎梯田 | 石坎 | | | | | |

注:检查时间可填"汛前/年、月、日"或"××暴雨后/年、月、日"。

### 3.1.2.3 蓄水工程的坍塌、裂缝检查和记录

蓄水工程主要包括蓄水池、水窖、涝池等,蓄水工程坍塌是指由于设计或施工原因,或者运用过程由于水位下降过快,造成结构失稳发生局部倒塌的现象,发现蓄水工程坍塌时,要检查记录坍塌的位置、范围,查明坍塌的原因。蓄水工程裂缝是由于不均匀沉陷、干缩等原因造成的,裂缝的检查应查明裂缝的位置、范围、走向及裂缝深度等,并做好记录,供裂缝修复使用。

蓄水工程的坍塌、裂缝检查和记录方法参见表 3-3-4。

表 3-3-4 蓄水工程检查记录表

检查人员: 记录人员:

| 工程形式 | 检查重点 | 检查时间 | 损毁形式/损毁部位 | 损毁程度 | 坍塌、裂缝损毁原因 | 备注 |
|---|---|---|---|---|---|---|
| 蓄水池 | 坍塌、裂缝 | | | | | |
| 水窖 | 坍塌、裂缝 | | | | | |
| 涝池 | 坍塌、裂缝 | | | | | |

注:检查时间可填"汛前/年、月、日"或"××暴雨后/年、月、日"。

1. 蓄水池管护

蓄水池管护重点是应以加强汛期(特别是暴雨前后)的巡查,保证蓄水池和排水沟渠连接通畅,维护工程安全,在旱季防止池壁干裂为管护重点。

(1)做好防渗、防漏工作。

(2)做好清淤工作。每年进行一次清淤。泥沙淤积较严重时,应增加清淤次数。清淤时,应先排空池水,然后再分层清淤,直到底板面层。清淤时,应防止损坏池底防渗层。从池中清出的淤泥,可直接或同农家肥混合施于田间。

(3)每年汛前和暴雨后应对引水渠进行检查并清除渠内的泥沙与杂物。

(4)汛期应处理好预防山洪灾害与有效蓄水的关系。

(5)溢水口和排水孔应经常维修,以保持排水畅通。

(6)无盖蓄水池四周可种植树冠大的乔木或采用塑料膜覆盖,以减少水面蒸发。种植树木时,应选择好树种和种植位置。

(7)容积和深度较大的蓄水池应设置护栏,并在池边树立警示牌。

(8)用于人畜饮水的蓄水池应防止水源污染。

2. 水窖管护

水窖的管护重点是在做好日常维护的同时,防淤积、防污染、防疫病。

水窖修成后应及时放入适当水量;正式蓄水取水时,不能将水取尽,防止窖壁窖底干涸裂缝;雨前,应清理集雨场和引水渠,降雨时,应及时引水;当蓄水到要求高度时,应立即封闭进水口;应经常观察窖内水位变化。水位骤减时,应查明原因并进行处理。暴雨中收集地表径流时,应有专人现场看管,窖中水位不能超过设计的蓄水高度(水窖、水窑部分),防止旱窖与窑顶部蓄水泡塌。窖口盖板应经常盖好锁牢,防止杂物掉入或人畜跌进,以保证安全与卫生。

3. 涝池管护

涝池主要修于路旁(或道路附近,或改建的道路胡同之中),用于拦蓄道路径流,防止道路冲刷与沟头前进;同时可供饮牲口和洗涤之用。涝池管护的重点是汛期前及暴雨后的检查维护,以保证安全度汛。暴雨期需有专人现场巡视,发现问题,及时处理。对淤积严重影响效用发挥的涝池,应及时清除淤积,一般情况下,每2~3年清淤一次。

# 3.2　植物措施管护

## 3.2.1　水土保持植物措施管护的主要内容

水土保持植物措施管护包括水土保持林、经济林果、种草和封禁治理的管护。

### 3.2.1.1　水土保持林管护的主要内容

水土保持林是以防治水土流失为主要营林目的的林种,是生态防护林的重要组成部分。因此在管护上应重点防止人为破坏和不合理的利用方式,以利于充分发挥其保持水土、防治水土流失的作用。

不同种类及不同生长阶段的水土保持林,其管护的内容和重点均有所侧重。

幼林管理的主要内容包括土壤水肥管理、幼林抚育(间苗、除蘖、抹芽等)和幼林保护(防治病虫害、防人畜破坏、防火、防低温及高温危害等);成林管护的主要内容是修枝、平茬、抚育间伐、病虫害防治及防止火灾等;低质林分的管护重点是更新树种和抚育复壮等。

### 3.2.1.2　水土保持草管护的主要内容

水土保持草地的管理应建立以农户承包管护为主体,可实行联产承包、业主承包等多种管理形式,落实责任制度,加强技术培训,健全技术管护制度。

水土保持草管护的主要内容有人工草地的管护、草地利用管理和天然草地封禁管护。

## 3.2.2　水土保持林新造林地抚育管理

水土保持林新造林地抚育管理包括间苗定苗、除草松土、适当进行修枝整形、幼林的检查与补植等。

(1)间苗定苗:播种造林的幼苗,在种植后 1~2 年内,应分次进行间苗,最后每穴保留 2~3 株生长健壮的苗木。

(2)除草松土:宜在整地工程内进行,并对整地工程进行维修养护。防风固沙林、农田防护林不宜松土除草。

(3)水土保持纯林郁闭前,不宜修枝;但对局部稠密的幼树可适当进行修枝整形,剪除过密枝、枯死枝和病虫枝。

(4)幼林的检查与补植:每年秋冬季节应对当年春季、前一年秋季造林成活率进行检查,按规定填写幼林检查报告表,并且每隔 3 年还应对历年造林的存活情况、成林情况进行一次综合性普查。造林成活率检查应采用标准地或标准行法。成活率不足 40% 的造林地,不计入造林面积,应重新整地造林,并保留成活的幼树。除成活率在 85% 以上且分布均匀的地块外,其他都应在当年冬季或第二年春季进行补植。幼林补植需用同一树种的大苗或同龄苗。

## 3.2.3　人工草地田间管理

### 3.2.3.1　人工草地管理

(1)以农户承包管护为主体,实行联户承包、业主承包等多种经营管理形式,落实管护责任制,加强技术培训,健全技术管护制度。

(2)有条件的地方宜设置围栏。

(3)幼苗期应加强田间管理,清除杂草,及时补种漏播或缺苗地块。

(4)根据草地土壤肥力和草种的生长状况,适时施用适量的氮肥、磷肥、钾肥。

(5)有水源条件的草地应根据需要及时灌溉,且施肥和灌溉结合起来。无水源条件,可修集雨工程或引洪漫地工程进行灌溉。

(6)及时防治病虫害和鼠害。

(7)退化草地应在春末夏初季节及时进行松耙补种,灌水施肥,消灭杂草和刈割老龄植株。松耙补种效果不佳的,应全部翻耕,重新种植其他牧草。

### 3.2.3.2　草地利用

(1)防蚀草地:凡是用做水土保持用途的草地(包括护坡、固沟、固沙、护岸的草地),

在一年的生长期中,尤其是雨季,应禁止刈割和放牧,但可在秋季停止生长后高留茬刈割。

（2）放牧草地:应实行轮牧,禁止自由放牧。开始放牧时间在草高达到 12 ~ 15 cm 时为宜。牲畜对牧草的采食量不宜超过牧草生长量的 50% ~ 60%,草层高度低于 5 cm 时应转移畜群。雨天应轻牧(6 只羊/hm²),防止畜群密度过大,造成草场践踏损失和破坏土壤结构。

（3）刈割草地:刈割时期宜选在牧草抽穗开花期(豆科牧草以初花期为宜,禾本科牧草以抽穗期为宜)。刈割高度:上繁草可留 5 ~ 6 cm,下繁草为主的稠密低草可留 4 ~ 5 cm,再生枝条由分蘖节和根茎形成的草类可留 4 ~ 5 cm,再生枝条由叶腋形成的高大牧草可留 15 ~ 30 cm。水分条件好、管理水平高、再生能力强的草地每年可刈割 2 ~ 3 次;水分条件及草丛再生能力差的草地每年刈割一次。

（4）对有食用、药用及其他经济价值的草种,应根据草种特性及利用时期及时采收、晒制。

（5）采种草地严禁放牧。

### 3.2.4　经济林果管护知识

#### 3.2.4.1　经济林果管护的主要内容

经济林果管护的主要内容有幼林的抚育管理和经济林果生产期的管理。要明确管护标准,制定管护措施,建立管护档案。

#### 3.2.4.2　经济林果幼林管护

经济林果幼林管护包括扩穴培土与间作、灌溉施肥、修剪整形、病虫害防治等。

（1）扩穴培土与间作:采取水平梯田、水平阶、鱼鳞坑等水土保持工程措施的经济林果地,可在冬季进行深垦扩穴,并增施有机肥料,改良土壤。深垦深度为 20 ~ 25 cm。在不影响苗木生长时,可实行林农间作、林草间作。间作应采用豆科及矮秆作物,禁种高秆、木本和块根作物,并距离苗木 30 cm 以上。

（2）灌溉施肥:对于当年营造的果苗,应经常灌溉。当土壤水分低于田间持水量 60% 时,应及时灌溉。每年应施一次基肥和三次追肥,并以有机肥为主,配合施用氮、磷、钾肥。肥料施用量应根据具体的林果栽培技术要求进行。

（3）修剪整形:根据林果的具体种类和品种,进行适时修剪整形。

（4）病虫害防治:根据不同林果及品种常见病虫危害规律,按照具体的技术规范要求,采取预防为主、防治结合的方法对各类病虫对幼林的危害进行诊治。

#### 3.2.4.3　经济林果生产期的管理

成林管护应根据不同树种对水、肥条件的要求及病虫害发生的种类和规律,采取相应措施。一般应注重品种改良、松土施肥、扩穴蓄水或浇水、中耕除草、修剪、病虫害防治等,以保证产果质量和稳产、高产。

# 第 4 篇　操作技能——中级工

第十章　誘惑攻撃——中心工

# 模块 1　水土保持调查

## 1.1　野外调查

### 1.1.1　地形图野外识图、定点

对地形图的认识可参见基础知识中"7.1　地形图基础知识"。掌握了地形图基础知识后,地形图野外识图用图最重要的内容包括典型地貌的等高线的识读、地形图上高程和高差的判定、利用地形图野外定向和定点、地形图与实地地形对照等。

#### 1.1.1.1　典型地貌的等高线的识读

地面上地貌的形态是多样的,对它进行仔细分析后就会发现它们不外是几种典型地貌的综合。了解和熟悉用等高线表示典型地貌的特征,将有助于识读、应用地形图。地形图上地貌的主要类型有山丘(山头、山顶)、盆地(洼地)、山脊、山谷、鞍部、悬崖、陡崖等,称之为典型地貌。

1. 山丘(山头、山顶)和盆地(洼地)

凸出而高于四周的高地称为山丘或山头、山顶;地面凹下低于四周的低地称为盆地或洼地、凹地。两者画出的等高线,都是封闭的一组曲线,根据注记的高程可以将两者区别开来。高程由外向里逐步增加的是山头,高程由外向里逐步减少的是盆地,如图 4-1-1 所示。

如果等高线上没有高程注记,则用示坡线来表示。示坡线是垂直于等高线的短线,用以指示坡度下降的方向。示坡线从内圈指向外圈,说明中间高、四周低,为山丘。示坡线从外圈指向内圈,说明四周高、中间低,故为洼地(凹地)。

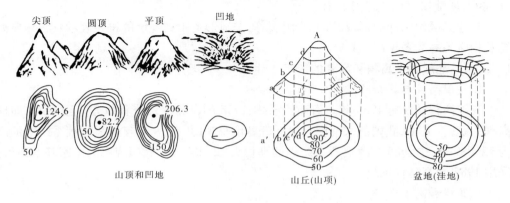

**图 4-1-1　山丘和盆地的等高线图**

2.山脊和山谷

沿着一个方向延伸的高地称为山脊,其凸出点的连线称为山脊线,也称分水线。在地形图上山脊的等高线凸向低处,如图 4-1-2(a)、(c)所示。沿着一个方向延伸的低地称为山谷,位于两山脊之间;其凹进点的连线称为山谷线(集水线)。在地形图上山谷的等高线凸向高处如图 4-1-2(b)、(d)所示。山脊或山谷两侧山坡的等高线近似于一组平行线,山脊线(分水线)和山谷线(集水线)称为地性线。地性线与山脊或山谷部分的等高线垂直。在地形图使用时经常要勾绘沟道(集水线)和流域边界(分水线),因此分水线和集水线这两条地性线非常重要。

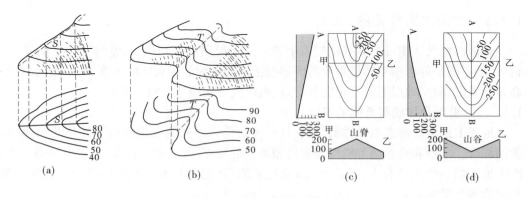

图 4-1-2　山脊和山谷的等高线图

3.鞍部

两个山头之间的低凹部位因形似马鞍,故称为鞍部。其等高线是一组大的封闭曲线内套两组闭合曲线,如图 4-1-3 所示。

4.悬崖和陡崖

山头上部向前突出,山腰凹进去,就形成悬崖。山头部位的等高线与山腰部位的等高线相交,凹进并被山头遮挡的部位用虚线勾绘,如图 4-1-4 所示。

陡崖是近似垂直的陡坡,故不同高程的等高线将重合在一起,如图 4-1-5 所示,其中(a)为石质陡崖,(b)为土质陡崖。

其他如因雨水冲刷形成的冲沟、雨裂等,按地形图图式规定的符号表示。各种典型地貌及相应等高线图见图 4-1-6。

### 1.1.1.2　地形图上高程和高差的判定

1.我国高程起算面的规定

我国高程系统有 1956 年黄海高程系统、1985 国家高程系统和地方高程系统(如珠江高程系统)。其中,我国的水准原点建在青岛市鸡观山,在 1956 年黄海高程系统中的高程为 72.289 m,在 1985 国家高程系统中的高程为 72.260 m。我国现用的国家基本地形图,采用 1985 国家高程系统。

2.高程和高差判定

我们在使用地图时,经常要判定点位的高程。主要是根据高程注记和等高线来推算。例如:点位恰在等高线上时,该等高线的高程就是这个点位的高程;点位在两条等高线之

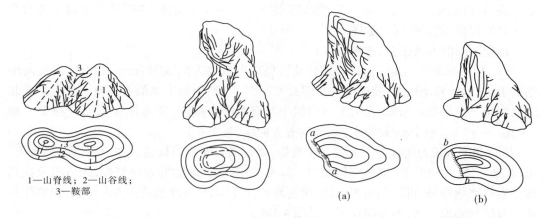

1—山脊线；2—山谷线；
3—鞍部

（a）　　　　　　　（b）

图4-1-3　鞍部的等高线图　　图4-1-4　悬崖的等高线图　　图4-1-5　陡崖的等高线图

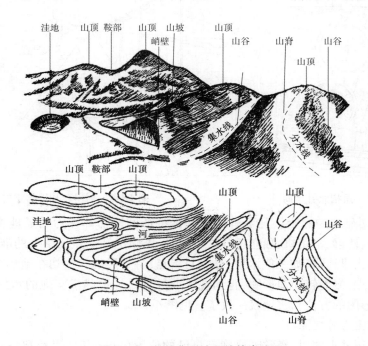

图4-1-6　各种典型地貌的等高线图

间时,先查出下边一条等高线的高程,再按该点在两等高线间的位置用比例内插法求出高程;点位在没有高程注记的山顶时,一般应先判定最上边一条等高线的高程,然后再加上半个等高距。知道了两点的高程,然后相减,所得结果就是两点的高差。

### 1.1.1.3　利用地形图野外定向和定点的方法

1. 用地形图确定方向

用地形图确定方向也叫标定地图,就是使地图的方位与现地一致。地图的方位是上北下南、左西右东,这是许多人知道的,为什么还要标定地图方位呢? 这里所说的标定地图,就是让地图和现地两者的方位严格一致,恢复地图与实地成一定比例的完全相似的关系。地图,特别是大比例尺地形图,反映实地地形非常详细精确,要把每个地物和实地都一一对照起来,就必须标定地图。

标定地图的方法很多,常用的有:

(1)利用指北针标定。先以指北针的直尺边与磁北方向线密合,并使"北"字朝向地图的上方,然后转动地图,使磁针的北端对准"北"字,地图与实地的方位就一致了。磁北方向线位于地形图的东部,在上下图廓线上画有两个小圆圈,旁边注有"磁北(或 P)"和"磁南(或 P1)",两个小圆圈的连线即为磁方向线,见图4-1-7。

(2)利用直长地物标定。所谓直长地物,就是又直又长的地物。如公路、铁路、水渠、土堤、通信线、输电线等,都是直长地物。首先,顺着直长地物的方向站好,先从图上找到这个直长地物符号,再转动地图,对照两侧地形,使图上和实地地物的方向一致,但要注意图上方位与实地一致,不要搞反了。见图4-1-8。

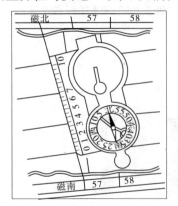

图 4-1-7　用指北针定向

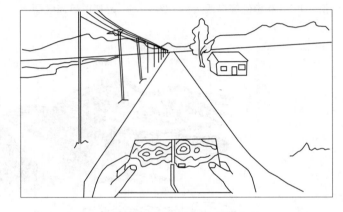

图 4-1-8　利用直长地物定向

(3)利用明显地物标定。凡是有明显突出特征的地物都称为明显地物,如山顶、鞍部、烟囱、水塔、桥梁、岔路口、独立树等。定向时,先确定站立点在图上的准确位置,然后在远方选择一明显地物(如一座木桥)作为目标点,将直尺的一边切在地形图上站立点和木桥符号中心点,慢慢转动地形图,直到视线通过直尺一边瞄准实地的木桥(目标点)为止。这样,地形图的方位和实地就一致了。见图4-1-9。

2.用地形图野外定点

在野外使用地形图时,经常需要确定自己的位置(站立点),以及把一些观测目标点(如地物点、地貌点、水文点等)较准确地标绘在地形图中,称为野外定点。

1)确定站立点

确定站立点,就是在现场用的地形图中,把自己站立的实地位置,准确地在地形图上找到。这是我们在野外调查中现地使用地图时经常碰到的问题。不能准确地确定站立点在图上的位置,就不能正确地使用地图,所以说,确定站立点,是现地用图的一个关键问题。下面介绍几种确定站立点位置的方法,但要根据不同情况灵活选用。

(1)有明显的地形特征点时,用明显地形点确定站立点位置。当站立者站在山顶、鞍部、桥梁、岔路口等明显地形特征点上时,只要在图上找到这个地形符号,也就找到了站立

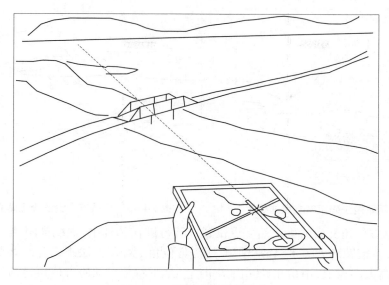

**图4-1-9　利用明显地物定向**

点在图上的位置（见图4-1-10）。如果站立点是在某明显的地形特征点的附近，则可以根据站立点与明显地形特征点的关系，目估判定站立点在图上的位置（见图4-1-11）。

**图4-1-10　依据明显的地形特征**
**点确定站立点位置**

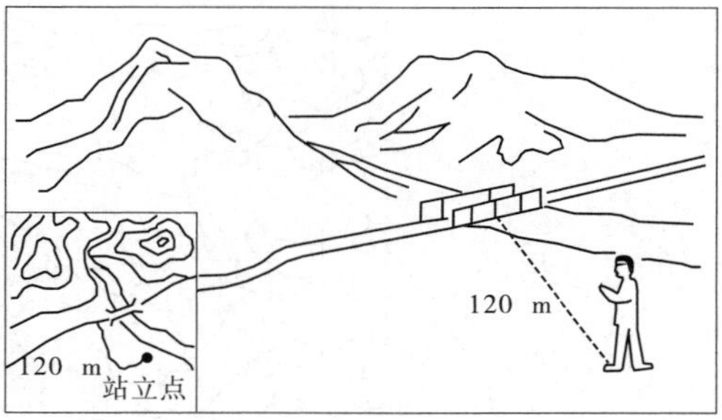

**图4-1-11　依据与明显地形特征点的**
**关系确定站立点位置**

（2）有直长地物时，用截线法确定站立点位置。当站立者站在道路、河流、土堤上时，可先利用直长地物标定地图方位，再在直长地物（如道路）一侧选择一个图上和实地都有的明显地形特征点符号（如图中的三角点），直尺绕三角点符号转动，使其与两点的延长线重合，那么直尺与直长地物（道路）符号的交点，即为站立点在图上的位置（见图4-1-12）。这种方法叫截线法。

（3）在平坦开阔的地形上，附近没有明显地形点，也没有线状地物，但在远方能看到两个明显地形点时，可采用后方交会法确定。先在站立点标定地图，并保持地图不动，再从图上和现地分别找准这两个明显地形点；然后将直尺边靠在图上一个地形符号的中心，转动直尺向现地相应的地形点瞄准，画方向线；不动地图，再以同样方法向另一个明显地形点瞄画方向线，两条方向线的交点就是站立点在图上的位置（见图4-1-13）。

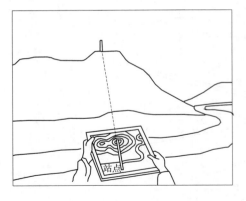

**图4-1-12　用截线法确定站立点的位置**　　　　**图4-1-13　用后方交会法确定站立点位置**

（4）用磁方位角交会法确定站立点位置。若行进在丛林中，视线被阻挡，不便将地图与实地对照，可借助高大树木，登高远望，用磁方位角交会的办法来确定站立点的位置：先攀登到比较高大的树上，用指北针测出两个明显地形特征点的磁方位角，然后在平地上展平地形图，标定地图方位，将指北针直尺边分别切在地形图的相应地形特征点上，转动指北针，使磁针指向所测磁方位角分划位置，画出方向线；再以同样的方法画出另一目标的方向线。两条方向线的交点就是站立点在图上的位置（见图4-1-14）。

**图4-1-14　用磁方位角交会法确定站立点位置**

2）标绘目标点

把一些观测目标点（如地物点、地貌点、水文点等）较准确地标绘在地形图中，与确定站立点的方法类似，利用地形图定点一般有两种方法，即目估法和交会法。

（1）用目估法定点的方法：在小比例尺或精度要求不很高时可用目估法进行定点。也就是说，根据测点周围地形、地物的距离和方位的相互关系，用眼睛来判断测点在地形图上的位置。用目估法定点的方法步骤如下：

①首先在观测点上利用罗盘使地形图定向，即将罗盘长边靠着地形图东边或西边图

框,整体移动地形图和罗盘,使指北针对准刻度盘的 0 度,此时图框上方正北方向与观测点位置的正北方向相符,也就是说,此时地形图的东南西北方向与实地的东南西北方向相符。这时,一些线性地物如河流、公路的延长方向应与地形图上所标注的该河流或公路相平行。

②在地形图定向后,找寻和观察观测点周围具有特征性的在图上易于找到的地形地物,并估计它们与观测点的相对位置(如方向、距离等)关系,然后根据这种相互关系在地形图上找出观测点的位置,并标在图上。

(2)用交会法定点的方法:在比例尺稍大、精度要求较高时则需用交会法来定点。用交会法定点的方法步骤如下(可参见图 4-1-15):

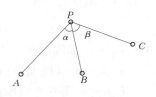

**图 4-1-15 交会法定点原理**

①在观测点 P 上利用罗盘使地形图定向,即将罗盘长边靠着地形图东边或西边图框,整体移动地形图和罗盘,使指北针对准刻度盘的 0 度。

②在观测点 P 附近找三个不在一条直线上且在地形图上已表示出来的明显地物 A、B、C,且要求相邻两点之间的角度不应小于30°或大于120°。

③用罗盘分别测量 AP、BP、CP 的方位角。将罗盘仪安置在 P 点上,用垂球对中,使度盘中心与 P 点处于同一铅垂线上,然后松开球形支柱上的螺旋,上下俯仰度盘位置,使度盘上的水准气泡居中,再固定度盘。放松磁针,使之自由转动。转动罗盘仪,用望远镜照准点 A,当磁针静止时,磁针北端所指的度盘刻度即为该测线 AP 的方位角,同样方法测量 BP、CP 的方位角,并记录。

④在地形图上找到三个已知点 A、B、C。

⑤用量角器作图。在地形图上过 A、B、C 三点按相应的方位角分别做三条方向线,这三条线的交点则为所求观测点 P 的位置。如三条测线不相交于一点(因测量误差)而相交形成一个小三角形(被称为误差三角形),三角形的中心点即为所要确定的观测点 P 在图上的位置。

实际工作时可将目估法和交会法同时使用,相互校正,这样点定得更为准确。

#### 1.1.1.4 地形图与实地地形对照

标定地图方位、确定站立点的位置以后,就可以将地图与实地地形一一对照了。通过对照,建立地形与地图的统一概念,为进行野外调查打下可靠的基础。

对照地形时,一般先对照明显的地形,后对照一般地形;先近后远,先易后难;由点到面,有条不紊地进行。在山地、丘陵地区,可根据地貌形态,先对照明显的山顶、山脊、山谷,然后顺着分水线、集水线的走向对照山脊、鞍部、山背、山脚等。在平原地区对照时,可先对照主要的道路、河流、居民地以及高大的建筑物,然后根据地物的分布情况和相互关系逐点对照。

### 1.1.2 坡面侵蚀沟量测

纹沟、细沟及部分浅沟等坡面侵蚀沟,一般由一次或多次暴雨形成。坡面侵蚀沟量测因目的不同,采用的方法也不同。当监测细沟的发生、发展动态变化时,用立体摄影法;当量测细沟侵蚀量时,常用断面测量法和填土容积法。

（1）断面测量法:在观测小区或临时样区或代表性地段内从坡上到坡下布设一定数量（根据断面变化情况掌握）的施测断面,量测每一断面侵蚀沟的深度和宽度（精确到毫米）,并累加求出该断面总深度和总宽度,直至测完每个断面。计算侵蚀量如下:

若等距布设断面

$$V_{总} = \sum (w_i h_i) \cdot L \tag{4-1-1}$$

若不等距布设断面

$$V_{总} = \sum (w_i h_i L_i) \tag{4-1-2}$$

式中　　$V_{总}$——细沟侵蚀总体积,$m^3$;

　　　　$w_i$、$h_i$——某断面细沟的总宽度和总深度,m;

　　　　$L$、$L_i$——等距布设断面细沟长度和不等距布设断面代表区的细沟长度,m。

（2）填土容积法:也称容积法。是将一定体积的备用细土填入细沟中,并稍压密实,细心用刮板刮去多余土体与细沟两缘齐平,直至填完细沟,量出剩余备用细土体积,两者之差即为细沟侵蚀体积。

将细沟侵蚀体积转化成重量,再与小区观测的泥沙总量相比,可以得出细沟侵蚀在坡面侵蚀中的重量和大小。

## 1.1.3　水土保持措施图野外核查

水土保持措施图野外核查,是水土保持措施验收的基础工作,一般以小流域为单元进行野外核查。重点是核查位置、符合质量标准的数量（坡面措施主要是面积、沟道措施主要是个数）。

### 1.1.3.1　水土保持措施图野外核查的依据

水土保持措施图野外核查的依据主要包括:

（1）《小流域综合治理阶段总结报告》及各项措施（现状、新增）附表或《小流域综合治理竣工总结报告》及各项措施（现状、新增）附表。

（2）治理前小流域水土保持措施现状图、小流域水土保持工程总体布置图或综合规划图。

（3）《水土保持综合治理验收规范》（GB/T 15773—2008）规定的单项措施验收图、年度治理成果验收图、综合治理竣工验收图。

（4）各项水土保持措施应符合《水土保持综合治理验收规范》（GB/T 15773—2008）规定的二级以上的验收评价标准。

### 1.1.3.2　水土保持措施图野外核查方法

1. 内业准备工作

准备外业核查的必备设备和工具,如望远镜、丈量工具、指北针等;准备核查小流域1:10 000水土保持措施现状图和实施后的小流域水土保持工程总体布置图或综合规划图、单项措施验收图、年度治理成果验收图、综合治理竣工验收图,1:10 000 小流域地形图;根据制订的核查方案准备措施核查表格;并在室内勾绘核查范围界线。

**2.核查方法**

主要对照小流域现状图、实施后的规划图,以及单项措施验收图、年度治理成果验收图、综合治理竣工验收图,野外现场对照核查。

1)坡面措施

梯田、造林、种草等坡面措施,根据任务大小或精度要求选择采用典型样区核查、线路核查或重点图斑核查法。

(1)核查数量、位置:根据措施(现状、新增)附表查清现状、新增措施数量,对照各类依据的图件初步确定其位置。

(2)选定需要核查的典型样区、线路或重点图斑,并注意各项措施的质量应符合合格以上标准,否则不计数量。质量参考标准为:梯田田面宽度在 4 m 以下、田面坡度在 4°以上、无地埂、田坎受到破坏,蓄水能力差,但具有一定的拦沙能力的为Ⅲ类(合格);林地有工程整地措施、覆盖度在 20%以上或无工程整地措施、覆盖度在 30%以上的为Ⅲ类(合格);草地覆盖度在 40%以下的为Ⅲ类(合格)。

(3)记录和图斑勾绘:依据水土保持措施图,对照实地进行观察、丈量或估算结果,如符合要求,作出相应的记录;对有出入的措施,应在对应的1∶10 000 地形图上重新进行单项措施图斑勾绘,最小图斑面积为 1 hm²(图上 1 cm²)。单项措施面积过大时,要注意利用地形(山梁、塬边线、沟底线、陡崖、小路)分开勾绘图斑,以免整个坡面只有一个图斑。

(4)内业图斑面积量算、填表及计算内业清图后,量算每个图斑面积填表,分别计算填写梯田、造林、种草等措施的数量与质量。计算水土保持措施核查结果。

2)沟道措施及其他工程措施

对于沟头防护工程、谷坊、淤地坝(拦沙坝)、小水库(塘坝)、治沟骨干工程、小型蓄排引水工程等,凡是在水土保持措施图上反映出的沟道措施及其他工程措施,对照小流域工程总体布置图、坝系规划图和完成验收图等,采用逐个核查,坝坝到位的核查法。以小流域水土保持工程总体布置图或综合规划图为草图,进行标定,并注意现状措施数量、位置和新增数量、位置。

## 1.1.4　测量的跑尺

司尺员(习惯上称扶尺员)在测量工作中,负有极其重要的责任,是整个测量工作中不可缺少的成员。扶尺员工作的好坏,直接影响着测量的优劣与进度的快慢。扶尺员的主要工作是"跑尺"。特别是在地形测图中,跑尺点选择恰当与否,直接反映着地物形状和地貌形态,同时影响着地形图的质量。因此,测量的跑尺点的正确选择是地形图测绘中重要的一环。以地形测量为例,测量的跑尺工作包括以下要点:

(1)计划跑点路线:跑尺测量开始前,观测员可与扶尺员先察看测站周围的地物地貌,计划跑点路线,一般由远到近,先地物后地貌。以最少的点子来控制地形,以最经济的路线完成跑尺工作。地形复杂处可绘制草图。

(2)地物特征点选择:地物特征点容易选择如房角,道路交叉点,河流、道路、围墙的转折点及独立建筑物的中心点等,连接有关特征点,便可绘出与实物相似的地物形状。

(3)地貌特征点选择:地貌特征点选择不像地物特征点那样明显清楚,跑尺点较难选择,立尺员应从远处认清特征点的所在位置。地貌的特征点一般选择在最能反映地貌特征的山顶和鞍部、山脚变化点、山脊线和山谷线上坡度变化及方向变化点。

(4)跑尺点密度:为了保证成图质量,要求跑尺点有一定密度,即使在坡度变化很小的地方,每隔一定距离也应立尺,一般图上每隔 2～3 cm 有一个点。

### 1.1.5　水准仪的使用及水准测量知识

#### 1.1.5.1　水准仪的使用方法

水准仪的构成主要有望远镜、水准器及基座三部分。望远镜由物镜、目镜和十字丝(上、中、下丝)三部分组成。水准器有两种:圆水准器精度低,用于粗略整平;水准管精度高,用于精平。水准器的特性是气泡始终位于高处,气泡在哪处,说明哪处高。基座的作用是支承仪器的上部并与三脚架连接,它主要由轴座、脚螺旋、底板和三角压板构成。

常用的水准尺有塔尺和双面尺两种。塔尺多用于等外水准测量,其长度有 2 m 和 5 m 两种,用两节或三节套接在一起。尺的底部为零点,尺上黑白格相间,每格宽度为 1 cm,有的为 0.5 cm,每一米和分米处均有注记。双面水准尺多用于三、四等水准测量。其长度有 2 m 和 3 m 两种,且两根尺为一对。尺的两面均有刻划,一面为红白相间,称红面尺;另一面为黑白相间,称黑面尺(也称主尺),两面的刻划均为 1 cm,并在分米处注字。在水准测量中,水准尺必须成对使用,每对双面水准尺黑面尺底部的起始数均为零;而红面尺底部的起始数分别为 4.687 m 和 4.787 m。

尺垫是在转点放置水准尺用的,它用生铁铸成,一般为三角形,中央有一突起的半球体,下方有三个支脚。用时将支脚牢固地插入土中,以防下沉,上方突起的半球形顶点作为竖立水准尺和标志转点之用。

水准仪的使用包括安置水准仪、粗略整平、照准和调焦、精确整平和读数。

1. 安置水准仪

在测站上,首先松开三脚架架腿的固定螺旋,伸缩三个架腿使高度适中,再拧紧固定螺旋。在平坦地面,三个脚大致成等边三角形,高度适中,脚架顶面大致水平,用脚踩实架腿,使脚架稳定、牢固;在斜坡地面上,应将两个架腿平置在坡下,另一架腿安置在斜坡方向上,踩实各个架腿;在较光滑的地面上安置仪器时,三脚架的三个腿不能分得太开,以防止滑动。三脚架安置好后,从仪器箱取出水准仪,旋紧中心连接螺旋将水准仪固定在架头上。

2. 粗略整平

松开水平制动螺旋,转动水准仪,将圆水准器置于两个脚螺旋之间,当气泡中心偏离中心时,用两手同时相对(向内或向外)转动 1、2 两个脚螺旋,使气泡沿 1、2 两螺旋连线的平行方向移至中心处,然后转动第三个脚螺旋,使气泡居中。

3. 照准和调焦

(1)将望远镜对准明亮的背景,转动目镜使十字丝成像清晰。

(2)松开制动螺旋,转动望远镜,利用望远镜筒上的缺口和准星,粗略瞄准水准尺,旋紧水平制动螺旋。

(3)转动物镜调焦螺旋,并从望远镜内观察至水准尺影像清晰,然后转动水平微动螺旋,使十字丝纵丝照准水准尺中央。

(4)消除视差:当尺像与十字丝分划板平面不重合时,眼睛靠近目镜微微上下移动,若发现十字丝与目标影像有相对运动,这种现象称为视差。视差会带来读数误差。消除的方法是反复调节物镜、目镜调焦螺旋,直到无论眼睛在哪个位置观察,十字丝横丝所照准的读数始终清晰不变为止。

4. 精确整平

眼睛通过位于目镜左方的符合气泡观察窗看水准管气泡,右手转动微倾螺旋,使符合水准器两半边气泡严密吻合,此时视线水平,可以读数。由于气泡的移动有一个惯性,转动微倾螺旋的速度不能太快,尤其在符合水准器的两端气泡影像将要对齐时更要注意。

5. 读数

仪器精确整平后,即可读取中丝在水准尺上的读数,读数时,先默估出毫米数,再依次将米、分米、厘米、毫米四位数全部报出。读数后应检查气泡是否符合,若不符合再精确整平,重新读数。

## 1.1.5.2　普通水准测量知识

水准测量所使用的仪器为水准仪,工具为水准尺和尺垫。

1. 水准测量基本原理和转点、测站

1)水准测量基本原理

水准测量的原理是利用水准仪提供的水平视线,测量出地面两点间的高差,然后根据已知点的高程推算出待定点的高程。如图 4-1-16 所示。

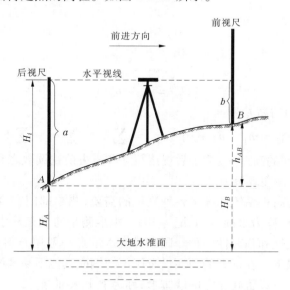

a—后视读数;A—后视点;b—前视读数;B—前视点;
$H_A$—A 点高程;$H_B$—B 点高程;$h_{AB}$—A、B 两点的高差

**图 4-1-16　水准测量原理示意图**

A、B 两点间的高差:$h_{AB} = H_A - H_B = a - b$;测得两点间高差 $h_{AB}$ 后,若已知 A 点高程

$H_A$，则可得 $B$ 点的高程：$H_B = H_A + h_{AB}$。

2）转点、测站

在实际水准测量中，已知点到待定点之间往往距离较远或高差较大，仅安置一次水准仪不能测得它们的高差，就需增设若干个临时传递高程的立尺点，称为转点。如图 4-1-17 所示。

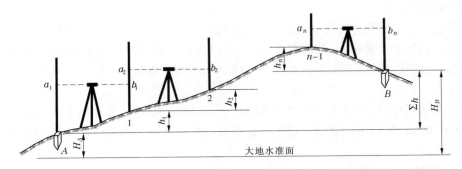

图 4-1-17　附合水准测量示意图

设已知点 $A$ 的高程为 $H_A$，要测定距 $A$ 点较远的一点 $B$ 的高程，必须在 $A$、$B$ 两点之间连续设置若干次仪器和若干个临时性的立尺点，观测时，每安置一次仪器观测两点间的高差，称为一个测站；作为传递高程的临时立尺点 $1, 2, \cdots, n-1$ 称为转点。各测站的高差为：

$$h_1 = a_1 - b_1$$
$$h_2 = a_2 - b_2$$
$$\cdots\cdots$$
$$h_n = a_n - b_n$$

因此 $A$、$B$ 两点间的高差为：

$$h_{AB} = h_1 + h_2 + \cdots + h_n = \sum h = \sum a_i - \sum b_i$$

结论：$A$、$B$ 两点间的高差 $h_{AB}$ 等于后视读数之和减去前视读数之和。

2. 水准点及水准测量路线形式

为了统一全国的高程系统和满足各种测量的需要，测绘部门在全国各地埋设并测定了很多高程点，这些点称为水准点，简记为 BM。水准测量通常是从水准点引测其他点的高程。水准点有永久性和临时性两种。国家等级水准点一般用石料或钢筋混凝土制成，深埋到地面冻结线以下。在标石的顶面设有用不锈钢或其他不易锈蚀材料制成的半球状标志。有些水准点也可设置在稳定的墙脚上，称为墙上水准点。

建筑工地上的永久性水准点一般用混凝土或钢筋混凝土制成，临时性的水准点可用地面上突出的坚硬岩石或用大木桩打入地下，校顶钉为半球形铁钉。

埋设水准点后，应绘出水准点与附近固定建筑物或其他地物的关系图，在图上还要写明水准点的编号和高程，称为点之记，以便于日后寻找水准点位置之用。水准点编号前通常加 BM 字样，作为水准点的代号。

水准测量路线形式主要有闭合水准路线、附合水准路线和支水准路线。

3.普通水准测量的方法、记录计算及注意事项

1）普通水准测量的观测程序

(1)将水准尺立于已知高程的水准点上,作为后视尺。

(2)将水准仪安置于水准路线的适当位置,在路线的前进方向上的适当位置放置尺垫,在尺垫上竖立水准尺作为前视尺。水准仪到两水准尺的距离应基本相等,最大视距不大于 150 m。

(3)将仪器粗略整平,照准后视标尺,消除视差,用微倾螺旋调节水准管气泡并使之居中,用中丝读取后视读数,并记入手簿(见表 4-1-1)。

表 4-1-1　水准测量记录手簿

测自_____点至_____点　天气:_____;呈像:_____;日期:_____;
仪器号码:_____;观测者:_____;记录者:_____

| 测站 | 测点 | 后视读数（m） | 前视读数（m） | 高差 | | 高程（m） | 备注 |
|---|---|---|---|---|---|---|---|
| | | | | + | − | | |
| 1 | BM$_1$ | | | | | | 高差 = 后视读数 − 前视读数 |
| | 转点 1 | | | | | | |
| 2 | 转点 1 | | | | | | |
| | 转点 2 | | | | | | |
| 3 | 转点 2 | | | | | | |
| | BM$_2$ | | | | | | |
| Σ | | | | | | | |
| 校核计算 | | | | | | | |

(4)调转水准仪,照准前视标尺,消除视差,使水准管气泡居中,用中丝读取前视读数,并记入手簿。

(5)将仪器迁至第二站,此时,第一站的前视尺不动,变成第二站的后视尺,第一站的后视尺移至前面适当位置成为第二站的前视尺,按第一站相同的观测程序进行第二站测量。

(6)顺序沿水准路线前进方向观测完毕。

2）水准测量的注意事项

a.观测

①观测前应认真按要求检验水准仪和水准尺;

②仪器应安置在土质坚实处,并踩实三角架;

③仪器到前后水准尺的距离应大致相等;

④每次读数前要消除视差,只有当符合水准气泡居中后才能读数;

⑤注意对仪器的保护,做到"人不离仪器";

⑥只有当一测站记录计算合格后才能搬站,搬站时先检查仪器连接螺旋是否固紧,一

手托住仪器,一手握住脚架稳步前进。

b. 记录

①认真记录,边记边回报数字,准确无误地记入记录手簿相应栏中,严禁伪造和传抄;

②原始读数不得涂改,读错或记错的数据应划去再将正确数据写在上方,并在相应备注栏注明原因,记录簿要干净、整齐;

③每站应当场计算,检查符合要求后,才能通知观测者迁站。

c. 扶尺

①水准尺要扶直,不能前后左右倾斜;

②在已知高程点和待测高程上立尺时,不能放尺垫,直接放在标石或木桩上;

③观测员迁站前,后视点的尺垫不能动。

## 1.1.6　土样、水样的采集

### 1.1.6.1　土样的采集

土壤样品的采集是土壤测试的一个重要环节,采集有代表性的样品,是如实反映客观情况的先决条件。因此,应选择有代表性的地段和有代表性的土壤采样,并根据不同分析项目采用不同的采样方法。

(1)土壤剖面样品的采集:选择有代表性的位置,挖 1 m×1.5 m(或 1 m×2 m)的长方形土坑,深度一般达母质或地下水位即可,大多在 1~2 m;然后根据剖面的颜色、结构、质地、紧密度、湿度、植物根须分布等,自上而下地逐层采集发生层中部位置的土壤约 1 kg,放入布袋或塑料袋内。在土袋的内外附上标签,写明采集地点、剖面号、土层深度、采样深度、采集日期和采集人等。

(2)土壤物理性质样品的采集:选择有代表性位置,挖坑分层采集原状土样,且须保持土块不受挤压、变形。如测定土壤容重和孔隙度等物理性质,其样品可直接用环刀在各土层中部取样。对于研究土壤结构性的样品,采样时须注意土壤湿度,不宜过干或过湿,最好在不粘铲的情况下采取。此外,须剥去土块外面直接与土铲接触而变形的部分,然后将样品置于白铝盒中保存,携回室内进行处理。

(3)土壤混合样品的采集:通常采取一定深度(随栽培植物的根系深度而定)或耕层(0~15 cm 或 0~20 cm)土壤。按蛇形(S 形)设点采集 5~10 个或 5~20 个样点,采集混合样品约 1 kg。若样品超过 1 kg,须把各点所采集的土样放在木盆里或塑料布上,捏碎、混匀、摊平,采用四分法缩取(对角取两份)。要求在采集土样时,每一点采样数量(厚度、深浅、宽狭)大体一致,并避免在田边、路边、沟边和特殊地形部位以及堆过肥料的地方取样。研究土壤养分供求状况的样品,一般都在晚秋或早春采集。根据试验目的的要求和试验区面积大小,确定采样深度和样点数的多少。

(4)土壤污染样品的采集:土壤污染样品包括有机物(酚、有机农药等)、无机物(重金属和非金属等)、土壤有害生物、放射性物质等。在试样采集和处理过程中,要注意取样工具和包装品的清洁,最好用竹木工具、不锈钢土钻或刀取样,用清洁塑料袋或布袋盛装,忌用报纸包土样,以防污染。需要注意的是,若要分析土壤金属含量,则应避免使用金属器具采样。其采集方法同(3)。

(5)土壤盐分动态样品的采集:研究盐分在剖面中的分布和变动时,应分层采集土样。分层采集土样时不必按发生层次采样,而自地表起每隔 10 cm 或 20 cm 采集一个样品,取样方法多用"段取",即在该取样层内,从上到下,整层均匀地取土。

(6)土壤含水量样品的采集:根据采样目的、要求,试验区面积大小,确定采样深度和样点数的多少。一般取土深度为 0~10 cm,10~20 cm,20~30 cm,30~50 cm,50~100 cm,100~150 cm,150~200 cm。其样品可直接用环刀或取土钻在各土层中部取样,然后将样品置于已编好号的白铝盒中保存,携回室内进行处理。土层薄,可减小测深。

### 1.1.6.2　水样的采集

水样采集,是水文泥沙分析工作中的一个重要组成部分。要求采集的水样具有代表性,并不改变水样原有的化学成分、物理性质和不受偶然的污染。

(1)采水量取决于分析项目、要求的精度及水的矿化度等方面。对于作一般测站含沙量项目或化学分析项目,中等矿化度(0.5~1.5 g/L)水,采水量一般为 1~2 L。

(2)水样样瓶应该用洗净、无色、具磨口塞的硬质玻璃细口瓶或聚乙烯塑料瓶。当水样含有较多的有机物时,以玻璃瓶为宜。测定硼的水样,必须用聚乙烯塑料瓶。当水样中含有较多的碱金属或碱土金属时,因其对玻璃有腐蚀作用,应在玻璃样瓶内壁涂一层熔化的石蜡,以防止其对水样的污染,最好用聚乙烯塑料瓶;但供测定酚、氰和硫化物的水样,要求用硬质玻璃瓶取样。当水样需测定二氧化硅时,则必须采用塑料瓶。对于含沙量水样,采用专制的采样桶存储。

(3)洗净的空样瓶(桶),在现场取样时,要先用待取水样洗涤样瓶(桶)2~3 次。采样时,水要缓缓流入样瓶(桶),不要完全装满样瓶,要留出 5~10 mL 的空间,以免温度升高时顶开瓶塞或运输处理时外溢。

(4)在取具有抽水设备的井水水样时,应先抽水数分钟,使水管中停滞的水和杂质完全抽出后再取样,在无抽水设备的水井中取样,若水无明显的停滞现象,则不必预先抽水,可直接采取水样。

(5)在土壤钻孔(或土壤剖面土坑)中取水样时,应在地下水位稳定后立即取样。

(6)取河、湖、水库、池塘等表面水样,应将取样瓶浸入水面以下 20~50 cm 处,打开瓶塞,将水采入瓶中,如水面较宽,应在不同的断面分别采样混合成供分析的水样。

(7)根据试验要求,需采集不同深度的水样时,应当用水样采集瓶或不同深度的取样器,分别采集所需部位的水样。最简单的器具是用一根杆子,上面用夹子固定一个装水样的瓶,或是一个装在重框内用绳索吊起的玻璃瓶,或将已经洗干净的金属块或者砖头紧系瓶底。将样瓶降落到预定的深度,然后拉绳子把瓶塞打开取水样。

(8)水样采集后,应立即塞紧瓶塞,不能有漏水现象,尽快地送交化验室进行分析,以免放置过久引起水中某些成分的变化,而使分析结果不能正确反映水的质量。如不能及时进行分析,应仔细检查水样的密封程度,将其放置在不受阳光直射的阴凉处,同时还可以采取一些专门的保存措施,如作一般理化分析的水样,可加几滴甲醛作防腐剂,以防微生物活动,从而避免耗氧量、pH 及各种氮素含量的变化。

## 1.2　统计调查

### 1.2.1　普查、典型调查基本知识

普查也叫全面调查,指对调查总体中的每一个对象进行调查的一种调查组织形式。普查比其他调查方法取得的资料更全面、更系统。

典型调查是一种非全面调查,即从众多调查研究对象中有意识地选择若干具有代表性的对象进行深入、周密、系统的调查研究。

有关普查和典型调查的特点及适用范围可参见基础知识中"3.1.2　统计调查"。

### 1.2.2　水土流失治理程度的概念、计算方法

#### 1.2.2.1　水土流失治理程度的概念

水土流失治理程度指在某一区域某一时段内,水土流失治理面积占水土流失总面积的百分比,常简称治理度。即

$$水土流失治理程度 = \frac{某一区域在某一时段内的治理措施总面积}{某一区域在某一时段内的水土流失总面积} \times 100\%$$

其中,水土流失治理面积指在水土流失地区实施了水土保持措施,达到国家治理标准的土地面积。治理面积的内容是指作为治理面积统计的部分。从目前治理水土流失的基本措施来看,需要作为治理面积统计的部分主要有梯田、坝地、人工林地、人工草地以及封禁治理的面积等。

#### 1.2.2.2　水土流失治理程度的计算

水土流失治理程度的计算主要涉及各项措施治理面积的标准及治理面积的统计计算。

1. 各项措施治理面积的标准

各项措施治理面积的标准,应参照《水土保持综合治理验收规范》(GB/T 15773—2008)中各项治理措施验收质量要求的标准。主要参考标准如下:

(1)人工造林。造林前必须进行整地,各类树种的造林密度符合设计要求。当年成活率在80%以上(春季造林,秋后统计;秋季造林,第二年秋后统计),3年后的保存率在70%以上。

(2)水土保持种草。种草密度符合设计要求,当年出苗率与成活率在80%以上,3年后保存率在70%以上。

(3)封禁治理。封禁3~5年后,林、草郁闭度达80%以上。

(4)梯田。集中连片,梯田区的总体布局、田面宽度、田坎高度与坡度、田边蓄水埂等规格尺寸符合规划、设计要求。水平梯田(隔坡梯田的水平台)田面水平,田坎坚固,田边有宽1 m左右的反坡;坡式梯田应做到田埂顶部水平,地中集流槽内有水簸箕等分流措施。

(5)谷坊、淤地坝、拦沙坝、塘坝等。各项工程的位置布设合理,工程施工的规格尺

寸、容量与施工质量符合设计要求。按设计淤平后的坝地面积计入治理面积。

2. 治理面积的统计计算

治理面积的计算,包括治理面积各部分的计算、总治理面积的计算、斜面积折合水平面积的计算、避免重复统计等。治理面积所采用的计量单位必须是国家公布的法定计量单位。

(1)单项措施治理面积统计计算:林草地面积的计算包括水土保持林、防风固沙林、经济林、用材林、薪炭林等及各种草地,计算林草地的面积,一般以公顷为单位。计算时,必须剔除其中的裸岩、荒坡、建筑物等占地面积,以实有水平面积进行统计。梯田面积的计算包括水平梯田、隔坡梯田、坡式梯田等,其面积宜以公顷为单位,计算时,以实有水平面积统计。淤地坝、谷坊、拦沙坝等的治理面积,按设计淤平后的坝地水平面积(以公顷为单位)计算。

(2)总治理面积计算:计算总治理面积,宜以公顷或平方千米为单位。总治理面积即是各种林地、草地、梯田面积及谷坊、淤地坝、拦沙坝等淤成坝地面积的总和。

(3)统计治理面积如果是斜坡面积,应折算为水平面积,以与水土流失面积(垂直投影所占有的面积)对应。

(4)在治理面积统计中,往往容易出现重复统计的问题,如林地的整地和树木的栽植前后作两次统计、对封山育林与植树造林交叉面积的统计、对水土保持林和水土保持林中的经济林面积的统计、新修的和复修的梯田并列相加、乔灌木分"层"统计简单相加、疏林地的补植计入新治理面积、梯田种植林木和梯田同时统计等,对于类似的面积,应进行科学统计,避免出现重复统计现象。

## 1.2.3 土壤侵蚀量、土壤侵蚀强度的概念

### 1.2.3.1 土壤侵蚀量

土壤侵蚀量指土壤及其母质在侵蚀营力作用下,从地表处被击溅、剥蚀或崩落并产生位移的数量,通常以 t(万 t、亿 t)或 $m^3$(万 $m^3$、亿 $m^3$)表示。

一个流域或区域的土壤侵蚀总量在数量上等于该流域(区域)土壤侵蚀模数与水土流失总面积的乘积。土壤侵蚀量是划分土壤侵蚀强度、绘制土壤侵蚀图、进行水土保持规划、设计治理措施以及评价这些措施的水土保持效益等的重要依据。

土壤侵蚀模数指单位时段内单位水平面积地表土壤及其母质被侵蚀的总量,通常以 $t/(km^2 \cdot a)$ 表示。

### 1.2.3.2 土壤侵蚀强度

土壤侵蚀强度指以单位面积和单位时段内发生的土壤侵蚀量为指标划分的土壤侵蚀等级。用来表示单位时间内、单位面积上土壤被侵蚀的强弱程度。土壤侵蚀强度是一个定性的概念,既可以用土壤侵蚀模数给予量的表示,也可以用区域地貌特征、侵蚀类型及其他指标定性给出。

《土壤侵蚀分类分级标准》(SL 190—2007)中把土壤侵蚀强度(水力、风力侵蚀)划分为微度、轻度、中度、强烈、极强烈、剧烈 6 个级别。并规定,土壤侵蚀强度分级,应以年平均侵蚀模数为判别指标,只在缺少实测及调查侵蚀模数资料时,可在经过分析后,运用有

关侵蚀方式(面蚀、沟蚀)的指标进行分级,各分级的侵蚀模数与土壤侵蚀强度相同。

确定土壤侵蚀强度的方法较多,概括起来有土壤学法、地图和测量学法、地貌和水文学法,国外亦采用同位素法和矿物分析等方法。

### 1.2.4　降水量、降水强度、径流量、输沙率、含沙量的概念

有关降水量、降水强度、径流量、输沙率、含沙量的概念,可参见基础知识中"降水、径流、泥沙基本知识"。

### 1.2.5　水文年鉴、水土流失监测成果表中的相关特征值摘录统计

水文年鉴全称为《中华人民共和国水文年鉴》,是按照统一的要求和规格,并按流域和水系统一编排卷册,逐年刊印的水文资料。水文年鉴的内容包括综合说明资料、基本资料和调查资料。①综合说明资料指水文年鉴基本资料收集、考证、整理的概述与分析说明。包括编印说明,水位、水文站一览表及其分布图,考证、水位、流量、泥沙、水温、冰凌资料索引表,降水量、水面蒸发量站一览表(含资料索引)及其分布图,水文综合要素图表,测站考证图表。②基本资料指基本站、实验站、小河站、专用站的各项资料。主要包括水位资料,流量资料,输沙率资料,泥沙颗粒级配资料,水温、冰凌资料,降水量资料,水面蒸发量资料。基本资料中的地下水、墒情、水质等资料另册汇编刊印。③调查资料包括水量调查资料、暴雨调查资料、洪(枯)水调查资料。水文年鉴中统一规定的表式有61种,主要有三类表式,即刊布实测资料主要数据的"实测成果表",刊布逐日平均值(或总量)和月、年平均值(或总量)、最大最小(或最高最低)值的"逐日表",刊布瞬时变化过程的"摘录表"。

水土流失监测成果资料主要有各水土保持试验站的水土保持径流泥沙测验资料,一般包括各类型区代表小流域内径流场(小区)观测资料、小流域降水、径流泥沙测验资料等。

水土保持统计计算中常用的资料表见表4-1-2。

表 4-1-2　水土保持统计计算中常用的资料表

| 水文年鉴 | 水土保持径流泥沙测验资料 |
|---|---|
| 降水——逐日降水量表、各时段最大降水量表<br>蒸发——蒸发量月年统计表<br>径流、泥沙——逐日平均流量表、逐日平均含沙量表、逐日平均悬移质输沙率表、洪水水文要素表 | 1. 小流域部分<br>降水——逐日降水量表、各时段最大降水量表<br>蒸发——逐日土壤蒸发量表<br>径流、泥沙——逐日平均流量表、逐日平均含沙量表、逐日平均悬移质输沙率表、洪水水文要素表、逐次洪水测验成果表<br>2. 径流场部分<br>径流要素过程表<br>逐次径流泥沙测验成果统计表 |

#### 1.2.5.1　大中河流、小流域降水、径流、泥沙特征值摘录统计

实际工作中,经常要进行水文年鉴中的大中河流、水土保持径流泥沙测验资料中的小流域降水、径流、泥沙特征值的统计,其摘录统计方法基本相同。

**1.降水特征值摘录统计**

降水特征值主要包括年降水量、汛期降水量(一般为 6~9 月)、月降水量、年最大日降水量、年一次最大降水量等,以及各时段最大降水量。

(1)年降水量、月降水量、年最大日降水量、年一次最大降水量等特征值从各流域雨量站该年"逐日降水量表"中可直接摘录统计。其中汛期降水量为 6、7、8、9 月 4 个月月降水量之和。水文年鉴和水土保持径流泥沙测验资料中该表的形式相同(1981 年以前表式年统计栏略有差别)。"逐日降水量表"表式见表 4-1-3。

**表 4-1-3　××年××站逐日降水量表**

| 日\月 | 1 月 | 2 月 | 3 月 | 4 月 | 5 月 | 6 月 | 7 月 | 8 月 | 9 月 | 10 月 | 11 月 | 12 月 |
|---|---|---|---|---|---|---|---|---|---|---|---|---|
| 1 | | | | | 9.9 | | | | | | | |
| 2 | | | | | 2.4 | | | | | | | |
| 3 | | | 3.7 | 6.5 | | | 1.0 | | | | | |
| 4 | | | 0.2 | 3.9 | 19.2 | | | 2.2 | | 2.2 | | |
| … | … | … | … | … | … | … | … | … | … | … | … | … |
| 27 | 0.1 | | 1.1 | | | | 2.7 | | | | | 0.1 |
| 28 | | | | | | | 0.2 | | | | | |
| 29 | | | | | | | | | | 0.7 | | |
| 30 | 0.2 | | | 3.7 | | | | | | 0.8 | | |
| 31 | | | | | | | | | | 10.5 | | |
| 降水量 | 4.7 | 10.0 | 23.7 | 15.2 | 89.9 | 95.6 | 26.7 | 33.2 | 65.0 | 33.9 | 12.1 | 2.0 |
| 降水日数 | 9 | 2 | 9 | 4 | 14 | 7 | 12 | 9 | 7 | 7 | 1 | 6 |
| 最大日降水量 | 1.8 | 8.5 | 13.8 | 6.5 | 19.2 | 33.0 | 6.7 | 10.0 | 16.3 | 10.5 | 12.1 | 0.8 |

| 年统计 | 降水量 | 412.0 | | 降水日数 | | 87 | | | |
|---|---|---|---|---|---|---|---|---|---|
| | 时段(d) | 1 | 3 | 7 | | 15 | | 30 | |
| | 最大降水量 | 33.0 | 34.1 | 54.1 | | 72.7 | | 96.6 | |
| | 开始月-日 | 06-08 | 09-12 | 06-20 | | 06-08 | | 06-07 | |

(2)各时段最大降水量,主要反映一年中次降水强度的情况,分别包括以 min(分钟)、h(小时)、d(日)为单位的不同时段。在"各时段最大降水量表"中摘录统计。需要注意的是,水文年鉴和水土保持径流泥沙测验资料中该表的形式有所不同。

水文年鉴中,在"各时段最大降水量表(一)"中(见表4-1-4 表式),以 min(分钟)为单位的时段包括最大 10 min、20 min、30 min、45 min、1×60 min、1.5×60 min、2×60 min、3×60 min、4×60 min、6×60 min、9×60 min、12×60 min、24×60 min 等 13 个时段;在"各时段最大降水量表(二)"中(见表4-1-5 表式),以 h(小时)为单位的时段包括最大 1 h、2 h、3 h、6 h、12 h、24 h 等 6 个时段;以 d(日)为单位的时段则在"逐日降水量表"中"年统计"里反映,包括最大 1 d、3 d、7 d、15 d、30 d 等 5 个时段。见表4-1-3。

水土保持径流泥沙测验资料中,各时段最大降水量表对一场雨的起讫时间记载到时、分,较水文年鉴中的记载更细一些。以 min(分钟)、h(小时)、d(日)为单位的不同时段分别统计在"各时段最大降水量表(四)"、"各时段最大降水量表(三)"、"各时段最大降水量表(一)"中。其中"各时段最大降水量表(四)"包括最大 5 min、10 min、15 min、20 min、30 min、45 min、60 min、90 min、120 min 等 9 个时段;"各时段最大降水量表(三)"包括最大 0.5 h、1 h、1.5 h、2 h、3 h、4 h、6 h、9 h、12 h、24 h、48 h、72 h 等 12 个时段;"各时段最大降水量表(一)"包括最大 1 d、3 d、7 d、15 d、30 d 等 5 个时段。

**表4-1-4 各时段最大降水量表(一)**

| 时段(min)<br>最大<br>站名 | 10 | 20 | 30 | 45 | 1×60 | 1.5×60 | 2×60 | 3×60 | 4×60 | 6×60 | 9×60 | 12×60 | 24×60 |
|---|---|---|---|---|---|---|---|---|---|---|---|---|---|
| | 降水量(mm)/开始时间:月.日 | | | | | | | | | | | | |
| ××站 | 6.4<br>8.31 | 10.9<br>8.31 | 13.9<br>8.31 | 14.9<br>8.31 | 14.9<br>8.31 | 16.0<br>8.31 | 17.5<br>8.31 | 22.0<br>7.29 | 24.3<br>7.29 | 26.3<br>7.29 | 33.6<br>9.7 | 37.6<br>9.7 | 64.3<br>7.29 |
| … | | | | | | | | | | | | | |

**表4-1-5 各时段最大降水量表(二)**

| 时段(h)<br>最大<br>站名 | 1 | | | 2 | | | 3 | | | 6 | | | 12 | | | 24 | | |
|---|---|---|---|---|---|---|---|---|---|---|---|---|---|---|---|---|---|---|
| | 降水量 | 开始 | | 降水量 | 开始 | | 降水量 | 开始 | | 降水量 | 开始 | | 降水量 | 开始 | | 降水量 | 开始 | |
| | | 月 | 日 | | 月 | 日 | | 月 | 日 | | 月 | 日 | | 月 | 日 | | 月 | 日 |
| ××站 | 16.7 | 8 | 23 | 25.6 | 8 | 23 | 29.5 | 8 | 23 | 30.8 | 8 | 23 | 30.8 | 8 | 23 | 48.2 | 8 | 23 |
| … | | | | | | | | | | | | | | | | | | |

**2. 径流特征值摘录统计**

径流特征值主要包括年径流量、汛期径流量、月径流量、年最大流量、年最小流量、年平均流量、年径流模数、年径流深等,在"逐日平均流量表"中摘录统计。水文年鉴和水土保持径流泥沙测验资料中该表的形式相同。"逐日平均流量表"表式见表4-1-6。

(1)年径流量、年最大流量、年最小流量、年平均流量、年径流模数、年径流深在"逐日平均流量表"中可直接摘录统计。

(2)汛期(6~9 月)径流量=(6 月平均流量×30+7 月平均流量×31+8 月平均流量×31+9 月平均流量×30)×86 400。6、7、8、9 月平均流量在"逐日平均流量表"中相应月平均栏摘录。

（3）月径流量 = 各月平均流量 × 各月天数 × 86 400。各月平均流量在"逐日平均流量表"中月平均栏摘录。

表 4-1-6 ××年××站逐日平均流量表 （单位：集水面积，$km^2$；流量，$m^3/s$）

| 日＼月 | 1 月 | 2 月 | 3 月 | 4 月 | 5 月 | 6 月 | 7 月 | 8 月 | 9 月 | 10 月 | 11 月 | 12 月 |
|---|---|---|---|---|---|---|---|---|---|---|---|---|
| 1 | 0 | 0 | 0 | 0 | 0 | 0 | | 0 | 0 | 0 | 0 | 0 |
| 2 | 0 | 0 | 0 | 0 | 0 | 0 | 0 | 0 | 0 | 0 | 0 | 0 |
| … | | | | | | | | | | | | |
| 27 | 0 | 0 | 0 | 0 | 0.003 5 | 0.245 0 | 22.400 0 | 0 | 0 | 0 | 0 | 0 |
| 28 | 0 | 0 | 0 | 0 | 0.008 6 | 22.400 0 | | | | | | |
| 29 | 0 | | 0 | 0 | 0 | 0.002 3 | | | | | | |
| 30 | 0 | | 0 | 0 | 0 | 0 | 0 | | | | | |
| 31 | 0 | | 0 | | 0 | | 0 | | | | | |
| 平均 | 0 | 0 | 0 | 0 | 0.014 5 | 0.040 4 | 0.031 1 | 0.013 7 | 0.013 7 | 0.005 0 | 0 | 0 |
| 最大 | 0 | 0 | 0 | 0 | 0.161 0 | 4.450 0 | 6.030 0 | 7.600 0 | 0.320 0 | 0.326 0 | 0 | 0 |
| 日期 | 1 | 1 | 1 | 1 | 13 | 26 | 24 | 5 | 19 | 18 | 1 | 1 |
| 最小 | 0 | 0 | 0 | 0 | 0 | 0 | 0 | 0 | 0 | 0 | 0 | 0 |
| 日期 | 1 | 1 | 1 | 1 | 27 | 29 | 28 | 15 | 21 | 22 | 1 | 1 |
| 年统计 | 最大流量 7.6 | | | | 最小流量 0 | | | | 平均流量 0.009 9 | | | |
| | 径流量 31.25 | | | | 径流模数 0.136 $dm^3/(s \cdot km^2)$ | | | | 径流深度 4.29 mm | | | |
| 附注 | | | | | | | | | | | | |

**3. 泥沙特征值摘录统计**

泥沙特征值主要包括年输沙量、汛期输沙量、月输沙量、年平均输沙率、最大日平均输沙率、年侵蚀模数、年平均含沙量、月平均含沙量、最大（小）断面平均含沙量等。在"逐日平均悬移质输沙率表"和"逐日平均含沙量表"中摘录统计。水文年鉴、水土保持径流泥沙测验资料中这两个表的形式相同。"逐日平均悬移质输沙率表"和"逐日平均含沙量表"的表式见表 4-1-7、表 4-1-8。

（1）年输沙量、年平均输沙率、最大日平均输沙率、年侵蚀模数可在"逐日平均悬移质输沙率表"中直接摘录统计。

（2）汛期（6~9 月）输沙量 = （6 月平均输沙率 × 30 + 7 月平均输沙率 × 31 + 8 月平均输沙率 × 31 + 9 月平均输沙率 × 30）× 86 400。6、7、8、9 月平均输沙率在"逐日平均悬移质输沙率表"中相应月平均栏摘录。

（3）月输沙量 = 各月平均输沙率 × 各月天数 × 86 400。各月平均输沙率在"逐日平均悬移质输沙率表"中月平均栏摘录。

表 4-1-7　××年××站逐日平均悬移质输沙率表

（单位:集水面积,km²;输沙率,kg/s）

| 日＼月 | 1 月 | 2 月 | 3 月 | 4 月 | 5 月 | 6 月 | 7 月 | 8 月 | 9 月 | 10 月 | 11 月 | 12 月 |
|---|---|---|---|---|---|---|---|---|---|---|---|---|
| 1 | 0 | 0 | 0 | 0 | 0 | 0 | 0 | 0 | 0 | 0 | 0 | 0 |
| 2 | 0 | 0 | 0 | 0 | 0 | 0 | 0 | 0 | 0 | 0 | 0 | 0 |
| … | … | … | … | … | … | … | … | … | … | … | … | … |
| 27 | 0 | 0 | 0 | 0 | 0.009 | 41.900 | 147.000 | 0 | 0 | 0 | 0 | 0 |
| 28 | 0 | 0 | 0 | 0 | 0 | 0.028 | 0.009 | 0 | 0 | 0 | 0 | 0 |
| 29 | 0 | 0 | 0 | 0 | 0 | 0.006 | 0 | 0 | 0 | 0 | 0 | 0 |
| 30 | 0 | 0 | 0 | 0 | 0 | 0 | 0 | 0 | 0 | 0 | 0 | 0 |
| 31 | 0 | | 0 | | 0 | | 0 | 0 | | 0 | | 0 |
| 平均 | 0 | 0 | 0 | 0 | 0.232 | 4.400 | 7.910 | 4.430 | 0.450 | 0.292 | 0 | 0 |
| 最大 | 0 | 0 | 0 | 0 | 2.53 | 52.800 | 147.000 | 118.000 | 5.540 | 8.750 | 0 | 0 |
| 日期 | 1 | 1 | 1 | 1 | 13 | 21 | 27 | 5 | 19 | 18.000 | 1 | 1 |

| 年统计 | 最大日平均输沙率 147　7 月 27 日 | 平均输沙率 1.490 |
|---|---|---|
| | 输沙量 4.704 万 t | 侵蚀模数 464.2 t/km² |
| 附注 | | |

表 4-1-8　××年××站逐日平均含沙量表　　　　（单位:kg/m³）

| 日＼月 | 1 月 | 2 月 | 3 月 | 4 月 | 5 月 | 6 月 | 7 月 | 8 月 | 9 月 | 10 月 | 11 月 | 12 月 |
|---|---|---|---|---|---|---|---|---|---|---|---|---|
| 1 | 0.084 | 0.18 | 4.92 | 60.8 | 3.04 | 29.0 | 133 | 3.78 | 118 | 6.83 | 1.94 | 0.98 |
| 2 | 0.084 | 0.21 | 7.82 | 76.2 | 5.73 | 6.54 | 301 | 1.05 | 52.4 | 4.23 | 1.89 | 1.14 |
| … | … | … | … | … | … | … | … | … | … | … | … | … |
| 27 | 0.084 | 4.51 | 30.8 | 16.1 | 32.7 | 171.00 | 429.00 | 7.88 | 141 | 9.34 | 1.42 | 连底冻 |
| 28 | 0.084 | 2.68 | 56.8 | 9.68 | 15.2 | 3.26 | 2.57 | 236 | 102 | 4.52 | 1.18 | 连底冻 |
| 29 | 0.084 | | 101 | 5.55 | 6.90 | 2.61 | 87.8 | 97.0 | 39.4 | 3.19 | 1.24 | 连底冻 |
| 30 | 0.084 | | 57.7 | 5.97 | 3.44 | 11.1 | 29.1 | 27.7 | 14.8 | 2.73 | 1.03 | 连底冻 |
| 31 | 0.084 | | 52.5 | | 1.94 | | 16.3 | 43.3 | | 5.40 | | 连底冻 |
| 平均 | 0.086 | 2.23 | 31.8 | 106 | 67.8 | 55.6 | 202 | 126 | 178 | 14.0 | 2.33 | 0.99 |
| 最大 | 0.084 | 5.97 | 110 | 366 | 329 | 301 | 642 | 589 | 86.4 | 158 | 19.8 | 2.72 |
| 日期 | 1 | 25 | 22 | 10 | 13 | 27 | 27 | 5 | 19 | 18 | 16 | 5 |
| 最小 | 0.084 | 0.21 | 3.99 | 3.90 | 1.36 | 2.88 | 2.34 | 1.92 | 2.24 | 1.17 | 0.74 | 连底冻 |
| 日期 | 1 | 2 | 1 | 30 | 21 | 29 | 28 | 12 | 21 | 19 | 15 | 27 |

| 年统计 | 平均流量 7.34 | 平均输沙率 697 | 平均含沙量 95.0 |
|---|---|---|---|
| | 最大断面平均含沙量 823　7 月 26 日 | | 最小断面平均含沙量 0.064　8 月 13 日 |
| 附注 | | | |

(4)年平均含沙量、月平均含沙量、最大(小)断面平均含沙量可在"逐日平均含沙量表"中摘录。

年平均含沙量和年平均流量、年平均悬移质输沙率之间存在以下关系：

$$年平均含沙量 = 年平均悬移质输沙率/年平均流量$$

### 1.2.5.2 小流域次洪水特征值摘录统计

水土保持径流泥沙测验资料中,对小流域径流站观测的次洪水特征值记载在"逐次洪水测验成果表"中,包括各站各年的最大次洪水。次洪水特征值包括雨情(雨量、历时、平均强度)、洪水总量(浑水、清水)、洪水历时、洪水输沙量、流量、含沙量、单位面积径流量(浑水、清水)、径流系数(浑水、清水)、单位面积冲刷量等,可从该表中摘录统计。

### 1.2.5.3 径流场(径流小区)径流泥沙特征值摘录统计

径流场(径流小区)径流泥沙特征值包括降水(历时、全次降水量、全次平均强度、最大强度)、径流(浑水深、清水深、浑水径流系数、清水径流系数)、含沙量、冲刷量、雨前土壤含水率、被覆度等。

水土保持径流泥沙测验资料中,径流场部分记载了林地径流场、人工草地径流场、农地径流场、天然荒坡径流场、道路径流场等的基本情况(位置、土质、坡向、坡度、坡长、坡宽、微地形特征),观测年份的相关特征值,分别从相应的"径流场逐次径流泥沙测验成果表"中摘录统计。

# 模块 2　水土保持施工

## 2.1　沟道工程施工

### 2.1.1　淤地坝、谷坊、拦沙坝等沟道工程的作用、分类、施工程序

#### 2.1.1.1　沟道工程的作用、分类

淤地坝、谷坊、拦沙坝、塘坝(堰)等沟道工程的作用、分类,参见基础知识"第 2 章 水土流失治理及水土保持措施基本知识"中"2.3.1.2　沟道治理工程分类、作用"。

#### 2.1.1.2　沟道工程的施工程序

1.谷坊的施工程序

根据谷坊种类的不同,施工方法有所不同,但施工程序基本相同。包括定线、清基、开挖结合槽、修筑、挖溢水口等。参见"初级工"相关部分。

2.淤地坝(拦沙坝、塘坝)施工程序

淤地坝(拦沙坝、塘坝)施工的一般程序是施工放样、基础处理、坝体修筑、溢洪道、放水建筑物施工等。

1)施工放样

根据建筑物的设计尺寸,找出建筑物各部分特征点与控制点之间位置的几何关系,算得距离、角度、高程等放样数据,然后利用控制点,在实地上定出建筑物的特征点,据以施工。修建淤地坝(拦沙坝、塘坝)需按施工顺序进行下列测量工作:布设平面和高程基本控制网,控制整个工程的施工放样;确定坝轴线和布设控制坝体细部放样的定线控制网;清基开挖的放样;坝体细部放样等。对于不同筑坝材料及不同坝型,施工放样的精度要求有所不同,内容也有些差异,但施工放样的基本方法大同小异。

2)基础处理

基础处理也称基础开挖处理。一般包括清基、削坡和开挖结合槽(截水槽)。对淤地坝(拦沙坝、塘坝)等,不同的地基(如坝体、溢洪道、放水建筑物等)都要进行基础处理。

(1)清基:在修筑主体工程前,首先将坝基范围内的浮土、碎石、树根、草及其他杂物清除干净。不得留在坝内作回填土用。对于石质沟床,应清除表层覆盖物,再进行开挖,将强风化层全部除掉,以开挖到设计要求为原则。岩坡清除后不应呈台阶状。

(2)削坡:削坡主要是针对岸坡进行的处理。淤地坝(拦沙坝、塘坝)等坝体与两岸山坡的结合,应采用斜坡平顺连接。两岸坡与坝体相连接的部分,均应清理至不透水层,以免留下渗水通道。若为土质岸坡,要削成平整的斜坡,对于岩石岸坡存在的反坡,为了减少消坡的方量,可以用混凝土填补成平顺的斜坡。

(3)开挖结合槽(截水槽):开挖结合槽(截水槽)的目的主要是使坝体与坝基结合牢

固,同时防止渗透。在水土保持工程上一般称为结合槽,水利工程上一般称为截水槽。对于覆盖层比较浅的,一般开挖成结合槽(截水槽),并回填与坝体相同的土料。开挖坝基和岸坡结合槽时,针对土质沟床、石质沟床应严格按设计尺寸开挖到位。覆盖层比较深的,一般采用灌浆法进行处理。

3)坝体修筑

淤地坝(拦沙坝、塘坝)筑坝材料、方式不同,施工工序有所差异。

(1)碾压坝。碾压坝施工主要包括取土、铺土整平、压实、整坡、坝体分段施工接头与接坡处理、反滤体施工等工序。

(2)水坠坝。水坠坝的施工主要包括施工场地布置(开辟水源、筑堰蓄水、选择抽水机组等、取土场布置、泥沟与输泥渠布置等)、冲填施工(冲填方式、冲填畦块划分等)、围埝修筑、造泥施工(造泥、泥浆浓度控制等)、坝体水分的排除(坝面积水排除,泥面垫干土,利用反滤体排水,坝内专用排水设施砂沟、砂井、排水褥垫排水等)。

(3)浆砌石坝。浆砌石施工的工序是砌筑面准备、选料、铺浆(坐浆)、安放石料、质检、勾缝、养护等。

(4)干砌石坝。干砌石施工的工序一般为备料、削坡(或平整底面)、放样、铺设垫层、选石、试放、修凿、安砌、封边等。

(5)混凝土坝。混凝土工程施工包括骨料制备(加工)、混凝土制备、混凝土运输、混凝土浇筑与养护等工序。

4)溢洪道、放水建筑物施工

溢洪道的施工包括开挖和衬砌。溢洪道过水断面应按设计宽度、深度和边坡施工,严格控制溢洪道底高程,不得超高和降低。在土质山坡上开挖溢洪道,其上部的山坡应开挖排水沟,保证安全。溢洪道开挖的土宜利用上坝,在施工安排上和土坝施工平行。在岩石山坡上开挖溢洪道,应沿溢洪道轴线开槽,再逐步扩大到设计断面。放水建筑物的施工包括浆砌石涵洞砌筑、预制混凝土涵管的施工及出口消能段的施工。

## 2.1.2　石谷坊(干砌块石、干砌卵石、浆砌石等)的施工方法

### 2.1.2.1　干砌块石谷坊施工方法

干砌块石谷坊施工工序有清基、挖结合槽、坝体修筑。

(1)清基。按规划画出谷坊基线后,进行清基。清基要注意:土质沟底,应清到坚硬的土质上;如是淤积的沙砾石沟底,应清到硬底;如是石质基岩沟底,要清除表面强风化层,基岩面应凿成向上游倾斜的锯齿状,两岸沟壁凿成竖向结合槽。

(2)挖结合槽。清基后,在谷坊基线中央挖一条宽、深各 50 cm 的结合槽,槽底要平,从沟底一直挖到两边沟岸处,谷坊修多高,两岸要挖多高。为使外坡砌得稳固,还要在谷坊外坡脚挖一条宽 50 cm、深 20 cm 的沟。

(3)坝体修筑。砌石施工要求:①按设计规格,从下向上分层筑垒,逐层向内收坡,块石应首尾相接,错缝砌筑,大石压顶。②要求料石厚度不小于 30 cm,接缝宽度不大于 2.5 cm。

具体操作步骤是:先将大石块牢牢镶入结合槽内,第一层大石块平面要朝下,以后各

层朝上。背水坡用粗条石砌筑,迎水坡砌块石之间要错开咬紧,小缝要用小石块塞紧,依次砌下去,直到设计高度,边砌边收坡。如是土质沟底或沙砾层地沟,谷坊下游要做护底(见图4-2-1)。当谷坊砌到溢水口底部的高度时,要按溢水口的设计断面留出溢水口。

### 2.1.2.2　干砌卵石谷坊施工方法

如当地沟道中卵石多,就用卵石垒砌。修筑方法同干砌石块谷坊,但不挖结合槽,清基时在内外坡脚挖深一些。谷坊的外坡要选用长形卵石,并与谷坊外坡垂直镶砌,不要平放;每层卵石要错开缝,石头之间要紧靠。谷坊内坡要用大小卵石混合堆砌,这样砌得结实。不能堆沙砾,因为沙砾在溢水时容易被冲走,使谷坊坍塌(见图4-2-2)。

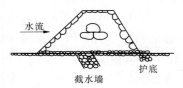

图 4-2-1　干砌块石谷坊示意图

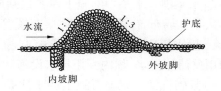

图 4-2-2　干砌卵石谷坊示意图

### 2.1.2.3　浆砌石谷坊施工方法

浆砌石谷坊比较耐久,能蓄水、拦沙、调洪。一般多修在有常流水的沟道内,用以蓄水或抬高水位,灌溉农田;也可发展家禽和水产。此类谷坊多用粗料石浆砌。基础处理、砌筑块石与干砌谷坊相同,只是砌筑块石时要用水泥砂浆铺灌勾缝。应做到"平、稳、紧、满"(砌石顶部要平,每层铺砌要稳,相邻石料要靠紧,缝间砂浆要灌饱满)。溢水口设在谷坊顶部中央,同时在谷坊的一端修一放水闸,以便灌溉。见图4-2-3。

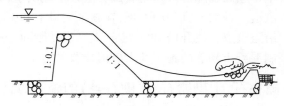

图 4-2-3　浆砌石谷坊示意图

## 2.1.3　谷坊、沟头防护工程尺寸控制

工程施工中的尺寸控制是工程质量控制的重要组成部分,是从几何尺寸上确保工程质量的控制手段。施工单位应从队伍和设备两个方面保证几何尺寸自检等量测工作满足工程质量的要求。施工技术人员应严格技术标准,按施工图施工,遇有设计与实际不符的情况,及时报监理工程师核查解决;严格执行监理工程师签证制度,随时接受监理工程师的检查指导。

### 2.1.3.1　谷坊工程尺寸控制重点

谷坊工程尺寸控制包括坝基及岸坡的清理厚度、结合槽开挖断面尺寸、溢水口尺寸、坝体边埂铺土厚度、坝体断面尺寸、石谷坊料石厚度及接缝宽度等。

#### 2.1.3.2　沟头防护工程尺寸控制重点

沟头防护工程尺寸控制包括:围埂式沟头防护埂线两侧清理宽度及厚度、开沟取土深度、围埂尺寸、土埂间隔尺寸等,蓄水池开挖尺寸、石方衬砌用料石厚度、接缝宽度等;跌水式沟头防护进水口、陡坡(或多级跌水)、消力池、出口海漫等基础开挖宽度、深度和边坡比,各个渐变段的开挖尺寸等;悬臂式沟头防护挑流槽在沟头地面开挖尺寸,浆砌块石底座尺寸、消能设备向下挖深尺寸等。

### 2.1.4　施工放线中的立尺、拉尺、立桩

施工放线中的立尺、拉尺、立桩工作,是极其重要的基础辅助工作,直接影响着测量的优劣与进度的快慢。

#### 2.1.4.1　立尺(扶尺)

立尺(扶尺)工作技术要点参见中级工"模块 1　水土保持调查"部分"1.1.4　测量的跑尺"。在水准测量中,还应注意:水准尺要扶直,不能前后左右倾斜;在已知高程点和待测高程上立尺时,不能放尺垫,直接放在标石或木桩上;观测员迁站前,后视点的尺垫不能动。

#### 2.1.4.2　施工放线中的拉尺、立桩

施工放线中的拉尺、立桩工作主要是量距、定位定点。测量工具是皮尺、卷尺、钢尺或测绳等,还应准备测钎、木桩等。参见初级工"模块 1　水土保持调查"部分"1.1.4　几何尺寸、面积的量算"中平地量距和斜坡量距的方法。

### 2.1.5　混凝土材料的基本知识

#### 2.1.5.1　混凝土原材料的组成及特点

广义的混凝土指由胶凝材料、细骨料(砂)、粗骨料(石)和水按适当比例配制的混合物,经过凝结硬化而成的较坚固的人造石材。但目前建筑工程中使用最广泛的是以水泥为胶凝材料的水泥混凝土(以下简称混凝土)。

混凝土具有许多其他材料不能代替的优点。它的原材料丰富,能就地取材;有较高的抗压强度和良好的耐久性;易成型、能耗低、价格便宜以及与钢材结合可制成各种承重结构等。混凝土的缺点是自重大,抗拉强度低,呈脆性。

#### 2.1.5.2　混凝土的分类

混凝土的品种繁多,它们的性质和用途也各不相同。常见的分类如下:

按混凝土密度大小不同,分为重混凝土、普通混凝土和轻混凝土。重混凝土密度大于 $2\ 700\ kg/m^3$,建筑工程使用不多;普通混凝土密度 $1\ 900\sim2\ 500\ kg/m^3$,用天然砂、石子作为粗、细骨料,水利水保工程建筑常用;轻混凝土密度不大于 $1\ 800\ kg/m^3$,多用于高层建筑及有保温绝热要求的部位。

按是否配有钢材或预加应力,分为素混凝土、钢筋混凝土和预应力混凝土。素混凝土即无钢筋或钢丝网等的混凝土;钢筋混凝土即配有钢筋的混凝土;预应力混凝土是为了提高构件的抗裂能力,在钢筋与混凝土结合之前,预先拉张钢筋,使得构件在施加外负荷之

前,钢筋受到一个预加的拉应力,而钢筋受到一个预加的压应力,这种混凝土叫做预应力
混凝土。

### 2.1.5.3　混凝土强度及等级

混凝土的强度,有抗压强度、抗弯强度、抗拉强度和抗剪强度等。在各种强度中,其抗
压强度最大,抗拉强度最小。通常以混凝土抗压强度作为其力学性能的总指标。混凝土
强度是混凝土结构设计的依据,也是混凝土施工质量评定的主要标准。

**1. 混凝土强度的表示方法**

以往采用的旧标准中,混凝土强度用混凝土标号表示,分为 75、100、150、200、250、
300、400、500、600 等 9 个等级。标号越大,强度越高。

根据与国际标准和国外先进标准接轨的趋势,混凝土强度采用强度等级取代标号来
表示。1987 年国家计委颁布《混凝土强度检验评定标准》(GBJ 107—87)后,工业、民用建
筑部门在混凝土的设计和施工中均按上述标准(最新标准 GB/T 50107—2010 于 2011 年
7 月 1 日实施),以混凝土强度等级代替混凝土标号。《水工混凝土结构设计规范》(SL/T
191—96)对水工混凝土强度等级定义作出明确规定,特别是《水工混凝土施工规范》
(DL/T 5144—2001)颁布实施后,水工混凝土也较普遍地采用强度等级代替混凝土标号。

现行国家标准《混凝土结构设计规范》(GB 50010—2002)规定,混凝土的强度等级按
立方体抗压强度标准值确定。混凝土的强度等级采用 C15、C20、C25、C30、C35、C40、C45、
C50、C55、C60、C65、C70、C75、C80 等 14 个等级。数值越大,强度越高。

该标准规定,混凝土立方体试件抗压强度标准值是指按标准方法制作、养护的边长为
150 mm 的立方体试件,在 28 d 龄期或设计规定龄期以标准试验方法测得的具有 95% 保
证率的抗压强度值。混凝土的强度等级采用混凝土(Concrete)的代号 C 与其立方体试件
抗压强度标准值的兆帕数表示,如立方体试件抗压强度标准值为 50 MPa 的混凝土,其强
度等级以"C50"表示。强度等级为 C60 及其以上的混凝土属高强混凝土。

**2. 混凝土标号与混凝土强度等级的转换**

由于我国各行业的相关建筑标准正在完善,一些现行的建筑物设计和施工规范对混
凝土强度仍采用混凝土标号,因此对混凝土标号与强度等级的转换关系如表 4-2-1 所示。

上述关系主要适用于工业与民用建筑用混凝土。由于水工混凝土的试件尺寸、设计
龄期、保证率不同,表 4-2-1 所列的关系不适用于水工混凝土。水工混凝土标号与强度等
级的转换关系如表 4-2-2 所示。

表 4-2-1　混凝土标号与强度等级的转换

| 混凝土标号 | 100 | 150 | 200 | 250 | 300 | 400 | 500 | 600 |
|---|---|---|---|---|---|---|---|---|
| 混凝土强度等级 | C8 | C13 | C18 | C23 | C28 | C38 | C48 | C58 |

表 4-2-2　水工混凝土标号与强度等级的转换

| 混凝土标号 | 100 | 150 | 200 | 250 | 300 | 350 | 400 |
|---|---|---|---|---|---|---|---|
| 混凝土强度等级 | C9 | C14 | C19 | C24 | C29.5 | C35 | C40 |

注:表中数据来源于《水利科技》2005 年第 3 期《水工混凝土标号与强度等级的转换关系》。

# 2.2　坡面治理工程施工

## 2.2.1　土坎、石坎梯田施工的技术要点

### 2.2.1.1　土坎梯田施工的技术要点

土坎梯田施工分为人工修筑梯田和机械修筑梯田。

土坎梯田的施工工序包括施工定线、田坎清基、修筑田坎、保留表土、修平田面等 5 道工序。

1. 人工修筑梯田

1）施工定线

梯田的施工定线包括定基线和定坎线（施工线）。一般借助仪器（如手水准、水准仪等）按等高原理从顶部开始，逐台往台下定线。对特殊地形，采取灵活的方法，因地制宜地调整施工线（坎线）。

2）田坎清基

在清基线范围内把埂基和开沟处的表土清除干净，并清除清基线范围内的石砾等杂物、填塞洞穴、整平、夯实。一般清基深 20 cm 左右，清除的表土堆在田块中间。然后把埂基底铲平，夯实（或踩实），使底座稳固。

3）修筑田坎

用生土填筑、分层夯实，根据设计田坎坡度，逐层内收，拍光坎外坡，坎后填实。各地常用的人工筑埂的方法有铁锨筑埂、挑土筑埂、椽帮埝等。

（1）铁锨筑埂：就是用铁锨铲土往埂上分层上土，分层踩实，同时用铁锨拍实外坡，一直修到设计的坎高。每层上土 15～20 cm，便于踩实。

（2）挑土筑埂：在南方，多用锄头挖土，再用篾箕挑土，往埂上分层上土，分层踩实，按田坎侧坡收坡，并用木棍拍实外坡。依次类推，修到要求的高度。

（3）椽帮埝：这在黄河中游的塬区和阶地区采用较多。地埂清好基座底后，把木椽放在地埂外侧坡地上，两头和中间都用泡湿压扁的高粱秸或柳条做成的"腰子"固定，上土时用脚踩着"腰子"用力将椽向外绷紧，另一人先在"腰子"上填土夯实，再上土于椽边捣实，然后全面铺土，一般铺土宽 0.8～1.0 m，厚度与椽相平，用夯打实。铺土应尽量从埝埂下方挖取，或者结合平整土地，由高处挖沟取土。土料应是湿润的生土，没有坷垃。依次筑高 6 椽后，下面的椽子才可以逐根抽出往上继续修筑，直至修到设计高度。椽子接头缝要上下错开。

地埂超高部分，分软坎和硬坎两种。软坎内侧坡为 1∶3～1∶4，可以种作物，同时可以起缓洪作用。软坎只是外侧拍光，硬坎是三面拍光。地埂修完后，超高的顶部要基本水平，不能修成"长城"埂。

4）保留表土

表土是农民经过多年培肥的，在修梯田时，切忌打乱表土层，最主要的是尽量多地保

留表土,以免减产。处理表土一般有表土逐台下移法(俗称蛇蜕皮法)、表土逐行置换法、表土分带堆置还原法(也称分带堆土法)、表土中间堆置法(又称中间堆土法)。

保留表土的技术要点如下:

(1)表土逐台下移法(蛇蜕皮法)。适用于坡度较陡、田面较窄(10 m 以下)的梯田。整个坡面梯田自下而上逐台施工,第一台不保留表土修平,然后把第二台表土刮下来铺在第一台上,第二台土平整后将第三台的表土铺在第二台上,依次逐台移表土,直至修完(见图 4-2-4)。这样施工方便,但最后一台无表土,要注意增施肥料。此法可保留表土90% 以上。

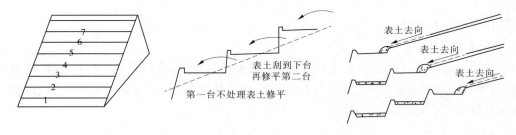

图 4-2-4　蛇蜕皮法处理表土示意图

(2)表土逐行置换法。适用于坡面坡度较缓、梯田田面较宽(20 ~ 30 m)的情况。先将田面中部约 2 m 宽修平,将其上下两侧各约 1 m 宽表土取来铺上;挖上侧 1 m 宽田面,填下侧 1 m 宽田面,将平台扩大为 4 m 宽;按前述方法,再向上下两侧各展 1 m 宽,将平台扩大至 6 m 宽,如此继续进行下去,直到将整个田面修平。见图 4-2-5。

(3)表土分带堆置还原法(分带堆土法)。适用于坡度 10° ~ 15°、田面宽 15 ~ 20 m 的梯田。将修梯田的地块,顺坡化成若干条 3 m 左右宽的带,把两侧的表土集中在中间一带,然后先修平去掉表土的两带,最后再将表土还原,平铺在修平的生土带上(见图 4-2-6)。其他带均依次处理。这种方法可保留表土 70% 以上。

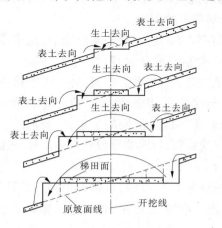

图 4-2-5　表土逐行置换法示意图

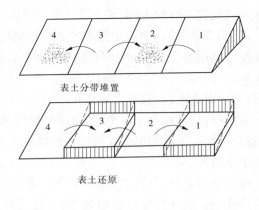

图 4-2-6　分带堆土法示意图

(4)表土中间堆置法(中间堆土法)。适用于田面宽 10 ~ 15 m 的情况。将拟修梯田的表土全部取起,堆置在田面中心线位置,宽 2 m 左右,将中心线上方生土全部取起填于下方田面,将堆置在中心线附近的表土均匀铺运到整个田面上。见图 4-2-7。

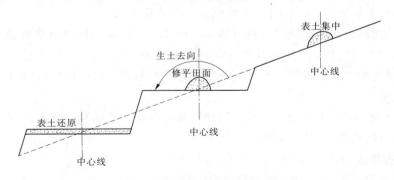

**图 4-2-7　表土中间堆置法示意图**

5）修平田面

一般采用下挖上填法（俗称外切里垫法）和上挖下填法（俗称里切外垫法）相结合的方法。下挖上填法是指在田坎线以下 1.5 m 范围,从田坎下方取土,填到田坎上方。上挖下填法指其余田面范围从田面中心线以上取土,填到中心线以下。在施工实践中群众还总结出中间开沟掏洞塌落法,即先在地块中上部挖一条深 0.5 ~ 0.6 m 的沟,用锄头挖空沟墙,让上面的生土塌落下来,然后把生土运到填方处。此法适用于冬季施工,田面较宽,地坎不太高时采用,但要注意安全。用上述方法把生土整平后,再将表土均匀铺在生土上。

2. 机械修筑梯田

机修梯田的机具分为主要机具和辅助机具。主要机具包括:正向运土的有推土机和铲运机;侧向运土的有机引犁、铲抛机;正侧向联合应用的有平地机、回转式推土机。

机修梯田,一般采用运筹法,人、机结合,事先规划好地块,最好是连台梯田,坡度在 15° 以下,坡度愈缓,工效愈高。在推平每块坡地时,要尽量少空转,运距不能太短,以减少机械磨损和耗油,并提高工效。采用机械修梯田,一个台班可顶 50 ~ 60 个人工,有的可顶 100 个以上人工。人工修埂和平整地头地边,而推土机则平整土地。机修梯田不易保留表土。

### 2.2.1.2　石坎梯田的施工技术要点

石坎梯田的修筑包括施工定线、清挖坎基、修砌石坎、坎后填膛与修平田面。

施工定线工序同土坎梯田。

（1）清挖坎基。坎基要挖到石底或硬土层上,挖深随土层厚度而定,一般在 0.5 m 以上,宽 1 m 左右,最好挖成外高内低的浅槽。

（2）修砌石坎。砌前要选好石料,并把石料分为大、中、小三类堆放,然后分层向上垒砌。每层要选用有棱角的、比较平整的较大块石（长 40 ~ 50 cm、宽 20 ~ 30 cm、厚 15 ~ 20 cm）砌在田坎外侧,要把石块的平面朝下,垫平放稳,各块之间上下左右都应挤紧,上下两层的中缝要错开呈"品"字形。较长石块每 10 ~ 15 cm 留一沉陷缝。

石坎外坡以内各层应与外坡相同,但所用石料不必强求规整。修砌过程中整个石坎应均匀地逐层升高,压顶的块石应规整,且具有较大尺寸。一般将中等的石块砌在内侧,石缝要用小石块嵌紧,并敲打牢固,石块的大小头要错开咬紧。

边砌石边收坡,石坎的稳定系数可取 1.15 ~ 1.20(稳定系数为石坎底宽与顶宽的比值,即每砌高 1 m 收进 0.15 m 或 0.20 m),顶宽可取 0.4 ~ 0.5 m。根据不同坎高,计算石坎底宽,相应地加大清基宽度。石坎的外侧坡要顺着斜坡方向砌得平直均匀,不能有凹入和凸出的现象。

根据各地的实践,石坎分砌单层石块和砌双层石块。考虑暴雨排水,应在水流集中处留 0.5 m 见方的排水口,使水舌往外伸出。

(3)坎后填膛与修平田面。两道工序结合进行。坎后填膛即在下挖上填法和上挖下填法修平田面的过程中,将夹在土内的石块、石砾拾起,分层堆放在石坎后呈三角形断面,对石坎起支撑作用(见图 4-2-8)。堆放石块、石砾的顺序是:从下向上,先堆大块,后堆小块,然后填土进行田面平整。通过坎后填膛,平整后的田面 30 ~ 50 cm 深以内应无石块、石砾,以利耕作。

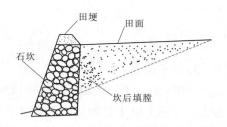

图 4-2-8　石坎梯田断面示意图

## 2.2.2　坡面截排水工程施工的一般性技术要求

截水沟与排水沟的施工应遵循以下要求:

(1)根据设计截水沟与排水沟的布置路线进行放样和定线。

(2)截、排水沟修建中的沟槽开挖、沟沿填土。根据截水沟与排水沟的设计断面尺寸,沿施工线进行挖沟和筑埂。筑埂填方部分将地面清理耙毛后方可均匀铺上,并进行夯实,沟底或沟埂薄弱环节应作加固处理。

(3)在截水沟与排水沟的出口衔接处,应铺草皮或作石料衬砌防冲。在每道跌水处,应按设计要求进行专项施工。

(4)竣工后,应及时检查断面尺寸与沟底比降是否符合规划设计要求。

## 2.2.3　蓄水池的修筑方法及技术要求

蓄水池施工按不同型式,一般包括定池边线、开挖、基础防渗、池体砌筑、池体防渗等工序。蓄水池的施工应遵循以下要求:

(1)定池边线。按设计要求划定蓄水池池边线,然后清除地面的树、草根等杂物。

(2)开挖。应根据规划的位置和设计尺寸进行开挖,并及时检查开挖尺寸是否符合设计要求。

(3)基础防渗。处理好基础,池底要夯实,并按设计进行基础防渗。如土质不好,要用黏土铺底夯实,防止渗漏。

(4)池体砌筑。边墙砌筑可选择砖、石等材料,随当地材料方便条件而定。石方衬砌要求料石(或较平整块石)厚度不小于 30 cm,接缝宽度不大于 2.5 cm,同时应做到砌石顶部要平,每层铺砌要稳,相邻石料要靠的紧,缝间砂浆要灌饱满,上层石块应压住其下一层石块的接缝。砖衬砌要用 12 墙,压缝砌筑,缝间砂浆饱满。

(5)池体防渗。蓄水池体完成后应用水泥砂浆抹面,进行防渗处理。施工中尤应注意边、角、接茬及其他具有漏水隐患部位的处理。

### 2.2.4　水窖的功能、种类、修筑方法

#### 2.2.4.1　水窖的功能、种类

水窖又称旱井(广西称水柜),是在地下挖筑成井状的或窖状的、用于蓄积地表径流,解决人畜用水、农田灌溉的一种工程设施。在丘陵和高原地区,修建水窖(旱井),把雪水、雨水就地蓄存起来,用以解决人畜用水或抗旱点浇,这是黄土地区一项抗旱防旱的好经验。它的优点是投资小、收益快、工程简易,只要管理得好,使用年限很长。

水窖一般分为井式和窖式两种。在土质地区的水窖多为圆形断面,岩石地区水窖一般为矩形宽浅式。根据形状和防渗材料,水窖形式可分为黏土水窖、水泥砂浆薄壁水窖、混凝土盖碗水窖、砌砖拱顶薄壁水窖、水泥砂浆水窖等。水窖的容积井式水窖一般 30 ~ 50 $m^3$,窖式水窖一般 100 $m^3$ 以上。

#### 2.2.4.2　水窖的修筑方法

水窖施工的工序包括窖体开挖、窖体防渗和地面部分施工。

(1)窖体开挖。挖井式水窖,先挖井筒子,从窖口开始,按照各部分设计垂直向下挖,井底一般成锅底或平底。为使井身挖端正,可由井口中心吊一根系有锤球的绳子,以绳子到井壁为半径画圆,随开挖随测量,每向下挖 1 m,校核一次直径,校正井身是否端正。

挖窖式水窖,从窖门开始,先刷齐窖面,根据设计尺寸挖好标准断面,用打窑洞的办法开挖,并逐层向里挖进,挖至设计的长度为止。在窖门顶部吊一中心线,并做一个半圆形标准尺寸木架,每向里挖进 1 m 校核一次断面尺寸。

(2)窖体防渗。一般包括胶泥捶壁防渗、水泥抹面防渗、水泥砂浆砌石防渗、混凝土防渗等。

(3)地面部分施工。包括用砖或块石砌台,高出地面 30 ~ 50 cm,并设置能上锁的木板盖,有条件的可在窖口设手压式水泵;沉沙池与进水口连接处设置铅丝网拦污栅,防止杂物流入。进水管应伸进窖内,离窖壁管口出水处设铅丝蓬头,防止水流冲毁窖壁。

## 2.3　护岸工程施工

### 2.3.1　干砌石护岸工程施工技术要点

干砌石护岸工程包括贴坡式干砌石护岸工程和重力式干砌石护岸工程。贴坡式干砌石护岸工程施工中的护脚工程包括护基工程基础面清理、护脚砌筑,需要时修筑排水渠。护坡工程包括基础面清理及削坡开级、干砌石砌筑。重力式干砌石护岸工程施工包括地

基处理、坝(墙)砌筑、排洪设施等。

坡面较缓(1.0∶2.5～1.0∶3.0)受水流冲刷较轻的坡面,采用单层干砌块石护坡或者双层干砌块石护坡。干砌石护坡应由低向高逐步铺砌,要嵌紧、整平,铺砌厚度应达到设计要求;上下层砌石应错缝砌筑。坡面有涌水现象时,应在护坡层下铺设 15 cm 以上厚度的碎石、粗沙或沙砾作为反滤层。封顶用平整块石砌护。

砌筑干砌石前,应将基底土夯实。干砌时就将较大石块置于底层,石块应交错咬搭,空隙应用碎石填实。石块外露面应稍加修整,干砌石砌筑应符合下列要求:

(1)不得使用有尖角或薄边的石料砌筑,石料最小边尺寸不宜小于 20 cm;

(2)砌石应垫稳填实,与周边砌石靠紧,严禁架空;

(3)严禁出现通缝、叠砌和浮塞,不得在外露面用块石砌筑而中间以小石填心,不得在砌筑层面以小块石、片石找平,顶部应以大石块或混凝土预制块封顶;

(4)承受较大水流冲击的岸坡段,宜用粗料石丁扣砌筑。

### 2.3.2　岸坡干砌石砌筑

#### 2.3.2.1　岸坡干砌石砌筑工序

岸坡干砌石砌筑工序一般为:备料、削坡(或平整底面)、放样、铺设垫层、选石、试放、修凿、安砌等。

(1)备料。将石料及反滤料按适当砌筑段长所需的数量分别堆放,以减少运距,节省人力。

(2)削坡(或平整底面)。按设计要求削坡,进行基础面清理,以利铺沙和砌石工作。并铺好垫层或反滤层。

(3)放样。沿建筑物轴线方向每隔 5 m 钉立坡脚、坡中和坡顶木桩各一排,并在其上画出铺沙、铺砾石和砌石线;顺排桩方向,拴竖向细铅丝一根,再在两竖向铅丝之间用活结拴横向铅丝一根,便于此横向铅丝能随砌筑高度向上平行移动,铺沙砌石即以此线为准。

(4)铺设垫层。在干砌石的下面铺沙砾反滤料作为垫层。

(5)选石、试放。所选块石一般不应低于设计位置 5 cm,不高出设计位置 15 cm。

(6)修凿。去掉尖角,使相邻块石尽可能接触面最大。

(7)安砌。砌筑时应自坡脚开始自下而上进行。

#### 2.3.2.2　干砌石的砌筑方法

干砌石常用的砌筑方法有花缝砌石与平缝砌石两种。

(1)花缝砌石。这种砌筑方法多用于干砌片(毛)石。砌筑时,依石块原有形状,使尖对拐、拐对尖,相互联系砌成。砌石不分层,一般大面向上(见图 4-2-9)。这种砌筑方法的缺点是底部空虚,容易被水流淘刷发生变形,稳定性较差;优点是表面比较平整。故用于流速不大或不承受淘刷的岸坡工程。

(2)平缝砌石。平缝砌石多用于干砌块石。砌筑时使块石的宽面与坡面横向平行(见图 4-2-10),在砌筑前应先行试放,不合适处用锤加以修凿,修凿程度以石缝能够紧密接触为准,砌石拐角处如有空隙,可用小片石塞紧。砌石表面应与样线齐平,横向有通缝,但竖向直缝必须错开。砌缝底部如有空隙,均要用合适的片石塞紧,一定做到底实上紧,以免底部沙砾由缝隙中间冲出,而造成塌坡事故。

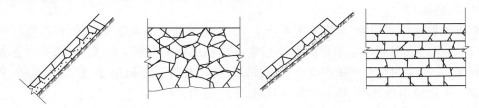

图 4-2-9　花缝砌石　　　　　　　　　　图 4-2-10　平缝砌石

### 2.3.2.3　干砌石的封边

干砌石的封边指的是干砌石砌筑到坡面或坡顶结束时对砌石的处理。干砌块石是依靠石块之间相互挤紧的力量维持稳定的。若砌体发生局部移动或变形,将导致整体破坏。边口部位是最易损坏的地方,所以封边工作十分重要。为了保护砌体下的疏料不被水流淘空,在水位以下的边口,均须用较大的块石封边。图 4-2-11(a)、(b)为坡面封边的两种形式。洪水位以上的坡顶边口见图 4-2-11(c),多为人行道,可采用较大而方正的石块砌成整齐坚固的封边,使砌成的边口不易损坏。块石封边以外所留空隙,用黏土回填夯实,以加强边口的稳定。

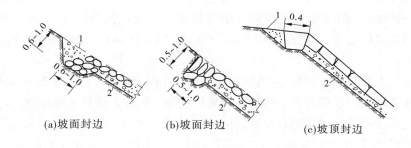

(a)坡面封边　　　　(b)坡面封边　　　　　(c)坡顶封边

1—黏土夯实;2—反滤层

图 4-2-11　干砌块石封边　（单位:m）

### 2.3.2.4　干砌石质量控制与要求

干砌石质量控制与要求一般是,缝宽不大于 1 cm,底部严禁架空,人在砌石面上敲打无松动感觉;砌体上任何块石即使是砌缝里的小片石,用手扒也不松动。此外,坡面一定要平整,砌缝内尽量少用片石填塞,并严禁使用过薄的片石来填塞砌缝。严禁出现缝口不紧、底部空虚、鼓肚凹腰、蜂窝石等缺陷。

## 2.3.3　植物措施护岸工程施工技术要点

植物措施护岸主要是通过植物对坡面的有效覆盖,根系降低土壤孔隙水压来加固土层和提高抗滑能力,有时和工程技术结合进行综合保护,提高防护使用年限,主要包括植草、植树等生物方式。

（1）种草和草皮护坡,先将坡面进行整治,并应按设计要求选用生长快的低矮匍匐型草种。植草时,应根据不同的坡面情况采用不同的方法,如播种法、坑植法等。密实的土质岸坡上采用坑植法,即在边坡上交错挖坑,然后填草籽、肥料和泥土;风沙沙质坡地,应先设沙障,再播种。

草皮护坡铺植要均匀,草皮厚度不应小于 3 cm,并注意加强草皮养护,提高成活率。

(2)乔灌混交林护岸。采用深根性与浅根性相结合的乔灌木混交方式,同时选用适应当地条件、速生的乔木和灌木树种。应按设计选用林带宽度和株、行距,适时栽种,保证成活率。采用植苗造林时,苗木宜带土栽培,并应适当密植。

(3)草灌护坡。在坡面的坡度、坡向和土质较复杂的地方,实行乔、灌、草结合的植物或藤本植物护坡。

## 2.3.4 浆砌石、混凝土护岸工程一般施工方法

### 2.3.4.1 浆砌石护岸工程一般施工方法

浆砌石护岸工程的结构形式、施工工序基本上与干砌石护岸工程相同。坡度为1∶1~1∶2,或坡面位于沟岸、河岸,下部可能遭受水流冲刷,且洪水冲击力强的防护地段宜采用浆砌石护岸。

浆砌石护脚(基)工程和干砌石施工相同。护脚(基)工程、护坡工程施工技术要点参见初级工"2.3.2 护岸工程施工的一般方法"。

浆砌石护坡由面层和起反滤层作用的垫层组成。面层铺设厚度为 25~35 cm;垫层又分为单层和双层两种,单层厚 5~15 cm,双层厚 20~25 cm。原坡面如为沙、砾、卵石,可不设垫层。

对长度较大的浆砌石护坡,应沿纵向每隔 10~15 m 设置一道宽约 2 cm 的伸缩缝,并用沥青或木条填塞。浆砌石护岸的封顶可采用混凝土基槽或块基基槽封顶。

网格式浆砌石护岸用浆砌石在坡面做成网格状。网格尺寸一般 2.0 m 见方,或将每格上部做成圆拱形;上下两层网格呈"品"字形排列。浆砌石部分宽 0.5 m。

浆砌石的施工过程有:砌筑面准备、选料、铺(坐)浆、安放石料、质检、勾缝、养护等。

(1)砌筑:浆砌石常用坐浆砌筑的方法。对于土质基础,砌筑前应先将基础夯实,并在基础面上铺一层 3~5 cm 厚的稠砂浆,然后再安放石块;对岩石基础,铺浆前应将基础表面的泥土、杂物洗净,洒水湿润。

砌筑用的石块表面必须冲洗干净,砌筑前也应洒水湿润,以便与砂浆黏结。砌筑程序为先砌"角石",再砌"面石",最后砌"腹石",如图 4-2-12 所示。角石用以确定建筑物的位置和形状,在选石与砌筑时须加倍注意,要选择比较方正的大石块,先行试放,必要时须稍加修凿,然后铺灰安砌。角石的位置必须准确,角石砌好后,就可把样线移挂到角石上。面石可选用长短不等的石块,以便与腹石交错衔接。面石的外露面应比较平整,厚度略同角石。砌筑面石也要先行试放和修凿,然后铺好砂浆,将石翻回座砌,并使灰浆挤紧。腹石可用较小的石块分层填筑,填筑前先铺坐浆。放填第一层腹石时,须大面向下放稳,尽量使石缝间隙最小,再用灰浆填满空隙的 1/3~1/2,并放入合适的石片,用锤轻轻敲击,使石块挤入灰缝中,腹石铺砌还可采用灌浆法,即铺一层腹石,灌一次浆,先稀后稠,灌饱

灌实。此法简单易行,但施工质量不如坐浆法,每砌三层左右大致找平一次。各段交界处应留成台阶,以便相互结合,以保证建筑物的弹性。在砌石工作中断时,应在中断前对砌石层间的空隙用灰浆或小石子混凝土填满捣实,但表面上不抹灰浆,并用覆盖物予以遮盖。续砌时应将表面清扫干净并洒水湿润。

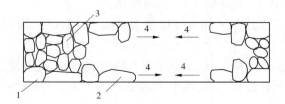

1—角石;2—面石;3—腹石;4—砌石方向

**图 4-2-12　浆砌石程序**

(2)勾缝:浆砌石的外露面应勾缝。勾缝就是在砌体砂浆凝固前,先将缝内深度不大于 2 cm 的砂浆刮去,用水将缝内冲洗干净,待砌体达到一定强度后,再用强度等级较高而且较稠的砂浆进行勾缝。勾缝宽度一般不大于 3 cm。勾缝形式有凸缝和平缝两种。在水工建筑物中,一般采用平缝。砌体后面与土壤的接触面通常不勾缝。如果为了防止渗水,则可用砂浆抹面。

(3)养护:砌体完成后,须用麻袋或草袋覆盖,并经常洒水养护,保持表面潮湿。养护时间一般不少于 5 ~ 7 d,在砌体达到要求的强度之前,不得在其上任意堆放重物或修凿石块,以免砌体受震动而破坏。砌完后,一般须经 28 d 方可进行回填,最早不得少于12 ~ 14 d。

### 2.3.4.2　混凝土护岸工程一般施工方法

混凝土护岸是在沟道(河)岸坡可能遭受强烈洪水冲刷的陡坡段采用。坡面有涌水现象时,用粗沙、碎石或沙砾设置反滤层。涌水量较大时,修筑排水盲道。

混凝土的浇筑施工过程包括浇筑仓面准备、入仓铺料、平仓振捣,以及混凝土的养护。

重力式混凝土和钢筋混凝土护岸,必须沿长度方向设变形缝,缝距可采用 10 ~ 15 m。排水孔修筑时,孔后应设置反滤层或水工织物。

网格式混凝土护岸,在护坡现场直接浇制宽 20 ~ 40 cm、长 12 cm 的混凝土或用钢筋混凝土预制构件,修成格状建筑物。为防止格状建筑物沿坡面下滑,应固定框格交叉点或在坡面深埋横向框条。

水泥砂浆(喷浆)护岸,在基岩裂隙小、无大崩塌的地段采用。注意不要在涌水和冻胀严重的坡面喷浆或喷混凝土。喷射水泥砂浆厚度 5 ~ 10 cm,喷射混凝土厚度 10 ~ 25 cm,在冻融地区喷射厚度一般在 10 cm 以上。在地质软弱、温差较大的地区,喷射厚度应相应最大。水泥砂浆(喷浆)的配置应符合有关技术规范的规定。喷浆前必须清除坡面上松动岩石、废渣、浮土、草根等杂物,填堵大缝隙、大坑注。破碎程度较轻的地段,可根据当地土料情况就地取材,用胶泥喷涂或用胶泥作为喷浆的垫层。

## 2.3.5 护岸工程施工中块石和料石的选择及砂浆拌和

### 2.3.5.1 块石和料石的选择

常用的石料有花岗岩、正长岩、玄武岩、片麻岩、沙岩、石灰岩等。工程上对石料的要求是:石质坚硬,表面清洁,无碎松石屑,不易风化。

石料用途不同,可依其开采加工程度分为片石(乱毛石)、块石、粗料石、细料石(样石)4种。

(1)片石。片石呈不规则形状,是开采料石时的副产品,或直接由料场开采。

(2)块石。块石形状较方,具有两个大致平行的平面,一般尺寸0.3 m见方,由较大的片石稍加工而成。

(3)粗料石。一般具有一个四角方正的长方形平面,其长不小于0.3 m,高度不大于0.2 m,上下两侧及正面均应加工凿平。备料时应先按建筑部位、高度和尺寸计算好所需各类厚度石料的层数及数量,有计划地开采加工。

(4)按设计图样、尺寸加工凿成的细料石称为样石,多用拱石外脸、闸墩圆头及墩墙帽子等。

采集或选购的石料,除应满足岩性、强度等性能指标外,砌筑用石料的形状、尺寸和块重,还应符合表4-2-3的质量标准。

表4-2-3    石料形状尺寸质量标准

| 项目 | 质量标准 | | |
|---|---|---|---|
| | 粗料石 | 块石 | 毛石 |
| 形状 | 棱角分明,六面基本平整,同一面上高差小于1 cm | 上下两面平行,大致平整,无尖角、薄边 | 不规则(块重大于25 kg) |
| 尺寸 | 块长大于50 cm 块高大于25 cm 块长:块高小于3 | 块厚大于20 cm | 中厚大于15 cm |

### 2.3.5.2 砂浆拌和

砂浆是由胶凝材料(水泥、石灰、黏土等)和细骨料(砂)加水拌和而成。常用的有水泥砂浆、混合砂浆(或叫水泥石灰砂浆)、石灰砂浆和黏土砂浆。

根据组成材料,普通砂浆还可分为:①石灰砂浆,由石灰膏、砂和水按一定配比制成,一般用于强度要求不高、不受潮的砌体和抹灰层;②水泥砂浆,由水泥、砂和水按一定配比制成,一般用于潮湿环境或水中的砌体、墙面或地面等;③混合砂浆,在水泥或石灰砂浆中掺加适当掺合料如粉煤灰、硅藻土等制成,以节约水泥或石灰用量,并改善砂浆的和易性,常用的混合砂浆有水泥石灰砂浆、水泥黏土砂浆和石灰黏土砂浆等。

新拌普通砂浆应具有良好的和易性,硬化后的砂浆则应具有所需的强度和黏结力。砂浆的和易性与其流动性和保水性有关,一般根据施工经验掌握或通过试验确定。砂浆的抗压强度用砂浆标号表示,砌筑砂浆按抗压强度划分为M20、M15、M10、M7.5、M5、

M2.5 等六个强度等级。砂浆的黏结力随其标号的提高而增强,也与砌体等的表面状态、清洁与否、潮湿程度以及施工养护条件有关。因此,砌石之前一般要先将石块浇湿,以增强石块与砂浆之间的黏结力,确保砌筑质量。

砂浆拌和中应注意的问题如下:

(1)砂浆的品种、强度等级必须符合设计要求,砂浆的稠度应符合规定。

(2)拌制中要保证砂浆的配合比和稠度,运输中不漏浆、不离析。

(3)若砂浆出现泌水现象,使用前应再次拌和。

(4)砂浆应随拌随用,水泥砂浆和水泥混合浆必须分别在拌成后 3 h 和 4 h 内使用完毕;如施工期间最高气温超过 30 ℃,则必须分别在拌成后 2 h 和 3 h 内使用完成。

# 2.4　水土保持造林

## 2.4.1　水土保持林的作用、种类

### 2.4.1.1　水土保持林的作用

水土保持林指以防治水土流失为主要功能的人工林和天然林。水土保持林是水土保持林业技术措施的主要组成部分。主要作用表现在以下三个方面。

1. 林冠截留降雨,减少土壤侵蚀

通过林中乔、灌木林冠层对天然降水的截留,改变雨水落地的方式,削弱降雨强度和其冲击地面的能量,避免了雨滴溅击侵蚀;推迟了产流时间,减小了径流速度,减少了林下的径流量,缩短了林地土壤侵蚀的过程,使侵蚀量大大减小。

2. 枯枝落叶层吸水下渗,调节径流

枯枝落叶层具有挡雨、吸水、缓流和阻滞泥沙的作用。林地大量的枯枝落叶层,像一层海绵覆盖在地面上,直接承受落下的雨水,保护地表免遭雨滴溅击;枯枝落叶层结构疏松,具有很大的吸水能力和透水性,吸水饱和以后,多余的水分渗入土壤,变成地下水,大大减小了地表径流;枯枝落叶层增加了地面的粗糙度,形成无数细小的栅网,分散水流,拦滤泥沙,大大降低了径流速度,减少了泥沙的下移。另外,枯枝落叶改善了层下土壤的理化性质,有利于水分的下渗。大量的径流渗入并贮存于土壤中,变成地下水,在枯水期流入河川,起到了调节径流和理水的作用。

3. 固持和改良土壤,提高土壤的抗蚀性和抗冲性

(1)固持土壤的作用:林木根系纵横交错,交织成网,根系网络在很大范围内能固持土体,大大增强土壤的防冲抗蚀能力,为减轻或防止重力侵蚀创造了条件。

(2)改良土壤的作用:主要表现在制造有机物质和枯落物、腐根分解改善土壤理化性质等方面,为林地土壤肥力的改善提供了良好的条件。

(3)提高土壤的抗蚀性和抗冲性:主要表现在其地被物层对地面径流的调蓄吸收,以及根系对土壤的固持方面。一旦植被遭到破坏,特别是地物层和根系遭到破坏,土壤抗蚀性和抗冲性能力会迅速下降。若遇暴雨冲刷,会导致沟蚀发生。

### 2.4.1.2　水土保持林的种类

1. 林种与林种划分知识

森林按其不同的效益(或功能)可划分为不同的种类,简称林种。根据《中华人民共和国森林法》(1998 年 4 月 29 日修正颁布),一级林种划分有 5 大类,二级林种若干(可再分三、四级)。5 大类林种指防护林、用材林、经济林、薪炭林和特种用途林。其中水土保持林属于防护林。

林种划分只是相对的,实际上每个树种都起着多种作用。如防护林也能生产木材,而用材林也有防护作用。

2. 水土保持林的种类

受我国自然条件复杂、南北差异较大等特点的影响,水土流失的强度及表现形式都各不相同。与此相对应的水土保持林在树种组成、林分结构、配置方式、营林技术及防护功能等方面也各不相同,有其各自的独特作用。我国水土保持林的种类根据其布设的位置及作用主要分为以下类型。

(1)丘陵、山地坡面水土保持林:根据坡面与坡度的特点分别在坡面的上、中、下进行布置。坡面水土保持林可以与农田、牧地成带状相间布置,人口稀少的地区也可以对整个坡面造林。

(2)沟壑水土保持林:分沟头、沟坡、沟底三个部位,与水土流失工程治理措施中的沟头防护、谷坊、淤地坝等紧密结合。

(3)河道两岸、湖泊水库四周、渠道沿线等水域附近岸边水土保持林:其主要目的是巩固河岸、库岸与渠道,防止岸塌和冲刷渠坡。

(4)黄土丘陵及塬区梁峁顶、塬面、塬边防护林:该类水土保持林所处的地势较高,温差较大,风力大,蒸发强烈。其主要作用是减免风害、控制径流起点,防止土壤侵蚀。

(5)防风固沙林:主要布设在黄河故道、滨海沿岸沙地及我国干旱少雨的西北沙漠地区。

国家标准《水土保持术语》(GB/T 20465—2006)中,根据水土保持林功能的不同,分为坡面防护林、沟头防护林、沟底防护林、塬边防护林、护岸林、水库防护林、防风固沙林、海岸防护林等。

### 2.4.1.3　常见水土保持乔木、灌木树种

我国常见水土保持乔木、灌木树种的主要生物学特性、主要适生地区见表 4-2-4、表 4-2-5。

**表 4-2-4　我国主要水土保持造林乔木树种特性及分布情况**

| 树种 | 主要生物学特性 | 主要适生地区 |
|---|---|---|
| 杉木 | 常绿乔木,中山呈中性偏喜光,低海拔丘陵区呈中性偏阴,浅根性,根穿透力弱,萌生性强,喜温湿,怕风怕旱,忌土壤瘠薄、板结、渍水,畏低温 | 亚热带地区,年平均温度 15 ~ 20 ℃,绝对最低温度不到 - 10 ℃,绝对最高温度 40 ℃以下,年降水量 1 000 ~ 2 000 mm,中山、低山、丘陵、中亚热带海拔 800 ~ 1 000 m 以下的山地为中心产区 |

续表 4-2-4

| 树种 | 主要生物学特性 | 主要适生地区 |
|---|---|---|
| 马尾松 | 常绿乔木,极喜光,深根性,适应性强,耐土质瘠薄,喜酸性土壤,忌水湿,不耐盐碱,不耐弱光照 | 亚热带地区,年平均温度13~22 ℃,绝对最低温度不到 −10 ℃,年降水量800~1 900 mm,海拔600~800 m以下的中、低山及丘陵 |
| 湿地松 | 常绿乔木,极喜光,主、侧根发达,喜低海拔潮湿地带,耐水湿,不耐长期积水,耐瘠薄,不耐庇荫 | 亚热带地区,年平均温度15~23 ℃,绝对最低温度不到 −17 ℃,年降水量1 000~1 600 mm,海拔600 m以下的山地、丘陵、平原 |
| 火炬松 | 常绿乔木,极喜光,深根性,主、侧根发达,喜肥沃湿润,较耐干旱瘠薄,不耐水湿、渍涝、盐碱 | 亚热带地区,年平均温度15~23 ℃,绝对最低温度不到 −17 ℃,年降水量660~1 600 mm,海拔600 m以下的山地、丘陵 |
| 华山松 | 常绿乔木,中性或中性偏喜光,深根性,喜温和、凉爽、较为湿润的环境,较耐寒,不耐水湿 | 暖温带、亚热带西部高海拔地区,年平均温度6~15 ℃,绝对最低温度不到 −30 ℃,年降水量600~1 500 mm,海拔1 000~3 300 m,相对湿度70%以下的山地 |
| 云南松 | 常绿乔木,极喜光,深根性,主、侧根发达,较耐干旱瘠薄,在全光下天然更新良好 | 西南高原地区,年平均温度12.5~17 ℃,绝对最低温度不到 −7 ℃,年降水量900~1 300 mm,冬无严寒,夏秋多雨,无酷热,干湿季分明,海拔1 600 m以上的山地 |
| 思茅松 | 常绿乔木,极喜光,深根性,喜高温湿润环境,不耐寒冷,不耐干旱瘠薄土壤 | 云南南部南亚热带与热带地区,年平均温度17~22 ℃,年降水量1 500 mm以上,相对湿度80%以上,海拔600~1 700 m的宽谷、盆地周围低山、丘陵及河流两岸山地。云南中部、四川西昌地区在同海拔地区引种,生长良好 |
| 柳杉 | 常绿乔木,喜光,浅根性,无明显主根,侧根发达,喜温暖高湿,夏季无酷热的生境;抗风性、耐寒性、抗雪压能力较好 | 亚热带地区,年平均气温14~19 ℃,1月平均气温0 ℃以上,年降水量1 000 mm以上,空气湿度大,多云雾弥漫的地区,东部海拔1 000~1 400 m以下,西部云、贵、川地区1 600~2 400 m山地最适宜 |
| 水杉 | 落叶乔木,喜光。根系发达,喜温湿气候与湿润土壤,不耐干旱,但又忌水湿 | 亚热带、暖温带地区,年平均温度12~20 ℃,绝对最低气温不到 −18 ℃,年降水量800~1 770 mm,海拔1 600 m以下的山地、丘陵、平原 |
| 池杉 | 落叶乔木,喜光,喜温湿,耐水湿,能在季节性浅水中正常生长,抗风性、萌生性强,不耐盐碱 | 亚热带、暖温带南部地区,年平均温度15~20 ℃,绝对最低气温不到 −17 ℃,年降水量1 000~1 770 mm的平原、水旁、山谷 |
| 雪松 | 常绿乔木,喜光,幼年稍耐阴,浅根性,喜温和凉爽,大苗能耐 −25 ℃的低温,较耐干旱瘠薄,不耐水湿,抗风、抗烟害能力差 | 青藏高原西部1 200~3 300 m地区;暖温带至中亚热带湿润、半湿润气候区,平原、丘陵、低山缓坡,北京、大连以南至长江中下游大中城市广为栽培 |

续表 4-2-4

| 树种 | 主要生物学特性 | 主要适生地区 |
|---|---|---|
| 油松 | 常绿乔木,喜光,深根性,根系发达,略耐瘠薄和干旱,喜温湿,不耐水湿和盐碱,不耐弱光照 | 温带南部、暖温带地区,年平均温度 5~16 ℃,绝对最低气温不到 −25 ℃,年降水量 500~1 000 mm,海拔 1 600 m 以下的山地、丘陵、平原 |
| 白皮松 | 常绿乔木,喜光,深根性,喜干冷气候,能耐 −30 ℃ 的低温,不耐湿热,不耐积水或盐碱,生长较慢 | 温带、暖温带半湿润气候区海拔 1 800 m 以下的山地、丘陵与排水良好的平原 |
| 侧柏 | 常绿乔木,喜光,浅根性,须根发达,极耐干旱瘠薄,耐盐碱,生长稳定长寿,但较慢 | 温带南缘、暖温带、亚热带地区,年平均温度 8~20 ℃,绝对最低气温不到 −35 ℃,年降水量 300~1 600 mm,从北至南,在海拔 500~1 800 m 以下的山地、丘陵、平原 |
| 柏木 | 常绿乔木,喜光,稍耐侧方庇荫,侧根发达,喜温湿,耐寒性差,能在钙质土上生长,是紫色土页岩钙质土、石灰岩山地钙质土的主要针叶树种 | 亚热带地区,年平均温度 13~19 ℃,绝对最低气温不到 −5 ℃,年降水量 1 000~1 500 mm,从东至西,海拔 400~2 000 m 以下的山地、丘陵 |
| 红皮云杉 | 常绿乔木,较耐阴,浅根性,耐寒性、耐湿性较强,后期生长较快 | 温带地区,年平均温度 0~6 ℃,绝对最低气温不到 −40 ℃,年降水量 500~800 mm,空气湿润的东北东部海拔 300~1 800 m 的山地 |
| 红松 | 常绿乔木,喜光,但幼年耐阴,浅根性,侧根发达,喜温和凉爽空气湿度较大的生境,耐寒 | 温带地区,年平均温度 0~6 ℃,绝对最低气温 −50 ℃ 以上,年降水量 750~1 200 mm,相对湿度较高,从北至南,海拔 300~1 300 m 的山地 |
| 兴安落叶松 | 落叶乔木,喜光,适应性强,耐严寒,喜水肥,耐水湿,并耐瘠薄土壤,生长较快 | 寒温带、温带地区,年平均温度 0~4 ℃,绝对最低气温 −52 ℃ 以上,有岛状分布的永冻层,年降水量 350~600 mm,一般多在海拔 500~1 200 m 的山地、丘陵、沼泽、平原 |
| 长白落叶松 | 落叶乔木,极喜光、浅根性,喜湿润,耐严寒,较耐干旱 | 温带地区的长白山、张广才岭、老爷岭等地,年平均温度 2.5~10 ℃,年降水量 750~1 000 mm,海拔 700~1 900 m 的山地、沼泽 |
| 华北落叶松 | 落叶乔木,极喜光,根系发达,喜生于高寒地带 | 华北温带、暖温带地区,年平均温度 −2~4 ℃,1 月平均气温 −20 ℃ 左右,年降水量 600~900 mm,海拔 1 400~3 000 m 的山地 |
| 日本落叶松 | 落叶乔木,喜光,根系较浅,喜温凉湿润生境,不耐干旱瘠薄,早期速生 | 北纬 45° 以南温带、暖温带地区及亚热带高海拔山地,年平均气温 2.4~12 ℃,年降水量 500~1 100 mm,空气湿度大的地带,华北 1 200 m 以上,华中、西南 1 600~2 500 m 以上,东北南部 200 m 左右 |

续表 4-2-4

| 树种 | 主要生物学特性 | 主要适生地区 |
|---|---|---|
| 樟子松 | 常绿乔木,极喜光,根系发达,耐干旱严寒,耐瘠薄土壤 | 寒温带、温带地区,年平均气温 -4~8 ℃,绝对最低气温不到 -50 ℃,年降水量 350~600 mm,海拔 200~900 m 的山地、丘陵、平原 |
| 银杏 | 落叶乔木,喜光,深根性,对温度适应范围广,具有一定的耐旱性,不耐水湿,寿命长 | 温带、暖温带、亚热带地区,年平均气温 10~18 ℃,绝对最低气温不到 -20 ℃,年降水量 600~1 500 mm,山地、丘陵、平原,南亚热带海拔 2 000 m 以下,中亚热带 1 000 m 以下,其他仅生于低海拔地区 |
| 窿缘桉 | 常绿乔木,极喜光,适应性强,耐干旱瘠薄,耐短期霜冻,抗风性、萌生性强 | 北纬 20~25°的热带、亚热带湿润、半湿润地区,年平均温度 18 ℃以上,绝对最低气温不到 0 ℃,年降水量 1 500 mm 左右,低海拔、山地、丘陵、平原、台地 |
| 巨桉 | 常绿乔木,极喜光,喜温暖而不耐炎热,可耐 -5 ℃的低温,生长迅速,树干通直圆满,但抗风力弱 | 南亚热带及热带高地,年平均温度 15~25 ℃,最热月最高温度 29~32 ℃,最冷月平均温度 5~6 ℃,年降水量 1 000~1 800 mm,无台风的地带 |
| 尾叶桉 | 常绿乔木,极喜光,喜高温多湿;具一定的耐旱耐瘠薄能力,可耐 -3 ℃短期霜冻,干形好,生长迅速,萌生能力强,但抗风力弱 | 北纬 18°~24.5°的范围内,适生于年平均温度 18~28 ℃,最冷月平均气温 8~12 ℃,绝对最低温度不低于 -3 ℃,年降水量 1 000~2 500 mm 的热带、南亚热带的无台风地区,海拔 500 m 以下的低山、丘陵、台地、平原 |
| 柠檬桉 | 常绿乔木,极喜光,深根性,初期生长较快,抗风力强,耐寒力弱 | 热带、南亚热带地区,年平均温度 18 ℃等温线以南,绝对最低气温 0 ℃以上,年降水量 1 000~2 000 mm,低海拔的丘陵、平原、台地与山麓缓坡 |
| 直干桉 | 常绿乔木,喜光,深根性,生长快,干形好 | 亚热带地区海拔 1 500~1 900 m 的西南山间平缓地,年平均温度 15~20 ℃,绝对最低温度不低于 -2.5 ℃,年降水量 850~1 500 mm,夏无酷热,冬无严寒的地区 |
| 赤桉 | 常绿乔木,喜光,根系发达,适应性强,既耐干旱,又耐水湿,既耐寒冷,又耐炎热,抗风力强 | 是桉树分布最广的树种,从云南南部到陕西阳平关均有栽培,以云南南部及四川西南部栽培最多,在金沙江干热河谷中,年平均温度 20.4 ℃、年降水量 600 mm、年相对湿度 55%左右仍能旺盛生长,在阳平关可耐 -10.1 ℃的低温,适生于海拔1 477 m 以下地带 |
| 木麻黄 | 常绿乔木,极喜光,深根性,侧根发达,具固氮菌根,喜温湿,耐沙压及海潮短期淹渍,耐水湿,但不耐干旱,生长迅速,幼中龄林抗风力强 | 北纬 28.3°以南的亚热带、热带地区,年平均温度 16.3~24 ℃,绝对最低温度不低于 -3.8 ℃,年降水量 800 mm 以上,平原、滨海沙地、低山 |

续表 4-2-4

| 树种 | 主要生物学特性 | 主要适生地区 |
|---|---|---|
| 台湾相思 | 常绿乔木,强喜光,深根性,耐干旱瘠薄和水湿,抗风性、萌生性强,不耐寒冻 | 热带、南亚热带地区,年平均温度 18～26 ℃,绝对最低温度不低于－5.4 ℃,年降水量 300～3 000 mm,低海拔山地、丘陵、平原 |
| 大叶相思 | 常绿乔木,喜光,适应性强,但耐寒性差,生长迅速,具有一定的萌生性 | 北纬 23°以南的热带地区,绝对最低温度 5 ℃以上,年降水量 1 000～2 000 mm 的低海拔山地、丘陵、台地、平原 |
| 樟树 | 常绿乔木,喜光,主根强大,根系发达,喜温湿气候,适应性强,生长较快,寿命较长 | 亚热带、热带北缘地区,年平均温度 16～24 ℃,绝对最低温度不低于－7 ℃,年降水量 1 000～3 000 mm,低海拔地带的河滩、平原、台地、丘陵、低山 |
| 黑荆树 | 常绿乔木,喜光,浅根性,侧根发达,适应性强,较耐干旱,生长较快 | 亚热带地区,年平均温度 16～20 ℃,绝对最低温度不低于－5 ℃,年降水量 1 000～1 500 mm,相对湿度 75% 以上,低海拔地带山地、丘陵和平原 |
| 苦楝 | 落叶乔木,喜光,主根不明显,侧根发达,适应性较强,生长迅速 | 暖温带南部,亚热带及热带地区,年平均温度 13～28 ℃,年降水量 800～2 500 mm,低海拔地带的平原、低山、丘陵坡脚及"四旁" |
| 木荷 | 常绿乔木,喜光,幼年较耐阴,喜温湿,不耐严寒,对土壤适应性强,耐火性强 | 亚热带、热带地区,年平均温度 16.9～23 ℃,年降水量 1 000～2 000 mm 以上,北部海拔 400 m 以下,南部 1 000～1 200 m 的中、低山地、丘陵 |
| 红锥 | 常绿乔木,较耐阴,幼树耐阴性强,喜温湿,不耐干旱,生长较快,萌生力强 | 南亚热带、热带地区,年平均温度 18～24 ℃,绝对最低温度 0 ℃以上,年降水量 1 000～2 000 mm,山地除海南岛在海拔 1 100 m,云南南部在 1 900 m 以下外,其他地区都在低海拔地带 |
| 青钩栲 | 常绿乔木,喜光,主根发达,须根较少,喜温湿,生长较快,萌生力强 | 南亚热带地区,年平均温度 18～22 ℃,绝对最低温度 0 ℃以上,年降水量 1 500～2 000 mm,海拔 200～1 000 m 的山地 |
| 桢楠 | 常绿乔木,耐阴,深根性,根系发达,喜温湿,初期生长较慢,但寿命长,能生长成大径材,干形通直,材质优良,遇火难燃,经久不腐 | 亚热带地区,尤以四川、湖北西部分布较多,年平均温度 16.9～18.8 ℃,绝对最低温度不低于－3.7 ℃,绝对最高温度 40 ℃以下,年降水量 900～1 600 mm,海拔 500 m 以下的中山、低山、丘陵 |
| 光皮桦 | 落叶乔木,喜光,深根性,喜温凉湿润,较耐干旱瘠薄,生长迅速,萌生力强 | 亚热带西部、暖温带西南部,年平均温度 14～17 ℃,绝对最低温度不低于－17 ℃,年降水量 800～1 900 mm,海拔 500 m 以上的地区 |

续表 4-2-4

| 树种 | 主要生物学特性 | 主要适生地区 |
|---|---|---|
| 枫杨 | 落叶乔木,喜光,深根性,主根明显,侧根发达,喜温湿,耐水湿,并具有一定的耐寒性 | 暖温带、亚热带地区,年平均温度 12～22 ℃,年降水量 700～2 000 mm 的地区,山地、丘陵、平原等地带,除西南可达 1 000 m 以上外,其余仅适生于低海拔地区 |
| 三年桐 | 落叶小乔木,喜光,浅根性,喜温暖,喜肥沃湿润土壤,不耐干旱瘠薄 | 亚热带地区,年平均温度 15～18 ℃,绝对最低气温 -10 ℃ 以上,年降水量 900～1 300 mm,年平均相对湿度 70%～80%,除川西南、云南可在 2 000 m 以下山地种植外,其他地区多在 800 m 以下低海拔山地、丘陵种植 |
| 毛白杨 | 落叶乔木,喜光,深根性,喜温凉湿润气候,不耐严寒和湿热,对水肥条件敏感,不耐干旱、贫瘠土壤,生长快,根际萌生能力强 | 暖温带树种,年平均温度 7～16 ℃,绝对最低温度 -18 ℃,年降水量 600～1 300 mm,北起辽宁、内蒙古南部,南至长江,北京以南至黄淮中下游平原为中心产区 |
| 小黑杨 | 落叶乔木,喜光,喜冷湿气候,抗旱、抗寒,耐轻度盐碱,耐瘠薄,能够充分利用沙层内水分,耐沙压,不耐水湿,早期速生 | 温带、暖温带地区,年降水量 440 mm,绝对最低温度不低于 -43 ℃,能正常生长,年降水量不足但地下水位浅的地带也能生长 |
| 新疆杨 | 落叶乔木,喜光,深根性,喜水肥、温热,耐大气干旱,不耐土壤干瘠,不耐湿热多雨,抗寒力差,抗风力强 | 暖温带干旱、半干旱灌溉农区或土壤湿润地带,年平均温度 11 ℃ 左右,绝对最低温度 -24 ℃,绝对最高温度 42.7 ℃,日照长,阴雨少,有灌溉条件和沟底水分条件较好的地带 |
| 群众杨 | 落叶乔木,喜光,适应性强,较耐盐碱、干旱、瘠薄,早期速生 | 暖温带地区,年均温度 6～16 ℃,年降水量 400 mm 以上,或雨量不足有灌溉条件的北方广大平原地区 |
| I -124 杨 | 落叶乔木,喜光,喜中温、中湿环境,抗寒性较差,生长迅速 | 原产于意大利,我国主要推广地区为黄河下游至淮河流域的平原,北方严寒地区、气候干旱地区不宜推广 |
| I -69 杨 | 落叶乔木,喜光,要求温湿气候环境与较好的水肥条件,耐水淹,短期过水无碍,抗寒性、抗病虫害较差,生长迅速 | 从意大利引进,是我国南方型杨树树种,适宜推广地区为北纬 35° 以南至 25°,年降水量 800～1 300 mm 的长江中下游平原 |
| I -72 杨 | 基本同 I -69 杨,略耐寒些 | 同 I -69 杨 |
| I -63 杨 | 基本同 I -69 杨 | 基本同 I -69 杨 |
| 白花泡桐 | 落叶乔木,极喜光,深根性,喜温暖,喜水肥,但不耐水湿、盐碱和瘠薄土壤,生长迅速,萌芽力强 | 亚热带、暖温带地区,年均温度 14～20 ℃,绝对低温 -18 ℃,年降水量 750～1 500 mm,平原、山麓 |

续表 4-2-4

| 树种 | 主要生物学特性 | 主要适生地区 |
|---|---|---|
| 兰考泡桐 | 落叶乔木,极喜光,深根性,较耐寒,喜水肥,但不耐水湿、盐碱和瘠薄土壤,生长迅速,萌芽力强 | 暖温带地区,年均温度 12～18 ℃,绝对低温－18 ℃,年降水量 750～1 000 mm,平原 |
| 旱柳 | 落叶乔木,喜光,不耐庇荫,深根性,耐寒,喜温湿,略耐干旱,可耐短期积水,生长快 | 东北、西北、华北、华东、华中及西南各地平原地区,以黄河流域为中心分布区 |
| 垂柳 | 落叶乔木,喜光,不耐阴,较耐寒,耐水湿,略耐干旱 | 全国各地广泛栽培,以黄淮、长江流域与华北南部为多,常栽于平原水边、城市路旁 |
| 刺槐 | 落叶乔木,喜光,浅根性,侧根发达,萌生力强,寿命较长,抗烟尘能力强,不耐严寒,早期速生 | 暖温带地区,年平均气温 5～18 ℃,年降水量 400～1 000 mm 以上的地区,从海滨到西部 2 000 m 的山地 |
| 国槐 | 落叶乔木,较喜光,稍耐阴,深根性,喜凉爽气候,耐湿热,寿命长,生长速度中等,抗污染能力强 | 原产于华北平原及黄土高原,我国中、南部各省都有栽植,农村"四旁",城镇 |
| 楸树 | 落叶乔木,喜光,只在苗期耐阴,主根明显,根蘖和萌生力强,不耐寒冷,对土壤条件要求较高,对二氧化硫等毒气抗性强 | 暖温带地区,年平均气温 10～15 ℃,年降水量 700～1 200 mm,平原、丘陵到海拔 800 m 的山地 |
| 白榆 | 落叶乔木,喜光,深根性,抗风力强,耐寒,耐旱,不耐瘠薄土壤、不耐水湿,抗空气污染 | 温带、暖温带到北亚热带地区,年均温度 1.5～17 ℃,耐－40 ℃的严寒,年降水量 350～1 100 mm,平原、丘陵缓坡 |
| 臭椿 | 落叶乔木,极喜光,深根性,主根发达,喜干燥温凉气候,生长快,寿命长,根蘖力强 | 北纬 22°～43°,东起海滨,西至甘肃,以华北、西北为最多,生于平原至海拔 2 000 m 的山地,年平均气温 7～18 ℃,年降水量 400～800 mm,能耐 47.8 ℃高温和－35 ℃低温 |
| 栓皮栎 | 落叶乔木,喜光,苗期耐阴,主根发达,萌生力强,幼年生长缓慢,4～5 年后生长较快,喜温湿,具抗旱、抗风、抗火特性 | 北起甘肃、河北、辽宁南部,南至广东、广西及台湾,以鄂西、秦岭、大别山为中心分布区,年平均气温 12～16 ℃,绝对最低温度－20 ℃,年降水量 500～1 500 mm,海拔由北部数十米至南方 2 000 m,山地、丘陵 |

续表 4-2-4

| 树种 | 主要生物学特性 | 主要适生地区 |
|---|---|---|
| 麻栎 | 落叶乔木,喜光,深根性,主根长,萌生力强,实生苗幼年生长慢,耐干旱,耐火,抗风,不耐水湿 | 暖温带至热带均有分布,但以长江流域和黄河中下游各省较多,年平均气温 12～24 ℃,年降水量 600～2 000 mm,海拔由华北几十米至云南 2 200 m 的山地、丘陵、平原 |
| 蒙古栎 | 落叶乔木,喜光,耐侧方庇荫、耐寒性在栎类中最强,深根性,主根发达,耐干旱瘠薄,幼年生长缓慢,后加速,寿命长,萌生力强 | 东北、华北,为我国栎类中分布最北的树种,可耐 −40 ℃ 的低温,年降水量 350～800 mm,东北分布于海拔 800 m 以下,华北 800～2 000 m |
| 辽东栎 | 与蒙古栎相近 | 东北和黄河流域各省区及四川省,海拔 800～2 800 m 的山地 |
| 水曲柳 | 落叶乔木,喜光,稍耐阴,主根短,侧根发达,萌生力强,在硬阔树种中生长较快,耐严寒,喜肥沃湿润 | 主产于东北地区,尤以小兴安岭为多,华北等地也有分布,适于年均气温 0～6 ℃、绝对最低温度 −40 ℃、年降水量 500～800 mm 的山地 |
| 黄菠萝 | 落叶乔木,喜光,稍耐阴,深根性,喜冷湿气候,喜肥沃,不耐贫瘠,幼年生长偏慢,萌生力强 | 小兴安岭南部、长白山区和华北燕山山地的北部,海拔东北 500 m 以下,华北 1 500 m 以下,年均气温 0～10 ℃,绝对最低气温 −40 ℃,年降水量 500～800 mm 的山地、丘陵 |
| 白蜡 | 落叶乔木,喜光,耐侧方庇荫,深根性,喜温暖气候,喜湿耐涝,生长快,耐修剪,萌生力强 | 华北及以南各地区广泛分布,垂直高度:华北海拔 1 700 m 以下,四川可达 3 100 m |
| 胡桃楸 | 落叶乔木,喜光,深根性,根系发达,萌生力强,喜温和凉爽湿润气候,抗风,但不耐湿热与干瘠,干风吹袭时易发生枯梢 | 东北东部山区海拔 300～800 m 的地带,河北、河南、山西、山东等省有少量分布,适于年均气温 0～6 ℃,绝对最低温度 −40 ℃,年降水量 550～800 mm 的山地、丘陵 |
| 毛竹 | 枝叶常绿,喜光,浅根性,根系发达,喜温暖湿润,但不耐水涝及盐碱,生长快 | 亚热带地区,年平均温度 15～20 ℃,绝对低温 −15 ℃ 以上,年降水量 1 000～1 900 mm,海拔 1 000 m 以下的酸性土山地 |
| 淡竹 | 枝叶常绿,根系浅,适应性较强,耐寒,稍耐贫瘠,能耐轻度盐碱,根系浅,生长快,成材早,产量高 | 长江及黄淮中下游广泛栽培,以江苏、河南、山东、陕西等省较多,耐 −18 ℃ 左右的低温 |

表 4-2-5　我国主要水土保持造林灌木树种特性及分布情况

| 树种 | 主要生物学特性 | 主要适生地区 |
|---|---|---|
| 胡枝子 | 落叶灌木,喜光,也能耐阴,根系发达,耐寒、耐干旱气候,耐土质瘠薄,萌生力强,生长较快 | 为温带至亚热带常见灌木,适生于东北、华北、西北及长江流域地区,常生于海拔 500 m 以上的山坡林缘或林下 |
| 短序松江柳 | 落叶灌木,根系发达,耐寒,喜湿,萌蘖性强,耐樵采,生长快 | 黑龙江省西部、内蒙古东郡、吉林、辽宁中部年降水量 400~500 mm,绝对最低气温 -40 ℃以上的平原、丘陵低洼地 |
| 紫穗槐 | 落叶灌木,喜光,较耐阴,侧根发达,耐瘠薄、盐碱,耐干旱,耐沙压,耐水湿,萌生力强 | 我国温带南部、暖温带、北亚热带海拔 1 000 m 以下的低山丘陵、平原、"四旁"、流动沙地均有栽培,但以年平均温度 10~16 ℃,绝对低温 -30 ℃以上、年降水量 500~700 mm 的暖温带地区生长最好 |
| 杞柳 | 落叶灌木、喜光,根系发达,喜冷凉气候,适应性强,耐旱耐涝,萌生力强,生长迅速 | 河北、山西、陕西、河南、甘肃、山东、江苏等省,生于平原低湿地、河、湖岸边等 |
| 柽柳 | 落叶灌木,喜光,不耐庇荫,根系发达,耐干旱、耐水湿、耐瘠薄、盐碱,耐高温、低温,抗风沙,萌生力强 | 东北南部、西北、华北至长江流域各省区,年均温度 3~18 ℃,年降水量 350~800 mm,或虽雨量稀少,有水源补给和地下水位较高的地区,多见于平原、沙地及沿海盐碱地 |
| 沙棘 | 落叶灌木或乔木,喜光,稍耐阴,浅根性、水平根发达,抗严寒、风沙,耐大气干旱和高温,耐土壤水湿及盐碱,耐干旱瘠薄,有根瘤 | 广布于我国的西北、华北、西南地区,年均气温 3~12 ℃,绝对最低温 -39 ℃,年降水量 360~800 mm 的地区,或虽雨量稀少,但有水源漫流的山谷、河滩地,山地、丘陵、平原沙地 |
| 柠条 | 落叶灌木,喜强光,深根性,根系发达,喜干燥气候,抗严寒,耐热,耐贫瘠,耐干旱,萌生力很强,耐沙打沙埋 | 温带、暖温带半干旱地区,年平均温度 2.5~11 ℃,绝对最低温度 -38 ℃以上,年降水量 180~500 mm 的丘陵、沙漠、沙地、草原及山地,垂直分布 1 000~2 000 m |
| 沙柳 | 落叶灌木,喜光,根系发达,耐寒、耐热、喜湿润,抗风蚀,耐沙压,生长迅速,萌生力强,耐低湿盐碱 | 暖温带的宁夏、陕北、内蒙古等干旱草原地区,年均温度 8 ℃左右,冬季气温 -30 ℃以上,年降水量 350~500 mm 的流动沙地、平原、"四旁" |
| 沙拐枣 | 多分枝灌木,叶已退化,喜光,喜干燥气候,适应性极强,抗干旱、高温、风蚀、沙打沙埋、盐碱,不耐水湿,忌空气湿度大,生长迅速,枝干萌生力强 | 新疆、内蒙古、甘肃等省区的半荒漠和荒漠地区 |

续表 4-2-5

| 树种 | 主要生物学特性 | 主要适生地区 |
|---|---|---|
| 花棒 | 落叶灌木,喜光,耐干冷气候,耐干旱、严寒、高温,耐贫瘠,抗风蚀沙埋,抗盐碱 | 华北、西北干草原及荒漠半荒漠地区,年均温度 7.5 ~ 8.4 ℃,绝对最低温度 −38 ℃以上,年降水量 150 ~ 400 mm 地区的半固定沙地、流动沙地、沙质戈壁滩及草原 |
| 枸杞 | 落叶灌木,喜光,耐冷,耐旱、耐盐碱,萌生力强 | 在我国西北、华北均有分布和栽培,宁夏是枸杞主产地区,华北有发展 |

## 2.4.2　苗木质量判别

### 2.4.2.1　苗圃及其类型

苗圃是生产苗木的基地,通过建立苗圃,并采取一系列经营管理和技术措施,为水土保持林的营造提供优质的苗木,以保证造林任务的成功完成。

苗圃根据生产需要分为固定苗圃和临时苗圃两种类型。

固定苗圃指连续多年经营的苗圃,时间可以长达数十年之久。这类苗圃面积大,苗木种类和育苗方式多,要求设立在交通便利、经营条件好的地方。固定苗圃一般距离实际造林地较远,且苗木所处的环境条件与造林地有较大差异,因此其苗木对造林地的适应时间比较长,在造林管理上应注意这种现象。

临时苗圃是专门为完成某一特定地区近期造林任务而暂时设置的苗圃类型。当造林任务完成后,苗圃随即撤除。临时苗圃多设在造林区内,其经营面积小,苗木种类和育苗方式相对单一。该类型苗圃的优点是:就地育苗,就地造林,苗木生产成本低,且适应性强。

### 2.4.2.2　苗木质量判别方法

苗木质量是影响造林成活率的关键因素之一。造林前对苗木质量的判别通过严格的苗木调查程序来进行。通过调查不仅可以了解苗木的生产数量,同时可以推算出苗木的整体质量,从而为植苗造林提供重要的依据。

苗木质量调查与判别的要求按树种、育苗方式和苗龄分别进行。对优良苗木的判别从以下几个方面进行:

(1)苗干有一定的高度,粗壮而通直,上下均匀,无徒长现象。枝叶繁茂,色泽正常。

(2)枝叶和冠形整齐不偏,发育良好。

(3)根系发达,主根短而直,且有较多的侧根和须根,发育健全。

(4)茎根比适宜,地上和地下部分发育均衡协调。

(5)苗木地上和地下部分均无病虫害与机械损伤。

(6)苗木的组织器官有正常的健壮色泽。

(7)萌芽力弱的树种要有发育正常而饱满的顶芽。

### 2.4.3　播种造林种子的处理

播种造林直接将种子播入到造林地,不经过苗圃培育和苗木移植过程。因此,其种子的处理应按照圃地育苗的种子处理程序进行处理和检验,保证用于播种造林的种子必须是合格的种子。种子处理包括种子精选、种子催芽和种子消毒。

#### 2.4.3.1　种子精选

种子精选指将贮藏过程中霉烂变质的种子,以及调运过程中的破损种子去除,并根据种子的总体特征确定是否进行分级。分级的种子应分别用于不同的造林选择。

#### 2.4.3.2　种子催芽

对于某些具有深休眠的种子,必须进行催芽处理,否则将影响其发芽出土的时间,造成造林地出苗不齐,增加管理难度的现象。种子催芽因各树种的生物学特性的差异,其方法和措施不尽相同,工作中应根据各地实际经验或相应技术规范进行。飞机播种造林一般不进行种子催芽,但对于有较厚蜡皮的漆树种子应用煮沸腾的碱水(浓度为 2%)浸 3 ~ 4 min,去掉表层蜡皮后播种,否则不易发芽。

#### 2.4.3.3　种子消毒

种子在贮藏过程中往往因管理、技术等多方面的因素而染上各类病原菌或虫卵,加上播种造林地不进行土壤消毒,种子在发芽过程中容易发病或遭遇虫害侵袭。因此,播种造林前应对种子进行消毒处理。生产上常用的药剂及其施用方法如下:

(1)福尔马林消毒:将福尔马林加水稀释成 0.15% 的溶液,浸种 25 min 左右,取出后密闭 2 h,进行隔离消毒,然后阴干即可。福尔马林消毒处理的种子要求随消毒随播种,以免影响正常发芽。

(2)高锰酸钾消毒:将高锰酸钾制成 0.5% 的溶液浸种 2 h,取出后密闭 30 min,然后用清水冲洗种子,阴干后播种即可。这种消毒对已经经过催芽的种子不宜使用,否则将损伤种子幼芽。

(3)石灰水消毒:利用石灰水碱性大的特点对常见的病原菌和害虫进行灭杀。其过程是将种子置入石灰水中浸种 24 ~ 26 h,开始不断进行搅拌,而后静置,使水面形成一层碳酸钙膜,提高隔氧杀菌作用。

(4)敌克松消毒:以粉剂拌种,药重为种子重的 0.3% 左右。首先将药剂与细沙土混合均匀,制成药土,然后拌种消毒。

### 2.4.4　植苗造林的技术要点

植苗造林是否能取得成功,取决于从苗木选择到苗木定植成活过程中的各个技术环节的严格实施。

#### 2.4.4.1　苗木的选择

选择的苗木必须是优良的苗木,即各项指标必须符合壮苗的质量要求。苗木的种类、年龄和规格,可根据具体造林树种的特点及造林目的而定。植苗造林主要选择播种苗、营养繁殖苗和移植苗。水土保持林营造以移植苗为多,而"四旁"植树多用大的移植苗或经过几次移植的大苗。

　　苗木的年龄也是影响植苗造林成功与否的关键因素,但树种特性及立地条件不同,其要求也不相同。实践证明,苗龄过大或过小都不利于苗木的成活。一般阔叶树种植苗造林选用1~2年生播种苗。北方地区油松造林多用1.5~2年生播种苗,或2.5~3.5年生并经过一次移植的播种苗(雨季造林),春季造林用3年生并经过一次移植的播种苗。南方针叶树种用1年生苗进行造林。

#### 2.4.4.2　苗木的保护

　　苗木从起苗到定植要经过选苗、分级、包装、运输假植和造林前的修剪等各项处理,在如此复杂的过程中应注意保护苗木不至于过多失水或造成大的机械损伤。苗木保护的关键是应尽量做到随起苗随栽植,组织流水作业,缩减中间环节所占用的时间。不具备随起随栽条件的情况下,必须进行苗木假植。

#### 2.4.4.3　选择适宜的造林季节

　　从全国范围来说,我国南北自然条件差异较大,表现在降雨分配、大小及土壤温度、空气湿度等多方面的不均衡性。各地根据树种的特性结合当地气候、土壤等条件综合考虑。一般情况下,春季造林适合大部分树种及我国大部分地区。特别干旱的地区可以进行雨季造林。

#### 2.4.4.4　选择适宜的栽植技术

　　植苗造林的苗木分裸根苗和带土苗。带土苗虽然栽植比较简便,成活率高,但苗木运输不便,不适宜大面积造林,一般用于城市绿化。

　　裸根苗的栽植分穴植、靠壁栽植和缝植。穴植法应注意植苗深度和栽植技术。穴植植苗应做到深浅适宜,不窝根。穴植根据苗木的大小、树种特性采用单株栽植或丛植。靠壁栽植适宜干旱、半干旱地区的针叶树植苗。缝植法适宜于疏松的沙质土壤植苗。

### 2.4.5　苗木的假植、保湿技术

#### 2.4.5.1　苗木假植

　　将苗木的根系用湿润的土壤进行暂时性的埋植,称为假植。假植的目的是防止苗木失水,根系干枯,或遭受其他损伤。起苗后至造林前可以进行短期假植。如秋季起苗,春季造林,则必须进行长期假植。长期假植的技术和条件要求比短期假植严格。

　　苗木假植应选择排水良好、背风的地方进行。首先在选好的地面开挖一条与主风向相垂直的沟,其规格和大小因苗木的大小、多少而定,假植沟一般深、宽各30~40 cm,迎风面的沟壁倾斜45°,然后将苗木放入沟内。对于临时性的短期假植可以将苗木成捆地放在斜壁上,然后培土即可。长期假植的苗木可在斜壁上单株排列,并将苗木的根系和茎基部用湿润的土壤埋好,并轻轻振击,使根系和土壤密切结合。在寒冷而干燥的地区,假植后可以适量浇水,但不宜过多,以防滞水烂根。在冬季风害不大的地方,为节省空间,也可以进行直立假植,并从两侧培土。

#### 2.4.5.2　苗木保湿技术

　　苗木保湿是苗木从起苗到定植这段时间,为防止苗木根系失水必须采取的措施。如

果随起随栽,苗木保湿的关键是避免在长途运输中因包装不善而引起的根部失水。一般应因地取材,如使用蒲包、席子、塑料膜等作包装物,其根部垫上湿润物,如苔藓、湿草等,以保持根部湿润。包装质量以 20～25 kg 为宜,且不宜过紧。包装后应附上标签,写明树种、等级、数量及苗圃名称等。短途运输的苗木,可以散装在匾篓内,篓内铺上湿草后,成圈排放,苗稍向外,最后在上面盖上透气的轻便覆盖物即可。

对于秋季起苗、春季造林的苗木,可以通过长期假植进行保湿,也可以通过低温贮藏的办法进行保湿。低温贮藏保湿多采用地下窖或半地下窖法。地下窖法要求窖深 1.5～2.0 m,窖上口宽 3 m,下口宽 2 m,窖的侧壁成斜坡状,窖长视苗木的数量而定。为便于贮藏作业、通风换气和排水,窖的中部应设门,窖内挖宽、深各 25 cm 的排水沟。苗木入窖前应在窖底层垫上 5～10 cm 厚的湿沙,然后将苗木成捆平放在窖内,根部朝向窖壁。每层苗木覆湿沙 3～5 cm。苗层距窖顶 40 cm 左右时停止放苗,并在最上层覆湿沙或其他蓬松物,然后搭顶。半地下窖适宜于地下水位较高的地方。其坑深 0.6～1.0 m,挖出的土堆放在坑的边侧,并筑起一道高 0.5～0.6 m 的土埂,形成一个一半在地下、一半在地上的贮藏窖。半地下窖的苗木存放方法与地下窖相同。

地下窖法贮藏苗木的关键是创造低温高湿的环境。一般温度应保持在 0～4 ℃,空气相对湿度 85% 以上。

# 2.5　水土保持种草

## 2.5.1　水土保持草的作用

水土保持种草是在水土流失地区,为蓄水保土、改良土壤、美化环境、促进畜牧业发展而进行的草本植物培育活动。水土保持草的作用主要表现在保持水土和生产性两个方面。

### 2.5.1.1　保持水土的作用

一是草地的吸水下渗、缓流、调节径流和阻滞泥沙的作用。草地像一层海绵覆盖在地面,直接承受落下的雨水,保护地表免遭雨滴溅击;草本植物及其枯落物结构疏松,具有很大的吸水能力和透水性,大大增加了土壤的下渗能力;草本植物增加了地面粗糙度,分散水流,拦滤泥沙,大大降低了径流速度,减少了泥沙的下移。

二是固持和改良土壤,提高土壤的抗冲性和抗蚀性。草本植物具有丛密发达的根系,纵横交错,交织成根网,根系网络在很大范围内能固持土体,大大增强土壤的防冲抗蚀能力。特别是禾本科植物的根系固土能力更为明显。在侵蚀坡面和沟底种草,对防止土壤侵蚀的水流冲刷作用很大。在改良土壤方面,草本植物茎叶繁茂,枯落物丰富,给土壤聚集了大量的有机物;牧草的根系也能增加土壤的氮、磷、钾成分,尤其是豆科牧草的根系具有根瘤菌,能固定空气中的氮素;此外,草本植物过滤泥沙,可增加土壤肥力。草本植物的枯落物和腐根,经微生物分解后,形成土壤腐殖质,促进土壤团粒结构的形成,改善土壤理化性质。

### 2.5.1.2　水土保持种草的生产性作用

水土保持种草的生产性作用表现在,在遭受水蚀风蚀的草原和丘陵地区,通过天然草地封育、改良,建造人工草地和划区轮牧,提高草地生产力与合理发展畜牧业相结合,提供"三料"(饲料、肥料、燃料),进行综合利用,开展多种经营,达到以草促牧、以草促农、以草促副,农、林、牧、副全面发展的目的。

## 2.5.2　水土保持草的常见措施

水土保持草的常见措施包括天然草地封育、改良,建立人工草地和划区轮牧。

(1)天然草地封育:在已退化草地进行封育,停止放牧和其他破坏草地的活动,使其自然恢复。

(2)天然草地改良:对严重退化的草地,采取补播、耕翻、灌溉、施肥等人工辅助办法进行改良。

(3)建立人工草地:指在耕翻地,人工播种一年生或多年生牧草而建立的草地。人工草地的产草量较天然草地提高数倍到数十倍。畜牧业比较发达的国家都重视建立人工草地。

(4)划区轮牧:根据家畜的种类和数量以及草地的面积与产草量,将草地划分为若干区,实行轮流放牧、适度放牧或轮封轮牧的措施。合理放牧是水土保持草牧业措施的重要环节。国外多采用围栏或划区轮牧。

## 2.5.3　主要水土保持草种的特性

目前,我国各地都培育和筛选出适应当地生长的特色、优质草种。表4-2-6列出了我国主要水土保持草种的特性及适应地区。

表4-2-6　我国主要水土保持草种特性及适应地区

| 草种 | 主要特性及适应地区 |
| --- | --- |
| 草木樨 | 2年生豆科植物,有根瘤。适宜于各种土壤条件,耐旱、耐寒、耐瘠薄、耐盐碱。我国南北方均可生长 |
| 苜蓿 | 多年生豆科植物,萌芽力强,成丛状生长,有根瘤。耐旱、耐寒、耐瘠薄,是我国北方地区的优良草种 |
| 沙打旺 | 多年生豆科植物,再生能力强。耐旱、耐寒、耐瘠薄、耐盐碱,抗风沙。江苏、河南、河北、山东、山西及西北地区均可种植 |
| 红豆草 | 多年生豆科植物,根系发达。抗旱、抗寒能力强,不适宜酸性和质地黏重的土壤。苗期抗杂草能力弱。西北地区种植 |
| 羊草 | 多年生草本,耐寒、耐旱、耐践踏、耐盐碱。东北、西北、华北均可种植 |
| 冰草 | 多年生草本植物,根系发达,繁殖能力强。抗寒、抗旱能力很强。多分布于东北、西北、华北地区 |

续表 4-2-6

| 草种 | 主要特性及适应地区 |
|---|---|
| 苏丹草 | 多年生草本,分蘖能力强,根系发达。耐旱能力很强。我国南北方均有种植 |
| 猪屎豆 | 一年或多年生豆科植物。耐瘠薄。在南方红壤地上生长良好,适应性强 |
| 龙须草 | 多年生草本,无主根,须根特别发达,萌芽力极强。耐旱、耐瘠薄。最适宜在南方地区的荒山荒坡、田埂地边、堤岸、谷坊、塘坝上栽培 |
| 爬地兰 | 多年生豆科植物,匍匐茎,茎节能生长不定根,根系分布深而广,生长迅速,有根瘤。耐旱、耐瘠薄、速生,繁殖快 |
| 田菁 | 一年生豆科植物,根系发达,有大量根瘤,生长迅速,耐盐、耐涝、耐瘠薄,抗风,抗逆性强。分布于南方地区 |
| 糖蜜草 | 多年生禾本科植物,匍匐茎,叶片、叶鞘均有茸毛,根系发达,速生,分蘖力强。耐干旱、耐瘠薄。原产澳洲,在广东引种,生长良好 |
| 小冠花 | 多年生豆科植物,半匍匐茎,主根深,支根分布广,有根瘤,花期长,生长快。适宜于碱性土壤,不耐酸性土壤,极耐干旱、耐寒 |
| 红三叶 | 短期多年生草本植物。喜温凉湿润气候,生长最适宜温度为 15 ~ 25 ℃,而以 20 ℃左右为最佳。能耐 – 8 ℃低温,幼苗耐寒力更强。不耐旱,能耐湿。喜中性及微酸性土壤,适宜 pH 为 6 ~ 7 |
| 白三叶 | 豆科多年生牧草。种子细小,千粒重 0.5 ~ 0.7 g。白三叶喜温凉和湿润气候,较耐阴、耐湿,年平均气温 15 ℃左右,年降水量 640 ~ 1 000 mm 的地区,均能良好生长。生长适温 19 ~ 24 ℃,不耐盐碱。较耐荫蔽 |
| 紫云英 | 豆科黄芪属一年或越年生草本植物,喜温暖潮湿气候,不耐寒,幼苗在 – 5 ℃时发生冻害或部分死亡,最适生长温度为 15 ~ 20 ℃。喜湿润气候,但不耐积水。适于在壤土或黏壤土及无石灰性冲积土上生长,不耐瘠薄。耐碱性差,较耐酸性。适宜土壤 pH 为 5.5 ~ 7.5 |
| 鲁梅克斯 | 多年生草本,茎直立不分枝,根茎部着生侧芽,主根发达,叶簇生,披针状长椭圆形。高产、速生和品质优良的特性,又有极强的耐寒性,能耐 – 40 ℃的低温。除此以外,它还具抗旱、耐涝、耐碱、耐瘠薄、适应性广、抗逆再生能力强等特性,适于在盐渍土上种植,可在 pH 8 ~ 9、含盐量 0.5% 的土壤上正常生长发育 |

## 2.5.4 水土保持草的播种方法及技术要点

### 2.5.4.1 播种方式

直播种草的主要方式分条播、穴播、撒播和飞播。根据草种、土壤条件和栽培条件采用。

（1）条播：这是草地栽培中普遍采用的一种基本方法。它是按一定行距一行或多行同时开沟、播种、覆土一次性完成的方式。适宜地面比较完整、坡度在25°以下，一般用牲畜带犁沿等高线开沟，或用牲畜带耧完成，在大面积可采用机械播种。南方多雨地区，犁沟可与等高线呈1%左右的比降。根据不同的草冠情况和种草的目的，分别采取不同行距，以最大草冠覆盖地面为原则，放牧草地应采取宽行距(1.0～1.5 m)条播。

（2）穴播：指开穴把种子播进穴内湿润土层的抗旱播种方式。适宜于地面比较破碎、坡度较陡，以及坝坡、堤坡、田坎等部位，或播种植株较大的草类时采用。沿等高线人工开穴，行距和穴距大致相等。相邻上下两行穴位呈"品"字形排列。

（3）撒播：是指把种子均匀地撒在土壤表面并轻耙覆土的播种方式。该方法无株行距，因而播种能否均匀是关键。常在对退化草场进行人工改良时采用。一般应选择抗逆性较强的草种，特别注重选用当地草场中的优良草种，并在雨季或土壤墒情较好时进行。

（4）飞播：就是飞机播种种草，用飞机装载林草种子飞行宜播地上空，准确地沿一定航线按一定航高，把种子均匀地撒播在宜林荒山荒沙上，利用林草种子天然更新的植物学特性，在适宜的温度和适时降水等自然条件下，促进种子生根、发芽、成苗，经过封禁及抚育管护，达到防沙治沙、防治水土流失的目的。飞播适用于不易被风吹走，且发芽率较高、地广人稀、种草面积较大的区域。

## 2.5.4.2　直播种草技术要点

（1）精细整地：由于牧草种子细小，种子萌发及幼苗生长都很缓慢，进行合理土壤耕作，才能为牧草的播种、出苗、生长发育创造良好的土壤条件，因此种植牧草要求播种前必须做好精细整地。整地耕翻深度可根据土壤情况而定，一般为20 cm左右，且土壤细碎，便于播种。

（2）底肥施用：施肥既可以保证牧草在整个生育期从土壤中吸收足够的养料如氮、磷、钾和其他微量元素，以供牧草生长、再生和分蘖（枝），提高产量。底肥以有机肥为主，结合整地施入。施完底肥后及时将肥料翻入土层，耙碎土块，混拌土肥。

（3）种子处理：播种前种子处理包括种子精选、发芽试验、浸种、春化处理、软化处理、消毒处理等。其目的是保证出苗质量，即出苗快、出苗齐、出苗优。

（4）播种量和播种时间的确定：牧草的播种量，因牧草的生物学特性、种子的大小和轻重不同、发芽率和纯净度的高低、土壤肥力、整地质量和利用方式的不同而有差异，同时在干旱地方播种量要比湿润地方稍多一些。常见牧草经验播种量见表4-2-7。牧草的播种时期一般分为春播和秋播。一年生牧草以春播较好，一般从4月上旬、中旬开始，直到5月下旬。多年生牧草春、夏、秋三季均可播种。

（5）播种施工：包括播种深度和播种方法。一般来说，牧草以浅播为宜，豆科牧草播种深度为2～3 cm，禾本科牧草为3～4 cm。在掌握播种深度时应注意土壤湿度大宜浅，土壤湿度小宜深；沙土壤及黏质土宜浅；大粒种子宜深，小粒种子宜浅。播种方法应根据具体地形及土壤条件确定穴播、条播或撒播。

（6）镇压：在干旱、半干旱地区，尤其轻质土壤上建植草地，播前镇压是为了创造上虚下实的种床和控制播深,而播后镇压对促进种子萌发、苗全苗壮具有非常重要的作用。就是在湿润或有灌溉条件的地方,播后镇压也具有特别重要的作用。这是因为牧草的播种深度一般都较浅,播后不镇压,容易使表土很快失去水分,导致种子处于干土层而不能萌发。镇压能促使种子和土壤紧密接触,从而有助于种子萌发,并减少土壤水分蒸发。

表 4-2-7　常见牧草经验播种量　　　　　　　（单位:kg/hm²）

| 草种名称 | 播种量 | 草种名称 | 播种量 | 草种名称 | 播种量 |
|---|---|---|---|---|---|
| 紫花苜蓿 | 7.5 ~ 15 | 毛苕子 | 45 ~ 60 | 冰草 | 15 ~ 18 |
| 沙打旺 | 3.75 ~ 7.5 | 小冠花 | 4.5 ~ 7.5 | 鸭草 | 7.5 ~ 15 |
| 红三叶 | 9.0 ~ 15 | 羊草 | 60 ~ 75 | 黑麦草 | 15 ~ 22.5 |
| 白三叶 | 3.75 ~ 7.5 | 无芒雀麦 | 22.5 ~ 30 | 草地早熟禾 | 9.0 ~ 15 |
| 红豆草 | 45 ~ 90 | 披碱草 | 22.5 ~ 30 | 碱茅 | 7.5 ~ 10.5 |
| 草木樨 | 15 ~ 18 | 苇状羊茅 | 22.5 ~ 30 | 鸡眼草 | 7.5 ~ 15 |
| 柠条 | 10.5 ~ 15 | 羊茅 | 30 ~ 45 | 苏丹草 | 22.5 ~ 37.5 |

### 2.5.4.3　固沙种草技术

1. 固沙种草技术方式的选择

固沙种草是我国水土保持和沙漠化防治的重要措施。风沙严重的地区自然条件差,土壤干旱、贫瘠,采用适应性强的草种进行固沙改良具有良好的效果。根据国家风沙治理技术规范的规定,固沙种草方式的选择应根据风沙移动特点并结合配套技术措施实施的情况而定。

(1)在风蚀和流沙移动频繁的地方,应种植防风固沙草带。

(2)在林带与沙障已基本控制风蚀和流沙移动的沙地上,应及时进行大面积成片人工种草,进一步改造并利用沙地。

(3)对地广人稀、固沙种草任务较大的地方,可以采用飞播种草。

2. 固沙草带走向的确定

固沙草带的走向应根据常年主风方向来确定,其草带的宽度应根据沙地地形坡度大小来确定。

草带走向与主风向相垂直时其固沙效果最好,在设计时应通过详细的气象资料调查,确立主要风害的方向、风级大小和发生规律的基础上布设相应的固沙草带。

草带的宽度和草带之间的距离,在坡度为 6° ~ 8° 时分别为 6 ~ 8 m 和 30 ~ 40 m,地面坡度为 10° ~ 20° 时分别为 8 ~ 12 m 和 20 ~ 30 m。

3. 固沙种草的整地

固沙种草的整地一般采用带状整地,整地的位置和宽度与草带的位置和宽度相一致。在风蚀和流沙移动频繁的地方,严禁全面耕翻整地,以免加剧侵蚀强度。固沙种草的整地深度一般为 15 ~ 20 cm,与耕作层深度基本一致。整地的时间宜在春季或秋季。干旱地区可选择雨季整地。

4. 固沙种草的播种技术要点

固沙种草多采用直播种草技术。根据草种及沙地条件可选择条播、穴播、撒播和飞播种草。在具体操作技术上与荒坡治理中水土保持种草技术措施相同。

# 模块 3　水土保持管护

## 3.1　工程措施管护

### 3.1.1　谷坊维护要点

谷坊工程管护工作的重点是汛前和暴雨后的检查维护,保持坝体稳固,保护谷坊区植被,进行合理土地开发利用。

(1)土谷坊:谷坊内外边坡宜种植适应当地生长条件、固土能力强的草灌;每年汛前和暴雨后应进行全面检查,发现坝体裂缝、沉陷应及时修复;管护好谷坊迎水坡和背水坡的草灌。溢洪口和出口处发生淘刷或形成冲坑时,应及时用块石进行铺垫防冲。

(2)石谷坊:汛前和暴雨后应对坝体和消能防冲设施进行全面检查维护,保持坝体稳固,溢洪口畅通,消能防冲设施功能完好;汛期应进行巡视,及时处理出现的问题。

(3)植物谷坊:应保持溢水口畅通,加强植物谷坊及两侧沟坡植物抚育管理,促进植物生长、分蘖和繁育。

(4)在谷坊淤满后,可进行开发利用。若上一级谷坊尚未淤平或上游来沙量较小,可在淤成的土地低凹处开挖一条排水沟,解决排洪防冲问题;若上游没有修建谷坊,来沙量仍然较大,应在已建谷坊的沟道上游修建梯级谷坊。

### 3.1.2　石谷坊的局部损毁修复

石谷坊的局部损毁主要有灰浆脱落、局部松动或脱落、裂缝、漏水、冲刷等,不同损毁的修复方法如下:

(1)灰浆脱落的处理。砌石勾缝灰浆的脱落,主要是勾缝灰浆质量差、勾缝方法不当、受冻融破坏、水流冲刷、气蚀,以及人畜破坏等原因造成的。处理的方法:先凿去损坏部分的原有灰浆,经清洗后用水泥砂浆重新勾缝,然后洒水养护。

(2)局部松动或脱落的处理。局部砌石松动或脱落,主要是部分石料的质量不符合设计要求、风化碎裂或冲刷损坏、灰浆损坏或内部灰浆不密实、基础沉落,以及人畜破坏等原因造成的。修补的措施是:拆除松动或脱落的石块,凿除四周风化或损坏的砌体灰浆,清洗干净,再用符合质量要求的石块及与原砌体强度相适应的砂浆补强修复,勾好灰缝。修补时应做到新老砌体犬牙交错,并用坐浆法安砌,以保证施工的质量。

(3)裂缝的处理。按产生裂缝的原因,可分为沉陷性裂缝和应力性裂缝两种。沉陷性裂缝主要是砌体基础软硬不一,发生不均匀沉陷,或局部基础被冲刷淘空而产生不均匀沉陷所致。应力裂缝是石料强度不够、砂浆标号过低,以及施工质量差所造成的。当砌体产生上述裂缝后,降低了建筑物的抗渗能力,严重时还会引起管涌、流土现象,危及建筑物的安全。常用的处理措施有堵塞封闭裂缝、局部翻修嵌补、彻底翻修等。

（4）漏水处理。砌石建筑物漏水包括砌体本身漏水和沿建筑物边缘漏水。常用的处理措施有水泥砂浆勾缝、水泥砂浆粉面、快凝砂浆堵塞漏水孔道，以及设置防水层和反滤排水设施等。

（5）防冲措施。抗冲刷的加固措施有：在冲刷面上加砌一层纯水泥砂浆或混凝土的护面，必要时在混凝土中适当布置单层温度钢筋，并锚固在老砌体灰缝中，使之结合牢固；改善消能设施，减轻水流对下游的冲刷；清障清淤，改善流态，减少冲刷。

### 3.1.3　淤地坝、拦沙坝、塘坝（堰）工程维修管护的要点

#### 3.1.3.1　淤地坝工程维修管护的要点

淤地坝工程的管护重点是落实管护责任主体，加强检查维护，做好坝区及上游水土保持，保证安全运用。单坝或坝系建成后，落实工程管护的责任主体，健全技术管理制度。加强汛前和暴雨后的检查，以确保工程设施安全。搞好库区及上游水土保持，开展坝系工程安全和效益监测。做好工程的维修养护。

1. 土坝的维修养护

（1）严禁在坝体上和坝体四周 3 m 以内种地、挖坑、打井、爆破和进行其他对工程有害的活动。

（2）发现坝体滑坡、裂缝及洞穴等，应及时处理。保护各种观测设施的完好。清除排水沟内的淤泥和杂物。

（3）土坝蓄水后，应检查背水坡脚有无渗流、管涌及两岸渗漏现象。如出现浑水或流土，应查明原因，填铺滤料，妥善处理。

（4）坝轴线两端山坡如有天然集流槽，应及时在坡面修截流沟、排水沟。

（5）对较浅的龟裂缝，可在表面铺厚约 30 cm 的保护土层；对较深的裂缝，采取上部开挖回填，下部灌浆处理。灌浆时按先稀后稠的原则，泥浆稠度以水土比 1∶（1.2～2.5）为宜。

2. 石坝的维修养护

根据石坝运用中出现的漏水、裂缝等情况，采取相应的处理办法，如水泥砂浆灌注或环氧树脂砂浆填塞。

3. 溢洪道及泄水涵管的维修养护

溢洪道两侧如有松动土石体坍塌、滑动的危险时，应采取排水、削坡或设抗滑桩等处理措施；泄水涵管漏水时，应在空库时将迎水坡开挖一段，进行翻修，加筑截水环或修补破损涵管。竖井、卧管的裂缝应及时处理；排洪沟渠在使用中出现裂缝、漏水的情况，应查明原因并及时处理。

4. 坝系工程管护要点

（1）编制工程调蓄运用计划，通过拦、蓄、淤、排相结合的方法，将生产坝、拦洪坝、蓄水坝等管理统一起来。

（2）当淤地坝防洪库容被淤积至不能满足防洪要求时，应及时加高坝体或增设溢洪道或在上游建新坝。

（3）大型淤地坝工程淤满前，应采取缓洪拦泥、淤地运用的方式，汛期经常保持滞洪库容。前期用于蓄水的，在汛期水位不应超过防洪限制水位。

（4）坝系的工程运用时，集水面积小的沟道，可采取上淤下种、淤种结合的方法；集水面积大的沟道，可采取支沟滞洪，干沟淤地生产或轮淤轮种的方法；对已形成川台化的坝系工程，部分洪水可引到坝地里，另一部分洪水可通过排水渠排到坝外漫淤台地、滩地等。

（5）淤地坝按设计淤满后，应及时修建引水渠、防洪堤、排洪渠及道路等配套工程。

（6）应根据"碱从水来，碱随水去"的规律，因地制宜地选取坝地盐碱化防治措施：铺设黏土隔层，布设截流防渗墙，开沟，打井，排除积水，降低地下水位；放淤、冲填，垫土抬高地面；对下湿坝地、沼泽化坝地可采取种水稻、莲藕、芦苇等作物的措施。

### 3.1.3.2　拦沙坝工程维修管护的要点

拦沙坝工程的管护重点是落实管护责任主体，保证坝体稳固，汛期安全。具体有以下几点：

（1）拦沙坝建成后，应落实管护责任主体，明确管护责任，制定管护制度。

（2）汛前和暴雨后应对拦沙坝各部位进行全面检查，如有裂缝、变形、位移、渗漏、滑坡、破坏等现象，应及时维修加固。

（3）坝体周边严禁取土、挖坑、爆破等有损工程安全的行为。

（4）拦沙坝未淤满之前，应维护坝后下游沟道稳定。

（5）对于治理滑坡、泥石流的拦沙坝，在坝区内有潜在危险的地段，应设置预警措施，并树立警告标志。排洪槽应及时疏通。

（6）拦沙坝按设计淤平后，应修建引水渠、排洪渠、道路等配套工程。排洪渠防御暴雨标准应按下游保护对象和有关技术规程确定，保证拦沙坝安全度汛。对拦沙坝淤积的土地，可根据立地条件进行合理开发利用。

### 3.1.3.3　塘坝（堰）工程维修管护的要点

塘坝（堰）工程的管护重点是加强汛期前及暴雨后检查，维护坝体及配套设施，保证在设计防御暴雨标准内安全度汛。

（1）塘坝（堰）建成后，应确定管护责任主体，落实管护责任。

（2）汛前及暴雨后应对连接塘坝（堰）的排水沟、坝体（土坝、石坝）、溢洪道、放水涵管等设施进行全面检查维护。在汛期暴雨时应有人巡视，发现问题及时处理。当坝体发生沉陷、裂缝、漏水以及溢洪道、放水涵管损坏时，应及时维修。维修应按照小型水利工程技术规范有关规定进行。

（3）严禁在坝体及其附近进行取土、打井、爆破等有损坝体安全的行为。

（4）应做好塘坝（堰）周围及沟道上游的水土保持工作，减少进入塘坝（堰）的泥沙。

（5）塘坝（堰）应每 2～3 年清淤一次。当塘坝（堰）内的泥沙淤积达到设计容积的 1/3 以上时，应进行清淤。

（6）应做好蓄水、引水调度计划，加强汛期塘坝（堰）安全管理，严格按防洪要求蓄水，提高塘坝（堰）蓄水效率和用水效益。

（7）用于人畜饮水的塘坝（堰），应严格控制塘坝（堰）集水区的农药、化肥的使用量，防止水源污染。

## 3.1.4　淤地坝、拦沙坝、塘坝(堰)及其附属建筑物易损毁部位、常见形态

淤地坝、拦沙坝、塘坝(堰)一般由坝体、溢洪道和放水建筑物等附属建筑物组成。

### 3.1.4.1　坝体的易损部位及常见形态

坝体多数为土坝和少量的砌石坝,根据水库管理运行经验,坝体以及坝体与岸坡或其他建筑物连接处常因为筑坝土料干缩或不均匀沉陷产生裂缝;由于施工质量、洪水冲刷和设计不当出现坝坡滑坡、坍塌和表面冲刷等现象;背水坡、坝脚、涵管附近以及坝体与两岸接头处由于渗流产生散浸、漏水、管涌或流土等现象。坝体表面常设有护坡和排水沟等防冲设施,使用过程常出现块石翻起、松动、塌陷或垫层流失等现象和排水沟堵塞、淤积或积水现象。

### 3.1.4.2　溢洪道的易损部位及常见形态

溢洪道是保证淤地坝、拦沙坝、塘坝(堰)安全的重要设施,溢洪道管理的重点是溢洪道陡坡段底板冲刷或淘空以及溢洪道两岸边坡坍塌,溢洪道底板下防渗、排水系统是否出现堵塞;溢洪道出口与坝坡连接部位以及冲坑是否出现冲刷等损毁。

### 3.1.4.3　放水建筑物的易损部位及常见形态

淤地坝、拦沙坝、塘坝(堰)的放水建筑物多采用坝下埋管,是重要的组成部分,是预埋在坝体底部的,其质量的好坏直接影响坝体的安全,在实践中由于地基不均匀沉陷、结构强度不够、水流流态变化和施工质量等原因,涵洞会出现裂缝、断裂,出现漏水,或者洞壁与坝体土料结合不好,水流将穿透洞壁或沿洞壁外缘形成渗流通道,影响水库正常运行。涵洞在运行过程中还应经常对闸门进行检测,保证闸门能正常启闭,停水期间要检查下游消能防冲建筑物有无冲刷和损坏。

## 3.1.5　土坝体的滑坡、裂缝检查和记录

### 3.1.5.1　土坝体滑坡检查和记录要点

土坝在施工中或竣工以后,由于各种内因和外因,坝体的一部分(有的还包括部分坝基)会失去平衡,脱离原来的位置,发生滑坡,土坝的滑坡一般开始时在坝顶或坝坡上出现裂缝,随着裂缝的发展与加剧,最后形成滑坡。根据滑坡的范围,一般可分为坝身与基础一起滑动和坝身局部滑动两种,前者滑动面较深,滑动面呈圆弧形,缝的上下边有错距,坡脚附近地面往往被推挤外移、隆起。

根据土坝滑坡的特点,水土保持工程中的土坝在实际检测工作中,可采用简易观测法。简易观测法是通过人工直接观测边坡中地表裂缝、鼓胀、沉降、坍塌、建筑物变形及地下水变化、低温变化等现象。此法对正在发生病害的边坡进行观测较为合适,也可结合仪器监测资料进行综合分析,用以初步判定滑坡体所处的变形阶段及中短期滑动趋势。还可采用设站观测法、仪表观测法、远程监测法等方法检查滑坡情况。

### 3.1.5.2　土坝裂缝检查和记录要点

土坝裂缝是比较普遍的病害,对土坝的安全有很大威胁。特别是在水库蓄水期间产生土坝裂缝,如果不及时进行处理或处理不当,不仅影响水库蓄水,严重的可能造成工程事故。对土石坝表面裂缝,一般可采用皮尺、钢尺及简易测点等简单工具进行裂缝长度和

可见深度的测量,应精确到 1 cm,裂缝宽度应精确到 0.2 mm。对 2 m 以内的浅缝,可用坑槽探法检查裂缝深度、宽度及产状等。对深层裂缝,当缝深不超过 20~25 m 时,宜采用探坑或竖井检查,必要时埋设测缝计(位移计)进行观测。对于深层裂缝,除按上述要求测量裂缝深度和宽度外,还应测定裂缝走向,精确到 0.5°。

每次巡视检查均应作出记录。如发现异常情况,除应详细记述时间、部位、险情和绘出草图外,必要时应测图、摄影或录像。现场记录必须及时整理,还应将本次巡视检查结果与以往巡视检查结果进行比较分析,如有问题或异常现象,应立即进行复查,以保证记录的准确性。

## 3.1.6　土坝洞穴检查及处理方法

### 3.1.6.1　土坝洞穴检查

洞穴是指土坝坝体的兽洞、白蚁穴道、蛇洞等。洞穴是土坝运行的安全隐患,较大规模洞穴顶部介质的承载能力相对较弱,往往会形成局部下沉甚至塌陷。在汛期水位接近洞穴道平面时,则随时都有可能引发土坝崩塌。洞穴的检查一方面是组织适当的专业技术人员通过寻找动物痕迹查找,另一方面是加强坝区周围的环境管理,消灭白蚁等动物的孳生地。

### 3.1.6.2　土坝洞穴处理方法

对埋藏较浅的洞穴可以用开挖回填的办法进行处理。施工时先将洞穴内的松土挖出,然后分层填土夯实,直到填满洞穴、恢复堤身原状为止。如洞穴位于临水侧,须采用透水性小于原堤的土料进行回填,如位于背水坡,宜采用透水性能不小于原堤身的土料进行回填。

## 3.1.7　蓄水工程的管涌、流土及坝肩绕渗检查记录

坝体或地基土体,在渗流压力作用下发生变形破坏的现象,称为渗透变形。渗透变形有管涌和流土两种形式。

### 3.1.7.1　管涌危害及检查记录要点

管涌是土体中的细颗粒沿着骨架颗粒间的孔隙被冲出土体的现象,它通常发生在不均匀的无黏性土层。管涌孔径可达数毫米至数百毫米,孔周形成环状沙丘,冒水处水色混浊。

管涌对土坝的危害,一是被带走的细颗粒,如果堵塞下游反滤排水体,将使渗漏情况恶化;二是细颗粒被带走,使坝体或地基产生较大沉陷,破坏土坝的稳定。

管涌的常规检查主要是观测蓄水工程背水坡或坝趾渗流溢出点形态和冒水处水流颜色,并详细记述时间、部位、渗流观测情况。

### 3.1.7.2　流土危害及检查记录要点

流土指渗流作用下饱和的黏性土和均匀沙类土,在渗流出逸点渗透坡降大于土的允许坡降时,土体表层被渗流顶托而浮动的现象。流土常发生在闸坝下游地基的渗流出逸处,而不发生于地基土壤内部。流土发展速度很快,一经出现必须及时抢护,这种破坏形式在黏性土和无黏性土中均可以发生。

黏性土发生流土破坏的外观表现为土体隆起、鼓胀、浮动、断裂等,这些现象也是流土检查的主要依据。

### 3.1.7.3 坝肩渗漏危害及检查记录要点

土石坝在筑坝时由于对两岸山体的破碎带、裂隙、软弱夹层等的处理不当或不彻底等,在水库蓄水后随着水压力的增大,水体随着裂隙、破碎带、软弱夹层之间渗出,称为坝肩绕渗。坝肩绕渗在坝肩或坝脚形成渗水出逸点,随着时间的推移,水体不断将细颗粒带出坝肩外,形成渗水通道,将危及坝肩的安全稳定。

绕坝渗流观测包括两岸坝端及部分山体、土石坝与岸坡或混凝土建筑物接触面,以及防渗齿墙或灌浆帷幕与坝体或两岸接合部等关键部位。绕坝渗流的观测包括渗漏水的流量及其水质观测。水质观测中包括渗漏水的温度、透明度观测和化学成分分析。

管涌、流土及坝肩绕渗检查方法除采用眼看和辅助工具对工程表面及异常现象进行检查外,还可采用测压管等观测仪器进行观测,其记录可参考《土石坝安全监测资料整编规程》(SL 169—96)要求进行。

## 3.1.8 坡面治理工程损毁的常见形态及检查、加固、修复

坡面治理工程损毁的常见形态是冲刷、裂缝、崩塌、沉陷、渗漏等,不同形式的工程损毁的形态各异。造成坡面治理工程损毁的原因主要是暴雨洪水,损毁程度也有轻有重,影响水土保持工程安全及工程效益的发挥。因此,在检查、加固、修复时应视情况采取相应的措施。

### 3.1.8.1 梯田

土坎梯田经常会出现田坎(田埂)缺口、穿洞等损毁现象。梯田田面平整后,地中原有浅沟处,雨后会产生不均匀沉陷,田面出现浅沟集流。坡式梯田的田埂,应随着坎后泥沙淤积情况,加高田埂,保持埂后按原设计要求有足够的拦蓄容量。隔坡梯田的平台与斜坡交接处,经常会出现泥沙淤积,应及时将泥沙均匀摊在水平田面,保持田面水平。

石坎梯田损毁的常见形态是石坎的松动、外倾、垮塌等,应经常检查石坎是否稳固,发现问题及时修补。石坎梯田可在田坎内侧种植具有经济价值的护坎植物。

### 3.1.8.2 水平阶、水平沟、鱼鳞坑

水平阶的常见损毁形态是因坡面水系工程和水平阶面排水沟渠内的淤泥与杂物堵淤,造成水流外溢而冲刷阶坎,严重的可形成侵蚀沟。应经常检查坡面水系工程及水平阶面排水沟渠连接是否通畅,汛前和暴雨后,应清除坡面水系工程和水平阶面排水沟渠内的淤泥与杂物,保持水流畅通。发现阶坎被冲毁应及时修复。

水平沟的常见损毁形态是沟埂冲刷。每年汛前和暴雨后应培固沟埂和土垱。应保持水平沟溢流口与排水沟连接畅通,维护溢流口草皮或衬砌物。若水平沟未到设计使用年限就淤满,应根据设计使用年限的要求进行清淤。清淤时应保护好土垱。沟埂上可种植适宜当地条件的灌草,以固埂防冲。

鱼鳞坑的常见损毁形态是坑埂垮塌或冲口。应保持石埂的稳固,发现垮塌或冲口应及时修复;培土夯实土埂;有条件的地区可在土埂上种植固土能力强的灌草。应经常维修坡面和鱼鳞坑间的截水沟、排水沟,防止洪水冲毁鱼鳞坑。

### 3.1.8.3　截流沟、排水沟

截流沟常见损毁形态是沟埂、沟壁和沟底发生崩塌、沉陷、裂缝等现象,应及时修补、加固;沟底和沟壁冲刷严重时,应进行加固或衬砌;对截水沟的出口衔接处应经常维护,发现冲刷或损坏,及时修补、加固,以保持截水沟的稳固,防止水流冲刷。截水沟有防渗处理的,发现渗漏及时按原施工设计要求重新处理;没有防渗处理的,挖开渗漏水处,填土夯实,重新种植草皮。

排水沟的常见损毁形态是沉陷、崩塌、裂缝,沟底、沟壁被冲坏,以及跌水、出水口处冲刷。应采用块石铺垫或混凝土加固;应以保持排水沟稳固、通畅,加强出水口及防冲设施的检查维护为管护重点。

### 3.1.8.4　蓄水池、水窖

蓄水池的常见损毁形态是池底渗漏、池壁渗漏。池底渗漏处理:应查明渗漏部位,清除其上部及周围的淤泥杂物,进行局部清基。用混凝土铺底的,应先铺砂石,然后再浇混凝土,修复的部位与原池底保持平整。采用其他防渗材料的池底,应先回填黏土并夯实,然后用原铺地材料修复,修复的部位与原池底保持平整。池壁渗漏处理:首先对渗漏处进行清理,然后按原施工设计要求进行处理,保持修复处与原池壁平整。

水窖的常见损毁形态是坍塌、裂缝、漏水、渗水。坍塌修复:应注意安全,先抽空蓄水,清除其坍塌部位松动的混凝土和土块,然后依照施工设计要求进行修复。修复后,应及时清除窖内的杂物和淤泥,灌注适量的水。裂缝、漏水、渗水修复:先抽空蓄水,清除淤泥,再用水泥砂浆、白灰砂浆充填裂缝或渗漏处,然后压实抹平。

蓄水池、水窖检查渗漏的主要方法:

(1)池(窖)内观察。当蓄水后水位下降很快或蓄不住水时,说明防渗质量有严重问题,应仔细检查池(窖)底和池(窖)壁各部位是否有裂缝、洞穴发生,标出位置,并分析渗漏原因。

(2)蓄水观测。雨季窖内蓄满水后(或引外来水入窖),每天定时观测池(窖)内水位,作好记录,从水位下降速度中找出池(窖)壁渗漏部位或池(窖)体防渗质量。

## 3.1.9　护岸工程损毁的常见形态及一般处理方法

护岸工程损毁主要是水流冲刷、基础淘刷或人为原因造成的。干砌石护坡大多因原垫层级配不合理,块石间缝隙过大,在风浪冲击和淘刷下,垫层料流失导致护坡塌陷破坏。此外,由于气候原因造成块石风化或冻毁,由于人为或生物原因使块石个别脱落或松动;混凝土或浆砌块石护坡经常会发生伸缩缝内填料流失、混入杂物,护坡局部发生侵蚀剥落、裂缝或破碎,碎面较大且垫层被淘刷砌体架空现象,排水堵塞等工程损毁。

干砌石护坡塌陷破坏修复时,应补充满足设计要求的垫层料,厚度不小于 15 cm。块石砌筑时应自下而上进行,且应使石块立砌紧密。对较大的三角缝,应采用小片石填塞嵌紧,防止松动,砌缝应交错压砌。修复后的干砌石护坡厚度应不小于 30 cm。

浆砌石护坡,应先补充垫层料,并将松动的石料拆除,用近似方形的块石坐浆砌筑。水泥砂浆用 M15,个别不满浆的缝隙,再由缝口填浆后捣实,使砂浆饱满。对于较大的三角缝隙,可用手锤嵌入碎石,砌石达到稳、紧、满的要求,缝口用 M20 水泥砂浆勾缝。

　　破损十分严重的混凝土护坡应拆除,先按设计要求补填砂石料垫层,重新浇筑 C20 混凝土护坡,厚度应大于 10 cm。略有破损的混凝土护坡,可将破损部位凿毛,清洗干净,然后用同标号或高一级标号的混凝土填补。如原来混凝土护坡厚度不够,需要加厚,可在混凝土板面上再浇加厚混凝土盖面,分缝、排水的设置应与原混凝土护坡相同。

# 3.2　植物措施管护

## 3.2.1　水土保持林抚育管理基础知识

### 3.2.1.1　水土保持林幼林管护的主要措施

　　幼林管护是在造林前整地的基础上,继续改善林地环境条件,满足幼林对水、肥、气、光、热的要求,保护幼林不受自然灾害和人为破坏,不断调整幼林生长过程,促进幼林尽早郁闭,发挥防护效益。幼林管护的内容包括土壤管理、幼林抚育和幼林保护。

　　1. 土壤管理

　　土壤管理是幼林管护的重要内容,包括松土除草、灌溉施肥和林农间作。

　　1)松土除草

　　松土的目的是疏松表土,切断土壤表层和底层的毛管联系,减少土壤水分蒸发,改善土壤的通透性能和保水性,促进土壤微生物活动,加速有机质的分解和转化,以提高土壤营养水平,促进幼林的成活和生长。除草的目的在于消除杂草对水、肥、光、热等的竞争和对幼树的危害。松土除草在幼树生长期间应采取较低的强度,一般在整地范围内松土 5~10 cm,雨季水土流失严重的地方可以只割草而不松土。经济林果地应适当深翻,以加深土层熟化,一般松土深度为 20~25 cm。松土除草在造林后第 1~2 年,一般每年 2~3 次,以后每年 1 次,幼林郁闭后不再进行。

　　2)灌溉施肥

　　灌溉与施肥主要用于经济林果地,通过此项措施改善土壤水肥状况,促进经济林果尽早结果,并提高果实质量。条件好的地方可以实施将灌溉与施肥技术相结合的微灌施肥技术。林地施肥一般应以长效肥为主,或与绿肥植物进行间种。

　　3)林农间作

　　林农间作充分利用幼林郁闭前的林间空地,既可以保持水土,防止杂草竞争,又可以增加短期收益,达到以耕代抚、以副促林的目的。林农间作应注意以下几个方面的问题:

　　(1)必须强调以林为主,林农间作不得影响幼林的正常生长。

　　(2)林农间作一般应在土壤条件较好的情况下进行,瘠薄林地上应选择绿肥植物进行间作。

　　(3)选择与幼林矛盾较小的作物进行间作,以免妨碍幼树的生长。如喜光的树种应选择比较耐阴的农作物进行间作,如刺槐间作花生;浅根性树种宜间作深根性作物,深根性树种宜间作浅根性作物,如泡桐间作小麦。

　　(4)作物与幼树之间的距离,应保证树木能够得到上方光照而又造成侧方庇荫为条件,且作物根系不与幼树争水肥为原则。一般 1~2 年生幼林中,距离根际 30~50 cm 为宜。

（5）间种年限的长短应视不同林种和生长条件而定。经济林果株行距较大，可长期间种。水土保持林、用材林在幼林郁闭前间种。

2. 幼林抚育

幼林抚育主要是通过对幼林直接进行干涉以改善它们的生长条件，从而保证人工林的稳定生长。幼林抚育主要包括间苗、除蘖、抹芽及苗木补植等技术环节。

1）间苗

间苗是播种造林、丛状植苗等造林方法的幼林抚育措施。由于播种不均，或随着幼苗的成长，致使苗木密集成丛，营养面积和光照条件不足，引起幼树生长不良，因此在造林后必须进行间苗。间苗的时间可根据造林地的立地条件、树种特性和苗木密度的不同来确定。立地条件好，树木生长速度快，苗木较密，可在造林后的第 1~2 年内进行。间苗的原则是去劣存优，一般在第二次间苗时定株。最后每穴保留 2~3 株生长健壮的苗木。

2）除蘖

除蘖是对萌芽能力强的树种及经过截干处理的苗木，造林后其主干基部或树干上的萌生枝条进行去除的措施，其目的是避免萌枝分散树体养分，妨碍主干生长。此项措施一般在夏初进行，留存一个生长健壮的主干，抹去其他萌枝即可。

3）抹芽

抹芽是为培育通直而无节的良材，在幼树主干上的萌芽尚未木质化之前，将离地面树高 2/3 以下的嫩芽抹掉的一项抚育措施。抹芽可以防止养分散失，利用幼林的树高生长，同时也避免幼林过早修枝。

4）苗木补植

由于苗木质量、栽植技术及外界自然条件的影响，造林后往往有部分幼树死亡。当死亡数量超过一定界限、影响林分郁闭时，应当进行补植。水土保持林造林成活率在 85% 以上，且分布均匀、不影响郁闭，又能防止水土流失的林分，可以不进行补植；成活率在 40%~85% 时，在造林后的第 1~2 年利用同龄大苗进行补植；成活率在 40% 以下时，应在充分分析成活率低下原因后重新造林。

3. 幼林保护

幼林保护的措施主要包括封山护林、防火、防病虫害、防寒、防冻、防雪折等。

1）封山护林

封山护林是造林后 2~3 年内幼树平均高度超过 1.5 m 以前，对新造幼林地进行的一项保护措施。通过封山护林，防止各种人畜破坏活动对幼林生长的干扰影响。封山护林的关键是大力进行宣传教育的同时，合理解决群众的实际需要，建立健全护林组织，严格执行各项护林制度。

2）火灾防护

在干旱高温季节，森林火险级别较高，特别是一些针叶树种，内含各种可燃性分泌物，必须更加注重防火警戒。森林防火的关键是建立健全防火组织，制定各项严格、规范、科学、高效的防火制度和应急措施，控制火源，加强巡视等。

3）病虫害防治

病虫害防治应采取预防为主、综合防治的方针。在林分组成上，尽量营造混交林，并加强林内卫生管理，隔离或降低同种树木病虫的传染；保护鸟类和有益的昆虫，实施生物防治；利用化学药剂进行药物防治；建立健全防治机构，加强林木检疫工作等。

### 3.2.1.2　水土保持林成林管护的主要措施

成林管理指在幼林郁闭后，乔木林通过修枝、间伐，改善林内光照条件和卫生状况，促进林分稳定生长的各项措施；灌木林则通过合理平茬，提高其生物生长量。

#### 1. 修枝与间伐

修枝是根据不同林种的要求，人为地修除枯枝或部分活枝的一项抚育措施。修枝是一项重要的林木抚育措施，是调节林木内部营养的重要手段，通过修枝可以促进林木主干生长，培育良好干形，减少枝节，提高木材质量及水土保持林的防护效能。修枝时间、修枝强度和修枝间隔因树种特性、年龄、立地条件和树冠发育状况而定。

当林分充分郁闭后，林木个体之间将出现因营养及生存空间竞争而导致的林木分化现象，为改善林分的整体生长状况，应进行适当的间伐。通过间伐将林分中的被压木、病枯木及各类长势不良的林木去除。

#### 2. 平茬作业

平茬是对某些萌芽能力强的树种截去地上部分，促使其重新萌发新枝的一种抚育措施。如杨树、柳树、刺槐、泡桐、檫树、樟树、川楝、杜仲等均有较强的萌芽能力。不过乔木树种并非必须平茬，只是由于人畜及自然危害等造成树木生长不良失去培育前途时才采取此项措施。对于灌木来说，平茬可以促进其丛生，加快幼林郁闭。灌木平茬一般在栽植后1~2年内进行。

## 3.2.2　播种造林的间苗、定苗

采用播种造林方式时，由于播种不均，或随着幼苗的成长，出现密集成丛现象，导致苗木营养面积和光照条件不足，引起幼树生长不良，因此造林后应及时间苗和定苗。

间苗的时间可根据造林地的立地条件、树种特性和苗木密度的不同而确定。立地条件好、生长速度快、苗木密度大，在种植后1~2年内，应分次进行间苗。间苗一般分两次，采取留优去劣并适当保持距离的原则。第二次间苗称为定苗（株），定苗时应选择干形端直、生长健壮的苗木，最后每穴保留2~3株生长健壮的苗木，其他多余的植株除去即可。间苗时应注意不要将保留植株带出或损伤。间苗后一般应立即灌水，以确保留用苗木的正常生长。

## 3.2.3　林木的抚育间伐

### 3.2.3.1　抚育间伐的概念

林木生长发育进入速生期以后，林冠高度郁闭，林内光照减弱，林下植被稀少。林木相互之间竞争加剧，林木开始出现明显的分化现象，自然稀疏非常强烈，这个时期是进行成林抚育间伐的关键时期。通过适时间伐，可以促进整个林分的快速稳定生长。

对林木实施间伐应在森林林木分级的基础上进行。同龄林中的林木根据其生长的优劣分为五级。Ⅰ级——优势木,树高和直径最大,树冠大,且伸出一般林冠之上;Ⅱ级——亚优势木,树高略次于Ⅰ级木,树冠向四周发育,在大小上也仅次于Ⅰ级木;Ⅲ级——中等木,生长尚好,但树高和直径较前两级木为差,且树冠较窄,位于林冠中层,树干的圆满度较Ⅰ、Ⅱ级为大;Ⅳ级——被压木,树高和直径都非常小,树冠受挤压,通常是小径材;Ⅴ级——濒死木,完全位于林冠下层,生长极落后,树冠稀疏且不规则,侧方和上方均受压。

林木的抚育间伐指从幼林郁闭开始,到主伐更新前一个龄级止,在林内定期而重复地伐除部分林木的活动。其目的是通过间伐为留存的长势好及经济价值较好的林木创造良好的生长环境。通过抚育间伐可以获得一部分木材或小茎材加以利用,因此间伐又可以称做"中间利用采伐"。实际上间伐的主要目的是培育速生、丰产、优质,且能稳定发挥防护效应的森林。所以,间伐的时间、方式和强度应根据森林生长发育的状况而定。

### 3.2.3.2　抚育间伐的方式

抚育间伐的主要方式有下层疏伐法、上层疏伐法、综合疏伐法和机械疏伐法。

(1)下层疏伐法:抚育间伐最常用的方式是下层疏伐法。主要砍除位于林冠下生长落后、茎级较小的濒死木和枯立木,即自然稀疏过程中被淘汰的林木。此外,也砍伐极个别的粗大但干形不良的林木。下层疏伐主要伐去林冠下层的林木,对林冠的结构影响不大,森林仍然保持完整的水平郁闭状态。被压木的清除扩大了保留木的营养空间,从而促进其良好生长。下层疏伐法根据其强度大小分弱度疏伐和强度疏伐。弱度疏伐只伐除Ⅴ级木,强度疏伐则伐除全部的Ⅳ级、Ⅴ级木。

(2)上层疏伐法:与下层疏伐法正好相反,主要伐除居于林冠之上的林木。在混交林中,有时候个别位于林冠之上的林木往往不是目的树种,或虽为目的树种,但干形不良,分叉多节,树冠过于庞大,经济价值不高。继续保留这类林木会影响周围其他林木的正常生长。因此,针对这种情况,必须伐去这些干形不良、经济价值不高的林木,保证其周围林木能够获得充足的光照。

(3)综合疏伐法:综合下层疏伐法和上层疏伐法的特点,既可以从林冠上层选伐,也可以从林冠下层选伐。这种方法的依据是,通过间伐以后,由于环境条件的变化,生长落后的林木能够恢复并加快生长。这种疏伐法要求有较高的技术和对森林群落特点的认识,不可轻易采用。

(4)机械疏伐法:不考虑林木的分级和长势优劣,即事先确定好间伐的行距或株距后,进行隔行或隔株伐除即可。这种间伐成本较低,便于机械操作,容易控制树木倒向,安全性好。这种间伐的依据是"林缘效应"原理,即高度郁闭的喜光树种组成的林分,其边缘的林木均比中心的林木长势好,因此通过机械疏伐,将林分区隔成条条林带,形成一个个边行,以促进林木生长。

在实施间伐的过程中,不同树种组成的林分及于同一林分的不同时期,应根据实际情况,确定适宜的间伐方法。

### 3.2.3.3　林木抚育间伐的技术要求

水土保持林进行抚育间伐后,应保持林分中林木分布的均匀性,如应避免因间伐利用而造成林地裸露。林木间伐的强度不应过大,一般每次抚育间伐后的林木疏密度不得低于0.7,陡坡林地不得低于0.8,但混交林可以控制在0.6以上。

抚育间伐前,应进行详细的林分调查,并科学地制订间伐方案,其主要技术要求如下:

(1)间伐对象的确定:间伐是幼林郁闭以后至成熟主伐前的重要抚育措施,因此间伐前必须通过详细调查确定实施间伐的林分面积、位置和类型,并说明实施间伐的种类(透光伐或疏伐)。

(2)间伐开始期的确定:从林分生长的情况来分析,当幼林的连年生长量明显下降时应开始首次透光伐。不同树种、造林技术及立地条件下的间伐开始期是有差异的。从经济条件来分析,如果小茎级材有很好的市场利用价值,间伐也可以适当早些。

(3)间伐强度的确定:间伐强度必须综合考虑树种生长特性、立地条件、林况及经济因素等。用于改善林内卫生条件的卫生伐时,其采伐强度取决于林内各种枯死木、损伤木和被害木的数量,并要求全部伐除。透光伐一般以不确定间伐强度,砍除那些严重影响其他多个树木或目的树种生长的林木为原则。采用疏伐时一般以采伐木蓄积量占伐前林分蓄积量的百分比来表示。疏伐的间伐强度一般不超过间伐间隔期内立木生长量的80%。

(4)间伐方式的确定:间伐应隔株、隔行或隔带进行,以不加剧水土流失为原则。陡坡地段间伐后应根据需要进行更新补植。

(5)间伐间隔期的确定:两次间伐相隔的年数长短取决于间伐后林分郁闭度增长的快慢。间伐后若干年,如林木树冠开始互相干扰,影响树木正常生长时,应及时进行间伐。影响间伐间隔期的因素有树种的耐阴性、喜光性及林分生长阶段。一般前期间伐间隔期为 5~7 年,后期为 10~15 年。

## 3.2.4　灌木平茬复壮技术要点

在干旱、半干旱地区及水土流失严重的陡坡地段,立地条件差,乔木造林比较困难。灌木枝叶繁茂、根系发达、抗逆性强,且大多具有很强的萌发再生能力,是该类地区造林的先锋树种。利用灌木萌发再生能力强的特点,在水土流失地区选择灌木造林,封山育林,既可以防治水土流失,又可以通过平茬获得大量生产物用做燃料,解决当地群众的生活需要。如柠条、沙棘、紫穗槐、杞柳等都是生长快、适应性很强的灌木树种。

实践表明,灌木生长到一定年限后,其生物产量随年龄的增长其增长幅度将逐渐下降。但经过平茬处理后,会迅速形成许多新的生长能力很强的新枝,并重新进入生物量快速生长期。这样,周而复始的平茬可以源源不断地提供大量的薪柴;但在具体平茬过程中,关键应掌握平茬的时间和每次平茬的间隔时间及平茬的方式。

平茬一般选择在深冬进行。根据不同灌木的生长长势,平茬的时间间隔为 3~5 年一次。长势好的间隔短,长势较差时间隔长。考虑灌木平茬后土地暴露,新发灌丛郁闭前容易造成水土流失的情况,在水土流失严重的陡坡地及风蚀地带,灌木平茬应沿等高线进行带状轮伐平茬,以避免成片全面平茬,引起水蚀或风蚀。

## 3.2.5　水土保持经济林果管护基础知识

### 3.2.5.1　建立有效的管理机制

经济林果管理应实行以业主经营为主体,实行规模经营和集约经营。做好排灌设施和整地工程的定期检查与维护工作,加强汛期巡视,并对水毁工程进行及时修复。加强技术培训工作,提高经济林果管理人员的管理水平。

### 3.2.5.2　经济林果幼林管护

(1)扩穴培土与间作:采取水平梯田、水平阶、鱼鳞坑等水土保持工程措施的经济林果地,可在冬季进行深垦扩穴,并增施有机肥料,改良土壤。深垦深度为 20 ~ 25 cm。在不影响苗木生长时,可实行林农间作、林草间作。间作应采用豆科及矮秆作物,禁种高秆、木本和块根作物,并距离苗木 30 cm 以上。

(2)灌溉与施肥:对于当年营造的果苗,应经常灌溉。当土壤水分低于田间持水量60%时,应及时灌溉。每年应施一次基肥和三次追肥,并以有机肥为主,配合施用氮、磷、钾肥。肥料施用量应根据具体的林果栽培技术要求进行。

(3)修剪整形:根据林果的具体种类和品种,进行适时修剪整形。

(4)病虫害防治:根据不同林果及品种常见病虫危害规律,按照具体的技术规范要求,采取预防为主、防治结合的方法进行各类病虫害防治。

### 3.2.5.3　经济林果产果期管理

不同林果产果期对水、肥条件的要求及病虫害发生的种类和规律不同,应按照具体的林果栽培技术要求进行管理。

1. 经济林果春季管护的主要措施

经济林果春季管护主要包括整形修剪、花前复剪、撤除防寒物、肥水管理、病虫害防治和花果管理。

1)整形修剪

对未完成冬季修剪的果园,可在果树萌芽前继续进行修剪。幼树主要的修剪任务是选留骨干枝,培养树体骨架,迅速扩大树冠,同时要充分利用辅养枝缓和树势,促使早结果、早丰产,因此修剪量要小,要贯彻因树修剪、随枝整形、轻剪少疏、多留枝条的修剪原则。成龄树因树势趋于缓和,新梢生长量减少,树体生长与结果处于相对平衡状态,修剪的主要目的是改善树体光照、培养更新复壮枝组和调整适宜的花枝比例。

2)花前复剪

花前复剪的原则是:旺树以疏剪、轻短截为主,少用中短截,以缓和生长势,促进开花结果;弱树除疏去过弱的枝条外,多用中短截,以利于恢复树势;萌芽力、成枝力强的品种,多用轻短截,少用中短截,以利于花芽分化;萌芽力、成枝力都较弱的品种,则应适当中短截,以增加枝条密度,利于树冠扩大。

另外,要疏除因冬剪时判断不准而多留的花芽、枝条或弱小枝组,利用中长果枝、短果枝结果;对串花枝和结果后衰弱枝适当回缩;株间树冠已搭接的要回缩主侧枝,控制树冠,利于通风透光;对长势旺盛的幼树和初果期树,也可在此期进行修剪,达到缓和树势、调节营养生长和生殖生长的目的。

3)撤除防寒物

当气温回升后,应将防寒物及时撤去,包括树干包扎物、根颈培土、露出嫁接口等。

4) 肥水管理

对前一年秋季没有施基肥的果树,应施腐熟的有机肥。一般成龄树每株 30 kg 左右,可掺入 0.5 ~ 1 kg 尿素或适量的磷酸二氢钾,促进生长发育。有条件的果园,应适当浇水,以促进果树正常萌芽生长。

5) 病虫害防治

果农通常重视果树生长期的病虫害防治,而忽视春季萌发期的病虫害防治。春季果树萌发前虫害、病菌发生地点比较集中,蔓延传播的危险性低,抓住这个有利时机,结合栽培措施搞好果树病虫害防治,可以起到事半功倍的效果。

6) 花果管理

当树体花芽量少、缺少授粉品种或遇冻害时应采用人工授粉、果园放蜂、花期喷浓度为 0.2% 的硼砂等方法,以提高坐果率。为了使树体负载合理,提高果实整齐度,应进行疏花疏果。原则上,大果型的每花序留一个果,中小果型每花序留 1 ~ 2 个果,小果型每花序留 2 ~ 3 个果,梨树,留边花;李树,最多每花序留一个果。疏果原则是留优去劣,即疏去病果、虫果、小果、歪果、叶磨果,保留大果、壮果。疏花疏果时间,在花期至花后 25 d 内完成,特别是不易落果的品种,越早越好。盛果期树多用此法。

2. 经济林果夏秋季管理的主要措施

夏秋季节相对气温较高,是果树的结实期,果树进入果实膨大期,树体营养消耗大,要抓好调墒、施肥、修剪、防害等管理措施,具体如下。

1) 深翻施肥

对于未结果的小树翻土 30 cm,盛果期的中龄树翻土 50 cm;大龄老树外围深挖松土 60 ~ 70 cm,以加深根系分布层,提高土壤的透气性,保水保肥。在 9 月中下旬,挖沟环施腐熟的人粪尿、圈粪、绿肥等。每株结果树施 120 ~ 150 kg 的农家肥,并混入 1 kg 的氮、磷、钾肥,施肥时要更换上年施肥的位置。8 月中旬至 9 月中旬,还可进行叶面喷肥。喷 1 次 0.3% ~ 0.5% 过磷酸钙加 6% 草木灰浸出液,或叶面喷施 0.3% ~ 0.5% 的尿素溶液。可起到增强叶片光合作用、延长叶片寿命和促进树体养分贮藏的作用。

2) 防止干旱

夏末秋初易遇干旱,导致果树新根生长缓慢,枝条木质化差,花芽难以形成等,因此要及时采取各种措施引水浇灌。为减少土壤水分蒸发,增强耐旱性,可以利用各种作物秸秆或杂草覆盖果园地面。在大旱的情况下,果树最好不要多施氮肥,可给果树喷 2 ~ 3 次 0.2% ~ 0.3% 的磷酸二氢钾或硫酸钾水溶液,或 1 500 倍的硼砂水溶液,这样可有效地减弱叶片蒸腾失水强度。

3) 慎防洪涝

果树遇洪涝灾害时,易造成烂根。要及早挖沟排水,并将树根周围的表土层扒开,增加土壤的通气性,促进根系早日恢复生长。

4) 秋季修剪

果树于秋末冬初开始进入休眠,新梢停止生长,这时要把未木质化的嫩梢疏除。在 9 月下旬,要对所有未封顶的新梢和尚未木质化的细嫩枝进行重摘心。结合重摘心,要适当地进行疏剪,即将病虫枝、徒长枝、交叉枝、并生枝和过密的细弱枝修剪疏除。对于被果实压得下垂的结果枝,要用绳子吊起,抬高角度。不开张的直立枝条,要采用支、撑、拉等措施打开角度,使其与主干的角度大于或等于45°,以利于通风透光、开花结果。

5)喷药清园

本着预防为主、防治结合的方针,在夏秋季节一般应通过喷药清园,杀虫灭菌。常用的药剂配比为硫酸亚铁∶生石灰∶水 =3∶3∶100。喷药时要喷细、喷匀,随配随喷施。值得注意的是,雨天不能喷,风天不能喷,早晚有露水时不能喷,高温的天气亦不能喷。否则,易使果树产生药害或降低药效。最好是在上午8~10点、下午3点以后喷施。为消灭和清除病虫害滋生与繁殖的场地,要在果树进入休眠期后,彻底清理果园。将园内带病虫害的枯枝烂叶清扫干净,集中烧掉或深埋。

3.经济林果秋冬季管护的措施

秋冬季节管护的重点措施是除虫、修剪和防寒。秋冬季节果实采收后,树下存留的枯枝、落叶、烂果、杂草就成了许多病菌、害虫的越冬藏身之处。所以,应在秋季害虫蛰伏后至翌年害虫出蛰前这段时间组织人员将其彻底清理,集中烧毁或在果园高温堆肥。冬季,在土壤内越冬的果树害虫很多,如桃小食心虫、枣步蝼等。为此,在大地封冻前,将树下的土壤翻一遍(深25~35 cm),使在土壤中越冬的害虫翻出地外冻死或被鸟类吃掉,也可将地表上的害虫或表土的害虫翻入地下土壤深处将其闷死。为形成良好的树冠结构,延长经济寿命,实现优质稳产,对落叶果树在冬季最好在12月下旬至1月进行整形修剪。一般幼树、树势旺的轻剪;衰老树、树势弱的则重剪;对结果盛期及树势中等树修剪,进行翌年的生长与结果调节。北方冬季寒冷,为保证经济林果安全越冬,应根据情况采取适当的防冻措施,如主干束草、树盘培土等,有条件的果园可以在12月中旬至1月初进行灌溉。

## 3.2.6　经济林果地灌溉施肥技术要点

### 3.2.6.1　主要经济林果木的灌溉与施肥管护要点

灌溉与施肥管理是经济林果管护的重要内容。通过科学的灌溉和施肥,不仅可以有效地提高林果的品质和产量,同时还能够增强林木的抗病虫害能力。我国地域广大,各地气候及土壤水热条件差异较大,不同林果的灌溉和施肥具有各自的规律性。以苹果、梨树、桃树及柑橘为例,其水、肥管理措施如表4-3-1所述。

表4-3-1　主要经济林果水肥管理技术要点

| 种类 | 灌溉管理 | 施肥管理 |
| --- | --- | --- |
| 苹果 | 春季灌水一般在2月下旬至3月中旬进行。夏初干旱时应及时浇水,以防采前出现裂果现象。秋季采后,应灌水一次,以防冬季干旱而影响果树安全越冬 | 春季施肥以农家肥为主,追肥以氮肥为主。施肥时可根据品种、树龄、生长势、结果量、土壤肥力等因素而适当进行增减。对花量大、结果早、树势中等或偏弱的树,5月中下旬可适量追施复合肥,并在施后浇水。秋季果实采收后,落叶前应施农家肥,因为此时地温高,肥料分解快,果树还未落叶,有利于果树营养积累,供应明年树体需要 |

续表 4-3-1

| 种类 | 灌溉管理 | 施肥管理 |
|---|---|---|
| 梨树 | 在春季果木萌动前 20 d 左右,应浇灌萌动水,以补充枝条萌动时需要的水分,确保萌动整齐,展叶快,提高坐果率。秋季采果后,应灌水一次,以防冬季干旱而影响果树安全越冬 | 在立春前后 5~10 d,应施花前肥,并以有机肥和磷肥为主。施肥后如遇干旱天气,则每株树必须淋清水 60~80 kg,以促进肥料溶解和转化,提高肥料的吸收利用率 |
| 桃树 | 春季浇水可选在施肥后随即进行。夏初季节施肥后应随时浇水,以利于肥效的发挥。桃树不耐水涝,一般应利用冬闲时间,对桃园内沟系进行清理、维修,完善排水系统 | 春季施肥应在果木萌芽前进行,一般不宜超过 2 月下旬。施肥应以碳铵、磷肥、钾肥与农家肥配合进行。萌芽前如遇干旱,应灌施清淡粪水抗旱。花期应施碳铵或尿素,成龄树株施 0.5 kg 尿素。夏初季节可施氮、磷、钾含量较丰富的硫酸钾复合肥,3~4 年生树株施 500 g。桃树冬季可结合深翻施足基肥,肥料种类以腐熟有机肥为主 |
| 柑橘 | 春季施肥后应及时浇水。5~7 月前期要注意排水,防止果园积水,产生"闷根",中后期要注意灌水,防止小果现象,影响品质和产量。一般土壤含水量应保持在 20% 左右。冬季一般在入冻前 7~10 d 进行根系灌水,以提高地温,确保果树安全越冬 | 2 月下旬施春肥,成年树每株施腐熟人畜水肥 80~100 kg,幼小树减半施,并及时覆盖施肥窝穴。生理落果前半个月应施速效氮加磷肥,施肥量应占全年施肥量的 15%~20%,5 月上、中旬株施人畜粪尿 20 kg 或复合肥 1 kg。7 月中旬施肥量应占全年施肥量的 40%~50%,肥料以有机肥为主,每亩施人畜粪尿 2 500~3 500 kg,尿素 10~20 kg,钾肥 5~10 kg,或复合肥 20~30 kg。秋冬施在采果前后一周左右进行。一般在树冠外缘滴水处挖一条深 40 cm、宽 30 cm 的施肥沟,并在其内施有机肥或柑橘专用肥,施肥量约占全年的 30% |

### 3.2.6.2　施肥与微灌相结合的经济林果管理技术

近年来,随着节水灌溉技术的迅速推广,将施肥与微灌结合在一起的一种农业技术广泛应用于经济林果管理方面。它是通过压力灌溉系统,配合使用固体或液体肥料,从而产生含有作物营养需求的灌溉水。微灌施肥利用微灌系统作为施肥工具,这样就可以在施肥量、施肥时间和施肥空间等方面都达到很高的精度。

所谓微灌,即利用专门设备,将有压水流变成细小的水流和水滴,湿润作物根部附近土壤的灌水方法。微灌有四种形式:滴灌、微喷灌、脉冲微喷灌(也叫涌泉灌溉)和渗灌。其中滴灌和渗灌使用最广泛。

与传统灌溉相比,微灌水流流量小,每次灌水的时间较长,灌水均匀度较高,能达到保持最佳的土壤湿度。微灌需要的工作压力低,一般只有喷灌工作压力的 1/3~1/4,只灌溉作物根部附近的土壤,属局部灌溉类型,可节省大量灌溉水,同时地表不产生积水和径流,不破坏土壤结构,土壤中的养分不易被淋溶流失。

滴灌施肥的技术要点如下：

（1）系统布置：安装滴灌系统时，一般应保证每一段主管的控制面积基本不超过333 m²，同时与各软管接触的地面平整，保证水流通畅。

（2）滴孔方向：使用地膜覆盖时，滴灌带中的孔通常向上铺设，否则可以将滴灌带孔口朝下铺设。

（3）系统注肥：利用滴灌系统施肥，要认真研究肥料的溶解性。不溶、溶解度低或在某种条件下极易反应，形成沉淀的肥料应避免选用。使用滴灌施肥，最好采用少量多施法，即一次注肥不要太多。否则，土壤中过高浓度的肥料对作物生长不利。

（4）水源选择：滴灌应使用干净、清洁的水源，尤其是水中不能有直径大于0.860 mm的悬浮物，否则要进行网式过滤净化水质，直接用自来水和干净井水时通常不用过滤。

（5）安装规则：滴灌设备中的滴灌带或主管在安装和田间操作时，应谨防划伤、戳破，以免导致水、肥流失。

（6）灌溉周期：实际灌水周期一般根据天气的影响来确定，如遇雨雪天和连续阴天，可延长灌水周期，减少灌水次数。

（7）设备维护：施肥后，应继续一段时间灌清水，以防化学物质积累堵塞孔口。为防止泥沙等杂质在管内积累而造成堵塞，逐一放开滴灌带和主管的尾部，加大流量冲洗。

### 3.2.7　草种种子的采收

草种种子的采收主要包括采收时间与采收方法、采后工作。

#### 3.2.7.1　采收时间与采收方法

（1）采收时间：采收时间依草的种类而异，1年生草类在当年秋末种子成熟后，2年生草类在次年种子成熟后，多年生草类可在2~5年内随不同结籽期在种子成熟后采收。

（2）采收方法：草籽成熟后容易脱落的应及时采收。采种应在蜡熟期和完熟期进行，不得在乳熟期采青。有些草可以等种子充分成熟后采收，如苜蓿；有些草因开花期不同，故成熟有先有后，当有2/3成熟后即可收获，如草木樨、红豆草等。对于豆荚易爆裂的豆科草类，应避开雨天采收。

#### 3.2.7.2　采后工作

（1）种子采回后，应及时脱粒，去劣晾干，含水量应小于13%。

（2）精选、分级、贮藏，应严防种子混杂，确保种子的纯净和质量。贮藏的方法与稻、麦、玉米、高粱等农作物相同，要置于通风良好的室内，防止霉变。

### 3.2.8　封禁治理技术措施及抚育管理

封禁治理技术措施的类型主要分为封山育林和封坡育草。

#### 3.2.8.1　封禁治理有关标准规定

1. 封山育林地连续封禁的时间及植被覆盖率规定

我国《水土保持工程运行技术管理规程》规定：

（1）封禁时间：根据封育区所在地区的封育条件和封育目的确定封育年限，一般封育年限如表 4-3-2 所示。

表 4-3-2　封山育林封育年限

| 封育类型 | | 封育年限 | |
|---|---|---|---|
| | | 南方 | 北方 |
| 无林地和疏林地封育 | 乔木型 | 6 ~ 8 | 8 ~ 10 |
| | 乔灌型 | 5 ~ 7 | 6 ~ 8 |
| | 灌木型 | 4 ~ 5 | 5 ~ 6 |
| | 灌草型 | 2 ~ 4 | 4 ~ 6 |
| | 竹林型 | 4 ~ 5 | — |
| 有林地和灌木林地封育 | | 3 ~ 5 | 4 ~ 7 |

（2）封山育林治理植被覆盖率规定：封山育林地在封育期满时，南方地区植被覆盖率应达到 90% 以上，并形成乔、灌、草结合的良好植被结构；北方干旱地区植被覆盖率应达到 70% 以上，并初步形成灌草结合的植被结构。

2. 封坡育草封禁治理的覆盖率规定

我国《水土保持工程运行技术管理规程》规定，封坡育草地在封育期满时，南方地区草地覆盖率应达到 90% 以上，北方干旱地区草地覆盖率应达到 70% 以上。植被达到封禁治理标准后，遵循有关的法律法规，在不造成新的水土流失的前提下，有组织、有计划地进行开封利用。草地的开封时间根据轮封轮牧的放牧期及牧草的生长状况确定。

### 3.2.8.2　封山育林技术措施

封山育林封禁方式分为全年封禁、季节封禁和轮封轮牧。

在封山育林抚育管理方面，一是结合封禁，在残林、疏林中进行补种补植，平茬复壮，断根复壮，修枝疏伐，择优选育，促进树木生长，加快植被恢复；二是按照预防为主、因害设防、综合治理的原则，实施火、病、虫、鼠等灾害的防治措施；三是在不影响林木生长和水土保持的前提下，可利用林间空地进行种植、养殖等。

### 3.2.8.3　封坡育草的技术措施

封坡育草封育区划分为封育割草区和轮封轮牧区。

对严重退化、产草量低、品质差的天然草场，在封育的基础上，应采取适宜的改良措施。

# 第 5 篇　操作技能——高级工

# 模块 1　水土保持调查

## 1.1　野外调查

### 1.1.1　土壤、植物分类的基本知识

#### 1.1.1.1　土壤分类和分布

1. 土壤分类的目的和意义

土壤分类即根据土壤的发生发展规律和自然性状,按照一定的标准,把自然界的土壤划分为不同的类别。土壤分类的目的就是科学地认识土壤,系统地区分土壤,从而达到合理地利用土壤。分类的意义在于:土壤分类是土壤科学水平的标志;是土壤调查制图的基础;是因地制宜,推广农业技术的依据;是国内外土壤信息交流的媒介。

2. 中国土壤分类系统

《中国土壤分类与代码》(GB/T 17296—2009)规定了中国土壤分类系统中的土纲、亚纲、土类、亚类、土属和土种六级分类单元的土壤名称与代码。其中土纲、亚纲、土类、亚类属高级分类单元,以土类为主;土属、土种属基层分类单元,以土种为基本单元。六级分类单元中以土类、土种最为重要。

按照中国土壤分类系统全国土壤共分为 11 个土纲,28 个亚纲,61 个土类,235 个亚类。常见的中国土壤类型如下:

(1)铁铝土纲:砖红壤、赤红壤、红壤、黄壤。

(2)淋溶土纲:黄棕壤、黄褐土、棕壤、暗棕壤、白浆土、棕色针叶林土、漂灰土、灰化土。

(3)半淋溶土纲:燥红土、褐土、灰褐土、黑土、灰色森林土。

(4)钙层土纲:黑钙土、栗钙土、褐土、黑垆土、灰钙土。

(5)漠土纲:灰漠土、灰棕漠土、棕漠土。

(6)初育土纲:黄绵土、红黏土、新积土、龟裂土、风沙土、粗骨土、石灰(岩)土、火山灰土、紫色土、磷质石灰土、石质土。

(7)半水成土纲:草甸土、潮土、砂姜黑土、林灌草甸土、山地草甸土。

(8)水成土纲:沼泽土、泥炭土。

(9)盐碱土纲:草甸盐土、滨海盐土、酸性硫酸盐土、漠境盐土、寒原盐土、碱土。

(10)人为土纲:水稻土、灌淤土、灌漠土。

(11)高山土纲:草毡土(高山草甸土)、黑毡土(亚高山草甸土)、寒钙土(高山草原土)、冷钙土(亚高山草原土)、冷棕钙土(山地灌丛草原土)、寒漠土(高山漠土)、冷漠土(亚高山漠土)、寒冻土(高山寒漠土)。

### 3. 我国土壤的分布规律

我国土壤的分布规律指土壤的水平地带性、土壤的垂直地带性和土壤分布的地域性。

(1) 土壤的水平地带性：平原地区的土壤随纬度（南北向）或经度（东西向）的变化呈现有规律的分布。我国土壤类型从南到北的分布依次为砖红壤、红壤、黄壤、褐土、棕壤等，从东到西的分布依次为黑土、褐土、灰褐土、栗钙土、灰钙土、灰漠土、荒漠土等。

(2) 土壤的垂直地带性：山区的土壤随着海拔的变化呈现有规律的更替现象。从低到高依次为褐土、棕壤、高山草甸土等。

(3) 土壤分布的地域性：它是在土壤纬度带内，由于地形、地质、水文等自然条件不同，所形成的土壤类型，有别于地带性土类，而显示出土壤分布规律的区域性特征称为土壤地域性或土壤区域地带性。

我国主要土壤类型的分布地区详见表 5-1-1。

表 5-1-1　我国主要土壤类型的分布地区

| 土壤 | 分布地区 |
| --- | --- |
| 红壤、赤红壤、砖红壤 | 五岭山麓以南、台湾、海南等地 |
| 红壤、黄壤、紫色土 | 浙、赣、湘、川的南部和滇、桂、黔的丘陵低地 |
| 黄壤、黄棕壤 | 淮河、秦岭以南 |
| 褐土、黑垆土、棕壤、黄绵土 | 秦岭、淮河以北，西起天水、北至延安、太原、丹东 |
| 黑土、栗钙土、森林土 | 南温带以北，东北大部，内蒙古东部 |
| 黄绵土、栗钙土、灰钙土 | 黄土高原北部及毗邻地区 |
| 荒漠土、风沙土、栗钙土 | 新疆大部，蒙、甘西北部，宁、陕、青的北部 |

### 4. 我国主要土壤的利用

中国南方热带、亚热带地区的重要土壤资源自南而北有砖红壤、燥红土（稀树草原土）、赤红壤（砖红壤化红壤）、红壤和黄壤等类型。适于发展热带、亚热带经济作物、果树和林木。

中国东部湿润地区发育在森林下的土壤，由南至北包括黄棕壤、棕壤、暗棕壤和漂灰土等土类，是很重要的森林土壤资源。

褐土、黑垆土和灰褐土等土壤在利用上除灰褐土是重要的林用地土壤外，其他是中国北方的旱作地土壤。

中国温带森林草原和草原区的地带性土壤，包括灰黑土（灰色森林土）、黑土、白浆土和黑钙土。以强烈的腐殖质累积过程为特点。以东北地区分布的面积最广，适于发展农牧业和林业。

栗钙土、棕钙土和灰钙土，是中国北方分布范围极广的一些草原土壤。是中国主要的牧业基地，也是重要的旱作农业区土壤。

中国西北荒漠地区的重要土壤资源，包括灰漠土、灰棕漠土、棕漠土和龟裂土等，在利用上主要受制于细土物质含量的多少和灌溉水源的有无。目前，大部分用做牧地，仅有小部分垦为农田。

中国重要的农耕土壤资源,包括潮土(主要分布于黄淮海平原,辽河下游平原,长江中下游平原及汾、渭谷地,以种植小麦、玉米、高粱和棉花为主)、灌淤土(主要分布于银川、内蒙古后套及辽西平原)、绿洲土(主要分布于新疆及河西走廊的漠境地区的绿洲中,是干旱地区的主要耕作土壤)。水稻土也是中国很重要的农业土壤资源,主要分布在秦岭—淮河一线以南,其中长江中下游平原、珠江三角洲、四川盆地和台湾西部平原最为集中。

紫色土、石灰土、磷质石灰土、黄绵土(黄土性土)和风沙土。这类土壤性状仍保持母岩或成土母质特征。紫色土是紫红色岩层上发育的土壤,以四川盆地分布最广;黄绵土又称黄土性土壤,广布于黄河中游丘陵地区;风沙土主要分布在中国北部的半干旱、干旱和极端干旱地区。

高山土壤是指青藏高原和与之类似海拔,高山垂直带最上部,在森林郁闭线以上或无林高山带的土壤。

**5. 土壤质地分类**

土壤质地即土壤机械组成,是指土壤中各级土粒含量的相对比例及其所表现的土壤沙黏性质。

按照土壤质地将土壤分为沙土、壤土和黏土 3 大质地类型 12 个质地名称,有极重沙土、重沙土、中沙土、轻沙土、沙粉土、粉土、沙壤土、壤土、轻黏土、中黏土、重黏土、极重黏土,以便于工程设计与施工。中国土壤质地分类详见表 5-1-2。

表 5-1-2　中国土壤质地分类

| 质地组 | 质地名称 | 颗粒组成(%) | | |
| --- | --- | --- | --- | --- |
| | | 沙粒(1~0.05 mm) | 粗粉粒(0.05~0.01 mm) | 细黏粒(<0.001 mm) |
| 沙土 | 极重沙土 | >80 | | <30 |
| | 重沙土 | 70~80 | | |
| | 中沙土 | 60~70 | | |
| | 轻沙土 | 50~60 | | |
| 壤土 | 沙粉土 | ≥20 | ≥40 | |
| | 粉土 | <20 | | |
| | 沙壤土 | ≥20 | <40 | |
| | 壤土 | <20 | | |
| 黏土 | 轻黏土 | | | 30~35 |
| | 中黏土 | | | 35~40 |
| | 重黏土 | | | 40~60 |
| | 极重黏土 | | | >60 |

黏土:干土块坚硬,手指压不碎;湿时能搓成粗约 3 mm 的细条,弯成环形而无裂纹,用手捻有滑腻感;干时坚实,用小刀能划出光滑的线条。

壤土:干土块压碎时必须用相当大的力量;湿时可搓成粗 3 mm 的细条,不能弯成环;干时用小刀能划出粗糙的条痕。

沙土:干土块不用力即可用手指压碎,肉眼可看出是沙粒;湿时不能搓成团,干时分散成单粒。

#### 1.1.1.2　植物分类的基本知识

1. 植物分类的基本概念

（1）植物分类的概念：把植物学界各种植物用比较、对照和分析的方法，分门别类给以有规则的排列，称为植物分类。

（2）植物分类单位：常用的植物分类等级单位主要有界、门、纲、目、科、属和种，其中种是基本的分类单位，由亲缘关系相近的种集合为属，由相近的属组合为科，以此上推，直至把所有植物归类为植物界。

品种不是分类单位，不存在于野生植物中，是栽培学上的用法，相当于变种或变型。

2. 植物界的基本类群

（1）根据植物的亲缘关系、形态结构和生活习性，将植物界分为藻类、菌类、地衣、苔藓、蕨类、裸子植物和被子植物等 16 个门。

裸子植物：种子外面没有果皮包被，是裸露的，故称为裸子植物。裸子植物现存 700 余种，分为苏铁纲（苏铁科）、银杏纲（银杏科）、松柏纲（松科、柏科、杉科和南洋杉科）、红豆杉纲（罗汉松科、三尖杉科和红豆杉科）和买麻藤纲（麻黄科、买麻藤科和百岁兰科）等 5 个纲。

被子植物：是当今植物界最进化、最高等和分布最广的植物类群，现已知有 1 万多个属，近 30 万种，占植物界的半数以上。被子植物又分为双子叶植物和单子叶植物。

双子叶植物：植物胚常具子叶 2 片；主根发达，多为直根系。主要有木兰科、毛茛科、罂粟科、石竹科、蓼科、藜科、苋科、十字花科、葫芦科、锦葵科、大戟科、景天科、蔷薇科、豆科、杨柳科、壳斗科、桑科、鼠李科、葡萄科、柽柳科、芸香科、胡颓子科、蒺藜科、木樨科、柿树科、胡桃科、伞形科、杜鹃花科、龙胆科、夹竹桃科、茄科、茜草科、旋花科、玄参科、唇形科、紫草科、菊科等 37 个科。

单子叶植物：胚具 1 顶生子叶，多为须根系。主要有泽泻科、百合科、禾本科、莎草科、兰科、灯心草科、石蒜科、鸢尾科等 8 个科。

（2）根据植物茎的形态将植物分为乔木、灌木、草本植物和藤本植物 4 类。

乔木：多年生木本植物，具有高大而明显的主干，并多次分枝，组成庞大的树冠，一般可以明显地分为树冠和树干两部分。乔木按冬季或旱季落叶与否又分为落叶乔木如榆树、白蜡、旱柳和常绿乔木如松树、侧柏等。

灌木：多年生木本植物，通常无明显主干，无树冠和树干之分，分枝从近地面处开始或虽有主干，而高度不超过 3 m 的木本植物，如沙棘、柠条、花棒、马桑等。

草本植物：草本植物茎含木质细胞少，全株或地上部分容易萎蔫或枯死，如菊花、百合、凤仙等。按草本植物生活周期的长短又分为 1 年生、2 年生和多年生草本。

藤本植物：茎长而不能直立，靠倚附他物而向上攀升的植物称为藤本植物。藤本植物依茎的性质又分为木质藤本和草质藤本两大类，常见的紫藤为木质藤本。藤本植物依据有无特别的攀援器官又分为攀缘性藤本，如瓜类、豌豆、薜荔等具有卷须或不定气根，能卷缠他物生长；缠绕性藤本，如牵牛花、忍冬等，其茎能缠绕他物生长。

3. 常见水土保持乔木、灌木和经济树种

（1）常见水土保持乔木、灌木和经济树种详见表 5-1-3。

表 5-1-3 常见水土保持乔木、灌木和经济树种

| 经济树种 | 乔木树种 | 灌木树种 |
|---|---|---|
| 爪哇木棉、油梨、橡胶树、银杏、香榧、漆树、辛夷、柿、核桃、椰子、拐枣、荔枝、龙眼、枇杷、枣、香椿、苟竹、余甘、木菠萝、芒果、苹果、山楂、杏、板栗、乌榭、千年桐、棕榈、蒲葵、咖啡、杜仲、山茱萸、斑竹、笋竹、油茶、三年桐、樱桃、石榴、柑橘、杨梅、猕猴桃、茶、梨、李、桃、葡萄、胡椒、黑豆果、黑荆树、金鸡纳树、花椒、栀子、金银花、蔓荆、玫瑰、枸杞、桑 | 泡桐、意杨、毛竹、檫树、巨尾桉、火炬松、湿地松、木麻黄、柠檬桉、大叶桉、窿缘桉、枫杨、樟树、楸、水杉、池杉、柳杉、苦楝、臭椿、复叶槭、杉木、柏木、侧柏、木荷、桢楠、沙枣、榆树、白蜡、旱柳、杨树、大叶相思、肯氏相思、金毛相思、樟子松、华山松、红松、水曲柳、黄菠萝、刺槐、马尾松、油松、云南松、云杉、冷杉、麻栎、栓皮栎、青风栎、辽东栎 | 紫穗槐、花棒、马桑、沙棘、柠条、胡枝子、杞柳、黄柳、沙柳、柽柳 |

（2）我国不同草种的适应区域，不同生态环境主要水土保持草种详见表 5-1-4。

表 5-1-4 不同生态环境主要水土保持草种

| 气候带 | 荒山、牧坡 | 退耕地、轮歇地 | 堤防坝坡、梯田坎、路肩 | 低湿地、河滩、库区 | 沙荒、沙地 | 盐碱地（含盐量，%） | | |
|---|---|---|---|---|---|---|---|---|
| | | | | | | 0.1~0.2 | 0.2~0.4 | 0.4~0.8 |
| 热带、南亚热带 | 葛藤、毛花雀稗、剑麻、百喜草、知风草、山毛豆、糖蜜草、象草、坚尼草、芭茅、大结豆、桂花草 | 柱花草、香茅草、无刺含羞草、山毛豆、宽叶雀稗、印尼豇豆、紫花扁豆、百喜草、大翼豆 | 百喜草、香根草、凤梨、葛藤、柱花草、非洲狗尾草、黄花菜、紫黍、岸杂狗牙根 | 香根草、双穗雀稗、杂交狼尾草、小米草、稗草、毛花雀稗、非洲狗尾草 | 香根草、大绿豆、印尼豇豆、中巴豇豆、大翼豆、仙人掌、蝴蝶豆 | 盖氏虎尾草、葛藤、俯仰马唐 | 苏丹草 | 大米草 |
| 中亚热带、北亚热带 | 龙须草、弯叶画眉草、葛藤、坚尼草、知风草、菅草、芭茅、毛花雀稗 | 苇状羊茅、牛尾草、鸡脚草、象草、三叶草、无芒雀麦、印尼豇豆 | 岸杂狗牙根、串叶松香草、香根草、黄花菜、芒竹、弯叶画眉草、白三叶草、牛尾草、小冠花细叶结缕草 | 小米草、稗草、五节芒、杂交狼尾草、双穗雀稗、香根草、水烛、芦竹、杂三叶草 | 香根草、大绿豆、沙引草、印尼豇豆、蔓荆、瑞蕾苜蓿、黄花菜 | 无芒雀麦、冬牧70黑麦、黄花菜、葛藤、野大豆 | 杂交狼尾草、苇状羊茅草、五节芒、茵陈蒿 | 大米草、芦苇、田菁、芦竹、碱茅 |
| 南温带 | 菅草、芭茅、沙打旺、龙须草、半茎冰草、弯叶画眉草、葛藤、多年生黑麦草、狗牙根 | 草木樨、苇状羊茅、沙打旺、红豆草、苜蓿、红三叶草、杂三叶草、葛藤、冬凌草、牛尾草、无芒雀麦 | 小冠花、药菊、黄花菜、冰草、龙须草、结缕草、菅草、地毯草、狗牙根、早熟禾、小糠草 | 芦苇、荻草、田菁、黄花菜、小米草、芭茅、冬牧70黑麦、双穗雀稗 | 苜蓿、沙打旺、白草、小冠花、鸡脚草、沙毛叶茹子、草木樨、芨芨草 | 野大豆、小冠花、冬牧70黑麦、白草、无芒雀麦、黄花菜 | 苏丹草、苜蓿、草木樨、沙打旺、苇状羊茅 | 大米草、芦苇、盐蒿、小蓟、田菁 |

续表 5-1-4

| 气候带 | 荒山、牧坡 | 退耕地、轮歇地 | 堤防坝坡、梯田坎、路肩 | 低湿地、河滩、库区 | 沙荒、沙地 | 盐碱地(含盐量,%) | | |
|---|---|---|---|---|---|---|---|---|
| | | | | | | 0.1~0.2 | 0.2~0.4 | 0.4~0.8 |
| 中温带 | 草木樨、沙打旺、苜蓿、野豌豆、羊草、红豆草、披碱草、野牛草、狗牙根、扁穗冰草、伏地肤、多年生黑麦草 | 苜蓿、白草、苏丹草、沙打旺、马兰、无芒雀麦、鹅冠草、黄芪、披碱草 | 野牛草、鹅冠草、紫羊草、马兰、白草、黄花、芨芨草、沙生冰草、草地早熟禾 | 芦苇、芭茅、黄花菜、扁穗冰草、水烛、马兰 | 沙打旺、沙蒿、芨芨草、沙竹、沙米、绵蓬、苜蓿、毛叶苔子、无芒雀麦、白草、披碱草 | 无芒雀麦草、偃麦草、鹅冠草、野豌豆草、芨芨草 | 草木樨、苜蓿、苏丹草、羊草、毛叶苔子、弯穗鹅冠草 | 芨芨草、田菁、芦苇、盐蒿、碱茅、地肤 |

## 1.1.2　土壤侵蚀强度分级的基本知识

土壤侵蚀强度指以单位面积和单位时段内发生的土壤侵蚀量为指标划分的土壤侵蚀等级。用来表示单位时间内、单位面积上土壤被侵蚀的强弱程度。《土壤侵蚀分类分级标准》(SL 190—2007)规定了土壤侵蚀强度分级的标准。

### 1.1.2.1　水力侵蚀、重力侵蚀的强度分级

**1. 各侵蚀类型区容许土壤流失量**

容许土壤流失量是指根据保持土壤资源及其生产能力而确定的年土壤流失量上限,通常小于或等于成土速率。对于坡耕地,是指维持土壤肥力,保持作物在长时期内能经济、持续、稳定地获得高产所容许的年最大土壤流失量。不同侵蚀类型区宜采用不同的容许土壤流失量,详见表5-1-5

表5-1-5　各侵蚀类型区容许土壤流失量　　　　　(单位:t/(km² · a))

| 类型区 | 容许土壤流失量 | 类型区 | 容许土壤流失量 |
|---|---|---|---|
| 西北黄土高原区 | 1 000 | 南方红壤丘陵区 | 500 |
| 东北黑土区 | 200 | 西南土石山区 | 500 |
| 北方土石山区 | 200 | | |

**2. 土壤水力侵蚀强度分级**

土壤侵蚀强度分级是以年平均侵蚀模数为判别指标,土壤水力侵蚀强度分级详见表5-1-6。只在缺少实测及调查侵蚀模数资料时,可在经过分析后,运用有关侵蚀方式(面蚀、沟蚀)的指标进行分级,各分级的侵蚀模数与土壤侵蚀强度相同。

表 5-1-6　**土壤水力侵蚀强度分级**

| 级别 | 平均侵蚀模数（t/（km² · a ）） | 平均流失厚度（mm/a） |
|---|---|---|
| 微度 | <200，<500，<1 000 | <0.15，<0.37，<0.74 |
| 轻度 | 200，500，1 000~2 500 | 0.15,0.37,0.74~1.9 |
| 中度 | 2 500~5 000 | 1.9~3.7 |
| 强烈 | 5 000~8 000 | 3.7~5.9 |
| 极强烈 | 8 000~15 000 | 5.9~11.1 |
| 剧烈 | >15 000 | >11.1 |

注：本表流失厚度系按土的干密度 1.35 t/m³ 折算,各地可按当地土壤干密度计算。

（1）土壤侵蚀强度面蚀（片蚀）分级指标见表 5-1-7。

表 5-1-7　**土壤侵蚀强度面蚀（片蚀）分级指标**

| 地类 | | 地面坡度（°） | | | | |
|---|---|---|---|---|---|---|
| | | 5~8 | 8~15 | 15~25 | 25~35 | >35 |
| 非耕地 林草盖度 （%） | 60~75 | 轻度 | | | | |
| | 45~60 | | | | | 强烈 |
| | 30~45 | | | | 强烈 | 极强烈 |
| | <30 | 中度 | | 强烈 | 极强烈 | 剧烈 |
| 坡耕地 | | 轻度 | 中度 | | | |

（2）土壤侵蚀强度沟蚀分级指标见表 5-1-8。

表 5-1-8　**土壤侵蚀强度沟蚀分级指标**

| 沟谷占坡面面积比（%） | <10 | 10~25 | 25~35 | 35~50 | >50 |
|---|---|---|---|---|---|
| 沟壑密度（km/km²） | 1~2 | 2~3 | 3~5 | 5~7 | >7 |
| 强度分级 | 轻度 | 中度 | 强烈 | 极强烈 | 剧烈 |

### 3. 重力侵蚀强度分级

重力侵蚀强度分级指标见表 5-1-9。

表 5-1-9　**重力侵蚀强度分级指标**

| 崩塌面积占坡面面积比（%） | <10 | 10~15 | 15~20 | 20~30 | >30 |
|---|---|---|---|---|---|
| 强度分级 | 轻度 | 中度 | 强烈 | 极强烈 | 剧烈 |

### 1.1.2.2　风力侵蚀及混合侵蚀（泥石流）强度分级

1. 风力侵蚀强度分级

日平均风速不小于 5 m/s、全年累计 30 d 以上,且多年平均降水量小于 300 mm 的沙质土壤地区（但南方及沿海风蚀区，如江西鄱阳湖滨湖地区、滨海地区、福建东山等，则不在此限值之内），定为风力侵蚀区。

风力侵蚀的强度分级见表 5-1-10。

### 表 5-1-10　风力侵蚀的强度分级

| 级别 | 床面形态（地表形态） | 植被覆盖度（%）（非流沙面积） | 风蚀厚度（mm/a） | 侵蚀模数（t/(km² · a)） |
|---|---|---|---|---|
| 微度 | 固定沙丘、沙地和滩地 | >70 | <2 | <200 |
| 轻度 | 固定沙丘、半固定沙丘、沙地 | 70~50 | 2~10 | 200~2 500 |
| 中度 | 半固定沙丘、沙地 | 50~30 | 10~25 | 2 500~5 000 |
| 强烈 | 半固定沙丘、流动沙丘、沙地 | 30~10 | 25~50 | 5 000~8 000 |
| 极强烈 | 流动沙丘、沙地 | <10 | 50~100 | 8 000~15 000 |
| 剧烈 | 大片流动沙丘 | <10 | >100 | >15 000 |

#### 2. 混合侵蚀（泥石流）强度分级

黏性泥石流、稀性泥石流、泥流侵蚀的强度分级，应以单位面积年平均冲出量为判定指标，见表 5-1-11。

### 表 5-1-11　泥石流侵蚀强度分级

| 级别 | 每年每平方千米冲出量（万 m³） | 固体物质补给形式 | 固体物质补给量（万 m³/km²） | 沉积特征 | 泥石流浆体密度（t/m³） |
|---|---|---|---|---|---|
| 轻度 | <1 | 由浅层滑坡或零星坍塌补给，有河床补给时，粗化层不明显 | <20 | 沉积物颗粒较细，沉积表面较平坦，很少有大于 10 cm 以上颗粒 | 1.3~1.6 |
| 中度 | 1~2 | 由浅层滑坡及中小型坍塌补给，一般阻碍水流，或有大量河床补给，河床有粗化层 | 20~50 | 沉积物细颗粒较少，颗粒间较松散，有刚装筛滤堆积形态，颗粒较粗，多大漂砾 | 1.6~1.8 |
| 强烈 | 2~5 | 由深层滑坡或大型坍塌补给，沟道中出现半堵塞 | 50~100 | 有舌状堆积形态，一般厚度在 200 m 以下，巨大颗粒较少，表面较为平坦 | 1.8~2.1 |
| 极强烈 | >5 | 以深层滑坡和大型集中坍塌为主，沟道中出现全部堵塞情况 | >100 | 有垄岗、舌状等黏性泥石流堆积形态，大漂石较多，常形成侧堤 | 2.1~2.2 |

## 1.1.3　沟谷侵蚀方式及特征

### 1.1.3.1　沟谷侵蚀方式

沟谷侵蚀主要表现为沟头前进、沟底下切和沟岸扩张等三种方式,它们分别向长、宽、深三个方向发展,不断使沟壑加长、加宽、加深,其结果是不断地割切和吞蚀地面,使地面变得支离破碎,沟壑的面积和体积越来越大。

沟头前进主要是描述沟壑加长的侵蚀方式,也称溯源侵蚀。以崩塌和滑塌为主,尤以小型滑塌众多。沟头上方坡面的汇水面积越大,坡度越大,沟头前进的速度越快。

沟底下切主要是描述沟壑加深的侵蚀方式。由于沟道集中了大量径流、泥沙,在一定流量、流速的作用下,逐渐使沟底下切。

沟岸扩张主要是描述沟壑加宽的侵蚀方式。主要有滑坡、崩塌两种。在沟头前进的初期,沟岸扩张以崩塌为主,以后逐渐过渡到以滑坡为主。

当沟头以上有坡面天然集流槽(俗称水簸箕)或村镇排洪情况时,暴雨中地面径流由此集中泄入沟头,造成沟头前进,严重时,一次暴雨可造成沟头前进 10 多米;当沟头前进发展到一定程度时,由于暴雨水力冲刷作用,造成沟底下切,沟底下切的发展反过来影响沟岸稳定,造成沟岸坍塌扩张,上述沟头前进、沟岸扩张、沟底下切可在一次暴雨中同时发生、相互作用。

### 1.1.3.2　侵蚀沟发育阶段的特征

依据侵蚀沟外形的某些指标判断侵蚀沟的发育程度和强度,侵蚀沟的发育分四个阶段。

1. 水蚀沟阶段

侵蚀沟的第一阶段是属于冲刷范围的,形成的水蚀穴和小沟通过一般耕作不能平复,此阶段向长发展最快,向宽发展最慢。其深度一般不超过 0.5 m,尚未形成明显的沟头和跌水,沟底的纵剖面线和当地地面坡度的斜坡的纵断面线相似,侵蚀沟的横断面多呈三角形,当沟底由坚硬母质组成时,这一阶段可保持较长的时间,但当沟底母质疏松时,很快进入第二阶段。

2. 侵蚀沟顶的切割阶段

由于沟头继续前进,侵蚀沟出现分支现象,集水区的地表径流从主沟顶和几个支沟顶流入侵蚀沟内,每一个沟顶集中的地表径流就减少了,因此侵蚀沟向长发展的速度减缓,另外,由于沟顶陡坡,侵蚀作用加剧,其结果在沟顶下部形成明显跌水,通常以沟顶跌水明显与否作为第一、第二阶段划分的主要依据,在平面上主沟顶呈圆形,支沟顶处于第一阶段。侵蚀沟的断面呈"U"字形,但上部和下部的横断面有较大的差异,沟底与水路合一。它的纵剖面与原来的地面线不相一致,沟底纵坡甚陡且不光滑。第二阶段是侵蚀沟发展最为激烈的阶段,因为它是防治最困难的时期。

3. 平衡剖面阶段

发展到这一阶段,由于受侵蚀基底的影响,不再激烈地向深冲刷,而两岸向宽发展却成为主要形式,沟底纵坡虽然较大,但沟底下切作用已经甚微,以沟岸局部扩张为主,其外形具有最严重的侵蚀形态,在平面上支沟呈树枝状的侵蚀沟网,在纵断面上沟顶跌水不太明显,形成平滑的凹曲线,沟的上游水路没有明显的界线,沟的中游沟底和水路具有明显的界线,沟口开始有泥沙沉积,形成冲积扇。发展到此阶段的侵蚀沟常被利用为交通道路。

4.停止阶段

在这一阶段,沟顶接近分水岭,沟底纵坡接近于或相当接近于临界侵蚀曲线,沟岸大致接近于自然倾角,因此沟顶已停止溯源侵蚀,沟底不再下切,沟岸停止扩张。在沟底冲积土上开始生长草类或灌木,这一阶段的侵蚀沟转变为荒溪。

# 1.1.4　小流域土地利用现状、水土保持措施现状的野外调绘方法

## 1.1.4.1　野外调绘工作概述

1.小流域土地利用现状、水土保持措施现状的野外调绘的基本任务

小流域土地利用现状、水土保持措施现状的野外调绘也称外业调绘,它是小流域土地利用现状调查或水土保持措施现状调查的一个重要的工作环节。外业调绘工作的基本任务或所要解决的基本问题有3项,一是实地确定每块土地的地类、位置、范围等分布和利用状况,现状地物、境界(地界)等,根据图件需要表示的内容要求正确标注在底图上(地形图或遥感图件);二是正确调查和标记各种地类、地理名称及注记资料;三是正确增补新增地物。

根据上述3项内容可以看出,外业调绘资料是土地利用现状图或水土保持措施现状图上地貌、地物、注记等图符表达信息建立的重要依据,其中大部分内容是内业工作中难以采集或难以办到的。因此,外业调绘工作成果质量直接影响内业环节的进度和成图质量。

2.野外调绘的作业模式

小流域土地利用现状、水土保持措施现状的野外调绘的作业模式有两种,即全野外调绘法、综合调绘法。前者也称常规野外调绘法,利用地形图或遥感图件和已有的调查成果,主要作业都是在外业实地进行的,因此称为全野外调绘法;后者也称遥感调绘法,借助计算机技术和遥感技术,充分利用影像信息和相关资料,先室内判读解译,后野外补充调查。

无论哪种模式,都离不开野外实地数据采集的作业。以上两种调绘模式各有优缺点,前者调绘工作一次性全部完成,精度高,但用时较长,且工作强度较大,适用于仅依靠地形图、前期现状图等参照图件或影像分辨率较低、影像现势性不强、影像解译能力较差和调查经验不足人员使用;后者内外业结合,充分发挥内业优势,精度高,又可节省时间,且工作强度较低,适用于影像现势性强、分辨率高、具有影像解译能力和一定调查经验人员使用。在具体实际调查中,视情况两种调绘方法可单独使用,也可结合使用。

## 1.1.4.2　小流域土地利用现状、水土保持措施现状的野外调绘技术依据

小流域土地利用现状、水土保持措施现状的野外调绘方法,目前还没有专门的标准,应以《水利水电工程制图标准水土保持图》(SL 73.6—2001)中土地利用及水土保持措施现状图、《水土保持监测技术规程》(SL 277—2002)中小流域监测为主,同时参照《土地利用现状调查技术规程》(1984年全国农业区划委员会)、《土地利用现状调查技术规程的

补充规定和说明》(1987 年国家土地管理局)、《第二次全国土地调查技术规程》(TD/D 1014—2007)中农村土地调查部分,以及《土地利用现状分类》(GB/T 21010—2007)、《水土保持综合治理验收规范》(GB/T 15773—2008)、《水土保持工程项目建议书编制规程》(SL 447—2009)、《水土保持工程可行性研究报告编制规程》(SL 448—2009)、《水土保持工程初步设计报告编制规程》(SL 449—2009)等。不同时期技术规程有冲突的部分,按最新技术规程规定执行。

### 1.1.4.3　小流域土地利用现状、水土保持措施现状的野外调绘的操作步骤

#### 1. 外业调绘前的准备工作

(1)外业调绘底图、资料及用品准备。调绘前应该根据实际条件准备好小流域调绘工作底图如地形图、航片或航空 DOM(数字正射影像图),常用比例尺为 1∶10 000 或 1∶5 000;在地形图、航片或航空 DOM 上蒙好 0.05 mm(或 0.07 mm)的聚酯薄膜并固定,在聚酯薄膜上用铅笔勾绘图廓线、经纬线、所调查的小流域界线,以便调绘调查内容备用(或直接在地形图、航片或航空 DOM 上勾绘)。准备其他专业图件及有关说明资料。准备好野外作业需要的工具(如望远镜、立体镜、放大镜、调绘夹、测量仪器、皮尺、测绳和图板等)、表、册、外业记录簿等。

(2)路线勘察。主要是在当地人员的指引下,借助地形图和遥感图像进行路线勘察,了解当地存在的各种地类,并进行社会调查,了解行政界线,走一条垂直于主要地貌类型的断面线,可以了解较多的土地类型。在利用遥感影像进行路线勘察时,要充分注意各种土地类型与遥感影像的解译标志之间的关系,如影像的色调、形状、纹理、图形等,以及影像标志所反映的调查地区的一些土地类型,并掌握这些规律,以便于室内解译。

(3)制定工作分类系统。在路线勘察、社会调查和阅读分析专业资料的基础上,制定小流域地类调绘的工作分类系统,及其遥感影像的解译标志,并系统编码。工作分类系统是野外调绘填图的基础,应按小流域土地利用和小流域水土保持措施在调查技术方案中统一规定。根据我国现行土地利用现状分类体系,土地利用现状分类中一级类 12 个,二级类 57 个,地类调查至《土地利用现状分类》的二级类。如在一级类中耕地、园地、林地、草地的编码分别为 01、02、03、04;二级类中旱地、果园、有林地(乔木林地)、灌木林地、天然牧草地、人工牧草地的编码分别为 013、021、031、032、041、043。

水土保持措施现状地类宜根据《水利水电工程制图标准水土保持图》(SL 73.6—2001)中水土保持措施现状图要求的地类,大部分相应于土地利用现状分类中二级类,如水土保持乔木林、果园、水土保持灌木林、水土保持人工种草、天然草地等,一部分为三级类如梯田、沟川坝地等。可依据《水土保持工程项目建议书编制规程》(SL 447—2009)、《水土保持工程可行性研究报告编制规程》(SL 448—2009)、《水土保持工程初步设计报告编制规程》(SL 449—2009)中附录 B 土地利用分类体系(适用于水土保持)制定。

(4)室内预判。这是利用遥感影像进行土地资源调查的特殊工序,它主要是利用路线勘察已了解到的一些土地类型和土地利用等不同地物在遥感影像上的表现及其分布规律,在正式外业工作之前,充分利用遥感影像所提供的大量信息而进行的专业解译,即在遥感影像上用聚酯薄膜绘制调绘草图。室内预判包括对航片和卫片的预判,在预判时专业人员要按照一定的顺序,借助于相关的专业工具进行。

**2. 野外测绘填图方法的技术要点**

野外测绘填图方法的技术要点可总结为选线、选点、定向、定点、判清、绘准、记全。

(1)选线：即选择调绘路线。根据地形图和航片或 DOM 所提供的信息，可以对调绘路线作出选择，调绘路线以不漏、不重，视野开阔，能控制一大片为原则。对平原地区的小流域，一般沿居民地和主要道路走，走成"S"形。丘陵地区小流域，可沿连接居民地的道路走，也可以沿着山脊走，使沟谷、山脊两侧都能兼顾。山区多沿沟谷走，如果一条路线不能穿越大多数调查区，可以多选几条路线。

(2)选点：即沿着调绘路线，选择好调绘站立点，一般要选择小流域地势较高、便于环顾四周、位置适宜的地点。

(3)定向：即地形图、航片或 DOM 的定向，就是使地形图、航片或 DOM 上的东西南北与实地东西南北方向一致，使图上线段与地面上的相应线段平行或重合。在具体实施图上定向时，可以借助罗盘或其他相关仪器定向。

(4)定点：即确定调绘站点的图上位置。进入小流域调绘区之后，首先要确定调绘者站点在图上的准确位置，站点在图上的位置，要在地形图、航片或 DOM 定向好了之后，可以根据实际情况采用地貌比较法(目估法)、后方交会法和磁方位角交会法进行确定。

(5)判清：即对调绘内容要判读清楚，抓住特征地物，并远看近判断相结合，这有利于地物的综合取舍和描绘的准确性。从某个明显地物调起，逐块调绘，边用其他明显地物检查。

(6)绘准：即调绘填图。对调绘内容如新建的地物、土地自然类型界线、土地利用类型界线等点、线、面状物体等，按精度要求，准确勾绘到底图上来。当绘图的精度要求比较高且测区的面积较大时，必须利用测绘仪器平板仪、经纬仪等。

(7)记全：调绘内容、记录项目要填写清楚、完整，图表一致。

**3. 土地利用现状的外业调绘**

土地利用现状的外业调绘的主要内容有土地利用地类界线的调绘、线状地物调绘、境界(地界)线调绘、新增地物的补测等。相关规定按《第二次全国土地调查技术规程》(参照"农村土地调查"中"地类调查")和《水利水电工程制图标准水土保持图》执行。

(1)地类调绘：按现状实地调查地类及其界线。地类调查至《土地利用现状分类》的二级类。按统一制定小流域地类划分及含义进行实地判别，准确如实地在图上勾绘出图斑界线，并按图例绘出地类符号。当地类界与线状地物或境界线重合时，可以省略。

地类调绘的重点是图斑勾绘。单一地类地块，以及被行政界线、土地权属界线或线状地物分割的单一地类地块为图斑。最小图上图斑面积：耕地、园地为 6.0 mm²，居民地为 4.0 mm²，林地、草地、其他地类为 15 mm²，在 1:10 000 图上分别相当于实地 600 m²(0.9 亩)、400 m²(0.6 亩)和 1 500 m²(2.25 亩)。调绘的明显地物界线与图上同名地物的位移不大于 0.3 mm，不明显界线的图上位移不大于 1.0 mm。小于实地 100 m²(0.15 亩)的图斑一般不作调查，可直接划归所在的或者相邻的大图斑地类中。

(2)线状地物的调绘：线状地物是指河流、铁路、公路、管道用地、农村道路、林带、沟渠和田坎等。线状地物宽度大于等于图上 2 mm 的，按图斑调查。线状地物宽度小于图上 2 mm 的，调绘中心线，用单线符号表示，称为单线线状地物，在宽度均匀处实地量测宽度,精确至 0.1 m;当宽度变化大于 20%时,应分段量测宽度。

（3）境界（地界）的调绘:小流域土地利用中境界（地界）应包括小流域界及各乡（镇）、村行政区划界。小流域界按外业准备阶段勾绘好的界限现场确认,各乡（镇）、村行政区划界根据地形图和航片或 DOM 所提供的界限确认,对有变化的经现场调查重新标定。

（4）地物补测:新增地物或实地有变化时应进行补测,并绘到底图上。补测的地物点相对邻近明显地物点距离限差,平地、丘陵地不得大于图上 0.5 mm,山地不得大于图上 1.0 mm。补测地物常采用地物比较法（目估法）、截距法、距离交会法等,如距离较长或补测面积较大,可用经纬仪、平板仪,采用交会法。

（5）调查底图标绘及外业调绘记录手簿填写:外业调绘完成后,调查底图应完整标绘全部调查信息,包括境界（地界）线、地类及其界线、线状地物及宽度、补测地物,以及编号和注记等。编号统一以行政村为单位,对地类图斑、线状地物分别按从左到右、自上而下由"1"顺序编号。补测地物的编号在顺序号前加"B"。

外业调绘记录手簿填写,记载底图上无法完整表示内容的图斑、线状地物,以及补测图斑、线状地物,其他视情况填写。补测的图斑、线状地物必须绘制草图,并在备注栏中予以说明。上述内容记载必须字体正规,字迹清晰,不准涂改。记载格式如表 5-1-12、表 5-1-13 所示。

表 5-1-12　小流域土地利用现状外业调查记载表（图斑）

| 序号 | 图幅号 | 图斑预编号 | 图斑编号 | 地类编号 | 耕地类型 | 备注 |
|---|---|---|---|---|---|---|
| 1 | 2 | 3 | 4 | 5 | 6 | 7 |
|  |  |  |  |  |  |  |
|  |  |  |  |  |  |  |
| 草图 |  |  |  |  |  |  |

表 5-1-13　小流域土地利用现状外业调查记载表（现状地物）

| 序号 | 图幅号 | 图斑预编号 | 图斑编号 | 地类编号 | 宽度 | 比例 | 备注 |
|---|---|---|---|---|---|---|---|
| 1 | 2 | 3 | 4 | 5 | 6 | 7 | 8 |
|  |  |  |  |  |  |  |  |
|  |  |  |  |  |  |  |  |
| 草图 |  |  |  |  |  |  |  |

4. 水土保持措施现状的外业调绘

水土保持措施现状的外业调绘和土地利用现状的外业调绘的方法相同。其主要内容除水土保持措施地类界线的调绘、线状地物调绘、境界（地界）线调绘、新增地物的补测外,还应调绘水土保持工程措施的类型和数量,如沟头防护、谷坊、淤地坝、拦沙坝、小水库、塘坝、治沟骨干工程、蓄水池、涝池、水窖等。相关规定按《第二次全国土地调查技术规程》(TD/D 1014—2007)和《水利水电工程制图标准水土保持图》(SL 73.6—2001)、《水土保持综合治理验收规范》(GB/T 15773—2008)执行。值得注意的是：

（1）水土保持措施现状的各地类应以《水利水电工程制图标准水土保持图》(SL 73.6—2001)中水土保持措施现状图中的水土保持措施的规定符号进行图斑勾绘。

（2）外业调绘时各项措施的标准达到《水土保持综合治理验收规范》(GB/T 15773—2008)要求的标准，才能作为图斑上图。

## 1.1.5　植物样地郁闭度、覆盖度测定

### 1.1.5.1　样地选择与布设

测定植物郁闭度、覆盖度时样地要选择能够代表调查植被特征的典型地块（植物品种一致、密度合理、生长相同、管理及水平相当的地块，在对比研究中，还要注意环境因子的一致性）。样地面积的大小因植被类型而不同。一般乔木林样地面积为 20 m×20 m 或 30 m×30 m，灌木林样地面积多为 5 m×5 m 或 10 m×10 m，草地为 1 m×1 m 或 2 m×2 m，作物样地面积多为 1 m×1 m 或 2 m×2 m。样地的数量一般不少于 3 块。

### 1.1.5.2　植物样地郁闭度测定

郁闭度是指森林中乔木树冠彼此相接而遮蔽地面的程度，它是反映林分密度的指标。以林地树冠垂直投影面积与林地面积之比，用十分数表示，完全覆盖地面为 1。测定郁闭度有以下几种方法：

（1）统计法（样点测定法）：用随机样点来测定郁闭度。在标准地内或林分中布置 $N$ 个样点，在每个样点上确定该点是否在树冠投影面积内，统计落在树冠投影面积内的样点数 $n$，按下式推算郁闭度：

$$P_C = \frac{n}{N} \tag{5-1-1}$$

式中　$P_C$——郁闭度；

　　　$n$——落在树冠投影面积内的样点数；

　　　$N$——布置的总样点数。

（2）测针法：用皮尺或钢卷尺量出样地的边长（多取正方形），然后将样地边长 10 等分（或更多），这样得到 100 块（或更多）更小的样方，将测针插入每个小样方中，若有覆盖为 1，无覆盖为 0，累加这些数除以总样方数，得出该样地郁闭度，再求平均郁闭度。

（3）测线法：即在林内选一代表性地段，量取 100 m 测线（或不定长度），沿线观察各株树木的树冠投影，并量取它的长度，以测线上各个树冠投影长度总和与测线总长度之比作为郁闭度。

在实际应用时应注意以下几点：①在山地森林内，测线应与等高线垂直。②林况复杂的林分，可多设几条测线，取其平均值。③人工林内，测线应避免与造林株行方向平行。

（4）郁闭度测定器测定法：在标准地内选一观测点，测定时站在观测点上，将测定器水平持于胸前，观测点周围的树冠影像自动聚于计点盘上，此时在计点盘上查数树冠影像所覆盖的点数，即为观测点所在林分一定面积内的郁闭度（所测定的面积大小取决于林分平均高）。当林分较密时，可以查数空白点数，再从 100 里减去，余下的即为郁闭度测

定值。用同样方法在待测林分或标准地内设置若干测点,取其平均数即为该林分或标准地的郁闭度。

(5)树冠投影法:将标准地划分成 5 m 或 10 m 间距的方格,量测每株立木在方格中的位置,用皮尺和罗盘测定每株树冠东西南北方向的投影长度,再按实际形状在方格纸上按一定比例勾绘出树冠投影图,在图上求出林冠投影面积和标准地总面积,按下式计算郁闭度:

$$P_C = \frac{S_C}{S_T} \times 100 = (1 - \frac{S_0}{S_T}) \times 100 \qquad (5\text{-}1\text{-}2)$$

式中　$P_C$——郁闭度;

$S_C$——林冠投影面积;

$S_0$——林冠空隙面积;

$S_T$——林分或标准地总面积。

此法精度较高,但费工费时,除科学研究外一般很少使用。

(6)面积法:布设有代表性的林地样地 3 块以上,分别在样地内,用皮尺或钢卷尺量测每株树木的树冠垂直投影面积,求出林冠投影面积和与标准地总面积之比得出郁闭度,最后求出多块样地的平均郁闭度。

### 1.1.5.3　植物样地覆盖度测定

植被覆盖度指植物群落总体或各个体的地上部分的垂直投影面积与样方面积之比的百分数。它反映植被的茂密程度和植物进行光合作用面积的大小。

测定覆盖度的方法有:

(1)针刺法:选样方 1 m²,借助钢卷尺和样方绳上的每隔 10 cm 的标记,用粗约 2 mm 的细针,顺序在样方内上下、左右间隔 10 cm 的点上(共 100 点),从植被上方垂直插下,针与植物相接触,即算一次"有",如不接触则算"无",在表上登记。最后计算记的次数,算出覆盖度(%)。

$$覆盖度 = \frac{总次数 - 不接触"无"数}{总次数} \times 100\%$$

(2)线段法:对面积较大的植被可用此法。用测绳在植被上方水平拉过,垂直考察株丛在测绳垂直投影的长度,并用钢卷尺或皮尺测量,计算植物总投影长度和测绳长度之比,即覆盖度。用此法应在不同方向取 3 条线段求其平均数,每条线段长 100 m。

$$覆盖度 = \frac{总投影长度}{测绳长度} \times 100\%$$

# 1.2　统计调查

## 1.2.1　抽样调查技术基本知识

抽样调查是一种非全面调查,是在被调查对象总体中,按照随机原则抽取一定数量的样本,对样本指标进行量测和调查,以样本统计特征值(样本统计量)对总体的相应特征值(总体参数)作出具有一定可靠性的估计和推断的调查方法。

### 1.2.1.1　基本概念

(1)总体和样本:被研究事物或现象的所有个体(数值或单元)称为总体;从总体中按预先设计的方法抽取一部分单元,这部分单元称为样本,组成样本的每个单元称为样本单元。总体单元数用 $N$ 表示;样本单元数用 $n$ 表示。总体和样本都是随机变量。

(2)抽样估计:利用样本指标(统计量)来推算总体参数。

### 1.2.1.2　样本的抽取方法

从总体中抽取样本的方法有重复抽样和不重复抽样两种。

重复抽样是把已经抽出来的单元再放回总体中继续参加下一次抽选,使总体单元数始终是相同的,每个单元可能不止一次被抽中。

不重复抽样是把已经抽出来的单元不再放回总体中,每抽一次,总体单元数会相应减少。每个单元只能被抽中一次。

抽样方法不同,样本总体可能数目不同。重复抽样的样本总体可能数目为 $N^n$,不重复抽样的样本总体可能数目为 $N!/(N-n)!$。

### 1.2.1.3　常用抽样方式

常用的抽样方式有简单随机抽样、系统抽样、分层随机抽样、整群抽样等。在具体操作过程中,还可以综合运用两种或两种以上的抽样方式,尽量保证用最少的投入取得较为理想的调查效果。

(1)简单随机抽样:是指在总体单元均匀混合的情况下,随机逐个抽取样本的抽样方式。抽样过程中,总体单元都有均等的概率被抽中,且前一次抽到的样本与后一次抽到的样本无必然联系。具体做法是,先将总体各单元编号,然后再随机抽取,抽取的方法有手工抽取、机械摇号抽取和用随机数表抽取三种。该方式一般适用于总体单元数比较少、总体单元特征值比较集中的总体,如小流域造林质量抽样检查。

(2)系统抽样:又叫机械抽样或等距抽样。它是先将总体各单元按某一特征值排队,然后按相等的距离或间隔逐个抽取样本单元的方式。等距抽取的样本能提高样本对总体的代表性,比简单随机抽样更精确。等距抽样间隔的划分,是根据抽样单元数确定的,每个抽样间隔大小是相同的,且相互之间没有明确的质的差别或数量界限。与随机抽样的计算和推算方法相同,只是更为精确。

(3)分层随机抽样:也称分类抽样或类型抽样,它是在总体单元特征值的大小明显地呈现出层次时,按该特征值将总体各单元划分为若干层,使层间特征值差异较大,层内特征值差异较小,然后每层随机抽取样本单元,进而实现在总体中抽取样本单元的抽样方式。该方式一般适用于总体单元很多、有关特征值差异较大、总体分布偏于正态的有关总体。如同龄林的林木生长量调查可按立地条件进行分层抽样。各层的样本单元数确定后,再按简单随机抽样在各层内独立地抽取样本单元,对其进行调查汇总,先推算各层的特征值,后加权平均推算总体特征值。

(4)整群抽样:是先将总体分为若干群或集团,然后以群为单元成群地抽取一部分群作为样本单元,对抽中的群内所有单元进行全面调查的一种抽样方式,也称为集团抽样。该方式适合于群内差异大而群间差异小且缺乏原始记录利用的总体。它能节省时间和费用,但相对于简单随机抽样,抽样估计精度较低,抽样误差较大。

#### 1.2.1.4　抽样调查在水土保持监测中的应用

(1)一定区域范围内土地利用类型变化和土壤侵蚀类型及其程度的监测。

(2)综合治理和开发建设项目中水土保持工程质量的监测。

(3)水土保持措施防治效果及植被状况调查。

(4)抽样调查在监测样点布设不足的情况下,补充布设监测样点,以及对遥感监测的实地校验。

### 1.2.2　水土保持措施结构、措施保存率概念

#### 1.2.2.1　水土保持措施结构

水土保持措施结构是指在一定的区域范围内,梯田、坝地、造林、种草、封禁等单项措施面积分别所占水土保持措施总面积的比例,一般用百分数表示。水土保持措施结构反映了一定时期内,一个区域水土保持综合治理措施数量比例及其组合等结构特征。

#### 1.2.2.2　水土保持措施保存率

水土保持措施保存率指在一定区域内符合规定标准的措施数量占原统计实施措施数量的百分比。

水土保持措施保存率是一个既反映措施数量,又反映质量的综合指标。水土保持措施实施后,由于自然环境因素(如气候干旱影响林草措施的成活、暴雨洪水造成措施的水毁等)和社会环境因素(如措施管理不当,造成工程措施老化失修、毁林人为毁坏等)的影响,使得一些水土保持措施在数量和质量上达不到标准。因此,用水土保持措施保存率来反映水土保持措施实施后一定时间的保存状况。单项水土保持措施梯田、林草、淤地坝等都可以用保存率来反映其保存的状况。一般来说,在一定时间内梯田、淤地坝等措施的保存率相对较稳定,在干旱地区,受干旱影响,林草措施的保存率则波动较大。

在大面积上,水土保持保存率一般通过调查的方式取得。其中梯田、林草等措施数量一般以面积计,淤地坝等工程措施数量一般以座数(个数)计。

造林保存率指在一定区域内符合规定的树木成活标准和密度标准的造林数量占原统计实施造林数量的百分比。测定方法是造林实施后一定的时间段,在规定的抽样范围内,按规定的样方大小,按符合规定的树木成活标准和密度标准检查保存株数(或面积),保存数除以原统计造林数即得到措施保存率。

### 1.2.3　土地利用结构、土地生产率、劳动生产率的概念及统计分析的基本方法

#### 1.2.3.1　土地利用结构的概念及统计分析的基本方法

1. 土地利用结构的概念

土地利用结构指在某一区域范围内,各种土地利用类型的面积占土地总面积的比重,也称土地利用构成。如直接生产用地(耕地、牧地、林地等)、间接生产用地(道路、渠道等)和非生产用地(沙漠、冰川、沼泽地等)的面积各占土地总面积的比重;农业内部的农、林、牧、渔各业用地分别占总面积的比重等。

水土保持行业中,土地利用结构一般是指某流域(或区域)内,耕地、林地、园地、草

地、荒地、其他等各种用地之间的比例。

2.土地利用结构统计分析的基本方法

土地利用数据可按利用现状进行分类调查统计。同时,为使土地利用结构在时间、空间上有可比性,分类指标内容必须一致。面积数据除按已知数据和地面测量外,还可结合利用航空、卫星遥感技术。

土地利用结构现状数据应按照规范要求的专业表格填写,分别计算各类土地面积占总土地面积的比例,得到土地利用现状结构。

### 1.2.3.2　土地生产率的概念及统计分析的基本方法

1.土地生产率的概念

土地生产率是反映土地生产能力的一项指标,通常用生产周期内(一年或多年)单位面积土地上的产品数量或产值(包括产值、净产值)指标来表示。单位是 $kg/hm^2(kg/亩)$ 或 $元/hm^2(元/亩)$。

2.土地生产率统计分析的基本方法

土地生产率统计分析一般以评价土地生产率的指标的不同而采用不同的方法。

(1)以实物量表示的指标:

$$农作物亩产量 = \frac{农作物总产量}{农作物播种面积(或收获面积)}$$

$$草地(牧场)亩均畜产品产量(载畜量) = \frac{畜产品总产量(饲养牲畜总头数)}{草地(牧场)面积}$$

$$每亩养殖面积水产品产量 = \frac{水产品养殖产量}{养殖面积}$$

(2)以货币量表示的指标:

$$每亩耕地面积种植业产值 = \frac{种植业总产值(增加值)}{耕地面积}$$

$$每亩土地面积农林牧渔业产值 = \frac{农林牧渔业总产值(增加值)}{土地面积}$$

$$每亩土地面积农村社会总产值(农村经济总收入) = \frac{农村社会总产值(农村经济总收入)}{土地面积}$$

以货币量表示的土地生产率指标,除受生产结构和各部门产品的经济价值不同的影响外,还受不同时期农产品价格变动的影响。

### 1.2.3.3　劳动生产率的概念及统计分析的基本方法

1.劳动生产率的概念

劳动生产率是指在一定时期内,区域内投入单位劳动的产量(或产值)。即劳动者在一定时期内创造的劳动成果与其相适应的劳动消耗量的比值。该指标反映了生产经营的效率。单位为 $kg/工日$ 或 $元/工日$。

2.劳动生产率统计分析的基本方法

劳动生产率的计算分粮食生产和农村各业总产两方面。

(1)调查统计全部农地从种到收需用的总劳工(工日)及所获得的粮食总产量($kg$),计算出单位劳工的产量($kg/工日$),即

$$劳动生产率(\text{kg}/工日) = \frac{全部农地所获得的粮食总产量(\text{kg})}{全部农地从种到收需用的总劳工(工日)}$$

（2）调查整个调查区农村各业（农、林、牧、副、渔、第三产业等）的总产值（元）和投入的总劳工（工日），求得单位劳工的产值（元/工日），即

$$劳动生产率 = \frac{调查区农村各业(农、林、牧、副、渔、第三产业等)的总产值(元)}{调查区农村各业投入的总劳工(工日)}$$

## 1.2.4　水土保持统计年报的主要表格和内容

水土保持统计年报的主要表格和内容如下：

（1）年度水土流失治理面积表。内容包括省（区、市）的水土流失面积、累计治理面积、小流域治理面积、单项措施治理面积（梯田、沟坝地、滩地、旱坪垣地、水保林、经济林、种草、封育等）。

（2）年度水土流失综合治理情况表。内容包括省（区、市）新增和累计：①治理面积，主要有基本农田（包括梯田、坝地、滩地、旱坪垣地）、水土保持林（乔木林、灌木林）、经济林、种草、封育治理、其他和本年减少的治理面积等。②淤地坝，骨干坝的数量、库容、规划拦沙量、规划淤地面积；中小型淤地坝的数量、库容、规划拦沙量、规划淤地面积。③坡面水系的控制面积和长度。④塘坝池等小型蓄水保土工程的数量、设计蓄水量和谷坊、涝池、水窖等的数量。⑤土石方量。⑥实施小流域数（包括当年竣工和正在实施）。⑦投资（包括中央、地方和群众）。⑧群众投劳。

（3）年度社会经济情况表。内容包括省（区、市）的总人口、农业人口、农业劳力、总面积、总耕地、粮食总产量（总产量、人均产粮）、收入（国民生产总值、农业总产值、人均纯收入）等。

（4）水库情况表。内容包括省（区、市）水库的建设地点、所属河系、控制流域面积、所属流域、水库大小、库容（总库容、拦泥库容、防洪库容、已淤库容）等。

# 模块 2　水土保持施工

## 2.1　沟道工程施工

### 2.1.1　沟道工程的施工设计图的内容及识读

一般水土保持工程(生产建设项目水土保持工程除外)经过初步设计阶段(往往与施工图设计合并)审核通过的图纸,可以用于施工。其中由水土保持单项工程初步设计报告提供,用于指导水土保持沟道工程施工的图样,称为水土保持沟道工程施工设计图,简称施工图。图纸一般是蓝色的,俗称"蓝图"。一套完整的水土保持沟道工程施工图包括所有的设计图纸(含图纸目录、说明和必要的设备、材料表)以及图纸总封面。

同其他水利工程图一样,水土保持沟道工程施工图的表达方法也是利用视图及剖视图等来表达建筑物形状、大小、构造及材料等的。一般分平面图(俯视图)、立面图(正视图或侧视图)、剖视图、剖面图和详图。

#### 2.1.1.1　水土保持沟道工程施工设计图的内容

##### 1. 淤地坝

一般淤地坝分为两大件和三大件,现按三大件施工图,主要分以下几部分:

(1)淤地坝施工总平面布置图:以平面图(俯视图)的形式表示。反映施工场地(堆场、取土场)和施工用房等的平面布置、形式及主要尺寸,施工现场的水、电、道路布置等,用于工程施工测量放样的标桩位置及高程等。

(2)主要建筑物布置图:以平面图(俯视图)的形式表示。主要包括坝址地形地貌、河流方向、地理方位、主要建筑物的轴线坐标,坝体及反滤体、溢洪道、卧管、涵管等平面形状及相互位置等,主要高程和尺寸等。

(3)基础开挖图、基础处理图:通常以平面图、立面图或详图表示。反映地质情况、地基开挖范围、形状、深度及开挖处理措施、主要要求等。

(4)主要建筑物结构图:通常是采用剖视图、剖面图、立面图或详图来表示的。主要包括坝体最大横断面施工图、坝体坝轴线断面(最大纵断面)图、溢洪道横断面(各变截面)图,溢洪道纵、横断面图,卧管纵、横断面图,涵管及底板纵、横断面图及相应消力池纵、横断面图。

(5)细部构造图:以详图表示由于在其他视图中难以表达完整的部分结构的形状、大小、构造要求及建筑材料等。包括结合槽、卧管、涵管接头、反滤体、沉降缝等。

(6)配筋图:通常是采用平面图、剖视图、剖面图或详图来表示。用来表达建筑物中钢筋配置、用量、尺寸及其连接。

淤地坝主要施工图见图 5-2-1 ~ 图 5-2-3。

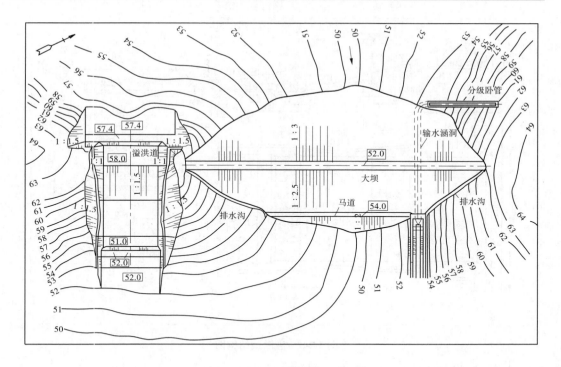

图 5-2-1　淤地坝主要建筑物布置图

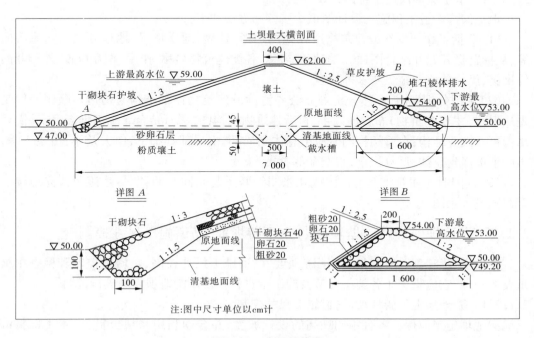

图 5-2-2　土坝结构图

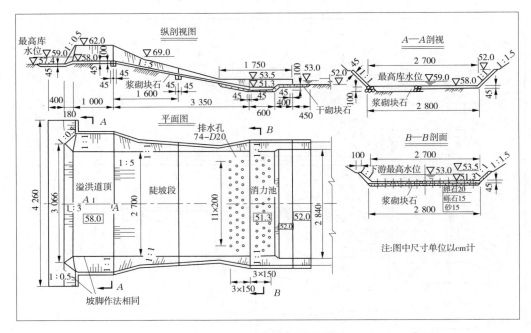

图 5-2-3　溢洪道结构图

2.谷坊、沟头防护

主要有施工总平面布置图、纵断面图及最大横断面图。

### 2.1.1.2　水土保持沟道工程施工设计图识读

水土保持沟道工程施工设计图识读步骤和方法如下：

（1）概括了解。枢纽或建筑物所在地的地形、地貌、地质情况,地理方位与河流流向等；从标题栏开始并结合图样,了解枢纽名称、各类建筑物名称、作用、相互位置、外形及图件比例、尺寸单位和施工要求等内容。

（2）采用分析视图、形体分析等方法弄清读懂建筑物详细结构与构造。顺序一般是先从枢纽(主要建筑物)布置图入手,再看建筑物结构图,同时结合看细部详图；先看主要结构再看次要结构；在看结构图时应由总体到局部,由局部到细部,由大及小,由浅入深；再由细部回到总体,反复识读,直至全部看懂。

（3）读图时应注意将几个视图或几张图纸联系起来同时阅读,尽量避免孤立地读一个视图或一张图纸。

## 2.1.2　淤地坝、拦沙坝、塘坝(堰)上下游坝坡、马道施工尺寸控制

淤地坝、拦沙坝、塘坝(堰)上下游坝坡、马道施工尺寸控制,是质量控制和检查中极重要的一环,它应贯穿于各施工环节及施工全过程。现以淤地坝为例进行说明。

### 2.1.2.1　淤地坝上下游坝坡、马道施工尺寸控制

淤地坝施工应保证各种不同坝高的设计坡度,并合理利用修坝土料。《水土保持综合治理技术规范 沟壑治理技术》(GB/T 16453.3—2008)规定：

（1）不同坝高和不同施工方法应分别采取的上下游坝坡比。见表 5-2-1。

表 5-2-1　不同坝高和不同施工方法的坝坡比

| 施工方法 | 坝坡类别与坝体土质 | 坝高(m) | | | |
|---|---|---|---|---|---|
| | | 10 | 20 | 30 | 40 |
| 碾压施工 | 上游坝坡 | 1:1.50 | 1:2.00 | 1:2.50 | 1:3.00 |
| | 下游坝坡 | 1:1.25 | 1:1.50 | 1:2.00 | 1:2.00 |
| 水坠施工 | 沙壤土 | 1:2.00 | 1:2.25 | 1:2.50 | 1:3.00 |
| | 轻粉质壤土 | 1:2.25 | 1:2.50 | 1:2.75 | 1:3.25 |
| | 中粉质壤土 | 1:2.50 | 1:2.75 | 1:3.00 | 1:3.50 |
| | 重粉质壤土 | 1:2.75 | 1:3.00 | 1:3.50 | 1:3.75 |

注:水坠施工上下游坡比相同,根据坝体土质不同而取不同坡比。

(2)坝高超过 20 m 时,从下向上每 10 m 坝高应设置一条马道,宽 1.0~1.5 m,一般应在马道处变坝坡,上陡下缓。《水土保持治沟骨干工程技术规范》(SL 289—2003)规定,坝高超过 15 m 时,应在下游坡每隔 10 m 左右设置一条马道,马道宽应取 1.0~1.5 m。

#### 2.1.2.2　水坠坝施工中边围埝宽度

水坠坝施工中边围埝是坝坡的组成部分,边围埝宽度是控制坝坡尺寸的因素之一,应予以足够重视。《水土保持综合治理技术规范 沟壑治理技术》(GB/T 16453.3—2008)规定:

(1)边围埝外坡应与坝体上下游坡比一致,边埝内坡可采用 1:1 或倒土时的安息角(35°左右)。

(2)边埝高度应高出冲填层 0.5~1.0 m,边埝宽度根据坝体高度与土质分别规定,见表 5-2-2。

表 5-2-2　不同坝高、不同土质的边围埝宽度　　　　　　(单位:m)

| 坝体土质 | 坝高 | | | | |
|---|---|---|---|---|---|
| | <15 | 15~20 | 20~25 | 25~30 | 30~40 |
| 沙壤土 | 2~3 | 3~4 | 4~5 | 5~6 | 6~7 |
| 轻粉质壤土 | 3~4 | 4~5 | 5~6 | 6~7 | 6~9 |
| 中粉质壤土 | 4~5 | 5~6 | 6~7 | 7~8 | 8~10 |
| 重粉质壤土 | 5~6 | 6~7 | 7~8 | 8~9 | 9~11 |

## 2.1.3　土料含水量、土体干容重测定方法

### 2.1.3.1　土料含水量测定方法

土壤含水量的测定方法很多,常用的有烘干法和酒精燃烧法。

(1)烘干法。在(105±2)℃的条件下,水分从土壤中全部蒸发,而结构水不致破坏,土壤有机质也不致分解。因此,将土壤样品置于(105±2)℃下,烘至恒重,所失去的重量

即为水分的质量,根据其烘干前后质量之差,就可以计算出土壤水分含量的百分数。

(2)酒精燃烧法。本法是利用酒精在土壤样品中燃烧放出的热量,使土壤水分蒸发,通过土壤燃烧前后质量之差,计算出土壤含水量的百分数。

这两种方法是用不同的方式烘干土壤中的水分,通过湿土与烘干土重之差,求出土壤失水质量占烘干土重量的百分数。其中烘干法是目前国际上土壤水分测定的标准方法,它具有准确度高、可批量测定的特点。

### 2.1.3.2 土体干容重测定方法

(1)仪器:环刀(容积为 100 $cm^3$)、天平(感量 0.1 g 和 0.01 g)、烘箱、环刀托、削小刀、小铁铲、铝盒、钢丝锯、干燥器等。

(2)操作步骤:先在田间选择挖掘土壤剖面的位置,然后挖掘土壤剖面,观察面向阳。挖出的土放在土坑两边。挖的深度一般是 1 m,如只测定耕作层土壤容重,则不必挖土壤剖面。用修土刀修平土壤剖面,并记录剖面的形态特征,按剖面层次分层采样,每层重复 3 个。将环刀托放在已知重量的环刀上,环刀内壁稍涂上凡士林,将环刀刃口向下垂直压入土中,直至环刀筒中充满样品为止。若土层坚实,可用手锄慢慢敲打,环刀压入时要平稳,用力一致。用修土刀切开环刃周围的土样,取出已装上的环刀,细心削去环刀两端多余的土,并擦净外面的土。同时在同层采样处用铝盒采样,测定自然含水量。把装有样品的环刀两端立即加盖,以免水分蒸发。随即称重(精确到 0.01 g),并记录。将装有样品的铝盒烘干称重(精确到 0.01 g),测定土壤含水量。或者直接从环刀筒中取出样品,测定土壤含水量。

## 2.1.4 反滤体施工初步知识

### 2.1.4.1 反滤体

反滤体也称反滤层,在大中型淤地坝和骨干坝下游坝坡的趾部,沿渗流方向将砂、石料按颗粒粒度或孔隙率逐渐增大的顺序分层铺筑而成的防止管涌的滤水设施。常见的反滤体的型式有棱体式反滤层和斜卧式(贴坡式)反滤层(见图 5-2-4)。反滤体一般由三层材料组成:最里层紧贴土质坝体为粗砂,中间为砾石,最外层为干砌石块石。反滤体施工时间应选在非冻期。

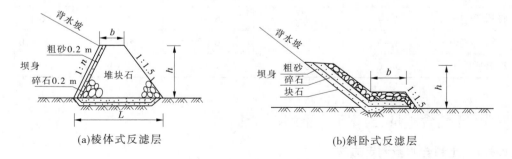

(a)棱体式反滤层　　　　　(b)斜卧式反滤层

注:$n$ 为 1.00 或 1.25

图 5-2-4　常见的反滤体的两种型式

### 2.1.4.2　坝体工程反滤体施工中棱式和斜卧式（贴坡式）反滤体铺设

棱式反滤层与坝体开始填筑时同步进行修筑，斜卧式反滤层在下游坝坡下部做成后铺砌。

棱式反滤体，应先铺底面上的反滤层，次堆棱柱体，再铺斜向反滤层。斜卧式（贴坡式）反滤体，应从坝坡由内向外，依次铺筑至设计高度。

反滤体外坡石料应采用平砌法砌筑。

## 2.1.5　放（泄）水建筑物施工中卧管（竖井）、溢洪道开挖、砌筑、回填

### 2.1.5.1　放水建筑物施工

放水建筑物的施工包括浆砌石涵洞砌筑、预制混凝土涵管的施工及出口消能段的施工。具体施工技术要求应符合《水土保持治沟骨干工程技术规范》（SL 289—2003）、《水土保持综合治理技术规范 沟壑治理技术》（GB/T 16453.3—2008）等的要求。

1. 涵管施工

涵管施工应符合以下技术要求：

（1）管座砌筑应根据预制涵管每节的长度，在两管接头处预留接缝套管位置。

（2）预制涵管应由一端依次逐节向另一端套装，接头缝隙应采取止水措施。

（3）涵管与土坝防渗体相接处应设截水环。

（4）管壁附近填筑土体应采用小木夯分层夯实，当填土超过管顶 1 m 后，再采用大夯或机械压实。

2. 浆砌石涵洞砌筑

浆砌石涵洞砌筑应符合以下技术要求：

（1）砌筑基础和侧墙时，土质地基可不坐浆，岩石基础应清基后坐浆。每层石料应大面向下，上下前后错缝，内外搭接，石块间均应以砂浆黏接，砌缝应随时用灰浆或混凝土填实。

（2）侧墙与底板应分开施工，可先施工侧墙，后施工底板。

（3）侧墙砌筑前，应确定中线和边线的位置。砌筑有斜面的侧墙时，应在其周围用样板挂线，砌体外层预留 2 cm 的勾缝槽。

（4）砌筑拱圈时，应以拱的全长和全厚同时由两端起拱线处对称向拱顶砌筑。相邻两行拱石的砌缝应错开，其相邻错缝距离不得小于 0.1 m。应保持拱圈的平顺曲线形状。当砂浆强度能承受住静荷载的应力时，才允许拆除支承架。

3. 浆砌石卧管和竖井的施工

浆砌石卧管和竖井的施工与浆砌石涵洞施工类同，但应注意脚手架的架设与中线、边线的控制，逐层加高，并应考虑砂浆的凝固时间。

4. 涵洞回填土施工

浆砌石或预制涵管完工，经过 14～28 d 的养护后，需进行压水试验，检查洞身、圆管接头和地基有无渗漏水，验收合格后才能回填土方。回填土料应选择不含砾石的沙质黏土或壤土。回填时应保持涵洞左右两侧均衡升高。填土可用人工薄摊细夯，保证施工质量。当两侧填土超高管顶 1 m 时，再回填管顶上方，管顶填土厚超过 1 m 以上，方能使用

机械碾压。

#### 2.1.5.2 溢洪道施工

溢洪道的施工包括开挖和衬砌。溢洪道过水断面应按设计宽度、深度和边坡施工,严格控制溢洪道底高程,不得超高和降低。

1. 溢洪道开挖

在土质山坡上开挖溢洪道,其过水断面边坡不应小于1:1.5,过水断面以上山坡不应小于1:1.0。在断面变坡处应留一平台,宽1 m左右。溢洪道上部的山坡应开挖排水沟,保证安全。溢洪道开挖的土宜利用上坝,在施工安排上和土坝施工平行。

在岩石山坡上开挖溢洪道,应沿溢洪道轴线开槽,再逐步扩大到设计断面。不同风化程度岩石的边坡稳定比,弱风化岩石为(1:0.5)~(1:0.8),微风化岩石为(1:0.2)~(1:0.5)。

2. 溢洪道衬砌

为了提高承受高速水流冲刷和行洪能力,可根据设计局部或全部采用浆砌石或混凝土衬砌。衬砌前应复测断面宽度、深度和高程,检查地基缺陷处理情况。基础底部衬砌宽度不超过10 m时,可不设纵缝,但需按一定间距(5~10 m)设横向伸缩缝。衬砌可自下而上或分段进行。衬砌前要保持仓面清洁,保证衬砌的质量和厚度。

采用浆砌石衬砌施工可参照浆砌石涵洞砌筑的方法,以及初级工"浆砌石、混凝土施工基本知识"。

### 2.1.6　混凝土施工中粗、细骨料的筛选

骨料按粒径分细骨料和粗骨料两类。

细骨料又有粗砂、中砂、细砂和特细砂之分,它们的细度模数分别为3.7~3.1、3.0~2.3、2.2~1.6和1.5~0.7。水利水土保持工程细骨料常用普通河砂。粗骨料分卵石、碎石、碎卵石等。

骨料在混凝土中所起的作用是:①骨料占混凝土总体积的70%~80%,在混凝土中形成坚强的骨架,可减小混凝土的收缩。②改变混凝土的性能。通过选用适当的骨料品种或骨料级配,可以配制出各种混凝土。③良好的砂石级配还可节约混凝土中的水泥用量。

普通混凝土用砂粒径为0.16~5.0 mm的颗粒。普通混凝土用卵石及碎石粒径大于5 mm的石块颗粒。制备混凝土骨料时通常用颗粒级配、含泥量及泥块含量、坚固性指标、有机物、硫化物及硫酸盐含量等指标和规定来控制骨料的质量。

混凝土细骨料一般选用洁净河砂,以选用中粗砂为宜。粗骨料应根据当地资源和材料供应条件,结合工程技术要求,酌情选用卵石、碎石或碎卵石。粗骨料的最大粒径根据结构尺寸、钢筋净距和施工方法、机具等条件选定。在各方面条件允许的情况下,结构混凝土宜选用级配良好、粒径较大的石子。骨料对混凝土的各项性能,包括和易性、强度、耐久性等,均有很大影响,也直接关系到水泥的用量和混凝土的成本。若骨料颗粒级配不良,会影响拌合物的和易性,导致施工质量低劣,混凝土强度降低,造成水泥浪费;骨料含泥,会影响混凝土的流动性、强度和抗冻性;骨料坚固性不足,也会使混凝土抗冻性降低。

活性骨料与水泥中的碱发生碱 – 骨料反应,会产生膨胀,导致混凝土开裂,甚至崩解。因此,对处于水中、土中、露天、室内潮湿条件下混凝土所用的骨料,应进行碱活性检验。建筑施工现场宜选用当地骨料,以缩短运距,降低运费。

## 2.1.7　沟道工程施工日志填写

工程日志应按工程施工项目分别建立并编号。每个施工项目的施工日志必须指定专人负责填写。填写及时,不得事后补填。

### 2.1.7.1　填写内容

(1)填写工程名称、地点、施工单位、起止时间;

(2)填写工程预算额、合同字号、开工日期、竣工日期、本工程交接时间、本簿负责登记者,单位施工负责人签名、日期;

(3)记载当日日期、天气、最高最低气温及平均温度;

(4)当日班实际工作记事起止时间;

(5)当日收到试验、技术文件:图号及内容概况;

(6)当日变更设计图及施工方法的情况和变更理由,以及作出该变更决定的人员职名(职务、职称、姓名)及签字;

(7)当日完成主要工作数量和施工人员数量;

(8)当日收到的主要材料与质量及其化验结果与试验单编号;

(9)施工组织、施工方法与机械化主要工作情况及施工中采用的新工艺、新材料事项及情况;

(10)主要工程的进度情况或上级所要求的施工措施;

(11)工程质量情况及验收工作记事;

(12)由于变更施工图或其他原因(如工作质量差或施工有差错和其他等)而增加工作量及返工浪费情况;

(13)在施工过程中发生的人工、机械、停工、故障、安全事故和施工缺点等原因及对策,可做凭据的证件,以及与主管部门联系的经过;

(14)其他特殊事项和处理经过。

### 2.1.7.2　填写要求

(1)填写内容须真实反映现场施工情况;

(2)记载时间必须连续;

(3)钢笔或黑中性笔填写,字迹工整,表述简洁、清楚,妥善保管;

(4)记载人如有变动,应移交本簿并有记录。

## 2.1.8　沟道工程施工工作总结撰写

水土保持沟道工程施工工作总结报告是对综合治理项目中,谷坊、沟头防护、淤地坝等各项沟道工程施工工作进行全面总结的一种应用文体。包括施工组织情况、各项沟道工程的物质准备与保障情况、施工实施情况、施工控制情况、问题、经验和对策等。其中施工实施情况、施工控制情况、问题、经验和对策等是水土保持沟道工程施工工作总结的重点。

水土保持沟道工程施工工作总结是综合治理项目阶段验收(年度工作总结)或竣工验收(竣工总结报告)重要的基础性资料。

### 2.1.8.1　沟道工程施工工作总结的编写方法

(1)明确施工目标要求。沟道工程施工总结的编写首先要求必须清楚施工目标要求,即规划施工进度、施工技术、质量标准、施工规范及影响施工的自然、人力、物力和社会经济条件等方面的因素情况。

(2)以沟道工程施工实施计划为依据。施工总结报告的编写,应依据综合治理项目水土保持沟道工程实施计划中的各项具体设计为对照标准,检查谷坊、沟头防护、淤地坝等实际施工的完成数量、质量及存在的问题,并提出针对性的改进或补救措施。

(3)以施工调查为基础。沟道工程施工总结报告的编写应在详细的施工调查的基础上进行,除熟悉已有的沟道工程规划设计资料外,必须收集具体沟道工程谷坊、沟头防护、淤地坝等施工的一线技术资料,如施工日志等。同时,应深入现场进行抽样检查、总结访谈等。要求必须对收集的材料进行整理后,方可着手总结报告的编写。

### 2.1.8.2　沟道工程施工总结报告内容

沟道工程施工总结报告一般包括以下内容。

1.基本情况

综合治理项目中沟道工程施工的目标任务、影响施工的自然因素、社会经济条件等。

2.施工组织情况

为完成沟道工程施工任务而进行的人员准备、技术培训等情况。

3.各项沟道工程施工的物质准备与保障情况

包括机械设备、工具、材料、常用测量仪器准备和保障情况。

4.各项沟道工程施工实施情况

包括完成的谷坊、沟头防护、淤地坝施工等具体工作任务、不同阶段任务(数量、质量)完成情况、各项技术措施和规范落实情况。施工过程中人、财、物等各项具体投入和材料消耗情况等。

5.各项沟道工程施工控制情况

包括进度控制、质量控制、用工和各项消耗控制情况。

6.问题、经验和对策

实施计划的落实往往受到各种具体条件的约束,甚至出现不可预知或不可抗拒的因素,如灾害性天气、突发的人员或组织变动、经济保障等。由此可能造成部分施工在数量或质量上达不到计划设计要求。因此,通过详细的调研和分析,具体找出问题的根源,对今后施工工作中避免出现类似问题或采取补救措施是总结报告必须体现的内容。同时,对于沟道工程施工完成较好的情况,也应该客观总结成功的经验,便于参考、借鉴或推广。

7.附表、附图

沟道工程施工总结报告,除进行文字阐述外,应结合具体施工内容的特点,附有相关表格、图件,形成图、文、表相互印证或补充的总结形式。使总结报告主题突出、数据翔实、形式直观而多样。

# 2.2 坡面治理工程施工

## 2.2.1 坡面治理工程的施工设计图内容与识读

《水土保持工程初步设计报告编制规程》(SL 449—2009)规定,小流域综合治理初步设计报告需要与施工图设计合并的,初步设计报告既要满足年度施工计划、施工招标的要求,同时必须达到指导施工的深度。因此,通过批复的水土保持坡面治理工程梯田、蓄水池、水窖、截排水沟等典型设计图,一般即为施工图。应包括平面图、横断面图、局部放大图。比例尺、填充内容和标注等,应符合《水利水电制图标准 水土保持图》(SL 73.6—2001)中对水土保持工程措施图的相关规定。在实际生产建设中,水土保持工程措施典型设计图中平面图的比例尺一般不小于 1∶2 000,横断面图的比例尺不小于 1∶500,局部放大图的比例尺不小于 1∶50。

### 2.2.1.1 梯田工程

梯田属于面式工程,包括平面布置图和梯田断面图。

(1)平面布置图:以俯视图的形式表达,反映梯田区的布设及田间道路、蓄灌设施、排水设施等布设;反映梯田的型式、修筑梯田小班(地块)面积等田块布置。

(2)梯田断面图:以剖面图反映梯田断面要素尺寸,如原地面坡度、田坎坡度、田坎高度、原坡面斜宽、梯田田面毛宽、田面净宽、田坎占地宽。

### 2.2.1.2 蓄水池、水窖、截排水沟等

对于蓄水池、水窖、截排水沟等点式工程,包括平面图、横断面图、局部放大图。

(1)平面图:以俯视图反映汇集水区面积、工程位置和数量。

(2)横断面图:以剖视图或剖面图反映工程型式、断面尺寸以及各部分建筑物的结构关系等。

(3)局部放大图:根据实际需要,以剖视图或剖面图反映防渗处理材料、结构等。

有关水土保持坡面治理工程梯田、蓄水池、水窖、截排水沟等典型设计图图样,可参见《水土保持综合治理技术规范》(GB/T 16453—2008)。识读方法参见"水土保持沟道工程施工设计图的识读"。

## 2.2.2 梯田施工定线

无论是人工修筑梯田还是机修梯田,施工人员首先要根据施工技术报告,用手水准(或水准仪)和皮尺进行施工前的定线测量,确定各地块的基线、基点、坎线(施工线)。

(1)定基线:根据梯田规划确定为梯田区的坡面,在其正中(距左右两端大致相等)从上到下画一中轴线。然后,根据梯田断面设计的田面斜宽 $B_x$,在中轴线从上到下画出各台梯田的 $B_x$ 基点,标记各点为甲$_0$、乙$_0$、丙$_0$、丁$_0$ 等(见图5-2-5)。各点相连组成基线,再按各点实测坎线。

(2)定坎线(施工线):从各台梯田的 $B_x$ 基点出发,用手水准向左右两端分别测定其等高点,连各等高点成线,即为各台梯田的施工线。具体施测方法如下:

在实际中一般要两人操作,从基线的甲$_0$点出发,第一人手拿铁锨,站在与甲$_0$等高线并保持一定距离的地方,把铁锨放在地面;第二人拿手水准,站在甲$_0$点与第一人之间的下方(持手水准者尽量站在同甲$_0$点与第一人等距的地方,以消除或减少仪器引起的误差),先回视甲$_0$点,确定自己所站的位置Ⅰ$_1$,然后看第一人的锨头,是否在与甲$_0$点等高的点上,如果偏高或偏低,就叫第一人把锨头往下或往上移动,直到与甲$_0$点等高,确定锨头所放位置为甲$_1$点,并做一标记。这样继续测下去,确定出甲$_2$、甲$_3$等点,各点相连就是第一条地坎线(施工线)。同样,从基线乙$_0$点出发,可定出第二条地坎线等。两坎线间的坡面,就是要修梯田的坡面。

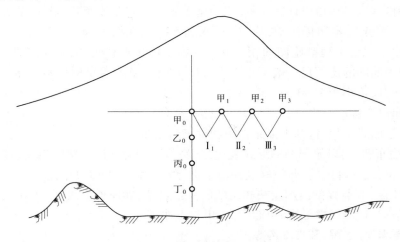

图 5-2-5　梯田定线方法示意图

凡有灌溉条件的梯田,应考虑渠道的田面都要有一定的比降,所以地坎线也应有相应的比降,即坎线每隔 100 m,两头要有 0.1 ~ 0.2 m 的高差。

(3)定线的顺序:一般是从顶部开始,逐台往台下定线。遇局部地形复杂处,应根据大弯就势、小弯取直原则,为保持田面等宽,可适当调整坎线位置。

## 2.2.3　蓄水池、水窖施工技术要点

蓄水池、水窖施工技术要点参见中级工"2.2.3　蓄水池的修筑方法及技术要求"及"2.2.4 水窖的功能、种类、修筑方法"。

## 2.2.4　坡面工程施工日志填写

参见"沟道工程施工日志填写"。

## 2.2.5　坡面工程施工工作总结编写

综合治理项目中水土保持坡面工程(梯田工程,水窖、涝池、蓄水池、蓄水堰等坡面蓄水工程,截水沟与排水沟等坡面截洪分水工程)施工工作总结编写,参见"沟道工程施工工作总结编写"。

# 2.3　护岸工程施工

## 2.3.1　护岸工程施工设计图识读

护岸工程施工图是表达工程施工组织、施工方法和施工程序的图样,包括施工总平面图、施工导流图、基础开挖图、工程结构图等。其中施工导流图包括各期导流工程布置、导流挡水、泄水建筑物的结构形式、主要尺寸、布置及工程量。导流建筑物与永久工程结合方式等。

如图 5-2-6 为浆砌石护坡断面图,图 5-2-7 为多层结构详图。

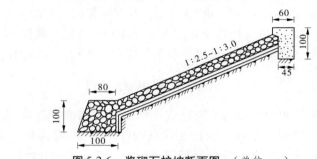

图 5-2-6　浆砌石护坡断面图　（单位:cm）

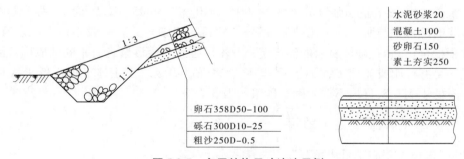

图 5-2-7　多层结构尺寸注法示例

## 2.3.2　混凝土拌和的基本知识

混凝土拌制,是按照混凝土配合比设计要求,将其各组成材料(砂石、水泥、水、添加剂及掺合料等)拌和成均匀的混凝土料,以满足浇筑的需要。混凝土制备的过程包括贮料、供料、配料和拌和。其中配料和拌和是主要生产环节,也是质量控制的关键。

### 2.3.2.1　混凝土配料

配料是按设计要求,称量每次拌和混凝土的材料用量。混凝土配料要求采用重量配料法,即是将砂、石、水泥、掺合料按重量计量,水和添加剂溶液按重量折算成体积计量。施工规范对配料精度(按重量百分比计)的要求是:水泥、掺合料、水、添加剂溶液为±1%,砂石料为±2%。

### 2.3.2.2　混凝土拌和

混凝土拌和的方法有人工拌和与机械拌和两种。

人工拌和是在一块铁皮板、钢板或在平整的水泥地面上进行。拌和程序是先倒入砂子,后倒入水泥,用铁锨反复干拌至少 3 遍,直到颜色均匀为止。然后在中间扒一个坑,倒入石子和 2/3 的定量水,翻拌 1 遍。再进行翻拌(至少 2 遍),其余 1/3 的定量水随拌随洒,拌至颜色一致,石子全部被砂浆包裹,石子与砂浆没有分离、泌水和不均匀现象为止。人工拌和劳动强度大,混凝土质量不容易保证,因此人工拌和只适宜于施工条件困难、工作量小、施工要求强度不高的混凝土。为保证强度要求,拌和时不得任意加水。

机械拌和是用拌和机拌和混凝土,该方法使用较广泛,能提高拌和质量和生产率。拌和机械有自落式和强制式两种。普通混凝土一般采用一次投料法或两次投料法。一次投料法是按砂(石子)—水泥—石子(砂)的次序投料,并在搅拌的同时加入全部拌和水进行搅拌;二次投料法是先将石子投入拌和筒并加入部分拌和用水进行搅拌,清除前一盘拌和料黏附在筒壁上的残余,然后再将砂、水泥及剩余的拌和用水投入搅拌筒内继续拌和。

### 2.3.3　浆砌石护岸工程施工中不同标号砂浆的配制

砂浆是浆砌石护岸工程中使用的主要胶结材料,常用的有水泥砂浆、混合砂浆和白灰砂浆。砂浆在砌体中主要起胶结砌块和传递荷载的作用,所以应具有一定的抗压强度。砌筑砂浆强度等级是用尺寸为 70.7 mm × 70.7 mm × 70.7 mm 立方体试件,在标准温度((20 ± 3)℃)及规定湿度条件下养护 28 d 的平均抗压极限强度(MPa)来确定的。

砌筑砂浆按 28 d 抗压强度分为 M20、M15、M10、M7.5、M5、M2.5 等六个强度等级。

砂浆的配合比与所用的水泥种类、标号和砂料的粗细有关。一般小型水工建筑物的砂浆体积配合比、砖石砌体材料的消耗定额及不同强度等级砂浆各有不同的应用范围,除非图纸上另有标明或监理工程师指示,勾缝砂浆强度等级对于主体工程不低于 M10,附属工程不低于 M7.5,且均不低于砌筑砂浆的强度等级。

### 2.3.4　护岸工程施工日志填写

参见"沟道工程施工日志填写"。

### 2.3.5　护岸工程施工工作总结编写

参见"沟道工程施工工作总结编写"。

## 2.4　水土保持造林

### 2.4.1　水土保持造林施工设计图的内容

水土保持造林施工的依据是各项造林施工设计图。正确识读各类造林施工设计图是保证造林施工质量或正确施工的前提。

按照我国水土保持图、造林设计技术规范等规定,造林施工设计图包括各类整地方式施工设计图和栽植配置设计图。

整地方式施工设计图主要反映整地穴的大小和形状,采用平面和纵断面图表示。

栽植配置设计图采用平面图、立面图、透视图和鸟瞰图(效果图)。栽植平面图表示水平方向上乔灌木、草本与藤本植物在地面上的配置关系,栽植植物的水平投影,以成林后其树冠或丛植状态为准进行图示表示。栽植立面图表示成林后与行带走向相垂直的剖面结构。行带走向与等高线垂直,断面图不能同时表示行带的垂直结构与地形关系时,应采用三位立体透视图表示。

水土保持林各类施工设计图,均注记有明确的反映空间关系的尺寸,尺寸以米(m)或厘米(cm)计。如图 5-2-8、图 5-2-9 所示。

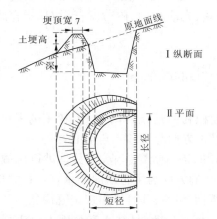

图 5-2-8　鱼鳞坑整地施工设计图

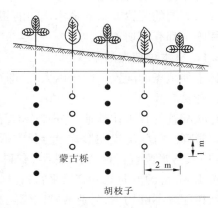

图 5-2-9　水土保持林栽植配置立面、平面设计图

## 2.4.2　水土保持林施工放线技术

造林施工必须首先根据相关造林技术设计图式进行施工放线,以确保施工效果符合设计要求。水土保持林造林施工放线,主要是利用相关测绘工具将水土保持林造林图式所表达的种植点配置方式准确落实到造林地上。放线时要求首先必须正确识读各类造林图式所表达的数据信息,然后利用测绘工具(经纬仪、水准仪、皮尺、标尺等),在实地上进行放线、打点,确定林木种植的坑穴位置,并用石灰或其他明显的标记物进行标记。

施工放线的三大要素是距离(长度)、方位(角度)和高程。水土保持造林施工放线的主要任务是确定林木栽植或坑穴整地的平面位置,只进行直线长度放样和水平角放样即可。

(1)直线长度放样:是在已知直线的一个端点,并知道直线方向的情况下进行放样,也就是根据图上所示的距离,在实地的直线上找到对应的未知端点位置,并进行实地标注。直线长度放样时应特别注意图上距离是水平距离,而实际地面一般存在倾斜(如坡地造林),放线时必须应进行斜距修正。斜距修正可以采取多次测试法和断面图法。多次测试法是在已知直线方向的延长线上,多次选择放样点,每次测出高差和斜距,对比计算出的水平距离是否与图上距离相吻合,直到符合要求。断面图法是将已知端点并知直线方向的实际地面(地形)测绘成断面图,通过水平距离在断面图上确定出对应的地面点,然后放样该地面点。

（2）水平角放样:将经纬仪支设(对中、整平)在角的顶点上,水平转动望远镜,瞄准在已知方向线上的标志点,准确读数(起始边读数);用该读数加上欲放样水平角的角度值作为经纬仪在另一条边上的读数(最终读数);固定仪器下盘,松开上盘,转动望远镜,在仪器读数接近最终读数时制动上盘,利用微动螺旋准确找到最终读数;在竖直平面内转动望远镜,利用经纬仪提供的视线,放出角的另一条边的某点,并设置明显的标志。

## 2.4.3　水土保持林配置知识

水土保持林配置是造林设计施工的内容之一。造林配置指林木种植点在林地上的分布形式。不同的配置方式与林木之间的相互关系、光能利用、树冠发育、幼林抚育或成林抚育和施工都有密切关系。

### 2.4.3.1　林木种植点的配置

林木种植点的配置一般分两大类,即行状配置和群状配置。

#### 1. 行状配置

行状配置的林木在林地上分布均匀,营养面积利用充分,利于树冠、树干的发育,且便于抚育管理。行状配置在形式上分长方形配置、正方形配置和三角形配置。

（1）长方形配置:行距大于株距,有利于在行间进行抚育作业,尤其是进行机械作业。在丘陵山区,行的方向与等高线平行;在风沙区行的方向与主害风向相垂直。长方形配置对于幼树配置不够均匀,易造成株间郁闭早,行间郁闭晚,并可能出现偏冠现象。

（2）正方形配置:株行距完全相等,不仅便于抚育作业,且林木在林地上分布均匀,有利于林木树冠、根系的均匀发育,尤其在平坦的地区,株行距较大时可以在相互垂直的两个方向开展抚育作业。该配置适宜于平坦地及丘陵缓坡地的用材林和经济林造林。

#### 2. 群状配置

林木种植点集中分布成群(簇)状,群间距离较大,群内种植密集,对群内苗木迅速郁闭有利,能形成对苗木生长发育有利的集团,利于幼林成活,在杂灌丛生、土壤干旱瘠薄的立地条件下,具有较强的抵抗力和竞争力。这种方式的不足之处是种内竞争分化较早,一般用于防护林营造和立地条件很差的地区造林。

#### 3. 不同配置方式的林地植苗数量计算

当种植点配置方式、株行距大小确定后,为有计划使用苗木,可以进行单位面积上的植苗数量计算。如果造林面积、株距、行距的单位分别为 $m^2$、$m$、$m$ 时,则:

$$单位面积上正方形、长方形植苗株数 = \frac{造林面积}{株距 \times 行距} \times 每个种植点植苗株数$$

$$单位面积上正三角形植苗株数 = \frac{造林面积}{0.866 \times 株距^2} \times 每个种植点植苗株数$$

$$丛状植苗株数 = 每块株数 \times 块数$$

$$总用苗量 = 单位面积用苗量 \times 造林面积$$

### 2.4.3.2　常见混交林的混交类型

除灌木纯林和乔木纯林外,水土保持林一般应采取混交林的方式进行造林,其目的是通过营造混交林,充分利用林地水土资源,减轻病虫危害,提高造林效益。

在水土流失地区的荒山荒坡治理中,常见的水土保持林的混交类型一般分针叶树种和阔叶树种、乔木与灌木混交、深根性树种与浅根性树种混交、阴性树种与阳性树种混交四种类型。

在防风与固沙造林过程中常见的混交类型按混交树组成分为乔灌混交、乔木混交、灌木混交和综合混交四种类型。

乔灌混交类型:林分中的乔木和灌木树种按比例组成,构成紧密结构或疏密结构林带,适宜于干旱与风害严重的地区。

乔木混交类型:由两层乔木组成,上层为喜光树种,下层为耐阴树种,也可用两种喜光树种,分别配置于林带的两侧,组成通风结构,适宜于农田防护林。

灌木混交类型:全由灌木组成,适宜于生物固沙林。

综合混交类型:采用乔灌混交和喜光、耐阴与伴生树种混交的综合型混交。

### 2.4.3.3　常见混交林的混交方式

混交林的混交方式根据混交树种和主要树种的栽植模式分带状混交、行间混交、株间混交和块状混交。

带状混交:适宜于初期生长较慢、两类相互之间有矛盾的树种。带的宽度因混交树种的特点而定。

行间混交:适宜于乔木与灌木、阴性树种和阳性树种的混交。

株间混交:适宜于土地瘠薄、在乔木株间混交、具有保土和改土作用的灌木,或在每5~10株灌木株间稀疏地栽植一株乔木。

块状混交:适宜于树种之间竞争激烈或地形条件破碎、各类立地条件镶嵌分布的林地。

## 2.4.4　水土保持林造林施工日志的填写

造林施工日志是林地管理技术档案的重要部分,是各项造林技术管理与经营决策的重要参考依据。造林施工日志是各类型造林地从整地、造林、抚育管护到间伐利用等各个阶段的施工组织管理、施工技术实施等具体活动情况的真实性、综合性记录,既是处理施工问题的备忘录和总结施工管理经验的基本素材,也是造林工程交竣工验收资料的重要组成部分。

造林施工日志可按施工单位、分项造林工程或林班(或小班)建立,并由专人负责收集、填写记录并妥善保管。

造林施工日志的记录内容一般分基本内容和工作内容记录两部分。基本内容记录主要包括日期、天气、气温、施工单位(或人员、班组)、施工技术种类(整地、造林、管护等)。工作内容记录包括施工实施的技术类型、材料、机械到场及运行情况、各项材料消耗情况、施工进展情况等。另外,可以在备注栏目中记录一些偶然情况或突发因素等,如意外停工、不可预测的自然灾害情况等。

造林施工日志要求记录人员必须签字,主管领导定期也要阅签。

造林施工日志的填写应注意以下几个方面的要求:

（1）连续性：保证所有的造林施工按时间顺序进行完整记录，不得中断。中途发生人员变动时，应当办理交接手续，保持施工日记的连续性、完整性。

（2）规范性：记录员必须清楚造林施工日志应记录的内容，并严格施工日志记录制度和规范。记录的主要施工内容一定要与施工的林班或小班相对应，不得错位。

（3）真实性：造林施工日志要真实反映当天发生的工作内容、工作量、用工量和材料量，不得弄虚作假。

（4）格式要求：日志书写一定要字迹工整、清晰，手工记录使用签字笔记录。计算机用宋体或楷体记录。

## 2.4.5　造林统计表格填写

造林统计表格的填写在内容上应根据造林调查的目的，确定重点统计的项目或内容，即不同林型或经营目的的造林统计，在内容和方法上不尽相同。造林统计表格的填写是在造林抽样调查的基础上进行的，要求统计表格的填写必须客观真实。各种数据的计算必须按照相应的技术规范进行。表 5-2-3、表 5-2-4 为常用乔木和灌木造林调查统计表格式。

表 5-2-3　人工造林调查统计表（乔木造林）

| 地块编号 | 户主 | 地类 | 面积（hm²） | 造林时间 | 造林树种 | 整地方式 | 造林方式 | 成活率（%） | 树高（cm） | 地茎（cm） | 树冠（cm） | | 枯枝层厚（cm） | 郁闭度（%） |
|---|---|---|---|---|---|---|---|---|---|---|---|---|---|---|
| | | | | | | | | | | | 东西 | 南北 | | |
| | | | | | | | | | | | | | | |
| | | | | | | | | | | | | | | |

填表人：　　　　　　　　填表时间　　　年　　月　　日

表 5-2-4　人工造林调查统计表（灌木造林）

| 地块编号 | 户主 | 地类 | 面积（hm²） | 造林时间 | 造林树种 | 整地方式 | 造林方式 | 成活率（%） | 覆盖度（%） |
|---|---|---|---|---|---|---|---|---|---|
| | | | | | | | | | |
| | | | | | | | | | |

填表人：　　　　　　　　填表时间　　　年　　月　　日

## 2.4.6　水土保持造林施工工作总结的编写

造林施工总结报告是对造林施工工作进行全面总结的一种应用文体。包括施工组织情况、各项造林工程的物质准备与保障情况、各项造林施工实施情况、施工控制情况、问题、经验和对策等。其中造林施工实施情况、施工控制情况、问题、经验和对策等是水土保持造林施工工作总结的重点。

水土保持造林施工工作总结是综合治理项目阶段验收（年度工作总结）或竣工验收

(竣工总结报告)重要的基础性资料。

### 2.4.6.1　造林施工工作总结的编写方法

（1）明确施工目标要求。造林施工总结的编写首先要求必须清楚造林施工目标要求，即规划施工进度、施工技术、质量标准、施工规范，以及影响施工的自然、人力、物力和社会经济条件等方面的因素情况。

（2）以造林实施计划为依据。造林施工总结报告的编写在总体上应该依据水土保持造林实施计划中的各项具体设计为对照标准，检查实际造林施工的完成数量、质量及存在的问题，并提出针对性的改进或补救措施。

（3）以造林施工调查为基础。造林施工总结报告的编写应在详细的造林施工调查的基础上进行，除熟悉已有的造林规划设计资料外，必须收集具体造林施工的一线技术资料，如造林施工日志。同时，应深入现场进行抽样检查、总结访谈等。要求必须对收集的材料进行整理后，方可着手总结报告的编写。

### 2.4.6.2　造林施工总结报告内容

造林施工总结报告一般包括以下内容。

1. 基本情况

计划造林施工的目标任务、影响造林施工的自然因素、社会经济条件等。

2. 造林施工组织情况

为完成特定造林任务而进行的人员准备、技术培训等情况。

3. 各项造林工程的物质准备与保障情况

机械设备、工具、种苗、常用测量仪器准备和保障情况。

4. 各项造林施工实施情况

完成的具体工作任务、不同阶段任务（数量、质量）完成情况、各项技术措施和规范落实情况。施工过程中各项具体投入和种苗消耗情况等。

5. 各项造林施工控制情况

进度控制、质量控制、用工和各项消耗控制情况。

6. 问题、经验和对策

实施计划的落实往往受到各种具体条件的约束，甚至出现不可预知或不可抗拒的因素，如灾害性天气、突发的人员或组织变动、经济保障等。由此可能造成部分施工在数量或质量上达不到计划设计要求。因此，通过详细的调研和分析，具体找出问题的根源，对今后施工工作中避免出现类似问题或采取补救措施是总结报告必须体现的内容。同时，对于造林施工完成较好的情况，也应客观地总结成功的经验，便于参考、借鉴或推广。

7. 报告附件

造林施工报告，除进行文字阐述外，应结合具体施工内容的特点，配合表格、各类工程竣工图，形成图、文、表相互印证或补充的总结形式。使总结报告主题突出、数据翔实、形式直观而多样。

# 2.5　水土保持种草

## 2.5.1　人工草地的种类及适宜种植地类

人工草地根据不同的用途,分为特种经济草地、饲草草地和种籽草地。应选择不同的土地种植。

(1)特种经济草地:包括药用、蜜源、编织、造纸、沤肥、观赏等草类,应根据各种草类的生物生态学特点与适应性,分别选用相应立地条件安排种植。

(2)饲草草地:分割草地和放牧地两种类型。割草地主要选距离村庄较近,且条件较好的退耕地或荒坡;放牧地主要选距离村庄较远、立地条件较差的荒坡或沟壑地。

(3)种籽草地:应选择地面坡度较缓、水分条件较好、通风透光、距离村庄较近、便于管理的土地,以保证草籽优质高产。

## 2.5.2　常见水土保持草种子的处理方法

种子处理是水土保持草播种前必须进行的一项工作。其目的是通过去杂、清选和消毒处理,保证用于播种的种子纯度高、品质优且无病虫危害。

### 2.5.2.1　清选、去杂

其目的是清除各类杂质如土块、砂、石、颖壳、茎、叶、虫瘿、真菌体及不饱满种子、杂草种子,以获得籽粒饱满、纯净度高的种子。

清选方法可用清选机选,也可进行人工筛选扬净,必要时也可用盐水(10 kg 水加食盐 1 kg)或硫酸铵溶液选种。有荚壳的种子发芽率低,有芒或颖片的牧草种子流动性差,不便播种。因此,应在播种前进行去壳、去芒。去壳可用碾子碾压或碾米机处理。去芒可用去芒机进行,也可将种子铺在晒场上厚度 5～7 cm,用环形镇压器就地压切,然后筛选。

### 2.5.2.2　硬实处理

许多豆科牧草种子都有一定的硬实率,如紫花苜蓿为 10%,白三叶为 14%。因此,播种前必须进行处理,处理的主要方法如下:

(1)擦破种皮:是最常用的一种方法,特别适用于小粒种子的处理。可用碾料机进行处理或用石碾碾压;也可将种子掺入一定数量的石英砂中,用搅拌器搅拌、震荡,使种皮表面粗糙起毛。处理时间的长短以种皮表面粗糙、起毛,不致压碎种子为原则。

(2)变温浸种:变温浸种处理种子可加速种子萌发前的代谢过程,通过热冷交替,促进种皮破裂,改变其透性,促进其吸水、膨胀、萌发。变温浸种适于颗粒较大的种子,将种子放入温水中浸泡,水温以不烫手为宜,浸泡 24 h 后,捞出放在阳光下暴晒,夜间转至凉处,并加水保持种子湿润,经 2～3 d 后,种皮破裂,当大部分种子略有膨胀时,即可根据墒情播种。

### 2.5.2.3　种子消毒

牧草的很多病虫害是由种子传播的,如禾本科牧草的毒霉病、各种黑粉病、黑穗病,豆科牧草的轮纹病、褐斑病、炭疽病,以及某些细菌性的叶斑病等。因此,在播种前应进行种子消毒处理。

（1）盐水淘洗法：用 10% 浓度的食盐水溶液淘洗可除苜蓿种子上的菌核、禾本科牧草的麦角病等，或用 20% 浓度的磷酸钙溶液淘洗。

（2）药物浸种：豆科牧草叶斑病，禾本科牧草的根腐病、赤霉病、秆黑穗病、散黑穗病等，可用 1% 的石灰水浸种；苜蓿的轮纹病可用福尔马林 50 倍液浸种。

（3）药物拌种：播种前用粉剂药物与种子拌和，拌后随即播种。常用的拌种药物有菲醌、福美双、萎锈灵等。

## 2.5.3　水土保持种草施工设计图内容

水土保持种草施工设计图一般为整地图式和播种图式。

水土保持种草工程整地，必须绘制整地施工设计图，如水平阶整地。播种图式主要反映草种在地面上的栽种位置和形式及草种组成、配置形式等。播种图式应明确注记草种的名称、行距（或穴距）及草带配置的宽度和间隔等内容。

## 2.5.4　水土保持种草施工日志填写

水土保持种草施工日志是不同水土保持草地类型的施工和管理的日常记录。其作用、目的和要求同水土保持造林施工日志基本相似。在记录的内容上，突出水土保持草的具体施工类型和特点。水土保持草的施工日志，一般应根据草场类型及经营利用方式的不同，分别建立相应的记录日志。

## 2.5.5　水土保持种草施工工作总结编写方法

水土保持种草施工总结报告的编写，在基本思路和形式上同水土保持造林施工是相似的。不同点主要体现在，水土保持种草在施工环节、施工周期和施工种类上受经营目的与生物种类特性的不同而不同。如一般草种的经营周期短的为一年，多年生草类三年左右，而水土保持林的经营周期达数十年之久。因此，其施工管理的内容和形式具有较大差异。草类的利用和森林的利用方式也不同，草类是重要的饲草、肥料及蜜源植物，而林木的利用主要为用材和果品生产等方式。

水土保持种草施工总结报告一般分以下几个方面：

（1）播种前施工情况总结。主要包括草地的整地措施实施情况，如整地方式、面积、防止水土流失的措施等。

（2）播种技术施工总结。包括播种方式、相关的水肥管理措施实施情况等。

（3）利用与管护总结。人工草地封育措施的实施及天然草地改良措施的实施情况，以及病虫害防治措施的实施情况等。

# 模块 3　水土保持管护

## 3.1　工程措施管护

### 3.1.1　淤地坝、拦沙坝、塘坝(堰)坝体裂缝处理

#### 3.1.1.1　土坝坝体裂缝处理

淤地坝、拦沙坝、塘坝(堰)绝大部分为土坝,由于施工、运行中各种原因的影响,极易产生各种形式的裂缝。土坝裂缝就其成因可分为干缩裂缝、冻融裂缝、沉陷裂缝和滑坡裂缝;按其走向分为纵向裂缝、横向裂缝和龟裂。根据其不同的成因和情况采用不同的方法进行处理,常用的处理方法有开挖回填法和灌浆法。

1. 开挖回填法

开挖回填法是裂缝处理比较彻底的一种方法,适用于深度不大的表层裂缝及防渗部位的裂缝。

(1)干缩裂缝的处理。对均质土坝坝面产生的干缩小裂缝(缝宽小于 5 mm,深度小于 0.5 m),一般在坝体浸水后可自行闭合,也可不加处理;若干缩裂缝较深,雨水沿缝渗入,将会增大土体含水量,降低裂缝区域的土体抗剪强度,促使裂缝发展,宜用开挖回填方法处理。处理前应先沿缝灌入少量石灰水,显示出裂缝,再沿石灰痕迹挖槽,并把槽周洒湿,然后用相同土料回填,分层夯实,在表面再填筑砂性保护层。对黏土斜墙的干缩裂缝,应将裂缝表层土全部清除,按原设计的土料干容重分层填筑压实。

(2)横向裂缝的处理。横向裂缝因易产生顺缝的漏水,进而可能导致坝体穿孔,故对大小横缝均要开挖回填,彻底处理。开挖时顺缝开槽,如裂缝较深,沟槽可开挖为阶梯形。对于贯穿性横缝,开槽时还应开挖与裂缝成十字形相交的结合槽,使沟槽呈梯形断面后再行回填。

(3)纵向裂缝处理。由于不均匀沉陷产生的纵向裂缝,如宽度和深度较小,对坝身安全无较大威胁,可只封闭缝口,防止雨水渗入;或先封闭缝口,待沉陷趋于稳定后再进行处理。如纵向裂缝宽度和深度较大,则应开挖回填处理。

2. 灌浆法

当土坝裂缝很深或很多,开挖困难或会危及坝坡稳定时,则以采用灌浆法处理为宜。对坝体内部裂缝,也应采用灌浆法处理。运用灌浆法要注意以下几个问题:

(1)灌浆孔布置。应根据调查、探测所掌握的土坝裂缝分布、位置、深度及施工时坝体填筑的质量和蓄水后坝体渗漏等资料拟定。

(2)灌浆压力。灌浆压力的大小直接影响到灌浆质量,要在保证坝体安全的前提下,选用灌浆压力。

（3）浆液配制。配制的浆液要满足流动性、析水性好以及收缩性小的要求。

（4）施工程序。首先按拟定的孔位钻孔；然后用直径等于或略大于孔径的钢管插入孔中，将输浆管与钢管相连，利用手摇灌浆机、泥浆泵等机械进行灌浆。在没有灌浆机械时，也可用重力灌浆法，即将配制好的浆液直接灌入孔中，靠浆液自重填充到裂缝中。

（5）冒浆处理。在灌浆过程中，发生坝面冒浆或开裂时，可采取以下处置措施：降低压力，缓慢灌注；改用浓度较大的泥浆；在泥浆中掺入砂料、矿渣，加入速凝材料；采用间歇性灌浆法；用黏土填压堵塞冒浆孔或沿缝开挖再回填黏土。

采用灌浆法处理具体还应符合《水工建筑物水泥灌浆施工技术规范》（DL/T 5148—2001）规定。

### 3.1.1.2 浆砌石坝坝体裂缝处理

在我国石料较丰富的地区，淤地坝、拦沙坝、塘坝（堰）多为砌石坝，尤以浆砌石坝居多。砌石坝体会由于坝体温差过大、坝基不均匀沉陷变形影响、施工质量等产生不同形式的裂缝，且裂缝以竖直裂缝较为常见，这些竖直裂缝多属温度裂缝和沉陷裂缝。温度裂缝与沉陷裂缝属于性质不同的裂缝，在表象上具有明显的区别：温度裂缝一般对称出现在坝端，多为径向竖直裂缝，沉陷裂缝出现在坝基中存在某种缺陷的部位，不一定是在坝端；淤地坝、拦沙坝、塘坝（堰）蓄水后，温度裂缝变窄，有时甚至自行闭合，而沉陷裂缝则可能继续发展；温度裂缝自坝顶向下发展（上宽下窄），一般到水位为止，且多发生在竣工后的第一个寒冬，而沉陷裂缝往往自底部向上发展（上窄下宽），贯穿至坝顶，发生时间不定；温度裂缝两侧坝体没有错动现象，而沉陷裂缝两侧坝体常常有水平或垂直方向的错动；温度裂缝较窄，随气温变化，而沉陷裂缝一般缝宽较大，随气温变化甚微。

当浆砌石坝坝体出现竖直裂缝时，应首先依据以上特点区分裂缝的性质，分析其产生的原因，根据裂缝的规模和部位采取合理的处理措施。一般采用的方法是填塞封闭裂缝、表面粘补、加厚坝体、灌浆等。较常采用的方法是填塞封闭裂缝和加厚坝体。

1. 填塞封闭裂缝

（1）勾缝填塞。此方法简单易行，适用于裂缝不深且不再继续开裂的一般表层浅缝，或坝体石料质量好，仅填筑质量差的灰缝。当坝水位下降到裂缝部位以下后，可沿缝凿深5 cm、宽2~3 cm 的槽，然后将缝内松动的原砂浆体冲洗干净，使之露出砌石面，再用高标号水泥砂浆填塞压实，表面抹光。一并做成凸缝，以增加强度和耐久性。对内部裂缝空隙，则用水灰比适度的砂浆充填密实，使用的水灰比不能过大，否则砂浆在干缩后，可能产生新的裂缝。处理时一般在冬季进行，尤其温度裂缝更应这样。这种勾缝填塞方法能局部恢复坝体的整体性，提高抗渗能力。

（2）重砌或填缝。对于裂缝较宽，且已贯穿砌体的，须将裂缝处损坏的砌块拆除，重砌平整，在空隙间填充骨料并埋管，以留做后期的灌浆处理，缝间可灌注水泥砂浆或混凝土填缝。

2. 加厚坝体

此方法适用于坝体发生严重的贯穿整个坝体的沉陷裂缝。坝体的加厚应根据结构特点，在上游或下游坝面安砌加厚体，如施工条件允许（水库能放空、坝前淤积不严重），最好能在上游面安砌加厚，从坝底基础开始加厚至裂缝产生的高程以上，加厚体可以等厚，也可自下而上增厚,加厚尺寸可根据裂缝情况通过计算确定。当原坝的石质和施工质量差以及坝体过于单薄时,加厚部分要适当增大,以弥补原坝身的不足。处理时应注意新旧坝体的结合,一般采用浆砌石加厚,具有蓄水功能的骨干坝,在新旧坝体之间可设混凝土防渗墙。

## 3.1.2　坝体渗漏处理

对于水土保持沟道治理工程中如淤地坝、拦沙坝、塘坝(堰)等,需要蓄水的部分工程,处理坝体渗漏,是工程管护中经常遇到的问题。

### 3.1.2.1　土坝坝体渗漏处理

土坝的坝体和坝基,一般都具有一定的透水性,因此水库蓄水后坝后出现渗漏现象总是不可避免的。正常渗漏,渗流量较小,水质清澈,不含土颗粒,不会引起土体渗透破坏;但如果出现渗漏量过大、渗流逸出点过高、外坡出现大面积散浸、集中渗流,甚至出现管涌、流土等现象时,就应高度重视,并及时采取相应措施进行处理。

1. 土坝渗漏特征识别

土坝的渗漏按其发生部位,可分为坝身渗漏、坝基渗漏和绕坝渗漏三种。土坝的渗漏形态和特征各异,但正确判断异常渗漏情况,对及时采取有效的应对措施,消除安全隐患,维护坝体安全,显得尤为重要。实践中,多以现场观测到的渗漏形态加以判断。在有较详细观测资料的地方,也可通过对资料分析对比后加以判断。其识别方法如下:

(1)坝后渗漏观测。如果从坝后排水设施或坝后地基中渗出的水是清澈见底,不含土颗粒者,一般属于正常渗漏。若渗水变浑,或明显地看到水中含有土颗粒者,属于异常现象。在反滤排水以上坝坡出现的渗水属异常渗漏。

(2)坝脚渗漏观测。坝脚出现集中渗漏,当渗漏量剧烈增加或渗水突然变浑,是坝体发生渗透破坏的征兆,如果渗漏量突然减少或中断,很可能是渗漏通道坍塌暂时堵塞的现象,是渗漏破坏进一步恶化的信号。

(3)坝后地基渗漏观测。当坝后地基发生翻沙冒水或涌水带沙现象时,多属坝基渗漏所致,发展到一定程度会出现坍塌或穿洞,危及大坝安全。

(4)渗漏观测资料的分析。根据库水位、渗流量等过程线及与库水位关系曲线来判断渗水情况。一般来说,在同样库水位情况下,渗漏量没有变化或逐年减少,属正常渗漏。若渗漏量随时间的增长而增大,甚至发生突然变化,则属于异常渗漏。

2. 土坝渗漏的处理

土坝渗漏的处理原则是上截下排。上截就是在上游(坝轴线以上)封堵渗漏入口,截断渗漏途径,防止渗入。具体采用的工程措施可分为垂直防渗和水平防渗。土坝渗漏的处理上截方法通常有黏土斜墙法、混凝土防渗墙法、黏土铺盖、衬砌、堵塞回填、黏土截水槽、截水墙、灌浆帷幕等。下排是在下游采用导渗和滤水措施,使渗水在不带走土颗粒的前提下迅速安全排出,以达到渗透稳定。土坝渗漏的处理下排方法通常有导渗沟法、导渗沙槽法、排水沟(孔)、压渗台、减压井、铺设导渗滤层等。根据渗漏造成的原因和具体条件决定采用上截还是下排,往往是两者结合使用。

1）坝身渗漏处理

（1）黏土斜墙法。对因施工质量不好，产生管涌、管涌塌坑、斜墙被击穿、浸润线及逸出点被抬高，引起坝身普遍漏水等情况，可用斜墙法处理。如因条件限制，坝前水位不能放空，无法补做斜墙时，可采用水中抛掷黏土方法。

（2）灌浆法。对均质土坝、心墙坝需要进行防渗处理的深度较大，采用黏土斜墙或水中抛土法处理也较困难时，可用灌浆法处理。在预定部位钻孔灌浆以形成帷幕或堵塞孔隙达到防渗目的。

（3）混凝土防渗墙法。防渗墙法是处理坝身渗漏较为彻底的方法。即在坝身上打一些直径 0.5~1.0 m 的圆孔，再将若干圆孔连成一段槽孔，再在槽孔内灌注混凝土，最后将各段槽孔连接成插入坝身密实土体部位的混凝土防渗墙。

（4）导渗沟法。对坝身渗漏，背水面发生散浸，但不至于引起坝坡失稳时，采用导渗沟处理是一种较为有效且施工简便的方法。导渗沟形式示意见图 5-3-1。

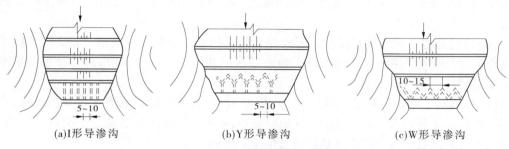

(a)I形导渗沟　　　　　(b)Y形导渗沟　　　　　(c)W形导渗沟

**图 5-3-1　导渗沟形式示意图**

（5）导渗培厚法。对坝身渗漏比较严重，散浸面积大，浸润线逸出点明显高于排水设施，且坝身明显单薄的，可用导渗培厚法处理。在下游坡加筑透水后钱，或在原坝坡上填筑一层排水沙层，培厚坝身断面，增厚后的新老排水设施要相互连接，才能起到导渗效果。

（6）导渗沙槽法。对坝身渗漏、散浸严重，但坝坡较缓，采用导渗沟法也不能解决，可采用导渗沙槽法处理。其做法是在渗漏严重的坝坡部位，用钻机钻成一些并列的排孔，开成一条条导渗沙槽。

（7）毒杀生物，堵塞洞穴。土坝如因白蚁、鼠獾等动物钻洞穴居而造成漏水时，必须将为害的动物杀除，并将洞穴堵塞。

（8）使用土工织物、塑膜、组合膜等处理坝身渗漏。

2）坝基渗漏处理

（1）黏土截水槽。对不透水层较浅，土坝质量较好，主要是因为坝基或原防渗墙未能与不透水层相连接而产生的坝基渗漏，宜采用黏土截水槽处理。截水槽应布置在土坝上游的适当位置，并要与坝身或斜墙可靠地连接起来。截水槽底部要与基岩或不透水层结合好。如发现基岩有裂缝或岩熔发育，应先对基岩作帷幕灌浆处理。

（2）混凝土防渗墙。对地基透水层较深，如用修建黏土截水槽处理坝基渗漏需开挖断面过大而不经济时，可采用混凝土防渗墙法。此法是利用冲击钻造孔，然后向孔内灌注混凝土，使之形成一道封闭防渗墙，以阻止坝基渗漏。如果土坝水头较低，也可不用混凝土而改用泥结卵砾石做防渗墙。

（3）砂浆板桩。对于因系粉沙、淤泥等软基层产生的坝基渗漏，且软弱层较浅（一般不超过10 m），可采用砂浆板桩法处理。该法是把20～40号工字钢打入坝基内，水泥砂浆经灌浆管注入地基，充填工字钢拔出后的孔隙，整个坝便形成一道砂浆板桩防渗墙。

（4）灌浆帷幕。对于由坝基透水层过深，修建防渗墙处理坝基渗漏困难，或坝基透水层中有较大的漂砾、孤石，造孔效率甚低。或仅需要对坝基局部进行渗漏处理时，可采用灌浆帷幕方法。该方法在一定压力下，把按要求配制好的浆液灌注于坝基透水层，使之充填土体孔隙，胶结成防渗帷幕。

（5）黏土铺盖。对土坝质量较好，地基不透水层深的坝基渗漏，开挖截水槽比较困难时，可采用黏土铺盖法处理。黏土铺盖法是利用黏土在坝上游地面分层填筑碾压，形成一种覆盖层。它具有覆盖渗漏部位，加长渗径，减小坝基渗流比降，保证坝基渗透稳定的作用。在水库运行期间不能允许水库放空修筑铺盖时，也可采用水中抛土法形成铺盖。

（6）坝后导渗。对因坝基渗漏，造成坝后长期积水，形成淤泥或沼泽地，以致影响坝坡稳定时，可采用坝后导渗法处理。坝后导渗是利用水平沙池、排水沟等将坝基渗水汇集至下游。

（7）压渗台。适用于坝基渗漏严重，坝后发生翻水冒沙、管涌或流土现象的处理，有石料压渗台和土料压渗台两种形式，它是根据反滤原则利用自身重量来平衡渗透压力，增加地基的渗透稳定性，防止地基渗透破坏所常用的方法之一。

（8）减压井。减压井是利用钻机在土坝下游地基上每隔一定距离钻孔穿过弱透水层、强渗水层，把地基深层的承压水导出地面，以降低浸润线和防止坝基土渗透变形，是处理坝基渗透破坏的较好方法之一。这种措施只有在承压水头不高的情况下，才可能起到预期的减压作用。

3）绕坝渗漏处理

绕坝渗漏是沿着坝岸结合面或沿着坝端山坡土体的内部向下游渗水，甚至集中渗流，它能引起坝端部分的坝体内浸润线抬高，岸坡出现阴湿、软化甚至产生滑坡。常用以下方法处理：

（1）截水墙。对岸坡有强透水层产生的绕坝渗漏，可在岸坡开挖深槽穿过强透水层，再在槽中回填黏土，形成一道截水墙，防止渗漏。

（2）防渗斜墙。对因岸坡岩石破碎造成的大面积渗漏，可采用沿岸坡作黏土斜墙处理。斜墙下端应做截水槽嵌入不透水层中，或以黏土铺盖向上游延伸。斜墙顶部以上应沿山腰开截水沟，将雨水引向别处排泄。如岸坡是由沙砾料堆积而成，黏土斜墙下面还应铺反滤层。

（3）黏土铺盖。对坝肩岩石节理裂隙细小、风化较轻的绕坝渗漏，如山坡较缓，可贴山坡作黏土铺盖，其防渗效果亦较好。

（4）衬砌。对坝肩岩石节理裂隙细小、风化较轻，但山坡较陡，不宜作黏土铺盖，可采用衬砌方法处理。在水位变化较少部位，用砂浆抹面；水位变化较频繁和裂缝较大部位,用混凝土、钢筋混凝土或浆砌块石结合护坡,做衬砌防渗。

(5)灌浆帷幕。对因坝端岩石裂隙发育,产生严重绕渗时,可用灌浆帷幕处理。使坝肩与坝基的帷幕连接为一整体,形成一个完整的防渗帷幕。

(6)堵塞回填。对因岸坡岩石裂缝产生的绕坝渗漏,可采用堵塞回填法处理。先将岸坡清理干净,再用砂浆填塞裂缝,上面再用黏土回填夯实。如岸坡内有洞穴与水库相通,应按反滤要求堵塞洞穴,上游面再用黏土回填夯实,如洞穴不与水库相通,则可用排水沟或排水管把泉水引到坝下排泄。

(7)导渗排水。在下游采用导渗排水,可以保护坝体土料不致流失,防止管涌。对下游岸坡岩石渗水较小的绕渗,可沿渗水坡面以及下游坝坡与山坡结合处铺设滤层,导出渗水,如果下游岸坡岩石地下水位较高,渗水严重,可沿岸边山坡脚处,打基岩排水孔,引出渗水;如下游岸坡岩石裂隙发育密集,可在坝脚山坡岩石中打排水平孔,将裂缝切穿,集中排出渗水。

### 3.1.2.2　浆砌石坝坝体渗漏处理

浆砌石坝的渗漏主要是坝身漏水、坝体与坝基接触面渗漏、坝基漏水。

#### 1.浆砌石坝渗漏特征识别

由于砌石坝渗漏成因不同,渗漏特征各异,如果能很好地掌握、识别、判断这些形态和特征差异,就能使工程处理做到对症下药,起到事半功倍的效果。在除险加固实践中,砌石坝常见的 8 种渗漏特征识别方法如下:

(1)混凝土防渗墙(面板)水平缝渗漏特征:在坝后呈现有水平状渗漏形态,即渗漏点高程在同一水平面上,其水平缝渗漏高程在坝后渗漏水平面以上或基本持平。

(2)混凝土防渗墙(面板)垂直缝渗漏特征:在垂直缝两侧渗水点显得比没有垂直缝渗漏的坝段水点多而严重,并且上端漏水点高程随坝水位变化而变化。

(3)坝基接触面渗漏特征:在沿坝基岩面或略高于坝基岩面的坝体均有漏水现象。

(4)绕坝渗流特征:在坝外坡脚线及下游山坡有漏水现象。

(5)混凝土防渗墙(面板)蜂窝渗漏特征:由于混凝土防渗墙(面板)蜂窝和浆砌石坝内通道无规律,故坝后坡面漏水点高程及其分布缺乏规律性,蜂窝位置难以判断,比较散乱。

(6)混凝土放水涵管渗漏特征:一般在管道出口处周围或低于管道的地方出现渗漏,但在多种原因同时造成渗漏时,这种渗漏很难判断,只有在关闸停水、放水这一过程才能察觉或进管观察才能判断。

(7)断层渗漏特征:坝建成后没有经过处理的坝基断层是否渗漏,取决于断层性质、断层充填胶结的情况,如果坝底有混凝土垫层,一般在坝后边脚线及下游有漏水现象、漏水点并具有方向性。

(8)风化岩石漏水及微小裂隙渗漏特征:一般在坝后山坡有潮湿现象。

#### 2.浆砌石坝渗漏处理

浆砌石坝渗漏处理目前还缺乏统一的技术标准,根据各地浆砌石坝除险加固的实践,采用的方法较多。如环氧材料涂抹、麻丝填塞、灌浆法、增做刚性防水层等。

1）环氧材料涂抹

沿缝凿成槽，在槽面涂抹环氧材料。

2）麻丝填塞

对于个别漏水的砌缝，采取在上游坝面填塞沥青麻丝，再用水泥砂浆勾缝，对于某些伸缩缝渗水，采用沥青麻丝或桐油灰麻丝填塞。

3）灌浆加固法

灌浆加固法是最常用的方法。其基本原则是"前堵、中截、后追踪"，主要技术要点包括坝体、坝基帷幕灌浆、坝上游面固结灌浆、坝下游面追踪固结灌浆、坝面重新剔勾缝。

（1）坝体、坝基帷幕灌浆：主要填充漏洞和裂隙，防渗截漏，通过灌浆加固，形成防渗体。此方法适用于浆砌石重力坝。

（2）坝上游面固结灌浆：堵塞漏洞和裂隙，加固补强坝体和提高防渗性能，以进一步提高坝体的承载力和完整性。

（3）坝下游面追踪固结灌浆：在下游坝面或有溶蚀物出逸的地方，造成水平孔或斜孔，埋注浆管进行灌浆，以堵塞漏水通道和坝体空洞、裂缝，加固坝体，增加坝面稳定性和抗冲刷能力。这种反向灌浆工艺非常适合拱坝和支墩坝工程，对于重力坝工程，在搞清扬压力并设排水孔亦可采用。采用此法最好坝前无水。

（4）坝面重新剔勾缝：剔缝后，用高标号水泥砂浆、干硬性预缩水泥砂浆或用防水材料配置高标号水泥砂浆勾缝，提高坝面防渗漏能力及坝体稳定性、整体性和抗冻融、抗风浪淘刷能力。

浆砌石坝渗漏处理采用灌浆法时应注意的问题和土坝相同。具体还应符合《水工建筑物水泥灌浆施工技术规范》（DL/T 5148—2001）的规定。

4）增做刚性防水层

视工程的重要性和水头大小，分别采用三层或五层水泥浆及水泥砂浆分层相间压抹的防水层。

## 3.1.3　蓄水池、水窖的渗漏处理

### 3.1.3.1　蓄水池、水窖的渗漏原因

蓄水池、水窖渗漏产生的主要原因有三方面：

（1）选址不当。基础地质不均匀，蓄水后基础沉陷不一致；地下水处理不当，扬压力破坏，造成底板开裂漏水；蓄水体壁厚度达不到设计要求，造成蓄水体开裂漏水、渗水，甚至毁坏报废。

（2）施工工序不当。材料选用不严，砂浆、混凝土达不到设计标号。

（3）施工质量。如砌石勾缝浆不饱满，出现裂缝；混凝土浇捣不密实；池底混凝土与蓄水体壁接合部位止水处理不好等。

### 3.1.3.2　蓄水池渗漏处理

蓄水池主体分池底和池墙两部分，建筑材料不同，渗漏处理的方法也不同。

池底漏水，要先准确查明漏水部位，清除其上部及周围的淤泥杂物，进行局部清基，回填黏土并夯实，在黏土上再铺与原池底相同的防渗材料；水泥抹面的蓄水池底漏水，要对

裂隙及周围进行清基,在底部铺砂石,然后再用水泥抹面。对于混凝土结构蓄水池可采用化学灌浆补漏技术、嵌缝堵漏法、堵封堵漏法、涂模(布)堵漏法等措施处理,不论采取哪一种处理办法,修复的部位均要与原池底水平。

### 3.1.3.3 水窖渗漏处理

水窖渗漏主要表现在窖底渗漏、窖壁渗漏、出水管渗漏三个方面。

(1)窖底渗漏。多为基础处理不好,地基承压力不够或防渗处理达不到设计要求,一般表现有孔洞渗漏或地基由于渗漏湿陷而产生裂缝渗漏。此种情况必须翻拆,将原窖底混凝土拆除,加固夯实基础,再按设计要求对窖底进行混凝土浇筑和防渗处理。若是底部混凝土浇筑不密实,配合比不当,表面成为砂面,产生整体慢性渗漏,需要进行加固处理。将原底部混凝土打毛清洗后浇筑 C20 混凝土,厚度 5 cm,然后进行防渗处理,同时,要注意处理好窖底、窖壁整体结合的防渗工作。

(2)窖壁渗漏。产生的主要原因:一是窖体四周土质不密实或有树根、鼠穴、陷洞等;二是防渗处理未按设计要求施工,防渗砂浆强度等级不够或防渗层厚度不够,或施工接茬不好。

处理措施:一是将树根、洞穴清除,深掏,直到将隐患部位彻底清理,然后用土分层捣实,接近窖壁时用混凝土或砂浆加固处理,最后墁壁防渗。二是将窖壁用清水刷洗,清除泥土后用 1:2.5 水泥砂浆墁壁一层,厚 1.5 cm,最后用水泥防渗浆刷面 2 遍,并注意洒水养护。

(3)出水管渗漏。多是出水管与窖壁结合部位渗漏,主要是止水环布设欠妥或施工处理不仔细。止水环要布设在窖内进水管首端,管外壁紧套两道橡胶垫圈,出水管四周用碎石混凝土浇筑,窖壁再进行墁壁和防渗处理。出水管的末端要用浆砌石或砌砖修建镇墩,防止管道摇晃,避免出水管与窖体间产生裂隙。

## 3.1.4 淤地坝、拦沙坝、塘坝(堰)附属建筑物损坏部位、形态及处理措施

水土保持工程淤地坝、拦沙坝、塘坝(堰)等中的许多建筑物如涵管、溢洪道、跌水、排洪渠等,多采用混凝土或砌石结构,其损坏部位形态各异,一般表现为表面损坏(如表面的蜂窝、麻面、骨料架空外露、表面的冲刷和磨损等)、裂缝、渗漏、脱落(如灰浆脱落、局部松动或脱落等)、衬砌冲刷等。以下归类对混凝土或砌石结构建筑物管理养护和不同损毁处理措施进行介绍。

### 3.1.4.1 混凝土建筑物的管理养护

1. 混凝土表面损毁的修补

混凝土建筑物表面损坏一般表现为表面的蜂窝、麻面、骨料架空外露、表面的冲刷和磨损等。不论因何种原因产生的上述损坏,都要及时修补,以免继续扩大。混凝土表层修补常用的方法如下。

(1)水泥砂浆修补。首先将混凝土损坏部分清除,对损坏面积较小、深度较浅的,可用人工凿除;对损坏面积较大、深度较深的,可用人工结合风镐凿除,然后凿毛、湿润,再把砂浆抹到修补部位,反复压光后加以养护。修补材料除采用一般砂浆外,还可采用预缩砂浆,即将拌和好的水泥砂浆堆放 30~90 min,使其预先收缩后使用。预缩砂浆的抗压、抗

拉,以及与混凝土的黏结强度均较高,且收缩性小,平整度高。其修补方法:先将损坏的混凝土清除、凿毛,在其表面涂一层厚 1 mm 的水泥浆,然后填入预缩砂浆,分层捣实、压光后加以养护。

(2)喷浆修补。喷浆分刚性网喷浆、柔性网喷浆和无筋喷浆三种。刚性网喷浆在喷浆层内放有金属网,能承担构件的部分或全部应力;柔性网喷浆在喷浆层内虽也有金属网,但它仅起加筋和连接喷层的作用,喷浆层不承担结构应力;无筋喷浆多用于浅层缺陷的修补。喷浆修补的方法:先将喷面凿毛、冲洗,保持湿润,以保证喷浆层与原混凝土的良好结合。一次喷射厚度,仰喷不超过 2 ~ 3 cm,侧喷不超过 3 ~ 4 cm,俯喷不超过 5 ~ 6 cm,并不小于最大骨料粒径的 1.5 倍。喷射间隙时间应掌握在上一次喷层未完全凝固前,一般 2 ~ 3 h。当需要挂网喷浆修补时,钢筋网外面应有厚 15 ~ 25 mm 的保护层,并与受喷面保持一定距离。喷浆层应在初凝前抹平,并洒水养护,以免收缩龟裂。

(3)环氧材料修补。环氧材料具有较高的强度和抗蚀、抗渗能力,能与混凝土很好结合。用于混凝土表层修补的环氧材料有环氧基液、环氧石英膏、环氧砂浆和环氧混凝土等。环氧材料一般宜与其他修补方法配合使用,即先用其他材料填补,并预留 0.5 ~ 1.0 cm 厚度供涂抹环氧材料做保护层。环氧材料有毒、易燃,种类和配方很多,因此必须根据工程的具体情况结合当地条件选用,并严格按照一定的工艺过程进行。

2. 混凝土建筑物裂缝的处理

混凝土建筑物裂缝处理的方法介绍如下。

(1)涂抹与粘补。混凝土建筑物水上部分和背水面表面的裂缝的处理,可采用以下几种方法:①水泥浆或水泥砂浆表面涂抹;②表面粘补,即用胶粘剂把橡皮或其他材料粘贴在混凝土裂缝部位,以封闭裂缝,防渗堵漏;③防水快凝矿浆涂抹,即在水泥砂浆内加入防水、快凝剂,涂抹封堵裂缝。

(2)凿槽嵌补。有两种凿槽嵌补的方法:一种是沿混凝土裂缝凿一浅槽,洗刷干净,涂抹一层环氧基液后,再涂以环氧砂浆至与混凝土表面齐平,并以烧热的铁抹压实抹光,用塑料布覆盖,并以木板撑压,使环氧砂浆与混凝土紧密结合;另一种是沿混凝土裂缝凿一深槽,经凿毛、修整和清洗后,再在槽内嵌填防水材料,如环氧砂浆、沥青油膏、沥青砂浆或聚氯乙烯胶泥等,然后抹平、养护即可。

(3)喷浆修补。喷浆修补可选用素喷浆、挂网喷浆,以及挂网喷浆与凿槽嵌填预缩砂浆或沥青水泥相结合的方法。素喷浆的喷浆层与混凝土的胀缩性能不一致,常易引起喷浆层开裂或脱落,而挂网喷浆则可避免这一缺点。喷浆时,应严格控制砂浆的质量和施工工艺。

(4)钻孔灌浆。灌浆的材料可根据裂缝的性质、开度,以及施工条件,选用水泥、沥青和化学材料。水泥灌浆一般适用于开度大于 0.3 mm 的裂缝,先在建筑物上钻孔、冲刷、埋管,然后灌注。化学灌浆适用于开度小于 0.3 mm 的裂缝,具有较高的黏结强度和良好的可灌性,还能调节凝固时间,以适应各种情况下堵漏防渗的要求。化学灌浆材料一般有甲凝、环氧树脂、丙凝和聚氨酯等。

3. 混凝土建筑物渗漏的处理

混凝土建筑物的渗漏,按其发生的部位不同,可分为建筑物本身渗漏、基础渗漏、底板

与基础接触面渗漏,以及侧绕渗漏等。对于各种渗漏的处理措施如下:

(1)裂缝渗漏的处理。根据裂缝发生的原因、渗漏量大小和集中、分散等情况,可分别采用表面处理或灌浆处理措施。

(2)散渗或集中渗漏的处理。产生的原因主要是施工质量差,存在蜂窝、空洞、不密实和抗渗性能低等缺陷。对于混凝土密实性差,裂缝、空隙比较集中的部位,可采用水泥灌浆或化学灌浆处理;对于大面积的细微散渗和水头较小的部位,可采用表面涂抹处理;对于集中射流的孔洞,如流速不大,可将孔洞凿毛后用快凝胶泥堵塞;如流速较大,可先用棉絮或麻丝楔入孔洞,以降低流速和减少流水量,然后再进行堵塞;对于大面积的散渗,可修筑防渗层;对于涵洞壁漏水范围大,缩小洞径不影响用水要求的,可采用内衬钢管、钢筋混凝土管等措施处理。

(3)止水缝、结构缝渗漏的处理。一般可采用加热沥青进行补灌,如补灌沥青有困难或无效时,可采用化学灌浆。化学灌浆的材料可采用防渗堵漏能力强、固结强度高的聚氨酯或丙凝。

(4)绕渗的处理。摸清两侧的地质情况和渗漏部位后,分别采取开挖回填、钻孔灌浆和加深齿墙等方法处理。

(5)基础渗漏的处理。应根据渗漏的原因、基础情况和施工条件进行综合分析,确定处理方案。对于非岩基渗漏,可在建筑物上游做黏土铺盖、黏土截水墙、黏土灌浆或化学灌浆,以及改善下游的排水条件等;对岩基渗漏,可采取灌浆以加深加厚阻水帷幕、下游增设排水孔、改善排水条件等方法进行处理。

### 3.1.4.2　砌石建筑物的管理养护

砌石建筑物的局部损毁主要有灰浆脱落、局部松动或脱落、裂缝、漏水、冲刷等。不同损毁的修复方法如下:

(1)灰浆脱落的处理。砌石勾缝灰浆的脱落,主要由于勾缝灰浆质量差、勾缝方法不当、受冻融破坏、水流冲刷、气蚀,以及人畜破坏等。处理的方法:先凿去损坏部分的原有灰浆,经清洗后用水泥砂浆重新勾缝,然后洒水养护。

(2)局部砌石松动或脱落的处理。局部砌石松动或脱落,主要是由于部分石料的质量不符合设计要求、风化碎裂或冲刷损坏、灰浆损坏或内部灰浆不密实、基础沉落,以及人畜破坏等。修补的措施是:拆除松动或脱落的石块,凿除四周风化或损坏的砌体灰浆,清洗干净,再用符合质量要求的石块及与原砌体强度相适应的砂浆补强修复,勾好灰缝。修补时应做到新老砌体犬牙交错,并用坐浆法安砌,以保证施工的质量。

(3)裂缝的处理。按产生裂缝的原因,可分为沉陷性裂缝和应力性裂缝两种。沉陷性裂缝主要是砌体基础软硬不一,发生不均匀沉陷,或因局部基础被冲刷淘空而产生不均匀沉陷所致。应力性裂缝是石料强度不够、砂浆标号过低,以及施工质量差所造成的。当砌体产生上述裂缝后,降低了建筑物的抗渗能力,严重时还会引起管涌、流土现象,危及建筑物的安全。常用的处理措施有堵塞封闭裂缝、局部翻修嵌补、彻底翻修等。

(4)漏水处理。砌石建筑物漏水包括砌体本身漏水和沿建筑物边缘漏水。常用的处理措施有水泥砂浆勾缝、水泥砂浆粉面、快凝砂浆堵塞漏水孔道,以及设置防水层和反滤排水设施等。

．（5）防冲措施。抗冲刷的加固措施有：在冲刷面上加砌一层纯水泥砂浆或混凝土的护面，必要时在混凝土中适当布置单层温度钢筋，并锚固在老砌体灰缝中，使之结合牢固；改善消能设施，减轻水流对下游的冲刷；清障清淤，改善流态，减少冲刷。

# 3.2　植物措施管护

## 3.2.1　林地火灾及病、虫、鼠害的防治措施

### 3.2.1.1　林地火灾防治措施

1.我国森林保护法关于森林防火的基本规定

我国对于森林火灾的防治有明确的法律规定。强调预防为主、防消结合的原则。《中华人民共和国森林法》第二十一条规定，地方各级人民政府应当切实做好森林火灾的预防和扑救工作，要求做到以下几点：

（1）规定森林防火期，在森林防火期内，禁止在林区野外用火；因特殊情况需要用火的，必须经过县级人民政府或者县级人民政府授权的机关批准。

（2）在林区设置防火设施。

（3）发生森林火灾，必须立即组织当地军民和有关部门扑救。

（4）因扑救森林火灾负伤、致残、牺牲的，国家职工由所在单位给予医疗、抚恤；非国家职工由起火单位按照国务院有关主管部门的规定给予医疗、抚恤，起火单位对起火没有责任或者确实无力负担的，由当地人民政府给予医疗、抚恤。

2.林地防火的基本措施

林地防火的基本措施包括：

（1）林区防火组织体系：包括成立护林组织，制定护林公约，设立专门护林员，并规定明确管护区域。对地处交通要道、人口稠密、林农交错地区和近山区的新造林地，可通过个体承包，把管护责任落实到个人。

（2）林区防火基础设计：在林地内设立防火线和防火设施，或进行林区防火技术设计，如完善林区内道路条件，配备消防工具和物资等。对于瞭望台、哨卡、值班用房的位置、规模与结构，围栏类型、设置位置、长度及必要的管护设备等，应进行充分的考虑。

（3）严格封育措施：即通过封山育林，禁止人员随意进入林区，控制火源的产生渠道。

### 3.2.1.2　林地病虫、鼠害防治措施

依据《中华人民共和国森林法》规定，我国森林病虫害防治实行预防为主、综合治理的方针。在病虫害预防方面该法第七条作出了以下规定：①植树造林应当适地适树，提倡营造混交林，合理搭配树种，依照国家规定选用林木良种；造林设计方案必须有森林病虫害防治措施。②禁止使用带有危险性病虫害的林木种苗进行育苗或者造林。③对幼龄林和中龄林应当及时进行抚育管理，清除已经感染病虫害的林木。④有计划地实行封山育林，改变纯林生态环境。⑤及时清理火烧迹地，伐除受害严重的过火林木。⑥采伐后的林木应当及时运出伐区并清理现场。

林区病虫害的除治一般采用药物治理和生物治理两类方法。

1. 药物除治技术

药物防治速度快、效率高，但容易造成环境污染。因此，使用药物防治必须严格控制使用的范围、种类和剂量，既要保证效果，同时又不至于造成严重的环境污染公害和最大限度地保护有益的生物群。

2. 生物除治技术

各种病、虫、鼠类在自然界都有其生存和发展的天敌，利用天敌生物进行病、虫、鼠害的防治不存在使用化学药剂所产生的各种污染公害。因此，林区应严格控制各种狩猎活动，条件成熟的地方甚至可以进行病、虫、鼠类的天敌引入和培养试验。

## 3.2.2 水土保持经济林果病虫害防治技术

经济林果病虫害防治在具体防治措施上都具有较强的针对性。根据不同季节、不同发育阶段、不同种类的果木病虫害发生、发展的规律性，制定相应的防治措施，是经济林管护的重要内容。详尽而具体的防治措施应参照相应的果木技术手册来制定。以下是针对我国主要果木病虫害发生发展的规律，不同季节所采取的主要技术措施。

### 3.2.2.1 春季果树病虫害防治要点

春季，随着气温的逐渐升高，一些害虫的虫卵相继孵化、出土，如蚜虫、金龟子、红蜘蛛、蚧壳虫等将形成危害高峰期。一些病害如腐烂病、流胶病、炭疽病、粉锈病、早期落叶病等也将严重危害树体，降低果树的产量和品质。

（1）树体喷药防治：在果树萌芽前喷石硫合剂，可杀死绝大多数越冬虫卵及病菌，如蚜虫、红蜘蛛、桑白蚧等害虫及白粉病、穿孔病、圆斑病、缩叶病等病菌。果树展叶后可根据实际情况选用多菌灵、甲基托布津、代森锰锌、喷克、科博、必备等杀菌剂与辛硫磷、敌百虫、吡虫啉、歼灭、阿维菌素、哒螨灵等杀虫剂，单用或混用来防治。

（2）树干用药防治：在树干基部涂以10 cm宽粘虫胶或涂废机油或绑塑料带，可有效防止草履蚧等害虫上树危害，也可用一些内吸性药剂在树干基部涂药环或用树干自动注药机定量注射来防治病虫害，药物可选用扑虱灵、甲基硫菌灵、多菌灵等药效期较短、低毒、向花果输送少的低残留农药。

（3）土壤用药防治：在幼虫出土初期，地面喷洒50%辛硫磷，然后将土翻松耙平，或幼虫孵化期于表土洒一些药粒，如辛硫磷颗粒剂等，杀死刚出蛰的地下果树害虫。

### 3.2.2.2 夏季果树病虫害防治技术

夏季气温高、湿度大，是各种病虫害的高发季节。要求根据不同病虫害发生发展规律，把握关键的防治时期，并采取有效预报和综合防治的技术进行。

（1）病虫发生初期防治：一般果树病虫害的发生分为初发、盛发、末发三个阶段。病害应在初发阶段或发病中心尚未蔓延流行之前进行防治。虫害应在发生量小、尚未开始大量取食危害之前防治，这样就可以把病虫控制在初发阶段。

（2）病虫生命活动最弱期防治：一般害虫宜在3龄前的幼龄阶段防治，此时虫体小，体壁薄，食量小，活动集中，抗药能力低，药杀效果好。

（3）害虫隐蔽危害前防治：害虫在果树枝干、花、果实、叶表面危害时喷药防治，易触杀而致死，一旦蛀入危害，防治比较困难或无效，所以卷叶虫、潜叶蛾类害虫应在卷叶或潜入叶内之前防治;食心虫类害虫应在进入果实前防治;蛀干害虫要在未蛀入前或刚蛀入时防治。

(4)在防治指标内防治:如果实的桃小食心虫卵卵果率达到1%时、食叶毛虫类在叶片被吃掉5%时、蚜虫每叶有5～6头或每百个幼芽上有8～10个群体时、红蜘蛛每片叶有2～3头时进行防治最为经济有效。

防治果树病虫害,不宜在大风天气喷施药物,以免影响防治效果。保护性杀菌剂宜在雨前喷施,内吸性杀菌剂应在雨后喷施。

### 3.2.2.3 秋季果树病虫害防治措施

(1)护树保叶:交替使用杀菌剂与波尔多液,并喷施0.5%磷酸二氢钾,要使秋季果树叶片在果实采收后至果树正常落叶这一时期内的保护率达到70%以上。

(2)清园措施:包括清除残枝落叶、清理病虫果子和病枯死树。

(3)树干绑草:利用害虫对越冬场所有选择的特性,秋后在果树大枝上绑草把等,诱集下树越冬幼虫及虫茧等,待冬季解下集中烧毁。

(4)树干病虫害防治:虫害防治方面,由于秋季正是红颈天牛、桑天牛等天牛幼虫蛀食危害桃、李、杏、苹果等果树枝干的盛期。发现果树树干受害时,可将虫粪清除后插入毒签,孔口用黏泥封闭,也可直接向虫孔内灌注大量80%敌敌畏乳油1 500倍液,尔后用黏泥将洞口封死。对较浅部位幼虫可用铁丝挖、掏、刺杀。病害防治主要对感染腐烂病、干腐病、轮纹病等枝干,首先刮除病斑,直接涂抹"农丰灵"或用40%福美砷消毒,然后再涂抹"843"康复剂等药剂。

(5)根部病虫害防治:对白绢病、白纹羽病、紫纹羽病等根部病害的防治,一是扒土晾根;二是用1%的硫酸铜消毒,后用70%甲基托布津800倍液或50%退菌特500倍液灌根;三是切除病根,去除病根周围的病土,换成无病土。

### 3.2.2.4 果树病虫害的冬季防治

严寒的冬季,危害果树的许多害虫处于休眠状态;危害果树的许多病害,都以"菌丝"、"菌核"形式,进入越冬状态,利用冬闲时间,抓紧果树病虫害的防治,对减轻翌年病虫害的发生及危害有明显效果。

(1)加强栽培管理,增树势。果树在树势衰弱以后,病虫就会乘虚而入。如苹果腐烂菌侵入树体后,在树势旺盛时,病菌被抑制而潜伏,只有等到树势衰弱以后,病菌才能活动而显病;又如梨蛴象,只有在树势衰弱以后,危害才更为猖獗。因此,首先要加强果树的水肥管理,以增强树势,从而提高果树抗御病虫害的能力。入冬时,结合深翻树盘,按树龄大小、树势强弱施入一定数量的有机肥料,适当配合磷、钾肥料,不仅土壤肥力状况得到改善,而且对桃小食心虫、山楂叶螨、梨虎等多种地下越冬的害虫有较好的防治作用,破坏害虫越冬栖息场所,造成翌年不能出土,减轻虫密度。

(2)果树刮皮。果树刮皮是冬季防治果树害虫的关键措施。果树皮下的温度比气温高1～2 ℃,又比较隐蔽,所以果树翻皮、粗皮裂缝是害虫重要的越冬场所。如梨星毛虫、梨蛴象、苹果小卷叶蛾、梨小食心虫、山楂叶螨、果台螨等害虫,都在果树粗皮、翘皮、裂缝中越冬。通过认真细致的刮皮,不仅可以消灭这些害虫,还可更新树皮,促进树体生长,增强树势。刮皮时间是"小寒大寒、树皮刮完",最迟也要在萌芽以前刮完,一般是2～3年刮一次皮,切忌过深,刮下的碎片木屑集中烧毁。

（3）树干涂白。树干涂白是果树冬季管理的重要措施。树干是果树病虫害的越冬场所,所以树干涂白,可防虫、防病、防寒、防日灼、防牧畜啃食。涂白剂配方有两种。其一:生石灰 6 kg、硫磺 1 kg、食盐 1 kg、水 18 kg、胶适量;其二:生石灰 1.5 kg。涂白剂浓度,以涂在树上,不往下流,不结疙瘩,能薄薄粘上一层为宜。涂白高度从树杈到地面为宜。

（4）剪除病虫枝。剪除病虫枝是减轻越冬虫源、病源的一条关键措施。对受害较重的树,通过重剪,可促进生长,以恢复树势。结合冬剪,对苹果巢蛾、黑星病等果树病虫害的越冬部位、病枝虫枝、病梢、病芽虫芽彻底剪除,效果良好。

（5）药剂防治。果树休眠期喷波美 3～5 度石硫合剂,既能杀菌,又可灭虫,特别是对蚧壳虫、山楂叶螨、白粉病有较好的防治作用。暮秋冬初,果实采收后,可喷 40% 福美砷 100 倍液。重点喷主干大枝,对防治苹果腐烂病等疗效显著。

### 3.2.3　造林成活率检查的方法

根据国家造林技术规范规定,造林结束后应通过抽样调查的方式进行包括造林成活率在内的各项造林指标调查,以科学评估造林的质量和各项管理及技术措施的实施效果。

造林成活率检查涉及的造林面积指造林合格的林地面积。根据我国造林技术规范规定,成活率不足 40% 的造林地,不计入造林面积,应当重新进行整地造林,并保留成活的幼树。除成活率在 85% 以上,且林木分布均匀的地块外,其他都应在当年冬季或第二年春季进行补植。幼林补植需用同龄苗或同一树种的大苗。

造林成活率调查是幼林抚育管理的重要手段和依据。调查应按照规定的方法进行布点和抽样,以保证调查结果的代表性。造林成活率调查是幼林生长发育调查的重要内容。其调查方法可以采用标准地法或标准行法。

以小流域为基本治理单元的水土保持成活率调查应以不同林种林班为单位进行。同一林种林班的立地条件,所采用的造林技术及抚育措施应基本一致。

#### 3.2.3.1　标准地法

在划定的林班内,按照林地的不同部位,随机抽样,选择标准地 3～5 块,每块面积 100～200 m²,然后登记其中死亡苗木或成活苗木的数量,并以植苗总数为分母,成活苗木数为分子,计算成活率百分比。苗木计数是,对于标准地边缘压线的苗木按 0.5 棵登记。最后将各标准地的调查结果的平均值作为调查林班的造林成活率。

#### 3.2.3.2　标准行法

当标准地中的苗木因造林密度较大而数量很多时,可以在标准地内随机选取标准行,对标准行上的苗木进行成活率调查。如调查小区内苗木株数在 100 株以下的,则不使用标准行法,而采取标准地法,即对小区中的所有苗木进行调查登记。

### 3.2.4　乔木林抚育间伐方案的制订

水土保持林进行抚育间伐后,应保持林分中林木分布的均匀性,如应避免因间伐利用而造成林地裸露。林木间伐的强度不应过大,一般每次抚育间伐后的林木疏密度不得低于 0.7,陡坡林地不得低于 0.8,但混交林可以控制在 0.6 以上。

抚育间伐前,应进行详细的林分调查,并科学地制订间伐方案,其主要内容如下:

(1)间伐对象的确定:间伐是幼林郁闭以后至成熟主伐前的重要抚育措施,因此间伐前必须通过详细调查,以确定实施间伐的林分面积、位置和类型,并说明实施间伐的种类(透光伐或疏伐)。

(2)间伐开始期确定:从林分生长的情况来分析,当幼林的连年生长量明显下降时应开始首次透光伐。不同树种、造林技术及立地条件下的间伐开始期是有差异的。从经济条件来分析,如果小茎级材有很好的市场利用价值,间伐也可以适当早些。

(3)间伐强度确定:间伐强度必须综合考虑树种生长特性、立地条件、林况及经济因素等。用于改善林内卫生条件的卫生伐时,其采伐强度取决于林内各种枯死木、损伤木和被害木的数量,并要求全部伐除。透光伐一般不确定间伐强度,砍除那些严重影响其他多个树木或目的树种生长的林木为原则。采用疏伐时一般以采伐木蓄积量占伐前林分蓄积量的百分比来表示。疏伐的间伐强度一般不超过间伐间隔期内立木生长量的80%。

(4)间伐方式确定:间伐应隔株、隔行或隔带进行,以不加剧水土流失为原则。陡坡地段间伐后应根据需要进行更新补植。

(5)间伐间隔期确定:两次间伐相隔的年数长短取决于间伐后林分郁闭度增长的快慢。间伐后若干年,当林木树冠开始互相干扰,影响树木正常生长时,应及时进行间伐。影响间伐间隔期的因素有树种的耐阴性、喜光性及林分生长阶段。一般前期间伐间隔期为5~7年,后期为10~15年。

## 3.2.5 低效水土保持林的抚育管护技术要求

在水土流失地区,由于各种条件或自然因素的影响,造林后往往会出现个别林分长势衰弱,且难以郁闭成林,短期内若不进行改造,则很难发挥水土保持效益。这种林分从水土流失防治的角度来看,属于低效水土保持林,应采取有效的抚育改造技术,促使林分尽早郁闭,发挥效益。针对造成低效水土保持林的具体原因,在实施抚育改造时,应按照以下技术要求进行。

### 3.2.5.1 树种选择不当的林分改造

树种选择不当,表明该树种不能在该立地条件下正常生长,应采取更新树种的方式进行改造。考虑到在改造时可能产生水土流失的现象,对于坡地水土保持林应采取带状、块状更新改造,并保持原有树种50%,以后逐年更新。

### 3.2.5.2 生长不良的林分改造

对于长势较弱的林分,可以采取复壮措施,每隔3~4年进行一次深耕,每年进行1~2次浅耕除草,萌发性强的树种可以进行平茬复壮。密度较小的应在林中空地采用大苗补植。

### 3.2.5.3 长势衰退林分的改造

林分生长若表现出迅速衰退的迹象,则表明林木营养竞争剧烈,影响林分中林木的整体生长态势。因此,通过调查后应采取适当的抚育间伐措施,通过改善营养、光照及通透条件,进行林分复壮。

## 3.2.6　草地管护技术措施

### 3.2.6.1　草地中耕除草与定苗

人工饲草受杂草侵害有两个最薄弱的环节,一是幼苗期生长缓慢,易被杂草侵害;二是割草后再生草初生阶段长势较弱,杂草会趁空滋生起来,此时应加强中耕管理。因此,人工饲草幼苗生长季节应达到"三铲三趟";一个多月的幼苗生长期间,一定要将杂草清除干净,这是种植牧草饲料成功与否的关键。多年生人工饲草返青初期和每收割一次草后深中耕一次可使土壤疏松透气,促进养分分解和保墒,防除杂草滋生。

除部分多年生牧草如苜蓿、沙打旺、草木樨、无芒雀麦、羊草等不需间苗、定苗外,绝大多数牧草和饲料作物都必须疏苗定苗,否则将直接影响饲草质量和产量。如朝牧一号稗子(谷稗)、御谷、籽粒苋、苦荬菜、菊苣等株距都要求 15~20 cm。饲用紫草、串叶松香草株距更要加大,一般要在 30~50 cm。以朝牧一号稗子为例,其植株高大,单株高度可达 2 m 以上,最多分蘖可达 20 个以上,每亩青刈产草量都在 5 000 kg 以上。如果不定苗、不管理,则会出现苗欺苗和缺水、缺肥现象,其结果是很少分蘖,高度不高,不能发挥生长优势,严重影响产草量。

### 3.2.6.2　草地追肥与灌水

人工饲草地肥水管理是饲草优质高产的重要保证。不同类别的草种,其施肥种类和时机是不尽相同的。各类豆科牧草及高蛋白饲料作物种子含蛋白质多,如苜蓿、沙打旺、籽粒苋、苦荬菜、菊苣、鲁梅克斯等,播种时不要用尿素做种肥,因尿素中含有缩二脲,可使蛋白质凝固抑制种子发芽。豆科牧草具有根瘤菌,可固定空气中的游离氮素,因此豆科牧草追肥要以磷、钾肥为主,以磷增氮。禾本科牧草及叶菜类饲料作物,如朝牧一号稗子、御谷、籽粒苋、苦荬菜、菊苣等追肥都要以氮肥为主,禾本科牧草追施氮、磷、钾大体以 5∶1∶2 为宜。追肥时间,豆科牧草在分枝后期至现苗期,禾本科牧草在拔节后至抽穗前期以及每次刈割后为最适追肥时期。追肥量的大小一般情况下豆科牧草全年每亩不少于 15~20 kg 磷、钾肥,禾本科牧草全年每亩 20~30 kg,高产饲料作物还应多追些,追肥后如遇干旱,有灌溉条件的应及时灌水。

### 3.2.6.3　草地病虫、鼠害防治

#### 1.草地病虫害防治

牧草病虫害防治工作也同大田作物一样,应贯彻以防为主、综合防治的方针。防治具体措施是化学防治、生物防治和机械防治等,要早发现、早防治。牧草种类繁多,其病虫害也不一样,一般禾本科牧草病害较少,如朝牧一号稗子、御谷、苏丹草、无芒雀麦、羊草等整个生育期基本不用防病灭虫;豆科牧草及叶菜类饲料作物病虫害较易发生,如鲁梅克斯易感白粉病,易受菜青虫危害,苜蓿、沙打旺也较易感病,应采取对症下药办法进行及时有效防治。播前种子处理、混播轮作、消灭杂草等技术措施,也可减少牧草病虫害发生和蔓延。

#### 2.草地鼠害防治

草地鼠害防治主要根据草地中鼠类的分布特点、种群数量及活动规律,采用不同的方法加以防治灭杀。具体有机械灭鼠、化学灭鼠和生物灭鼠三种方法。

(1)机械灭鼠:即利用简单捕鼠器械杀灭鼠类的方法。如弓形鼠夹、弹簧鼠夹、刺鼠

弓箭、捕鼠活套、捕鼠网等。这种方法简便易行,对人畜安全,且不受季节限制,适用于小面积草地灭鼠,但灭鼠效率低下。

(2)化学灭鼠:就是用有毒化学药剂杀灭鼠类的方法,常用药剂分胃毒剂和熏蒸剂两种。胃毒剂,如磷化锌、甘氟、氟乙酰胺、敌鼠钠盐、灭鼠优、灭鼠灵、灭鼠迷、氯鼠酮等;熏蒸剂,如氯化苦、磷化铝等。草地化学灭鼠,因面积广大,鼠穴构造复杂,一般采用投放毒饵进行胃杀效果较好。毒饵投放方法有人工投饵法、机械投饵法和飞机投饵法三种。具体采用何种方法应根据草地灭鼠面积、季节、主要危害鼠种灵活掌握。药剂投放量以每份毒饵具有几个致死剂量为原则。一般速效药物投放量每次 0.5 g 左右,缓效药物投放量每次 3 g 左右。投饵方法依鼠类觅食规律、数量分布特点决定。一般应投放到洞内、洞口或洞旁等鼠类容易取食的地方。面积大、鼠类密度高的区域,用飞机或投药机投药;一般地域可人工投药。

化学灭鼠季节,毒饵投放时间宜根据害鼠种类、活动规律决定。原则上以春、秋两季鼠类活动高峰时期为主,即每年的 4 ~ 5 月和 9 ~ 10 月。

(3)生物灭鼠:利用微生物制剂或鼠类天敌,抑制啮齿动物种群数量,从而达到消灭害鼠的目的。这种方法,技术环节错综复杂,操作难度较大,涉及多学科的综合应用。目前仅限于科学试验和小面积试用,尚未大面积推广。

### 3.2.6.4　草地防火管理

《中华人民共和国草原法》制定了天然草原和人工草地的防火条款。第三十条规定,县级以上人民政府应当有计划地进行火情监测、防火物资储备、防火隔离带等草原防火设施的建设,确保防火需要。第五十三条规定,草原防火工作贯彻预防为主、防消结合的方针。各级人民政府应当建立草原防火责任制,规定草原防火期,制订草原防火扑火预案,切实做好草原火灾的预防和扑救工作。

草场草地防火管理措施包括以下两方面:

(1)贯彻预防为主、防消结合的方针,有火消火,无火防火,大力开展群众防火工作,深入宣传《防火条例》和用火安全知识,制定草原防火的总体规划,建立综合防火体系,实行工程防火、群众防火和生物防火相结合,建立健全各项防火管理制度,加强扑火专业队伍建设,提高扑救火灾的整体水平。

(2)对于一些地方采用烧荒清除杂草的,草地烧荒前必须做好防火准备,应选择无风天,避免风将火种远扬他处,引起火灾;烧荒后,必须彻底熄灭余火。

### 3.2.6.5　草地越冬防护

越冬防护是多年生牧草的重要管护措施。对于播期过晚的牧草可直接影响越冬安全,如苜蓿、沙打旺等多年生牧草在长城以北地区最晚播期不能晚于 6 月末,高寒地区不能晚于 6 月中旬,否则根部不能木质化。最后一次刈割利用应在停止生长前 40 d。串叶松香草、鲁梅克斯、俄罗斯饲料菜、苜蓿、沙打旺、山野豌豆抗寒性强,只要最后刈割时间合理,冬季不被牲畜践踏,稍加培土防护,基本都能安全越冬。

对于跨地区引种的牧草应注意不同地区播期的控制,如有些适应黄淮以南种植的苜蓿在北方难以越冬。菊苣是多年生优质牧草,但它抗寒稍差,在东北地区很难安全越冬,必须多加防护。具体防护措施是:最后一次刈割利用不能晚于 9 月 20 日,深秋初冬在停止生长后要进行培土或培粪防护,入冬后选择白天化冰晚上结冰的时期灌越冬水。

#### 3.2.6.6　人工饲草地的刈割利用

从牧草产量、营养价值和有利于再生等综合考虑,禾本科牧草(如羊草、无芒雀麦和老芒麦)的适宜刈割期为孕穗至开花期,收割时含水率应为 75% ~ 80%;豆科牧草(如紫花苜蓿)为现蕾至盛花期,收割时含水率应为 70% ~ 80%。该期刈割单位面积粗蛋白质和可消化营养物质收获量及再生草产量最高。

综合饲草的应用方式,饲草的刈割利用分以下情况:

(1)刈割饲喂:根据饲喂对象的不同可分期刈割。饲喂兔、鹅、鱼等可在牧草生长至 30 ~ 60 cm 时刈割,要现割现喂,以防一次刈割太多造成浪费;饲喂牛羊一般在抽穗期和开花期间刈割,一般留茬 10 cm 左右。但是冬季有冻土的山区应该在冻土来临前一个月停止刈割,平坝低山地区因为冬季零下气温时间短,一般不需要特别注意,只是在零下气温期间停止刈割即可。

(2)刈割青贮:为满足高能量含量的青贮,则须在最佳刈割时间进行刈割收获。过早刈割牧草品质虽然好,但产量不高;过晚刈割牧草品质下降。一般而言,豆科牧草适宜的刈割时期在始花期,禾本科牧草应在抽穗期。

牧草青贮的主要原则是切短、压实、密封。高含水牧草青贮,6.5 ~ 25 mm;半干牧草青贮,6.5 mm 左右;玉米青贮,6.5 ~ 13 mm。青贮时,将切碎的原料分层装到窖内,每层 15 ~ 20 cm 厚,装一层踩一层,特别是窖的四周更要踩实,直至所装原料高度超出窖口 60 cm 以上,即可用塑料薄膜覆盖封口。然后在塑料薄膜上铺土,压实成屋脊形,以利排水。禾本科牧草,一般青贮 17 ~ 25 d 即可取用,豆科牧草需 40 d 以上;禾本科牧草和豆科牧草混合青贮时,取用时可介于上述两者之间。另外,为了保证青贮饲料的质量,可以在调制过程中加入青贮饲料添加剂。常用的青贮饲料添加剂有微生物、酸类、防腐剂和营养性物质。生产中以加入尿素等营养性添加剂最为常见,尿素的加入量一般为青贮饲料的 0.5%。

(3)干草调制:一般选择那些茎秆较细、叶面适中的饲草品种,即通常所说的豆科和禾本科两大类饲草,因为茎秆太粗、叶面太大、茎秆和叶相差太悬殊,都会影响干草质量。一般而言,豆科牧草在始花期、禾本科牧草在抽穗期,根据天气预报情况决定提早或延迟,尽可能选择无雨天气收割。

干草调制的关键是干燥处理,以便堆垛保存。牧草收割后的干燥处理一般采取田间晾晒并借助机械及加温的方法进行。干燥过程可分为两个阶段进行。第一阶段,从饲草收割到水分降至 40% 左右。这个阶段的特点是:细胞尚未死亡,呼吸作用继续进行,此时养分的变化是分解作用大于同化作用。为了减少此阶段的养分损失,必须尽快使水分降至 40% 以下,促使细胞及早萎亡,这个阶段养分的损失量一般为 5% ~ 10%。第二阶段,饲草水分从 40% 降至 14% ~ 17%。这个阶段的特点是:饲草细胞的生理作用停止,多数细胞已经死亡,呼吸作用停止。此时微生物已处于生理干燥状态,繁殖活动也已趋于停止,此时可以进行干草堆垛保存。

#### 3.2.6.7　天然草场的改良方法

对于严重退化、产草量低、品质差的天然草地应结合不同地形条件进行改良利用。5°

左右的大面积缓坡天然草场,用机械带动的缺口圆盘耙将草地普遍耙松一次,播撒营养丰富、适口性较好的牧草种籽,更新草种。有条件的可以引水灌溉,促进生长,同时在草场四周密植灌木护牧林,防止破坏。15°以上的陡坡,沿等高线分成条带,带宽 10 cm 左右,用牲畜带耙隔带耙松地面,撒播更新草种。每次更新时应隔带进行,不要整个坡面同时耙松,以免加剧水土流失。同时在每一条带下部,用牲畜带犁,做成水平犁沟,蓄水保土。第一批条带草类生长 10～20 cm,能覆盖地面时,再隔带进行第二批条带更新。陡坡草场更新,可在上述措施基础上,每隔 2～3 条带增设一条灌木饲料林带,提高载畜量和保水保土能力。

# 第6篇　操作技能——技师

# 模块 1 水土保持调查

## 1.1 野外调查

### 1.1.1 水土保持分区知识

水土保持区划是水土保持的一项基础性工作,将在相当长的时间内有效指导水土保持综合规划与专项规划。

#### 1.1.1.1 分区的任务

(1)根据区内相似性和区间差异性原则,将规划范围划分为若干个不同的类型区。

(2)以自然条件、自然资源、社会经济情况、水土流失特点等因素为依据,研究不同的类型区的生产发展方向与防治措施布局。

#### 1.1.1.2 分区原则

(1)同一类型区内,各地的自然条件、自然资源、社会经济情况、水土流失特点应有明显的相似性;不同类型区之间应有明显的差异性。相似性和差异性可以采用定量和定性相结合的指标反映。

(2)同一类型区内各地的生产发展方向(或土地利用方向)、水土流失防治途径及防治措施布局应基本一致;不同类型区之间应有明显的差异。

(3)以影响水土流失和生产发展的主导因素作为划分不同类型区的主要依据。不同情况下,主导因素应有所侧重。

(4)在坚持上述分区原则基础上,应适当照顾行政分区的完整性;同时每一类型区应集中连片,不应有"飞地"或"插花地"。

#### 1.1.1.3 分区的主要内容

(1)各个类型区的界限、范围、面积和行政区划。

(2)各类型区的自然条件,包括地貌类型及地面坡率组成、降雨量及分布情况、温度及灾害性气候、土壤类型及地面组成物质和植被的种类、分布及覆盖情况等。

(3)各类型区的自然资源,包括土地资源、水资源、生物资源、光热资源和矿藏资源等。

(4)各类型区的社会经济情况,包括人口劳力、土地利用、农村各业生产和群众生活等情况。

(5)各类型区的水土流失特点:包括水土流失主要方式、强度、分布、造成的危害和成因等。

(6)各类型区生产发展方向与防治措施布局:各类型区生产发展方向包括土地利用

调整方向、产业结构调整方向;防治措施布局包括措施总体布局、主要防治措施及其配置模式。

### 1.1.1.4 分区的方法步骤

(1)进行水土保持综合调查,应根据调查结果划定各类型区的界限,分别调查各区的自然条件、自然资源、社会经济情况、水土流失特点、水土保持现状等。

(2)将调查中收集的有关专业的分区成果(包括农业、林业、畜牧、水利、自然地理、土壤侵蚀等分区成果)作为水土保持分区的重要依据之一。

(3)在上述调查中,除进行各类型区的面上普查外,还应在每一类型区内选一有代表性的典型小流域(面积 $20 \sim 50 \ km^2$)进行详查,将普查与详查情况点面结合,互相验证。

(4)根据上述调查情况,结合区域性经济发展与流域性开发治理,研究提出不同类型区的生产发展方向与防治措施布局。

(5)整理分区成果。按分区的主要内容,编写水土保持分区报告,并附有关图表。分区成果应作为大面积水土保持规划的重要组成部分,也可以独立运用。

### 1.1.1.5 区划的分级要求

(1)根据规划范围分区可分为国家级、大流域级(以上两级都跨省)和省级、地区级、县级等五级,各级的精度要求不同。省级及以上高层次的分区着重宏观战略,相对地粗略些;地区级及以下低层次的分区应能具体指导实施,要求精度较高些。在国家级和省级区划中属同一类型区的,在地区级和县级分区中可能还需再划分为两个以上的类型区。

(2)根据影响因素可分为一级分区(类型区)、二级分区(亚区)、三级分区(小区)。在省级以上大面积分区中,当一级分区不能满足工作需要时,应考虑二、三级分区。

①一级分区应以第一主导因素为依据,二、三级分区以相对次要的其他因素为依据。

②多数情况下以地貌为第一主导因素,一级分区分山地、丘陵、高原、平原等;二、三级分区则以微地貌、地面组成物质、降雨、植被、气候、耕垦指数等相对次要的因素为依据。

### 1.1.1.6 水土保持分区的命名

(1)分区命名的目的:为了反映不同类型区的特点和应采取的主要防治措施,在规划与实施中能更好地指导工作。命名的组成有二因素、三因素、四因素三类,不同层次的分区,应分别采用不同的命名。

(2)二因素命名:由地理位置和各区地貌及土质特点二因素组成,一般适用于省及省以上高层次的分区。如在全国水土保持工作分区中,有东北黑土区、西北黄土区、南方红壤丘陵区等。

(3)三因素命名:在上述二因素基础上,再加侵蚀强度,共三因素组成,一般适用于省以下较低层次的分区。如某省或某地区的水土保持分区中,有北部红壤丘陵严重侵蚀区、南部冲积平原轻度侵蚀区等。

(4)四因素命名:在上述三因素基础上,再加防治方案,共四因素组成,一般适用于省级以下较低层次的分区。如:北部红壤丘陵严重侵蚀坡沟兼治区,南部冲积平原轻度侵蚀护岸保滩区等。

### 1.1.1.7 水土保持分区成果

(1)水土保持分区报告:阐明分区依据、各区特点、分区分级和命名。

（2）水土保持分区图：反映各区位置、范围和分区分级。

## 1.1.2　《土壤侵蚀分类分级标准》（SL 190—2007）沟蚀分级指标

### 1.1.2.1　沟蚀分级指标

《土壤侵蚀分类分级标准》（SL 190—2007）规定，土壤侵蚀强度分级必须以年平均侵蚀模数为判别指标。只在缺少实测及调查侵蚀模数资料时，可在经过分析后，运用有关侵蚀方式（面蚀、沟蚀）的指标进行分级，并规定了以沟壑密度或沟谷占坡面面积比作为沟蚀分级指标。沟蚀强度分为轻度、中度、强烈、极强烈和剧烈 5 个级别，见表 6-1-1。

表 6-1-1　沟蚀分级指标

| 沟谷占坡面面积比（%） | < 10 | 10 ~ 25 | 25 ~ 35 | 35 ~ 50 | > 50 |
| --- | --- | --- | --- | --- | --- |
| 沟壑密度（km/km²） | 1 ~ 2 | 2 ~ 3 | 3 ~ 5 | 5 ~ 7 | > 7 |
| 强度分级 | 轻度 | 中度 | 强烈 | 极强烈 | 剧烈 |

### 1.1.2.2　沟蚀分级指标的调查

1. 沟壑密度调查

沟壑密度，即每平方千米面积上沟道的总长度。沟壑密度越大，表明沟蚀越严重。调查时，在调查区先选择典型地段设样方，测量沟道长度，然后再推算出 1 km² 内的沟道长度。

2. 沟谷占坡面面积比调查

沟谷面积越大，表明沟壑侵蚀越严重。在调查区先选择典型地段设样方调查各级沟谷的数目和各沟道纵、横断面，求得各级沟谷面积。同时调查调查区坡面面积，确定沟谷占坡面面积比。

## 1.1.3　经纬仪的使用及地形测量知识（控制测量和碎部点测量）

### 1.1.3.1　角度测量及经纬仪的使用

1. 角度测量的基本概念

角度测量是测量的三项（测角、量距、测高程）工作之一，它包括水平角和竖直角测量。水平角用于确定地面点的平面位置，竖直角用于间接确定地面点的高程。经纬仪是进行角度测量的主要仪器。

1）水平角及其测量原理

两条相交的空间直线在水平面上投影的夹角称为水平角。如图 6-1-1 所示，$A$、$B$、$O$ 为地面上的任意三点，通过 $OA$ 和 $OB$ 直线各作一垂直面，并把 $OA$ 和 $OB$ 分别投影到水平投影面上，其投影线 $Oa$ 和 $Ob$ 的夹角 $\angle aOb$，就是 $\angle AOB$ 的水平角 $\beta$。范围为 0°~360°。

如果在角顶 $O$ 上安置一个带有水平刻度盘的测角仪器，其度盘中心 $O'$ 在通过测站 $O$ 点的铅垂线上，设 $OA$ 和 $OB$ 两条方向线在水平刻度盘上的投影读数为 $a$ 和 $b$，则水平角 $\beta$ 为：

$$\beta = b - a \qquad\qquad (6\text{-}1\text{-}1)$$

2)竖直角及其测量原理

测站点到目标点的视线和水平线在竖直面内的夹角称为竖直角。如图 6-1-2 所示,视线在水平线之上称为仰角,符号为正;视线在水平线之下称为俯角,符号为负。范围为 $0° \sim \pm 90°$。

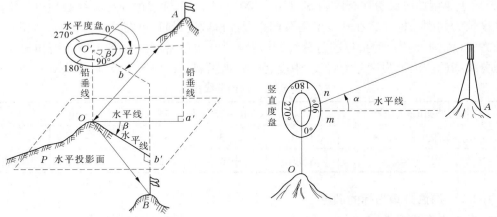

图 6-1-1　水平角测量原理图　　　　　　图 6-1-2　竖直角测量原理图

如果在测站点 $O$ 上安置一个带有竖直刻度盘的测角仪器,其竖盘中心通过水平视线,设照准目标点 $A$ 时视线的读数为 $n$,水平视线的读数为 $m$,则竖直角 $\alpha$ 为:

$$\alpha = n - m \tag{6-1-2}$$

2. 经纬仪的使用

目前,我国把经纬仪按精度不同分为 $DJ_1$、$DJ_2$ 和 $DJ_6$ 等几种类型。D、J 分别是"大地测量"和"经纬仪"汉语拼音的第一个字母,下标数字 1、2、6 表示经纬仪的精度,以秒为单位,数字越小,精度越高。

经纬仪的使用主要包括安置经纬仪、照准目标、读数或置数三项内容。

1)安置经纬仪

有用垂球对中的安置方法和用光学对中器对中的安置方法两种。

(1)用垂球对中的安置方法:包括对中和整平。

①对准:a)打开三脚架放在测站点上,调节脚架腿,使其高度适宜,目估使架头水平,并使架头中心大致对准测站点标志中心。b)装上仪器,并随手拧紧连接仪器和三脚架的中心连接螺旋,挂上垂球。当垂球尖端偏离测站点较远时,可平移三脚架,使垂球尖端大致对准测站点;当垂球尖端与测站点相距较近时,可适当放松中心连接螺旋,在三脚架头上缓缓移动仪器,使垂球尖端精确对准测站点;最后再旋紧连接螺旋,然后将脚架尖踩实。

②整平:a)先旋转脚螺旋使圆水准器气泡居中,然后,松开水平制动螺旋,转动照准部,使照准部管水准器平行于任意两个脚螺旋的连线。b)根据气泡偏离方向,两手同时向内或向外旋转这两个脚螺旋,使水准管气泡居中。c)将照准部旋转 90°,转动第三个脚螺旋使水准管气泡居中。如此反复进行,直至照准部转到任何位置时,气泡都居中为止。

(2)用光学对中器对中的安置方法:①打开三脚架放在测站点上,调节脚架腿,使其高度适宜,目估使架头水平,并使架头中心大致对准测站点标志中心。②装上仪器,先将经纬仪的三个脚螺旋转到大致同高的位置上,再调节(旋转或抽动)光学对中器的目镜,使对中器内分划板上的圆圈(简称照准圈)和地面测站点标志同时清晰,然后,固定一条架腿,移动其余两架腿,使照准圈大致对准测站点标志,并踩实三脚架腿,使其稳固地插入土中。③旋转脚螺旋,使照准圈精确对准测站点标志。④根据气泡偏离方向,分别伸长或缩短三脚架腿,使圆水准器气泡居中(简称粗平)。⑤松开水平制动螺旋,转动照准部,使照准部管水准器平行于任意两个脚螺旋的连线;根据气泡偏离方向,两手同时向内或向外旋转这两个脚螺旋,使照准部管水准器气泡精确居中;将照准部旋转90°,转动第三个脚螺旋使水准管气泡居中。如此反复进行,直至照准部转到任何位置时,气泡都居中为止(简称精平)。⑥检查仪器对中情况,若测站点标志不在照准圈中心且偏移量较小,可松开仪器中心连接螺旋,在架头上平移仪器使其精确对中,再重复步骤⑤进行整平;如偏移量过大,则重复操作③、④、⑤三步骤,直至对中和整平均达到要求为止。

2)照准目标

(1)将望远镜对向明亮背景,调节望远镜目镜使十字丝成像清晰。

(2)松开制动螺旋,转动望远镜,利用望远镜上的准星或粗瞄器粗略照准目标,并拧紧制动螺旋。

(3)调节物镜调焦螺旋,使目标成像清晰并检查有无视差存在,如果发现有视差存在,应重新进行对光,直至消除视差。

(4)利用水平和望远镜微动螺旋,使十字丝准确对准目标。水平角观测时要用竖丝照准目标的底部;目标离仪器较近时,成像较大,可用单丝平分目标;目标离仪器较远时,可用双丝夹住目标或用单丝和目标重合;竖直角观测时应用横丝中丝照准目标顶部或某一预定部位。

3)读数或置数

(1)读数:读数前先打开度盘照明反光镜并调节反光镜方向使读数窗内亮度最好,然后调节读数显微镜目镜使度盘影像清晰,再读数,读数时先读出落在测微尺0~6之间的度盘分划线的度数,再读出该分划线所在处测微尺的分、秒值,两数之和即为度盘读数。

(2)置数:在水平角观测或工程施工放样中,常常需要使某一方向的读数为零或某一预定值。照准某一方向时,使度盘读数为一预定值的工作称为置数。测微尺读数装置的经纬仪多采用度盘变换器结构,其置数方法为:先精确照准目标,并固紧水平及望远镜制动螺旋,再打开度盘变换手轮保险装置,转动度盘变换手轮,使度盘读数等于预定数值,然后,关上变换手轮保险装置。

3.水平角观测

在水平角观测中,为发现错误并提高测角精度,一般要用盘左和盘右两个位置进行观测。当观测者对着望远镜的目镜,竖盘在望远镜的左边时称为盘左位置,又称正镜;若竖盘在望远镜的右边时称为盘右位置,又称倒镜。水平角观测方法,一般有测回法和方向观测法两种。

1)测回法

测回法只适用于观测两个方向的单角。设$O$为测站点,$A$、$B$为观测目标,$\angle AOB$为观测角,如图6-1-3所示。先在$O$点安置仪器,进行整平、对中,然后按以下步骤进行观

测:

（1）使仪器竖盘处于望远镜左边（称左盘或正镜），照准目标 $A$，按置数方法配置起始读数，读取水平度盘读数为 $a_左$，并记入观测手簿，见表 6-1-2。

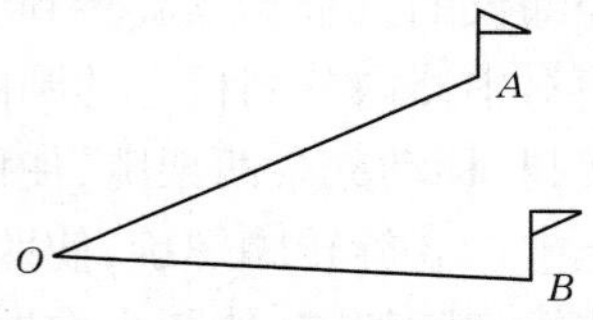

（2）松开水平制动螺旋，顺时针方向转动照准部照准目标 $B$，读取水平度盘读数为 $b_左$，并记入观测手簿中。以上称为上半测回（或盘左半测回），测得角值为 $\beta_左 = b_左 - a_左$。

（3）纵转望远镜，使竖盘处于望远镜右边（称右盘或倒镜），照准目标 $B$，读取水平度盘读数为 $b_右$，记入观测手簿。

（4）逆时针转动照准部，照准目标 $A$，读取水平度盘读数为 $a_右$，并记入观测手簿。以上（3）、（4）两步骤称为下半测回（或盘右半测回），测得角值为 $\beta_右 = b_右 - a_右$。

（5）上、下两个测回合称为一测回，当两个"半测回"角值之差不超过限差（DJ₆ 经纬仪一般取 36″）要求时，取其平均值作为一测回的观测成果，即 $\beta = (\beta_左 + \beta_右)/2$。

图 6-1-3　测回法观测示意图

表 6-1-2　水平角观测手簿（测回法）

| 测站 | 盘位 | 目标 | 水平度盘读数 | 水平角 | | 备注 |
|---|---|---|---|---|---|---|
| | | | | 半测回角 | 测回角 | |
| $O$ | 左 | $A$ | 0° 01′ 24″ | 60° 49′ 06″ | 60° 49′ 03″ | 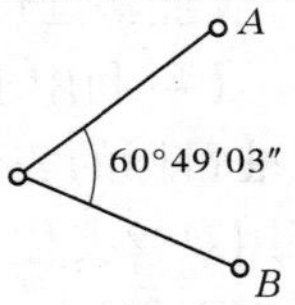 60°49′03″ |
| | | $B$ | 60° 50′ 30″ | | | |
| | 右 | $B$ | 180° 01′ 30″ | 60° 49′ 00″ | | |
| | | $A$ | 240° 50′ 30″ | | | |

2）方向观测法（全圆测回法）

当一个测站上有两个以上方向，需要观测多个角度时，通常采用方向观测法。方向观测法是以任一目标为起始方向（又称零方向），依次观测出其余各个方向相对于起始方向的方向值，则任意两个方向的方向值之差即为该两方向线之间的水平角。当方向超过 3 个时，需在每个半测回末尾再观测一次零方向（称归零），两次观测零方向的读数应相等或差值不超过规定要求，其差值称"归零差"。

如图 6-1-4 所示，在测站 $O$ 上安置经纬仪，选一成像清晰的目标 $A$ 为零方向（要求零方向应选择距离适中、通视良好、呈像清晰稳定、俯仰角和折光影响较小的方向），对中整平后按下列步骤进行观测：

（1）盘左照准 $A$ 点标志，按置数方法使水平度盘读数略大于零，读数 $a$，并记入方向观测法记录表中。

（2）顺时针转动照准部，依次照准 $B$、$C$ 和 $D$，读取水平度盘读数，并记入记录表中。

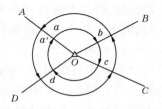

图 6-1-4　方向观测法观测水平角示意图

（3）最后回到起始方向 $A$，再读取水平度盘读数为 $a'$。这一步称为"归零"。$a$ 与 $a'$ 之差称为"归零差"，其目的是检查水平度盘在观测过程中是否发生变动。"归零差"不能超过允许限值($J_2$ 级经纬仪为 12″,$J_6$ 级经纬仪为 18″)。

以上操作称为上半测回观测。

(4)纵转望远镜,盘右按逆时针方向旋转照准部,依次照准 $A$、$D$、$C$、$B$、$A$ 目标,分别读取水平度盘读数,记入记录表中,并算出盘右的"归零差",称为下半测回。上、下两个半测回合称为一测回。

(5)限差,为了提高观测精度,常观测多个测回;为了减弱度盘分划误差的影响,各测回应均匀配置在度盘不同位置进行观测。若要观测 $n$ 个测回时,则每测回起始方向读数应递增 $180°/n$。各测回角值之差称为"测回差",应不超过限值要求($J_2$ 级经纬仪为 12″,$J_6$ 级经纬仪为 18″)。当测回差满足限差要求时,取各测回平均值为本测站水平角观测成果。

4.竖直角测量

1)确定竖直角计算公式

(1)仪器在盘左位置,使望远镜大致水平,确定视线水平时的读数 $L_0$。

(2)将望远镜慢慢上仰,观察读数变化情况,若读数减小,则 $\alpha_{左} = L_0 - L$,反之

$$\alpha_{左} = L - L_0$$

(3)同法确定盘右读数和竖直角的关系。

(4)取盘左、盘右的平均值即可得出竖直角计算公式。

2)竖直角观测一测回操作步骤

(1)在测站上安置经纬仪,进行对中、整平、量取仪器高(测站点标志顶端至仪器横轴的垂直距离)。

(2)盘左位置用横丝中丝精确切准目标的特定位置(如标杆顶部),旋转竖盘指标水准管微动螺旋,使竖盘指标水准管气泡严格居中,读取竖盘读数并记入手簿。

(3)纵转望远镜,盘右照准目标同一部位,使竖盘指标水准管气泡居中,读取竖盘读数,并记入工作簿。

对 $DJ_6$ 经纬仪一般规定:同一测回中,各方向指标差互差不超过 24″;同一方向各测回竖直角互差不超过 24″。

若指标差互差和竖直角互差符合要求,则取各测回同一方向竖直角的平均值作为各方向竖直角的最后结果。

5.经纬仪的检验与校正

1)经纬仪应满足的几何条件

由测角原理可知,观测角度时,经纬仪水平度盘必须水平,竖盘必须铅直,望远镜上下转动的视准轴应在一个铅垂面内。经纬仪各主要轴线应满足下列条件:

(1)竖轴应垂直于水平度盘且过其中心。

(2)照准部管水准器轴应垂直于竖轴,即与水平度盘平行。

(3)视准轴应垂直于横轴。

(4)横轴应垂直于竖轴。

(5)横轴应垂直于竖盘且过其中心。

仪器出厂前都经过严格检查,均能满足条件,但经过长期使用或某些震动,轴线间的

关系会受到破坏。为此,测量之前必须对经纬仪进行检验校正。

2)经纬仪的检验与校正

主要有六个方面的校正,即照准部水准管轴的检校、十字丝的竖丝的检校、视准轴的检校、横轴的检校、指标差的检校、光学对中器的检校。

(1)照准部管水准器轴应垂直于竖轴(气泡居中时,竖轴应铅直,水平度盘应水平)。

①检验方法:a)将仪器大致整平,然后转动照准部使水准管与任意两个脚螺旋连线平行。b)转动脚螺旋使水准管气泡居中,此时水准管轴水平。c)将照准部旋转 180°,若气泡仍然居中或偏离中心不超过 1 格,表明条件满足;若气泡不居中,则需进行校正。

②校正方法:a)转动与水准管平行的两个脚螺旋,使气泡向中央移动偏离值的一半。b)用校正针拨动水准管校正螺丝(注意应先放松一个,再旋紧另一个),使气泡居中,此时水准管轴处于水平位置,竖轴处于铅直位置,即 $LL \perp VV$。c)此项检验校正需反复进行,直至照准部旋转到任何位置,气泡偏离最大不超过 1 格时为止。

(2)十字丝的竖丝应垂直于横轴。

①检验方法:a)整平仪器,用十字丝竖丝的上端(或下端)照准远处一清晰的固定点,旋紧照准部和望远镜制动螺旋。b)用望远镜微动螺旋使将望远镜上下微动,若竖丝和固定点始终重合,则说明竖丝垂直于横轴;否则,需进行校正。

②校正方法:打开望远镜目镜一端十字丝分划板护盖,用螺丝刀轻轻松开四个固定螺丝,微微转动十字丝环,使竖丝处于铅垂位置,然后拧紧四个固定螺丝,并拧上护盖。

(3)视准轴应垂直于横轴。

①检验方法:用盘左和盘右分别照准与仪器大致同高的同一目标并读取水平度盘读数,如果盘左和盘右读数之差不为 180°,则说明该项条件不满足。其差值为两倍视准轴误差,用 $2C$ 表示。

②校正方法:在盘右位置,转动水平微动螺旋使水平度盘读数为正确读数 $M_右$;旋下十字丝分划板护盖,稍微松开十字丝环上、下两个校正螺丝,再用校正针拨动十字丝环的左右两个校正螺丝,一松一紧,推动十字丝环左右移动,使十字丝竖丝精确照准目标。如此反复校正,直至符合要求后,拧紧上下两螺丝,旋上十字丝分划板护盖。

(4)横轴应垂直于竖轴(使视准轴绕水平轴旋转时扫出的面是一铅垂面而不是倾斜面)。

①检验方法:a)在离墙约 20 m 处安置并整平经纬仪。b)盘左照准墙上高处一点 $P$ ($\alpha > 30°$),固定水平制动螺旋,然后放平望远镜,在墙上标出十字丝中心 $P_1$。c)松开水平制动螺旋,用盘右位置再照准高处 $P$ 点,同法在墙上又定得一点 $P_2$;如果 $P_1$、$P_2$ 两点重合,说明条件满足;否则说明横轴不水平,倾斜了一个 $i$ 角。

②校正方法:当 $i$ 大于 1′ 时,应进行校正。校正时应让横轴一端升高或降低,该项校正操作较困难,如需校正,应交专业仪器检修人员处理。

(5)竖盘指标差的检验与校正(指标差为 0,当指标水准管气泡居中时,指标处于正确位置)。

①检验方法:a)整平仪器,用盘左、盘右分别照准同一目标,在竖盘指标水准管气泡

居中时分别读取竖盘读数 $L$、$R$。b）用公式 $x = (L + R - 360°)/2$，计算出指标差 $x$。对于 DJ$_6$ 经纬仪，若指标差 $x$ 的绝对值大于 $1'$，则需进行校正。

②校正方法：a）对于竖盘指标水准管装置的经纬仪，主要通过竖盘指标水准管校正螺丝来消除指标差。具体方法是：先计算盘左或盘右的正确读数（$L_0 = L - x$ 或 $R_0 = R - x$），再旋转竖盘指标水准管微动螺旋使竖盘读数对准计算的正确读数（$R_0$ 或 $L_0$）；此时，望远镜仍精确照准着原目标，竖盘指标水准管气泡已不再居中。拧下竖盘指标水准管校正螺丝的护盖，用校正针拨动水准管上、下两个校正螺丝，使气泡居中。按上述方法反复检验，直到满足要求为止。b）对于竖盘指标自动归零装置的经纬仪，需由专业人员进行。在外业条件下，可通过改十字丝的方法来校正指标差。具体方法是：求出正确读数 $L_0$ 或 $R_0$，旋转望远镜微动螺旋使竖盘读数对准 $R_0$ 或 $L_0$，此时，望远镜十字丝中心向上或向下偏离了原照准目标，可拧下十字丝分划板护盖，稍微旋松十字丝左右两个校正螺丝，然后，用校正针拨动上、下两个校正螺丝，一松一紧，直至十字丝中丝精确照准原目标为止。如此反复进行，使指标差满足要求。

（6）光学对中器的检验与校正（使光学对中器的视准轴与仪器竖轴重合）。

①检验方法：a）在平坦的地面上严格整平仪器，在脚架的中央地面上固定一张白纸。对中器调焦，将刻划圆圈中心投影于白纸上得 $P_1$。b）转动照准部 $180°$，得刻划圆圈中心投影 $P_2$，若 $P_1$ 与 $P_2$ 重合，则条件满足；否则，需校正。

②校正方法：a）取 $P_1$、$P_2$ 的中点 $P$，校正直角棱镜或分划板，使刻划圆圈中心对准 $P$ 点。b）重复检验校正的步骤，直到照准部旋转 $180°$ 后对中器刻划圆圈中心与地面点无明显偏离为止。

6. 经纬仪测角的注意事项

（1）观测前应检校仪器。

（2）安置仪器要稳定，应仔细对中和整平。一测回内不得再对中整平。

（3）目标应竖直，尽可能瞄准目标底部。

（4）严格遵守各项操作规定和限差要求。

（5）当对一水平角进行 $n$ 个测回观测，各测回应配度盘，每测回观测度盘起始读数变动值为 $180°/n$。

（6）观测时尽量用十字丝中间部分。水平角用竖丝，竖直角用横丝。

（7）读数应果断、准确。特别应注意估读数。当场计算，如有错误或超限，应立即重测。

（8）选择有利的观测时间和避开不利的外界条件。

## 1.1.3.2　地形测量知识

地形测量指的是测绘地形图的作业。大范围地形图的测绘基本上采用航空摄影测量方法，利用航空像片主要在室内测图。但面积较小的或者工程建设需要的专题地图（如工程技术图、自然地理图等），采用常规测量方法，在野外进行测图。本节主要介绍为满足工程设计、施工需要小区域地形的测量知识。主要包括控制测量和碎部测量。其中控制测量是基础工作，碎部测量是地形测绘的主要工作。

1．控制测量

1）控制测量的概念

为测图或工程建设的测区建立统一的平面控制网和高程控制网的测量，叫做控制测量。平面控制测量是测定控制点的平面坐标，高程控制测量是测定控制点的高程。

控制测量按内容可分为平面控制测量、高程控制测量；按精度高低可分为一等、二等、三等、四等，一级、二级、三级；按方法可分为常规测量（包括三角测量、导线测量、水准测量）、卫星定位测量等；按区域可分为国家控制测量、城市控制测量、小区域工程控制测量等。

国家控制网的组成有平面控制网和高程控制网。国家平面控制网由一、二、三、四等三角网组成；国家高程控制网是由一、二、三、四等水准网组成。国家控制网的特点是高级点逐级控制低级点。

直接为测绘地形图而建立的控制测量称为图根控制测量，其控制点称为图根控制点，或简称图根点。图根控制分为平面控制和高程控制。图根平面控制采用的坐标系统应与国家或城市的坐标系统相统一。图根平面控制的布设形式，可根据测区的大小和地形情况而定，应尽量利用已有的国家或城市平面控制加密建立，这样做，一方面可以与国家或城市坐标系相统一；另一方面，可以节省大量的人力和物力。对于独立测区，图根平面控制可以在测区的首级控制或上一级控制下布设。图根高程控制必须在国家或城市高程各等级水准点的基础上布设，以取得统一的高程基准。

2）导线测量

导线测量是图根控制的常用方法，特别是地物分布较复杂的城建区、视线障碍较多的隐蔽区和带状地区，多采用导线测量的方法。导线测量布设简单，每点仅需与前后两点通视，选点方便灵活。

将测区内相邻控制点连成直线而构成的折线图形，称为导线。这些控制点，称为导线点。导线测量就是依次测定各导线边的长度和各转折角值；根据起算数据，推算各边的坐标方位角，从而求出各导线点的坐标。

用经纬仪测量转折角，用钢尺测定边长的导线，称为经纬仪导线；若用光电测距仪测定导线边长，则称为电磁波测距导线。

（1）导线的布设形式：根据测区情况和要求，导线可布设成闭合导线、附合导线、支导线三种形式。

①闭合导线：由某已知控制点出发经过若干未知点的连续折线仍回到原已知控制点，形成一个闭合多边形，称为闭合导线。多用于面积较宽阔的独立地区。

②附合导线：由某已知控制点开始，经过若干点后终止于另一个已知控制点上，称为附合导线。多用于带状地区及公路、铁路、水利等工程的勘测与施工。

③支导线：由某已知控制点开始，形成自由延伸的导线，即一端连接在高一级控制点上，而另一端不与任何高级控制点相连，称为支导线。支导线的点数不宜超过 2 个，一般仅作补点使用。

此外，还有导线网，其多用于情况较复杂的测区。

（2）导线测量的外业工作：包括踏勘选点（埋设标志）、水平角观测、边长测量和导线定向四个方面。

①踏勘选点：导线施测之前，要了解测区及其附近的高级控制点的分布、测区的范围及地形起伏等情况，收集有关比例尺的地形图，对测区的情况要做到心中有数，还要根据具体情况拟定导线的布设形式，选定导线点。导线点一般在地面上打入木桩，并在桩顶中心打一小铁钉以示标志。对于长期保存的导线点则应埋设混凝土标石。导线点应统一编号。为了便于寻找，应量出导线点与附近固定而明显的地物点的距离，绘一草图，注明尺寸。

实地选点时应注意下列几点：a）导线点应选在土质坚实、视野开阔、便于安置仪器和施测的地方。b）相邻导线点应通视良好，便于测角和量距。c）导线边长应大致相等，可减小测角带来的误差。d）导线点应有足够的密度，分布较均匀，便于控制整个测区。

②水平角观测：导线的转折角采用测回法观测。转折角有左、右角之分，在导线前进方向左侧的水平角称为左转折角，简称左角。在导线前进方向右侧的水平角称为右转折角，简称右角。附合导线一般测量左角，闭合导线测量内角。

③边长测量：导线边长的测量可以采用钢尺量距，即用检定过的钢尺直接丈量每一条导线的水平距离，应往返各丈量一次，往返丈量的相对误差不得超过1/2 000，在比较困难的条件下，也不得超过1/1 000。导线边长的测量也可以采用电磁波测距仪测定，其测量方法和技术要求按《水利水电工程测量规范》执行。

④导线定向：导线定向可分为两种情况：第一种是与高级控制点相连接的导线；第二种是独立导线，即没有与高级控制点相连接，要在第一个导线点上用罗盘仪测出第一条边的磁方位角，并假定出第一个点的坐标。

（3）导线测量的内业计算：在内业计算前，要全面检查外业观测数据有无遗漏，记录计算是否正确，成果是否符合限差要求。还要根据外业成果绘制导线计算示意图，示意图上应注明导线点点号和相应的角度与边长，起始方位角及起算点的坐标。计算时要在相应的导线计算表中进行，先按顺序填好点号，再将有关数据写在相应栏中。

3）高程控制测量（四、五等水准测量）

在地形测量中，除建立必要的平面控制，还要建立首级高程控制和图根高程控制，而小区域内的首级高程控制常采用四、五等水准测量。四、五等水准测量适用于平坦地区的高程控制测量。四、五等水准测量的具体技术要求见表6-1-3。

表6-1-3　四、五等水准测量的技术要求

| 等级 | 水准仪型号 | 视线高度 | 视线长度（m） | 前后视距差（m） | 前后视距累计差（m） | 红黑面高差之差（mm） | 红黑面读数差（mm） | 附合、环线闭合差 | |
|------|-----------|----------|--------------|----------------|---------------------|---------------------|---------------------|------------------|------------------|
| | | | | | | | | 平原 | 山区 |
| 四 | DS$_3$ | 三丝读数 | ≤100 | ≤3 | ≤10 | ≤5 | ≤3 | ±20$\sqrt{L}$ | ±25$\sqrt{L}$ |
| 五 | DS$_3$ | 中丝读数 | ≤150 | ≤20 | ≤100 | ≤6 | ≤4 | ±40$\sqrt{L}$ | ±40$\sqrt{L}$ |

利用水准测量方法测定高程的控制点称为水准点,一般用 BM 表示。水准点有永久性水准点和临时性水准点两种。在水准点间进行水准测量所经过的路线,称为水准路线。水准路线应尽量沿公路、大道等平坦地面布设。水准路线上两相邻水准点之间称为一个测段。

(1)水准路线布设形式:在一般的工程测量中,水准路线布设形式主要有附合水准路线、闭合水准路线和支水准路线三种形式。

①附合水准路线:从一已知高级水准点出发,沿各待测高程的水准点进行水准测量,最后附合到另一已知高级水准点上,所构成的水准路线称为附合水准路线。附合水准路线各测段高差代数和应等于两个已知高程的水准点之间的高差。

②闭合水准路线:从一已知高级水准点出发,沿各待测高程的水准点进行水准测量,最后仍回到原已知高级水准点上,所构成的环形路线称为闭合水准路线。闭合水准路线各测段高差代数和应等于零。

③支水准路线:从一已知高级水准点出发,沿各待测高程的水准点进行水准测量,这种既不闭合又不附合的水准路线,称为支水准路线。支水准路线要进行往返测量,以资检核。支水准路线往测高差与返测高差的代数和应等于零。

(2)四等水准路线的选择和水准点设置:四等水准路线可采用附合、闭合和支水准路线。附合水准路线总长应不超过 80 km;闭合水准路线总长应不超过 100 km;支水准路线长度不能超过 20 km,还要进行往返测。但当采用 0.5 m 基本等高距测图时,四等水准路线不得长于 20 km。水准路线应充分利用现有道路网并选择坡度较小和便于施测的路线(如公路、大路)。在水准线上,每隔 4 km 左右须埋设一个水准点。水准点应选在土质坚实、观测方便和利于长期保存的地点。永久性水准点应采用混凝土标石。临时性水准点,可在地面上打入木桩,或在坚硬岩石、建筑物上设置固定标志,并用红色油漆标注记号和编号。水准点埋设后,为便于以后使用时查找,须绘制说明点位的平面图,称为点之记。

(3)四等水准测量的观测程序和记录方法:四等水准测量在每一测站上,先安置水准仪,使水准仪圆气泡居中后,分别瞄准前、后水准尺,估读视距,最大视距和前后视距差不得超过表 6-1-3 的规定。否则,应移动前视尺或水准仪,使上述两项限差达到要求。一个测站的观测、记录工作按下列顺序进行(记录见表 6-1-4):

①照准后视水准尺黑面,使水准管气泡居中,读取下(1)、上(2)、中(3)三丝读数,并进行记录(可不读上下丝读数,直接读视距)。

②照准后视水准尺红面,读取中丝读数(4),并进行记录。

③照准前视水准尺黑面,使水准管气泡居中,读取下(5)、上(6)、中(7)三丝读数,并进行记录。

④照准前视水准尺红面,读取中丝读数(8),并记录。

这四步观测简称为"后—后—前—前"或"黑—红—黑—红",观测结束后可进行测站计算。

表 6-1-4　四等水准测量记录表

| 测站编号 | 后尺 下丝/上丝 | 前尺 下丝/上丝 | 方向及尺号 | 标尺读数 | | 加黑减红 | 高差中数 | 备注 |
| | 后距 | 前距 | | 黑 | 红 | | | |
| | 视距差 d | ∑d | | | | | | |
|---|---|---|---|---|---|---|---|---|
| 1 | 1.743(1) | 1.113(5) | 后 | 1.529(3) | 6.214(4) | +2(13) | | |
| | 1.315(2) | 0.685(6) | 前 | 0.899(7) | 5.686(8) | 0(14) | | K₁=4.687 |
| | 42.8(9) | 42.8(10) | 后－前 | 0.630(15) | 0.528(16) | +2(17) | | K₂=4.787 |
| | 0.0(11) | 0.0(12) | | | | | 0.629 0(18) | |
| 2 | 0.625 | 1.304 | 后 | 0.366 | 5.151 | +2 | | |
| | 0.062 | 0.460 | 前 | 0.747 | 5.434 | 0 | | |
| | 56.3 | 57.4 | 后－前 | −0.381 | −0.283 | +2 | | |
| | −1.1 | −1.1 | | | | | −0.382 0 | |
| 3 | 1.718 | 1.936 | 后 | 1.420 | 6.107 | 0 | | |
| | 1.122 | 1.353 | 前 | 1.646 | 6.434 | −1 | | |
| | 59.6 | 58.3 | 后－前 | −0.226 | −0.327 | +1 | | |
| | +1.3 | +0.2 | | | | | −0.226 5 | |
| 4 | 1.473 | 1.508 | 后 | 1.233 | 6.021 | −1 | | |
| | 1.002 | 1.043 | 前 | 1.276 | 5.963 | 0 | | |
| | 47.1 | 46.5 | 后－前 | −0.043 | 0.058 | −1 | | |
| | +0.6 | +0.8 | | | | | −0.425 5 | |
| 检核 | ∑(9)=205.8 ∑(10)=205.0 末站(12)=+0.8 总距离 L=410.8 | | ∑(3)=4.548　　∑(4)=23.493　　∑(18)=−0.022 0 ∑(7)=4.568　　∑(8)=23.517 ∑(15)=−0.020　　∑(16)=−0.024　　∑(17)=+2 ½[∑(15)+∑(16)]=−0.022 | | | | | |

（4）四等水准测量的测站计算与校核：一个测站的计算工作有下列几项（参见表6-1-4）。

①视距部分

后视距（9）=［下丝读数（1）－上丝读数（2）］×100；

前视距（10）=［下丝读数（5）－上丝读数（6）］×100；

前、后视距差（11）=后视距（9）－前视距（10）；

前、后视距累积差（12）=本站视距差（11）+上站视距累积差（12）。

②高差部分

后视标尺黑、红面读数差(13) = $K_1$ + (3) - (4),其绝对值不应超过 3 mm;

前视标尺黑、红面读数差(14) = $K_2$ + (7) - (8),其绝对值不应超过 3 mm。

$K_1$、$K_2$ 分别为后、前两水准尺的黑、红面的起点差,亦称尺常数,一般为 4.687 m、4.787 m。

黑面高差(15) = (3) - (7)

红面高差(16) = (4) - (8)

黑、红面高差之差(17) = (15) - [(16) ± 0.1] = (13) - (14),其绝对值应小于 5 mm。式中(16) ± 0.1 m 是由于两根水准尺红面有起点差,二者相差 0.1 m,取" + "或" - "号应视黑面所算出的高差来确定,红面高差比黑面高差小,则应加上 0.1 m,反之,则应减去 0.1 m,计算见表 6-1-4。

高差中数(18) = [(15) + (16) ± 0.1]/2,作为该测站所测的高差。

当整个水准路线测量完毕,还应逐页检核计算有无错误,检核的方法是:

先计算 $\sum$(3)、$\sum$(7)、$\sum$(4)、$\sum$(8)、$\sum$(9)、$\sum$(10)、$\sum$(15)、$\sum$(16)、$\sum$(18),然后用下式校核:

$\sum$(9) - $\sum$(10) = 末站(12)

[$\sum$(15) + $\sum$(16) ± 0.1]/2 = $\sum$(18)——测站为奇数。

[$\sum$(15) + $\sum$(16)]/2 = $\sum$(18)——测站为偶数。

水准路线总长度 $L$ = $\sum$(9) + $\sum$(10)

(5)四等水准观测应注意的事项:

①观测时,必须用测伞遮蔽阳光,迁站时应罩上仪器罩。

②仪器若架设在较为松软的地方观测时,必须踩实脚架腿,以减小仪器的下沉误差。

③迁站时,只能仪器、后视尺向前移动,本站的前视尺的尺垫不动,作为下一测站的后视尺。

④除线路转弯处,每一测站上仪器和前后视水准尺应尽量在一条直线上。

(6)四等水准高程的计算:当高差闭合差在允许值范围之内时,可以进行高差闭合差的调整(高差改正)。闭合或附合水准路线,高差闭合差分配的原则是将闭合差按距离或测站数成正比例反符号改正到各测段的观测高差上,使其满足理论上的数值。对于支水准路线,则取往、返测高差的平均值(正负号按往测高差)作为改正后的高差。最后,根据改正后的高差,由起点高程逐一推算出其他各点的高程。最后一个已知点的推算高程应等于它的已知高程,以此检查计算是否正确。

2.碎部测量

1)碎部测量的概念

碎部测量的任务是根据已建立的测区控制网,把地面上的碎部点(即地貌、地物点)的平面位置和高程,按一定比例尺和精度测绘在图纸上,根据碎部点勾绘成地形图。

常用的碎部测量方法有利用平板仪测图法、经纬仪测绘法、平板仪与经纬仪联合测图法和全站仪测图法等。

2)碎部点的选择

(1)地物特征点容易选择,如房角,道路交叉点,河流、道路、围墙的转折点以及独立地物的中心点等。连接这些特征点,便得到与实地相似的地物形状。由于地物形状极不规则,一般规定主要地物凸凹部分在图上大于 0.4 mm 均应表示出来,小于 0.4 mm 时,可用直线连接。

（2）对于地貌来说,碎部点应选在最能反映地貌特征的山顶和鞍部、山脚变化点、山脊线和山谷线上坡度变化及方向变化点。根据这些特征点的高程勾绘等高线,即可将地貌在图上表示出来。

（3）为了保证成图质量,要求碎部点有一定的密度,即使在坡度变化很小的地方,每隔一定距离也应立尺,一般图上每隔 2 ~ 3 cm 有一个点。

（4）碎部测量开始前,先察看测站周围的地物地貌,计划跑点路线,一般由远到近,先地物后地貌。地形复杂处可绘制草图。

3）碎部测量方法

常用的碎部测量方法有利用经纬仪测绘法、大平板仪测图法、小平板仪与经纬仪联合测图法和全站仪测图法等。

（1）经纬仪测绘法:

经纬仪测绘法是在测站点安置经纬仪,测定碎部点的方向与已知方向的水平角,测站点与碎部点间的距离、竖直角、立尺点中丝读数,计算出平距和高程,用量角器展绘成图的一种方法。

观测时先将经纬仪安置在测站上,绘图板安置于测站旁,用经纬仪测定碎部点的方向与已知方向之间的夹角、测站点至碎部点的距离和碎部点的高程。然后根据测定数据用量角器和比例尺把碎部点的位置展绘在图纸上,并在点的右侧注明其高程,再对照实地描绘地形。此法操作简单、灵活,适用于各类地区的地形图测绘。参见图 6-1-5。操作步骤如下:

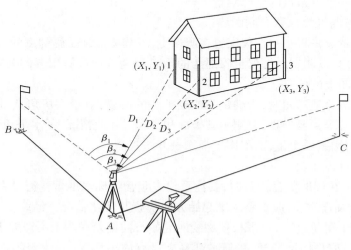

图 6-1-5　经纬仪测图

①将经纬仪安置于测站点 $A$,测定竖盘指标差 $x$(要求 $x < 1'$),量取仪器高 $i$(量至cm),照准另一控制点 $B$ 作为起始方向,将水平度盘读数安置为 $0°00'00''$(即零方向),记

入手簿。

②立尺员工作:立尺员依次将尺立在地物、地貌特征点上。立尺前,立尺员应弄清实测范围和实地情况,选定立尺点,并与观测员、绘图员共同商定跑尺路线。

③观测员照准碎部点上的标尺,依次读取水平角、视距、竖盘读数、中丝读数,记录员依次记入手簿。对于有特殊作用的碎部点,如房角、山头、鞍部等,应在备注中加以说明。

④根据视距计算公式,计算出平距(至 dm)、高程(至 cm)。

⑤绘图员转动量角器,使此测点的水平角值对准起始方向线,此时量角器的零方向便是碎部点方向,然后沿量角器的直尺边按比例量取平距,定出碎部点的点位,并在点的右侧注明其高程(至 d m)。

⑥同法测绘其他碎部点,在现场参照实际情况,边测边绘,勾绘出地物轮廓线和等高线,为了检查测图质量,仪器搬到下一测站时,应先观测前站所测的某些明显碎部点,以检查由两个测站测得该点平面位置和高程是否相同,如相差较大,则应查明原因,纠正错误,再继续进行测绘。

若测区面积较大,可分成若干图幅,分别测绘,最后拼接成全区地形图。为了相邻图幅的拼接,每幅图应测出图廓外 5 mm。

(2)大平板仪测图法:

①将平板仪安置在测站 A 上(对中、整平、定向)。测定竖盘指标差 $x$(要求 $x \leqslant 1'$),量取仪器高 $i$。

②用照准仪直尺斜边贴靠测站点,照准碎部点上所立标尺,读取上、中、下三丝读数和竖直角。

③计算碎部点的水平距离和高程。

④按测图比例尺将碎部点在图上的位置展出,并在旁边注记高程。

按此法完成一个测站点的全部测量工作。

(3)小平板仪与经纬仪联合测图法:

这种方法的特点是将小平板仪安置在测站上,以描绘测站至碎部点的方向,而将经纬仪安置在测站旁边,以测定经纬仪至碎部点的距离和高差。最后用方向与距离交会的方法定出碎部点在图上的位置。

在工矿企业测绘地形图时,为满足改建或扩建的需要,对于厂房角点、地下管线检查井中心及烟囱中心等主要地物,要测出其坐标和高程。在此情况下,水平角要用经纬仪观测半个测回,距离用钢尺丈量,高程用水准测量方法观测。

4)碎部测量注意事项

(1)观测人员在读取竖盘读数时,要注意检查竖盘指标水准管气泡是否居中;每观测20~30 个碎部点及迁站前,应重新瞄准起始方向检查其变化情况。经纬仪测绘法起始方向度盘读数偏差不得超过 4′,小平板仪测绘时起始方向偏差在图上不得大于 0.3 mm。

(2)立尺人员应将标尺竖直,并随时观察立尺点周围情况,弄清碎部点之间的关系,地形复杂时还需绘出草图,以协助绘图人员做好绘图工作。

(3)绘图人员要注意图面正确整洁,注记清晰,并做到随测点、随展绘、随检查。

(4)当每站工作结束后,应进行检查,在确认地物、地貌无测错或漏测时,方可迁站。

## 1.1.4  小流域沟壑密度、沟道比降计算

### 1.1.4.1  小流域的沟壑密度

小流域的沟壑密度是指小流域单位面积上沟道的总长度。计算公式为:

$$D = L/F \tag{6-1-3}$$

式中  $D$——流域平均沟壑密度,km/km$^2$;

$L$——流域沟道总长度,km;

$F$——流域总面积,km$^2$。

$L$ 与 $F$ 数值可从比例尺 1:10 000 ~ 1:5 000 的地形图上量得,长度 200 m 以上的支沟都要量算。

### 1.1.4.2  小流域的沟道平均比降

小流域的沟道平均比降是单位沟道长度的落差。计算公式为:

$$小流域的沟道平均比降(\%) = \frac{小流域的上游高程(m) - 小流域的出口高程(m)}{小流域主沟道长度(m)}$$

$$\tag{6-1-4}$$

可从比例尺 1:10 000 ~ 1:5 000 的地形图上量得,小流域主沟道长度指沿主沟道从出口断面至分水岭的最长距离;上游高程为沿主沟道至分水岭处的高程。

## 1.1.5  小流域坝系基本知识

### 1.1.5.1  小流域坝系的概念

小流域坝系指在小流域中,由相互联系和发挥综合效益的淤地坝、治沟骨干工程、小水库等组成的坝库群工程设施。

### 1.1.5.2  坝系的形成与发展

坝系的形成要经过一个漫长的发展过程,这一过程大致可分为四个阶段,即初建阶段、发育阶段、成熟阶段和相对平衡阶段。

### 1.1.5.3  影响布坝密度的主要因素

影响布坝密度的主要因素有:沟壑密度、沟道比降、沟长、侵蚀模数、坡面治理程度、暴雨强度等。

### 1.1.5.4  影响坝系结构的主要因素

影响坝系结构的主要因素有:小流域各级沟道的疏密程度、各级沟道的面积、沟道特征、功能目标等。

## 1.1.6  中小型淤地坝坝址选择

中小型淤地坝坝址选择,应依据小流域坝系可行性研究总体布局和地形、地质、环境条件以及建筑材料等,从安全、合理、经济等方面综合考虑。

(1)坝址地形选择,应考虑坝轴线短、库容大,一般选在"口小肚大",沟道比降较缓,同时应选在支沟分汊的下方和沟底陡坡、跌水的上方,且沟底和两岸比较坚硬或有岩石的地方,以求修坝工程量小,库容大,淤地多。

（2）坝端岸坡应有开挖溢洪道的良好地形和土质（或基岩）；两岸岸坡不应大于45°，不应有集流洼地或冲沟，不应有陷穴、泉眼、断层、滑坡体、洞穴等隐患；要求土质坚硬，地质构造稳定；最好是黄土下面为红胶土或基岩，以节省溢洪道衬砌的工程量和投资。

（3）坝址附近有良好的筑坝材料（土料、石料）和料场，而且采运容易，交通、施工方便。土的储量一般应为坝体总土方量的两倍以上，并考虑以后加高需要用的土方量。采用水坠法筑坝时，土场应紧靠坝址，并有一定高度，坝址附近应有充足的水源（施工期间能提供比坝体冲填土方量大一倍的水量）。

（4）坝址应避开较大弯道，从防洪安全考虑，选定坝址的下游没有村镇、厂矿等重要设施，以避免淹没村庄、公路、矿井、大片耕地和其他重要建筑物，尽量减小库区淹没损失。

# 1.2　统计调查

## 1.2.1　水土保持调查统计表格设计

### 1.2.1.1　调查统计表的结构组成

水土保持调查统计表由表名称、表式（表格）、表尾和填表说明四大部分组成。

（1）表名称：它置于统计表格的正上方。根据调查的目的、对象、调查单位、调查项目、调查内容确定，并标明资料所属的时间和范围，同时还要写明表号。

（2）表式（表格）：是指调查统计表的具体格式，表内要求填写的指标项目以及表外填写的各项补充资料。每张表都要把指标内容按一定规格形式安排，力求简明清晰。

调查统计表从表式结构上看是由纵横交叉的线条组成的一种表格，它包括总标题（表名称）、横行标目、纵栏标目和指标数值四部分。横行标目写在表的左方，纵栏标目写在表的上方。指标数值是调查统计表的主体，表中的数字有绝对数、相对数或平均数。从内容结构上看，调查统计表是由主词栏和宾词栏两个部分组成。主词栏是统计表中所要说明的总体及其组成部分，一般在表格的左边部分；宾词栏是调查统计表中用来说明总体数量特征的各个指标名称及具体指标值，一般在表格的右边部分。如图6-1-6所示。

（3）表尾：一般为辅助信息，例如调查日期、调查（制表）人、负责人等。

（4）填表说明：是指明表式中各种问题的解释和填写方法，以及有关注意事项。简单的调查统计表一般在本表后附有填表说明，复杂的调查统计表则统一编写填表说明。填表说明应包括调查统计范围（或汇总范围）、统计目录、指标解释、统计分组（类）或有关的划分标准及代码等问题。

### 1.2.1.2　调查统计表的分类

1. 按主词的结构分类

根据主词分组情况不同，分为简单表、分组表和复合表。

（1）简单表：主词未经任何分组的统计表称为简单表。

（2）分组表：主词只按一个标志进行分组形成的统计表，又称为简单分组表。简单分组表应用十分广泛，对比简单表，它有如下作用：区分事物的类型，研究总体结构，分析现象的依存关系（如图1-2-1所示，调查统计表的结构示意图中的表格是以水土保持措施分组的)。

(3)复合表:主词同时按两个或两个以上标志进行分组而形成的统计表,又称为复合分组表。如下文"1.2.1.4 常见的水土保持调查表设计"中的表6-1-14,其中地面坡度分组。

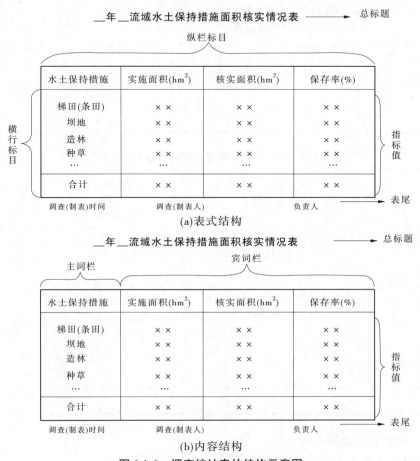

图 6-1-6 调查统计表的结构示意图

**2. 按宾词结构分类**

调查统计表按宾词设计的繁简程度不同分为宾词简单排列表、分组平行排列表和分组层叠排列表。

(1)宾词简单排列表是指宾词不加任何分组、按一定顺序排列在统计表上。如"1.2.1.4 常见的水土保持调查表设计"中的表6-1-7、表6-1-9 等。水土保持调查统计中这种表式最常用。

(2)宾词分组平行排列表是指宾词栏中各分组标志彼此分开,平行排列(见表6-1-5)。

(3)宾词分组层叠排列表是指统计指标同时有层次地按两个或两个以上标志分组,各种分组层叠在一起,宾词的栏数等于各种分组的组数连乘积,例如农村劳动力按三次产业分为三组,以下按性别又分为两组,则符合分组设计的宾词栏共有产业 3 组×性别 2 组=6 栏(不包括合计栏)(见表6-1-6)。

表 6-1-5　某年我国各类型区社会商品零售总额　　　（单位：万元）

| 按类型区分组 | 按商品性质和用途分类 | | 按城乡分组 | | 按经济类型分组 | | | |
| --- | --- | --- | --- | --- | --- | --- | --- | --- |
| | 社会消费品零售总额 | 农业生产资料销售额 | 城镇 | 乡村 | 国有 | 集体 | 个体 | 其他 |
| 黄土丘陵区高原沟壑区土石山区…… | | | | | | | | |

表 6-1-6　1996～2000 年某省农村劳动力的分布情况

| 年份 | 劳动力 | | | 三次产业 | | | | | | | | |
| --- | --- | --- | --- | --- | --- | --- | --- | --- | --- | --- | --- | --- |
| | 人数 | | | 第一产业 | | | 第二产业 | | | 第三产业 | | |
| | 合计 | 男 | 女 | 合计 | 男 | 女 | 合计 | 男 | 女 | 合计 | 男 | 女 |
| 1996 | | | | | | | | | | | | |
| 1997 | | | | | | | | | | | | |
| 1998 | | | | | | | | | | | | |
| 1999 | | | | | | | | | | | | |
| 2000 | | | | | | | | | | | | |
| 总计 | | | | | | | | | | | | |

### 1.2.1.3　调查统计表表式设计

1.调查统计表表式设计应注意的事项

(1)统计表应设计成由纵横交叉线条组成的长方形表格，长与宽之间保持适当的比例。

(2)线条的绘制。表的上下两端应以粗线绘制，表内纵横线以细线绘制；"闭口式"表格的左右两端画线；采用"开口式"，表格的左右两端一般不画线。

(3)合计栏的设置。统计表各纵列须合计时，一般应将合计列在最后一行；各横行若须合计时，可将合计列在最前一栏或最后一栏。

(4)栏数的编号。如果栏数较多，应当按顺序编号，习惯上主词栏部分分别编以"甲乙丙丁……"序号，宾词栏编以(1)(2)(3)……序号。

2.调查统计表内容设计应注意的事项

(1)标题设计。总标题应简练而又准确地概括出调查资料所要反映的内容、所属的时间和空间范围。

(2)指标数值。表中数字应填写整齐，对准位数。当数字本身为 0 或因数字太小而忽略不计时,可填写为"0";当缺某项数字资料时,可用符号"…"表示;不要求填写或无数字的空格用符号"—"表示。

（3）计量单位。统计表必须注明数字资料的计量单位。当全表只有一种计量单位时,可以把它写在表头的右上方。如果表中各栏的指标数值计量单位不同,可在横行标目后添一列计量单位。

（4）注解与资料来源。为保证统计资料的科学性与严肃性,在统计表下,应注明资料来源,以便考察。必要时,在统计表下加注说明。

#### 1.2.1.4　常见的水土保持调查表设计

水土保持调查统计表主要有土地利用情况调查统计表、社会经济情况调查表、水土流失调查表、水土保持措施调查表等。下面是水土保持调查统计有关表格设计范例,供参考。见表 6-1-7 ~ 表 6-1-17。

### 1.2.2　抽样调查基本知识

抽样调查是一种非全面调查,是在被调查对象总体中,抽取一定数量的样本,对样本指标进行量测和调查,以样本统计特征值(样本统计量)对总体的相应特征值(总体参数)作出具有一定可靠性的估计和推断的调查方法。

#### 1.2.2.1　抽样调查有关概念

（1）总体和样本:被研究事物或现象的所有个体(数值或单元)称为总体;从总体中按预先设计的方法抽取一部分单元,这部分单元称为样本,组成样本的每个单元称为样本单元。总体单元数用 $N$ 表示;样本总体单元数用 $n$ 表示。总体和样本都是随机变量。

（2）抽样比:是指在抽选样本时,所抽取的样本单元数 $n$ 与总体单元数 $N$ 之比。

（3）抽样估计:利用样本指标(统计量)来推算总体参数的一种统计分析方法。

（4）总体特征值:根据总体各单元标志值计算的综合特征值,又称为总体参数,常用的总体特征值有:

①总体平均数: $\bar{X} = \dfrac{1}{N}\sum\limits_{i=1}^{N} X_i$（$X_i$ 表示各单元上的标志值）;

②总体方差: $\sigma^2 = \dfrac{1}{N}\sum\limits_{i=1}^{N}(X_i - \bar{X})^2$;

③总体标准差: $\sigma = \sqrt{\dfrac{\sum\limits_{i=1}^{N}(X_i - \bar{X})}{N}}$;

④总体成数: $P = 1 - Q$（$P$ 为总体中具有某种性质的单元在总体全部单元数中所占的比重,$Q$ 为总体中不具有某种性质的单元数在总体中所占的比重）。

（5）样本特征值。

根据样本总体各单元标志值计算的综合特征值,也称统计量。抽样前,样本单元观测值为随机变量,故统计量也是随机变量。常用的样本特征值有:

①样本平均数: $\bar{x} = \dfrac{1}{n}\sum\limits_{i=1}^{n} x_i$;

表6-1-7　×××省(地、市)水土保持综合治理面积调查表

| 年份 | 地(市) | 县(旗) | 梯条田(hm²)(1) | 坝地(hm²)(2) | 水浇地(hm²)(3) | 乔木林(hm²)(4) | 灌木林(hm²)(5) | 经济林(hm²)(6) | 果园(hm²)(7) | 种草(hm²)(8) | 封禁治理(hm²)(9) |
|---|---|---|---|---|---|---|---|---|---|---|---|
| ×××× | | | | | | | | | | | |
| 合计 | | | | | | | | | | | |

表6-1-8　×××省(地、市)水土保持工程措施调查表

| 年份 | 地(市) | 县(旗) | 水库 | | | | | 骨干坝 | | | | | 中小型淤地坝 | | | 小型水保工程 | | | | |
|---|---|---|---|---|---|---|---|---|---|---|---|---|---|---|---|---|---|---|---|---|
| | | | 数量(座) | 控制面积(km²) | 总库容(万m³) | 死库容(万m³) | 已淤库容(万m³) | 数量(座) | 坝地面积(hm²) | 控制面积(km²) | 总库容(万m³) | 已淤库容(万m³) | 数量(座) | 已淤面积(hm²) | 已拦泥(万m³) | 谷坊(道) | 水窖旱井(眼) | 涝池塘坝(座) | 沟头防护(处) | 其他(座、处) |
| ×××× | | | | | | | | | | | | | | | | | | | | |
| 合计 | | | | | | | | | | | | | | | | | | | | |

注:表中数据以县为单位,逐年累计统计。坝地面积指已淤成的用于生产的坝地面积。

表6-1-9　小流域综合治理措施调查表

| 省(地、县) | 类型区 | 所属支流 | 小流域名称 | 小流域面积(km²) | 小型水保工程 | 淤地坝(座) | 梯条田(hm²) | 坝地(hm²) | 水浇地(hm²) | 乔木林(hm²) | 灌木林(hm²) | 经济林(hm²) | 果园(hm²) | 种草(hm²) | 沟头防护(hm²) | 封禁治理(hm²) |
|---|---|---|---|---|---|---|---|---|---|---|---|---|---|---|---|---|
| ×××× | | | | | | | | | | | | | | | | |
| 合计 | | | | | | | | | | | | | | | | |

全县小流域治理面积:　　　　　　　占总面积的百分比(%):

注:小型水保工程注明个数、淤地坝注明座数,面积栏拦泥量。类型区指水土流失类型区;所属支流指黄河一级支流,二级支流指黄河一级支流;小型水保工程指谷坊、水窖、涝池、沟头防护等,注明个数;种草指人工种草面积;1996~2007年时间段内,有多少条填多少行。

**表 6-1-10　×××年社会经济情况调查表**

| 县(市) | 总土地面积(km²) | 耕地面积(km²) | 粮食单产(kg/亩) | 总人口(万) | 城镇人口(万) | 农业人口(万) | 人口密度(人/km²) | 人口增长率 | 农业总产值(万元) | 农民人均纯收入(元) | 各业年产值 | | | | |
|---|---|---|---|---|---|---|---|---|---|---|---|---|---|---|---|
| | | | | | | | | | | | 农业 | 林业 | 牧业 | 副业 | 渔业 |
| ×××× | | | | | | | | | | | | | | | |
| 合计 | | | | | | | | | | | | | | | |

注:表中所有数据以县级行政区为单位统计,数据来源于收集的各省(区)××××年·统计年鉴。

**表 6-1-11　开发建设项目水土流失调查表**

| 省 | 市 | 县 | 土壤侵蚀类型区 | 所属支流 | 项目名称 | 等级 | 行业类别 | 开工时间 | 竣工时间 | 长度(km) | 扰动面积(hm²) | 新增水土流失量(万t) | 水土保持措施类型 | 水土保持措施数量(措施数量:万 hm²、座) |
|---|---|---|---|---|---|---|---|---|---|---|---|---|---|---|
| ×××× | | | | | | | | | | | | | | |
| 合计 | | | | | | | | | | | | | | |

**表 6-1-12　各支流灌区灌溉指标表**

| 年份 | 支流 | 灌区名 | 灌溉面积(hm²) | 3~10月平均含沙量(kg/m³) | 常水含沙量(kg/m³) | 夏季灌溉引水含沙量(kg/m³) | 渠道断面平均含沙量(kg/m³) | 退水含沙量(kg/m³) | 灌溉引水量(hm²) |
|---|---|---|---|---|---|---|---|---|---|
| ×××× | | | | | | | | | |
| 合计 | | | | | | | | | |

注

表 6-1-13 各支流水库蓄水与淤积参数表

| 年份 | 支流 | 县(区) | 水库名 | 库容(万 m³) | 集水面积(hm²) | 年径流量(万 m³) | 集水区输沙模数(t/(km²·a)) | 年终蓄水量(万 m³) | 年初蓄水量(万 m³) | 水面蒸发量(mm) | 年均降水量(mm) | 年均水面面积(hm²) | 淤积量(万 m³) | 淤积年限 | 备注 |
|---|---|---|---|---|---|---|---|---|---|---|---|---|---|---|---|
| × × × × |  |  |  |  |  |  |  |  |  |  |  |  |  |  |  |
| 合计 |  |  |  |  |  |  |  |  |  |  |  |  |  |  |  |

表 6-1-14 小流域水土保持措施野外调查表

| 图斑编号 | 措施类型 | 实施年份 | 地貌部位 | 整地方式 | 造林类型 | 图斑面积 | | 质量等级 | 备注 |
|---|---|---|---|---|---|---|---|---|---|
| | | | | | | 原图面积 | 调查面积 | | |
| | | | | | | | | | |

全流域原来各项措施面积:梯田　　　hm²;人工林　　　hm²;种草　　　hm²;坝地　　　hm²;封禁　　　hm²

全流域核查各项措施面积:梯田　　　hm²;人工林　　　hm²;种草　　　hm²;坝地　　　hm²;封禁　　　hm²

调查单元号:　　　所属县、乡、村:　　　所属支流:

小流域面积(km²):　　　基本农田面积(hm²):　　　经、纬度:　　　粮食单产(kg/亩):

调查人:　　　调查时间:

填表说明:图斑编号指根据总面积 20%抽样法抽到的原图斑编号,由调查者按调查顺序填,要与调查图相对应;地貌部位填塬面或塬顶、坡面、沟谷;造林类型、整地方式只在调查林地时填写;原图面积指调查图斑在验收图上的面积,调查面积是实际调绘的图斑面积;质量等级按有关规定进行。

表 6-1-15 水土保持措施面积汇总表

(单位:hm²)

| 省、县、区 | 坝地 | 梯(条)田 | 林地 | | | | | 种草 | 果园 | 水库(座) | 淤地坝(座) |
|---|---|---|---|---|---|---|---|---|---|---|---|
| | | | 乔木林 | 灌木林 | 经济林 | 未成林 | 小计 | | | | |
| | | | | | | | | | | | |
| 合计 | | | | | | | | | | | |

表6-1-16　×××省(地、市)自然条件与水土流失调查表

土貌、土质、植被、侵蚀

| 项目 | | 区(县、村) | 区(县、村) |
|---|---|---|---|
| 地貌特征 | | | |
| 地面组成物质 | | | |
| 坡度组成(%) | <5° | | |
| | 5°~15° | | |
| | 15°~25° | | |
| | 25°~35° | | |
| | >35° | | |
| 沟壑密度(km/km²) | | | |
| 林草被覆度(%) | | | |
| 侵蚀模数(t/(km²·a)) | | | |
| 水土流失特征 | | | |

主要水热条件

| 项目 | | 区(县、村) | 区(县、村) | 区(县、村) |
|---|---|---|---|---|
| 年降水量(mm) | 一般 | | | |
| | 最大 | | | |
| | 最小 | | | |
| 年径流深(mm) | 一般 | | | |
| | 最大 | | | |
| | 最小 | | | |
| 年均气温(℃) | 一般 | | | |
| | 最大 | | | |
| | 最小 | | | |
| ≥10℃积温(℃) | 一般 | | | |
| | 最大 | | | |
| | 最小 | | | |
| 无霜期(d) | 一般 | | | |
| | 最大 | | | |
| | 最小 | | | |

注:侵蚀模数与主要水热条件需注明资料源年限序列。

表6-1-17　×××省(地、市)土地、人口、劳力情况调查表

| 县(市) | 面积(hm²) | | 户数(户) | | 人口(人) | | 劳力(个) | | 人口密度(人/km²) | | 人均土地(hm²/人) | | 人均耕地(hm²/人) | | 耕地面积(hm²) |
|---|---|---|---|---|---|---|---|---|---|---|---|---|---|---|---|
| | 总 | 流失 | 总 | 农村 | 总 | 农村 | 总 | 农村 | 总 | 农村 | 总 | 农村 | 总 | 农村 | |
| ×××× | | | | | | | | | | | | | | | |
| 合计 | | | | | | | | | | | | | | | |

②样本方差: $s^2 = \dfrac{1}{n-1} \sum\limits_{i=1}^{n} (x_i - \bar{x})^2$;

③样本标准差: $s = \sqrt{\dfrac{\sum\limits_{i=1}^{n} (x_i - \bar{x})}{n}}$;

④样本成数: $p = 1 - q$($p$ 为具有某种性质的样本单元数在样本总体中所占的比重, $q$ 为不具有某种性质的样本单元数在样本总体中所占的比重)。

#### 1.2.2.2　抽取样本的方法和常用的抽样方式

抽取样本的方法和常用的抽样方式参见高级工"1.2.1　抽样调查技术基本知识"。

#### 1.2.2.3　抽样调查的步骤

(1)根据调查目的和任务的需要,按照一定的内容和要求,对某一对象总体编制抽样框。

(2)根据调查总体中各调查单位的数量分布特征选择一定的抽样调查方法。

(3)根据调查的精度要求和选择的调查方法确定抽样单元数,并从抽样框中抽取样本单元。

(4)对抽取的样本单元进行调查,对样本资料进行审核、汇总。

(5)根据样本汇总资料结果推断总体,并进行一定的可靠性检验。

#### 1.2.2.4　抽样调查的特点

(1)只抽取总体中一部分单位进行调查。

(2)用一部分单位的指标数值去推断总体的指标数值。

(3)抽选部分单位时要遵循随机原则。

(4)抽样调查会产生抽样误差,抽样误差可以计算,并且可以加以控制。

### 1.2.3　抽样方法和抽样样本数量确定

#### 1.2.3.1　抽样方法和样本数量的确定

1. 成数抽样

1 000 km² 以上流域,调查应采用成数抽样法。抽样可靠性应为 90% ~ 95%,精度应为 80% ~ 85%,最小地类总成数预计值应为 1% ~ 10%,通常采用 5%。以此为依据确定样地数。

成数抽样样本数确定采用下列公式计算:

$$n = \frac{t^2(1-p)}{E^2 p} \tag{6-1-5}$$

式中　$p$——第 1, 2, 3, …, $k$ 种地类占面积最小的地类总体成数预计值;

　　　$t$——可靠性指标, $\alpha = 95\%$ 时, $t = 1.96$;

　　　$E$——相对允许误差, $E = 1 - P_C$, $P_C$ 为精度。

一般按上述公式计算后,样地数计算结果应增加 10% 的安全系数。

2. 随机抽样和系统抽样

1 000 km² 以下的流域,采用随机抽样或系统抽样。变动系数小于 20%,采用系统抽样;变动系数大于20%,采用随机抽样;抽样可靠性为90%～95%时,估计抽样误差小于10%,以此为依据确定样地数。

随机抽样和系统抽样时,样本单元数 $n$ 依据抽样比例的不同来确定。

若抽样比例 <5% ,样本单元数确定采用公式:

$$n = \frac{t^2 c^2}{E} \tag{6-1-6}$$

若抽样比例 >5% ,样本单元数确定采用公式:

$$n = \frac{t^2 c^2 N}{E^2 N + t^2 c^2} \tag{6-1-7}$$

式中　$t$——可靠性指标,$\alpha = 95\%$ 时,$t = 1.96$ ;

　　　$E$——相对允许误差,$E = 1 - P_C$ ,$P_C$ 为精度;

　　　$c$——总体变动系数;

　　　$N$——总体单元数,$N = \dfrac{A}{a}$ ,$A$ 为总体面积,$a$ 为样地面积。

一般按上述公式计算后,样地数计算结果应增加10%的安全系数。

样地形状和面积一般采用方形或长方形样地,乔木林样地面积应大于 400 m²,一般为 600 m²;草地为 1～4 m²;灌木林为 25～100 m²;耕地和其他地类根据坡度、地面组成、地块大小及连片程度确定,一般采用 10～100 m²。一次综合抽样,各种不同地类的样地面积应保持一致,以 400～600 m² 为宜。

### 1.2.3.2　水土保持工程质量抽检比例

小型工程(梯田、谷坊等)质量检查,单个工程可作为一个独立的样地(点),大中型工程质量应全面检查。《水土保持监测技术规程》(SL 277—2002)规定了水土保持工程质量抽检抽样比例(可参考表6-1-18),具体使用时可根据抽样原理和实际情况计算复核确定。

表 6-1-18　水土保持工程质量抽检抽样比例

| 治理措施 | 检查总体 | 抽样比例(%) | | 备注 |
| --- | --- | --- | --- | --- |
| | | 阶段抽检 | 竣工抽检 | |
| 梯田 | <10 hm² | 7 | 5 | |
| | 10～40 hm² | 5 | 3 | |
| | >40 hm² | 3 | 2 | |
| 造林、种草 | <10 hm² | 7 | 5 | |
| | 10～40 hm² | 5 | 3 | |
| | >40 hm² | 3 | 2 | |
| 封禁治理 | 40～150 hm² | 7 | 5 | |
| | >150 hm² | 5 | 3 | |
| 保土耕作 | | 7 | 5 | |
| 截水沟 | | 20 | 10 | |

续表 6-1-18

| 治理措施 | 检查总体 | 抽样比例（%） | | 备注 |
| --- | --- | --- | --- | --- |
| | | 阶段抽检 | 竣工抽检 | |
| 水窖 | | 10 | 5 | |
| 蓄水池 | | 100 | 50 | |
| 塘坝 | | 100 | 100 | |
| 引洪漫地 | | 100 | 50 | |
| 沟头防护 | | 30 | 20 | |
| 谷坊 | <100 座 | 12 | 10 | |
| | >100 座 | 10 | 7 | |
| 淤地坝 | | 100 | 100 | |
| 拦沙坝 | | 100 | 100 | |

## 1.2.4　暴雨洪水调查方法

### 1.2.4.1　基本概念

#### 1. 降雨量的等级

降雨量的等级主要有小雨、中雨、大雨、暴雨、大暴雨、特大暴雨。常用 12 h 内或 24 h 内的雨量作为降雨强度来划分。我国气象部门一般采用的降雨强度等级划分标准为：小雨，12 h 内雨量小于 5 mm，或 24 h 内雨量小于 10 mm；中雨，12 h 内雨量为 5~14.9 mm，或 24 h 内雨量为 10~24.9 mm；大雨，12 h 内雨量为 15~29.9 mm，或 24 h 内雨量为 25~49.9 mm；暴雨，12 h 雨量等于和大于 30 mm，或 24 h 雨量等于和大于 50 mm；大暴雨，12 mm 雨量等于和大于 70 mm，或 24 h 雨量等于和大于 100 mm；特大暴雨，12 h 雨量等于和大于 140 mm，或 24 h 雨量等于和大于 250 mm。

#### 2. 洪水的特征值

（1）洪峰水位和洪峰流量：每次洪水在某断面的最高洪水位和最大洪水流量称为洪峰水位和洪峰流量，分别用米（m）和立方米每秒（m³/s）表示。

（2）洪水历时和洪水总量：一次洪峰从起涨至回落到原状所经历的时间和增加的总水量称为洪水历时和洪水总量，分别用时（h）或日（d）和立方米（m³）或万立方米（万 m³）、亿立方米（亿 m³）表示。

（3）洪峰传播时间：河流洪水的洪峰从一个断面传播到另一个断面的时间称为洪峰传播时间。

（4）洪水含沙量：洪水含沙量就是单位体积浑水中所含悬移质（即悬浮在水流中并随水流运动的泥沙颗粒）的质量或体积，用千克每立方米（kg/m³）或体积百分数（%）表示。

（5）洪水输沙量：就是在一定时段内通过河道某断面的洪水泥沙质量或体积，用吨

(t)、万吨(万 t)、亿吨(亿 t)或立方米(m³)、万立方米(万 m³)、亿立方米(亿 m³)表示。

### 1.2.4.2　暴雨洪水调查的目的意义

暴雨洪水调查的目的是查明历史上或近期(包括当年)发生的大暴雨洪水情况,取得必要的调查资料,以满足水利工程设施和水资源规划的需要。暴雨调查包括历史、近期或当年产生洪水的暴雨量、暴雨的中心位置、一次降水的总量、历时、大致过程及其分布范围,并尽可能参考有关天气资料,分析暴雨的成因。洪水调查包括考察洪水痕迹和收集有关资料,推算一次洪水的总量、洪峰流量、洪水过程以及重现期的全部技术工作,从而为水文资料、分析水文规律和计算提供资料,并为当地当前生产建设服务。

通常在以下情况下要进行暴雨洪水调查:

(1)水文站或小流域径流泥沙站设站初期,进行历史暴雨、洪水调查;

(2)水文站或小流域径流泥沙站超过一定标准的当年暴雨、洪水调查;

(3)专门的调查,如区域水文手册修订、重要的工程水文计算、测站资料因某些原因记载不全或缺测、某些突发性的暴雨洪水灾害等。

### 1.2.4.3　暴雨调查

一般情况下,当发生点暴雨(含不同历时和次暴雨量)超过 100 年一遇,或基本站洪水超过 50 年一遇的相应面暴雨时,应进行暴雨调查。

1. 调查内容

暴雨调查的内容包括不同历时最大暴雨量、起讫时间、强度、时程分配、暴雨中心、走向、分布面积;补充与修订已有的暴雨观测记录;估算暴雨的重现期;评定调查暴雨量的可靠程度;分析天气现象和暴雨成因及暴雨对生产和民用设施的破坏与损失情况等。

2. 调查方法

暴雨调查的方法要结合历史资料查询、访谈询问、承雨器雨量分析等多方互相印证核实。

(1)全面收集水文、气象和其他部门有关雨量观测资料。

(2)暴雨调查点的位置、数量应能满足绘制出等雨量线,且每个调查点宜调查两个以上的暴雨数据。

(3)用于暴雨量估算的承雨器的选择,凡是能承水的容器,都可作为选择对象,如脸盆、水缸、水桶、牛槽等。承雨器放于空旷地带,或受房屋树木等影响小的地方;特大暴雨时承雨器不得漫溢。对于选定的承雨器暴雨量的确定,如果水量未受损失,可倒出称重,计算其雨量。如果因时间过长有蒸发损失,可加水至原来水面痕迹,然后倒出称重,计算雨量。如果雨水已全部损失,可用同样方法计算雨量。承雨器口的面积大小决定于口径的大小,当口缘较厚而平缓时,其口径取内外径的均值;当内缘高出外缘且坡度较陡时,可取其内径;当口缘有明显的脊线时,口径以脊线为准。

对一个地点雨量值的确定,要通过多种承雨器所得的雨量值互相印证核实,如果降水量悬殊过大,还要查其原因并重新计算核实。

(4)暴雨中心的调查记录,应与邻近国家站网或地方雨量站实测记录对照分析。

(5)暴雨重现期,可根据老年人的亲身经历或传闻、历史文物的考证和相应中小河流洪水的重现期等比较分析确定。

3．资料的整理

调查资料的整理主要包括调查表的填制、等雨量线图的绘制、绘制关系图（暴雨量、面积和深度）、合理性和可靠性分析等。（技师仅要求前两项）

（1）编制暴雨调查表，主要包括调查地点、暴雨发生时间、承雨器（名称、口径面积、器皿深、雨痕深）、说明姓名等基本情况、承雨器内雨水容量、折合雨量、暴雨起讫时间、资料可靠程度、调查时间、备注。

（2）填制暴雨调查点与邻近实测暴雨成果对照表。

### 1.2.4.4　洪水调查

洪水调查分历史洪水调查和近期或当年特大洪水调查。一般在以下情况下要进行洪水调查：

（1）当基本水文站发生下列情况之一时：历史洪水顺位最大、第二、第三；洪水超过50年一遇；漏测实测系列的最大洪水；河堤决口、分洪滞洪影响洪峰和洪量。

（2）中型以上水库溃坝宜进行溃坝洪水调查。

（3）在无基本站的河流或河段，可根据需要进行洪水调查。

1．调查内容

洪水调查的相应内容包括：

（1）历史上大洪水发生的次数、时间、洪水涨落过程、洪水总量、洪峰流量及相应的重现期。

（2）当年特大洪水发生的时间，洪水总量、洪峰流量及相应的暴雨量。

（3）河道决口、水库溃坝的洪水总量、洪峰流量及相应的时间。

（4）洪水淹没范围及河道的冲淤变化情况。

（5）洪水产生的原因及其他有关洪水的情况。

（6）整理调查资料并写出总结报告。

2．调查方法、步骤

洪水调查主要包括准备工作、河道勘察和访问、调查河段的选择、洪水痕迹调查、洪水调查的测量、洪峰流量的计算、洪水调查成果的整理等。

1）准备工作

（1）明确任务：使每个调查成员明确调查的目的、任务和要求，学习调查方法和有关规定，熟悉已有资料和调查地区的情况。

（2）收集资料：调查河段的地形图、河道纵横断面图；有关单位掌握的洪水历史资料、摘录有关洪水暴雨干旱及流域地理特征的材料、向交通部门了解桥涵最大洪水资料；有关的水利规划、水利工程设施、水文气象等资料；沿河水准点位置和高程；了解调查区的自然村及交通情况以便选择调查线路。

（3）准备必需的仪器设备、工具及用品。

（4）拟订工作计划、进行人员分工及时间和生活安排。

2）河道勘察和访问

（1）请求当地政府配合，说明调查工作的目的任务。

（2）河道勘察：主要了解河段控制条件，河床地质及稳定性，洪水漫滩、分流、串沟、洪水痕迹的地点、标志等。

（3）访问：深入访问并指认洪水痕迹。选定河段后，应请熟悉洪水情况的群众到现场指认洪水痕迹，并按调查内容全面地进行访问；召开座谈会确定洪水痕迹。在深入调查访问中得到的资料若有矛盾和不足的地方，可以组织有关的被访问者举行座谈，以便共同回忆、互相启发、彼此印证，求得比较正确的结论，作好访问记录，对已确定下来的洪水痕迹作好标记；调查访问时，对洪水发生年份、日期和最高洪水位，可从历史上自然灾害、战争、婚丧、属相、生孩子、庙会、农业收成好坏、村内较大事件、人员搬迁、历史文献、碑文、民谣等方面了解分析。对洪水痕迹可从古树、古建筑、山头、码头等着手。对于采访记录要按群众原话，不作修改。

3）调查河段的选择

调查河段有足够长度，比较顺直，各处断面形状近似。没有大的支流加入，河槽在较长年代中比较稳定，一般选在水文站测验河段或控制良好的河段。

4）洪水痕迹调查

（1）洪水痕迹的位置，应尽可能利用比较顺直的河段或控制断面（如急滩、卡口、滚水坝、桥梁）的上游进行调查。

（2）洪水痕迹相距的距离及处数的多少，视有无控制断面及所采用的方法而定。洪水痕迹的距离不宜过长，距离过长由于中间常有支流汇入或河道断面及河底比降的急剧变化，使水面坡降曲折。但也不宜过短，过短时洪水痕迹高程测量的误差对比降值的计算影响较大。一般应调查 3 个以上洪水痕迹，连成洪水水面线，以便与该河段中低水位水面线和河床纵断面相比较，从而判断其合理性。

（3）洪水痕迹最好在河流左右两岸进行调查，在弯曲河段，由于水流离心力作用，凹岸的水位常较凸岸为高。

（4）较可靠的洪水痕迹，要在固定的建筑物上寻求，如庙宇、碑石、老屋、寨墙、桥梁、老树、阶石、窑洞等。其他的如街沿、坡道、礁石、悬崖河岸边、堤防、坝堤以及河沙到过的地方（一般水面高于沙面 $0.3\sim0.5$ m），也可以调查出一些洪水痕迹。

（5）洪水痕迹的调查一般尽可能选择在村庄附近进行，访问那些居住久、记忆力强、对涨水有了解的老居民。

（6）询问时间应注意，被访问者有时把浪头冲击高度说成是最高水位，因此请该地居民指示水位痕迹时，应尽可能地选择室内或围墙内洪水平静的地方。除居民能证明并在该地实际指出最高水位外，还须向他们打听从先辈那里听说过的最高洪水位。当需要确定许多年中的洪水位时，还须注意不要把属于同一洪水的不同水位痕迹，误认为各次洪水痕迹。在记录中还应注明被访问者认为所述的是可靠还是可疑。由群众指认的洪水痕迹，结合上述辨认后，就可对洪水痕迹的可靠程度作出初步判断。在测量高度以后，通过对各个痕迹的比较，再对其可靠性作出最后的判断。

（7）洪水痕迹经查访确定后，以红漆作好标记，旁写洪水发生的年月日及调查机关、调查时间等。重要的洪水痕迹可刻写在岩石上，或埋立石柱等作固定标志。

查访洪水痕迹时应随时记录，经整理后列成洪水痕迹调查表。

5)洪水调查的测量

(1)水准测量:主要是由附近的水准点接测洪痕高程,同时也为简易地形测量及纵横断面测量提供高程引测的方便。按行业标准《水文普通测量规范》(SL 58—93)有关规定进行,要求重要洪痕高程,按四等水准测量;其他洪痕采用五等水准测量。被采用的洪痕点处,均应施测大断面。

(2)河道简易地形图测绘:简易地形图要能反映调查河段的河床地形及洪水淹没情况。图的内容包括:

①洪水泛滥情况:如水边线、淹没范围、主流或中泓线位置等。

②测绘标志物:如水准点、横断面及洪痕位置等。

③主要地形特征:如河漫滩地形、两岸地形、植物覆盖分布等。

④重要地物:如村庄、房屋、桥梁、树木、寺庙、碑石及水工建筑物等。

(3)纵断面测绘:主要包括横断面及洪痕点位置、河底线、测时水面线,各洪水年的洪水水面线及相应比降数值等。

洪痕点位置,是指在纵断面图上的位置,是将两岸洪痕点垂直投影于洪水主流(中泓)线上求得,并以最上游一个洪痕点(或断面)为零,计算各洪痕点的距离。河底线是相邻两横断面的最低点(主槽)的连线。也可顺主流位置布置测点,但测点必须能控制河道的纵坡变化。水面线是根据洪痕和水面(水边)高程测绘的。

在测纵断面时,如果横断面水面有横比降,要同时测定两岸的水位。如测量日数较长,且水位变化较大,应对大于或小于平均水位的值加以改正。

(4)横断面测绘:横断面布设的数目以能控制断面面积及其形状、沿河长变化为原则。一般顺直河段少设,地形转折变化处及洪水水面坡度转折的地方要加设断面。断面间距一般为100~500 m。设立的断面要垂直于洪水期的平均流向,并尽量接近于洪痕位置。测量时还应记录断面各部分的河床质的组成,河滩上植物生长情况(草、树木、农作物的疏密及高度情况),各种阻水建筑物的情况(地埂、石坝、土墙)及有无串沟情况,借以确定河槽及河滩糙率。

(5)摄影:摄影包括明显洪水痕迹位置、河滩及河滩覆盖情况、河道平面情况。

拍摄洪痕时,相机镜头应垂直于洪痕,平行于地面,并尽可能显示附近地物地貌。拍摄碑文、石刻题记等,为使字迹清楚,可先涂上白粉或黑墨。拍摄水印,可用手指定位置。拍摄河床覆盖情况,相机视线应与横断面垂直。为表示树木高度、砂石大小,可用人体或测尺作陪衬。对河流形状、水流流势,须登高拍摄以求全貌。对所拍照片,均应记录所拍对象、地点、时间和其他必要的说明。

6)洪峰流量的计算

洪峰流量的计算应视不同情况采用不同方法。

(1)水位流量关系曲线法:当洪水痕迹位于水文站断面附近时,可用该站的水位流量曲线加以延长求得洪水洪峰流量。

(2)比降法:当调查河段附近没有测站时,可采用比降法推求洪峰流量。比降法又细分为水面比降法(稳定均匀流)和能量比降法(稳定非均匀流)。

(3)水面曲线法:当调查河段较长,最上游和最下游的洪痕相距较远,且其间地形复杂多变时,洪水水面线比较曲折,这样就不能由少数洪痕所连成的直线求得,可使用水面曲线法求洪峰流量。

（4）控制断面出流公式法:急滩公式法和卡口公式法。

（5）计算参数的确定:

①过水断面面积:指垂直于水流方向的有效过水面积,对顺直河道而言,河床稳定的河道,可以实测断面面积作为有效过水面积,如为复式断面,可将主槽与滩地的断面面积分开计算。

②输水率:按照 $k = \frac{1}{n}AR^{\frac{2}{3}}$ 计算,其中,$A$ 为过水断面面积,$R$ 为水力半径,$n$ 为河床糙率。

③水面比降:当相邻两断面间河道顺直时,用该两断面的水面落差除以断面间距即可;当河道不顺直时,上述断面间距应改为用两断面间主流轴线的曲线距离。

④河床糙率:其确定必须慎重。当附近有水文站时,可依据实测资料绘制水位糙率关系曲线,加以延伸求得糙率值。也可参照上下游水文站的实测资料推求河段的糙率。无上述资料时可参考当地水文手册专用表选取糙率。

7）洪水调查成果的整理

洪水调查资料应在调查过程中边访问、边整理分析。洪水调查的整理分析包括访问记录的整理分析、测量成果的整理分析、计算图表的整理分析等。

## 1.2.5　推算小流域洪峰流量、洪水总量（经验公式法）

在小流域沟道工程设计洪水计算中,洪峰流量和洪水总量是非常重要的计算成果。根据资料的不同,洪峰流量和洪水总量的推算有各种不同的方法,经验公式法是其中之一。计算洪峰流量和洪水总量经验公式的形式多种多样,一般在各地区水文手册上都能查到。以下介绍常用的经验公式形式。

### 1.2.5.1　洪峰流量计算经验公式法

洪峰流量计算经验公式一般有洪峰面积相关法和综合参数法,各地区的经验参数的形式有所差异,通常的形式如下:

（1）洪峰面积相关法:反映了洪峰流量与集水面积的关系。

$$Q_m = CF^n \tag{6-1-8}$$

式中　$Q_m$——多年平均洪峰流量,$m^3/s$;

　　$F$——流域面积,$km^2$;

　　$C$、$n$——与流域地理特性有关的经验参数和指数,可采用当地经验值。

设计洪峰流量的公式:

$$Q_{mP} = K_P Q_m \tag{6-1-9}$$

式中　$Q_{mP}$——不同频率的设计洪峰流量,$m^3/s$;

　　$K_P$——不同频率的洪峰模比系数,在当地水文手册中查得。

（2）综合参数法:各地水文手册根据水文、气象、地貌及土壤等自然地理特点,综合给出各区多因素经验公式:

$$Q_P = C_1 H_P^{\alpha} \lambda^m J^{\beta} F^n \tag{6-1-10}$$

式中　$C_1$——洪峰地理参数(可由当地水文手册查得);

　　　$\lambda$——流域形状系数,$\lambda = \dfrac{F}{L^2}$;

　　　$L$——流域长度,m;

　　　$J$——主沟道平均比降(%);

　　　$\alpha$、$\beta$、$m$、$n$——经验参数,可采用当地经验值;

　　　$H_P$——频率为 $P$ 的流域中心点 24 h 雨量,mm,$H_P = K_P H_{24}$;$K_P$ 是频率为 $P$ 的模比
　　　　　系数,由 $C_v$、$C_s$ 的皮尔逊 – Ⅲ型曲线 $K_P$ 表中查得;$H_{24}$为流域最大 24 h 暴
　　　　　雨均值,mm,可由当地水文手册中查得。

### 1.2.5.2　洪水总量计算经验公式

　　各地区的经验参数的形式有所差异,不同频率洪水总量计算常用公式有洪量面积相
关法和暴雨径流系数法。

　　洪量面积相关法:　　　　　　　$W_P = K_P C F^m \tag{6-1-11}$

　　暴雨径流系数法:　　　　　　　$W_P = 0.1 a H_P F \tag{6-1-12}$

式中　$C$、$m$——洪量地理参数及指数,可由当地水文手册中查得;

　　　$K_P$——不同频率的洪量模比系数;

　　　$a$——洪水总量径流系数;

　　　$H_P$——频率为 $P$ 的不同时段暴雨量,mm;

　　　$F$——流域面积,km$^2$;

　　　$W_P$——不同频率洪水总量,万 m$^3$。

# 模块 2　水土保持规划设计

## 2.1　项目规划

### 2.1.1　水土保持规划主要内容

《中华人民共和国水土保持法》规定,水土保持规划的内容应当包括水土流失状况、水土流失类型区划分、水土流失防治目标、任务和措施等。即包括对流域或者区域预防和治理水土流失、保护和合理利用水土资源作出的整体部署,以及根据整体部署对水土保持专项工作或者特定区域预防和治理水土流失作出的专项部署。水土保持规划应当与土地利用总体规划、水资源规划、城乡规划和环境保护规划等相协调。

水土保持规划分为江河流域、国家、省(自治区、直辖市)、地(市)、县级,专项工程、区域性水土保持规划等。

中华人民共和国水利行业标准《水土保持规划编制规程》(SL 335—2006)规定,水土保持规划编制的规划期,省级以上规划 10 ~ 20 年,地级、县级规划 5 ~ 10 年,规划编制应研究近期和远期两个水平年。近期水平年 5 ~ 10 年,远期水平年 10 ~ 20 年,并以近期为重点。水平年宜与国民经济计划及长远规划的时段相一致。

依据中华人民共和国水利行业标准《水土保持规划编制规程》(SL 335—2006),上述水土保持规划包括规划报告、附图、附表及附件。各部分的主要内容如下。

#### 2.1.1.1　规划报告的主要内容

规划报告的主要内容包括 10 个部分,分别为规划概要;基本情况;规划依据、原则和目标;水土保持分区与规划布局;综合防治规划;环境影响评价;投资估算;效益分析与经济评价;进度安排及近期实施意见;组织管理。

1. 规划概要

综述规划区域的自然与社会经济条件,水土流失状况和分区情况,简述规划的指导思想、原则与目标,措施的总体布局,投资、进度安排与效益等。

2. 基本情况

对规划区域的自然条件、自然资源、社会经济条件、水土流失情况和水土保持现状做简要介绍。

3. 规划依据、原则和目标

提出规划的任务依据、法律依据、规范标准和技术资料等方面的依据;根据规划区的特点,确定适宜的规划原则;明确总规划期及近期、远期水平年;提出规划所要达到的预期目标。

**4.水土保持分区与规划布局**

叙述"三区"划分情况;根据水土流失特点、自然与社会经济条件的差异,划分水土流失类型区;提出不同水土流失区各项措施总体布局方案,说明各项措施实施的主要内容。

**5.综合防治规划**

制定规划区域的生态修复规划、预防保护与监督管理规划、综合治理规划、水土保持监测规划、科技示范推广规划。

**6.环境影响评价**

叙述并分析规划区面源污染、江河水质、生态环境等相关环境因子的现状;分析、预测和评估规划实施后对环境可能造成的影响;提出针对环境影响采取的预防或者减轻不良环境影响的对策和措施;作出规划区环境影响评价的结论。

**7.投资估算**

估算工程总投资额(由工程措施费、林草措施费、封育治理措施费和独立费用4部分组成),主要工程材料(种苗、土石方、油料等)的投入数量。提出资金筹措方案。

**8.效益分析与经济评价**

效益分析包括说明效益计算的标准与方法、采用的指标,计算和分析规划实施后所产生的生态(含保水保土)、社会、经济效益,并计算规划实施后的水土流失治理程度、减沙率、林草覆盖率等指标的达到值。

经济评价包括经济评价的基本依据与方法,经济内部回收率、经济净现值与经济效益费用比等主要指标,并进行国民经济初步评价。

**9.进度安排与近期实施意见**

工程量和进度安排主要阐述规划区各种防治措施数量,说明进度安排原则、规划区内年均进度,提出近期与远期进度的实施方案,提出重点地区重点项目规划。

近期实施意见主要根据类型区水土流失特点及在生态建设中的重要程度确定实施顺序,提出近期拟安排的重点地区和重点项目的顺序表,并对远期安排提出概括性意见。

**10.组织管理**

组织领导措施包括政策、经费、人员与机构;技术保障措施包括管理、监理、监测、技术培训、新技术研究及推广等;投入保障措施包括资金筹措、劳动力组织与进度控制等。

**2.1.1.2　编制规划的附表、附图及附件**

规划的附表包括基本情况与规划成果表,主要经济技术指标计算过程表。规划的附图主要包括规划区行政区划图、水土流失现状图、水土保持"三区"与水土流失类型区图、水土保持综合防治规划图。规划的附件包括小流域设计资料(县级规划);重点项目规划、重点工程规划、经济评价过程和效益计算等(视规划需要);投资估算。

## 2.1.2　规划阶段现状表的编制和填写

规划阶段现状表包括规划区自然条件情况表、农村产业结构与产值表、水土流失现状表、水土保持措施现状表、社会经济情况表等,各表的表式及编制要点如下。

#### 2.1.2.1　规划区自然条件情况表

**1. 表式**

规划区自然条件情况表的表式如表 6-2-1 所示。

表 6-2-1　规划区自然条件情况表

| 项目 | 类型区 | 主要地貌特征 | 地面组成物质 | 林草覆盖率（%） | 平均气温（℃） | 年均降水量（mm） | 年均径流深（mm） | ≥10℃积温（℃） | 无霜期（d） | 备注 |
|---|---|---|---|---|---|---|---|---|---|---|
|  |  |  |  |  |  |  |  |  |  |  |

注：主要水热条件需注明资料年限序列。

**2. 编制和填写**

（1）主要地貌特征：一般按照海拔可划分为盆地、平原、丘陵、山地、高原五大类型。可通过地貌地质资料获取。

（2）地面组成物质：地表覆盖物类型，可分为土壤、明沙、裸岩。可通过土壤资料获取。

（3）林草覆盖率：指规划区域内林草面积（森林郁闭度 >0.2，灌草 >40%）占区域面积的百分比。可通过林业规划获取。

（4）平均气温：规划区一年内多日（或多月）平均气温的平均值。可通过气象资料获取。

（5）年均降水量：指规划区一年内发生的雨雪冰雹，未经损失而积累的深度，称做年均降水量。可通过气象资料获取。

（6）年均径流深：指规划区域一年内全部的径流总量平铺在区域面积上的深度。可通过水文资料获取。

（7）≥10℃积温：指规划区一年内大于 10℃的日平均温度的累计值。可通过气象资料获取。

（8）无霜期：即规划区春季最后一次霜冻至秋季第一次霜冻之间的天数。霜冻的温度指标一般认为气温在 1℃或者地温在 0℃以下时即产生霜冻。可通过气象资料获取。

#### 2.1.2.2　规划区社会经济情况表

**1. 表式**

规划区社会经济情况表的表式如表 6-2-2 所示。

表 6-2-2　规划区社会经济情况表

| 项目 | 类型区 | 县（市、区）数量 | 总面积（km²） | 人口（万人） 总计 | 人口（万人） 其中:农村 | 劳力（万个） 总计 | 劳力（万个） 其中:农村 | 人口密度（人/km²） 总计 | 人口密度（人/km²） 其中:农村 | 人均土地（hm²/人） 总计 | 人均土地（hm²/人） 其中:农村 | 耕地面积（万hm²） | 人均耕地（hm²/人） 总计 | 人均耕地（hm²/人） 其中:农村 | 人均基本农田（hm²/人） |
|---|---|---|---|---|---|---|---|---|---|---|---|---|---|---|---|
|  |  |  |  |  |  |  |  |  |  |  |  |  |  |  |  |

注：总面积、人口密度取整数；人口、劳力、人均土地、耕地面积、人均耕地和人均基本农田保留两位小数。

**2. 编制和填写**

（1）劳力：指具有劳动能力的人口，一般按 16 ~ 60 岁年龄的人口统计。

（2）基本农田：指高产稳产的水田、水浇地、旱平地、水平梯田、沟川（台）地、坝滩地、坝平地。

（3）人口密度：单位面积土地上的人口数量。取整数。

（4）上述指标可通过当地统计年鉴资料获取。

### 2.1.2.3　规划区农村产业结构与产值表

**1. 表式**

规划区农村产业结构与产值表的表式如表 6-2-3 所示。

表 6-2-3　规划区农村产业结构与产值表

| 项目 | 类型区 | 农村各业生产总值（万元） | | | | | | 农村各业产值比例（%） | | | | | 农业人均年产值（元） | 农民年均纯收入（元） | 粮食总产量（万 t） | 农业人均产粮（kg/人） |
|---|---|---|---|---|---|---|---|---|---|---|---|---|---|---|---|---|
| | | 小计 | 农业 | 林业 | 牧业 | 副业 | 其他 | 农业 | 林业 | 牧业 | 副业 | 其他 | | | | |
| | | | | | | | | | | | | | | | | |

注：农村各业生产总值、农业人均年产值、农民年均纯收入、农业人均产粮取整数；农业各业产值比例、粮食总产量保留一位小数。采用统计年报数据。

**2. 编制和填写**

（1）农业人均年产值：农业总产值除以农业人口数量。

（2）农民年均纯收入：农业总收入除以农业人口数量。

（3）农业人均产粮：粮食总产量除以农业人口数量。

（4）各业资料可通过规划区所在县市的统计年鉴获取。

### 2.1.2.4　规划区水土流失现状表

**1. 表式**

规划区水土流失现状表的表式如表 6-2-4 所示。

表 6-2-4　规划区水土流失现状表

| 项目 | 类型区 | 水土流失类型 | 水土流失总面积（km²） | 水土流失面积 | | | | | | | | | | 流失面积占总面积（%） | 土壤侵蚀模数（t/(km²·a)） | 水土流失特征 |
|---|---|---|---|---|---|---|---|---|---|---|---|---|---|---|---|---|
| | | | | 轻度（km²） | 所占比例（%） | 中度（km²） | 所占比例（%） | 强烈（km²） | 所占比例（%） | 极强烈（km²） | 所占比例（%） | 剧烈（km²） | 所占比例（%） | 合计（km²） | | | |
| | | | | | | | | | | | | | | | | |

注：1. 平方公里取整数，土壤侵蚀模数取整数，沟壑密度保留两位小数，百分比保留一位小数。

　　2. 水土流失面积要说明来源及时间年限。

　　3. 水土流失类型是指水力侵蚀、风力侵蚀和冻融侵蚀的面积。

**2. 编制和填写**

（1）水土流失类型：可分为水蚀、风蚀、冻融侵蚀。

（2）不同级别的水土流失强度判定：按照国标《土壤侵蚀分类分级标准》（SL 190—2008）的指标判断。

（3）水土流失特征：一般指水土流失形态、部位、发展趋势等情况。

（4）上述指标可通过区域土壤侵蚀调查、土壤侵蚀背景资料搜集并经过内业分析获取。

#### 2.1.2.5　规划区土地利用现状表

1.表式

规划区土地利用现状表的表式如表 6-2-5 所示。

表 6-2-5　规划区土地利用现状表　　　　　　　　　　（单位:hm²）

| 项目 | 类型区 | 土地总面积 | 农业用地 | | 林地 | | 草地 | 果园 | 水域 | 未利用地 | | 其他用地 | 备注 |
|---|---|---|---|---|---|---|---|---|---|---|---|---|---|
| | | | 小计 | 其中:坡耕地 | 小计 | 其中:疏林地 | | | | 小计 | 其中:荒山荒坡 | | |
| | | | | | | | | | | | | | |

2.编制和填写

（1）坡耕地:分布在大于 5°山坡上,以旱作方式经营的农耕地。

（2）疏林地:郁闭度 10% ~ 30% 的稀疏林地。

（3）其他用地:指本表地类以外的其他类型的土地。包括盐碱地、沼泽地、沙地、裸地等。

#### 2.1.2.6　规划区水土保持措施现状表

1.表式

规划区水土保持措施现状表的表式如表 6-2-6 所示。

表 6-2-6　规划区水土保持措施现状表

| 项目 | 类型区 | 面积（万 hm²） | | 累计治理面积（万 hm²） | 其中:各项治理措施面积（万 hm²） | | | | | | 蓄拦工程 | | 沟(渠)防护工程 | | 淤地(拦沙)坝 | | 其他工程 | | 治理程度（%） | |
|---|---|---|---|---|---|---|---|---|---|---|---|---|---|---|---|---|---|---|---|---|
| | | 总面积 | 流失面积 | | 基本农田 | 经果林 | 水土保持林 | 种草 | 封禁治理 | 其他 | 数量(座) | 工程量(万 m³) | 数量(万 km) | 工程量(万 m³) | 数量(座) | 工程量(万 m³) | 数量(座) | 工程量(万 m³) | 占总面积比例 | 占流失面积比例 |
| | | | | | | | | | | | | | | | | | | | | |

注:1. 表中单位除治理程度保留一位小数外,其余均保留两位小数。

2. 水利水保工程包括小型水保工程、骨干坝和其他水利水保工程,小型水保工程包括拦蓄工程与沟渠工程,淤地(拦沙)坝包括骨干坝、淤地坝和拦沙坝等。

2.编制和填写

（1）经果林:包括经济林和果园。

（2）水土保持林:具有水土保持功能的林木,包括坡面防护林、侵蚀沟防护林、农田防护林、梯田埂坎防护林等。

（3）水利水保工程包括小型水保工程、骨干坝和其他水利水保工程,小型水保工程包括拦蓄工程与沟渠工程,淤地(拦沙)坝包括骨干坝、淤地坝和拦沙坝等。

（4）治理程度:项目区经规划治理后,水土保持措施治理面积占水土流失面积(总面积)的百分比。

（5）上述指标可通过区域水土流失综合调查资料获取。

### 2.1.3　项目规划阶段土壤侵蚀类型图、水土流失现状图、水土保持现状图的绘制

全国性、大江大河、省级、专项、支流、县级等项目规划阶段土壤侵蚀类型图、水土流失现状图、水土保持现状图的比例尺、土壤侵蚀分级、侵蚀强度、治理程度等编制要求,参见

中华人民共和国水利行业标准《水土保持规划编制规程》(SL 335—2006)中关于附图的要求,见表6-2-7。

表6-2-7　规划附图的编制要求

| 图名 | 全国性 1/400 万 ~ 1/1 000 万 | 大江大河 1/100 万 ~ 1/400 万 | 省级 1/50 万 ~ 1/100 万 | 专项 比例尺 具体确定 | 支流 比例尺 具体确定 | 县级 1/5 万 ~ 1/20 万 |
|---|---|---|---|---|---|---|
| 土壤侵蚀 类型图 | 分级到Ⅲ级 | 分级到Ⅲ级 | 分级到Ⅳ级 | 分级到Ⅲ级 | 分级到Ⅳ级 | 分级到Ⅳ级 |
| 水土流失 现状图 | 侵蚀强度 (以区域为界) | 侵蚀强度 (以区域为界) | 侵蚀强度 (以县为界) | 工程现状 布置图 | 侵蚀强度 (以县为界) | 侵蚀强度 (以侵蚀地类为界) |
| 水土保持 现状图 | 治理程度 (以区域为界) | 治理程度 (以区域为界) | 治理程度 (以县为界) | — | 治理程度 (以县为界) | 治理程度 (以小流域为界) |
| 综合防治 规划图 | 三区类型 区划至Ⅱ级 分期实施 | 三区类型 区划至Ⅱ级 分期实施 | 三区类型 区划至Ⅱ~Ⅲ级 分期实施 | 工程规划 布局 | 三区类型 区划至Ⅲ级 分期实施 | 三区类型 区划至Ⅲ级 分期实施 |

注:1. 三区指水土保持重点预防保护区、重点监督区和重点治理区。
　2. 表中治理程度分类:小于30%为治理程度较低,30% ~50%为一般治理,50% ~70%为初步治理,大于70%为基本治理。

图式、图例有常规通用图式、图例和水土保持专用图式、图例。常规通用图式、图例按有关标准执行,水土保持专用图式、图例按照《水利水电工程制图标准 水土保持图》(SL 73.6—2001)执行。在此标准中,土壤侵蚀类型图、水土流失现状图、水土保持现状图属于综合图。土壤侵蚀类型(水土流失现状图)以项目区所在区域已有的较近期土壤侵蚀类型图(水土流失现状图)为底图绘制,水土保持现状图以项目区所在区域的较近期土地利用现状为底图绘制。

土壤侵蚀类型图、水土流失现状图绘制的主要信息有规划区土壤侵蚀(水土流失)现状,即不同级行政区和自然流域土壤侵蚀(水土流失)类型区的水力、风力侵蚀等各级强度面积,危险程度等。除反映土壤侵蚀强度(分若干级)外,还应表达各图斑的侵蚀类型(分水力、风力等)、地表物质(石质、土石质、土质、沙质及不同级分类等)、地貌类型(平原、河流、黄土丘陵、山地及不同级分类等)、植被覆盖度(分若干级)等方面的专业信息,以及水系、交通等基础信息。

水土保持现状图上绘制的主要信息有水土保持措施地类图斑、线状地物、境界(地界)、新增地物、水土保持工程措施的类型和数量(如沟头防护、谷坊、淤地坝、拦沙坝、小水库、塘坝、治沟骨干工程、蓄水池、涝池、水窖等)等。地类图斑应以《水利水电工程制图标准 水土保持图》(SL 73.6—2001)中水土保持措施现状图中的水土保持措施的规定符号进行图斑勾绘,并按图例绘出地类符号;最小图上图斑面积:耕地、园地为6.0 mm²,居民地为4.0 mm²,林地、草地其他地类为15 mm²,当地类界与线状地物或境界线重合时,可以省略。线状地物是指河流、铁路、公路、管道用地、农村道路、林带、沟渠和田坎等,线状地物宽度大于等于图上 2 mm 的,按图斑绘制;线状地物宽度小于图上 2 mm 的,绘制中心线,用单线符号表示。境界(地界)包括流域界及各行政区划界,按底图提供的界限绘制(有变化的按重新标定绘制)。新增地物或实地有变化时应按外业补测并绘到底图上的信息进行绘制。水土保持工程措施的类型和数量绘制应按《水利水电工程制图标准 水土保持图》(SL 73.6—2001)、《水土保持综合治理验收规范》(GB/T 15773—2008)执行。

# 2.2　项目建议书

## 2.2.1　项目建议书阶段项目特性表、现状表编制和填写

中华人民共和国水利行业标准《水土保持工程项目建议书编制规程》(SL 447—2009)规定,项目建议书项目特性表是项目建议书主要技术经济指标的汇总表,共划分为七部分:项目区概况;建设目标;工程规模;主要措施数量;工程施工;投资估算与资金筹措;经济评价。

项目建议书阶段现状表包括项目所在行政区域气象特征表、社会经济情况表、土地利用现状表、水土流失现状表、水土保持治理措施现状表等。

附表中涉及面积、长度、比例、费用等的数据均应要求保留 2 位小数。

各表的表式及编制要点如下。

### 2.2.1.1　项目建议书阶段工程特性表

1.表式

项目建议书阶段工程特性表的表式如表 6-2-8 所示。

表 6-2-8　项目建议书阶段工程特性表

| 名称 | 单位 | 数量 | 备注 |
|---|---|---|---|
| 一、项目区概况 | | | |
| 1.项目区涉及行政区域 | 个 | | 以县级行政区为单元 |
| 2.项目区面积 | km² | | |
| 3.项目区人口 | 万人 | | |
| 4.农业人口 | 万人 | | |
| 5.多年平均降水量 | mm | | 按所涉行政区给出数值范围 |
| 6.多年平均大风日数 | d | | 涉及风蚀的必须填写 |
| 7.多年平均气温 | ℃ | | 按所涉行政区给出数值范围 |
| 8.林草覆盖率 | % | | 按所涉行政区给出均值 |
| 9.水土流失面积 | km² | | 现状水平年调查数据 |
| 10.土壤侵蚀模数 | $t/(km^2 \cdot a)$ | | 项目区平均值 |
| 二、建设目标 | | | |
| 1.水土流失治理度 | % | | |
| 2.土壤流失控制量 | t | | |

续表 6-2-8

| 名称 | 单位 | 数量 | 备注 |
|---|---|---|---|
| 3. 林草覆盖率 | % | | |
| 4. 人均基本农田 | 亩 | | |
| 三、工程规模 | | | |
| 1. 综合治理面积 | km² | | |
| 四、主要措施数量 | | | |
| (一) 工程措施 | | | |
| 1. 梯田 | hm² | | |
| 2. 淤地坝及治沟骨干工程 | 座 | | |
| 其中:治沟骨干工程 | 座 | | |
| 3. 拦沙坝 | 座 | | |
| 4. 谷坊 | 座 | | |
| 5. 蓄水池 | 个 | | |
| 6. 沉沙凼(池) | 个 | | |
| 7. 截水沟 | km | | |
| …… | | | |
| (二)林草措施 | | | |
| 1. 水土保持林 | hm² | | |
| 2. 经济林ᵃ | hm² | | |
| 3. 水土保持种草 | hm² | | |
| (三)封育治理措施 | hm² | | |
| (四)保土耕作措施 | hm² | | |
| …… | | | |
| 五、工程施工 | | | |
| 1. 施工工期 | | | |
| 六、投资估算与资金筹措 | | | |
| (一)投资估算 | | | |
| 1. 静态总投资 | 万元 | | |
| 2. 建设期贷款利息 | 万元 | | |
| 3. 价差预备费 | 万元 | | |
| 4. 总投资 | 万元 | | |
| (二)资金筹措 | | | |
| 1. 中央投资 | 万元 | | |
| 2. 地方配套 | 万元 | | |

续表 6-2-8

| 名称 | 单位 | 数量 | 备注 |
|---|---|---|---|
| 3. 群众自筹 | 万元 | | |
| …… | | | |
| 七、经济评价 | | | |
| (一)生态效益 | | | |
| 1. 年保土量 | 万 t | | |
| 2. 林草覆盖率 | % | | |
| (二)综合经济指标 | 万元 | | |
| 1. 单位治理面积投资 | 万元/km$^2$ | | |
| 2. 经济净现值 | 万元 | | |
| 3. 效益费用比 | — | | |
| 4. 经济内部收益率 | % | | |
| 5. 财务内部收益率[b] | % | | |

注:a. 对照《水土保持工程项目建议书编制规程》(SL 447—2009)附录 B,土地利用分类体系(水土保持),考虑水土
保持工程设计习惯,经济林统计中,可包括经济林栽培园、果园等。

b. 贷款项目应进行财务内部收益率分析,对于非贷款项目可不必计算财务内部收益率。

**2. 编制和填写**

工程特性表的栏目内容可根据项目的实际情况和工程建设内容进行适当增删。

(1)农业人口:居住在农村或集镇,从事农业生产,以农业收入为主要生活来源的人口。

(2)多年平均大风日数:每年风速≥17 m/s(风力为 8 级)的天数之和。

(3)林草覆盖率:指林草类植被面积占该地区面积的百分比。

(4)人均基本农田:人均占有的基本农田面积。基本农田指高产稳产的水田、水浇地、旱平地、水平梯田、沟川(台)地、坝滩地、坝平地。

(5)土壤侵蚀模数:土壤在自然营力(水力、风力、重力及冻融等)和人为活动等的综合作用下,单位面积和单位时间内的土壤侵蚀量;单位为 t/(km$^2$·a)。

(6)治沟骨干工程:在沟道中修建的,单坝总库容为 50 万～500 万 m$^3$ 的具有控制性缓洪作用的淤地坝工程。

(7)水土流失治理度:指项目水土流失治理面积占水土流失总面积的百分比。

(8)土壤流失控制量:指项目区实施治理后,所能产生的年蓄水拦沙量。

(9)静态总投资:是指编制概算时以某基准年基本单价为依据所计算出的投资额。包括因工程量误差而可能引起的造价增加,不包括以后年月因价格上涨等风险因素而增加的投资,以及因时间迁移而发生的投资利息支出。

(10)建设期贷款利息:指建设项目中分年度使用国内贷款或国外贷款部分,在建设

期内应归还的贷款利息。

（11）价差预备费：是因在建设期内可能发生的材料、人工、设备、施工机械等价格上涨，以及费率、利率、汇率等变化，而引起项目投资的增加，需要事先预留的费用。

（12）年保土量：因水土保持措施保土效益发挥而减少的土壤流失量。

（13）经济净现值：是指用社会折现率将项目计算期内各年净效益流量折算到项目建设期初的现值之和。

（14）经济内部收益率：是指项目计算期内经济净现值累计等于零的折现率。它是反映项目对国民经济贡献的相对指标。

（15）财务内部收益率：项目在计算期内净现金流量现值累计等于零时的折现率。它是考察项目盈利能力的主要动态评价指标。

### 2.2.1.2　项目所在行政区域气象特征表

**1. 表式**

项目所在行政区域气象特征表的表式如表 6-2-9 所示。

表 6-2-9　项目所在行政区域气象特征表

| 省<br>（自治区、<br>直辖市） | 县（市） | 多年平均<br>降水量<br>（mm） | 多年平均<br>蒸发量<br>（mm） | 多年平<br>均气温<br>（℃） | ≥10 ℃<br>积温<br>（℃） | 无霜期<br>（d） | 大风日数<br>（d） | 年日照<br>时数<br>（h） |
|---|---|---|---|---|---|---|---|---|
| | | | | | | | | |
| | | | | | | | | |
| | | | | | | | | |

**2. 编制和填写**

（1）多年平均蒸发量：指在一年内，水分经蒸发而散布到空气中的量。通常用蒸发掉的水层厚度的毫米数表示。

（2）大风日数：8 级（风速≥17 m/s）以上的风为大风，年大风天数为大风日数。

（3）年日照时数：一年内阳光直接照射地面的时数，单位为 h。

（4）上述指标可通过气象资料获取。

### 2.2.1.3　项目所在行政区域社会经济情况表

**1. 表式**

项目所在行政区域社会经济情况表的表式如表 6-2-10 所示。

表 6-2-10　项目所在行政区域社会经济情况表

| 省<br>（自治区、<br>直辖市） | 县<br>（市） | 总人口<br>（万人） | 农业人口<br>（万人） | 农业<br>劳动力<br>（万人） | 农村各业年生产总值（万元） | | | | | | 农民人均<br>年纯收入<br>（元） | 人均耕地<br>（hm²/人） | 年粮食<br>总产量<br>（万 t） | 人均<br>年产粮<br>（kg/人） |
|---|---|---|---|---|---|---|---|---|---|---|---|---|---|---|
| | | | | | 农业 | 林业 | 牧业 | 副业 | 其他 | 小计 | | | | |
| | | | | | | | | | | | | | | |

**2. 编制和填写**

（1）农业人口：从事农业生产，以农业收入为主要生活来源的人口。

（2）农业劳动力：农业中达到一定劳动年龄的人口数。

（3）农村各业年生产总值：农（农作物栽培）、林、牧、渔业和副业（系指农户所从事的野生植物采集、捕猎等）年创造的全部经济价值。

（4）农民人均年纯收入：农村居民当年从各个来源渠道得到的总收入，相应地扣除获得收入所发生的费用后的收入总和。

（5）上述指标可通过当地统计年鉴获取。

### 2.2.1.4 项目所在行政区域土地利用现状表

#### 1. 表式

项目所在行政区域土地利用现状表的表式如表6-2-11所示。

表6-2-11 项目所在行政区域土地利用现状表

| 省（自治区、直辖市） | 县（市） | 土地总面积（km²） | 耕地 | | | | | | 园地 | | 林地 | | 草地 | | 交通运输用地 | | 水域及水利设施用地 | | 城镇及工矿用地 | | 其他土地 | |
|---|---|---|---|---|---|---|---|---|---|---|---|---|---|---|---|---|---|---|---|---|---|---|
| | | | <5° | | 5°~25° | | ≥25° | | | | | | | | | | | | | | | |
| | | | km² | % | km² | % | km² | % | km² | % | km² | % | km² | % | km² | % | km² | % | km² | % | km² | % |
| | | | | | | | | | | | | | | | | | | | | | | |

#### 2. 编制和填写

（1）耕地：种植农作物的土地，或以种植农作物（含蔬菜）为主，间有零星树木的土地。

（2）园地：种植以采摘为主的多年生木本和草本作物，覆盖度大于50%的土地，包括用于育苗的土地。

（3）林地：生长乔木、竹类、灌木及沿海红树林的土地，不包括城镇绿化林地，护路林地，以及江河护堤林地。

（4）草地：生长草本植物为主的土地。

（5）交通运输用地：用于运输通行的地面线路、场站等的土地，包括机场、港口、码头、地面运输管道和各种道路用地。

（6）水域及水利设施用地：陆地水域，海涂，沟渠、水工建筑物等用地。

（7）城镇及工矿用地：居民点及独立的企事业单位用地，包括其内部交通、绿化用地。

（8）上述指标可通过当地土地详查资料获取。

### 2.2.1.5 项目所在行政区域水土流失现状表

#### 1. 表式

项目所在行政区域水土流失现状表的表式如表6-2-12所示。

表6-2-12 项目所在行政区域水土流失现状表

| 省（自治区、直辖市） | 县（市） | 水土流失面积（km²） | | | | | | | | | | | 沟壑密度（km/km²） | 侵蚀模数（t/(km²·a)） | 治理面积（km²） |
|---|---|---|---|---|---|---|---|---|---|---|---|---|---|---|---|---|
| | | 总面积 | 轻度 | 占比例（%） | 中度 | 占比例（%） | 强烈 | 占比例（%） | 极强烈 | 占比例（%） | 剧烈 | 占比例（%） | | | |
| | | | | | | | | | | | | | | | |

#### 2. 编制和填写

（1）沟壑密度：项目区单位面积内的侵蚀沟长度，单位是千米每平方千米（km/km²）。

（2）侵蚀模数：项目区单位面积和单位时段内的土壤侵蚀量，单位是吨每平方千米每年($t/(km^2 \cdot a)$)。

（3）治理面积：各项水土保持措施防护面积的总和。

（4）上述指标可通过水土流失综合调查及水土保持部门发布的资料获取。

#### 2.2.1.6　项目所在行政区域水土保持治理措施现状表

1. 表式

项目所在行政区域水土保持治理措施现状表的表式如表 6-2-13 所示。

表 6-2-13　项目所在行政区域水土保持治理措施现状表

| 省<br>（自治区、<br>直辖市） | 县<br>（市） | 梯田<br>（hm²） | 水土保持林<br>（hm²） | 经济林栽<br>培园和果园<br>（hm²） | 种草<br>（hm²） | 淤地坝<br>（座） | 治沟骨<br>干工程<br>（座） | 其他 |
|---|---|---|---|---|---|---|---|---|
|  |  |  |  |  |  |  |  |  |

2. 编制和填写

（1）梯田：在坡地上沿等高线修建的、断面呈阶梯状的田块，按其断面形式可分为水平梯田、坡式梯田、隔坡梯田。

（2）水土保持林：具有水土保持功能的林木，包括坡面防护林、侵蚀沟防护林、农田防护林、梯田埂坎防护林、水流调节林等。

（3）淤地坝：在水土流失地区各级沟道中，以拦泥淤地为目的而修建的坝工建筑物，其拦泥淤成的地叫坝地。

（4）治沟骨干工程：在沟道中修建的，单坝总库容为 50 万～500 万 $m^3$ 的具有控制性缓洪作用的淤地坝工程。

（5）上述指标可通过水土流失综合调查及水土保持部门发布的资料获取。

### 2.2.2　项目区地理位置示意图、水土流失类型划分及项目分布图绘制

《水土保持工程项目建议书编制规程》(SL 447—2009)规定，项目建议书阶段附图包括项目区地理位置示意图、水土流失类型划分及项目分布图。

项目建议书阶段地理位置示意图以行政区划图为底图，标明项目区位置范围。水土流失类型划分及项目分布图应以区域水土流失类型分区图为底图，项目分布原则上按小流域标注，如项目范围过大，可按片区标注，辅以必要表格说明工程涉及小流域；对于大型骨干工程（淤地坝、拦沙坝、塘坝），原则上应在项目分布图上注明工程所在位置和名称。比例尺以图面和标注清晰为主。

## 2.3　项目可行性研究

### 2.3.1　项目区可行性研究阶段项目特性表、现状表编制和填写

中华人民共和国水利行业标准《水土保持工程项目可行性研究报告编制规程》(SL

448—2009）规定,可行性研究阶段项目特性表是可研的主要技术经济指标的汇总表,共划分为 9 部分,分别为:项目区概况;建设条件;建设目标;设计标准;工程规模;主要措施数量;施工组织设计;投资估算与资金筹措;经济评价。

可行性研究阶段现状表包括:项目区分布概况表、气象特征表、土地坡度组成表、耕地组成表、社会经济情况表、土地利用现状表、水土流失现状表、典型小流域水土保持措施现状表。

表中涉及面积、长度、比例、费用等的数据均应要求保留 2 位小数。

各表的表式及编制要点如下。

### 2.3.1.1　项目可行性研究阶段工程特性表

1. 表式

项目可行性研究阶段工程特性的表式如表 6-2-14 所示。

表 6-2-14　项目可行性研究阶段工程特性表

| 名称 | 单位 | 数量 | 备注 |
|---|---|---|---|
| 一、项目区概况 | | | |
| 1. 项目区涉及行政区域 | 个 | | 以县级行政区为单元 |
| 2. 所属流域 | — | | |
| 3. 项目区面积 | km² | | |
| 4. 所涉及小流域(或片区)数量 | 条(个) | | |
| 二、建设条件 | | | |
| (一)自然概况 | | | |
| 1. 地貌类型 | — | | |
| 2. 多年平均降水量 | mm | | 按所涉行政区给出数值范围 |
| 3. 多年平均气温 | ℃ | | 按所涉行政区给出数值范围 |
| 4. ≥10 ℃积温 | ℃ | | |
| 5. 无霜期 | d | | |
| 6. 多年平均大风日数 | d | | 涉及风蚀的,必须填写 |
| 7. 多年平均风速 | m/s | | |
| 8. 地面组成物质 | — | | |
| 9. 主要植被类型 | — | | |
| 10. 林草覆盖率 | % | | |
| (二)社会经济情况 | | | |
| 1. 总人口 | 人 | | |
| 2. 农村人口 | 人 | | |
| 3. 劳动力 | 人 | | |

续表 6-2-14

| 名称 | 单位 | 数量 | 备注 |
|---|---|---|---|
| 4．人口密度 | 人/km² | | 按总人口计 |
| 5．人均耕地 | hm²/人 | | 按农业人口计 |
| 6．年人均产粮 | kg/人 | | 按农业人口计 |
| 7．农民人均年纯收入 | 元/人 | | |
| （三）水土流失状况 | | | |
| 1．主要水土流失类型 | — | | |
| 2．水土流失面积 | km² | | |
| 3．土壤侵蚀模数 | t/(km²·a) | | |
| 三、建设目标 | | | |
| 1．水土流失治理程度 | % | | |
| 2．土壤流失控制量 | t | | |
| 3．林草覆盖率 | % | | |
| 4．人均基本农田 | 亩 | | |
| 四、设计标准 | | | |
| 1．工程设计标准 | — | | |
| 五、工程规模 | | | |
| 1．综合治理面积 | km² | | |
| 六、主要措施数量 | | | |
| （一）工程措施 | | | |
| 1．石坎梯田 | hm² | | |
| 2．土坎梯田 | hm² | | |
| 3．淤地坝 | 座 | | |
| 其中:治沟骨干工程 | 座 | | |
| 4．拦沙坝 | 座 | | |
| 5．谷坊 | 座 | | |
| 6．蓄水池 | 个 | | |
| 7．沉沙凼(池) | 个 | | |
| 8．谷坊 | 座 | | |
| 9．截水沟 | km | | |
| （二）林草措施 | | | |
| 1．水土保持林 | hm² | | |

续表 6-2-14

| 名称 | 单位 | 数量 | 备注 |
|---|---|---|---|
| 2. 经济林[a] | hm² | | |
| 3. 水土保持种草 | hm² | | |
| （三）封育治理措施 | hm² | | |
| （四）保土耕地措施 | hm² | | |
| …… | | | |
| 七、施工组织设计 | | | |
| （一）主要工程量 | | | |
| 1. 土方量（挖填） | 万 m³ | | |
| 2. 石方量（挖填） | 万 m³ | | |
| 3. 混凝土 | 万 m³ | | |
| 4. 浆砌石 | 万 m³ | | |
| 5. 干砌石 | 万 m³ | | |
| 6. 整地 | hm² | | |
| 7. 乔灌木 | 万株 | | |
| 8. 种草 | hm² | | |
| …… | | | |
| （二）主要材料用量 | | | |
| 1. 苗木 | 万株 | | |
| 2. 种子 | kg | | |
| 3. 水泥 | t | | |
| 4. 砂子 | m³ | | |
| 5. 块石 | m³ | | |
| 6. 钢筋 | kg | | |
| …… | | | |
| （三）施工机械 | 台班 | | |
| （四）总投工 | 万工日 | | |
| （五）施工工期 | 年 | | |
| 八、投资估算与资金筹措 | | | |
| （一）投资估算 | | | |
| 1. 静态总投资 | 万元 | | |
| 2. 建设期贷款利息 | 万元 | | |

续表 6-2-14

| 名称 | 单位 | 数量 | 备注 |
|---|---|---|---|
| 3.价差预备费 | 万元 | | |
| 4.总投资 | 万元 | | |
| (二)资金筹措 | | | |
| 1.中央投资 | 万元 | | |
| 2.地方配套 | 万元 | | |
| 3.群众自筹 | 万元 | | |
| …… | | | |
| 九、经济评价 | | | |
| (一)生态效益 | | | |
| 1.年保土量 | 万 t | | |
| 2.林草覆盖率 | % | | |
| (二)综合经济指标 | 万元 | | |
| 1.单位治理面积投资 | 万元/km² | | |
| 2.经济净现值 | 万元 | | |
| 3.效益费用比 | — | | |
| 4.经济内部收益率 | % | | |
| 5.财务内部收益率[b] | % | | |

注:1.主要植被类型按国家植被区系划分填写,如温带针阔混交林区。

2.地面组成物质填写项目区覆盖面积大的基岩和土壤类型,如石灰岩/红壤。

3.工程设计标准填写水土保持单项工程的设计标准。

a:对照《水土保持工程项目可行性研究报告编制规程》(SL 448—2009)附表 B 土地利用分类体系(水土保持),考虑水土保持工程设计习惯,经济林统计中可包括经济林栽培园、果园等;

b:贷款项目应进行财务内部收益率分析,对于非贷款项目不必计算财务内部收益率。

2.编制和填写

(1)按照表中注解编制和填写。

(2)工程特性表的栏目内容可根据项目的实际情况和工程建设内容进行适当增删。

### 2.3.1.2　项目区分布(概况)表

1.表式

项目区分布(概况)表的表式如表6-2-15所示。

表 6-2-15　项目区分布(概况)表

| 水土保持防治分区 | 省(自治区、直辖市)、县(市) | 小流域名称 | 流域面积(km²) | 水土流失面积(km²) | 林草覆盖率(%) | 总人口(人) | 耕地面积(hm²) |
|---|---|---|---|---|---|---|---|
| | | | | | | | |

2. 编制和填写

按项目区各水土保持防治分区、所属行政分区及相应的小流域为基本填写单元,统计各流域的指标。

### 2.3.1.3 项目区气象特征表

1. 表式

项目区气象特征表的表式如表 6-2-16 所示。

表 6-2-16 项目区气象特征表

| 水土保持分区 | 典型小流域 | 站名(县) | 多年平均降水量(mm) | 多年平均蒸发量(mm) | 气温(℃) | | | ≥10℃积温(℃) | 年日照时数(h) | 无霜期(d) | 最大冻土深度(m) | 大风日数(d) | 平均风速(m/s) |
|---|---|---|---|---|---|---|---|---|---|---|---|---|
| | | | | | 年最高 | 年最低 | 年平均 | | | | | | |
| | | | | | | | | | | | | | |

2. 编制和填写

该表反映了项目区气象水文指标的特征值。包括降水、蒸发、气温、积温、日照、冰冻、风速等指标。一般通过气象资料获取。

### 2.3.1.4 项目区土地坡度组成表

1. 表式

项目区土地坡度组成表的表式如表 6-2-17 所示。

表 6-2-17 项目区土地坡度组成表

| 水土保持分区 | 典型小流域 | 总面积(km²) | 坡度组成结构 | | | | | | | | | | |
|---|---|---|---|---|---|---|---|---|---|---|---|---|---|
| | | | <5° | | 5°~15° | | 15°~25° | | 25°~35° | | ≥35° | | 小计 | |
| | | | 面积(hm²) | 占比例(%) | 面积(hm²) | 占比例(%) | 面积(hm²) | 占比例(%) | 面积(hm²) | 占比例(%) | 面积(hm²) | 占比例(%) | 面积(hm²) | 占比例(%) |
| 项目区合计 | | | | | | | | | | | | | | |

2. 编制和填写

按项目区各水土保持防治分区相应的典型小流域为基本填写单元。该表反映项目区土地各级坡度的面积组成,按五级划分,分别为 <5°、5°~15°、15°~25°、25°~35°、≥35°。一般通过地形图量算或土地部门的统计资料获取。

### 2.3.1.5 项目区耕地坡度组成表

1. 表式

项目区耕地坡度组成表的表式如表 6-2-18 所示。

表 6-2-18 项目区耕地坡度组成表

| 水土保持分区 | 典型小流域 | 总面积(km²) | 坡度组成结构 | | | | | | | | | | |
|---|---|---|---|---|---|---|---|---|---|---|---|---|---|
| | | | <5° | | 5°~8° | | 8°~15° | | 15°~25° | | 25°~35° | | ≥35° 小计 | |
| | | | 面积(hm²) | 占比例(%) | 面积(hm²) | 占比例(%) | 面积(hm²) | 占比例(%) | 面积(hm²) | 占比例(%) | 面积(hm²) | 占比例(%) | 面积(hm²) | 占比例(%) |
| 项目区合计 | | | | | | | | | | | | | | |

## 2. 编制和填写

按项目区各水土保持防治分区相应的典型小流域为基本填写单元。该表反映项目区耕地各级坡度的面积组成,按六级划分,分别为 <5°、5°~8°、8°~15°、15°~25°、25°~35°、≥35°。一般通过地形图量算或土地部门的统计资料获取。

### 2.3.1.6　项目区社会经济情况表

#### 1. 表式

项目区社会经济情况表的表式如表 6-2-19 所示。

表 6-2-19　项目区社会经济情况表

| 水土保持分区 | 典型小流域 | 涉及乡村户 | | | 总人口(万人) | 农业人口(万人) | 农业劳力(万个) | 总土地面积(hm²) | 水土流失面积(hm²) | 人口密度(人/hm²) | 人均土地(亩) | 人均耕地(亩) | 年纯收入 | |
|---|---|---|---|---|---|---|---|---|---|---|---|---|---|---|
| | | 乡(个) | 村(个) | 户(万户) | | | | | | | | | 总收入(万元) | 人均(元) |
| 项目区合计 | | | | | | | | | | | | | | |

#### 2. 编制和填写

按项目区各水土保持防治分区相应的典型小流域为基本填写单元。该表反映项目区的行政分区、人口、土地及收入情况。可通过统计年鉴获取。

### 2.3.1.7　项目区土地利用现状表

#### 1. 表式

项目区土地利用现状表的表式如表 6-2-20 所示。

表 6-2-20　项目区土地利用现状表

| 水土保持分区 | 典型小流域 | 耕地 | | | | | | 园地 | 林地 | | | | 草地 | | | | 水域及水利设施用地 | | | | 其他用地 | | | | | 其他土地 | | | | |
|---|---|---|---|---|---|---|---|---|---|---|---|---|---|---|---|---|---|---|---|---|---|---|---|---|---|---|---|---|---|---|---|
| | | 水田 | 水浇地 | 旱地 | | | 小计 | | 有林地 | 灌木林地 | 其他林地 | 小计 | 天然牧草地 | 人工牧草地 | 其他草地 | 小计 | 河流水面 | 湖库水面 | 其他 | 小计 | 交通运输用地 | 住宅用地 | 工矿仓储用地 | 特殊用地 | 其他 | 小计 | 沼泽地 | 沙地 | 盐碱地 | 裸地 | 小计 |
| | | | | 坡耕地 | 旱平地 | 沟川坝地 | | | | | | | | | | | | | | | | | | | | | | | | | |
| 项目区合计 | | | | | | | | | | | | | | | | | | | | | | | | | | | | | | | |

#### 2. 编制和填写

按项目区各水土保持防治分区相应的典型小流域为基本填写单元。该表反映项目区的土地利用现状,按土地利用类型统计,土地一级类涉及耕地、园地、林地、草地、水域及水利设施用地、其他用地、其他土地等。土地分类标准参见《水土保持工程项目可行性研究报告编制规程》(SL 448—2009)附录 B 土地利用分类体系。可通过土地调查、详查资料等获取。

### 2.3.1.8　项目区水土流失现状表

**1. 表式**

项目区水土流失现状表的表式如表6-2-21所示。

**2. 编制和填写**

按项目区各水土保持防治分区相应的典型小流域为基本填写单元。该表反映项目区各级强度的水土流失面积及其比例、侵蚀模数、沟壑密度等指标。可通过水土流失综合调查或水土保持部门发布的数据获取。

### 2.3.1.9　典型小流域水土保持措施现状表

**1. 表式**

典型小流域水土保持措施现状表的表式如表6-2-22所示。

**2. 编制和填写**

按项目区各水土保持防治分区相应的典型小流域为基本填写单元。该表反映典型小流域水土保持工程措施(土坎、石坎梯田,塘坝、骨干工程、淤地坝、蓄水池、排洪沟、谷坊、沟头防护等)、水土保持林(乔木林、灌木林、经济林)、经济林栽培园和果园、水土保持种草、封育治理、保土耕作、其他工程等现状规模。可通过水土流失综合调查或水土保持部门发布的数据获取。

## 2.3.2　项目可行性研究报告附图绘制

《水土保持工程项目可行性研究报告编制规程》(SL 448—2009)规定,项目可行性研究报告各章节的附图有项目地理位置示意图、典型小流域水土流失现状图、典型小流域土地利用现状图、水土保持分区及总体布局图。

项目可行性研究报告阶段地理位置示意图以行政区划图为底图,标明项目区位置范围。比例尺以图面和标注清晰为主。应包含以下要素:项目区地理边界、所在行政分区、所在水土保持区划、主要河流水系、交通路线、指南针、图例、项目区在上一级行政分区的位置缩略图等(县级项目对应为省区缩略图,省级项目对应为国家缩略图)。

典型小流域水土流失现状图绘制:由于大部分小流域缺乏实测和调查土壤侵蚀模数资料,现行的典型小流域水土流失现状图绘制,应用TM卫星图像和地形图(常用比例尺1:1万),结合前人资料和野外典型调查,建立水土流失类型、强度与土地利用类型、植被覆盖度和地形坡度的相关关系,经遥感综合解译,生成水土流失等级强度图。主要信息为小流域土壤侵蚀(水土流失)类型区的水力、风力侵蚀等各级强度面积,危险程度等。除反映土壤侵蚀强度(分若干级)外,还应表达各图斑的侵蚀类型(分水力、风力等)、地表物质(石质、土石质、土质、沙质及不同级分类等)、地貌类型、植被覆盖度(分若干级)等方面的专业信息。

典型小流域土地利用现状图的绘制:现行的小流域土地利用现状图的绘制方法主要包括以地形图、航片为底图(常用比例尺1:1万)的常规野外测绘调查绘制方法和遥感调查绘制方法两大类。在以往的小流域土地利用现状调查中,由于受遥感数据分辨率的限

表 6-2-21 项目区水土流失现状表

| 水土保持分区 | 典型小流域 | 总面积（hm²） | 水土流失总面积（hm²） | 其中（hm²） | | | | | | | | | | 侵蚀模数（t/(km²·a)） | 沟壑密度（km/km²） |
|---|---|---|---|---|---|---|---|---|---|---|---|---|---|---|---|
| | | | | 轻度 | 占比例（%） | 中度 | 占比例（%） | 强烈 | 占比例（%） | 极强 | 占比例（%） | 剧烈 | 占比例（%） | | |
| 项目区合计 | | | | | | | | | | | | | | | |

表 6-2-22 典型小流域水土保持措施现状表

| 水土保持分区 | 典型小流域 | 总面积（hm²） | 水土流失面积（hm²） | 工程措施 | | | | | | | | | | | | | 水土保持林 | | | | 经济林果园和果园栽培（hm²） | 水土保持种草（hm²） | 封育治理（hm²） | 保土耕作（hm²） | 其他工程 |
|---|---|---|---|---|---|---|---|---|---|---|---|---|---|---|---|---|---|---|---|---|---|---|---|---|---|
| | | | | 土坎梯田（hm²） | 石坎梯田（hm²） | 塘坝 | | 骨干工程 | | 淤地坝 | | 蓄水池 | | 排洪沟（m） | 谷坊（座） | 沟头防护工程（m） | … | 乔木林（hm²） | 灌木林（hm²） | 经济林（hm²） | … | | | | | … |
| | | | | | | 座数（座） | 总库容（万m³） | 座数（座） | 总库容（万m³） | 座数（座） | 总库容（万m³） | 数量（座） | 容量（万m³） | | | | | | | | | | | | | |
| 水土保持分区 | | | | | | | | | | | | | | | | | | | | | | | | | |

注：本表可根据实际情况对措施栏适当取舍。

制,主要采用常规的野外测绘调查方法,这种方法是通过使用一些测量仪器,如平板仪、经纬仪等,在野外对新增和变化地物进行补测,从而修正工作底图,使之符合实际的一种调查绘制方法。近年来,随着遥感技术分辨精度的日益提高,以及 GPS、GIS 的发展,更大比例尺土地资源调查也能用遥感方法取得很好的效果。第二次全国土地调查中,主要是运用航空航天遥感、地理信息系统、全球定位系统和数据库及网络通信技术,采用内外业相结合的方式进行的。今后的小流域土地利用现状图的绘制,可应用第二次全国土地调查"县级农村土地调查数据库"成果资料。典型小流域土地利用现状图主要信息有各地类图斑、线状地物、境界(地界)、新增地物、水土保持工程措施的类型和数量(如沟头防护、谷坊、淤地坝、拦沙坝、小水库、塘坝、治沟骨干工程、蓄水池、涝池、水窖等)等。

　　水土保持分区及总体布局图的绘制:以行政区图为底图,反映水土保持分区及总体布局图两方面的图层要素。根据项目区的范围,国家级、大流域级(以上两级都跨省)和省级、地市级、县级五级,各级精度要求不同。常用比例尺选 1∶250 万、1∶100 万、1∶50 万、1∶25 万、1∶10 万、1∶5万。水土保持分区的信息主要反映各区位置、范围和分区分级。各类境界线包括类型区界线、行政区界线、"三区"界线。一级区划线(类型区)比二级区划线(亚区)粗一倍,二级区划线(亚区)比三级区划线(小区)粗一倍。水土保持总体布局的信息主要为防治分区的措施配置和措施体系,包括措施种类(如工程措施、林草措施、封育措施及其他措施等)、配置等。水土保持分区及总体布局图属于综合图,图式、图例等的绘制应按《水利水电工程制图标准 水土保持图》(SL 73.6—2001)执行。

## 2.3.3　水土保持措施典型设计知识

### 2.3.3.1　工程措施典型设计内容

　　梯田措施应落实到小班上,并计算措施的面积及其单位治理面积工程量指标。

　　截排水沟、蓄水池、水窖、谷坊等小型工程可选取典型地段进行布置并设计,计算确定各类措施的数量以及单位工程量指标。

　　典型单项工程(淤地坝、骨干坝)应进行单项设计,分析确定单位规模(库容或坝高)的工程量指标。

### 2.3.3.2　林草措施典型设计内容

　　水土保持林、种草应落实到小班上,并分类进行典型设计,计算各类措施的面积及其单位治理面积工程量指标。

### 2.3.3.3　设计深度

　　一般工程和植物措施的设计深度为可行性研究,单项工程设计深度可参照水利工程可行性研究报告编制规程执行。

### 2.3.3.4　设计图要求

　　典型设计应附典型设计图,图件比例尺应按《水利水电工程制图标准 水土保持图》(SL 73.6—2001)规定的要求,填充和标注清晰准确,附有说明和单项工程量表。

# 2.4　水土保持工程项目初步设计

## 2.4.1　水土保持工程初步设计报告编制知识

中华人民共和国水利行业标准《水土保持工程项目初步设计报告编制规程》(SL 449—2009)规定,水土保持工程初步设计是在批准的可行性研究报告基础上,以小流域(或片区)为单元进行的。因此,水土保持工程初步设计报告包括三个层次的报告:水土保持工程总体初步设计报告、小流域(或片区)综合治理初步设计报告、水土保持单项(专项)工程初步设计报告。

水土保持单项工程是指在小流域综合治理中需要专门设计的工程,如淤地坝、治沟骨干工程、拦沙坝、塘坝、格栅坝、排导停淤工程等。水土保持专项工程是指不属于综合治理的、作为专项建设的水土保持工程,如水土保持监测、水土保持泥石流预警、淤地坝坝系工程、崩岗治理工程、坡耕地治理工程、沙棘生态工程等。

小流域综合治理初步设计报告是指在一个完整的小流域(或片区)内,由水土保持单项工程和专项工程构成小流域综合治理体系,而形成的设计报告。小流域综合治理初步设计报告需要与施工图设计合并的,初步设计报告既要满足年度施工计划、施工招标的要求,同时必须达到指导施工的深度。

总体初步设计报告是指在统一的设计大纲指导下,开展多个小流域(或片区)或单项(专项)工程初步设计,并汇总形成的设计报告。各小流域(或片区)综合治理初步设计报告是总体初步设计报告的附件。

《水土保持工程项目初步设计报告编制规程》(SL 449—2009)规定,水土保持工程初步设计报告的主要内容和深度应符合下列要求(本条文为强制性条文):

(1)复核项目建设任务和规模;

(2)查明小流域(或片区)自然、社会经济、水土流失的基本情况;

(3)水土保持工程措施应确定工程设计标准及工程布置,作出相应设计,对水土保持单项工程应确定工程的等级;

(4)水土保持林草措施应按立地条件类型选定树种、草种并作出典型设计;

(5)封育治理等措施应根据立地条件类型和植被类型分别作出典型设计;

(6)确定施工布置方案、条件、组织形式和方法,作出进度安排;

(7)提出工程组织管理方式和监督管理方法;

(8)编制初步设计概算,明确资金筹措方案;

(9)分析工程的经济效益、生态效益和社会效益。

## 2.4.2　工程特性表、小流域工程量汇总表编制

### 2.4.2.1　初步设计阶段工程特性表

《水土保持工程项目初步设计报告编制规程》(SL 449—2009)规定,工程特性表是初

步设计关键指标的汇总表,包括七部分内容:基本情况;设计标准;工程规模;主要措施数量;施工组织设计;工程投资与资金筹措;工程效益。各项指标按初步设计成果填写。

初步设计工程特性表的表式和编制填写如表 6-2-23 所示。

表 6-2-23　初步设计阶段工程特性表

| 名称 | 单位 | 数量 |
|---|---|---|
| 一、基本情况 | | |
| (一)位置与面积 | | |
| 工程区位置 | — | |
| 所属流域 | — | |
| 小流域(片区)面积 | km² | |
| (二)自然概况 | | |
| 地貌类型 | — | |
| 地面组成物质 | — | |
| 多年平均降水量 | mm | |
| 多年平均气温 | ℃ | |
| 林草覆盖率 | % | |
| 5 年一遇 24 h 最大降雨量 | mm | |
| 10 年一遇 24 h 最大降雨量 | mm | |
| 多年平均径流深 | mm | |
| ≥10 ℃积温 | ℃ | |
| 无霜期 | d | |
| 大风日数 | d | |
| 最大风速 | m/s | |
| 主害风方向 | — | |
| 最大冻土深度 | m | |
| …… | | |
| (三)社会经济情况 | | |
| 总人口 | 人 | |
| 农村人口 | 人 | |
| 劳动力 | 人 | |
| 人口密度 | 人/km² | |
| 人均耕地 | 亩 | |
| 人均基本农田 | 亩 | |

续表 6-2-23

| 名称 | 单位 | 数量 |
|---|---|---|
| 人均年产粮 | kg | |
| 农民人均年纯收入 | 元 | |
| …… | | |
| (四)水土流失及水土保持现状 | | |
| 主要水土流失类型 | — | |
| 水土流失面积 | km$^2$ | |
| 土壤侵蚀模数 | t/(km$^2$·a) | |
| 已治理面积 | km$^2$ | |
| 二、设计标准 | | |
| 重点工程设计标准 | — | |
| 三、工程规模 | | |
| 综合治理面积 | km$^2$ | |
| 四、主要措施数量 | | |
| (一)工程措施 | | |
| 石坎梯田 | hm$^2$ | |
| 土坎梯田 | hm$^2$ | |
| 淤地坝 | 座 | |
| 治沟骨干工程 | 座 | |
| 拦沙坝 | 座 | |
| 谷坊 | 座 | |
| 蓄水池(水窖) | 个 | |
| 沉沙池(凼) | 个 | |
| 谷坊 | 座 | |
| 截排水沟 | km | |
| …… | | |
| (二)林草措施 | | |
| 水土保持林 | hm$^2$ | |
| 经济林[a] | hm$^2$ | |
| 水土保持种草 | hm$^2$ | |

续表 6-2-23

| 名称 | 单位 | 数量 |
|---|---|---|
| (三)封育治理措施 | hm² | |
| (四)保土耕作措施 | hm² | |
| …… | | |
| 五、施工组织设计 | | |
| (一)主要工程量 | | |
| 土方挖填 | m³ | |
| 石方挖填 | m³ | |
| 混凝土 | m³ | |
| 浆砌石 | m³ | |
| 干砌石 | m³ | |
| 整地 | hm² | |
| 乔灌木 | 万株 | |
| 种草 | hm² | |
| …… | | |
| (二)主要材料用量 | | |
| 1.苗木 | 万株 | |
| 2.种子 | kg | |
| 3.水泥 | t | |
| 4.砂子 | m³ | |
| 5.块石 | m³ | |
| 6.钢筋 | kg | |
| …… | | |
| (三)施工机械 | 台班 | |
| (四)总投工 | 万工日 | |
| (五)建设期 | 月 | |
| 六、工程投资与资金筹措 | | |
| (一)总投资 | 万元 | |

续表 6-2-23

| 名称 | 单位 | 数量 |
|---|---|---|
| 工程措施 | 万元 | |
| 林草措施 | 万元 | |
| 封育治理措施 | 万元 | |
| …… | | |
| (二)资金筹措 | | |
| 中央投资 | 万元 | |
| 地方配套 | 万元 | |
| 群众自筹 | 万元 | |
| …… | | |
| 七、工程效益 | | |
| 水土流失治理程度 | % | |
| 年保土效益 | 万 t | |
| 增加林草覆盖率 | % | |
| 累计直接经济效益 | 万元 | |
| 效益费用比 | | |
| …… | | |

注:1. 项目区位置具体到县、乡镇;所属流域指项目区所在的大江大河的三级支流(例如:黄河/汾河/岚漪河);地貌类型是指大中尺度地貌,包括高山、中山、低山、丘陵、盆地、平原;水土流失类型指项目区的主要侵蚀类型,包括水力侵蚀、风力侵蚀、冻融侵蚀;工程设计标准指工程可以抵御多少年一遇的洪水(暴雨),填写重点工程的设计标准,重点工程指治沟骨干工程、塘坝等。

　　2. 社会经济情况和水土流失状况应说明数据来源与时间年限。

　　3. 根据具体工程项目不同,表中内容可进行适当调整。

　　a. 对照《水土保持工程项目初步设计报告编制规程》(SL 449—2009)附表 B 土地利用分类体系(水土保持),考虑水土保持工程设计习惯,经济林统计中可包括经济林栽培园、果园等。

### 2.4.2.2　主要工程量和投工汇总表

　　该表反映水土保持各项措施的工程量、投入块石、苗木、种籽数量及投入劳动力数量。各项指标按措施典型设计和单项设计填写。表式如表 6-2-24 所示。

## 2.4.3　水土保持工程项目初步设计报告附图绘制

　　《水土保持工程项目初步设计报告编制规程》(SL 449—2009)规定,项目初步设计报告阶段附图包括工程区地理位置图、水土流失现状图、土地利用和水土保持措施现状图、水土保持措施总体布置图,其绘制应符合以下要求:

　　(1)工程区地理位置图:以行政区划图为底图,标明工程区地理位置,比例尺以画面和标注清晰为准。

表 6-2-24　主要工程量和投工汇总表

| 项目 | | 单位 | 措施数量 | 土方挖填（m³） | 石方挖填（m³） | 混凝土（m³） | 浆砌石（m³） | 干砌石（m³） | 整地（hm²） | 栽植（万株） | 种草（hm²） | 投工（工日） |
|---|---|---|---|---|---|---|---|---|---|---|---|---|
| 合计数量 | | hm² | | | | | | | | | | |
| 工程措施 | 土坎梯田 | hm² | | | | | | | | | | |
| | 石坎梯田 | hm² | | | | | | | | | | |
| | 淤地坝 | 座 | | | | | | | | | | |
| | 拦沙坝 | 座 | | | | | | | | | | |
| | 谷坊 | 座 | | | | | | | | | | |
| | 蓄水池 | 个 | | | | | | | | | | |
| | 沉沙函（池） | 个 | | | | | | | | | | |
| | 谷坊 | 座 | | | | | | | | | | |
| | 截排水沟 | km | | | | | | | | | | |
| | …… | | | | | | | | | | | |
| 林草措施 | 水土保持造林 | hm² | | | | | | | | | | |
| | 经济林栽培园和果园 | hm² | | | | | | | | | | |
| | 种草 | hm² | | | | | | | | | | |
| 封育治理 | | hm² | | | | | | | | | | |
| 保土耕作 | | hm² | | | | | | | | | | |
| 其他工程 | | | | | | | | | | | | |

（2）土地利用和水土保持措施现状图：应保留计曲线，绘出主沟道与一级支沟的沟道线，林草、梯田、园地、封禁等防治措施应以小班（地块）为单元，按《水利水电工程制图标准 水土保持图》（SL 73.6—2001）的要求表达。谷坊、淤地坝等工程措施的位置应按 SL 73.6 的要求标出。

（3）水土流失现状图：水土流失现状图绘制的主要信息为工程区土壤侵蚀（水土流失）类型区的水力、风力侵蚀等各级强度面积，危险程度等。除反映土壤侵蚀强度（分若干级）外，还应表达各图斑的侵蚀类型（分水力、风力等）、地表物质（石质、土石质、土质、沙质及不同级分类等）、地貌类型（平原、河流、黄土丘陵、山地及不同级分类等）、植被覆盖度（分若干级）等方面的专业信息。

（4）水土保持措施总体布置图：工程措施一般分为面式工程和点式工程两类。面式工程如梯田、治滩造田、治沟骨干工程或淤地坝淤积形成的坝地等应按小班（地块）勾绘在地形图上;点式工程如骨干工程或淤地坝的坝体、谷坊、蓄水池等应用符号标出位置。水土保持措施总体布置图的小班(地块)标准应符合 SL 73.6 的规定,不能表达或小班(地块)图面面积太小而无法标注,且必须标记的信息,可采用表格或引注方式表达。

### 2.4.4　小流域坡面工程(梯田、造林、种草等)的布局

小流域坡面工程(梯田、造林、种草等)的布局,在小班(地块)调查与勾绘的基础上,应明确各小班(地块)的面积、地面坡度、土地利用状况等。分别布置梯田、造林、种草等措施。

#### 2.4.4.1　梯田工程布局

(1)选取土质较好、坡度较缓、靠近村屯、交通便利、邻近水源的地方修建梯田,尽量考虑机械耕作和就地蓄水灌溉的要求。

(2)田块顺山地走向布设,大弯就势,小弯取直,田块长度 100 ~ 400 m,以便于耕作。

(3)降雨量大的地区应布置蓄排水工程,防止径流冲毁梯田。

(4)梯田区应安排田间道路,以用于施工和生产运输。

#### 2.4.4.2　水土保持造林布局

根据不同地形部位布设水土保持林种。

(1)坡面水土保持林,根据造林地的地形、土壤等特点,分别在坡面的上部、中部和下部布设灌木林、乔木林和经济林。

(2)沟壑水土保持林,分沟头、沟坡和沟底三个部位,并与沟壑治理工程相结合。

(3)岸域水土保持林,布设在河岸、库塘和渠道周边,防止塌岸和冲刷边坡。

(4)"四旁"水土保持林。在平原区和高原区的塬面造林,应与路渠结合形成大片方田;路渠旁造林,应按照农田防护林网配置;村屯"四旁"造林,应考虑用材和绿化的要求。

#### 2.4.4.3　水土保持种草布局

种草防治水土流失主要布设在以下部位:

(1)陡坡退耕地、撂荒地、轮荒地。

(2)过度放牧引起草场退化的牧地。

(3)沟头、沟边、沟坡。

(4)土质坝堤的背水坡、梯田田坎。

(5)工矿地的弃土斜坡。

(6)河渠、库岸周围、海滩、湖滨等地。

### 2.4.5　沟道工程位置确定

沟道工程位置的确定应遵循如下原则:

(1)尽量选择在"口小肚大"的地形部位,以获得小工程量、大库容的建造效果。

(2)淤地坝、拦沙坝坝岸应有开挖溢洪道的良好地形地质条件,避开陷穴、泉眼等不良地质影响。

(3)坝址附近应有良好的筑坝材料,交通方便,水源充足。

(4)坝区应注意减少淹没损失,避免淹没村庄、大片农田和重要基础设施。

# 模块3　水土保持施工

## 3.1　沟道工程施工

### 3.1.1　沟道工程施工放线、施工测量控制点布设方法

对于谷坊、淤地坝、拦沙坝等不同的沟道工程,施工放样的精度要求有所不同,内容也有些差异,但施工放样的基本方法大同小异。现以淤地坝的施工放样为例说明施工放样的基本方法。

淤地坝施工放样内容包括:坝轴线的测设、坝身控制线的测设、清基开挖线放样、起坡线的放样、坝体边坡放样、土坝修坡桩的测定、溢洪道及输水洞的测设等。放样的步骤和方法如下。

#### 3.1.1.1　坝轴线的测设

坝轴线即坝顶中心线,如图6-3-1中 *MN* 所示。为了在实地标出它的位置,须从设计图上量取两个端点和一个中间点的坐标,反算出它与邻近测图控制点之间的方位角,用前方交会法进行测设。如图实地标出的三点成一直线,即为坝轴线的正确位置;若三点不成一条直线,则应查明原因,及时予以修正。

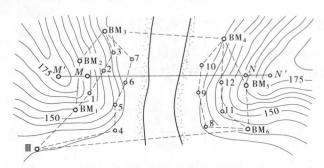

**图6-3-1　坝轴线的位置和高程控制点的分布**

坝轴线的两端点在现场标定后,应用永久性标志标明。为了防止施工时端点被破坏,应将坝轴线的端点延长到两面山坡上。如图6-3-1中 *M′* 和 *N′*。

#### 3.1.1.2　坝身控制线的测设

1. 建立高程控制网

坝身高程控制采用水准网。由若干永久性水准点组成基本网和临时作业水准点两级布设。

(1)基本网水准基点:在施工影响范围之外布设水准基点,用三等水准测量按环形路线(如图6-3-1中由Ⅲ经 $BM_1 \sim BM_6$ 再至Ⅲ)测定它们的高程。

（2）临时水准点：临时水准点直接用于坝体的高程放样，布置在施工范围以内不同高度的地方。临时水准点应根据施工进程及时设置，附合到基本网水准基点上。例如在施工区内设几层临时水准点，用四等水准测量按附合路线（如图6-3-1中由 $BM_1$ 经 $1 \sim 3$ 再至 $BM_3$）从水准基点引测它们的高程，并应经常检查，以防由于施工影响发生变动。临时水准点不要采用闭合路线施测，以免用错起算高程而引起事故。

2. 坝身控制线的测设

坝身控制线一般要布设与坝轴线平行和垂直的一些控制线。这项工作需在清理基础前进行（如修筑围堰，在合拢后将水排尽，才能进行）。

1）垂直于坝轴线的控制线的测设

垂直于坝轴线的控制线，一般按 50 m、30 m 或 20 m 的间距以里程来测设，具体测设步骤和方法如下：

（1）在坝轴线两端找出与坝顶设计高程相同的地面点（即坝顶端点）。为此，将经纬仪安置在坝轴线上，以坝轴定向；从水准点向上引测高程，当水准仪的视线高达到略高于坝顶设计高程时，算出符合坝顶设计高程应有的前视标尺读数，再指挥标尺在坝轴线上移动寻找两个坝轴端点，并打桩标定，如图6-3-1中的 M 和 N。

（2）沿坝轴线测设里程桩。以任一个坝顶端点作为起点，作为零号桩，其桩号为 0 + 000。然后由零号桩起，由经纬仪定线，沿坝轴线方向每隔一定距离设置里程桩，在坡度显著变化的地方设置加桩。按选定的间距丈量距离，顺序钉下 0 + 020、040、060……里程桩，直至另一端坝顶与地面的交点为止。

当距离丈量有困难时，可采用交会法定出里程桩的位置。如图6-3-2所示，在便于量距的地方作坝轴线 MN 的垂线 EF，用钢尺量出 EF 的长度，测出水平角 $\angle MFE$，算出平距 ME。这时，设欲放样的里程桩号为 0 + 020，先按公式 $\beta = \arctan \dfrac{ME - 20}{EF}$ 算出 $\beta$ 角，然后用两台经纬仪分别在 M 点和 F 点设站，M 点的经纬仪以坝轴线定向，F 点的经纬仪测设出角，两视线的交点即为 0 + 020 桩的位置。其余各桩按同法标定。

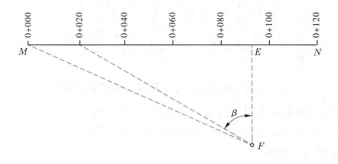

图 6-3-2　坝轴线里程桩的标定方法

（3）在各里程桩上测设坝轴线的垂线。将经纬仪安置在里程桩上，定出垂直于坝轴线的一系列平行线，并向上、下游延长至施工影响范围之外，打桩编号。作为测量横断面和放样的依据，这些桩亦称横断面方向桩。如图6-3-3所示。

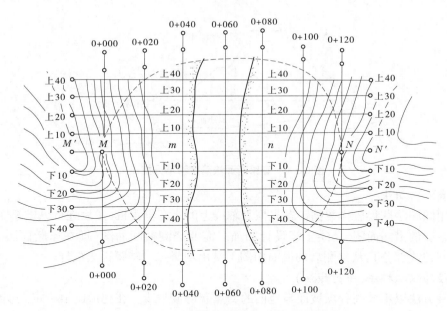

**图 6-3-3　坝身控制线测设（坝体矩形控制网）**

2）平行于坝轴线的控制线的测设

平行于坝轴线的控制线可布设在坝顶上下游线、上下游坡面变化处、下游马道中线，也可按一定间隔布设（如 10、20、30 m 等），以便控制坝体的填筑和进行收方。具体步骤是：在河滩上选择两条便于量距的坝轴垂直线，根据所需间距，从坝轴里程桩起，沿垂线向上、下游丈量定出各桩，并按轴距（即至坝轴线的平距）进行编号，如上 10、上 20、……，下10、下 20……两条垂线上编号相同的点连线即坝轴平行线，应将其向两头延长至施工影响范围之外，打桩编号（见图 6-3-3）。

在测设平行线的同时，还可一起放出坝顶肩线和变坡线，它们也是坝轴平行线。

### 3.1.1.3　清基开挖线的放样

清基开挖线是坝体与自然地面的交线，亦即自然地表上的坝脚线。清基开挖线的放样精度要求不高，可用套绘断面法（图解法）求得放样数据在现场放样。

首先测定各里程桩高程，沿垂直线方向测绘断面图（即横断面图），在各断面图上再套绘坝体设计断面（见图 6-3-4），从图上量出两断面线交点（即坝脚点）至里程桩的距离（如图中的 $D_1$ 和 $D_2$），然后据此在实地垂线上放样出坝脚点。将各垂线上的坝脚点连接起来就是清基开挖线。但清基有一定的深度，为了防止塌方，应放一定的边坡，因此实际开挖线需根据地质情况从所定开挖线向外放宽一定距离，撒上白灰标明，如图 6-3-3 中的虚线所示。

### 3.1.1.4　起坡线的放样

清基完工后，位于基坑底面上的坝脚线，即坝底与清基后地面的交线称为起坡线。起坡线是填筑土料的边界线。起坡线的放样也可采用套绘断面法或经纬仪扫描法（平行线法）。

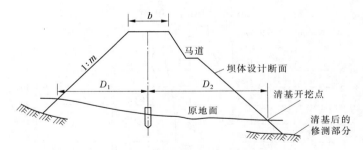

图 6-3-4　套绘断面法确定清基开挖点

**1. 套绘断面法**

仍用图解法获得放样数据。首先恢复轴线上的所有里程桩,然后进行纵横断面测量,绘出清基后的横断面图,套绘土坝设计断面。需要修测横断面图(即在原断面图上修测靠坝脚开挖线部分),从修测后的横断面图上量出坝脚点的轴距再去放样。

**2. 经纬仪扫描法(平行线法)**

这种方法以不同高程坝坡面与地面的交点获得坡脚线。在地形图上确定土坝的坡脚线,是用已知高程的坝坡面(为一条平行于坝轴线的直线),求得它与坝轴线间的距离,获得坡脚点。平行线法测设坡脚线的原理与此相同,不同的是由距离(平行控制线与坝轴线的间距为已知)求高程(坝坡面的高程),而后在平行控制线方向上用高程放样的方法,定出坡脚点。

放样时的具体操作方法和步骤如下:

(1)在靠近坝脚线或变坡线的坝轴平行线上选择一个适当位置安置经纬仪,使仪器高出坝坡面。反觇已知高程点,准确测定仪器的水平视线高程 $H_i$:

$$H_i = H_己 + v - D \div \tan Z \tag{6-3-1}$$

式中　　$H_己$——已知高程;

　　　　$D$、$Z$、$v$——反觇已知点所测得的平距、天顶距和中丝读数。

(2)根据平行线的轴距 $D$、坝顶或"上变坡点"的设计高程 $H$、坝肩线或"上变坡点"的轴距 $d$ 以及坝面坡比 $1:m$(见图 6-3-5)计算该点应有坝面高程 $H_0$:

$$H_0 = H - (D - d)/m \tag{6-3-2}$$

(3)计算中丝截尺读数 $v$

$$v = H_i - H_0 \tag{6-3-3}$$

(4)以盘左照准平行线的端点(面对坝轴线时的左手方向),使水平度盘置零。松开照准部,照准所需放点的方向,读取水平角 $\beta$,按式 $Z = \arctan \dfrac{m}{\sin\beta}$ 计算天顶距,根据天顶距安置望远镜,指挥标尺在视线上移动,至中丝读数等于 $v$ 时,立尺点就是坝脚点。

放样时应注意:若 $\beta > 180°$,算得的天顶距为负值,必须加 $180°$。

扫描法放样不受断面绘制误差和量距误差影响。放点位置和密度可以在现场根据地形确定,所以放出的坝脚线比较准确。但当坝面坡度较大时,望远镜俯角太大,观测比较困难。

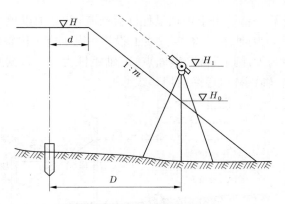

**图 6-3-5　坝坡高程的推算**

**3. 起坡线的放样检查**

起坡线的放样精度要求较高。无论采用哪种方法放样,都应进行检查。如图 6-3-6 所示,设所放出的点为 $P$。检查时,用水准测量测定此点高程为 $H_P$,测此点至坝轴里程桩的实地平距(或放点时所用的平距) $D_P$ 应等于按下式所算出来的轴距,即

$$D_P = \frac{b}{2} + (H_{顶} - H_P)m \qquad (6\text{-}3\text{-}4)$$

如果实地平距与计算的轴距相差大于 1/1 000,应在此方向移动标尺重测高程和重量平距,直至量得立尺点的平距等于所算出的轴距为止,这里立尺才是起坡点应有的位置。

所有起坡点标定后,连成起坡线。

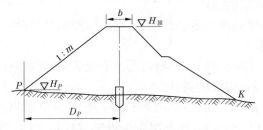

**图 6-3-6　起坡线轴距的计算和放样检查**

### 3.1.1.5　坝体边坡的放样

坝体坡脚放出后,就可填土筑坝,为了标明上料填土的界线,每当坝体升高 1 m 左右,就要用桩(称为上料桩)将边坡的位置标定出来。标定上料桩的工作称为边坡放样。

土坝边坡放样很简单,通常采用坡度尺法或轴距杆法。

**1. 坡度尺法**

按设计坝面坡度 1: $m$ 特制一个大三角板,使两直角边的长度分别为 1 市尺(约 0.33 m)和 $m$ 市尺,在长为 $m$ 的直角边上安一个水准管。放样时,将小绳一头系于坡桩上,另一头系在坝体横断面方向的竹竿上,将三角板斜边靠着绳子,当绳子拉到水准气泡居中时,绳子的坡度即等于应放样的坡度(见图 6-3-7)。

**2. 轴距杆法**

根据土石坝的设计坡度,按式(6-3-4)算出不同层高坡面点的轴距 $D$,编制成表。此

表按高程每隔 1 m 计算一值。由于坝轴里程桩会被淹埋,必须以填土范围之外的坝轴平行线为依据进行量距。为此,在这条平行线上设置一排竹竿(称轴距杆),如图 6-3-7 所示。设平行线的轴距为 $D$,则上料桩(坡面点)离轴距杆为 $D-d$,据此即可定出上料桩的位置。随着坝体增高,轴距杆可逐渐向坝移线移近。

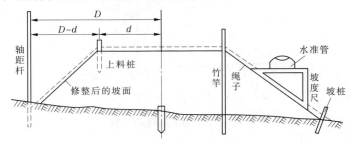

图 6-3-7　坡度尺法和轴距杆法放样边坡

　　上料桩的轴距是按设计坝面坡度计算的,实际填土时应超出上料位置,即应留出夯实和修整的余地,如图 6-3-7 中虚线所示。超填厚度由设计人员提出。

### 3.1.1.6　土坝修坡桩的测定

　　土坝夯实后进行修整,使坡面符合设计要求,并用草皮或石块护坡。为此,先应在坝坡面上按一定间距布设一些与坝轴线平行的坝面平行线,根据式(6-3-2)算出各平行线的高程,再用水准测量测定平行线上各点的高程,所测高程与所算高程之差即为修坡厚度。在相应点上打一木桩,将削坡厚度注明在木桩侧面。

### 3.1.1.7　溢洪道及输水洞的测设

　　溢洪道和输水洞是淤地坝的附属建筑物,它们的作用是排泄坝库区的洪水,对于保证淤地坝的安全极为重要。

　　溢洪道的测设工作主要包括三个内容:溢洪道的纵向轴线和轴线上坡度变坡点测设;纵横断面测量;溢洪道开挖边线的测设。

　　具体测设方法可采用以下做法:如图 6-3-8 所示,首先要求出溢洪道起点 $A$、终点 $B$,以及变坡点 $C$、$D$ 等的设计坐标值,计算出每个点的放样角度值,然后用角度交会法分别测设出 $A$、$B$、$C$、$D$ 各点的位置,也可以先用角度交会法确定起点 $A$、终点 $B$,变坡点 $C$、$D$ 用距离丈量的方法确定其位置。

　　为了测出溢洪道轴线方向的纵断面和横断面图,还要在轴线上每隔 20 m 打一个里程桩,用水准测量的方法测出纵、横断面图。有了纵、横断面图后,就可以根据设计断面测设出溢洪道的开挖边线,开挖溢洪道时,里程桩要被挖掉,所以必须把里程桩引测到开挖范围以外,并埋桩标明。

　　输水洞的测设方法与溢洪道相同。

## 3.1.2　反滤体施工技术要点及注意事项

　　反滤体施工见高级工。《水土保持治沟骨干工程技术规范》(SL 289—2003)规定,反滤体施工应符合以下技术要求:

　　(1)反滤层应在清基平整后铺筑。

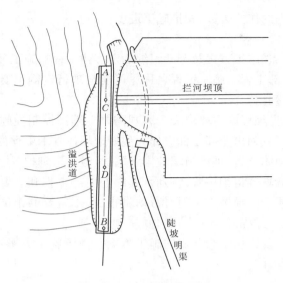

图 6-3-8　溢洪道轴线测设

（2）每层用料颗粒粒径应不超过邻层较小颗粒的 4～5 倍,最小的一层粒径应不小于10 mm。

（3）铺筑时,细粒料应浇水略加夯打,并预留相当于层厚5%的沉陷量。

（4）施工时间应选在非冻期。

（5）堆石棱体,应先铺底面上的反滤层,次堆棱柱体,再铺斜向反滤层。贴坡反滤体,应从坝坡由内向外,依次铺筑至设计高度。

（6）堆石的上、下层面应犬牙交错,不得有水平通缝,层厚为 0.5～1.0 m。反滤体外坡石料应采用平砌法砌筑。

（7）应确保反滤料的设计厚度,作好铺设反滤层的防护工作。

（8）采用土工织物等材料作为反滤体的施工方法可参照有关规范执行。

## 3.1.3　沟道工程施工进度计划和资源量需求计划编制方法

水土保持沟道工程施工进度计划和资源量需求计划是施工组织设计的重要组成部分。根据基本建设项目工程施工管理有关规定,水土保持生态建设项目中大型淤地坝或骨干工程,以每座工程作为一个单位工程,小型水利水保工程谷坊、拦沙坝等统一作为一个单位工程。因此,在编制施工计划时,可以大型淤地坝或骨干工程、其他沟道工程分别编制单位工程的施工计划。

### 3.1.3.1　施工进度计划

施工进度计划是施工现场各项施工活动在时间上的体现。施工进度计划以施工方案为依据,根据规定工期和技术物资的供应条件,遵循各施工过程合理的工艺顺序,统筹安排各项施工活动。它的任务是为各施工过程指明一个确定的施工日期（即进出场的时间计划）,并以此为依据确定施工作业所必需的劳动力和各种技术物资的供应计划。

施工进度计划编制的一般步骤为:确定施工过程、计算工程量、确定劳动量和机械台班数、确定各施工过程的作业天数、安排施工进度。

1. 确定施工过程

根据工程结构特点、施工方案及劳动组织确定拟建工程的施工过程,它包括直接在建筑物上施工的所有分部工程。施工过程名称尽可能与现行定额手册上的项目名称一致,其排列宜按施工顺序列出。

施工过程划分的详细程度主要取决于客观需要。编制控制性施工进度计划,施工过程可划分得粗一些,可只列出分部工程。如大型淤地坝或骨干工程的施工进度计划,可只列基础开挖与处理、坝体填筑、坝体与坝坡排水防护、溢洪道砌护、放水工程等。编制实施性施工进度计划时,应划分得细一些,特别是其中的主导工程和主要分部工程,应尽量详细而且不漏项,这样便于指导施工。但对劳动量很少,不重要的小项目不必一一列出,通常将其归入相关的施工过程或合并为"其他"一项。

划分施工过程时,要密切结合确定的施工方案。由于施工方案不同,施工过程名称、数量和内容亦会有所不同。

2. 计算工程量

工程量计算应根据初步(或扩大初步)设计施工图纸和工程量定额进行。

在实际工作中一般先编制工程预算书,如果施工进度计划所用定额和施工过程的划分与工程预算书一致,则可直接利用预算的工程量,不必重新进行计算。若某些项目有出入,可结合施工进度计划的要求进行变更、调整和补充。

3. 确定劳动量和机械台班数

根据施工过程的工程量、施工方法和地方颁发的施工定额,并参照施工单位的实际情况,确定计划采用的定额(时间定额和产量定额),以此计算劳动量和机械台班数:

$$p = Q/S \tag{6-3-5}$$

$$p = QH \tag{6-3-6}$$

式中　$p$——某施工过程所需劳动量(或机械台班数);

　　　$Q$——该施工过程的工程量;

　　　$S$——计划采用的产量定额(或机械产量定额);

　　　$H$——计划采用的时间定额(或机械时间定额)。

4. 确定各施工过程的作业天数

计算各施工过程的持续时间的方法一般有两种:

(1)根据配备在某施工过程上的施工工人数量及机械数量来确定作业时间。

根据施工过程计划投入的工人数量及机械台数,可按下式计算该施工过程的持续时间:

$$T = \frac{p}{nb} \tag{6-3-7}$$

式中　$T$——完成某施工过程的持续时间(工日);

　　　$p$——该施工过程所需的劳动量(工日)或机械台班数(台班);

　　　$n$——每工作班安排在该施工过程上的机械台数或劳动的人数;

　　　$b$——每天工作班数。

（2）根据工期要求倒排进度，即由 $T$、$p$、$b$ 求 $n$。此时将式（6-3-7）变换为：

$$n = \frac{p}{Tb} \tag{6-3-8}$$

**5．安排施工进度**

编排施工进度的一般方法是，首先找出并安排控制工期的主导施工过程，并使其他施工过程尽可能地与其平行施工或作最大限度的搭接施工。在主导施工过程中，先安排其中主导的分项工程，而其余的分项工程则与它配合、穿插、搭接或平行施工。

在编排时，主导施工过程中的各分项工程，各主导施工过程之间的组织，可以应用流水施工方法和网络计划技术进行设计，最后形成初步的施工进度计划。

施工进度计划通常采用横道图或网络图表达。横道图应表达出各施工项目的开、竣工时间及其施工持续时间。网络图除表达出各施工项目的开、竣工时间及其施工持续时间外，还可以表达出各项目之间的逻辑关系，更便于对施工进度计划进行调整优化。

### 3.1.3.2 资源量需求计划

单位工程施工进度计划确定之后，可据此编制资源量需求计划，以利于及时组织劳动力和技术物资的供应。资源量需求计划包括劳动力需要量计划、施工机械需要量计划、材料需要量计划。

**1．劳动力需要量计划**

将各施工过程所需要的主要工种劳动力，根据施工进度的安排进行叠加，就可编制出主要工种劳动力需要量计划，如表 6-3-1 所示。它的作用是为施工现场的劳动力调配提供依据。

表 6-3-1 劳动力需要量计划表

| 序号 | 工程名称 | 总劳动量 | 每月需要量（工日） | | | |
|---|---|---|---|---|---|---|
| | | | 1 | 2 | … | 12 |
| | | | | | | |

**2．施工机械需要量计划**

根据施工方案和施工进度确定施工机械（如挖土机、碾压机械等）的类型、数量、进场时间。一般是把单位工程施工进度表中每一个施工过程、每天所需的机械类型、数量和施工日期进行汇总，以得出施工机械需要量计划，如表 6-3-2 所示。

表 6-3-2 施工机械需要量计划表

| 序号 | 机械名称 | 机械类型（规格） | 需要量 | | 来源 | 使用起始时间 | 备注 |
|---|---|---|---|---|---|---|---|
| | | | 单位 | 数量 | | | |
| | | | | | | | |

**3．材料需要量计划**

材料需要量计划主要为组织备料，确定仓库、堆场面积，组织运输之用。其编制方法是将施工预算中或进度表中各施工过程的工程量，按材料名称、规格，使用时间并考虑到各种材料消耗，进行计算汇总即为每天（或旬、月）所需材料数量。材料需要量计划格式如表6-3-3所示。

表6-3-3　　主要材料需要量计划表

| 序号 | 材料名称 | 规格 | 需要量 | | 供应时间 | 备注 |
|---|---|---|---|---|---|---|
| | | | 单位 | 数量 | | |
| | | | | | | |

### 3.1.4　沟道工程竣工图绘制

水土保持沟道工程竣工图是水土保持沟道工程竣工档案的重要组成部分和小流域综合治理验收的重要组成文件,是沟道工程完成后主要凭证性材料及养护管理的依据。根据水土保持综合治理验收规范的规定,各项水土保持沟道工程竣工验收均必须编制竣工图。

#### 3.1.4.1　水土保持沟道工程竣工图的内容

水土保持沟道工程竣工图主要反映水土保持沟道工程的治理成果。沟道工程竣工图在内容上反映沟壑治理中的各类措施如沟头防护、谷坊、中小型淤地坝、拦沙坝、塘坝等,以及大型淤地坝、小(二)型及以上小水库、治沟骨干工程等重点工程,在规划期内实际完成的位置、数量等信息。水土保持沟道工程竣工图作为验收报告的组成部分,必须有相应的文字或表格说明,并要求文字叙述或表格数据与图表内容相吻合。

#### 3.1.4.2　水土保持沟道工程竣工图的编制依据

(1)水土保持沟道工程设计施工图:建设单位提供的作为水土保持沟道工程施工的全部施工图,包括所附的文字说明,以及有关的通用图集、标准图集或施工图册。

(2)会审或交底记录:水土保持沟道工程施工图纸会审记录或交底记录。

(3)水土保持沟道工程设计变更通知单:设计单位提出的变更图纸和变更通知单。

(4)技术联系核定单:在施工过程中由建设单位和施工单位提出的设计修改,增减项目内容的技术核定文件。

(5)验收签证记录及历年的阶段验收图:隐蔽工程验收记录,以及材料代换等签证记录;历年的阶段验收图。

(6)质量事故报告及处理记录:施工单位向上级和建设单位反映工程质量事故情况报告,鉴定处理意见,措施和验证书。

(7)测量资料:包括定位测量资料,施工检查测量及竣工测量资料。

#### 3.1.4.3　水土保持沟道工程竣工图的编制

根据国家基本建设竣工图有关规定,由施工单位来完成。在实际工作中,竣工图大部分是利用原施工图来编制的,有一张施工图,就应编制一张相应的竣工图(施工图取消例外)。竣工图的编制工作,可以说是以施工图为基础,以各种设计变更文件、施工技术文件为补充修改依据而进行的。竣工验收图在历年的阶段验收图基础上汇总绘制而成。

1.水土保持沟道工程竣工图的编制步骤

(1)收集和整理各种依据性文件资料:在施工过程中,应及时做好隐蔽工程检验记录,收集好设计变更文件,以确保竣工图质量。在正式编制竣工图前,应完整地收集和整理好施工图、设计变更文件和阶段验收图。

（2）分阶段编制竣工图：竣工图是工程实际的反映。根据国家基本建设竣工图编制规定，编制各种竣工图，必须在施工过程中（不能在竣工后）。为确保竣工图的编制质量，要做到边建设边编制竣工图，也就是说，以单项工程为单位，以每个单项工程中的各单位工程为基础，分阶段地编制竣工图。

**2. 水土保持沟道工程竣工图绘制要求及方法**

水土保持沟道工程竣工图的绘制应参照相应的技术规程进行。各种图例和标注应做到统一和规范。在实施过程中应根据实际施工结果对原图进行修正、补充或重新绘制。编制竣工图的形式和深度，应根据不同情况区别对待。

1）按图施工没有变动的情况

凡按图施工，没有变动的，由施工单位在原施工图上加盖"竣工图"标志后，即作为竣工图。

2）利用施工图改绘竣工图

凡在施工中，虽有一般性设计变动，但能将原施工图加以修改补充作为竣工图的，可不重新绘制。在施工图上改绘，不得使用涂改液涂抹、刀刮、补贴等方法修改图纸。更改要求如下：

（1）一般是杠（划）改；局部可圈出更改部位，在原图空白处重新绘制。

（2）图上各种引出说明应与图框平行，引出线不交叉，不遮盖其他线条。

（3）必须在更改处加引出线注明更改依据（盖章方式），如设计变更单的名称、编号、变更日期及洽商记录等文件编号；无法在图纸上表达清楚的，应在标题栏上方或左边用文字说明。

（4）有关施工技术要求或材料明细表等文字有更改的，应在修改变更处进行杠改，当变更内容较多时，可采用注记说明的办法。

（5）新增加的文字说明，应在其涉及的竣工图上作相应的添加和变更。

（6）一张更改通知单涉及多图的，如果图纸不在同一卷册的，应将复印件附在有关卷册中，或在备考表中说明。

3）重新绘制竣工图

凡工程结构形式改变、施工工艺改变、平面布置改变以及有其他重大改变，不宜在原施工图上修改、补充时，应重新绘制竣工图。

（1）根据工程竣工现状和洽商记录绘制竣工图，重新绘制竣工图，图纸必须有图名和图号，图号可按原图编号。要求与原图比例相同，符合制图规范，有标准的图框和内容齐全的图签，图签中应有明确的"竣工图"字样或加盖竣工图章。

（2）重新绘制的水土保持沟道工程竣工图草图应采用与施工图阶段相同的底图，分外业和内业两个阶段进行。外业阶段主要进行现场调查，将工程实地情况勾画在草图上，并作好对应的详细记录和说明。内业工作主要是根据外业调查时勾绘的草图，结合实际记录，在正式图纸上完成精确绘制。在内业绘图过程中，根据需要可以对某些地段进行重新勘察，以校验外业调查可能出现的各种纰漏。

（3）在施工过程中，随工程分部的修建而逐步编制，待整个工程竣工，各个部分的竣工图也基本绘制完成,经施工部门有关技术负责人审查、核实后,再描绘成底图,底图核签之后即可晒制竣工蓝图。

# 3.2　坡面治理工程施工

## 3.2.1　坡面工程施工进度计划和资源量需求计划编制方法

坡面工程施工进度计划和资源量需求计划编制方法参见"沟道工程施工进度计划和资源量需求计划编制方法"。

## 3.2.2　坡面工程竣工图绘制

水土保持坡面工程竣工图主要反映水土保持坡面工程的治理成果。坡面工程竣工图在内容上反映坡耕地治理中的各类措施如梯田、坡面小型蓄排工程等,在规划期内实际完成的位置、数量等信息。

水土保持坡面工程竣工图的绘制参见"水土保持沟道工程竣工图绘制"。

# 3.3　护岸工程施工

## 3.3.1　护岸工程施工放线

护岸工程施工放线主要包括清基开挖线、沟岸线、起坡线、边坡放样和修坡桩的测定。放样方法同淤地坝。

放样工作开始之前,应详细查阅工程设计图纸,收集施工区平面与高程控制成果,了解设计要求与现场施工需要。根据精度指标,选择放样方法。对于设计图纸中有关数据和几何尺寸,应认真进行检核,确认无误后,方可作为放样的依据。必须按正式设计图纸和文件(包括修改通知)进行放样,不得凭口头通知或未经批准的草图放样。所有放样点线,均应有检核条件,现场取得的放样及检查验收资料,必须进行复核,确认无误后,方能交付使用。放样结束后,应向使用单位提供书面的放样成果单。

利用布设的施工导线或原有的控制点、图根点进行放样,其点位误差应不大于 200 mm。在拟建的护岸工程边线附近应埋设固定标志,作为施工放样的控制点,点位误差仅需满足建筑物的相对精度要求即可。

护岸工程控制桩确定后,应立即施测护岸工程的控制边线、横断面,进行边桩放样,即将设计横断面与地形横断面的交点标定在实地上,以供开挖之用。控制边线的施测长度与护岸长相应,横断面施测长度,在挖方区应超过两侧坡顶 3 ~ 5 m,填方区应超过外坡脚 3 ~ 5 m。边桩放样点的点位中误差(相对于断面中心桩)一般不应超过 100 mm。

土坡削平后,沿建筑物轴线方向每隔 5 m 钉立坡脚、坡中和坡顶木桩各一排,测出高程,在木桩上画出铺反滤料和砌石线,顺排桩方向,拴竖向细铅丝一根,再在两竖向铅丝之间,用活结拴横向铅丝一根,便于此横向铅丝能随砌筑高度向上平行移动。铺砂砌石即以此线为准(见图6-3-9)。

### 3.3.2 护岸工程施工实施计划制定

护岸工程施工实施计划中重点内容是施工进度计划和资源需要量计划的制定,可参见"沟道工程施工进度计划和资源量需求计划编制方法"。

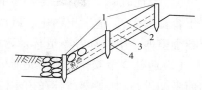

1—样桩;2—砌石线;3—铺砾石线;4—铺砂线

**图6-3-9 护坡砌石放样示意图**

### 3.3.3 护岸工程竣工图绘制

工程措施护岸、植物措施护岸和综合措施护岸工程竣工图的绘制参见"水土保持沟道工程竣工图绘制"。

# 3.4 水土保持造林

## 3.4.1 适地适树的原则

适地适树的基本含义是根据造林地的立地条件选择适宜的树种。适地适树是树种选择最基本的原则。适地适树根据不同的造林目的,往往有不同的标准。在水土流失地区造林的主要目的是在防止水土流失的基础上,获得必要的经济收益,即生态效益与经济效益相统一。在造林时考虑适地适树一般应遵循以下原则:

(1)所选树种在造林区域能正常生长,并能完成生育周期。

(2)根系发达,具有较强的土壤固结能力。尤其在地质灾害如滑塌、泻溜等地段,应选择根蘖性强的树种或蔓生树种。

(3)枝叶茂密,能形成松软的枯枝落叶层。以利于树冠截留降雨和减少地表径流。

(4)生长迅速,稳定,繁殖容易,种苗来源充足。

(5)耐寒旱瘠薄,抗病虫害,适应性强。

(6)树种经济性状优良,三料(饲料、肥料、燃料)利用价值高,具有较强的经济价值,利于多种经营,调整经济结构。

## 3.4.2 水土保持林施工实施计划制定

水土保持林施工实施计划的制定主要包括以下三个方面。

### 3.4.2.1 造林施工任务

水土保持林施工实施计划是在各项调查与造林技术设计的基础上进行的。其计划的科学性、周密性直接影响到各项设计成果的落实及造林任务完成的数量和质量。因此,造林施工实施计划应严格按照各项造林技术设计的要求,并综合考虑各种自然经济因素以及人、财、物等条件,根据具体施工任务合理进行施工组织安排,并确定具体种苗规格与数量及相应的技术和物资保障等。施工任务应具体明确施工的类型、位置、范围及总体要求等要素。

#### 3.4.2.2　施工时间安排

（1）整地时间安排。一般应安排在前一年的秋季和冬季进行,第二年春季造林。以利于容蓄雨雪,促进生土熟化。风沙地造林应随整地随造林。冬季造林最迟一般应在当年春季整地。雨季和春季造林最迟应在前一年秋季整地。

（2）造林季节安排。春季造林安排在苗木萌动前 7～10 d 进行;雨季造林在雨季开始的前半期进行;秋冬季造林在树木停止生长和土壤封冻前进行。

#### 3.4.2.3　施工质量要求

施工质量要求是施工实施计划的主要组成部分。在施工实施计划中应根据相应的水土保持综合治理技术规范的要求,明确各个施工技术环节的质量标准。具体包括整地工程施工的质量要求、苗木规格及质量要求、植苗造林质量要求、播种造林质量要求、插条造林质量要求等。

造林施工实施计划一般要求在配合文字说明的同时,列出各种表格数据,如种苗需求统计表、各项资金投入表及施工进度控制表等。

### 3.4.3　水土保持造林竣工图

水土保持造林竣工图是水土保持造林竣工档案的重要组成部分和小流域综合治理验收的重要组成文件,是造林工程完成后主要凭证性材料及林地抚育管理和利用改造的依据。根据小流域治理验收的规定,各项水土保持造林项目均必须编制竣工图。

水土保持造林竣工图主要反映水土保持造林的治理成果。水土保持造林竣工图在内容上反映实际造林的整地方式、林草配置、林种组成及分布位置、面积大小等信息。水土保持造林竣工图作为验收报告的组成部分,必须有相应的文字或表格说明,并要求文字叙述或表格数据与图表内容相吻合。

水土保持造林竣工图的编制依据及编制方法步骤与沟道工程竣工图的编制类似。凡造林整地形式、林木配置、树种等结构形式改变,施工工艺改变、平面布置改变以及有其他重大改变,不宜在原施工图上修改、补充者,应重新绘制竣工图。

### 3.4.4　水土保持造林施工总结技术报告编写

水土保持造林施工技术总结作为一项技术性报告,当治理项目同时又是科研项目时,是研究报告的重要组成部分和研究成果,也是项目验收的重要技术档案资料。

#### 3.4.4.1　水土保持造林施工技术总结报告编写要求

（1）水土保持造林施工技术总结的编写应以造林实施计划、年度工作总结、造林施工日志等为依据,必要时应进行施工调查,如深入现场进行抽样检查、总结访谈等。

（2）施工技术总结应能反映出施工中重要技术环节。关键处要叙述清楚,必要时应附图表、照片。

（3）统计数字力求准确,反复核实,并与竣工数量一致。

（4）施工技术总结在开工时应指定专人注意收集、编写资料,在竣工后规定期限内整理完成。

3.4.4.2　水土保持造林施工技术总结报告的内容

水土保持造林施工技术总结的具体内容可根据施工的目的和任务分为以下几个方面。

1. 基本情况

基本情况包括造林施工的目标任务、影响造林施工的自然因素、社会经济条件等。

2. 施工特点

施工特点包括施工环境特点及施工条件、技术特点、机械化程度等。

3. 主要技术条件和标准

主要技术条件和标准包括水土保持造林施工主要技术参数、技术要求,标准依据等。

4. 施工部署及保障

施工部署及保障主要介绍为完成特定造林任务而进行的施工组织安排、工序、机械工具、时间、劳力安排、经费预算等安排及运行情况。

5. 造林施工技术

(1)施工测量:介绍水土保持造林施工前及施工中,根据设计图在现场进行测量放样的作业,是否严格按照设计的要求进行。

(2)工程整地情况:工程整地一般应作为独立的内容,进行详细总结。主要检查整地的形式是否适应当地的地形条件,整地的规格与质量是否符合设计图纸的要求等。

(3)施工关键技术问题及采取的措施:包括水土保持林的总体布局、不同林种的树种对当地立地条件的适应情况、造林方法、密度、苗木(种子)、抚育管理等方面是否符合造林设计要求等。

(4)新技术、新工艺、新方法应用情况:水土保持造林施工中,"三新"成果的应用情况。

6. 成活率检查

造林成活率是各项造林技术设计与施工效果的总体反映,因此该项调查数据可以作为造林施工成果的重要指标。根据我国《水土保持综合治理验收规范》(GB/T 15773—1995)的规定,当年造林成活率应在80%以上(春季造林,秋后统计,秋季造林,第二年秋季统计),3年后保存率在70%以上的方可认定造林成功。

7. 水土保持造林施工主要经验、问题及建议

水土保持造林施工技术、施工组织、工程质量、施工保障、施工安全等方面的经验总结、存在问题及建议。

8. 附件

附件主要包括有关图、表、照片及有关专题技术报告等。

# 3.5　水土保持种草

## 3.5.1　种子发芽率、纯净度、千粒重测定方法

### 3.5.1.1　种子发芽率的测定方法

1. 测定方法

水土保持草种子发芽率测定要求使用经过净种后的纯净种子进行。草种发芽率测定

应在分级的基础上,分别不同等级的种子进行试验。试验时从检验样品中随机数取 400 粒种子,进行重复试验。每个重复试验的种子通常为 100 粒。发芽试验一般在发芽箱、发芽室和发芽器皿内进行。

2. 试验条件

发芽试验时,将种子放在适宜的发芽床上进行。通常小粒种子采用纸床;大粒种子采用砂床;中粒种子可采用各类发芽床。发芽床必须具备种子发芽所需要的水、气、热及光照条件。

(1)水分和通气条件。发芽期间发芽床应始终保持湿润,一般可采用培养皿加盖,发芽箱底部加水盘等保湿措施。发芽床的初次加水量应根据发芽床的性质和大小以及所检种子的种类和大小而定。如用砂床,加水为其饱和含水量的 60% ~ 80%(中小粒种子为 60%,大粒种子为 80%);如用纸床,吸足水分后,沥去多余水即可。任何发芽床,均以不使种子周围产生一层水膜为原则。补充水分时应尽可能保持各重复试验间的一致性,避免出现较大的条件差异。发芽期间应注意通风透气。砂床和土床试验中,覆盖种子的材料不应紧压。

(2)温度条件。发芽试验应采用的温度一般为 20 ~ 25 ℃。发芽器、发芽箱或发芽室的温度应均匀一致,温度变幅不应超过 ±1 ℃。规定的温度应作为最高限度,在日光直射或在人造光源下试验时,应注意温度不超过规定标准。

(3)光照条件。牧草种子可在光照和黑暗下发芽。但通常建议采用光照,因为光可促进幼苗发育,使鉴定更为容易。在黑暗下生长发育的幼苗较弱且苍白,因而对微生物的侵害较为敏感;此外,有些缺陷如叶绿素缺乏症等难以观察到。

3. 试验持续时间

不同种子发芽试验的时间是不同的。如果样品在规定试验期末仅有几粒开始萌发,则试验时间可再延长 7 d,或再延长规定时间的一半,并根据试验情况,增加计数的次数。反之,如果样品在规定试验期之前已达到最高发芽率,则试验可提前结束。

4. 观察记录与计算

整个发芽试验期间,隔天计数一次,直至末次计数为止。将符合规定标准的正常发芽种子、明显死亡的软腐烂种子取出,分别记录其数目,并分别记录不正常种苗、硬实种子、新鲜未发芽种子和死种子数。

试验结束后,首先统计每一重复中每次计数的正常发芽种子之和,并分别计算正常种子、不正常种子、硬实种子、新鲜未发芽种子以及死种子占供试验种子的百分比。其中正常发芽种子的百分率即为发芽率。每一重复计算后,四个重复计算平均数为平均发芽率。发芽率计算式如下:

$$F = Q_F/Q_X \times 100 \tag{6-3-9}$$

式中　$F$——种子发芽率,%;

　　　$Q_F$——发芽种子数,粒;

　　　$Q_X$——试验种子数,100 粒。

### 3.5.1.2　种子纯净度的测定方法

种子纯净度的测定是进行播种量设计的依据。测定时取有代表性的种籽样品,在除

去杂质和其他种子前后,分别称重,并用下式计算:

$$C = W_c/W_y \times 100 \tag{6-3-10}$$

式中 $C$——种籽纯净度,%;

$W_c$——纯净种子重量,g;

$W_y$——样品重量,g。

种子纯净度以该种的纯净种子的重量占实际试样种子重量的百分比来表示。一般大粒种子任意取200 g,小粒种子取3~5 g,剔除各种杂物及废种后称量其净重,并按照下面的方法计算:

$$种子纯净度 = (纯净种子重量 \div 试样重量) \times 100\%$$

种子纯净度测定一般进行两次重复,并取其平均值。

#### 3.5.1.3 种子千粒重的测定方法

种子千粒重是指气干状态下1 000粒纯净种子的重量(g),用以说明种子饱满程度。所用仪器为数粒器和天平。试验方法可以采用整个测定样品,也可以采用从中分取若干个重复进行测定。

1. 千粒法

千粒法可用于种粒大小、轻重极不均匀的种子,以净度分析后的全部纯净种子作为测定样品。将全部纯净种子用四分法分成四份,从每份中随机取250粒,共1 000粒为一组,取两组即为两个重复。将计数后的测定样品称重,称量精度与净度测定相同。称重后,计算两组平均数。当二组种子重量之间差异大于此平均数的5%时,则应重做。如仍超过,则计算四组的平均数。

2. 百粒法

用手或数粒器,从测定样品中随机数取8个重复,每个重复100粒,各重复分别称重,称量精度与净度测定相同。计算八组的平均重量和变异系数。当变异系数不超过规定的标准时,取其平均重量,换算成千粒重即可。否则应取样重做。

### 3.5.2 水土保持种草竣工图

水土保持种草竣工图是水土保持种草竣工档案的重要组成部分和小流域综合治理验收的重要组成文件,是水土保持种草工程完成后主要凭证性材料及草地抚育管理和利用改造的依据。根据小流域治理验收的规定,各项水土保持种草项目均必须编制竣工图。

水土保持种草竣工图主要反映水土保持种草的治理成果。水土保持种草竣工图在内容上反映实际种草的整地方式、林草配置、草种组成及分布位置、面积大小等信息。水土保持种草竣工图作为验收报告的组成部分,必须有相应的文字或表格说明,并要求文字叙述或表格数据与图表内容相吻合。

水土保持种草竣工图的编制依据和绘制方法与水土保持造林竣工图相同,可参见"3.4.3 水土保持造林竣工图"。

### 3.5.3 水土保持种草施工总结技术报告编写

水土保持种草施工总结作为一项技术性报告,当治理项目同时又是科研项目时,是研究报告的重要组成部分和研究成果,也是项目验收的重要技术档案资料。

水土保持种草施工总结技术报告编写要求与水土保持造林施工技术总结的编写要求相同。

水土保持种草施工技术总结的具体内容可根据施工的目的和任务分为以下几个方面。

### 3.5.3.1　基本情况

基本情况包括种草施工的目标任务、影响种草施工的自然因素、社会经济条件等。

### 3.5.3.2　施工特点

施工特点包括施工环境特点及施工条件、技术特点、机械化程度等。

### 3.5.3.3　主要技术条件和标准

主要技术条件和标准包括水土保持种草施工主要技术参数、技术要求、标准依据等。

### 3.5.3.4　施工部署及保障

施工部署及保障主要介绍为完成特定种草任务而进行的施工组织安排、工序、机械工具、时间、劳力安排、经费预算等安排及运行情况。

### 3.5.3.5　种草施工技术

(1)施工测量:介绍水土保持种草施工前及施工中,根据设计图在现场进行测量放样的作业,是否严格按照设计的要求进行。

(2)工程整地情况:工程整地一般应作为独立的内容,进行详细总结。主要检查整地的形式是否适应当地的地形条件,整地的规格与质量是否符合设计图纸的要求等。

(3)施工关键技术问题及采取的措施:包括水土保持种草的总体布局、各类型种草的草种对当地立地条件的适应情况、种草方式、抚育管理等方面是否符合种草设计要求。

(4)新技术、新工艺、新方法应用情况:水土保持种草施工中,"三新"成果的应用情况。

### 3.5.3.6　成活率检查

种草成活率直接反映种草施工的质量和效果。根据我国《水土保持综合治理验收规范》的规定,当年种草成活率应在80%以上,3年后保存率在70%以上的方可认定种草成功。

### 3.5.3.7　水土保持种草施工主要经验、问题及建议

水土保持种草施工主要经验、问题及建议包括水土保持种草施工技术、施工组织、工程质量、施工保障、施工安全等方面的经验总结、存在问题及建议。

### 3.5.3.8　附件

附件主要包括有关图、表、照片及有关专题技术报告等。

# 3.6　生产建设项目水土流失防治措施施工

## 3.6.1　生产建设项目水土保持工程概念

生产建设项目水土流失防治措施,也称生产建设项目水土保持工程,指的是为预防和整治开发建设项目在建设及生产过程中的水土流失现象而采取的各项预防与治理工程。

在生产建设项目如公路、铁路、机场、工厂建设、水利工程、港口码头、电力工程、管道工程、国防工程、通信工程、矿产和石油天然气开采及冶炼、城镇建设、地质勘探、考古、滩涂开发、生态移民、荒地开发、林木采伐等建设中,要求建设单位必须制定水土保持方案,防治水土流失。按照国家法律规定,生产建设水土保持设施必须与主体工程同时设计、同时施工、同时投入使用。

《开发建设项目水土保持技术规范》(GB 50433—2008)*规定,生产建设项目水土保持工程根据其防护功能和特点分拦渣工程、斜坡防护工程、土地整治工程、防洪排导工程、降水蓄渗工程、临时防护工程、植被建设工程、防风固沙工程。

(1)拦渣工程:专门存放生产建设项目在基建施工和生产运行中所产生的大量弃土、弃石、尾矿(沙)和其他废弃固体物,而修建的水土保持工程。拦渣工程包括拦渣坝、拦渣墙、拦渣堤、尾矿(沙)坝等。具体型式应根据弃土、弃石、弃渣量及其堆放位置,堆放区域的地形地貌特征,河道(沟)水文地质条件,建设项目的大安全要求来确定。

(2)斜坡防护工程:为稳定生产建设项目开挖、回填或堆置固体废弃物形成的不稳定高陡边坡或滑坡危险地段而采取的水土保持措施。常见的护坡工程有挡墙、削坡开阶措施、植物护坡措施、工程护坡措施、综合护坡措施、滑坡地段的护坡措施等。护坡工程应根据非稳定边坡的高度、坡度、岩层结构、岩土力学性质、坡脚环境、行业护坡要求等,采取不同的措施。

(3)土地整治工程:对生产、开发和建设损毁的土地,进行平整、改造、修复,使之达到可开发利用状态的水土保持措施。其目的是控制水土流失,充分利用土地资源,恢复和改善土地生产力。建设项目土地整治工程主要通过坑凹回填、渣场改造的方式对土地进行改造利用。

(4)防洪排导工程:为防治生产建设项目在基建施工和生产运行过程中,因破坏地面或未妥善处理弃土、弃石、弃渣,易遭洪水灾害,布设的防洪排导措施。主要包括拦洪坝、排洪排水、护岸护滩、泥石流防治等工程。防洪工程应根据开发建设项目的总体布局、施工与生产工艺、安全要求、经济条件等采取不同的工程类型。

(5)降水蓄渗工程:针对建设屋顶、地面铺装、道路、广场等硬化地面导致区域内径流量增加,所采取的雨水就地收集、入渗、储存、利用等措施。降水蓄渗工程应用于大型开发建设项目以及城镇建设或开发区建设,具有改善局地水循环、节约用水、减免雨洪灾害等重要作用。

(6)临时防护工程:在工程项目的基建施工期,为防止项目在建设过程中的各类施工场地扰动面、占压区等造成的水土流失而采取的临时性防护措施。包括临时工程防护如挡土墙、护坡、截(排)水沟等,临时植物防护措施如种树、种草、草树结合或种植农作物等,以及因地制宜地采取其他临时防护措施。临时性防护工程一般布设在项目工程的施工场地及其周边、工程的直接影响区范围。

(7)植被建设工程:主要指对生产建设项目区及其周边的弃渣场、取土场、石料场及

---

*　本教材按照新修订后的《水土保持法》,将"开发建设项目"统一称为"生产建设项目",因相关技术规定还未修订,因此仍保留原规范的名称。

各类开发扰动面的林草恢复工程,以及工程本身的各类边坡、裸露地、闲置地和生活区、厂区、管理区及施工道路等区域的植被绿化工程。应根据各区域自然特点,结合各项经济、技术等措施进行布置和实施,做到既保持水土,又美化环境。

(8)防风固沙工程:我国有大面积的风蚀区域,在该类地区进行开发建设时,因开挖地面、破坏植被,并由此加剧风蚀和风沙危害。防风固沙工程主要包括沙障固沙、造林固沙、种草固沙、沙丘平整、化学固沙(利用化学胶结物固沙)等。不同地区因自然特征不同,可因地制宜,采取不同的固沙措施。

## 3.6.2 《水土保持工程质量评定规程》中生产建设项目水土保持工程的划分

### 3.6.2.1 生产建设项目水土保持工程单位工程的划分

《水土保持工程质量评定规程》(SL 336—2006)中规定,水土保持工程在进行质量评定时划分为单位工程、分部工程和单元工程三个等级。单位工程的划分以工程类型和便于管理为原则。其中生产建设项目水土保持工程可划分为拦渣工程、斜坡防护工程、土地整治工程、防洪排导工程、降水蓄渗工程、临时防护工程、植被建设工程、防风固沙工程等八类单位工程。

### 3.6.2.2 生产建设项目水土保持工程各项单位工程分部工程的划分

《水土保持工程质量评定规程》(SL 336—2006)规定,对于较大的或综合性的水土保持工程各项单位工程,可以进一步细化为各个分部工程。分部工程作为单位工程的组成部分,可单独或组合发挥一种水土保持功能。分部工程可按照功能相对独立、工程类型相同的原则划分。

(1)拦渣工程可分为基础开挖与处理、拦渣坝(墙、堤)体、防洪排水等分部工程。

(2)斜坡防护工程可划分为工程措施、植物措施、截(排)水等分部工程。

(3)土地整治工程可分为场地整治、防排水、土地恢复等分部工程。

(4)防洪排导工程可分为基础开挖与处理、坝(墙、堤)体、排洪导流等分部工程。

(5)降水蓄渗工程可分为降水蓄渗、径流拦蓄等分部工程。

(6)临时防护工程可分为拦挡、沉沙、排水、覆盖等分部工程。

(7)植被建设工程可划分为连片植被、线状植被等分部工程。

(8)防风固沙工程可划分为植被固沙、工程固沙等分部工程。

## 3.6.3 临时拦挡和排水措施的施工方案制定

### 3.6.3.1 临时防护工程分部工程划分

临时防护工程是为了防治主体工程在开发建设过程中因开挖土石和临时堆积,导致水土流失而采取的临时防护措施。主要适用于主体工程施工准备期和基建施工期,一般布设在项目工程的施工场地及其周边、工程的直接影响区范围,防护的对象主要是各类施工场地的扰动面、占压区等。如工程建设中形成的土质边坡和其他裸露土地;施工生产生活区、施工道路、临时堆土(料)场;弃土(石、渣)场、土(块石、砂砾石)料场、道路等。

根据临时防护工程的形式和作用,临时防护工程可划分为拦挡、沉沙、排水、覆盖等分部工程。

**3.6.3.2　临时拦挡工程施工方案的主要内容**

主体工程施工开挖过程中产生的大量土、石及各类废渣是造成水土流失的重要原因，因此要求开发建设项目施工规划时必须考虑建立有效的临时拦挡工程，并确立科学的施工方案。临时拦挡工程作为临时防护工程的主要组成部分，其施工方案的设计一般包含以下内容。

1. 临时拦挡工程的设计背景资料

根据项目中具体的临时拦挡工程的设计，一般包括临时拦挡工程的位置，临时拦挡工程的形式、规模及防洪标准等。

（1）临时拦挡工程的位置：山地施工一般在施工场地的边坡下侧修建。平地区设在临时弃渣体周边布设。其他临时性土、石、渣堆放体及地表熟土临时堆放体的拦挡工程布设在其周边即可。

（2）临时拦挡工程的形式：包括袋装土（石渣）、砌石、砌砖墙、修筑土埝、钢围挡等。实际应用时应结合具体情况而定。

（3）临时拦挡工程的规模：临时挡土（石）工程的规模应根据渣体的规模、地面坡度、降雨等情况的分析确定。

（4）临时拦挡工程的防洪标准：临时挡土（石）工程防洪标准可以根据确定的工程规模，参考相应的弃渣防治工程的防洪标准确定。

2. 施工技术要求

（1）材料要求：所用原材料砂、砖石料、水泥、碎石、土工材料、钢筋、水及混凝土预制件等，均应符合设计图纸和相关技术规范的要求。

（2）施工基本要求：包括袋装土（石渣）、砌石、砌砖墙、修筑土埝、钢围挡等的砌筑、堆、填应符合设计要求。

3. 施工组织设计

（1）施工组织设计的要求：项目在施工和运行期，各种车辆、运输设备应固定行驶路线，不得任意开辟道路，减少对地面的扰动。应明确标识场内交通道路的边界，规范车辆的行驶。临时道路宜采用砾石、卵石及碎石铺压路面，防止暴雨、大风造成的危害。合理确定工程的施工期，避免在大风季和暴雨季施工。

（2）施工组织及进度计划：包括人员、设备、工期、进度安排等。

（3）施工方法：针对临时拦挡工程袋装土（石渣）、砌石、砌砖墙、修筑土埝、钢围挡等，采用的施工工艺、方法等。

**3.6.3.3　临时排水工程施工方案的主要内容**

主体工程施工建设现场应布设临时排水设施，防止施工期间的水土流失。临时排水工程作为临时防护工程的主要组成部分，其施工方案的设计一般包含以下内容。

1. 临时排水工程的设计背景资料

根据项目中具体的临时排水工程的设计，一般包括临时排水工程的位置，临时排水工程的形式、规模及防洪标准等。

（1）临时排水工程的位置：在施工场地的周边，应建临时排水设施。

（2）临时排水工程的形式：可采用排水沟（渠）、暗涵（洞）、临时土（石）方挖沟等，也可利用抽排水管。实际应用时应结合具体情况而定。

（3）临时排水工程的规模：临时排水工程的规模和标准应根据工程规模、施工场地、集水面积、气象等情况的分析确定。

（4）临时排水工程的防洪标准：临时排水工程防洪标准可以根据确定的工程规模，参考相应的弃渣防治工程的防洪标准确定。

2. 施工技术要求

（1）材料要求：所用原材料砂、砖石料、水泥、碎石、土工材料、钢筋、水及混凝土预制件、各种管材等，均应符合设计图纸和相关技术规范的要求。

（2）施工基本要求：包括排水沟（渠）、暗涵（洞）、临时土（石）方挖沟等的修建应符合设计要求。

3. 施工组织设计

（1）施工组织设计的要求：项目在施工和运行期，各种车辆、运输设备应固定行驶路线，不得任意开辟道路，减少对地面的扰动。应明确标识场内交通道路的边界，规范车辆的行驶。临时道路宜采用砾石、卵石及碎石铺压路面，防止暴雨、大风造成的危害。合理确定工程的施工期，避免在大风季和暴雨季施工。

（2）施工组织及进度计划：包括人员、设备、工期、进度安排等。

（3）施工方法：针对临时排水工程排水沟（渠）、暗涵（洞）、临时土（石）方挖沟等，采用的施工工艺、方法等。

## 3.6.4　高陡边坡的削坡开阶技术要点

削坡开阶又称削坡开级，是生产建设项目护坡工程的重要组成部分。削坡的目的是通过削掉非稳定体的部分，减缓坡度，削减助滑力；开阶的目的是通过开挖边坡，修筑阶梯或平台，达到相对截短坡长，改变坡型、坡度、坡比，降低荷载重心，维持边坡稳定的目的。削坡与开阶两者可单独使用，也可以合并使用。削坡与开阶可以有效防止土质滑坡与石质崩塌。

### 3.6.4.1　土质边坡的削坡开阶

直线形：整体削坡，边坡减缓，不开阶，适用于高度小于 20 m，结构紧密的均质土坡，或高度小于 12 m 的非均质土坡；

折线形：仅对上部削坡，保持上缓下陡，适用于高 12 ~ 20 m，结构比较松散的土坡；

阶梯形：对边坡开阶，成为台、坡相间分布的稳定边坡，适用于高 12 m 以上，结构较松散，或高 20 m 以上，结构较紧密的均质土坡；

大平台形：边坡中部开出宽 4 m 以上的大平台，适用于高度 30 m 以上，或在 8 度以上高烈度地震区的土坡。

### 3.6.4.2　石质边坡的削坡开阶

适宜于坡部较陡、坡形呈凸型、荷载不平衡、软弱交互岩层。削坡后坡比应小于 1：1。石质边坡只削坡，不开阶，但应留出齿槽，槽上修筑明沟和渗沟，深 10 ~ 30 cm，宽 20 ~ 50 cm。

### 3.6.4.3　坡脚防护

削坡后土质疏松而产生岩屑、碎石滑落或局部塌方的坡脚，修筑挡土墙予以保护。

无论是土质削坡或石质削坡，都应在距离坡脚 1 m 处，开挖防洪排水沟，深 0.4 ~ 0.6 m，上口宽 1.0 ~ 1.2 m，底宽 0.4 ~ 0.6 m，具体尺寸应根据坡面来水情况而定。

# 模块 4　水土保持管护

## 4.1　工程措施管护

### 4.1.1　水土保持工程安全运行知识

水利水土保持工程的安全运行,关系到群众的安危,关系到社会的稳定,水行政主管部门和水利工程管理单位要树立安全发展的理念,加强安全生产宣传教育,组织安全知识培训,总结经验,吸取教训,逐步提高各水利工程管理干部职工的忧患意识、安全意识。水土保持工程安全运行重点包括落实工程安全运行工作部署、建立工程安全运行规章制度、加强安全设施管理、保证工程安全度汛和加强水土保持工程运行技术管理等几个方面。

#### 4.1.1.1　落实工程安全运行工作部署

建立水土保持工程安全运行工作方案,明确水土保持工程安全运行管护要求,健全各级安全生产管理体系,及时组织开展工程安全运行、安全生产检查工作。

#### 4.1.1.2　建立工程安全运行规章制度

明确各岗位安全工作职责,实行工程安全运行和安全生产目标责任制,结合实际,建立工程安全运行和安全生产目标责任制考核奖励办法。针对本单位安全生产的重点、难点工作,有针对性地研究制定安全防范措施。

#### 4.1.1.3　加强安全设施管理

按要求配备劳动保护用品,安全操作工器具必须检验合格。落实抢险队伍,确保抢险器材物料齐全,并能及时运送到位。

#### 4.1.1.4　保证工程安全度汛

落实防汛责任制,编制应急预案。落实防汛物资、汛期调度计划、施工安全管理制度和现场安全防护措施,保证工程安全度汛。

2007 年国家发展和改革委员会、水利部下发的《水土保持工程建设管理办法》第二十条特别规定"淤地坝的防汛工作纳入当地防汛管理体系,实行行政首长负责制,分级管理,落实责任"。《水土保持治沟骨干工程技术规范》(SL 289—2003)规定,骨干坝开工前应签订工程管护合同,竣工验收后,应及时交付管护单位,落实工程管护与防汛责任。

《水土保持治沟骨干工程技术规范》(SL 289—2003)规定,骨干坝管护范围一般包括:最高洪水位以下库区范围;大坝及下游坡脚和坝端坡脚以外 50 m 范围内;放水工程、溢洪道等建筑物及其边线以外 10 ~ 15 m 范围内。骨干坝保护范围一般包括:库区及库周围与工程维护有密切关系的范围;大坝下游坡脚和坝端外 100 m 范围内;放水工程、溢洪道等建筑物及其边线以外 100 m 及其开发利用对工程正常运行造成威胁的范围内。

#### 4.1.1.5　加强水土保持工程运行技术管理

依据《水土保持工程运行技术管理规程》(SL 312—2005)的规定,水土保持工程运行技术管理应符合以下要求:

(1)健全水土保持工程运行技术管理制度,加强工程的统一管理,保证各项工程安全运行。

(2)坚持"谁受益、谁管理",落实工程管护的责任主体。

(3)坚持日常维护管理和重点检查维护相结合的原则,对淤地坝、塘坝、拦沙坝等重点工程,除管护责任主体进行日常管理外,县级水土保持主管部门每年应进行重点检查和督查,其他水土保持工程,以工程管护责任主体为主进行日常管理。

(4)注重对水土保持工程进行合理开发利用,并与水土保持工程监测紧密结合的原则。

### 4.1.2　沟道工程防洪要求

沟道工程防洪要求包括沟道工程自身的防洪,还包括为保证沟道工程防洪安全修建的其他防洪工程,工程防洪贯穿于工程的规划设计、施工与工程运行的全过程。

#### 4.1.2.1　沟道工程规划设计防洪要求

《中华人民共和国防洪法》第十七条规定,在江河、湖泊上建设防洪工程和其他水工程、水电站等,应当符合防洪规划的要求;水库应当按照防洪规划的要求留足防洪库容。前款规定的防洪工程和其他水工程、水电站的可行性研究报告按照国家规定的基本建设程序报请批准时,应当附具有关水行政主管部门签署的符合防洪规划要求的规划同意书。

《水土保持综合治理技术规范》(GB/T 16453.3—2008)、《水土保持治沟骨干工程技术规范》(SL 289—2003)规定,骨干坝、淤地坝、拦沙坝等沟道工程的挡水、拦泥、排洪建筑物设计应符合设计防洪洪水标准要求,结构满足防洪稳定、泄洪安全标准。坝系布设中的建坝密度、工程规模、建坝顺序等应保证防洪安全的要求。

《开发建设项目水土保持技术规范》(GB 50433—2008)规定,沟道工程周边坡面有洪水危害的,应在坡面与坡脚修建排洪渠,并对坡面进行综合治理。项目区内各类场地、道路和其他地面排水,应尽可能结合排洪渠,统筹安排,使洪水安全排泄;当坡面或沟道洪水与项目区的道路、建筑物、堆渣场等发生交叉时,应采取涵洞或暗管进行地下排洪;项目区紧靠沟岸、河岸,有洪水影响项目区安全的,应修建防洪堤;项目区内有沟岸、河岸坍塌,加剧洪水危害的,应设置护岸护滩工程。

#### 4.1.2.2　工程运行过程防洪要求

《水土保持工程运行技术管理规程》(SL 312—2005)规定,淤地坝及坝系工程、拦沙坝、沟头防护、谷坊等汛前和暴雨后应对工程设施进行全面检查。汛前,应对工程结构进行检查,及时修复和排除工程裂缝、渗漏、沉陷等各种安全隐患,清除溢洪道、泄水洞、排洪渠各种阻水障碍。

坝系的运行控制中,当淤地坝防洪库容被淤积至不能满足防洪要求时,应及时加高坝体或增设溢洪道或在上游建新坝。大型淤地坝工程淤满前,应采取缓洪拦泥、淤地运用的方式,汛期经常保持滞洪库容。前期用于蓄水的,在汛期水位不应超过防洪限制水位。淤地坝按设计淤满后,应及时修建引水渠、防洪堤、排洪渠及道路等配套工程。

在滞洪过程中,如水位超过设计洪水位但尚未达到校核洪水位时,除溢洪道泄洪外,应全部开启备用引水、泄水涵洞,以辅助泄洪。

当水库水位超过或根据预报将超过校核洪水位时,管理单位应立即向上级水利部门和防汛指挥机构报告,并采取果断措施,如启用非常溢洪道、炸开副坝等,以保大坝安全,同时向下游地区发出警报。对一些防洪标准较低的水库,应预先修建非常防洪工程,以免被动。

## 4.1.3　沟道工程重大损毁、险情的处理措施、排除方法

### 4.1.3.1　沟道工程重大损毁、险情的发生部位、形式、原因

沟道工程主要由挡水建筑物、溢洪道和泄水建筑物构成,主要的建筑材料有土料、干砌石、浆砌石和混凝土等,由于受到水流冲刷、冰冻等水流和气象条件,基础不均匀沉降及设计、施工等因素的影响,沟道工程在坝顶、背水坡、迎水坡会发生裂缝、剥落、滑动、塌坑等损毁现象,土石建筑物在背水坡还会出现散浸和管涌、流土等渗透变形;泄水建筑物的洞身会出现裂缝、渗水、空蚀等损坏现象,消能设施出现冲刷或砂石、杂物堆积等现象;溢洪道出现坍塌、崩岸、淤堵或其他阻水现象。浆砌石建筑物还会出现胶结材料脱落等损毁现象。

### 4.1.3.2　沟道工程重大损毁、险情的处理措施、排除方法

沟道工程重大损毁、险情包括坝体裂缝、坝体渗漏、涵管、溢洪道等建筑物损毁等,处理措施、排除方法参见高级工"3.1 工程措施管护"部分。

## 4.1.4　淤地坝、拦沙坝等的泄水建筑物安全隐患处理方案的制定

淤地坝、拦沙坝等的泄水建筑物多采用坝下涵管和斜卧管,是其重要组成部分,又是埋在土坝底部的工程,其质量的好坏直接关系到坝身的安全。泄水建筑物安全隐患处理方案的内容主要包括分析隐患原因和制定隐患处理措施。

### 4.1.4.1　泄水建筑物安全隐患分析

工程运行中泄水建筑物常出现的安全隐患有:洞壁产生裂缝,洞壁与坝体结合不好,水流穿过洞壁沿洞壁外缘渗漏发生渗透变形。

裂缝是涵管(洞)的突出安全隐患。其产生的原因主要有:沿管(洞)身长度方向荷载作用不均匀以及地基处理不良,产生过大的不均匀沉陷;混凝土涵管在温度发生变化时会产生伸缩变形,当涵管(洞)分缝距离过长,管壁收缩受到周围土体摩擦约束产生的拉应力超过管壁的抗拉强度时,管身就易被环向拉裂。设计强度不够或施工质量差等均会造成涵管(洞)出现裂缝。严重时会造成涵管(洞)断裂损坏。

### 4.1.4.2　泄水建筑物安全隐患处理措施

1. 涵管(洞)裂缝处理

由荷载不均匀及地基不均匀沉陷引起的裂缝,在处理前应先查明引起裂缝的原因,并采取相应措施。当无法调整荷载时,常进行地基加固处理,以提高地基承载能力,防止地基的不均匀沉陷继续发生。在完成基础处理、消除产生裂缝的不利因素之后,再处理裂

缝,其处理措施参见高级工"3.1　工程措施管护"中"混凝土建筑物裂缝的处理"。

涵管伸缩变形受到约束而产生的环向变形裂缝,因裂缝随环境温度变化而变化,是活缝,对其修补不能用刚性材料。合理的做法是将已产生的伸缩变形裂缝作为伸缩缝处理。具体方法是:①在涵管内侧沿裂缝开凿槽顶宽 10 cm 的"U"形或"V"形槽,深度达到受力钢筋层;②用压缩空气清扫槽内残渣或用高压水冲洗,若裂缝钢筋锈蚀,应除锈;③烘干槽壁;④涂刷胶粘剂或界面处理剂;⑤嵌入压抹弹性填充材料;⑥粘贴或涂抹表面保护材料。

2.破损、断裂涵管修复

对涵管因混凝土质量差,整体管壁强度不足,造成破损、断裂涵管的,修复处理措施通常有以下几种:

(1)内衬。内衬有预制水泥管、钢管、钢丝网混凝土预制管等。若涵管允许缩小过水断面,用预制水泥管较为经济;若不允许断面过多缩小,可用钢管内衬。无论采用何种内衬管料,都要使新老管壁接合面密实可靠,新管接头不漏水。

(2)钢丝网喷浆、喷混凝土。钢丝网喷浆(混凝土)是一种简单易行的修补方法,不用支护模板,但需要用喷混凝土机械。钢丝网一般用直径 3～4 mm 的高强冷拉钢丝,间距为 6～12 cm 的网格,钢丝牢固地绑扎在钢筋骨架上,保护层厚度不大于 2 cm。

(3)重建新管。当涵管断裂损坏严重,涵管直径较小,无法进人处理时,可封堵旧管,重建新管。重建新管有开挖重建和顶管重建两种。开挖重建一般工程量较大,只适用于低坝;顶管重建的优点是换管不需要开挖坝体,从而大大节省了开挖回填土石方工程量,并缩短了工期。同时,顶管是在已建成的土坝内进行的,坝体孔洞已具有一定的拱效应,故顶管所承受的压力较小,涵管本身的材料用量也较节省。泄水涵管漏水时,应在空库时将迎水坡开挖一段,进行翻修,加筑截水环或修补破损涵管。

## 4.1.5　淤地坝、拦沙坝、塘坝(堰)的库容的淤积情况检测、记录

淤地坝、拦沙坝、塘坝(堰)库容淤积情况的检测、测算可采用简化方法进行,如平均淤积高程法、校正因数法、概化公式法、部分表面面积法等。

根据不同方法的要求,先用手水准、水准仪、皮尺、花杆等测量工具进行淤积测量。

### 4.1.5.1　有原始库容曲线坝的淤积测算

对有原始库容曲线的淤地坝、拦沙坝、塘坝(堰)淤积量的测算,可选用平均淤积高程法(适用于淤积面比降小于5‰的淤积体)和校正因数法。

1.平均淤积高程法

(1)从坝前到淤积末端,以控制淤积体平面变化为原则,按相邻间距小于淤积总长度的1/6～1/10 布设若干个断面,测量断面间的间距。在每一断面布设若干个测点(能控制淤积断面起伏),测量各淤积测点的高程和测点间的水平距离。测量记录表式见表6-4-1。

(2)各断面的平均高程和淤积面的平均高程用下式计算:

$$\bar{Z}_i = \frac{1}{2B_i} \sum_{j=1}^{m} (Z_j + Z_{j+1}) \Delta B_j \qquad (6\text{-}4\text{-}1)$$

$$\bar{Z} = \frac{1}{2L} \sum_{i=1}^{b} (\bar{Z}_i + \bar{Z}_{i+1}) \Delta L_i \qquad (6\text{-}4\text{-}2)$$

表 6-4-1　平均淤积高程法测量记录表　　　　（单位:m）

| 断面编号 | 断面间距 | 断面起点 | | 测点 1 | | 测点 2 | | … | 断面终点 | |
|---|---|---|---|---|---|---|---|---|---|---|
| | | 测点高程 | 起点距 | 测点高程 | 起点距 | 测点高程 | 起点距 | | 测点高程 | 起点距 |
| 坝前起点 | | | | | | | | | | |
| 断面 1 | | | | | | | | | | |
| 断面 2 | | | | | | | | | | |
| … | | | | | | | | | | |
| 淤积末端 | | | | | | | | | | |
| $L$ | | | | | | | | | | |

注:1. $L$ 为淤积总长度,即坝前到淤积末端的长度。

　　2. 各断面终点起点距即为断面淤积面的宽度 $B_i$。

式中　$\bar{Z}$——坝区淤积面的平均高程,m;

　　　$\bar{Z}_i$——第 $i$ 断面的平均淤积高程,m;

　　　$Z_j$——第 $i$ 断面第 $j$ 测点的淤积高程,m;

　　　$\Delta L_i$——相邻断面的间距,m;

　　　$L$——坝前到淤积末端的长度,$L = \sum_{i=1}^{b} \Delta L_i$,m;

　　　$\Delta B_j$——同断面相邻测点间的水平距离,m;

　　　$B_i$——第 $i$ 断面淤积面的宽度,$B_i = \sum_{j=1}^{m} \Delta B_j$,m。

(3)由原始库容曲线查得与高程 $Z$ 相应的库容,即为坝的累积泥沙淤积体积。

2. 校正因数法

(1)按平均淤积高程法求出淤积面平均高程 $Z$ 和相应淤积库容 $V$。

(2)计算概化的坝前淤积断面相对平均高程 $Z_0$:

$$Z_0 = 2Z - Z_m \qquad (6\text{-}4\text{-}3)$$

式中　$Z_m$——淤积末端断面的平均高程,m。

(3)计算断面形状指数 $n$:在原始库容曲线上摘取对应的 $Z_i$ 和 $V_i$ 值,点绘其对数关系,求直线斜率 $m$,则:$n = 1/(m - 2)$。

(4)计算库容校正因数 $K$:

$$K = \frac{Z_m}{Z_0}\left(\frac{Z_0}{\bar{Z}}\right)^{2+\frac{1}{n}} \qquad (6\text{-}4\text{-}4)$$

(5)测算累积淤积体积 $V_{XZ}$:

$$V_{XZ} = KV \qquad (6\text{-}4\text{-}5)$$

### 4.1.5.2　无库容曲线坝淤积量的测算

对无库容曲线的坝淤积量的检测、测算,可采用概化公式法和部分表面面积法。

1. 概化公式法

根据坝内泥沙淤积体的形状,通常概化为规则断面的锥体或拟台(楔)体,然后测算特征要素,计算泥沙淤积体体积。淤积体特征要素测量记录表式见表6-4-2。

表6-4-2　淤积体特征要素测量记录表　　　　　　　　（单位:m）

| 淤积体特征要素 | 坝前至淤积末端的水平距离 $L$ | 坝前断面淤积表面上底宽 $B_0$ | 坝前断面淤积表面下底宽 $b_0$ | 淤积面末端断面淤积表面宽 $B_m$ | 坝前最大淤积深 $d_0$ |
|---|---|---|---|---|---|
| ××坝 | | | | | |
| … | | | | | |

（1）锥体公式:

$$V_J = \frac{n^2}{(1+n)(1+2n)}LB_0d_0 \qquad (6\text{-}4\text{-}6)$$

式中　$V_J$——锥体体积,m³;

　　　$L$——坝前至淤积末端的水平距离,m;

　　　$B_0$——坝前断面淤积表面上底宽,m;

　　　$d_0$——坝前最大淤积深,m;

　　　$n$——淤积体横断面形状指数,横断面分别为三角形、二次抛物线形、矩形和梯形时,$n$值相应取 1、2、∞ 和 1～∞ 间的适当值。

（2）拟台（楔）体公式:拟台（楔）体是等底等高柱体体积的一半,如果用淤积体坝前断面上底宽 $B_0$、下底宽 $b_0$,以及淤积面末端断面淤积表面宽 $B_m$ 的均值近似作柱体底面的宽,坝前最大淤积深 $d_0$ 作柱体底面的长,坝前至淤积末端水平距离 $L$ 作柱体的高,则拟台（楔）体的体积为:

$$V_Q = \frac{1}{6}(B_0 + b_0 + B_m)Ld_0 \qquad (6\text{-}4\text{-}7)$$

**2. 部分表面面积法**

沿淤积表面纵轴,按变化形态将泥沙淤积体表面分成 $m$ 个平行区块,测量各区片面积 $a_i$、区块重心到淤积末端距离 $l_i$、坝前（坝址断面）至淤积末端的水平距离 $L$、坝前最大淤积深 $d_0$ 等。特征要素测量记录表式见表6-4-3。

表6-4-3　部分表面面积法淤积测算测量记录表　　　　　　（单位:m、m²）

| 特征要素 | 坝址断面至淤积末端的水平距离 $L$ | 坝前最大淤积深 $d_0$ | 区块 1 | | 区块 2… | | 区块 $n$ | |
|---|---|---|---|---|---|---|---|---|
| | | | 区片面积 | 区块重心到淤积末端距离 | 区片面积 | 区块重心到淤积末端距离 | 区片面积 | 区块重心到淤积末端距离 |
| 测量值 | | | | | | | | |

计算淤积体体积公式为:

$$V_{BM} = \frac{n}{1+n} \cdot \frac{d_0}{L} \sum_{i=1}^{m} l_i a_i \qquad (6\text{-}4\text{-}8)$$

式中　$V_{BM}$——淤积体体积,m³;

　　　$n$——淤积体横断面形状指数,横断面分别为三角形、二次抛物线形、矩形和梯形时,$n$值相应取 1、2、∞ 和 1～∞ 间的适当值。

### 4.1.5.3　淤积体体积换算注意事项

在实际工作中,对淤地坝、拦沙坝、塘坝(堰)库容淤积情况的检测、测算时,有时要将淤积体体积转换成拦沙量,故应注意以下两点:

(1)上述方法测出的是湿泥淤积体体积,如果根据需要换算成重量时,还要测定泥沙容重。

(2)淤地坝拦沙量测量时,还应调查测算人工回填的土方量,并在淤积量中予以扣除。

# 4.2　植物措施管护

## 4.2.1　林地管理、幼林抚育、抚育间伐、"三低"林改造的技术

### 4.2.1.1　《水土保持工程运行技术管理规程》(SL 312—2005)中林地管理的规定

1. 幼林管理规定

(1)新造幼林地应树立明显的警示牌,严格封禁管护,落实管护制度和管护人员。

(2)防治人畜破坏,防治火灾,防治病、虫、鼠害。

(3)退耕地幼林期可种植绿肥、牧草,提高地面植被覆盖率。

(4)定苗间苗。对于播种造林的幼苗,播种后 1～2 年内,应分次进行间苗,最后每穴保持 2～3 株健壮苗木。

(5)松土除草。适宜在整地工程内进行,并对整地工程进行维修养护。防风固沙林、农田防护林不宜松土除草。

(6)水土保持林纯林郁闭前,不宜修枝,但对于局部稠密的幼树可以适当进行修枝整形,剪除过密枝条、枯死枝和病虫枝。

2. 幼林检查与补植规定

(1)每年秋冬季节应对当年春季、前一年秋季造林进行成活率检查,并填写幼林检查报告表。并每隔 3 年还对历年造林的成活情况、成林情况进行一次综合性普查。

(2)造林成活率调查应采取标准地法、标准行法。造林面积在 7 hm² 以下,标准地(行)应占 5%;造林面积在 7～32 hm²,标准地(行)应占 3%;造林地 32 hm² 以上,标准地(行)应占 1%。标准地选择应随机抽样。山地幼林成活率检查应包括不同地形和坡向。

(3)成活率不足 40% 的造林地,不计入造林面积,应当重新进行整地造林,并保留成活的幼树。除成活率在 85% 以上,且林木分布均匀的地块外,其他都应在当年冬季或第二年春季进行补植。幼林补植需用同龄苗或同一树种的大苗。

3. 成林抚育间伐

(1)抚育间伐后林木应保持均匀。

(2)抚育间伐强度不应过大,每次间伐后林木疏密度不得低于 0.7,陡坡处林木疏密度不得低于 0.8,但混交林可以达到 0.6。

(3)抚育间伐前应进行林分调查,确定抚育间伐的范围,选择砍伐木,并在砍伐木的胸高处做上标记。

#### 4.2.1.2　幼林抚育管理技术要点

幼林管护是在造林前整地的基础上,继续改善林地环境条件,满足幼林对水、肥、气、光、热的要求,保护幼林不受自然灾害和人为破坏,不断调整幼林生长过程,促进幼林尽早郁闭,发挥防护效益。幼林管护的内容包括土壤管理、幼林抚育和幼林保护。

1. 土壤管理

土壤管理是幼林管护的重要内容,包括松土除草、灌溉施肥和林农间作。

松土的目的是疏松表土,切断土壤表层和底层的毛管联系,减少土壤水分蒸发,改善土壤的通透性能和保水性,促进土壤微生物活动,加速有机质的分解和转化,以提高土壤营养水平,促进幼林的成活和生长。除草的目的在于消除杂草对水、肥、光、热等的竞争和对幼树的危害。松土除草在幼树生长期间应采取较低的强度,一般在整地范围内松土5～10 cm,雨季水土流失严重的地方可以只割草而不松土。经济林果地应适当深翻,以加深土层熟化,一般水土深度为 20～25 cm。松土除草在造林后第 1～2 年,一般每年 2～3次,以后每年 1 次,幼林郁闭后不再进行。

灌溉与施肥主要用于经济林果地,通过此项措施改善土壤水肥状况,促进经济林果尽早结果,并提高果实质量。条件好的地方可以实施将灌溉与施肥技术相结合的微灌施肥技术。林地施肥一般应以长效肥为主,或与绿肥植物进行间种。

林农间作充分利用幼林郁闭前的林间空地,既可以保持水土,防止杂草竞争,又可以增加短期收益,达到以耕代抚、以副促林的目的。林农间作应注意几个方面的问题:①必须强调以林为主,林农间作不得影响幼林的正常生长。②林农间作一般应在土壤条件较好的情况下进行,瘠薄林地上应选择绿肥植物进行间作。③选择与幼林矛盾较小的作物进行间作,以免妨碍幼树的生长。如喜光的树种应选择比较耐阴的农作物进行间作,如刺槐间作花生;浅根性树种宜间作深根性作物,深根性树种宜间作浅根性作物,如泡桐间作小麦。④作物与幼树之间的距离,应保证树木能够得到上方光照而又造成侧方庇荫为条件,且作物根系不与幼树争水肥为原则。一般 1～2 年生幼林中,距离根际 30～50 cm 为宜。⑤间种年限的长短应视不同林种和生长条件而定。经济林果株行距较大,可长期间种,水土保持林、用材林在幼林郁闭前间种。

2. 幼林抚育

幼林抚育主要是通过对幼林直接进行干涉以改善它们的生长条件,从而保证人工林的稳定生长。幼林抚育主要包括间苗、除蘖、抹芽及苗木补植等技术环节。

间苗是播种造林、丛状植苗等造林方法的幼林抚育措施。由于播种不均,或随着幼苗的成长,致使苗木密集成丛,营养面积和光照条件不足,引起幼树生长不良,因此在造林后必须进行间苗。间苗的时间可根据造林地的立地条件、树种特性和苗木密度的不同来确定。立地条件好,树木生长速度快,苗木较密,可在造林后的第二、三年进行;否则,可以推迟到造林后的第四、五年后进行。间苗的原则是去劣存优,一般在第二次间苗时定株。

除蘖是对萌芽能力强的树种及经过截干处理的苗木,造林后去除其主干基部或树干上的萌生枝条的措施,其目的是避免萌枝分散树体养分,妨碍主干生长。此项措施一般在夏初进行,留存一个生长健壮的主干,抹去其他萌枝即可。

抹芽是为培育通直而无节的良材,当幼树主干上的萌芽尚未木质化之前,将离地面树高 2/3 以下的嫩芽抹掉的一项抚育措施。抹芽可以防止养分散失,利用幼林的树高生长,同时也避免幼林过早修枝。

由于苗木质量、栽植技术及外界自然条件的影响,造林后往往有部分幼树死亡。当死亡数量超过一定界限,影响林分郁闭时,应当进行补植。水土保持林造林成活率在 70% 以上,且分布均匀、不影响郁闭,又能防止水土流失的林分,可以不进行补植;成活率在 30% ~ 70% 时,在造林后的第一、二年利用同龄大苗进行补植;成活率在 30% 以下时,应在充分分析成活率低下原因后重新造林。

3. 幼林保护

幼林保护的措施主要包括封山护林、防火、防病虫害、防寒、防冻拔、防雪折等。

封山护林是造林后 2 ~ 3 年内幼树平均高度超过 1.5 m 以前,对新造幼林地进行的一项保护措施。通过封山护育林,防止各种人畜破坏活动对幼林生长的干扰影响。封山护林的关键是在大力进行宣传教育的同时,合理解决群众的实际需要,建立健全护林组织,严格执行各项护林制度。

在干旱高温季节,森林火险级别较高,特别是一些针叶树种,内含各种可燃性分泌物,必须更加注重防火警戒。森林防火的关键是建立健全防火组织,制定各项严格、规范、科学、高效的防火制度和应急措施,控制火源,加强巡视等。

病虫害防治应采取预防为主、综合防治的方针。在林分组成上,尽量营造混交林,并加强林内卫生管理,隔离或降低同种树木病虫的传染;保护鸟类和有益的昆虫,实施生物防治;利用化学药剂进行药物防治;建立健全防治机构,加强林木检疫工作等。

#### 4.2.1.3　抚育间伐的技术要点

水土保持林进行抚育间伐后,应保持林分中林木分布的均匀性,如应避免因间伐利用而造成林地裸露。林木间伐的强度不应过大,一般每次抚育间伐后的林木疏密度不得低于 0.7,陡坡林地不得低于 0.8,但混交林可以控制在 0.6 以上。

抚育间伐前,应进行详细的林分调查,并科学地制定间伐方案,其主要内容如下:

(1)确定间伐实施对象。间伐是幼林郁闭以后至成熟主伐前的重要抚育措施,因此间伐前必须通过详细调查确定实施间伐的林分面积、位置和类型,并说明实施间伐的种类(透光伐或疏伐)。

(2)确定间伐开始期。从林分生长的情况来分析,当幼林的连年生长量明显下降时应开始首次透光伐。不同树种、造林技术及立地条件下的间伐开始期是有差异的。从经济条件来分析,如果小径级材有很好的市场利用价值,间伐也可以适当早些。

(3)确定间伐强度。间伐强度必须综合考虑树种生长特性、立地条件、林况及经济因素等。用于改善林内卫生条件的卫生伐时,其采伐强度取决于林内各种枯死木、损伤木和被害木的数量,并要求全部伐除。透光伐一般不确定间伐强度,以砍除那些严重影响其他多个树木或目的树种生长的林木为原则。采用疏伐时一般以采伐木蓄积量占伐前林分蓄积量的百分比来表示。疏伐的间伐强度一般不超过间伐间隔期内立木生长量的 80%。

(4)确定间伐方式。间伐应隔株、隔行或隔带进行,以不加剧水土流失为原则。陡坡地段间伐后应根据需要进行更新补植。

(5)确定间伐间隔期。两次间伐相隔的年数长短取决于间伐后林分郁闭度增长的快慢。间伐后若干年,如林木树冠开始互相干扰,影响树木正常生长时,应及时进行间伐。影响间伐间隔期的因素有树种的耐阴性、喜光性及林分生长阶段。一般前期间伐间隔期为 5 ~ 7 年,后期为 10 ~ 15 年。

#### 4.2.1.4 "三低"林改造的技术要点

由于各种原因,部分人工林生长异常缓慢,其防护效益、经济价值和生物产量都很低,俗称"三低"林,又称低价值水土保持林(低值林)。其特点表现为造林后长势极端衰弱,呈现植株矮小,分支多,萌枝丛生,树冠平顶,早熟,提前结实,根系发育不良,枯梢,病虫害严重的特点,与其林龄极不相称。虽经多年经营,也难以成林成材。

这部分低值人工林分布范围广,涉及树种也较多。造成低值林的原因是多方面的,主要包括树种选择不当、林分组成不合理、抚育管理不善、造林密度偏大、封育措施不力等。

对于低值林的改造应在全面分析各方面原因的基础上,有针对性地进行改造。一般包括以下技术措施:

(1)更替树种:对于因树种选择不当,违背适地适树原则而造成的低值人工林,一般应更新树种,重新造林,并做到良种壮苗,细致整地,精细栽植和加强管理。在水土流失严重的地区,其更新应采取逐渐更替的方式进行,以暂时利用原有林木的保护作用,防止水土流失,待更新林木具有较强固土能力时,再局部或全部伐除原有林木,或适当保留原有树种,以便形成混交林。原有树种的保留一般不得超过50%。

(2)植物间种:在低值人工林的行间,栽植紫穗槐、胡枝子、沙棘等改土灌木或野豌豆、沙打旺、毛苕子等绿肥植物,可以有效提高林地的土壤肥力,同时又能拦蓄径流,减少地面蒸发,增加土壤水分。

(3)深耕改土:对于长期缺乏抚育管理而生长不良的幼林,进行细致的松土除草,在林内实行全面的或带状的深耕,以清除多年盘结的草根,切断林木旧根,疏松土壤,改善土壤通透条件和保蓄能力,同时还可以起到复壮根系和树势的作用。据甘肃林科所试验,刺槐幼林松土深耕后,树高和地茎生长量可以提高40% ~ 50%。

(4)间伐、平茬复壮:对造林密度过大而又未能及时抚育间苗的,可采用间伐修枝,伐去低劣的弯曲木、多杈木及生长缓慢的被压木,有碍林分卫生的枯立木、病虫害木。对于人畜破坏严重,且具有顽强萌芽力的低值林,可以进行平茬复壮。一般在早春树液流动前或晚秋树液停止活动以后在近地表处进行平茬,截取弯曲的树干或萌生枝条。间伐修枝或平茬后有条件的地方可以进行深耕、施肥,以加快其恢复生长。

(5)补植:对于造林保存率低,难以郁闭的低值人工林,需要采取补植加密植的措施进行改造。补植时,成片的空地可以补植原有树种,在周围有小空地的地方最好补植耐阴树种。补植后对于幼林应进行正常的抚育管理。

### 4.2.2 人工草地管理、草地利用、封禁治理的技术

#### 4.2.2.1 《水土保持工程运行技术管理规程》(SL 312—2005)中人工草地管理技术要点

(1)以农户管理为主体,实行联户承包、业主承包等多种经营管理形式,落实管护责任制,加强技术培训,健全技术管护制度。

(2)有条件的地方应设置围栏。

（3）幼苗期应加强田间管理,清除杂草、及时补种漏播或缺苗的地块。

（4）根据草地土壤肥力和草种生长情况,适时施用适量的氮肥、磷肥和钾肥。

（5）有水源条件的地方应根据需要及时进行灌溉,并将灌溉和施肥结合起来。无水源条件的地方应修建集雨工程或引洪漫地工程,进行灌溉。

（6）及时防治病、虫、鼠害。

（7）退化的草地应在春末夏初进行及时的松耙补种,灌水施肥,消灭杂草和刈割老龄植株。松耙补种效果不佳的,应全部翻耕,重新种植其他牧草。

（8）凡有较好残存草被的荒山、荒坡、荒沟或沙地,应进行封禁治理,辅以必要的人工培育措施（包括松耙、补种、施肥、清除杂草等）,使其自然恢复到草地标准。

#### 4.2.2.2　《水土保持工程运行技术管理规程》(SL 312—2005)中草地利用规定

1. 防蚀草地

凡是用做水土保持的草地,在一年的生长期中,尤其是雨季,应禁止刈割和放牧,但在秋季停止生长后高留茬刈割。

2. 放牧草地

（1）实行轮牧,禁止自由放牧。

（2）开始放牧的时间应在草层高度达到 12～15 cm 时为宜。

（3）牲畜对牧草的采食量不应超过牧草生长量的50%～60%,草层高度低于 5 cm 时应转移畜群。

（4）雨天应轻放,防止畜群密度过大,造成草场践踏损失和破坏土壤结构。

3. 刈割草地

（1）刈割时期宜选在牧草抽穗开花期（豆科牧草以初花期为宜,禾本科牧草以抽穗期为宜）。

（2）刈割高度上繁草可留5～6 cm,下繁草为主的稠密低草可留4～5 cm;再生枝条由分蘖节和根茎形成的草类可留4～5 cm,再生枝条由叶腋形成的高大牧草可留15～30 cm。

（3）水分条件好、管理水平高、再生能力强的草地每年可刈割2～3次,水分条件和再生能力差的草地每年刈割1次。

4. 特种草地

对有食用、医用和其他经济价值的草种,应根据草种特性及利用时期及时采收晒制。

5. 采种草地

实行严格封禁,不得放牧。

#### 4.2.2.3　《水土保持工程运行技术管理规程》(SL 312—2005)中封禁管理规定

1. 封禁管护管理规定

（1）封山育林:连续封禁3～5年以上。南方地区,植被覆盖率达到90%以上,形成乔、灌、草结合的良好植被结构;北方干旱地区植被覆盖率达到70%,初步形成草、灌结合的植被结构。

（2）封坡育草:南方地区,草地覆盖率达到90%以上;北方干旱地区,草地覆盖率达到70%以上。

2. 开封利用管理规定

（1）植被达到封禁治理的标准规定后，依照有关的法律法规，在不造成新的水土流失的前提下，有组织、有计划地进行开封利用。

（2）对于林地进行科学的间伐利用。间伐的强度、对象、方法等技术环节按照相关技术规范的规定标准执行。

（3）林地的开封时间宜在秋冬季节，草地的开封时间根据轮封轮牧草的放牧期及牧草的生长状况确定。

#### 4.2.2.4 《水土保持工程运行技术管理规程》（SL 312—2005）中封山育林地连续封禁的时间及植被覆盖率规定

1. 封禁时间

根据封育区所在地区的封育条件和封育目的确定封育年限，一般封育年限如表 6-4-4 所示。

表 6-4-4　封山育林封育年限表

| 封育类型 | | 封育年限 | |
|---|---|---|---|
| | | 南方 | 北方 |
| 无林地和疏林地封育 | 乔木型 | 6 ~ 8 | 8 ~ 10 |
| | 乔灌型 | 5 ~ 7 | 6 ~ 8 |
| | 灌木型 | 4 ~ 5 | 5 ~ 6 |
| | 灌草型 | 2 ~ 4 | 4 ~ 6 |
| | 竹林型 | 4 ~ 5 | — |
| 有林地和灌木林地封育 | | 3 ~ 5 | 4 ~ 7 |

2. 封山育林治理植被覆盖率规定

封山育林地在封育期满时，南方地区植被覆盖率应达到 90% 以上，并形成乔、灌、草结合的良好植被结构；北方干旱地区植被覆盖率应达到 70% 以上，并初步形成灌草结合的植被结构。

### 4.2.3　常见经济林果的整形、修剪技术

#### 4.2.3.1　梨树整形、修剪技术要点

1. 树冠整形

梨树可以根据品种特性、立地条件、栽植密度与方式等情况来确定目标树形。稀植条件下多用疏层形、分层开心形、延迟开心形、自然圆头形等。半密植条件下可用中冠疏层形、二层无顶形、中冠单层半圆形等。密植条件下可用火锅形、小冠疏层形、纺锤形、圆柱形、折叠扇形等。其整形技术的要点主要包括以下几个方面：

（1）骨干枝的培养应注意其成层性、主从性、开张性、均衡性和牢固性，以保持树体的通风透光、优质高产和健壮长寿。注意控制顶端优势，防止上强下弱。不同的骨干枝由于生长位置、姿势和作用不同，控制的方法也有所不同。

　　控制中心干上强下弱的方法为：一是对基部主枝采取邻接，削弱上部中心干的长势；二是可对中心干采取弱枝弱芽当头，缓和其顶端优势；三是可将中心干拉倒作主枝，在弯曲处对背上芽进行刻伤生枝，重新培养中心干；四是对发长枝较多的品种可用下位角度较开张的枝代替剪口芽延长枝，进行换头；五是重截中心干，降低枝位，缩小与主枝的高低差异；六是适当缩小主枝的角度，缓和中心干长势。一般主枝的基角应为 40°～50°，腰角 60°～70°，梢角 40°左右。枝性较硬且直立的品种可大些，枝性较软容易受重力开张的品种可小些。七是在中心干上环剥、刻伤，使下部多发枝和上部多结果。

　　控制主、侧枝上强下弱的方法为：一是对发长枝较多的品种可用背后枝换头开张梢角或用下位侧生枝换头使其中心轴左右弯曲延伸。二是可对下一级骨干枝的延长头适当长留，使其长度和高低差异不要过大。三是用支、拉和让上部多结果的方法开张延长头的梢角。

　　（2）梨树整形过程中应注意同级同层骨干枝之间的平衡发展，出现不平衡现象时应及早加以调节。一般生长势强者应适当重截短留和开角下压，剪口留下枝下芽和弱枝弱芽当头。生长势弱者则应适当轻截长留和抬角上扶，剪口留上枝上芽和壮头。

　　（3）梨树成枝力差，枝条单轴延伸多，分枝少，树冠常常显得比较稀疏，整形时可适当多留主、侧枝。幼苗定干后所发长枝的数量留不够基部第一层所要求的主枝数时，可通过目刻促进多发枝。也可将中心干拉倒作主枝，在弯曲部位的背上选好芽位进行刻伤造枝，重新培养中心干。也可分两年选留，但要注意控制早一年选留的，扶植晚一年后留的。对骨干枝的延长头在剪截时不可留得过长，一般情况下更不宜长放，以防将来中、下部发生缺枝光腿。另外，层间的中心干部分也应通过环刻多留辅养枝。

　　（4）梨树的枝条比较脆硬，枝条长粗后不仅难以开角而且容易发生劈伤和折伤，所以骨干枝的角度应在幼树期及早开张和调整好。较大的多年生枝干在开角操作前应先将枝条上下左右摇晃，使其枝性软化后慢慢向下开，也可推迟到萌芽后当枝条变软时再开。

　　（5）对于定植时苗木质量较差和定植初期生长较弱的幼苗，在定干后不宜对分生的弱枝过急地按主枝短截，而只能多留长放，将枝条养壮后再作为主枝选好芽位进行短截，并按其分枝情况再进一步选留与培养侧枝。因为梨树根系少，断根受伤后恢复和发根较慢，缓苗期较长，需要先养根后促枝。

　　2. 梨树修剪技术

　　梨树一年四季均可修剪，但以冬剪为主，根据情况再配合春、夏、秋生长季修剪。

　　（1）结果枝组的培养：梨树由于萌芽率高而成枝力弱，所以幼树在培养枝组时应遵照"少疏多留，先截后放，以截促枝，以放促花"的原则。在具体修剪时一般应截强放弱、截长放短。在空间较大时，可通过连续短截结合去强留弱、去直留平和枝多即放的方法培养大、中型枝组。在空间较小时，可通过对中庸枝先放后截再放和对弱小枝连续放养的方法培养中、小枝组。对周围侧生平斜枝较少还有利用空间的背上直旺枝，也可通过夏季摘心和弯曲变向等控制的方法，改造为符合要求的枝组。对连续长放单轴延伸的串花枝，应及时回缩改造成比较紧凑的组型。特别应注意在各种骨干枝的中下部应通过环剥和环刻的方法，造生枝条培养为枝组，以防将来缺枝光秃。最好是在短截延长头时，就对剪口下第 3～5 个芽的上位进行目刻，有目的地预先培养一些结果与更新能力强的大、中型枝组。

（2）结果枝组的修剪：梨树的结果枝组在培养成形后，还需要通过经常修剪管理来维持其优质高产的组型。大树枝组的修剪应遵照"轮替结果，养缩结合，以养促壮，以缩更新"的原则。在具体修剪时应注意结果枝、预备枝和发育枝的搭配，做到年年有花有果而不发生"大小年"。对连放多年的长弱下垂交叉枝和串花枝应及时回缩。对连续多年结果的"鸡爪"式弱短枝群，应按比例疏除过多的花芽。一般逢二留一破一，逢三留二去一，逢四留二去一破一，逢五留二去二破一。去留原则是疏上留下，疏弱留壮，疏花芽留叶芽。

#### 4.2.3.2 苹果树整形修剪技术要点

在苹果树幼龄期，就要培养中等大小树冠或小树冠的优良树型。中、小树冠树型苹果树，可以形成集约化栽培，充分利用光能和地力，以生产优质果。苹果树品种繁多，冠型差异较大，在整形时应根据果树具体特征及经营条件等选择适宜的树形。

1. 不同树型特征及整形要点

（1）小冠疏层形。乔砧或半矮化砧普通型品种砧穗组合，行距 4～5 m，株距 3～4 m，每 667 m² 栽树 33～55 株的宜用此种树型。树体结构：树高 3 m，全树 5～6 个主枝，第 1 层主枝 3 个，第 2 层主枝 2 个，少数有第 3 层主枝。第 1 层与第 2 层主枝的层间距为 80 cm，第 2 层与第 3 层主枝的层间距为 60 cm。第 1 层主枝上各留 1～2 个向外侧斜向上方的小侧枝，第 2、3 层主枝上均不留侧枝。

（2）自由纺锤形。纺锤形是目前普遍采用的苹果树树型，是一种丰产树型。自由纺锤形适合矮砧普通型品种或生长势强的短枝型品种，此种树型适合密植栽培。适用于行距 3～4 m，株距 3 m 的树。树高 3～3.5 m，全树留 10～15 个小主枝，主枝上不留侧枝，树型下大上小，呈阔圆锥形。

（3）细长纺锤形。每 667 m² 栽树 83～133 株，行距 2.5～4 m、株距 2 m 的密植栽培园，适宜采用此种树型。树体结构：在中央干上，均匀分布 15～20 个侧生分枝（即小主枝），侧生分枝上不留侧枝。要求下部的侧生分枝长 100 cm，中部的长 70～80 cm，上部的长 50～60 cm。树冠下大上小，呈细长纺锤形。

（4）主干形。适于高密度栽培的苹果树，树型比细长纺锤形更小。要求树冠冠幅为 1.2 m，树高 2.5～3 m，树体结构基本上和细长纺锤形一样。

2. 不同树型修剪要点

幼龄苹果树的修剪重点是控制树形。而成年树的修剪则重点是稳定树势，控制新梢长度、数量，掌握树的产量。应保证长 30～40 cm 的新梢占全树新梢的 10% 左右。主要措施如下：

（1）控制修剪：主要是控制苹果树的生长与结果的平衡，要求果枝与叶枝的比例为 1：3。花前要进行复剪，疏去多余的花芽。开花期间及开花后，进行疏花、疏果、定果，使之达到控制指标，树体控制可分整体控制和局部控制。①整体控制，常用措施有延迟修剪和分期修剪，在苹果树发芽前，只剪内膛枝组，发芽后，剪外围枝条或强旺枝组。对缓放的枝条，展叶后进行二次修剪。对于生长量大、生长势强、枝条密集的植株，冬剪时疏除强壮枝组，夏剪时疏除强旺新梢，以防止树冠内膛郁闭。②局部控制，冬剪时将树落头，控制树高；苹果树发生上强下弱现象时，可环剥强旺的上层枝条；纺锤形树型的树，侧生分枝长势过强时，可以缩剪或转换枝头。

（2）调整修剪：主要是调整树的个体结构与群体结构，以创造良好的通风透光条件。①群体调整，行间要有80～100 cm的作业道。②个体调整，通过落头严格控制树高，树高不得超过树行之间的距离。树的叶幕外围要有60～70 cm的空间，若间距太小，应加大下层主枝角度，疏除过密枝组，使树冠上稀下密，外稀内密，以利于透光。

（3）更新修剪：主要是结果枝组的更新。生产优质苹果要求苹果树的枝组健壮，每一枝组要有良好的发育枝、长势中庸的预备枝和饱满的结果枝。枝组在更新过程中，要对基部发育枝打头，培养枝组带头枝，使枝组紧凑。

### 4.2.3.3　桃树整形修剪技术要点

1. 桃树整形技术要点

桃树的冬季修剪一般在秋季落叶后至春季萌芽前进行。桃树对光照的要求较严，整形时采用开心形。一般主干高度在30～50 cm，直立的品种主干宜矮，开张品种宜高，在其上错落着生3个主枝。大型枝组同侧距离60～80 cm，一般由徒长枝、徒长性果枝和发育枝等壮枝培养而成，生长势强，占有空间大，结果量多，寿命长；中型枝组同侧距离40～60 cm，由徒长性果枝、长果枝培养而成；小型枝组距离20～40 cm，一般由中、短果枝培养而成，占有空间小，结果少，寿命短。所以，枝组在主侧枝上的距离应掌握两头密、中间稀；前面以中小型为主，背后及两侧以大、中型为主的原则，在大中型枝组中间插空安排中小型枝组，保证通风透光，生长均衡，从属分明。

2. 桃树修剪技术要点

（1）结果枝修剪：幼树期，树势生长旺，果枝要长留，长果枝和徒长性果枝可剪留30～40 cm，徒长枝可疏除。初果期和盛果期，树势生长比较中庸，由于结果枝中部花芽分化较完全，所以要保留中部饱满芽，一般长果枝应剪留30～40 cm，中果枝20～30 cm，短果枝10～20 cm。过密的结果枝要疏去；背上与背下的结果枝因结果不好，因此也可疏去。主要保留两侧及背斜侧的结果枝。

（2）徒长枝的修剪：背上或内膛生长较粗的枝条叫徒长枝，俗称"棒槌枝"，易造成树上长树，影响树体光照，尽量疏去。如生长在有空间处的徒长枝，应利用培养成枝组，但要注意夏季修剪。

（3）枝组的修剪：要注意培养和利用相结合。树冠外围的大型枝组，注意剪口芽或延长枝的方向，延长枝的剪留程度比侧枝微重一些，剪口留饱满芽；对树冠内大中型枝组宜采用先重截后轻剪的方法，去强留弱，去直留平，以后每年缩剪顶生强枝，以斜枝带头，使其弯曲上升，但枝头高度不超过骨干枝头。树冠下部的中小枝组，应压前促后，即剪去先端1～2年生枝，促其基部复壮；过弱的小枝组可以疏除。

（4）主枝延长枝的修剪：要注意剪口芽的方向和角度。保证主枝的优势，防止主侧不分，树形混乱。

### 4.2.3.4　柑橘的整形修剪技术要点

1. 幼年树的整形修剪

在幼树整形上利用复芽和顶芽优势的特性应用"抹芽控梢"，促使幼树多发新梢，迅速扩大树冠。抹芽控梢的方法是：对有3～4条主枝甚至9～12条二段分枝的苗木，定植后在第一次新梢刚萌发时进行拉线或用小竹枝撑开，使主枝均匀分布，主枝与主干延长线成40°角左右开张,以便容纳更多的新梢。夏秋当嫩梢2～3 cm时,进行抹除,"去早留齐,去少留多",每3～4 d一次,在一定时间内嫩梢越抹越多,坚持15～20 d,待全株大部分的末级梢都有3～4条新梢萌发时,即停止抹梢,称为"放梢"。为使新梢整齐,在放梢前一天的抹芽要彻底,对萌发不久的短芽亦要抹除。此外,对于过高部位应多抹1～2次或延迟4～7 d放梢,让部位低的新梢长得长些,经几次梢期的调节逐步使树冠平衡。如苗木粗壮进行秋植且土肥水管理和人力等条件良好时,则可在定植后第一年内放梢4次(即春梢、秋梢各一次,夏梢二次),则第二年即有较好的产量。但一般可放梢3次(即春、夏、秋各一次)、则定植后第三年结果。对下一年准备结果的树,要注意适时放秋梢和控制夏梢的数量。如夏梢萌发的数量适中而壮健则秋梢数量增多。放梢时间必须紧密配合施肥,在放梢前一个月施腐熟的速效肥,使在放梢前半个月有嫩芽可抹;在放梢前10 d施速效氮肥,使新梢多而密;在放梢后要根据植株新梢的强弱分别施肥,特别是秋梢的壮梢肥不能过多,否则会促发晚秋梢或冬梢。放梢期间最好在有阵雨的阴凉天气,土壤水分要充足,如干旱酷热应避免放梢,并要重点防治潜叶蛾。当夏、秋梢长至5～6 cm时,如过密,要及时疏除,每基梢为2～4条,秋梢可留多些。蕉柑、甜橙、碰柑的秋梢(结果母枝)长度以20 cm为宜,温州蜜柑秋梢长30～40 cm为宜。

**2. 结果树的修剪**

结果树修剪因品种、树龄、结果情况和修剪时期而异。冬剪在采果后至春芽萌发前进行。主要是疏剪枯枝、病虫害枝、衰弱枝、交叉枝、衰退的结果枝和结果母枝等,调节树体营养,控制梢果比例对一些枝条也适当进行回缩修剪。夏剪主要有摘心、抹芽、短截、回缩等,是对春、夏、秋梢以及徒长枝的修剪,促进结果母枝多而壮,保证连年高产,重点在结果母枝发生前进行。生产中普遍采用的抹除夏梢技术是防止落果和迅速增加结果母枝的有效措施。

## 4.2.4　常见经济林果的施肥技术

施肥管理是经济林果管护的重要内容。通过科学的施肥不仅可以有效地提高林果的品质和产量,同时还能够增强林木的抗病虫害能力。我国地域广大,各地气候及土壤水热条件差异较大,不同林果的施肥具有各自的规律性。以苹果、梨、桃及柑橘为例,施肥的种类、方法和时间的确定如下:

(1)苹果:春季施肥以农家肥为主,追肥以氮肥为主。施肥时可根据品种、树龄、生长势、结果量、土壤肥力等因素而适当进行增减。对花量大、结果早、树势中等或偏弱的树,5月中下旬可适量追施复合肥,并在施后浇水。秋季果实采收后,落叶前应施农家肥,因为此时地温高,肥料分解快,果树还未落叶,有利于果树营养积累,供应明年树体需要。

(2)梨树:在立春前后5～10 d,应施花前肥,并以有机肥和磷肥为主。施肥后如遇干旱天气,则每株树必须淋清水60～80 kg,以促进肥料溶解和转化,提高肥料的吸收利用率。

(3)桃树:春季施肥应在果木萌芽前进行,一般不宜超过2月下旬。施肥应以碳铵、磷肥、钾肥与农家肥配合进行。萌芽前如遇干旱,应灌施清淡粪水抗旱。花期应施碳铵或尿素,成龄树株施0.5 kg尿素。夏初季节可施氮磷钾含量较丰富的硫酸钾复合肥,3～4

年生树株施 500 g。桃树冬季可结合深翻施足基肥,肥料种类以腐熟有机肥为主。

　　(4)柑橘:2 月下旬施春肥,成年树每株施腐熟人畜水肥 80～100 kg,幼小树减半施,并及时覆盖施肥窝穴。生理落果前半个月应施速效氮加磷肥,施肥量应占全年施肥量的15%～20%,5 月上、中旬株施人畜粪尿 20 kg 或复合肥 1 kg。7 月中旬施肥量应占全年施肥量的 40%～50%,肥料以有机肥为主,每亩施人畜粪尿 2 500～3 500 kg,尿素 10～20 kg,钾肥 5～10 kg,或复合肥 20～30 kg。秋冬施肥在采果前后一周左右进行。一般在树冠外缘滴水处挖一条深40 cm、宽30 cm 的施肥沟,并在其内施有机肥或柑橘专用肥,施肥量约占全年的 30%。

# 模块 5　培训指导与管理

## 5.1　指导操作

　　水土保持治理工国家职业技能标准中规定了技师以上人员应具备指导操作的技能要求,除在实践中具体指导外,操作规程的编写、调查实施方案(细则)的编写、工程施工操作指导手册的编写,是技师以上人员必须掌握的指导操作方面相关知识和基本技能。

### 5.1.1　操作规程编写知识

#### 5.1.1.1　基本概念

1.操作规程的定义

　　GB/T 20000.1《标准化工作指南第 1 部分:标准化和相关活动的通用词汇》中对于"规程"的定义是:为设备、构件或产品的设计、制造、安装、维护或使用而推荐惯例或程序的文件;规程可以是标准、标准的一个部分或与标准无关的文件。依据上述定义,操作规程是根据生产活动过程中物料性质、环境特点、人员装备、工艺流程、设备(仪器)使用、管理运行、安全规程等要求而制定的符合技术规范、安全生产法律法规的操作程序。

2.操作规程的作用

　　保证操作的规范化,保证国家、企业、员工的生命财产安全。

3.操作规程的特点及性质

　　(1)特点:公布程序简约、表达方式通俗,适应性强、针对性强、组装配套性强,易于被相关职业人员接受。

　　(2)性质:有些操作规程一般属于地方、行业、企业(单位)等标准类管理、专业技术、职业技能规范性文件,由有关部门颁布。有些操作规程不属于标准类,一般由企业(单位)根据相关标准或规定制定。

4.操作规程的常见类别

　　结合水利行业的特点,在实践中,操作规程的常见类别分单项操作规程和综合操作规程。单项操作规程一般包括管理制度类、操作技术类(单项技术或仪器设备)、安全生产类。综合类操作规程一般系统性地包含了管理制度、操作技术(成套技术、仪器设备等)、安全生产等各个方面。

　　操作规程也有按岗位(或工种)制定的,即岗位操作规程。在 ISO 9000 体系标准中把操作规程称为 SOP(即标准操作规程或标准作业程序)。

#### 5.1.1.2　ISO 9000 体系标准—标准作业程序(SOP)简介

　　ISO 9000 体系标准是国际标准化组织 ISO 于 1987 年正式发布的国际质量认证标准。它是许多经济发达国家多年实践经验的总结,我国等同采用 ISO 9000 体系标准,国家标准编号为 GB/T 19000。此系列具有通用性和指导性,企业按 ISO 9000 体系标准去建立健全质量管理体系,可使工程质量管理工作规范化、制度化,提高工程建设质量管理水平,提高工程质量,降低工程成本,提高竞争能力,同时有利于保护项目法人利益,保证工程质量评定的客观公正性。

在 ISO 9000 体系的标准中,SOP 的含义是标准作业程序或标准操作规程,就是将某一事件的标准操作步骤和要求以统一的格式描述出来,用来指导和规范日常的工作。

标准作业程序 SOP 属于三级文件,即作业性文件。SOP 是 Standard Operation Procedure 三个单词中首字母的大写。SOP 是一种操作层面的程序,是实实在在的,具体可操作的,不是理念层次上的东西。相当于我们日常所说的操作规程。SOP 的格式如下:

(1)明确职责:包括负责者、制定者、审定者、批准者。

(2)格式:每页 SOP 页眉处注明"标准操作规程"字样;制定 SOP 单位全称;反映该份 SOP 属性的编码、总页数、所在页码;准确反映该项目 SOP 业务的具体题目;反映该项 SOP 主题的关键词,以利计算机检索;简述该份 SOP 的目的、背景知识和原理等;主体内容:具体内容简单明确,可操作性强,以能使具备专业知识和受过培训的工作人员理解和掌握为原则;列出制定该份 SOP 的主要参考文献;每份 SOP 的脚注处有负责者、制定者、审定者、批准者的签名和签署日期;标明该份 SOP 的生效日期。

目前,我国许多行业已逐步执行 ISO 9000 体系标准——标准作业程序(SOP)。

### 5.1.1.3　操作规程的编写一般格式及相关要求

常见的单项操作规程一般采用单层次以阿拉伯数字"1"起连续编号的格式。综合类操作规程的编写格式应符合国家、地方、行业等标准类规范性文件的文本格式要求。

编写操作规程时,一般应包含以下要素:操作规程的名称、正文、编制和批准责任人、批准和生效日期等。

(1)操作规程的名称:写明"××操作规程"。

(2)正文:包括使用人员、场合、作业的名称和内容、如何按步骤完成作业操作、其他注意事项要求等。

对于单项操作规程如管理制度类侧重于管理制度方面;操作技术类(单项技术或仪器设备)侧重于操作技术方面;安全生产类侧重于安全生产方面。

对于综合类操作规程一般系统性地包含管理制度、操作技术(成套技术、仪器设备等)、安全生产等各个方面。

(3)明确操作规程编制、批准职责:包括负责者、制定者、审定者、批准者。

(4)操作规程的批准日期、生效时间。

(5)如有修订应有修订记录。

常见操作规程对于要求严格程度的用词有:表示很严格,非这样做不可的用词:正面词采用"必须",反面词采用"严禁";表示严格,在正常情况下均应这样做的用词:正面词采用"应",反面词采用"不应"或"不得";表示允许稍有选择,在条件许可时首先应这样做的用词:正面词采用"宜"或"可",反面词采用"不宜"。

编写操作规程时,还应注意:

(1)编写操作规程的用词应准确、简单、明了,可获唯一理解,避免有歧义。

（2）对设备（仪器）类的操作规程应参照厂家有关使用说明书来编写，不要轻易更改，如有更改，应说明原因，并附有资料；但厂家提供的说明书又不能简单代替操作规程，只有当厂家提供的说明书完全符合标准操作规程的要求，且经检测过程和结果完全符合，方可直接用说明书代替操作规程。

（3）未经批准的操作规程不能生效；严禁执行作废的操作规程；按规定的程序进行更改和更新。

### 5.1.1.4　操作规程范例

1）单项类

（1）管理制度类

**计算机操作员操作规程**

1. 定期检查硬盘及使用的软盘，清除内部病毒。

2. 严禁拷贝和复制来路不明的外来软盘，以防病毒。

3. 禁止外来人员使用计算机，禁止用计算机做专业以外的其他用途（如玩游戏等）。

4. 所有重要软件都在软盘上留有副本，并贴上保护签，重要的数据应经常备份。

5. 严格遵守操作制度，接通电源，使仪器预热 30 min 后才正式使用。

6. 安装或拆卸计算机时切忌带电操作，每周至少清洁仪器表面 2 次，使用后应盖上防尘布。

7. 计算机室内无强烈空气对流和阳光直射，应保证一定的湿度和温度。

8. 上机时如发现异常，应立即向领导汇报。

（2）仪器设备操作类

**电子天平操作规程**

1. 电子天平是高科技精密计量仪器，使用操作严格按规定作业，不得违章。

2. 开机操作，接通电源，调好天平的水平，按下 ON/OFF 键，显示 +8888888% g，扫描显示 CH1CH2……CH9，稳定显示 0.000 0 g 后，开机操作结束。

3. 开机以后，应有 30 ~ 60 min 的预热时间，称量前要进行天平的内部校准，然后再称量不得超过 120 g，160 g。

4. 天平操作环境：应无振动、气流、热辐射及含腐蚀性气体。

5. 天平读数：当天平稳定性符号"g"出现后，即表示天平显示已稳定，可以进行正确的读数。

6. 天平的左右侧门操作应轻轻拉开后关闭，不应有振动、撞击，以免影响称量准确性。

7. 使用完毕，关闭天平，清扫称量室及称量盘，关好侧门，套上外罩。

8. 故障寻迹显示代码依次为 CH1…CH9，一旦在天平显示上出现，应立即进行检修。

9. 天平应专人专用。

10. 在天平外罩内应放有干燥剂，应定期更换，天平灰尘须用软毛刷或用绸布拂拭。

（3）安全生产类

**混凝土工安全操作规程**

参加施工的工人，必须要熟悉本工种的安全技术操作规程，在操作中，应坚守工作岗位,严禁酒后操作。

进入施工现场,必须戴安全帽,禁止穿拖鞋或光脚。在没有防护设施的高空、悬崖和陡坡施工必须系安全带。

1. 车子向料斗倒料,应有挡车措施,不得用力过猛和撒把。

2. 用井架运输时,小车把不得伸出笼外,车轮前后要挡牢,稳起稳落。

3. 浇灌混凝土使用的溜槽及串筒节间必须连接牢固。操作部位应有护身栏杆,不准直接站在溜槽帮上操作。

4. 用输送泵输送混凝土,管道接头、安全阀必须完好,管道的架子必须牢固,输送前必须试送,检修必须卸压。

5. 浇灌框架、梁、柱混凝土,应设操作台,不得直接站在模板式支撑上操作。

6. 浇捣拱形结构,应自两边拱脚对称同时进行;浇圈梁、雨篷、阳台,应设防护措施;浇捣料仓,下口应先行封闭,并铺设临时脚手架,以防人员下坠。

7. 不得在混凝土养护窑(池)边上站立和行走,并注意窑盖板和地沟孔洞,防止失足坠落。

8. 使用震动棒应穿胶鞋,湿手不得接触开关,电源线不得有破皮漏电。

9. 预应力灌浆,应严格按照规定压力进行,输浆管道应畅通,阀门接头要严密牢固。


2) 综合类

## 水处理操作规程

总　则

1. 为加强水处理的设备管理、工艺管理和水质管理,保证水处理安全正常运行,达到工厂酿造用水水质要求的目的,制定本规程。

2. 水处理的运行、维护及其安全除应符合本规程外,还应符合设备说明书的相关操作规定。

1　一般要求

1.1　运行管理要求

1. 运行管理人员必须熟悉本厂处理工艺和设施、设备的运行要求与技术指标。

2. 操作人员必须了解本厂处理工艺,熟悉本岗位设施、设备的运行要求和技术指标。

……

1.2　安全操作要求

1. 各岗位操作人员和维修人员必须经过技术培训和生产实践,并考试合格后方可上岗。

2. 启动设备应在做好启动准备工作后进行。

……

1.3　维护保养要求

1. 运行管理人员和维修人员应熟悉设备的维修规定。

2. 应对构筑物的结构及各种阀、护栏、爬梯、管道等定期进行检查、维修及防腐处理,并及时更换被损坏的照明设备。

……

2　各系统操作规程

2.1　多介质罐的反冲洗、正洗及气洗工艺操作规程

　　……

2.2　软化器反冲洗、正洗及再生工艺操作规程

　　正常操作流程：反冲洗→正洗→正常产水运行

　　……

2.3　活性碳过滤器反冲洗、正洗及消毒工艺操作规程

　　正常操作流程：反冲洗→正洗→正常产水运行

　　……

2.4　保安过滤器操作规程

2.4.1　操作

　　打开出水阀，再开启进水阀，开启排气阀，把保安过滤器内的空气排净即可。

2.4.2　注意事项

　　(1)当进出口压力差从原有的压力差增加了 0.07 MPa 时，表明滤芯已堵塞，必须进行更换。

　　(2)若压力差长时间不变化，应检查滤芯是否密封不好或折断。


## 5.1.2　小流域水土保持综合调查实施方案(细则)编写

　　小流域水土保持综合调查实施方案(细则)一般包括调查目的意义、调查要求、调查项目内容、调查技术路线、调查方法、调查成果要求、调查的组织实施计划等 7 部分内容。

### 5.1.2.1　**调查目的意义**

　　根据具体项目提出调查目的。

### 5.1.2.2　**调查要求**

　　调查要求主要包括对调查内容、方法、技术路线的要求；外业、内业调查资料、成果及图表的要求等。

### 5.1.2.3　**调查项目内容**

　　根据调查目的，小流域调查一般涉及以下项目内容：

　　(1)自然条件调查。着重调查地貌、土壤与地面组成物质、植被、降水及其他农业气象等。

　　(2)自然资源调查。包括土地资源(土地类型、土地资源评价、土地利用现状)、水资源(地表水、地下水)、生物资源(动物资源、植物资源)、光热资源、矿藏资源等。

　　(3)社会经济情况调查。包括人口、劳力、农村各业生产、农村群众生活等。

　　(4)水土流失(土壤侵蚀)调查。包括水土流失情况、危害、成因等。

　　(5)水土保持现状调查。水土流失防治情况，包括各种水土保持措施(工程措施、生物措施和水土保持耕作措施)的数量、实施时间，水土流失治理度，水土保持效益，经验和存在问题等。

　　(6)其他专项调查。如暴雨洪水等相关自然灾害，开展建设项目开办及水土流失防

治情况等。

#### 5.1.2.4　调查技术路线

调查的技术路线应以收集已有资料为主,并结合以下方法进行调查:

(1)野外调查:实地考察、勘察等。

(2)委托有关专业站点调查:如水文站、水保站等。

(3)收集其他部门相关资料:主要包括统计、农业(林、牧)、环保、水利、气象、国土资源、铁路交通等主管部门。

(4)小流域已有其他调查成果资料。

(5)调查访问:如向当地乡、村政府和群众了解收集情况等。

#### 5.1.2.5　调查方法

具体调查内容方法参见水土保持综合治理规划通则附录 A。

主要包括对调查内容的细分,外业、内业具体采用方法,相关计算公式、调查记录,外业内业表格的格式、外业草图的要求、内业图件的要求、内业资料分析整理方法等。

#### 5.1.2.6　调查成果要求

(1)文字报告的要求。

(2)图件、调查表要求。

#### 5.1.2.7　调查的组织实施计划

(1)调查区域、地点、调查机构等。

(2)调查时间、调查期限及进程安排。

(3)调查步骤。

(4)人员及培训。

(5)调查经费安排。

### 5.1.3　坡面工程施工操作指导手册编写

#### 5.1.3.1　编写坡面工程施工操作指导手册的目的

由于水土保持综合治理技术规范等技术标准规定了一般性施工技术,在各地实际施工中,往往根据不同地区的特点和对初、中、高级工等不同等级人员施工要求,需要编写简明通俗、适应性强、针对性强,易于被相关职业人员接受的坡面工程施工操作指导手册。其目的一是针对各地坡面工程的特点,对相关技术标准中一般性施工技术进行细化;二是作为实际施工工作的指南,指导初、中、高级工等不同等级人员施工。

#### 5.1.3.2　编写坡面工程施工操作指导手册的要求

(1)尽量结合各地实际,侧重于施工技能操作。

(2)符合水土保持综合治理技术规范等技术标准中施工的要求。

(3)结合水土保持治理工国家职业标准中初、中、高级工不同等级施工要求。

(4)简明通俗,易于被相关职业人员接受。

#### 5.1.3.3　坡面工程施工操作指导手册的主要内容

坡面工程施工操作指导手册主要包括以下 4 方面的内容:

(1)施工工具、设备。

（2）施工工序。

（3）各工序施工技术要点。

（4）各工序施工注意事项。

# 5.2　技术培训

　　水土保持治理工国家职业技能标准中规定,培训初级、中级、高级水土保持治理工的教师应具备本职业技师以上职业资格证,并规定了技师以上人员应具备培训和指导的技能要求。

　　培训计划、培训讲义和培训教案的编写,是技师以上人员作为培训教师应具备的三大（文字表达）基本功,也是必须掌握的技能。

## 5.2.1　培训计划编写

　　培训计划的内容主要由如下几部分组成:培训目的、培训对象、培训课程安排和培训内容、培训形式、培训期限与时间安排、培训费用。

### 5.2.1.1　培训目的

　　水土保持治理工的技术培训主要分晋级培训和日常业务培训两类。

　　每项培训都要有明确目的（目标）,为什么培训? 要达到什么样的培训效果? 怎样培训才有的放矢? 培训目的要简洁,具有可操作性,目标最好能够量化,这样就可以有效检查人员培训的效果,便于以后的培训评估。

### 5.2.1.2　培训对象

　　培训对象就是接受培训的人员。水土保持治理工国家职业技能标准中规定,职业技师具备对初、中、高级工进行培训的资格,高级技师具备对技师以下职业等级人员的培训资格。在对上述培训对象进行培训时,根据人员职业等级分类培训,这样可以收到良好的效果。

### 5.2.1.3　培训课程安排和培训内容

　　培训课程的安排一定要遵循轻重缓急的原则,分为重点培训课程、常规培训课程和临时性培训课程三类。其中重点培训课程主要是针对重点对象必须掌握的知识、技术、技能进行的培训。因此,这类培训需要集中人力、物力来保证。临时性培训课程是根据临时业务工作需要,机动性较强的培训。

　　水土保持治理工培训内容可分为理论培训和实际操作培训。理论培训涉及基础知识、标准、规范、规章制度、施工、管护专项业务等理论课程;实际操作培训重点是调查、规划设计、施工、管护等方面的技能操作。

　　在编写培训计划时一般要明确培训课程的具体内容。

### 5.2.1.4　培训形式

　　培训形式大体可以分为内业培训和外业培训两大类,其中内业培训包括集中培训、在职辅导、交流讨论、个人学习等;外业培训包括集中培训和分散培训,或结合业务工作进行现场指导性培训。从效果上内业集中培训结合现场培训、在职辅导、实践练习更加有效。

在编写培训计划时要结合具体的培训形式,对培训地点、场地等进行必要的安排,以利于培训计划的审批。

水土保持治理工培训场地设备等应符合水土保持治理工国家职业技能标准中规定的要求:理论培训场地应具有可容纳30名以上学员的标准教室,并配备多媒体播放设备。实际操作培训场所应至少有一条面积不低于1 km²、能满足培训要求的典型小流域(区域);应具有小型实验室,且配备相应的设备、仪器仪表及必要的工具、机具、量具、容器等。

### 5.2.1.5　培训期限与时间安排

水土保持治理工国家职业技能标准规定:晋级培训期限,初级不少于400标准学时;中级不少于300标准学时;高级不少于200标准学时;技师不少于150标准学时;高级技师不少于100标准学时。

日常业务培训根据实际情况应规定一定的培训时数,以确保培训任务的完成和人员水平的提高。

培训计划的时间安排应具有前瞻性,要根据培训的轻重缓急安排。时机选择要得当,以尽量不与日常的工作相冲突为原则,同时要兼顾学员的时间。

### 5.2.1.6　培训费用

培训费用预算。

## 5.2.2　培训讲义和教案编写知识

### 5.2.2.1　培训讲义的编写

1.培训讲义的概念

培训讲义,也叫培训讲稿或备课笔记。是经过培训教师本人多方学习、深刻理解培训教材后确定的培训教学内容。也就是说,培训讲义大都是培训教师自己编写的,是对培训教学内容的构思、组织和安排,它属于培训教师备课工作的文字成果之一,是最基本的培训教学文件。

2.培训讲义编写的基本要求

(1)深刻理解培训教材的内容。

(2)熟悉相关技术标准,如规范、规程等。

3.培训讲义编写要点

编写培训讲义时应注意以下几点:

(1)以培训教材为线索梳理归纳。培训讲义主要应以培训教材为基本线索,按篇、章、节逐一书写,但它决不是教材本身的全文照录,而应是根据培训教学对象、培训教学时数,经过适当梳理确定基本培训教学内容。

(2)灵活安排编写格局。培训讲义在教学内容的取舍、编排顺序上不一定完全拘泥于原教材的格局,应灵活安排。

(3)纠正原教材的缺陷。当原教材存在某些缺陷时,应遵循科学的原理作必要的纠正,记录在讲义上,适时告诉学员,如某些概念的偏差、数据的偏差、操作技能的偏差等。

(4)简明扼要,深入浅出,通俗易懂。

### 5.2.2.2　培训教案的编写

1.培训教案的概念

培训教案,是根据培训教材、讲义和培训学员的实际情况制订的授课方案。

2.培训教案的编写要素

培训教案多种多样,它大致包含以下要素:

(1)授课题目(可写篇、章、节);

(2)授课时间和地点;

(3)培训教学目的;

(4)授课类型(指新课、复习课、习题课、理论课、技能操作课等);

(5)教具(包括实物、教模、挂图、幻灯、录像、多媒体、简单试验等);

(6)培训教学进程(教学内容的安排、课时分配和进度安排);

(7)重点和难点;

(8)培训教学方法(讲解法、自学法、讨论法、演示法、实际操作法等);

(9)检查提问;

(10)布置作业。

### 5.2.2.3　培训讲义与培训教案的区别和联系

(1)培训讲义侧重培训教学内容上的选择与撰写,而培训教案则偏重于培训教学方法、授课方案安排、教学效果上的设想与构思。

(2)培训讲义和培训教案,其实是密不可分的。因为一定的培训教学内容,必须通过恰当的方法和形式,才能收到较好的效果。为了达到良好的培训教学效果,实现内容与形式的统一,既要有培训讲义,又要有培训教案。

(3)培训教案形成的基础和前提必须是培训讲义,二者的形成,在程序上,总是培训讲义形成在先,培训教案形成在后。

# 第 7 篇　操作技能——高级技师

# 模块 1　水土保持调查

## 1.1　野外调查

### 1.1.1　全站仪的使用

#### 1.1.1.1　全站仪简介

全站仪,即全站型电子速测仪(Electronic Total Station),是一种集光、机、电为一体的高技术测量仪器,是集水平角、垂直角、距离(斜距、平距)、高差测量功能于一体的测绘仪器系统。因其较完善地实现了测量和处理过程的电子化和一体化,一次安置仪器就可完成该测站上全部测量工作,所以称之为全站仪。广泛用于工程测量或监测领域。

全站仪的厂家很多,主要的厂家及相应生产的全站仪系列有:瑞士徕卡公司生产的TC 系列全站仪;日本 TOPCN(拓普康)公司生产的 GTS 系列;索佳公司生产的 SET 系列;宾得公司生产的 PCS 系列;尼康公司生产的 DTM 系列及瑞典捷创力公司生产的 GDM 系列全站仪。我国南方测绘仪器公司20 世纪90 年代生产的NTS 系列全站仪填补了我国的空白,正以崭新的面貌走向国内国际市场。各种型号的全站仪基本功能一样,操作部分略有异同。

全站仪由电源部分、测角系统、测距系统、数据处理部分、通信接口及显示屏、键盘等组成。

1. 全站仪的工作特点

(1)能同时测角、测距并自动记录测量数据;

(2)设有各种野外应用程序,能在测量现场得到归算结果;

(3)能实现数据流存储与传输。

2. 全站仪和其他常规测量仪器的区别

(1)全站仪具有角度测量、距离(斜距、平距、高差)测量、三维坐标测量、导线测量、交会定点测量和放样测量等功能,一次安置仪器就可完成该测站上全部测量工作。而水准仪主要用于测量两点间的高差,经纬仪主要用于角度和高程测量,测距仪仅测量距离。

(2)全站仪可以自动记录和显示读数,使测量简单化,且可避免读数误差的产生。

(3)全站仪兼具数据存储和处理以及数据通信功能,可使野外采集的测量数据直接进入计算机进行数据处理或进入自动化绘图系统。避免记录等过程中差错率较高的缺陷。

### 1.1.1.2　全站仪的基本操作与使用方法

1. 使用前的准备工作

1）电池的安装（注意：测量前电池需充足电）

（1）把电池盒底部的导块插入装电池的导孔。

（2）按电池盒的顶部直至听到"咔嚓"响声。

（3）向下按解锁钮，取出电池。

2）仪器的安置

（1）在实验场地上选择一点 $O$，作为测站，另外两点 $A$、$B$ 作为观测点。

（2）将全站仪安置于点 $O$，对中、整平。

（3）在两点分别安置棱镜。

3）竖直度盘和水平度盘指标的设置

（1）竖直度盘指标设置：松开竖直度盘制动钮，将望远镜纵转一周（望远镜处于盘左，当物镜穿过水平面时），竖直度盘指标即已设置。随即听见一声鸣响，并显示出竖直角。

（2）水平度盘指标设置：松开水平制动螺旋，旋转照准部360°，水平度盘指标即自动设置。随即一声鸣响，同时显示水平角。至此，竖直度盘和水平度盘指标已设置完毕。

注意：每当打开仪器电源时，必须重新设置度盘的指标。

4）调焦与照准目标

操作步骤与一般经纬仪相同，注意消除视差。

2. 基本操作与使用方法

全站仪基本测量功能的操作包括角度测量、距离测量、坐标测量及点位放样。

1）角度测量

（1）首先从显示屏上确定是否处于角度测量模式，如果不是，则按操作键，使其处于角度测量模式。

（2）盘左照准左目标 $A$，设置 $A$ 方向的水平度盘读数为 $0°00'00''$，顺时针旋转照准部，瞄准右目标 $B$，读取显示读数。

（3）同样方法可以进行盘右观测。

（4）如果测竖直角，可在读取水平度盘的同时读取竖盘的显示读数。

2）距离测量

（1）首先从显示屏上确定是否处于距离测量模式，如果不是，则按操作转换为测量模式。

（2）设置棱镜常数：测距前须将棱镜常数输入仪器中，仪器会自动对所测距离进行改正。

（3）设置大气改正值或气温、气压值：光在大气中的传播速度会随大气的温度和气压而变化，15 ℃ 和 760 mmHg 是仪器设置的一个标准值，此时的大气改正为 0 ppm。实测时，可输入温度和气压值，全站仪会自动计算大气改正值（也可直接输入大气改正值），并对测距结果进行改正。

（4）量仪器高、棱镜高并输入全站仪。

（5）距离测量：照准目标棱镜中心，按测距键，距离测量开始，测距完成时显示斜距、平距、高差。

全站仪的测距模式有精测模式、跟踪模式、粗测模式三种。精测模式是最常用的测距模式,测量时间约 2.5 s,最小显示单位 1 mm;跟踪模式,常用于跟踪移动目标或放样时连续测距,最小显示一般为 1 cm,每次测距时间约 0.3 s;粗测模式,测量时间约 0.7 s,最小显示单位 1 cm 或 1 mm。在距离测量或坐标测量时,可按测距模式(MODE)键选择不同的测距模式。应注意,有些型号的全站仪在距离测量时不能设定仪器高和棱镜高,显示的高差值是全站仪横轴中心与棱镜中心的高差。

3)坐标测量

(1)首先从显示屏上确定是否处于坐标测量模式,如果不是,则按操作转换为坐标测量模式。

(2)设定测站点的三维坐标。

(3)设定后视点的坐标或设定后视方向的水平度盘读数为其方位角。当设定后视点的坐标时,全站仪会自动计算后视方向的方位角,并设定后方向的水平度盘读数为其方位角。

(4)设置棱镜常数。

(5)设置大气改正值或气温、气压值。

(6)量仪器高、棱镜高并输入全站仪。

(7)照准目标棱镜,按坐标测量键,全站仪开始测距并计算显示测点的三维坐标。

4)点位放样

根据设计的待放样点 $P$ 的坐标,在实地标出 $P$ 点的平面位置及填挖高度。

(1)在大致位置立棱镜,测出当前位置的坐标。

(2)将当前坐标与待放样点的坐标相比较,得距离差值 dD 和角度差 dHR 或纵向差值 $\Delta X$ 和横向差值 $\Delta Y$。

(3)根据显示的 dD、dHR 或 $\Delta X$、$\Delta Y$,逐渐找到放样点的位置。

### 1.1.1.3　全站仪使用的注意事项与维护

1.全站仪保管的注意事项

(1)仪器的保管由专人负责,每天现场使用完毕带回办公室;不得放在现场工具箱内。

(2)仪器箱内应保持干燥,要防潮防水并及时更换干燥剂。仪器必须放置专门架上或固定位置。

(3)仪器长期不用时,应以一月左右定期取出通风防霉并通电驱潮,以保持仪器良好的工作状态。

(4)仪器放置要整齐,不得倒置。

2.使用时应注意事项

(1)开工前应检查仪器箱背带及提手是否牢固。

(2)开箱后提取仪器前,要看准仪器在箱内放置的方式和位置,装卸仪器时,必须握住提手,将仪器从仪器箱取出或装入仪器箱时,应握住仪器提手和底座,不可握住显示单元的下部。切不可拿仪器的镜筒,否则会影响内部固定部件,从而降低仪器的精度。应握住仪器的基座部分,或双手握住望远镜支架的下部。仪器用毕,先盖上物镜罩,并擦去表面的灰尘。装箱时各部位要放置妥帖,合上箱盖时应无障碍。

(3)在太阳光照射下观测仪器,应给仪器打伞,并带上遮阳罩,以免影响观测精度。在杂乱环境下测量,仪器要有专人守护。当仪器架设在光滑的表面时,要用细绳(或细铅丝)将三脚架三个脚联起来,以防滑倒。

(4)当架设仪器在三脚架上时,尽可能用木制三脚架,因为使用金属三脚架可能会产生振动,从而影响测量精度。

(5)当测站之间距离较远,搬站时应将仪器卸下,装箱后背着走。行走前要检查仪器箱是否锁好,检查安全带是否系好。当测站之间距离较近,搬站时可将仪器连同三脚架一起靠在肩上,但仪器要尽量保持直立放置。

(6)搬站之前,应检查仪器与脚架的连接是否牢固,搬运时,应把制动螺旋略微关住,使仪器在搬站过程中不致晃动。

(7)仪器任何部分发生故障,不可勉强使用,应立即检修,否则会加剧仪器的损坏程度。

(8)光学元件应保持清洁,如沾染灰沙必须用毛刷或柔软的擦镜纸擦掉。禁止用手指抚摸仪器的任何光学元件表面。清洁仪器透镜表面时,请先用干净的毛刷扫去灰尘,再用干净的无线棉布沾酒精由透镜中心向外一圈圈地轻轻擦拭。除去仪器箱上的灰尘时切不可用任何稀释剂或汽油,而应用干净的布块沾中性洗涤剂擦洗。

(9)在潮湿环境中工作,作业结束,要用软布擦干仪器表面的水分及灰尘后装箱。回到办公室后立即开箱取出仪器放于干燥处,彻底晾干后再装入箱内。

(10)冬天室内、室外温差较大时,仪器搬出室外或搬入室内,应隔一段时间后才能开箱。

3.仪器转运时注意事项

(1)首先把仪器装在仪器箱内,再把仪器箱装在专供转运用的木箱内,并在空隙处填以泡沫、海绵、刨花或其他防震物品。装好后将木箱或塑料箱盖子盖好。需要时应用绳子捆扎结实。

(2)无专供转运的木箱或塑料箱的仪器不应托运,应由测量员亲自携带。在整个转运过程中,要做到人不离开仪器,如乘车,应将仪器放在松软物品上面,并用手扶着,在颠簸厉害的道路上行驶时,应将仪器抱在怀里。

(3)注意轻拿轻放、放正、不挤不压,无论天气晴雨,均要事先做好防晒、防雨、防震等措施。

4.电池的使用

全站仪的电池是全站仪最重要的部件之一,现在全站仪所配备的电池一般为 Ni-MH(镍氢电池)和 Ni-Cd(镍镉电池),电池的好坏、电量的多少决定了外业时间的长短。

(1)建议在电源打开期间不要将电池取出,因为此时存储数据可能会丢失,因此请在电源关闭后再装入或取出电池。

(2)可充电电池可以反复充电使用,但是如果在电池还存有剩余电量的状态下充电,则会缩短电池的工作时间,此时,电池的电压可通过刷新予以复原,从而改善作业时间,充足电的电池放电时间约需 8 h。

（3）不要连续进行充电或放电，否则会损坏电池和充电器，如有必要进行充电或放电，则应在停止充电约 30 min 后再使用充电器。

（4）不要在电池刚充电后就进行充电或放电，有时这样会造成电池损坏。

（5）超过规定的充电时间会缩短电池的使用寿命，应尽量避免电池剩余容量显示级别与当前的测量模式有关，在角度测量的模式下，电池剩余容量够用，并不能够保证电池在距离测量模式下也能用，因为距离测量模式耗电高于角度测量模式，当从角度模式转换为距离模式时，由于电池容量不足，不时会中止测距。

总之，只有在日常的工作中，注意全站仪的使用和维护，注意全站仪电池的充放电，才能延长全站仪的使用寿命，使全站仪的功效发挥到最大。

## 1.1.2　小流域地形图测绘知识

常用小流域地形图的比例尺一般为 1∶5 000 ~ 1∶10 000，小流域地形图测绘在测量学中应属于小区域大比例尺地形图的测绘。

### 1.1.2.1　测图前的准备工作

1. 收集资料与现场勘查

（1）收集资料：测图前应收集小流域已有地形图及各种测量成果资料；已有地形图的测绘日期、坐标系统、相邻图幅图名、相邻图幅控制点；本图幅控制点的点数、等级、坐标、相邻控制点的位置和坐标、测绘日期、坐标系统及控制点的点之记。

（2）现场勘查：了解小流域测区位置、地物地貌情况、通视、通行及人文、气象、居民地分布等情况，并根据收集到的点之记找到测量控制点的实地位置，确定控制点的可靠性和可使用性。

2. 制定测图技术方案

（1）根据小流域测区地形特点及测量规范技术要求，确定控制测量的方法（见技师部分）。

（2）确定测区内水准点数目、位置、连接方法等。

（3）测图精度估算、测图中特殊地段的处理方法及作业方式、人员、仪器准备、工序、时间等均应列入技术方案中。

3. 图根控制测量

见技师部分。

4. 图纸准备

（1）图纸选择：可选聚酯薄膜（一面打毛，0.07 ~ 0.1 mm 厚度），也可选白纸绘图。

（2）绘制坐标格网：将各种控制点根据其平面直角坐标值 $x$、$y$ 展绘在图纸上，可购买印制好坐标格网的图纸，也可在图纸上先绘出 10 cm × 10 cm 正方形格网，作为坐标格网（又称方格网）。一般采用对角线法或绘图仪法绘制。

（3）展绘控制点：确定坐标格网左下角的坐标值，控制点图根点按坐标绘在图纸上，检查误差，用规定的符号标出控制点及其点号和高程等注记。

#### 1.1.2.2　大比例尺地形图的常规测绘方法

**1. 地形图测绘基本原理**

地形图测绘分为两大步骤,即测量和绘图。地形图测绘亦称碎部测量(见技师部分)。

**2. 经纬仪测绘法**

经纬仪测绘法的基本工作是经纬仪测量和平板绘图(见技师部分)。

**3. 地形图的绘制**

地形图的绘制是一项技术性很强的工作,要求注意地物点和地貌点的取舍和概括,并应具有灵活的绘图技能。

(1)地物的描绘:首先是地物的取舍,规范规定图上凸凹小于 0.4 mm 的地物弧线可以表示为直线;其次是地物概括,突出地物基本特征和典型特征,化简某些次要碎部,如居民区,应合并凌乱的建筑物,突出居民区整体轮廓,在地物描绘时,要按地形图图式规定比例尺符号表示的地物连点成线,画线成形;非比例尺符号表示的地物,符号为准,单点成形;半比例尺符号表示的地物,连点成线,近似成形。

(2)地貌勾绘:主要是等高线的勾绘。首先用铅笔画地性线,山脊线用虚线,山谷线用实线。然后用目估内插等高线通过的点。图 7-1-1 中 $ab$、$ad$ 为山脊线,$ac$、$ae$ 为山谷线。$a$ 点高程为 48.5 m,$b$ 点高程为 43.1 m,若等高距为 1 m,则 $ab$ 间有 44、45、46、47、48 共 5 条等高线通过。实际工作中目估即可,方法是先"目估首尾,后等分中间"。

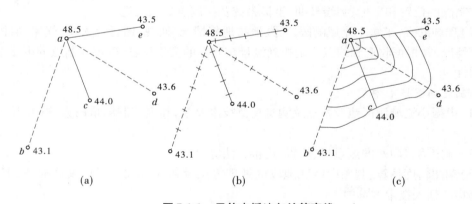

图 7-1-1　目估内插法勾绘等高线

勾绘等高线时把高程相同的点用圆滑曲线连接起来,对照实地,按等高线总体走向进行综合,描绘时要均匀圆滑,不要有死角或出刺现象。等高线绘出后,将图上地性线全部擦去。

**4. 地形图的拼接、检查和整饰**

**1)地形图的拼接**

为了拼接方便,测图时,图幅四周需测出图廓线 5 mm。接图方法:若是白纸测图,用透明纸将相邻两接图边内 2 cm 左右和图外多测的全部内容准确无误地透绘出来(见图 7-1-2)。拼接误差(地物点中误差、等高线高程中误差)要符合有关规范规定。

2）地形图的检查

地形图测完后，必须对成图质量全面检查。检查分室内和室外两部分。

室内检查：检查观测和计算资料是否齐全、正确；图上地物及注记符号的表示是否清晰、正确合理；等高线是否光滑、合理，与高程注记点是否矛盾；接图有无问题等。如有疑问应到野外进行实地检查。

室外检查：携原图到实地对照，检查地物轮廓是否相似；符号运用、名称注记是否正确；取舍是否合理，有无遗漏；等高线形状是否符合实际情况，必要时设站检查。发现问题对照实地进行改正，如错误较多，进行修测或重测。

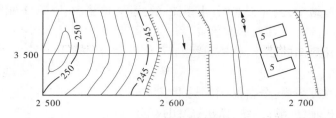

图 7-1-2　地形图的拼接

3）地形图的整饰

整饰顺序是先图内后图外，先地物后地貌，先注记后符号；整饰内容如下：

（1）擦掉图上不需要的线条、符号和数字等；

（2）对所有的地物、地貌按地形图图式的规定符号、尺寸和注记进行清绘，各种文字注记应标注在适当位置，一般要求字头朝北，字体端正；

（3）修饰等高线，使其光滑合理，高程注记应成列，其字头朝高处；

（4）整饰图廓并注记图名、图号、比例尺、坐标及高程系统、测绘单位、测绘时间和测图人员等。

### 1.1.2.3　全站仪数字化测图技术

1. 数字化测图的基本原理

1）全站仪数字化测图的概念

数字化测图（Digital Surveying and Mapping，简称 DSM）是以电子计算机为核心，以测绘仪器和打印机等输入、输出设备为硬件，在测绘软件的支持下，对地形空间数据进行采集、传输、编辑处理、入库管理和成图输出的一整套过程。

利用电子全站仪在野外进行数字化地形数据采集，并机助绘制大比例尺地形图的工作，简称为数字测图。

传统的测图方法——图解法测图，将测得的观测值（数字值）转化为静态的线化地形图。

全站仪数字化测图的实质——解析化测图，将地形图信息通过全站仪转化为数字，输入计算机，以数字形式储存在存贮器（数据库）中形成数字地形图。数字测图则由计算机自动完成这样的测绘过程。不难看出，要完成自动绘图，必须赋予测点的三类信息，即地形信息编码应包含的信息：

（1）测点的三维坐标$(x,y,z)$。全站仪是一种高效快速的三维测量仪器，很容易做到这一点。

（2）测点的属性。告诉计算机这个点是什么点（地物点,还是地貌点）;点的属性用地形编码来表示。国家规定了大比例尺地形图要素分类与代码的编码规范。

（3）测点间的连接关系。与哪个点相连,连实线或虚线,从而得到相应的地物。连接点线型规定:连接点以其点号表示:1 为直线,2 为曲线,3 为圆弧,空为独立点,等等。

在外业测量时,将上述信息记录存储在计算机中,经计算机软件处理（自动识别、检索、连接、调用图式符号等）,最后得到地形图。一幅图的各种图形都是以数字形式来存储。根据用户的需要,可以输出不同比例尺和不同图幅大小的地形图。除基本地形图外,还可输出各种专题地图,例如交通图、水系图、管线图、地籍图、资源分布图等。

2）全站仪数字化测图的基本配置

全站仪数字化测图的硬件、软件配置如下:

（1）硬件配置:

①野外测量数据采集:全站仪、电子手簿等。

②内业计算机辅助制图系统:微机、绘图仪等。

（2）软件配置:

①系统软件:操作系统和操作计算机所需的其他软件。

②应用软件:AutoCAD,MicroStation PC 系统,或南方测绘的 CASS5.0,或清华山维的 EPSW 电子平板测图系统,或武汉瑞得的 RDMS 测图系统等。

3）全站仪数字化测图的基本作业流程

全站仪数字化测图的基本作业流程见图 7-1-3。

（1）野外数据采集:全站仪野外地面测量法。

（2）计算机数据处理:在数据采集到成果输出之间要进行的各种处理。

（3）成果输出:生成的图形文件存储在磁盘上,通过自动绘图仪打印出纸质地图。

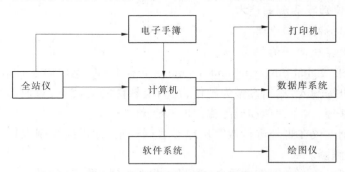

图 7-1-3　全站仪数字化测图的基本作业流程示意图

4）数字测图的主要特点

（1）自动化程度高:自动记录存储,直接传输给计算机进行数据处理、绘图,由计算机建立数据和图形数据库,生成数字地图,便于成果应用和信息管理工作。

（2）精度高:地形测图和图根加密可同时进行,地形点到测站点的距离可比常规测图长。

（3）使用方便:测量成果的精度均匀一致,与绘图比例尺无关,分层绘制,实现了一测多用,同时便于地形图的检查、修测和更新。

（4）数字测图的立尺位置选择更为重要。数字测图对需要表示的细部都必须立尺测量,所以数字测图直接测量地形点的数目比常规测图要多。

2.全站仪地面数字化测图的实施步骤

1）野外数据采集和编码

（1）野外数据采集的作业模式:野外数据采集的作业模式通常有两种,即数字测记法模式和数字测绘法模式。

①数字测记法模式:将野外采集的地形数据传输给电子手簿,利用电子手簿的数据和野外详细绘制的草图,室内在计算机屏幕上进行人机交互编辑、修改,生成图形文件或数字地图。②数字测绘法模式（又称电子平板模式）:在野外利用电子全站仪测量,将数据传输给便携式计算机,测量工作者在野外实时地在屏幕上进行人机对话,对数据、图形进行处理、编辑,最后生成图形文件或数字地图,所显即所测,实时成图,内外业一体化。

（2）全站仪野外数据采集实施方法:测量工作内容是图根控制测量、测站点的增设和地形碎部点的测量。传统的测图作业步骤是先控制后碎部。数字测图同样可以采取相同的作业步骤,但考虑到全站仪数字测图的特点,充分发挥其优越性,图根控制测量与碎部测量可以同步进行。

在采用图根控制测量与碎部测量同步进行的作业过程中,图根控制测量与传统的作业方法相同;所不同的是在施测每个图根点的测站上,同步测量图根点站周围的地形,并实时计算出各图根点和碎部点坐标。这时的图根点坐标是未经平差的。

待图根控制导线测毕,由系统对图根导线进行平差计算。若闭合差在允许范围之内,则认可计算的各点的坐标,不必重新计算。如两者相差很大,则根据平差后的坐标值重新计算各碎部点的坐标,然后再显示成图。若闭合差超限,则应查找出错误的症结所在,进行返工,直至闭合差在限差允许的范围之内,然后根据平差所得各图根导线点的坐标值重算各碎部点坐标。

（3）碎部测量:

①测站设置与检校:将电子全站仪安置在测站点上,对中、整平、量仪器高,连接电子手簿或便携机,启动野外数据采集软件,按菜单提示键盘输入测站信息。根据所输入的点号即可提取相应控制点的坐标,并反算出后视方向的坐标方位角,以此角值设定全站仪的水平度盘起始读数。然后,用全站仪瞄准检核点反光镜,测量水平角、竖直角及距离,输入反光镜高度。即可自动算出检核点的三维坐标,并与该点已知信息比较,若检核通过则继续碎部测量。

②碎部点的信息采集:数字化测图野外数据的采集方式,常用的方法是极坐标法。在完成好测站设置和检核后,即可用全站仪瞄准选定的碎部点反光镜进行测量;同时按菜单提示输入碎部点信息;全站仪自动测量测站点至待测碎部点间的坐标方位角、竖直角和距离。经软件的自动处理,即可算出待定点的三维坐标,以数据文件的形式存储或在便携机屏幕上显示点位,实时展点成图。现在的电子测图软件,能够在现场自动完成成图,测完后图也全部显示出来。经过现场的编辑、修改,可确保测图的正确性,真正做到内外业一体化。

（4）信息码的输入：每一个碎部点的记录信息码通常有点号、坐标以及编码、连接点和连接线型等，信息码的输入可在地形碎部测量的同时进行，即现测每一碎部点后随即输入该点的信息码，或者是在碎部测量时绘制草图，随后按草图输入碎部点的信息码。

2）地形图的处理与输出

（1）图形截幅：对所采集的数据范围应按照标准图幅的大小或用户确定的图幅尺寸进行截取。对自动成图来说，这项工作就称为图形截幅。基本思路：①根据四个图廓点的平面直角坐标，确定图幅范围。②判断坐标，将属于图幅内的数据，组成该图幅相应的图形数据文件，而图幅外的数据仍保留在原数据文件中，以供相邻图幅提取。

（2）图形的显示与编辑：

①高斯直角坐标向屏幕坐标的转换：只需将高斯坐标系的原点平移至图幅左上角，再按顺时针方向旋转90°，并考虑两种坐标系的变换比例，即可实现由高斯直角坐标向屏幕坐标的转换（见图7-1-4）。

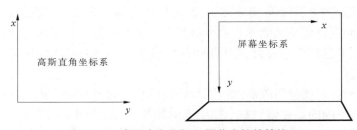

图 7-1-4　高斯直角坐标向屏幕坐标的转换

②对在屏幕上显示的图形，可根据野外实测的草图或记录的信息进行检查，若发现问题，可用程序对其进行屏幕编辑和修改，同时按成图比例尺完成各类文字注记、图式符号以及图名图号、图廓等成图要素的编辑。

③经检查和编辑修改成为准确无误的图形，软件能自动将其图形定位点的屏幕坐标再转换成高斯直角坐标。连同相应的信息编码保存在图形数据文件中（原有误的图形数据自动被新的数据所代替）或组成新的数据文件，供自动绘图时调用。

（3）等高线的自动绘制：

①根据实测的离散高程点自动建立不规则的三角网数字高程模型，并在该模型上内插等值点生成等高线；②依已建立的规则网格数字高程模型数据点生成等高线。

（4）地形图和测量成果的输出：可分三路输出，第一路到打印机，按需要打印各种数据（原始数据、清样数据、控制点成果等）。第二路到绘图仪自动绘图，平台式绘图仪具有性能良好的 x 导轨和 y 导轨、固定光滑的绘图面板，故应用最为普及，但绘图速度较慢；滚筒式绘图仪图纸装在滚筒上，前后滚动作为 x 方向，电机驱动笔架作为 y 轴方向，因此图纸幅面在 x 轴方向不受限制，绘图速度快，但绘图精度相对较低。第三路可接数据库，将数据储存随时调用。

# 1.1.3　小流域野外调查的技术大纲编制

## 1.1.3.1　调查大纲的概念和编制要求

调查大纲，是进行调查时的行动纲领，是根据任务下达的主旨、目标和范围编写的调查指导文件。它包括调查目的、调查对象、调查项目、调查方式及组织分工,具体调查内容、方法、步骤等。

#### 1.1.3.2　小流域野外调查大纲的结构

从形式上看,小流域野外调查大纲的结构一般分为三个部分,即说明、本文和附录。

(1)说明部分:包括调查的意义,调查目的任务和指导思想,调查项目内容设置的原则和依据。

(2)本文部分:是对野外调查的基本项目、调查方式、调查内容、调查方法等所作的规定,是大纲的主体部分。通常按准备工作、野外工作(外业)和室内总结(内业)等三个阶段,以章、节、目等编制成严密的调查纲要体系。在一定程度上也反映调查深度、重点和难点。可参见基础知识"3.1.1　野外调查"部分。

(3)附录部分:包括各种依据性技术标准、相关资料等。

## 1.2　统计调查

### 1.2.1　常用统计分析方法

在水土保持统计调查的后期,经常需要将加工整理好的调查统计总量加以分析,采用各种分析方法,计算各种分析指标,来揭示水土保持及其相关的社会经济过程的本质和规律性。统计分析的方法多种多样,最常用的主要有对比分析法、综合指标法、相关分析法、回归分析法等。

#### 1.2.1.1　对比分析法

1.对比分析法的概念

对比分析法也称比较分析法,是把客观事物加以比较,以认识事物的本质和规律并作出正确的评价。对比分析法通常是把两个相互联系的指标数据进行比较,从数量上展示和说明研究对象规模的大小,水平的高低,速度的快慢,以及各种关系是否协调。在对比分析中,选择合适的对比标准是十分关键的步骤,选择的合适,才能作出客观的评价;选择不合适,评价可能得出错误的结论。

2.对比分析法的形式

对比分析法根据分析的特殊需要又有绝对数比较和相对数比较两种形式。

1)绝对数比较

它是利用绝对数进行对比,从而寻找差异的一种方法。

2)相对数比较

它是由两个有联系的指标对比计算的,用以反映客观现象之间数量联系程度的综合指标,其数值表现为相对数。由于研究目的和对比基础不同,相对数可以分为以下几种:

(1)结构相对数:将同一总体内的部分数值与全部数值对比求得比重,用以说明事物的性质、结构或质量。如,不同水保措施面积占综合治理总面积的比重、黄河河龙区间输沙量占黄河总输沙量的比重、居民食品支出额占消费支出总额的比重、产品合格率等。

(2)比例相对数:将同一总体内不同部分的数值对比,表明总体内各部分的比例关系,如水保措施面积比例、人口性别比例、投资与消费比例等。

(3)比较相对数:将同一时期两个性质相同的指标数值对比,说明同类现象在不同空间条件下的数量对比关系。如,南北方水资源量对比、不同地区商品价格对比,不同行业、不同企业间某项指标对比等。

(4)强度相对数:将两个性质不同但有一定联系的总量指标对比,用以说明现象的强度、密度和普遍程度。如,人均国内生产总值用"元/人"表示,人口密度用"人/km²"表示,也有用百分数或千分数表示的,如,人口出生率用‰表示。

(5)计划完成程度相对数:是某一时期实际完成数与计划数对比,用以说明计划完成程度。

(6)动态相对数:将同一现象在不同时期的指标数值对比,用以说明发展方向和变化的速度。如,发展速度、增长速度。

3. 对比分析法的标准

对比标准存在以下几种选择:

(1)时间标准:时间标准即选择不同时间的指标数值作为对比标准,最常用的是与上年同期比较即"同比",还可以与前一时期比较,此外还可以与达到历史最好水平的时期或历史上一些关键时期进行比较。

(2)空间标准:空间标准即选择不同空间指标数据进行比较。①与相似的空间比较,如本市与某些条件相似的城市比较。②与先进空间比较,如我国与发达国家比较。③与扩大的空间标准比较,如本市水平与全国平均水平比较。

(3)经验或理论标准:经验标准是通过对大量历史资料的归纳总结而得到的标准。如衡量生活质量的恩格尔系数。理论标准则是通过已知理论经过推理得到的依据。

(4)计划标准:计划标准即与计划数、定额数、目标数对比。市场经济并不排斥科学合理的计划,因此计划标准对统计评价仍有一定意义。

4. 对比分析法的原则

相联系的两个指标对比,表明现象的强度、密度、普遍程度,如人均国内生产总值、人口密度、人均收入以及某些技术经济指标等。对比分析按说明的对象不同可分为单指标对比,即简单评价;多指标对比,即综合评价。在进行对比分析时应掌握的原则如下:

(1)指标的内涵和外延可比。

(2)指标的时间范围可比。

(3)指标的计算方法可比。

(4)总体性质可比。

### 1.2.1.2　综合指标法

1. 综合指标法的概念

综合指标法,简称综合指标。是指运用各种综合统计指标,从具体数量方面对现实社会经济总体的规模及特征所进行的概括和分析的方法。在大量观察和分组基础上计算的综合指标,基本排除了总体中个别偶然因素的影响,反映出普遍的、决定性条件的作用结果。

2. 综合指标的种类

综合指标按其反映社会经济现象数量特点的不同,可分为三类,即总量指标、相对指标和平均指标。

1) 总量指标

(1) 总量指标的概念:总量指标是指反映社会经济现象规模、水平总量的统计指标。总量指标在数学形式上表现为绝对数。它所使用的计量单位有实物单位、劳动量单位和货币单位。

(2) 总量指标的分类:总量指标按其所反映现象的时间状态不同,分为时期指标和时点指标。时期指标反映的是事物在一定时期内发展变化的累计结果,如一段时期的粮食产量、治理面积等。连续的时期指标可以累计。时点指标反映的是事物在某一时点(瞬间)上的状态总量,如年末的人口数、治理面积等。

总量指标按其反映总体的内容不同,分为总体单位总量和总体标志总量。总体单位总量是指总体单位数之和,说明总体本身的规模大小。例如,人口数、劳力数、县(乡)数、淤地坝数、梯田面积数等。总体标志总量则指总体各单位某种标志值之和,说明总体某一数量特征的总量。例如,总产量、总产值、投资总额等。随着统计研究目的的改变,单位总量与标志总量可以相互转化。

总量指标按其指标数值采用的计量单位不同,分为实物指标、价值指标和劳动量指标。实物指标是用实物单位计量的总量指标。实物单位是根据事物的属性和特点而采用的计量单位,主要有自然单位、度量衡单位和标准实物单位。价值指标是用货币单位计量的总量指标。劳动量指标是用劳动量单位计量的总量指标。劳动量单位是用劳动时间表示的计量单位,如"工日"、"工时"等。

2) 相对指标

(1) 相对指标的概念:相对指标又称相对数,它是把两个有联系的指标加以比较而得出的统计指标,它是将两个性质相同或相互有关的指标数值通过对比求得的商数或比例,用以反映现象总体内部的结构、比例、发展状况或彼此之间的对比关系。

相对指标的表现形式有两种:一种是有名数,另一种是无名数。有名数是将对比的分子指标和分母指标的计量单位结合使用,以表明事物的密度、普遍程度和强度等。如人口密度用人/$km^2$、沟壑密度用 $km/km^2$、含沙量用 $kg/m^3$ 等。无名数是一种抽象化的数值,一般分为系数、倍数、成数、百分数、千分数等。系数或倍数是将对比的基数作为 1;成数是将对比的基数作为 10,例如粮食产量增加一成,即增长十分之一,这里的成数是对十分数的一种习惯叫法;百分数(%)是将对比的基数作为 100,它是相对指标中最常用的一种表现形式;千分数(‰)是将对比的基数作为 1 000,它适用于对比的分子数值比分母数值小得多的情况,如人口出生率、自然增长率等多用千分数表示。

(2) 相对指标的种类及其计算方法:相对指标按其作用不同可划分为五种:结构相对指标、强度相对指标、比较(或比例)相对指标、动态相对指标和计划完成程度相对指标。

① 结构相对指标:就是通常所说的"比重",它是总体部分数值与总体全部数值对比的结果。通常是个无量纲的百分比数。其计算公式为:结构相对指标 =(某组总量/总体总量)×100% 。例如,土地利用结构、人口的构成、泥沙粒径的组成等。

② 强度相对指标:是两个性质不同但有一定联系的总量指标相互比较的结果,用以表明现象的强度、密度或普及程度。强度相对指标是有量纲的,是复名数。其计算公式为:

强度相对指标=某一种现象总量/另一个有联系的现象总量。例如,人口密度、沟壑密度、人均收入等。

③比较(或比例)相对指标:又称类比相对数,它是将不同空间条件下同类指标数值对比结果,用以说明在某一时期内某一现象在不同单位之间发展的不平衡程度,或者将总体中某一部分的数值与总体中另一部分数值对比的结果,用以表明现象总体内部的比例关系。是一个无量纲的倍数或百分比。其计算公式为:比较(或比例)相对指标=某甲的指标值/某乙的同类指标值。比较相对指标可以用总量指标对比,也可以用相对指标或平均指标对比。例如,两流域的治理程度比较、侵蚀量的比较、年降水量的比较等。

④动态相对指标:又称发展速度,是以某一事物报告期数值与基期数值对比的结果,用以说明事物在时间上发展的快慢程度。通常以百分数(%)或倍数表示。其计算公式为:动态相对指标(%)=(报告期数值/基期数值)×100%。例如,某水保项目区2006年治理面积为1 000 hm²,2010年治理面积为1 500 hm²,则该项目区2010年治理面积是2006年的150%。

⑤计划完成程度相对指标:简称计划完成程度指标、计划完成百分比,用来检查、监督计划执行情况,它以现象在某一段时间内的实际完成数与计划任务数对比,借以观察计划完成程度。基本公式为:计划完成程度相对指标=实际完成数/计划数。计划完成程度相对指标的子项是根据实际完成情况进行统计而得的数据,母项是下达的计划指标。由于计划数是用来衡量计划完成情况的标准,所以该公式的子项和母项不得互换,而且公式的子项和母项的指标含义、计算口径、计算方法、计量单位以及时间长短和空间范围等方面都要一致。公式的子项数值减母项数值则表明计划执行的绝对效果。例如,某流域某年治理面积计划达到500 hm²,实际为650 hm²,则:治理面积计划完成程度(%)=650÷500×100%=130%。计算结果表明,该流域超额完成治理面积计划任务的30%,实际治理面积比计划治理面积增加了150 hm²。

3)平均指标

(1)平均指标的概念:平均指标是反映现象总体各单位某一数量标志平均水平的指标。平均指标又称平均数,是统计分析中十分重要的最常用的综合指标。它有三个特点:一是把数量差异抽象化,用一个数值来表明总体的一般水平;二是只能就同类现象计算;三是能反映总体变量值的集中趋势。

(2)平均指标的作用:①可以作为评判事物的标准或依据;②平均指标可以用于分析现象之间的依存关系和进行数量上的估算;③平均指标经常用来进行同类现象在不同空间、不同时间条件下的对比分析,从而反映现象在不同地区之间的差异,揭示现象在不同时间之间的发展趋势。

(3)平均指标的种类及计算方法:

平均指标的种类主要有:算术平均数、调和平均数、几何平均数、众数和中位数。前三种平均数是根据分布数列中各单位的标志值计算而成的,称做数值平均数。众数和中位数是根据分布数列中某些单位的标志值所处的位置来确定的,称为位置平均数。

①算术平均数($\bar{X}$):

算术平均数是分布数列中各单位标志值的总和除以全部单位数,它反映分布数列中各单位标志值的一般水平。算术平均数是分析社会经济现象一般水平和典型特征的最基本指标,是统计分析中计算平均数最常用的方法。在实际工作中,由于资料的不同,算术平均数有简单算术平均数和加权算术平均数之分。

a)简单算术平均数:适用于计算未分组数列的平均数,它是未分组数列中各单位的标志值总和除以全部单位数。计算公式为:

$$\overline{X} = \frac{\sum\limits_{i=1}^{n} X_i}{n} \tag{7-1-1}$$

式中　$X_i$——第 $i$ 个单位的标志值(变量值);

　　　$n$——全部单位数。

b)加权算术平均数:适用于计算分组数列的平均数,对于单项式分组数列,它是各组标志值与各组频数乘积的总和除以各组频数总和;对于组距式分组数列,它是各组的组中值与各组频数乘积的总和除以各组频数总和。计算公式为:

$$\overline{X} = \frac{\sum\limits_{i=1}^{K} X_i f_i}{\sum\limits_{i=1}^{K} f_i} = \sum\limits_{i=1}^{K} X_i \frac{f_i}{\sum f_i} \tag{7-1-2}$$

式中　$X_i$——数列中第 $i$ 组的标志值(或各组的组中值);

　　　$f_i$——数列中第 $i$ 组的频数(或权数);

　　　$K$——组数。

加权算术平均数的大小受两个因素的影响:其一是受变量值大小的影响;其二是各组次数占总次数比重的影响。在计算平均数时,由于出现次数多的标志值对平均数的形成影响大些,出现次数少的标志值对平均数的形成影响小些,因此就把次数称为权数。在分组数列的条件下,当各组标志值出现的次数或各组次数所占比重相等时,权数就失去了权衡轻重的作用,这时用加权算术平均数计算的结果与用简单算术平均数计算的结果相同。

②调和平均数($\overline{X}_H$):

调和平均数是分布数列中各单位标志值倒数的算术平均数的倒数,又称为倒数平均数。根据所掌握数列形式的不同,可分为简单调和平均数和加权调和平均数。

a)简单调和平均数:适用于未分组数列。计算公式为:

$$\overline{X}_H = \frac{n}{\sum\limits_{i=1}^{n} \frac{1}{X_i}} \tag{7-1-3}$$

b)加权调和平均数:适用于分组数列。计算公式为:

$$\overline{X}_H = \frac{\sum\limits_{i=1}^{k} m_i}{\sum\limits_{i=1}^{k} m_i \frac{1}{x_i}} \tag{7-1-4}$$

式中　$m$——各组的权数。

③几何平均数($\overline{X}_G$)：

几何平均数是分布数列中 $n$ 个单位标志值的连乘积的 $n$ 次方根。在统计中，几何平均数适用于计算现象的平均速度或平均比率，反映现象增长率的平均水平。几何平均数也有简单平均和加权平均两种形式。

a)简单几何平均数：适合于计算未分组数的平均比率或平均速度，其计算公式为：

$$\overline{X}_G = \sqrt[n]{X_1 \cdot X_2 \cdot X_3 \cdots X_n} \tag{7-1-5}$$

式中　$X_i$——数列中第 $i$ 个单位标志值或变量值；

　　　$n$——数列中标志值的总数。

b)加权几何平均数：对于分组数列，应该采用加权几何平均数计算其平均比率或平均速度，其计算公式为：

$$\lg\overline{X}_G = \frac{f_1\lg X_1 + f_2\lg X_2 + \cdots + f_n\lg X_n}{f_1 + f_2 + \cdots + f_n} \tag{7-1-6}$$

④众数($Mo$)：

众数是一种根据位置确定的平均数，是分布数列中最常出现的标志值，即频数或频率最大的标志值。在实际工作中往往利用众数代替算术平均数来说明现象的一般水平，如市场上某种商品大多数的成交价格，多数人的服装和鞋帽尺寸等，都是众数。但只有在总体单位数多且有明显的集中趋势时，才可计算众数。

⑤中位数($Me$)：

将总体各单位的标志值按大小顺序排列，位于中间位置的标志值称为中位数。由于中位数是位置平均数，不受极端值的影响，在总体标志值差异很大的情况下，中位数具有很强的代表性。有时利用中位数代替算术平均数来反映现象的一般水平。

未分组数列的中位数。如果未分组数列有 $n$ 个单位的标志值，则中位数根据下列公式计算确定：

$$Me = 第\left(\frac{n+1}{2}\right)个标志值，n 代表总体单位数$$

当 $n$ 为奇数时，数列中只有 1 个居中的标志值，该标志值就是中位数。例如：有 5 年的年降水量，按大小顺序排列：450,480,500,520,590，则中位数的位置 = $(n+1)/2$ = $(5+1)/2=3$，这表明处于第 3 年的年降水量为中位数，即 $Me=500$。

当 $n$ 为偶数时，数列中有 2 个居中的标志值，中位数是这两个标志值的简单算术平均数。上例中，假如有 6 年的年降水量，按大小顺序排列：450,480,500,520,590,650，则中位数的位置 = $(n+1)/2$ = $(6+1)/2=3.5$，这表明处于第 3 年至第 4 年的年降水量的算术平均值为中位数，即 $Me=(500+520)/2=510$。

(4)各种平均数之间的关系：

算术平均数、几何平均数和调和平均数的关系，根据同一标志值数列计算结果是：$\overline{X} \geqslant \overline{X}_G \geqslant \overline{X}_H$。

算术平均数、中位数和众数的关系与标志值的分布有关。若总体分布呈左偏时，则 $Mo < Me < \overline{X}$；若总体分布呈右偏时，则 $Mo > Me > \overline{X}$；若总体分布呈对称状态时，三者合而为一,即 $Mo = Me = \overline{X}$。

(5)应用平均指标应注意的问题:计算和应用平均指标必须注意现象总体的同质性;用组平均数补充说明平均数;计算和运用平均数时,要注意极端数值的影响。

### 1.2.1.3 相关分析法

**1. 相关分析的概念**

相关关系是指现象之间客观存在的非确定性的数量对应关系。例如两个现象之间的一个现象发生了数量变化,另一个现象也发生相应的但不完全确定的数量变化,即构成了相关关系。相关关系是相关分析的研究对象。具体地说,相关分析是研究一个变量($y$)与另一个变量($x$)或另一组变量($x_1, x_2, \cdots, x_k$)之间相关方向和相互密切程度的一种统计分析方法。

**2. 相关关系的种类**

现象之间的相关关系有多种具体形式,可以按不同的标志进行分类。

(1)按相关关系涉及的变量(或因素)的多少,可分为单相关与复相关。单相关也称一元相关,是指两个变量之间的相关关系,即一个变量与另一个变量之间的依存关系;复相关是指多个变量之间的相关关系,即一个因变量与两个及两个以上自变量的复杂依存关系,所以复相关又称多元相关。

(2)按相关形式分线性相关与非线性相关。如果相关的两个变量的对应值画在直角坐标图上,其散布点趋向直线的形式,则称为线性相关或直线相关。如果其分布趋向某种曲线的形式,则称为非线性相关或曲线相关。

(3)按相关的方向,线性相关可分为正相关或负相关。两个相关现象之间,当一个现象的数量即变量由小变大时,另一个现象的数量即变量,也相应地由小变大,这种相关关系称为正相关;反之,一个变量由小变大,而另一个变量却由大变小,则称为负相关。

(4)根据变量之间的相关程度来分,可以分为完全相关、不相关和不完全相关三类。参见图 7-1-5 ~ 图 7-1-7。

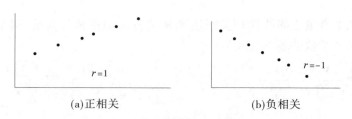

(a)正相关      (b)负相关

**图 7-1-5 完全相关示意图**

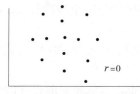

**图 7-1-6 不相关示意图**

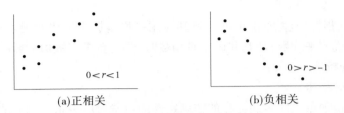

(a)正相关　　　　　　　　　　(b)负相关

图 7-1-7　不完全相关示意图

两变量 $x$ 与 $y$ 之间,如果每给定一个 $x$ 值,就有一个完全确定的 $y$ 值与之对应,则这两个变量之间的关系就是完全相关(或称函数相关)。完全相关的形式有直线关系和曲线关系两种。如果一个变量的值不但与另一个或一组变量的值有关,而且受随机因素的影响,则变量之间的相关关系表现为不完全相关。如果一变量的值不受另一或一组变量的值所影响,彼此独立,则变量之间没有相关关系,即不相关。

3. 相关分析的内容

相关分析(或回归分析)的内容一般包括三个方面:

(1)判定变量间是否存在相关关系,若存在,计算其相关系数,以判断相关的密切程度;

(2)确定变量间的数量关系——回归方程或相关线;

(3)根据自变量的值,预报或延长、插补倚变量的值,并对该估值进行误差分析。

4. 相关图表

(1)相关表:在进行相关分析之前,首先要对现象之间是否存在依存关系,以及怎样的依存关系进行分析、作出判断,这叫做定性分析。在定性认识的基础上,把具有相关关系的原始资料,平行排列在一张表上,以观察它们之间的相互关系,这个表称为简单相关表。在作平行排列时,应按一变量的标志值,以大小顺序排列。

(2)相关图:把相关表上一一对应的具体数值在直角坐标系中用点标出来而形成的散点图则称为相关图。

5. 相关系数

用于测定两个变量之间线性相关程度和相关方向的指标称为简单相关系数($r$),简称相关系数。相关系数的基本公式为:

$$r = \frac{\sum (X - \bar{X})(Y - \bar{Y})}{\sqrt{\sum (X - \bar{X})^2}\sqrt{\sum (Y - \bar{Y})^2}} = \frac{n\sum XY - \sum X \sum Y}{\sqrt{n\sum X^2 - (\sum X)^2}\sqrt{n\sum Y^2 - (\sum Y)^2}}$$

$$(7\text{-}1\text{-}7)$$

相关系数 $r$ 的性质:

(1)当 $|r| = 1$ 时,表示 $X$ 与 $Y$ 变量为完全线性相关,$X$ 与 $Y$ 之间存在着确定的函数关系。见图 7-1-8(a)、(b)。

(2)当 $r = 0$ 时,表示 $Y$ 的变化与 $X$ 无关,即 $X$ 与 $Y$ 完全没有线性相关。见图 7-1-8(c)。

(3)当 $0 < |r| < 1$ 时,表示 $X$ 与 $Y$ 存在着一定程度的线性相关。$|r|$ 的数值愈大,愈接近于 1,表示 $X$ 与 $Y$ 的线性相关程度愈高;反之,$|r|$ 的数值愈小,愈接近于 0,表示 $X$ 与 $Y$ 的线性相关程度愈低。见图 7-1-8(d)、(e)。

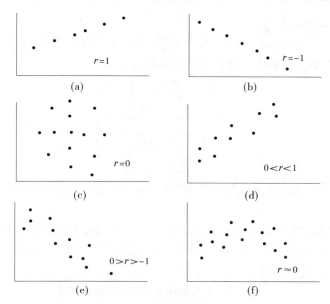

图 7-1-8　相关系数的意义示意图

通常的判断标准是: $r<0.3$ 称为微弱相关, $0.3 \leqslant |r| <0.5$ 称为低度相关, $0.5 \leqslant |r| <0.8$ 称为显著相关, $0.8 \leqslant |r| <1$ 称为高度相关。

(4)当 $r>0$ 时, 表示 $X$ 与 $Y$ 为正相关。见图 7-1-8(a)、(d)。

(5)当 $r<0$ 时, 表示 $X$ 与 $Y$ 为负相关。见图 7-1-8(b)、(e)。

#### 1.2.1.4　回归分析法

1.回归分析的意义

相关分析仅仅是研究变量之间相关方向和相关密切程度的一种统计分析方法。而回归分析是对具有相关关系的多个变量之间的数量变化进行数量测定,配合一定的数学方程(模型),以便对因变量进行估计或预测的一种统计分析方法。

根据回归分析的方法,得出的数学表达式称为回归方程,或回归模型。它有多种形式,可以是直线的,也可以是曲线的。用回归方程来表明两个变量之间线性相互关系的方程式,称为简单线性回归方程,或简单直线回归模型。这种分析方法称为简单线性回归分析法,它具有如下几个特点:

(1)简单回归分析有两个变量,必须根据研究目的,确定哪个是自变量,哪个是因变量。自变量一般用 $x$ 代表,因变量一般用 $y$ 代表,相应的回归方程是: $y=a+bx$ ,式中自变量 $x$ 是可控制的非随机变量,而因变量 $y$ 除受 $x$ 影响外,还有其他随机因素影响,所以是随机变量。 $y$ 与 $x$ 的对应关系是一种平均意义的数量关系。

(2)回归方程是: $y=a+bx$ ,主要作用在于给出自变量的数值,来估计因变量的可能值,可能值又称理论值或估计值。一个回归方程只能作一种推算,即由 $x$ 推算 $y$ ,而不是由 $y$ 推算 $x$ ,所建立的回归方程是不能逆转的。

(3)在直线回归方程中,自变量的系数 $b$ 称为回归系数,表明 $y$ 对 $x$ 的回归关系。回归系数符号与相关系数的符号性质一致,为正号表示正相关,为负号表示负相关。

## 2. 直线回归方程的应用

直线回归方程 $y = a + bx$ 中的 $a$ 和 $b$ 叫待定系数或待定参数,它们是根据资料求出的,即根据最小二乘法。利用计算机可很容易地求出 $a$、$b$。

$$a = \frac{\sum x^2 \sum y - \sum x \sum xy}{n \sum x^2 - (\sum x)^2} \tag{7-1-8}$$

$$b = \frac{n \sum xy - \sum x \sum y}{n \sum x^2 - (\sum x)^2} \tag{7-1-9}$$

在实际工作中,经常利用直线回归方程 $y = a + bx$ 进行资料的插补、延长。现举例说明如下:

有两个水文站的输沙量资料如表 7-1-1 所示。甲站输沙量系列 1959～1983 年共 25 年,乙站输沙量系列 1964～1983 年共 20 年,根据分析需要要求两站的系列同步,应把乙站输沙量系列延长至 1959 年。

表 7-1-1　甲站输沙量和乙站输沙量资料　　　　　　（单位:万 t）

| 年份 | 甲站输沙量 | 乙站输沙量 | 年份 | 甲站输沙量 | 乙站输沙量 |
|---|---|---|---|---|---|
| 1959 | 17 700 | 11 767 * | 1972 | 12 200 | 8 300 |
| 1960 | 1 390 | 1 233 * | 1973 | 1 320 | 1 120 |
| 1961 | 7 410 | 5 121 * | 1974 | 14 100 | 9 020 |
| 1962 | 5 210 | 3 700 * | 1975 | 4 630 | 3 110 |
| 1963 | 2 920 | 2 221 * | 1976 | 13 100 | 8 100 |
| 1964 | 7 800 | 6 020 | 1977 | 2 320 | 1 430 |
| 1965 | 15 100 | 10 800 | 1978 | 3 790 | 3 070 |
| 1966 | 2 010 | 1 230 | 1979 | 340 | 369 |
| 1967 | 3 320 | 2 800 | 1980 | 580 | 579 |
| 1968 | 12 800 | 8 710 | 1981 | 1 128 | 1 440 |
| 1969 | 9 100 | 6 870 | 1982 | 762 | 851 |
| 1970 | 4 000 | 2 960 | 1983 | 1 271 | 1 460 |
| 1971 | 8 950 | 5 080 | | | |

步骤一:建立直线回归方程。利用计算机 Excel 图表功能,根据两站同步系列 1964～1983 年 20 年的输沙量,建立甲站与乙站输沙量相关关系,乙站输沙量为 $y$ 变量,甲站输沙量为 $x$ 变量。进行直线回归分析,由计算机自动建立直线回归方程 $y = 0.645\,9x + 335.04$。见图 7-1-9。

回归方程中,$a = 335.04$,$b = 0.645\,9$,相关系数为 0.981 7。

步骤二:根据回归方程进行资料延长。将甲站 1959～1963 年 5 年的输沙量作为 $x$,代入回归方程 $y = 0.645\,9x + 335.04$ 中,可得到相应的 $y$ 值,此便是延长了的乙站的 1959～1963 年 5 年的输沙量(见表 7-1-1 中带 * 号的数值)。

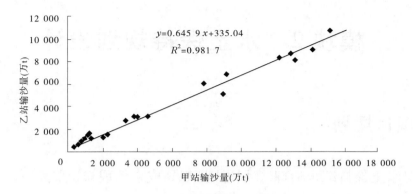

**图 7-1-9　甲站与乙站输沙量关系图**

## 1.2.2　小流域水土保持统计调查方案的设计

水土保持统计调查方案一般包括以下 5 个方面的内容：

（1）确定调查目的：就是明确调查要解决什么问题。目的要具体，要抓住主要矛盾，突出中心问题，避免轻重不分，面面俱到。

（2）确定调查对象和范围：根据调查目的来确定。目的愈明确、愈具体，调查对象和调查单位的确定也就愈容易。如调查目的是收集某小流域水土保持措施的情况，以小流域水土保持措施为调查对象，那么该小流域每一项的水土保持措施就是基本调查单位。

（3）确定调查项目和调查表：包括项目划分、表格设计、统计标准等。最重要的是如何把调查项目转化为具体的调查内容，以及把调查内容如何转化为调查表。

（4）调查时间和调查期限：调查时间指某一年或某时段；调查期限即调查各自起讫时间。

（5）制定调查的组织实施计划：包括调查机构（乡或村）、调查的方式和方法、调查步骤、进度安排、调查的组织分工、调查人员的培训、调查经费的筹措等。

## 1.2.3　小流域水土保持调查报告撰写

小流域水土保持调查报告一般包括以下六个方面的内容：

（1）自然条件：地理位置、地质地貌、沟道特征、坡面情况、土壤、土地资源、土地利用现状、植被、气象水文（降水、温度与光热资源、水文特征、径流泥沙、侵蚀模数、水资源及利用情况）。

（2）社会经济状况：行政区划及劳力现状、经济状况（农村产业结构、农业生产情况、林业生产、牧业生产、农林产品市场需求情况）、当地经济社会发展规划与要求。

（3）水土流失状况：水土流失状况、水土流失程度、水土流失危害。

（4）水土保持现状、水土保持措施各类措施现状、水土保持治理经验与存在问题。

（5）当地政府与群众对经济社会发展的愿望与要求。

（6）对今后小流域水土保持治理或区域水土保持规划工作的建议。

# 模块 2 水土保持规划设计

## 2.1 项目规划

### 2.1.1 《水土保持综合治理 规划通则》规划成果整理知识要点

《水土保持综合治理 规划通则》(GB/T 15772—2008)规定了编制水土保持综合治理规划的任务、内容、程序、方法、成果整理等的基本要求。本标准适用于全国、流域、行政区等所辖不同面积的水土保持规划。专项规划参照执行。

本标准中规划成果的整理包括规划报告、附表、附图和附件四部分。各部分整理的要点如下。

#### 2.1.1.1 规划报告

规划报告是规划成果的全面总结,报告的主要内容包括基本情况、规划布局、技术经济指标、实施规划的保证措施等。各部分内容说明如下:

1. 基本情况

基本情况包括自然条件、自然资源、社会经济、水土流失和水土保持等 5 个方面。

2. 规划布局

规划布局包括以下 4 方面:

(1)规划的指导思想及防治原则:针对规划范围的具体特点和问题,因地制宜地提出指导思想与防治原则。

(2)水土保持分区:大面积规划应说明各分区基本特点与发展方向,小面积规划中,如规划范围内几部分情况有明显差异的也应进行分区。

(3)土地利用评价:提出评价依据及指标,确定农、林、牧、副、渔各业用地的数量和位置。

(4)治理措施规划:提出坡耕地、荒地、侵蚀沟、风沙化土地的防治措施,以及小型辅助措施的部署。

3. 技术经济指标

技术经济指标包括:规划期间年均治理进度与规划期末累计治理程度、各项治理措施的数量;投劳、投资及投入物料;水土保持基础效益(蓄水、保土效益)、经济效益、社会效益和生态效益。

4. 实施规划的保证措施

根据规划区域的实际情况和存在问题,在组织领导、机构、经费、政策、科研及培训等方面提出保障措施。

**2.1.1.2  规划附表**

规划附表类型包括两部分,即基本情况表与规划成果表、主要技术经济指标计算过程表。共计 14 个附表,附表格式按照 GB/T 15772—2008 制定。

**2.1.1.3  规划附图**

1. 小面积规划图

小面积规划附图主要有:

(1)水土流失现状图;

(2)土地利用与水土保持措施现状图;

(3)土地利用与水土保持措施规划图。

图件比例尺为 1:5 000 ~ 1:10 000。

2. 大面积规划图

大面积规划附图主要有:

(1)行政区划图;

(2)水系分布图;

(3)水土流失类型分区图(或水土保持工作分区图);

(4)重点防护区、重点监督区与重点治理区分布图;

(5)重点治理小流域与治理骨干工程分布图。

附图图示按照《水利水电工程制图标准 水土保持图》(SL 73.6—2001)执行,根据不同的规划面积分别采用不同的比例尺(见表 7-2-1)。

表 7-2-1  大面积规划附图比例尺要求

| 规划面积($\times 10^4$ km$^2$) | < 1 | 1 ~ 10 | 10 ~ 20 | 20 ~ 100 |
|---|---|---|---|---|
| 比例尺 | 1:5万 ~ 1:10万 | 1:10万 ~ 1:100万 | 1:100万 ~ 1:200万 | 1:200万 ~ 1:400万 |

**2.1.1.4  规划附件**

规划附件包括以下内容:

(1)重点工程的规划设计。如大型淤地坝、治沟骨干工程和小(二)型以上水库等重点工程规划设计报告和图纸。

(2)大面积规划中不同类型区的典型小流域综合治理规划报告及其有关图表。

(3)大面积规划中重点防治区、重点监督区、重点治理区的专项规划及其有关图表。

(4)投入、进度、效益三项主要经济技术指标(或可行性论证报告)的计算依据与计算过程。

## 2.1.2  《水土保持规划编制规程》规划编制知识要点

**2.1.2.1  有关规定**

中华人民共和国水利行业标准《水土保持规划编制规程》(SL 335—2006)适用于江河流域、国家、省(自治区、直辖市)、地(市)、县级,专项工程、区域性水土保持规划等。水土保持规划的编制,应遵循国家社会和经济发展的基本方针和政策,贯彻水土保持方针,并执行水土保持有关法规。水土保持规划应当与国家和地区的经济社会发展规划、土地利用总体规划、生态建设规划、环境保护规划等相适应,与有关部门发展规划相协调。做到工程措施、生物措施和农业措施相结合,治理、生态修复、预防保护与开发利用相结合,经济效益、社会效益和生态效益相结合。

水土保持规划编制的主要任务是:开展综合调查和资料的分析;研究规划区水土流失状况、成因和规律;划分水土流失类型区;拟定水土流失防治目标、指导思想和原则;因地制宜地提出防治措施;拟定规划实施进度、明确近期安排;估算规划实施所需投资;预测规划实施后的综合效益并进行经济评价;提出规划实施的组织管理措施。

《水土保持规划编制规程》(SL 335—2006)规定,水土保持规划编制的规划期,省级以上规划10~20年,地级、县级规划5~10年;规划编制应研究近期和远期两个水平年。近期水平年5~10年,远期水平年10~20年,并以近期为重点。水平年宜与国民经济计划及长远规划的时段相一致。

依据《水土保持规划编制规程》(SL 335—2006),上述水土保持规划包括规划报告、附图、附表及附件。

### 2.1.2.2 规划报告的主要内容、方法和要点

规划报告的主要内容包括10个部分,分别为规划概要;基本情况;规划依据、原则和目标;水土保持分区与规划布局;综合防治规划;环境影响评价;投资估算;效益分析与经济评价;进度安排及近期实施意见;组织管理。

1. 规划概要

综述规划区域的自然与社会经济条件,水土流失状况和分区情况,简述规划的指导思想、原则与目标,措施的总体布局,投资、进度安排与效益等。

2. 基本情况

对规划区域的自然条件、自然资源、社会经济条件、水土流失及水土保持情况作简要介绍。

3. 规划依据、原则和目标

提出规划的任务依据、法律依据、规范标准和技术资料等方面依据;根据规划区的特点,确定适宜的规划原则;明确总规划期及近期、远期水平年;提出规划所要达到的预期目标。

4. 水土保持分区与规划布局

叙述"三区"划分情况;根据水土流失特点、自然与社会经济条件的差异,划分水土流失类型区;提出不同水土流失区各项措施总体布局方案,说明各项措施实施的主要内容。

5. 综合防治规划

制定规划区域综合防治规划,包括生态修复规划、预防保护与监督管理规划、综合治理规划、水土保持监测规划、科技示范推广规划。

(1)生态修复规划:提出生态修复的原则与目标;确定生态修复的面积、提出具体的生态修复方案。

各类型区分别选一至两条有代表性的小流域进行生态修复典型规划,通过典型流域推算全区的生态修复措施量。

(2)预防保护与监督管理规划:提出预防保护和监督管理的原则与目标;确定防护与

管理位置、范围与面积;制定防护与管理的目标,提出采取的保障措施。

（3）综合治理规划:在土地利用规划的基础上,针对不同水土流失类型区,以小流域为单元,因地制宜地配置治理措施,包括坡耕地治理规划、四荒地(荒山、荒坡、荒丘、荒滩)治理规划、沟壑治理规划、风沙治理规划、小型蓄排引水工程规划等。在各类型区分别选取一至两条有代表性的小流域,进行措施典型配置,通过典型流域推算全区的措施总量。

（4）水土保持监测规划:提出监测站点的布局、数量、建设进度,明确监测内容、监测设施与监测方法。

（5）科技示范推广规划:确定科技示范工程的类型、名称、位置、数量及分期实施进度。提出相应技术依托、教育培训和推广应用机制等。

6. 环境影响评价

叙述并分析规划区面源污染、江河水质、生态环境等相关环境因子的现状;分析、预测和评估规划实施后对环境可能造成的影响;提出针对环境影响采取的预防或者减轻不良环境影响的对策和措施;作出规划区环境影响评价的结论。

7. 投资估算

估算工程总投资额(由工程措施费、林草措施费、封育治理措施费和独立费用 4 部分组成),主要工程材料(种苗、土石方、油料等)的投入数量。提出资金筹措方案。

8. 效益分析与经济评价

效益分析包括说明效益计算的标准与方法、采用的指标,计算和分析规划实施后所产生的生态(含保水保土)、社会效益和经济效益,并计算规划实施后的水土流失治理程度、减沙率、林草覆盖率等指标的达到值。

经济评价主要包括经济内部回收率、经济净现值与经济效益费用比,并进行国民经济初步评价。

9. 进度安排与近期实施意见

工程量和进度安排主要阐述规划区各种防治措施数量,说明进度安排原则、规划区内年均进度,提出近期与远期进度的实施方案,提出重点地区重点项目规划。

近期实施意见主要根据类型区水土流失特点及在生态建设中的重要程度确定实施顺序,提出近期拟安排的重点地区和重点项目的顺序表,并对远期安排提出概括性意见。

10. 组织管理

组织领导措施包括政策、经费、人员与机构;技术保障措施包括管理、监理、监测、技术培训、新技术研究及推广等;投入保障措施包括资金筹措、劳动力组织与进度控制等。

### 2.1.2.3　编制规划的附图、附表及附件

规划的附表包括基本情况与规划成果表,主要经济技术指标计算过程表;规划的附图主要包括规划区行政区划图、水土流失现状图、水土保持"三区"与水土流失类型区图、水土保持综合防治规划图;规划的附件包括小流域设计资料(县级规划)、重点项目规划、重点工程规划、经济评价过程和效益计算等(视规划需要)、投资估算。

## 2.1.3　《水利水电工程制图标准　水土保持图》知识要点

《水利水电工程制图标准　水土保持图》(SL 73.6—2001)适用于水土保持区域(流

域)治理、水土保持生态环境建设、开发建设项目水土保持方案等项目的规划、项目建议书、可行性研究、初步设计、招标设计、施工图设计等规划设计阶段的制图。

### 2.1.3.1　《水利水电工程制图标准水土保持图》中的部分术语和符号

1. 术语

(1)图例:示意性地表达某种被绘制对象的图形或图形符号。

(2)图式:水土保持图所应遵循的式样。内容包括图幅、图标、图线、字体、比例以及小班注记和着色等。

(3)图样:在图纸上按一定规则、原理绘制的能表示被绘制对象的位置、大小、构造、功能、原理、流程等的图。

(4)小班:也称地块,是土地利用调查、水土流失调查、水土保持调查及规划设计时的最小单位。同一小班应具有相同的属性。

2. 符号

符号主要指树种(草种)图例注脚或填注符号。《水利水电工程制图标准 水土保持图》(SL 73.6—2001)规定了树种(草种)图例注脚或填注符号表,并规定了表中未涉及树种(草种)的符号的确定方法。

### 2.1.3.2　《水利水电工程制图标准 水土保持图》中的图式

《水利水电工程制图标准 水土保持图》(SL 73.6—2001)图式包括通用图式、综合图式、工程措施图式、植物措施图式、园林式种植工程图式(适用于开发建设项目水土保持和城市水土保持规划设计)等几种类型。

1. 通用图式

通用图式应包括图纸幅面、标题栏、比例、字体、图线及复制图纸的折叠方法等。

综合图及植物措施、园林式种植工程等的平面规划设计图的图幅大小,应根据规划设计范围确定,不作严格限制,以可复制和内容完整表达为准。

本标准规定了标题栏绘制的要求。

2. 综合图式

(1)综合图类型:《水利水电工程制图标准 水土保持图》(SL 73.6—2001)规定,综合图应包括水土保持分区图或土壤侵蚀分区图、重点小流域分布图、水土流失类型及现状图、水土保持现状图、土地利用和水土保持措施现状图、土壤侵蚀类型和水土流失程度分布图、水土保持工程总体布置图或综合规划图等综合性图。

(2)综合图图幅:综合图式应符合本标准通用图式的具体要求,其中图式的幅面可根据规划设计的范围具体确定,不作严格限制,以可复制和内容完全表达为准。

(3)综合图图样:综合图图样中除应在图右下方的标题栏内注明图名外,可在视图的正上方用较大的字号书写该图的名称,使用字号可根据图幅大小及图样布置的具体情况确定。

(4)综合图比例:《水利水电工程制图标准 水土保持图》(SL 73.6—2001)规定了综合图的比例,见表7-2-2,若不能满足时,应按《水利水电工程制图标准》(SL 73—95)的规定执行。

(5)综合图必须绘制的内容:综合图中必须绘出各主要地物、建筑物,标注必要的高程及具体内容,还应标注河流的名称、绘制流向、指北针和必要的图例等。

小流域水土保持工程总体布置图的绘制要求是:应绘制在地形图上(比例尺 <2 000时,可只画计曲线),同时应绘制坐标网(或千米网)、主要地物和建筑物,标注必要的高程、建筑物控制点的坐标,并填注规划或措施布置内容,还应标注河流的名称、绘制流向、指北针和必要的图例等。

表 7-2-2　综合图常用比例

| 图类 | 比例 |
| --- | --- |
| 区域水土保持分区图或土壤侵蚀分区图、水土流失类型及现状图 | 1:2 500 000,1:1 000 000,1:500 000,1:250 000,1:100 000,1:50 000 |
| 区域水土保持工程总体布置图或综合规划图、水土保持现状图 | 1:1 000 000,1:500 000,1:250 000,1:100 000,1:50 000 |
| 土壤侵蚀类型和水土流失程度分布图、土地利用和水土保持措施现状图 | 1:10 000,1:5 000 |
| 小流域水土保持总体布置图或综合规划图 | 1:10 000,1:5 000,1:2 000,1:1 000 |

(6)综合图小班注记格式:现状的小班注记格式为 $\dfrac{小班面积}{控制面积}$;规划或设计小班注记的

格式为 $\dfrac{小班面积}{控制面积-实施面积}$。

一般情况下,小班注记直接标记于小班范围内,但当小班面积较小不易直接标记时,则可只标注其编号,控制面积及其他属性指标可另以具体表格表示。

(7)着色要求:为了便于读图,识别信息,本标准根据综合图的需要,对土地利用和水土保持措施现状图、水土保持分区图、水土流失及现状图、水土保持现状图、土壤侵蚀类型和水土流失分布图、水土保持工程总体布置图等综合图,通过着色表示有关对象的属性或性状。并对各类土地利用类型及水土保持措施、土壤侵蚀(水土流失)类型及侵蚀强度和程度、植被覆盖度等色标进行了规定。例如,土壤侵蚀类型色标中,水力侵蚀(棕色)、风力侵蚀(黄色)、重力侵蚀(深灰色)、人为侵蚀(红色)等;植被覆盖度的色标是以覆盖度的等级来划分的,当覆盖度 >0.8 时,色标为绿色。

3.工程措施图式

水土保持工程措施总平面布置图图式中,必须绘出各主要建筑物的中心线和定位线,并应标注各主要建筑物控制点的坐标,还应标注河流的名称、绘制流向、指北针和必要的图例等。

《水利水电工程制图标准　水土保持图》中水土保持工程图的图类包括:总平面布置图、主要建筑物布置图、基础开挖图、基础处理图、结构图、钢筋图、细部构造图等。其相应比例见表 7-2-3,根据实际情况选择。

表 7-2-3　水土保持工程图比例

| 图类 | 比例 |
|---|---|
| 总平面布置图 | 1∶5 000、1∶2 000、1∶1 000、1∶500、1∶200 |
| 主要建筑物布置图 | 1∶2 000、1∶1 000、1∶500、1∶200、1∶100 |
| 基础开挖图、基础处理图 | 1∶1 000、1∶500、1∶200、1∶100、1∶50 |
| 结构图 | 1∶500、1∶200、1∶100、1∶50 |
| 钢筋图 | 1∶100、1∶50、1∶20 |
| 细部构造图 | 1∶50、1∶20、1∶10、1∶5 |

**4. 植物措施图式**

水土保持植物措施图的标题栏、图例栏、比例、现状小班注记，按综合图图式的规定执行。本标准规定了水土保持植物措施设计树种、草种符号应符合树种(草种)图例注脚或填注符号表。规定了造林种草典型设计格式、小班注记、着色等。

**5. 园林式种植工程图式**

园林式种植工程图图幅不作限制，以可复制和内容完整表达为准。比例尺一般为 1∶2 000~1∶200，特殊情况下可采用 1∶50 或 1∶100。图例栏按综合图的规定执行。着色同植物措施图式。

**2.1.3.3　《水利水电工程制图标准 水土保持图》中的图例**

水土保持图例包括通用图例、综合图例、工程措施图例、耕作措施图例、植物措施图例、园林式种植工程图例等 6 种类型。

通用图例应包括地界(境界)、道路及附属设施、地形地貌、水系及附属建筑物等图例。

综合图例包括土地利用类型图例、地面组成物质图例、水土流失类型图例、土壤侵蚀强度与程度图例等。

本标准所列的工程措施图例主要有平面图例、建筑材料图例。植物措施图例主要有林种图例、树种图例、草种图例、整地图例等。

## 2.1.4　项目规划阶段基本资料收集提纲和整理方案拟定方法

开展综合调查和资料整理是水土保持规划编制的主要任务之一。项目规划阶段基本资料主要满足规划报告"基本情况"章节的资料需求和编制规划基本情况附表。

**2.1.4.1　项目规划阶段基本资料收集提纲**

项目规划阶段基本资料收集提纲应包括具体资料的内容和资料收集方案(如资料来源、获取方法等)。

项目规划阶段基本资料包括自然条件(水文气象、地质地貌、土壤植被等)、自然资源(土地资源、水资源、生物资源、光热资源、矿藏资源)、社会经济、土地利用现状、水土流失及水土保持现状等方面，资料收集的一般方法可大致归纳为两类，一是收集、查阅有关资料，包括观测资料、以往调查资料、有关研究成果、区划和规划成果、史志类资料、统计资料、法规和文件、图件资料等；二是必要的野外或实地勘测（勘察、测量）和现场询问、访谈和座谈等。针对规划的区域面上（大面积）和点上（典型小流域）两个层次，考虑收集方案。

对各类资料涉及的具体指标与资源来源、收集方法说明如下：

1. 自然条件情况

（1）水文气象：包括年降水量、年均径流深、径流量、气温、≥10 ℃积温、无霜期等。

资料来源：各地气象部门的观测资料，流域的水文年鉴，农、林、牧、水利区划等。典型小流域可收集类型区有关气象站、水文站或水土保持站的气象观测资料。

（2）地质地貌：包括地貌类型、地貌特征、地质构造等。

资源来源：各地的以往调查资料、有关研究成果、农业区划、地质普查资料等。

（3）土壤植被：包括地表覆盖物类型、土壤类型、土壤性状等，植被类型、分布、覆盖情况、主要树草种等。

资料来源：自然地理、植物、林业、畜牧等部门的科研成果，土壤志、土地详查、林业区划资料等。典型小流域采取现场查勘获得。

2. 自然资源

（1）土地资源：包括土地类型、土地资源评价、土地利用现状等。

资料来源：收集土地管理部门和农、林、牧等部门的普查及分区成果，结合局部现场调查，并在不同类型区内选有代表性的小流域进行具体调查，加以验证。

（2）水资源：年均径流深的地区分布、地表径流的年际分布、河川径流含沙量等。

资料来源：收集水利部门的水利区划成果和水文站的观测资料，查阅当地的水文手册等。

（3）生物资源：包括植物资源、动物资源的资源量、开发利用情况及前景等。

资料来源：从植物、动物、农业、林业、畜牧、水产、综合经营等部门收集普查、规划等有关资料。

（4）光热资源：包括年均大于10 ℃的积温、年均日照时数、年均辐射总量等。

资料来源：气象站、水文站的观测资料，农业气象区划等。

（5）矿藏资源：包括煤、铁、铝、铜、石油、天然气等各类矿藏分布范围、蕴藏量、开发情况等。

资料来源：收集各地各级计划委员会和地质、矿产部门普查、区划等有关资料。

3. 社会经济状况

社会经济状况包括行政区划、土地及耕地面积、人口与劳动力、产业结构与产值、收入、粮食产量等。

资源来源：当地统计年鉴（规划实施的前3年统计数据，取平均值）。典型小流域主要从乡、村行政部门收集有关资料，或采取农户调查获得。

4. 土地利用现状

土地利用现状包括土地总面积、不同土地利用类型的面积（农业用地、林地、草地、果园、水域、未利用地、其他用地）、土地及耕地坡度分级。

资料来源：各地土地利用总体规划、土地详查、土地变更调查资料、图件等。典型小流

域应对图件资料进行实地核实、修正。

5.水土流失现状

水土流失现状包括水土流失面积、不同强度水土流失面积及比例、土壤侵蚀模数、水土流失特征等。

资源来源:收集有关部门对土壤侵蚀区的研究成果、以往的水土流失区划资料、图件、水土保持部门发布的水土保持公告、区域土壤侵蚀调查数据等。典型小流域采取现场调查获取,结合引用类型区水土保持站的观测资料。

6.水土保持措施现状

水土保持措施现状包括规划区累计整理面积、各项治理措施面积(基本农田、经果林、水土保持林、种草、封禁治理等)、沟道工程数量、其他工程数量、治理程度等。辖区内水土保持工作开展情况资料,包括治理成效、工作经验及存在的问题。

资料来源:区域水土流失综合调查资料、规划区内各行政区或流域近期水土保持专项调查资料、各地水土保持部门统计数据。

7.其他资料

收集各地近期国民经济和社会发展规划及水利规划、国土规划、水土保持生态建设规划等。

### 2.1.4.2　项目规划阶段基本资料整理方案

资料整理方案的内容包括文字资料、数据资料和图件资料的整理。文字资料多为文献资料,也有一部分是无结构的观察、访谈材料,一般是少数典型或个案的材料。数据资料多是结构化的表格数据,它涉及大量调查对象,不同的内容,不同的载体,表格数据的表现形式也各不相同,比较繁杂。图件资料一般涉及土地利用及水土保持措施、水土流失等方面的区划图、分布图件等,也涉及降水、径流等等值线图等。以上三类资料的整理过程大致相同,但整理方法不同。

1.文字资料的整理

由于文字资料在来源上存在差异,所以其整理方法也略有不同。但是通常情况下可划分为审查、分类和汇编三个基本步骤。

(1)审查:文字资料的审查,主要解决其真实性、可靠性、准确性和适用性问题。

(2)分类:对于文字资料的分类,就是将资料分门别类,使得繁杂的资料条理化、系统化,为找出规律性的联系提供依据。规划阶段收集到的文字资料可按自然条件(水文气象、地质地貌、土壤植被等)、自然资源(土地资源、水资源、生物资源、光热资源、矿藏资源)、社会经济、土地利用现状、水土流失及水土保持现状等几个方面进行分类。

(3)汇编:对于文字资料的汇编,主要是指根据规划编制中对基本资料的实际要求,对分类完成之后的资料进行汇总、编辑,使之成为能反映调查对象客观情况的系统、完整的材料。①从原始材料中摘取与规划报告"基本情况"章节的资料需求有关的主要内容,对资料进行简化,作为定性分析的依据;②还可以将文字材料的内容转换为数据形式,作为进行定量化分析的依据;③建立资料档案,其作用一是便于查找,二是便于作进一步的定性分析。

2. 数据资料的整理

数据资料的整理,其一般程序包括数字资料检验(审查)、分类分组、指标统计汇总和制作统计表或统计图几个阶段。

数据资料的整理大体可分为以下几个步骤:

(1)资料检验(审查):对原始资料进行认真、细致的检查。从来源上审查资料的真实性和可靠性;从逻辑上检查资料的准确性和完整性;从内容上检查是否有遗漏、笔误或逻辑错误,若发现问题应及时采取必要的补救措施。

(2)分类分组:选择合适的分组标志,对原始资料科学地进行分类分组。满足《水土保持规划编制规程》(SL 335—2006)中规定的 6 个基本资料附表(自然条件情况表、社会经济情况表、农村产业结构与产值表、水土流失现状表、土地利用现状表、水土保持措施现状表)的填表要求。

(3)指标统计汇总和制作统计表。根据《水土保持规划编制规程》中规定的 6 个基本资料附表中的指标,进行统计计算;并按一定的格式分门别类地汇总,制作统计表。主要方法有:手工统计汇总和计算机统计汇总。手工统计汇总工作量较大。利用计算机统计汇总,方便快捷,只要编制(或调用)一定的统计程序,就可输出所需要的统计表。

3. 图件资料的整理

图件资料的整理一般包括图件审查、图件分类、图件要素摘录三个步骤。

(1)图件审查:主要从图件编制时间,涵盖范围,可靠性,图式、图样、要素等的适用性几个方面进行审查。

(2)图件分类:根据收集到的图件类型,结合编制规划基本资料的要求分门别类。

(3)图件要素摘录:对于经审查适宜的涉及土地利用及水土保持措施、水土流失等方面的区划图、分布图件等,要对比例尺、范围、图层要素、各类境界等进行详细的辨识,用文字形式作出摘录。对重要的图斑要进行必要的量算。

## 2.1.5　水土保持分区图编制方法

### 2.1.5.1　水土保持分区背景知识

水土保持区划是水土保持的一项基础性工作,将在相当长的时间内有效指导水土保持综合规划与专项规划。《水土保持综合治理 规划通则》中规定,水土保持分区的两种情况,一是规划中分区,即水土保持区划是水土保持规划的一个必不可少的重要步骤和组成部分;二是先分区后规划,即水土保持区划可作为水土保持规划的前期工作。上述两种情况的分区方法基本一致。

分区的任务、分区原则、分区的主要内容、分区的方法步骤、区划的分级要求、水土保持分区的命名、水土保持分区成果等参见技师"模块 1　水土保持调查"中"1.1.1　水土保持分区知识"。

### 2.1.5.2　水土保持分区图绘制要点

水土保持分区图属于综合图,绘制要点一般包括底图及比例尺要求,图层要素,各类境界,符号、图式、图例要求等。

1. 底图、比例尺要求

水土保持分区图应以行政区划图为底图。根据不同规划区的范围,国家级、大流域级(以上两级都跨省)和省级、地市级、县级五级,各级精度要求不同。常用比例尺选 1:250 万、1:100 万、1:50 万、1:25 万、1:10 万、1:5 万。

2. 图层要素

《水土保持规划编制规程》(SL 335—2006)规定,水土保持分区应叙述"三区"划分情况;根据水土流失特点、自然与社会经济条件的差异,划分水土流失类型区。并将"水土保持'三区'划分与水土流失类型区划分图"作为附图。因此,水土保持分区图包含以上两个方面的图层要素。

3. 各类境界线

水土保持分区图反映各区位置、范围和分区分级。各类境界线包括类型区界线、行政区界线、"三区"界线。一级区划线(类型区)比二级区划线(亚区)粗一倍,二级区划线(亚区)比三级区划线(小区)粗一倍。

4. 符号、图式、图例等要求

水土保持分区图符号、图式(图幅、图样、地物、小班注记、着色等)、图例等要求,应符合《水利水电工程制图标准 水土保持图》(SL 73.6—2001)的规定。

5. 其他要求

水土保持分区图绘制所应用的资料必须经过系统整理、综合分析和全面校核。应主题突出,图面布置紧凑、协调,线条主次分明,总体端正清楚;图件的精度与比例尺相适应。水土保持分区图必须在底图上描绘,不得在蓝图上套绘。

# 2.2　项目建议书编制

## 2.2.1　《水土保持工程项目建议书编制规程》知识要点

中华人民共和国水利行业标准《水土保持工程项目建议书编制规程》(SL 447—2009)规定,项目建议书是可行性研究的依据。项目建议书应在批准的区域综合规划、江河流域规划、水土保持规划等基础上进行编制。主要任务是:论证项目建设的必要性;提出建设任务、目标和规模;基本选定项目区;提出项目建设的总体方案;进行典型设计;估算工程投资;评价项目建设的可行性和合理性。

项目建议书的主要内容和深度应符合以下要求:

(1)说明项目所在行政区内自然条件、社会经济条件、水土流失及其防治等基本情况,论证项目建设的必要性。

(2)基本确定工程建设主要任务,初步确定建设目标。

(3)基本确定建设规模,基本选定项目区,初步查明项目区自然条件、社会经济条件、水土流失及其防治等基本情况,涉及工程地质问题的应了解并说明影响工程的主要地质条件和工程地质问题。

(4)初步确定工程总体方案,选定典型小流域,进行典型设计,对大中型淤地坝、拦沙坝等沟道治理工程应作重点论证。

（5）推算工程量，初步拟定施工组织形式及进度安排。

（6）初步拟定水土保持监测计划。

（7）初步拟定技术支持方案。

（8）初步明确管理机构，初步提出项目管理模式和运行管护方式。

（9）估算工程投资，初步提出资金筹措方案。

（10）进行国内经济评价，提出综合评价结论。对利用外资项目还应提出融资方案并评价项目的财务可行性。

项目建议书报告应按以下11部分进行编制：综合说明；项目建设的必要性；项目建设任务、规模和项目区选择；总体方案；工程施工；水土保持监测；技术支持；项目管理；投资估算和资金筹措；经济评价；结论与建议。

项目建议书工程特性表共划分为7部分：项目区概况；建设目标；工程规模；主要措施数量；工程施工；投资估算与资金筹措；经济评价。

项目建议书的附图包括：项目区地理位置示意图和水土流失类型划分及项目分布图。

中华人民共和国水利行业标准《水土保持工程项目建议书编制规程》（SL 447—2009）规定，建议书中应明确编制报告的现状水平年和设计水平年。现状水平年宜控制在报告编制时间3年内，并采用最新统计数据；设计水平年是水土保持工程完成后达到充分发挥水土保持效益的年份，根据项目区地理气候条件，可滞后工程期1~4年。

## 2.2.2 《水土保持生态建设工程概（估）算编制规定》概算项目划分知识要点

水利部以水总[2003]67号文颁发《水土保持工程概（估）算编制规定和定额》，其中《水土保持生态建设工程概（估）算编制规定》中，水土保持生态建设工程，按治理措施划分为工程措施、林草措施及封育治理措施三大类。

水土保持生态建设工程概算由工程措施费、林草措施费、封育治理措施费和独立费用四部分组成。各项内容说明如下。

### 2.2.2.1 工程措施

工程措施由梯田工程，谷坊、水窖、蓄水池工程，小型蓄排、引水工程，治沟骨干工程，机械固沙工程，设备及安装工程，其他工程七项组成。其中：

设备及安装工程：指排灌、监测等构成固定资产的全部设备及安装工程。

机械固沙工程：包括土石压盖，防沙土墙、柴草、树枝沙障等。

其他工程：包括永久性动力、通信线路，房屋建筑，简易道路及其他配套设施工程。

### 2.2.2.2 林草措施

林草措施由水土保持造林工程、水土保持种草工程及苗圃三部分组成。

### 2.2.2.3 封育治理措施

封育治理措施由拦护设施、补植补种两部分组成。

### 2.2.2.4 独立费用

独立费用由建设管理费、工程建设监理费、科研勘测设计费、征地及淹没补偿费、水土流失监测费及工程质量监督费六项组成。

（1）建设管理费：包括项目经常费和技术支持培训费。

（2）工程建设监理费：指工程开工后，聘请监理单位对工程的质量、进度、投资进行监理所发生的各项费用。

（3）科研勘测设计费：包括科学研究试验费和勘测设计费。

（4）征地及淹没补偿费：指工程建设需要的永久、临时征地及地面附着物等所需支付的补偿费用。

（5）水土流失监测费：指施工期内为控制水土流失、监测生态环境治理效果所发生的各项费用。

（6）工程质量监督费：指为保证工程质量而进行的监督、检查等发生的费用。

### 2.2.3　项目建议书阶段基本资料收集提纲和整理方案拟定

项目建议书阶段基本资料收集整理，主要满足项目建议书报告编制中有关章节对项目所在行政区基本情况、项目区选择、水土保持分区、典型小流域选择等的基本资料需求和编制建议书工程特性表、基本情况附表。

项目建议书阶段基本资料收集提纲和整理方案拟定可参照规划阶段的方法。

### 2.2.4　项目主要防治措施的类型、建设规模和工程量确定

#### 2.2.4.1　主要防治措施类型

《水土保持工程项目建议书编制规程》（SL 447—2009）规定，水土保持措施体系包括治理措施和预防监督措施。治理措施包括工程措施、林草措施和封育措施。泥石流、滑坡治理应列入治理措施。预防监督措施包括法规体系、监督执法、水土保持"三同时"制度、管理措施等。

#### 2.2.4.2　建设规模确定和工程量推算

建设规模即项目的水土流失综合治理面积和水土保持单项工程建设数量。应根据项目建设任务及主次顺序、治理的难易程度、轻重缓急、投入可能等确定。需对工程建设规模比选论证的，应根据建设任务、目标和可能的投入，从水土流失状况、综合治理面积、骨干工程数量等方面进行比选论证。

《水土保持工程项目建议书编制规程》（SL 447—2009）规定，按水土保持分区选定典型小流域，典型小流域数量和面积应占治理小流域总数量和总面积的 3% ~ 5%，且每个水土保持分区不应少于 1 条；水土保持单项工程应选择典型工程，典型工程数量应占水土保持单项工程总数量的 5% ~ 10%。应依据典型小流域的措施配置，分析水土保持分区的措施配置比例，提出相应的单位治理面积措施量指标。

应根据不同水土保持分区的单位治理面积措施数量指标和措施设计的工程量，推算并汇总项目的总工程量。

建议书阶段工程措施的工程量计算按《水利水电工程设计工程量计算规定》（SL 328—2005）执行，林草措施的工程量调整系数取 1.08。

# 2.3　项目可行性研究

## 2.3.1　《水土保持工程项目可行性研究报告编制规程》知识要点

中华人民共和国水利行业标准《水土保持工程项目可行性研究报告编制规程》（SL 448—2009）规定，水土保持工程项目可行性研究报告是确定建设项目和编制初步设计文件的依据。编制可行性研究报告应以批准的项目建议书为依据，对不需要编制项目建议书的项目，其可行性研究报告应以批准的规划为依据。主要任务是：在对工程项目的建设条件进行调查和勘测的基础上，从技术、经济、社会、环境等方面，对工程项目的可行性进行全面的分析、论证和评价。

可行性研究报告的主要内容和深度应符合下列要求：

（1）论述项目建设的必要性和确定项目建设任务。

（2）确定建设目标和规模，选定项目区，明确重点建设小流域（或片区），对水土保持单项工程，应明确建设规模。

（3）明确现状水平年和设计水平年，查明并分析项目区自然条件、社会经济技术条件、水土流失及其防治状况等基本建设条件；水土保持单项工程涉及工程地质问题的，应查明主要工程地质条件。

（4）提出水土保持分区，确定工程总体布局。根据建设规模和分区，选择一定数量的典型小流域进行措施设计，并推算措施数量；对单项工程应确定位置，并初步明确工程型式及主要技术指标。

（5）估算工程量，基本确定施工形式、施工方法和要求、总工期及进度安排。

（6）初步确定水土保持监测方案。

（7）基本确定技术支持方案。

（8）明确管理机构，提出项目建设管理模式和运行管护方式。

（9）估算工程投资，提出资金筹措方案。

（10）分析主要经济技术指标，评价项目的国民经济合理性和可行性。对利用外资项目，还应提出融资方案并评价项目的财务可行性。

水土保持工程可行性研究报告可按以下 11 部分编写，分别为综合说明、项目背景与设计依据、建设任务与规模、总体布局与措施设计、施工组织设计、水土保持监测、技术支持、项目管理、投资估算和资金筹措、经济评价、结论与建议。

工程特性表是水土保持工程可行性研究报告中非常重要的附表之一。其内容包括 9 部分，分别是项目区概况、建设条件、建设目标、设计标准、工程规模、主要措施数量、施工组织设计、投资估算与资金筹措、经济评价。

水土保持工程可行性研究报告的附图包括项目区地理位置图、典型小流域土地利用现状图、典型小流域水土流失现状图、水土保持分区及总体布局图。

## 2.3.2　《水土保持综合治理 效益计算方法》(GB/T 15774—2008)水土保持效益计算方法要点

### 2.3.2.1　水土保持效益计算的分类

水土保持综合治理效益包括基础效益、经济效益、社会效益和生态效益四类,其中:基础效益包括保水效益和保土效益;经济效益包括直接经济效益和间接经济效益;社会效益包括减轻自然灾害效益和促进社会进步效益;生态效益包括水圈、土圈、气圈和生物圈生态效益。

### 2.3.2.2　水土保持基础效益的计算

水土保持的基础效益按就地入渗、就近拦蓄和减轻沟蚀等三种情况分别计算。

1. 就地入渗措施的效益计算

(1)就地入渗的水土保持措施包括造林种草和梯田梯地。计算项目包括两方面:一是减少地表径流量以立方米计,二是减少土壤侵蚀量以吨计。

(2)计算方法按两个步骤:第一步,用有措施(梯田林草)坡面的径流模数、侵蚀模数与无措施坡耕地、荒坡坡面的相应模数对比,求得减少径流与侵蚀的模数。第二步,用各项措施的减流减蚀有效面积与相应的减流减蚀模数相乘,得到减少径流与减少侵蚀的总量。

(3)减流减蚀有效面积的确定方法:一般情况下梯田、梯地、保土耕作、淤地坝等当年实施当年有效;造林有整地工程的当年有效,没有整地工程的灌木需 3 年以上,乔木需 5 年以上有效,种草第二年有效。

2. 就近拦蓄措施的效益计算

(1)就近拦蓄措施包括水窖、蓄水池、截水沟、治沟骨干工程、小水库和引洪漫地。

(2)计算项目包括两方面:一是减少的径流量,以立方米计;二是减少的泥沙量,以吨计。

(3)计算方法:典型推算法,通过典型调查求得有代表性的单座拦蓄径流泥沙量,乘以该项措施的数量即得总量;具体量算法,适用于数量较少而每座容量较大的大型工程,采取逐座量算拦蓄径流泥沙量求得。

3. 减轻沟蚀的效益计算

减轻沟蚀效益包括四个方面:制止沟头前进效益、制止沟底下切效益、制止沟岸扩张效益、水不下沟对减轻沟蚀效益。

(1)制止沟头前进效益的计算:对于治理后不再前进的沟头,应通过调查和量算,求得未治理前平均每年沟头前进的长、宽、深度,从而算得治理前平均每年损失的土量,即为治理后平均每年的减蚀量或保土量。

(2)制止沟底下切效益的计算:对于治理后不再下切的沟底,应通过调查和量算,求得治理前平均每年沟底下切的长、宽、深度,从而算出治理前平均每年损失的土量,即为治理后制止沟底下切的减蚀量或保土量。

(3)制止沟岸扩张效益的计算:对于治理后不再扩张的沟岸应通过调查和量算,求得治理前平均每年沟岸扩张的长度、高度、厚度,即为治理后平均每年的减蚀量或保土量。

(4)水不下沟对减轻沟蚀效益的计算:在开展观测的小流域,直接采用观测数据计算;在开展观测的小流域,以流域出口处测得的减蚀总量减去流域内各项措施减蚀量之和所得的差值,作为水不下沟对沟蚀的减蚀量。

### 2.3.2.3 水土保持经济效益的计算

水土保持经济效益的计算有直接经济效益与间接经济效益两类。

**1. 直接经济效益**

直接经济效益包括实施水土保持措施土地上生长的植物产品(未经加工转化)与未实施水土保持措施的土地上的产品对比,其增产量和增产值按以下几方面进行计算:

(1)实施水土保持措施耕地增产的粮食与经济作物。

(2)果园经济林等增产的果品。

(3)种草育草和水土保持林增产的饲草及其他草产品。

(4)水土保持林增产的枝条和木材蓄积量。

直接经济效益计算以单项措施增产量与增产值的计算为基础,将各个单项措施算得的经济效益相加即为综合措施的直接经济效益。

**2. 间接经济效益**

间接经济效益是在直接经济效益基础上,经过加工转化,进一步产生的经济效益,其主要内容包括以下两方面:

(1)基本农田增产后节约出的土地和劳工。计算其数量和价值(不计其用于林牧副业后增加的产值)。其中:节约土地的计算方法为,在相同的粮食总产量条件下,通过实施基本农田建设,提高农业单产而节余的农业用地面积。节约劳力的计算方法为,实施水土保持治理后,经营基本农田所需的劳工数量与经营坡耕地所需劳工数量的差值。

(2)直接经济效益的各类产品,经过就地一次性加工转化后提高的产值(二次加工其产值不计)。对水土保持产品(饲草、枝条、果品粮食等)在农村当地分别用于饲养、编织、加工后,其提高产值部分可计算其间接经济效益。

### 2.3.2.4 水土保持社会效益的计算

水土保持的社会效益包括减轻自然灾害和促进社会进步两方面。两方面效益有条件的都应进行定量计算,不能作定量计算的根据实际情况作定性描述。

**1. 减轻自然灾害**

减轻自然灾害效益包括:

(1)减轻水土流失对土地的破坏。减少水土流失对土地破坏的年均面积,以治理前减去治理后年均损失的土地面积求得。

(2)减轻沟道河流的洪水泥沙危害。减轻洪水泥沙危害效益分两方面计算,一是减轻洪水危害效益,以一次暴雨情况相近的条件下,治理前所造成的财产损失减去治理后的财产损失求得;二是减少沟道河流泥沙效益,采用水文资料统计分析法(简称水文法)与单项措施效益累加法(简称水保法)分别进行计算,并将两种方法的计算结果互相校核验证,要求二者间的差值不超过20%。

(3)减轻风蚀与风沙危害。减轻风沙危害的效益分为三个方面计算:一是保护现有土地不被沙化的面积,以治理前减去治理后每年沙化损失的面积求得;二是改造原有沙地为农林牧生产用地的效益,通过统计已验收的治理措施面积获得;三是减轻风暴、保护生产交通等效益,调查了解治理前后风暴发生的天数和风力、造成的损失数量及治理投入,并加以对比,计算治理后上述各项指标的差异。

(4)减轻干旱对农业生产的威胁。减轻干旱危害的效益计算,在当地发生旱情或旱灾时进行调查,用有水土保持措施农地与无水土保持措施坡耕地的单位面积产量进行对比,计算其抗旱增产作用。

(5)减轻滑坡泥石流的危害。减轻滑坡泥石流危害的效益计算,在滑坡泥石流多发地区进行调查,选有治理措施地段与无治理措施地段,分别了解其危害情况(土地、房屋、财产等损失,折合为人民币),进行对比计算治理的效益。

2.促进社会进步

促进社会进步主要包括治理区范围内以下几方面:

(1)完善农业基础设施,提高土地生产率,为实现优质、高产、高效的大农业奠定基础。

(2)发掘农村剩余劳力,提高劳动生产率。

(3)调整土地利用结构与农村生产结构,使人口资源环境与经济发展走上良性循环。

(4)促进群众脱贫致富奔小康。

(5)提高环境容量缓解人地矛盾。

(6)改善群众生活条件,改善农村社会风尚,提高劳动者素质。

### 2.3.2.5 水土保持生态效益的计算

水土保持生态效益包括如下几方面:水圈生态效益、土圈生态效益、气圈生态效益和生物圈生态效益。

1.水圈生态效益

(1)计算项目:减少洪水流量和增加常水流量。

(2)计算方法:减少洪水流量,依据小流域观测资料,对比计算治理前后的年洪水总量的差值。增加常水流量,依据小流域观测资料,对比计算治理前后的年常水径流量的差值。

2.土圈生态效益

(1)计算项目:土壤水分、氮、磷、钾、有机质、团粒结构、孔隙率等。

(2)计算方法:在实施治理措施前后,分别取土样进行物理化学性质分析并进行对比。对比原则为:梯田与坡耕地对比;保土耕作法与一般耕作法对比;坝地引洪漫地与旱平地对比;造林种草与荒坡或退耕地对比。

3.气圈生态效益

(1)计算项目:农田防护林网内温度、湿度、风力等的变化,减轻霜冻和干热风危害,提高农业产量等;大面积成片造林后,林区内部及其四周一定距离内小气候的变化。

(2)计算方法:利用历年农田防护林网内、外治理前后观测的温度、湿度、风力、作物产量等资料进行对比分析,对改善小气候的作用进行定量计算。

4.生物圈生态效益

(1)计算项目:主要计算人工林草和封育林草新增加的地面覆盖度。

（2）计算方法：先求得原有林草对地面的覆盖度，再计算新增林草对地面的覆盖度和累计达到的地面覆盖度。

## 2.3.3　项目可行性研究阶段基本资料收集提纲和整理方案拟定

项目可行性研究阶段基本资料收集整理主要满足复核项目所在行政区基本资料、编写可行性研究报告"项目背景"章节的需求；重点是满足复核建议书阶段选择的项目区、进一步确定项目区、编写"项目区选择与建设条件"章节、进行水土保持分区的基本资料需求；满足典型小流域的基本资料需求和编制可行性研究报告基本情况附表。

项目所在行政区基本资料包括：自然条件、社会经济条件、水土流失及防治情况等。

所选择项目区的基本资料包括：地质地貌、水文气象、土壤植被等自然条件（重点是与工程建设相关的降水、植被、土壤以及土地和耕地的坡度组成等）；社会经济技术条件，主要包括行政区划、土地利用、农业经济及基础设施等状况（重点是农林牧副各业用地、土地利用政策、土地利用存在问题、支柱产业、农业总产值、农民经济状况等）；项目区水土流失类型、面积、强度及防治情况等。

典型小流域的基本资料包括：土地利用、总人口及人口增长率、水土流失（已治理和未治理水土流失面积、水土流失类型和强度等）、林草覆盖等。

可行性研究报告附表的基本资料包括：项目区分布概况表、气象特征表、土地坡度组成表、耕地组成表、社会经济情况表、土地利用现状表、水土流失现状表。

项目可行性研究阶段基本资料收集提纲和整理方案拟定可参照规划阶段的方法。

## 2.3.4　典型小流域选择和典型小流域设计知识

### 2.3.4.1　项目可行性研究阶段典型小流域选择方法

《水土保持工程项目可行性研究报告编制规程》（SL 448—2009）规定，项目可行性研究阶段典型小流域选择方法如下：

（1）根据各水土保持分区的基本特征，明确典型小流域的选择原则，分析典型小流域的代表性，选定典型小流域。

典型小流域的代表性应从土地利用现状、已治理和未治理水土流失面积、水土流失类型和强度等方面，结合建设任务进行分析。

（2）典型小流域的数量和面积应占治理小流域总数量和总面积的10%～15%，且每个水土保持分区应保证有1～3条。水土保持单项工程应选择典型工程，所选择的典型工程数量应占水土保持单项工程总数量的10%～15%。

当治理小流域面积小于500 km²，选取的典型小流域面积所占比例应取上限（即15%）；当治理小流域总面积不小于5 000 km²，其所占比例应取下限（即10%）；当总面积在500～5 000 km²的，其所占比例采用内插法进行取值。

对于水土保持单项工程，单项工程数量在200座以上的，按下限比例选择单项工程；单项工程数量在100座以上的，按上限比例选择单项工程；单项工程数量在100～200座的，按内插法确定单项工程所占比例，计算典型工程数量并取整。应当注意的是，在确定单项工程时依据的水土保持单项工程数量中，不考虑淤地坝，淤地坝单独进行典型设计。

　　典型工程应结合水土保持分区,尽可能均匀分布。

### 2.3.4.2　项目可行性研究阶段典型小流域设计

　　《水土保持工程项目可行性研究报告编制规程》(SL 448—2009)规定,项目可行性研究阶段典型小流域设计应满足以下要求:

　　(1)在典型小流域进行的各项措施设计中,梯田、林草等措施的设计,应具体落实到小班(地块)上,并分类进行典型设计;由各防治分区的措施种类和配置,计算各类措施的面积及其单位治理面积工程量估算指标。

　　(2)截排水沟、蓄水池、水窖、谷坊等小型工程可选取典型地段进行布置并设计,计算确定各类措施的数量以及单位工程量指标。

　　(3)应对所有的水土保持单项工程进行全面分析,基本确定各单项工程的数量和规模,并对典型单项工程进行设计,分析确定单位规模(如库容或坝高)的工程量指标。

　　(4)典型小流域设计的具体内容主要包括土地利用规划设计和水土流失综合防治体系规划设计两部分。

　　①土地利用规划设计:根据生产发展方向,按照流域自然社会经济条件和国民经济发展与人民生活需要,确定农林牧用地比例和位置,制定调整土地利用结构的方法、步骤及分期安排意见。对流域规划期的人口、劳力、土地生产力和各类土地需要量进行预测,提出土地利用规划优化方案,按照方案要求确定各类用地,编制规划图、表。

　　②水土流失综合防治体系规划设计:根据小流域水土流失的空间分布特征,在土地利用规划的基础上,从分水岭到坡脚,从支沟到干沟,从沟头到沟口,提出一套系统、科学的小流域水土流失综合防治措施规划方案。

# 2.4　项目初步设计

## 2.4.1　《水土保持工程初步设计报告编制规程》知识要点

### 2.4.1.1　水土保持工程初步设计报告类型

　　《水土保持工程初步设计报告编制规程》(SL 449—2009)规定,水土保持工程初步设计是在批准的可行性研究报告基础上,以小流域(或片区)为单元进行的。因此,水土保持工程初步设计报告包括三个层次的报告:水土保持工程总体初步设计报告、小流域(或片区)综合治理初步设计报告、水土保持单项(专项)工程初步设计报告。

　　水土保持单项工程是指在小流域综合治理中需要专门设计的工程,如淤地坝、治沟骨干工程、拦沙坝、塘坝、格栅坝、排导停淤工程等。水土保持专项工程是指不属于综合治理的、作为专项建设的水土保持工程,如水土保持监测、水土保持泥石流预警、淤地坝坝系工程、崩岗治理工程、坡耕地治理工程、沙棘生态工程等。

　　小流域综合治理初步设计报告是指在一个完整的小流域(或片区)内,由水土保持单项工程和专项工程构成小流域综合治理体系,而形成的设计报告。小流域综合治理初步设计报告需要与施工图设计合并的,初步设计报告既要满足年度施工计划、施工招标的要求,同时必须达到指导施工的深度。

总体初步设计报告是指在统一的设计大纲指导下,开展多个小流域(或片区)或单项(专项)工程初步设计,并汇总形成的设计报告。各小流域(或片区)综合治理初步设计报告是总体初步设计报告的附件。

### 2.4.1.2 水土保持工程初步设计报告的主要内容和深度要求

《水土保持工程项目初步设计报告编制规程》(SL 449—2009)规定,水土保持工程初步设计报告的主要内容和深度应符合下列要求(本条文为强制性条文):

(1)复核项目建设任务和规模;

(2)查明小流域(或片区)自然、社会经济、水土流失的基本情况;

(3)水土保持工程措施应确定工程设计标准及工程布置,作出相应设计,对于水土保持单项工程应确定工程的等级;

(4)水土保持林草措施应按立地条件类型选定树种、草种并作出典型设计;

(5)封育治理等措施应根据立地条件类型和植被类型分别作出典型设计;

(6)确定施工布置方案、条件、组织形式和方法,做出进度安排;

(7)提出工程组织管理方式和监督管理方法;

(8)编制初步设计概算,明确资金筹措方案;

(9)分析工程的经济效益、生态效益和社会效益。

### 2.4.1.3 水土保持工程(小流域综合治理)初步设计报告编写提纲

水土保持工程初步设计报告可划分为 9 个部分编制,分别为综合说明、项目背景及设计依据、基本情况、工程总体布置、工程设计、施工组织设计、工程管理、设计概算和资金筹措、效益分析。各部分内容说明如下。

1. 综合说明

简述项目来源、工程地理位置、建设任务、设计工作过程等;简述主要目标、规模;简述工程区自然、社会经济、水土流失及防治情况;简述过程设计原则,说明土地利用调整情况、工程总体布局及各类措施数量;简述施工组织设计、水土保持监测设计及技术支持、工程管理方案。提出概算总投资及筹措方案,简述效益分析成果。编制水土保持工程特性表。

2. 项目背景及设计依据

(1)项目背景。应说明项目的来源、工程基本情况。

(2)建设任务、目标和规模。复核并明确建设任务,提出设计水平年达到的水土流失治理目标(水土流失治理程度、土壤流失控制量)、生态环境改善目标(主要是林草覆盖率)、农村经济发展目标(人均基本农田、土地利用率、平均粮食单产、农民人均纯收入),复核并明确工程建设规模。

(3)工程设计依据与说明。列出设计依据的法律法规、规范性文件以及相关技术标准;工程设计说明包括数据来源、调查勘测、设计方法等,工程设计考虑的因素等。

3. 基本情况

基本情况包括自然概况、社会经济状况、水土流失状况和水土流失防治情况 4 部分。其中:自然概况包括流域面积、地理位置、所属类型区、地质地貌、水文、气象、土壤、植被等;社会经济状况包括工程区行政区划、人口与劳动力、土地利用及存在的问题、工程区农村各业产值与收入情况、基础设施情况等指标说明;水土流失状况包括水土流失面积、类型、强度、成因、水土流失的危害等;水土流失防治情况包括工程区已实施的水土保持措施的类型、分布、面积、保存情况、防治效果、水土保持监督管理情况等,总结工程区水土流失防治的主要经验、存在问题。

**4. 工程总体布置**

工程总体布置包括土地利用调整和工程总体布置两部分。

(1)土地利用调整。确定土地利用调整原则,说明土地利用调整前后土地利用变化情况。

(2)工程总体布置。水土保持治理措施布局以及各项措施的具体布设。明确各小班(地块)的面积、地面坡度、土地利用状况,个别布置工程、林草、封育等措施;工程措施应明确位置、数量,作出平面布置,治沟骨干工程应选定坝趾;林草和封育措施应明确生态防护和生产功能,划定林草类型并选定树种草种,落实到小班(地块)。

**5. 工程设计**

对水土保持工程措施、林草措施、封育措施和保土耕作措施,说明初步设计内容,按《水土保持综合治理 技术规范》(GB/T 16453.1 ~ 16453.6—2008)的要求,说明各项措施的设计标准、技术规格、材料用量,明确施工方法和技术要求。

**6. 施工组织设计**

施工组织设计包括计算并汇总措施工程量、阐述施工条件(气候等对施工影响、施工交通方案、材料、树种、草种的来源及供应方案等)、施工工艺和方法、施工布置和组织形式、施工进度安排。

**7. 工程管理**

工程管理包括工程建设管理和工程运行管理。工程建设管理包括组织管理制度、技术管理和监督管理;工程运行管理包括林草措施的产权和使用权、管护责任、单项工程的维护管理方案等。

**8. 设计概算和资金筹措**

简述工程建设地点、规模、措施数量、主要材料用量、施工总工期、概算总投资、静态总投资,说明投资概算编制的原则、依据和价格水平年,采用的定额和主要材料价格,编制投资概算总表、分项工程投资概算表,确定投资筹措方案,说明国家投资、地方投资、群众集资和群众投劳折资数量。

**9. 效益分析**

从经济效益、生态效益、社会效益三方面说明项目建设对土地增产增收、提高植被覆盖、蓄水保土、减轻自然灾害、提高生活水平等方面的效果。

**2.4.1.4　水土保持工程初步设计报告附表、附图**

《水土保持工程项目初步设计报告编制规程》(SL 449—2009)规定,水土保持工程初步设计报告的附表包括工程特性表、基本情况表、措施布置表、效益计算表、工程概算表。其中工程特性表是初步设计关键指标的汇总表,包括:基本情况、设计标准、工程规模、主要措施数量、施工组织设计、工程投资与资金筹措、工程效益七部分内容。

水土保持工程初步设计报告的附图包括工程区地理位置图、水土流失现状图、土地利用和水土保持措施现状图、水土保持措施总体布置图、水土保持林草措施典型设计图、水土保持工程措施典型设计图、水土保持单项工程设计图。

## 2.4.2　《水土保持综合治理 技术规范》规划设计知识要点

中华人民共和国国家标准《水土保持综合治理 技术规范》(GB/T 16453.1 ~ 16453.6—2008)共分为 6 个技术规范,分别是《水土保持综合治理 技术规范 坡耕地治理技术》(GB/T 16453.1—2008)、《水土保持综合治理 技术规范 荒地治理技术》(GB/T 16453.2—2008)、《水土保持综合治理 技术规范 沟壑治理技术》(GB/T 16453.3—2008)、《水土保持综合治理 技术规范 小型蓄排引水工程》(GB/T 16453.4—2008)、《水土保持综合治理 技术规范 风沙治理技术》(GB/T 16453.5—2008)、《水土保持综合治理 技术规范 崩岗治理技术》(GB/T 16453.6—2008)。本节重点介绍以上技术规范中有关水土保持措施规划设计知识要点。

### 2.4.2.1　梯田设计

1. 梯田设计标准与技术要点

(1)梯田防御暴雨标准,一般采用 10 年一遇 3 ~ 6 h 最大降雨,在干旱、半干旱地区,可采用 20 年一遇 3 ~ 6 h 最大降雨。

(2)水平梯田应在 25°或当地禁垦坡度以下的坡地上,选择土质较好,离村庄近,交通比较方便,有利实现机械化和水利化的地方修筑。

(3)水平梯田埂应沿等高线布设。若地形弯曲较大时,可按大弯就势、小弯取直的原则设计。

(4)当梯田区上部来水量大时以及我国南方的多雨地区,应部署坡面小型蓄排工程,防止径流冲毁梯田。坡面小型蓄排工程的技术要求按 GB/T 16453.4 执行。

(5)一般土质丘陵和塬、台地区修土坎梯田。在土石山区或石质山区,可就地取材修建石坎梯田。

2. 断面设计

(1)水平梯田的断面要素:水平梯田断面要素见图 7-2-1,水平梯田断面尺寸参考表见表 7-2-4。

(2)各要素之间的关系:见式(7-2-1) ~ 式(7-2-6)。

田坎高度　　　　　　　　　$H = B_x \sin\theta$　　　　　　　　　　　(7-2-1)

原坡面斜宽　　　　　　　　$B_x = H\cos\theta$　　　　　　　　　　　(7-2-2)

田坎占地宽　　　　　　　　$b = H\cot\alpha$　　　　　　　　　　　(7-2-3)

田面毛宽度　　　　　　　　$B_m = H\cot\theta$　　　　　　　　　　(7-2-4)

田坎高度　　　　　　　　　$H = B_m \tan\theta$　　　　　　　　　　(7-2-5)

田面净宽　　　　　　　　　$B = B_m - b = H(\cot\theta - \cot\alpha)$　　　　(7-2-6)

式中　$\theta$——原地面坡度,(°);

　　　$\alpha$——梯田田坎坡度,(°);

　　　$H$——梯田田坎高度,m;

$B_x$——原坡面斜宽,m;

$B_m$——梯田田面毛宽,m;

$B$——梯田田面净宽,m;

$b$——梯田田坎占地宽,m。

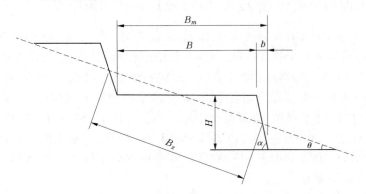

图 7-2-1　水平梯田断面要素

表 7-2-4　水平梯田断面尺寸参考表

| 适应地区 | 地面坡度 $\theta$(°) | 田面净宽 $B$(m) | 田坎高度 $H$(m) | 田坎坡度 $\alpha$(°) |
|---|---|---|---|---|
| 中国北方 | 1 ~ 5 | 30 ~ 40 | 1.1 ~ 2.3 | 85 ~ 70 |
| | 5 ~ 10 | 20 ~ 30 | 1.5 ~ 4.3 | 75 ~ 55 |
| | 10 ~ 15 | 15 ~ 20 | 2.8 ~ 4.4 | 70 ~ 50 |
| | 15 ~ 20 | 10 ~ 15 | 2.7 ~ 4.5 | 70 ~ 50 |
| | 20 ~ 25 | 8 ~ 10 | 2.9 ~ 4.7 | 70 ~ 50 |
| 中国南方 | 1 ~ 5 | 10 ~ 15 | 0.5 ~ 1.2 | 90 ~ 85 |
| | 5 ~ 10 | 8 ~ 10 | 0.7 ~ 1.8 | 90 ~ 80 |
| | 10 ~ 15 | 7 ~ 8 | 1.2 ~ 2.2 | 85 ~ 75 |
| | 15 ~ 20 | 6 ~ 7 | 1.6 ~ 2.6 | 75 ~ 70 |
| | 20 ~ 25 | 5 ~ 6 | 1.8 ~ 2.8 | 70 ~ 65 |

(3)坡式梯田的断面设计要点:

坡式梯田沟埂间距根据地面坡度、降雨和土壤含沙量而定,一般是土壤含沙量越低、雨量越大、地面坡度越陡,沟埂间距越小;反之沟埂间距越大。

坡式梯田经过逐年加高土埂,最终变成水平梯田的断面。

坡式梯田一般埂顶宽 30 ~ 40 cm,埂高 50 ~ 60 cm,外坡 1∶0.5,内坡 1∶1。

多雨地区土埂不能全部拦蓄的,应配置坡面小型蓄排工程,排蓄径流泥沙。

坡式梯田的断面见图 7-2-2。

(4)隔坡梯田的断面设计要点：

隔坡梯田适应的地面坡度(15°~25°)

平台的宽度要求既能适应耕作，又能容蓄斜坡部分的暴雨。一般斜坡与平台宽度比例可为 1:1~1:3。

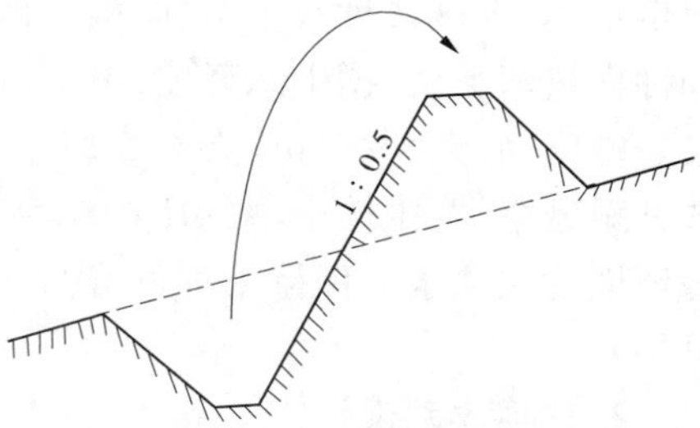

图 7-2-2  坡式梯田的断面

#### 2.4.2.2  水土保持造林设计

水土保持造林设计包括造林密度设计和整地工程设计。

1. 造林密度设计

造林密度一般有株行距计和单位面积计两种。用材林造林密度一般每公顷 2 000~3 000 株；经济林与果园造林密度一般每公顷 1 000~2 000 株；以灌木为主的饲料林和薪炭林，一般每公顷 10 000~20 000 丛。另外要考虑不同立地条件的造林密度变化。

2. 整地工程设计

整地工程防御标准：按 1~5 年一遇 3~6 h 最大雨量设计。

带状整地工程适应于地形比较完整、土层较厚的坡面。整地工程基本上顺等高线连续布设。

(1)水平阶。适用于 15°~25° 的陡坡。阶面宽 1.0~1.5 m，具有 3°~5° 反坡。上下两阶间的水平距离，以设计的造林行距为准。

(2)水平沟。适用于 15°~25° 的陡坡。沟口上宽 0.6~1.0 m，沟底宽 0.3~0.5 m，沟深 0.4~0.6 m。根据设计的造林行距和坡面暴雨径流情况，确定上下两沟的间距和沟的具体尺寸。

(3)反坡梯田。主要用于经果林。一般在坡度较缓、土层较厚、坡面平整的地方，田面宜向内倾 3°~5° 反坡，田面宽 2~3 m。应根据设计的果树行距，确定上下两台梯田的间距，并基本沿等高线布设，长度不限。田边蓄水埂高 0.3 m，顶宽 0.3 m；横向比降宜保持在 1% 以内。

(4)水平犁沟。适用于地块较大、5°~10° 的缓坡。用机械或畜力作成水平犁沟，深 0.2~0.4 m，上口宽 0.3~0.6 m。根据设计的造林行距，确定犁沟间距。

穴状整地工程主要适用于地形破碎，土层较薄，不能采取带状整地工程的地方。

(1)鱼鳞坑。每坑平面呈半圆形，长径 0.8 m~1.5 m，短径 0.5 m~0.8 m；坑深 0.3~0.5 m，坑内取土在下沿作成弧状土埂，高 0.2 m~0.3 m。各坑呈"品"字形错开排列。根据造林设计的行、株距，确定坑的行距和穴距。

(2)大型果树坑。适用于在土石山区或丘陵区种植果树时开挖，深 0.8~1.0 m，圆形直径 0.8~1.0 m，方形各边长 0.8 m~1.2 m。坑内填入表土。

#### 2.4.2.3  水土保持种草设计

1. 草种设计

选作水土保持草种的基本条件是草种抗逆性强，保土性好，生长迅速，经济价值高。根据地面水分情况，一般干旱地区选种旱生草类，普通地区选种中生草类，沟塘凹地选种湿生草类,水域选种水生草类;根据地面温度情况,低温湿地区选种喜温凉草类,高温地区选种喜热草类;根据生态环境,林下阴蔽地面选种耐阴草类,风沙地选种耐沙草类;根据土壤酸碱度,酸性土壤(pH 在 6.5 以下),可选种耐酸草类,碱性土壤(pH 在 7.5 以上),可选种耐碱草类,中性土壤(pH 在 6.5 ~ 7.5 之间),可选种中性草类。不同气候带、不同生态环境的主要水土保持草种见 GBT 16453.2—2008 附录 C(不同生态环境主要水土保持草种)。

2.种草方式设计

(1)直播。是种草的主要方式,分条播、穴播、撒播、飞播几种。

①条播。适应地面完整,坡度在 25°以下的地块,放牧草地应采取宽行距(1.0 ~ 1.5 m)条播。

②穴播。适应于地面破碎,坡度 25°以上的地块,以及坝坡、堤坡、田坎等部位,沿等高人工开穴,行距与穴距大致相等,相邻上下两行穴位呈"品"字形排列。

③撒播。对退化草场进行人工改良时采用。一般应选抗逆性较强的草种,特别应注重选用当地草场中的优良草种。

④飞播。地广人稀种草面积较大时采用。

(2)混播。在直播中采取两种以上的草类进行混播。

3.播种量设计

实际播种量按式(7-2-7)进行计算:

$$A = R/CF \tag{7-2-7}$$

式中　$A$——实际播种量,kg/hm²;

　　　$R$——理论播种量,kg/hm²;

　　　$C$——种籽的纯净度,%;

　　　$F$——种籽的发芽率,%。

上述各项参数按《水土保持综合治理 技术规范 荒地治理技术》(GB/T 16453.2—2008)的计算方法求算。

### 2.4.2.4　截水沟与排水沟设计

1.防御暴雨标准及布设原则

(1)防御暴雨标准:按 10 年一遇 24 h 最大降雨量设计。

(2)布设原则:①当坡面下部是梯田或林草,上部是坡耕地或荒坡时,应在其交界处布设截水沟;坡面过长时,可增设几道截水沟,间距取 20 ~ 30 m;蓄水式截水沟基本上沿等高线布设,排水式截水沟应与等高线取 1% ~ 2% 的比降;当截水沟不水平时,应在沟中每 5 m ~ 10 m 修一高 20 cm ~ 30 cm 的小土垱,防止冲刷。②排水沟一般布设在坡面截水沟一端,排水沟的终端连接蓄水池或天然排水道;排水沟在坡面上的比降,当排水出口的位置在坡脚时,排水沟大致与坡面等高线区交线正交布设,当排水出口的位置在坡面时,排水沟可基本沿等高线或与等高线斜交换设;梯田区两端的排水沟,一般与坡面等高线正交布设,大致与梯田两端的道路同向。

2.断面设计

(1)截水沟断面设计。

①蓄水式截水沟断面设计:每道截水沟的容量($V$)按式(7-2-8)计算

$$V = V_W + V_S \qquad (7\text{-}2\text{-}8)$$

式中  $V$——截水沟容量,$m^3$;

　　　$V_W$——一次暴雨径流量,$m^3$;

　　　$V_S$——1~3 年土壤侵蚀量,$m^3$。

$V_W$、$V_S$ 的确定按《水土保持综合治理 技术规范 小型蓄排引水工程》(GB/T 16453. 4—2008)的计算方法求算。

截水沟由半挖半填作成梯形断面,其断面要素、常用数值如表 7-2-5 所示。

表 7-2-5  截水沟断面要素、常用数值

| 沟头宽 $B_d$ | 沟深 $H$ | 内坡比 $m_1$ | 外坡比 $m_2$ |
|---|---|---|---|
| 0.3~0.5 m | 0.4~0.6 m | 1:1 | 1:1.5 |

②排水式截水沟断面设计:分两种情况,即多蓄少排型和少蓄多排型。前者断面尺寸参照蓄水式截水沟,沟底应取 1% 左右的比降;后者断面尺寸可参照下节排水沟的断面设计,同时应取 2% 左右的比降。

(2)排沟断面设计:排水沟断面 $A_2$,根据设计频率暴雨坡面最大径流量,按明渠均匀流公式计算。

$$A_2 = \frac{Q}{C\sqrt{Ri}} \qquad (7\text{-}2\text{-}9)$$

式中  $A_2$——排水沟断面面积,$m^2$;

　　　$Q$——设计坡面最大径流量,$m^3/s$;

　　　$C$——谢才系数;

　　　$R$——水力半径,m;

　　　$i$——排水沟比降。

上式中各参数的确定按《水土保持综合治理 技术规范 小型蓄排引水工程》(GB/T 16453.4—2008)的计算方法求算。

#### 2.4.2.5  蓄水池与沉沙池设计

1.防御暴雨标准与布设原则

(1)防御暴雨标准:按 10 年一遇 24 h 最大降雨量设计。

(2)布设原则:①蓄水池一般布设在坡脚或坡面局部低凹处,与排水沟相连,以容蓄坡面排水。②根据坡面径流总量,一个坡面可集中布设一个蓄水池,也可设若干蓄水池。③蓄水池的位置应根据地形有利、岩性良好、蓄水容量大、工程量小、施工方便等条件具体确定。④沉沙池一般布设在蓄水池进水口的上游附近,排水沟(或排水式截水沟)排出的水,先进入沉沙池,泥沙沉淀后,再将清水排入池中。沉沙池的具体位置可以紧靠蓄水池,也可以与蓄水池保持一定距离。

2.断面设计

1)蓄水池断面设计

蓄水池断面包括容量、池体、进水口和溢洪口、引水渠 4 部分设计。

（1）容量设计：蓄水池总容量按式(7-2-10)计算：

$$V = K(V_W + V_S) \tag{7-2-10}$$

式中　$V$——蓄水池容量，$m^3$；

　　　　$V_W$——设计频率暴雨径流量，$m^3$；

　　　　$V_S$——设计清淤年($n$ 年)累计泥沙淤积量，$m^3$；

　　　　$K$——安全系数，取 $1.2 \sim 1.3$。

以上各参数的计算及取值可参照《水土保持综合治理技术规范 小型蓄排引水工程》(GB/T 16453.4—2008)中"蓄水池设计"计算方法。

（2）池体设计：根据当地地形和总容量，因地制宜地分别确定池的形状、面积、深度和周边角度。

（3）进水口和溢洪口设计：石料衬砌的蓄水池，衬砌中应专设进水口与溢洪口；土质蓄水池的进水口和溢洪口，应进行石料衬砌。过水断面校核按《水土保持综合治理 技术规范 小型蓄排引水工程》(GB/T 16453.4—2008)的计算方法。

（4）引水渠设计：当蓄水池进口不是直接与坡面排水渠终端相连时，应布设引水渠。参照坡面排水沟的要求设计。

2）沉沙池设计

沉沙池包括池体尺寸设计、进水口和出水口设计。

（1）池体尺寸设计：沉沙池为矩形，宽 $1 \sim 2$ m，长 $2 \sim 4$ m，深 $1.5 \sim 2.0$ m，要求其宽度为排水沟宽度的 2 倍，长度为池体宽度的 2 倍，并有适当深度。

（2）沉沙池的进水口和出水口设计：参照蓄水池进水口尺寸设计，并应作好石料衬砌。

#### 2.4.2.6　路旁、沟底小型蓄引工程

路旁、沟底小型蓄引工程包括水土流失地区的水窖、旱井、涝池以及山丘间泉水利用等路旁、沟底小型蓄引工程。设计标准为 $10 \sim 20$ 年一遇最大 $3 \sim 6$ h 降雨量。

1. 水窖设计

（1）布设要求：一般布设在村旁、路旁有足够地表径流来源的地方，窖址应有深厚坚实的土层，石质山区的水窖应修在不透水的基岩上。来水量不大的修井式水窖，蓄水量较大的修窖式水窖。

（2）断面设计：井式水窖窖体由窖筒、旱窖、水窖三部分组成(见图 7-2-3)。地面建筑物由窖口、沉沙池、进水管三部分组成。各部分的尺寸参见《水土保持综合治理 技术规范 小型蓄排引水工程》(GB/T 16453.4—2008)。

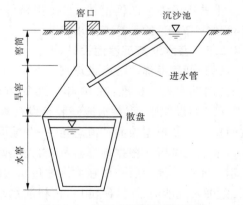

图 7-2-3　井式水窖断面示意图

窖式窖体由水窖、窖顶、窖门三部分组成(见图 7-2-4)。地面建筑物由取水口、沉沙池、进水管三部分组成。各部分的尺寸参见《水土保持综合治理 技术规范 小型蓄排引水

工程》（GB/T 16453.4—2008）。

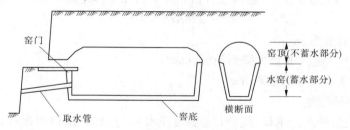

图 7-2-4　窑式水窖断面示意图

2. 涝池设计

（1）布设要求：主要修于路旁或改建的道路胡同之中，用于拦蓄道路径流，同时可供饮畜和洗涤之用，选址要求土质较好，无裂缝，暴雨中有足够地表径流的地方。

（2）断面设计：涝池多为土质，形状依地形而异，边坡一般为 1:1。圆形直径一般 10~15 m，方形、矩形边长各 10~20 m，边坡 45°。大型涝池不在路旁的需修建引水渠，并在涝池入口修建退水装置，防止过量洪水入池。

### 2.4.2.7　沟头防护工程设计

1. 暴雨防御标准与布设原则

（1）防御标准：沟头防护工程的防御标准是 10 年一遇 3~6 h 最大暴雨。

（2）布设原则：

围埝式：沟头来水量较小时，在沟头以上 3~5 m 处，围绕沟头修筑土埝，拦蓄上面来水，制止径流进入沟道。

围埝蓄水池式：当沟头来水量较大，不能全部拦蓄时，在围埝以上修建蓄水池，拦蓄部分坡面来水。

跌水式：当沟头陡立面高差较小时，用浆砌块石修成跌水，下设消能设备，承接疏导沟头来水。

悬臂式：当沟头陡崖高差较大时，用水槽或导管悬臂置于沟头陡坎上，将来水挑泄下沟，沟底设消能设施。

2. 设计要点

（1）蓄水式沟头防护设计：包括沟头来水量设计和围埝断面及位置设计。

沟头来水量设计：来水量按式（7-2-11）计算

$$W = 10KRF \qquad (7\text{-}2\text{-}11)$$

式中　$W$——来水量，$m^3$；

$\quad\quad F$——沟头以上集水面积，$m^3$；

$\quad\quad R$——10 年一遇 3~6 h 最大降雨量，m；

$\quad\quad K$——径流系数。

围埝断面及位置设计：围埝为土质梯形断面，埝高 0.8~1.0 m，顶宽 0.4~0.5 m，内外坡比为 1:1。围埝位置一般距沟头 3~5 m。要求围埝蓄水量大于沟头来水量，以满足拦蓄要求。

（2）排水型沟头防护工程设计：设计流量按式（7-2-12）计算

$$Q = 278KIF \times 10^{-6} \tag{7-2-12}$$

式中　$Q$——设计流量，$\mathrm{m^3/s}$；

　　　$I$——10 年一遇 1 h 最大降雨强度，$\mathrm{mm/h}$；

　　　$F$——沟头以上集水面积，$\mathrm{hm^2}$；

　　　$K$——径流系数。

跌水式沟头防护由进水口、陡坡（或多级跌水）、消力池、出口海漫等组成；悬臂式沟头防护建筑物由引水渠、挑流槽支架及消能设施组成。其技术要求按 GB/T 16453.3 沟壑治理技术（溢洪道设计标准）执行。

### 2.4.2.8　谷坊设计

谷坊一般呈群系布设，根据谷坊建筑材料的不同，可分为土谷坊、石谷坊、植物谷坊三类。谷坊工程的防御标准为 10 ~ 20 年一遇 3 ~ 6 h 最大暴雨。

1. 布设要求

（1）谷坊位置要求：选择沟底比降大于 5% ~ 10% 的沟段修建谷坊群，根据沟底比降图，从下而上初步拟定每座谷坊位置，一般高 2 ~ 5 m；谷坊间距布设遵循"顶底相照"原则，即下一座谷坊的顶部大致与上一座谷坊基部等高（见图 7-2-5）。

（2）谷坊坝址要求：口小肚大，工程量小，库容大；沟底与岸坡地质良好，稳固；取用建筑材料（土、石、柳桩等）方便。

2. 设计要点

1）土谷坊设计

土谷坊设计包括坝体尺寸设计和溢洪口设计。

（1）坝体尺寸设计：根据谷坊所在位置的地形条件，参照表 7-2-6 进行。

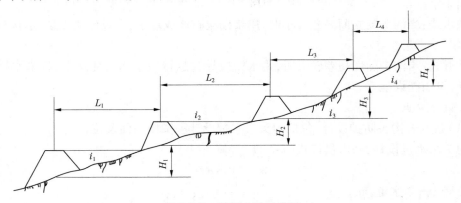

图 7-2-5　谷坊布设示意图

（2）溢洪口设计：土谷坊的溢洪口设在土坝一侧的坚实土层或岩基上，上下两座谷坊的溢流口尽可能左右交错布设。沟道低平，不能开挖溢流洪口的，可将土坝超高沟床 0.5 ~ 1 m，坝体在沟岸两侧外延 2 ~ 3 m，并用草皮或块石护砌，使洪水从坝的两端漫至坝下农、林、牧地，或安全转入沟谷，不允许水流直接回流到坝脚处。

表 7-2-6　土谷坊坝体断面尺寸

| 坝高(m) | 顶宽(m) | 底宽(m) | 迎水坡比 | 背水坡比 |
|---|---|---|---|---|
| 2 | 1.5 | 5.9 | 1:1.2 | 1:1.0 |
| 3 | 1.5 | 9.0 | 1:1.3 | 1:1.2 |
| 4 | 2.0 | 13.2 | 1:1.5 | 1:1.3 |
| 5 | 2.0 | 18.5 | 1:1.8 | 1:1.5 |

注:1. 坝顶作为交通道路时,按交通要求确定坝顶宽度。

2. 在谷坊能迅速淤满的地方,迎水坡比可采取与背水坡比一致。

溢洪口断面尺寸设计可按《水土保持综合治理 技术规范 沟壑治理技术》(GB/T 16453.3—2008)要求查算。

2)石谷坊设计

石谷坊断面有阶梯式和重力式两种形式,见图 7-2-6。

干砌阶梯式石谷坊:一般坝高 2～4 m,顶宽 1.0～1.3 m,迎水坡 1:0.2,背水坡 1:0.8,坝顶过水深 0.5～1.0 m,一般不蓄水,坝后 2～3 年淤满。

重力式浆砌石石谷坊:一般坝高 3～5 m,顶宽为坝高 0.5～0.6 倍,迎水坡 1:0.1,背水坡(1:0.5)～(1:1)。

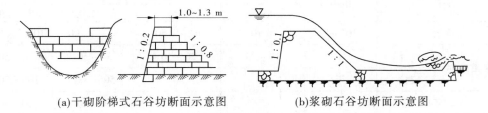

(a)干砌阶梯式石谷坊断面示意图　　　(b)浆砌石谷坊断面示意图

图 7-2-6　石谷坊断面示意图

石谷坊的溢水口一般设在坝顶,设计洪峰流量按《水土保持综合治理 技术规范 沟壑治理技术》(GB/T 16453.3—2008)要求计算。

3)植物谷坊设计

常见有多排密植型和柳桩编篱型。

(1)多排密植型:在沟中已定谷坊位置垂直于水流方向,挖沟密植柳杆(或杨杆),沟深 0.5～1.0 m,杆长 1.5～2.0 m,埋深 0.5～1.0 m,露出地面 1.0～1.5 m。每处谷坊栽植柳 5 排以上,行距 1.0 m,株距 0.3～0.5 m,埋杆直径 5～7 cm。

(2)柳桩编篱型:在沟中已定谷坊位置打 2～3 排柳桩,桩长 1.5～2.0 m,打入地中 0.5～1.0 m。排距 1.0 m,桩距 0.3 m。用柳梢将柳桩编织成篱,在每两排篱中填入卵石或块石,再用捆扎柳梢盖顶。用铅丝将柳桩绑扎为一体。

#### 2.4.2.9　淤地坝设计

1. 坝址选择

淤地坝的选址应尽量选择在"口小肚大"的地形部位,坝岸应有开挖溢洪道的良好地形地质条件,避开陷穴、泉眼等不良地质影响,坝址附近应有良好的筑坝材料,交通方便,水源充足,并注意减少淹没损失,避免淹没村庄、大片农田和重要基础设施。

2. 工程布局

(1)小型淤地坝一般只设土坝与溢洪道或土坝与泄水洞两大件,溢洪道应布设在岸坡基础地质较好的一侧,以减少衬砌工程量。

(2)大、中型淤地坝,一般应有土坝、溢洪道、泄水洞三大件,也可根据情况增设反滤体。坝型一般采用均质土坝,若坝址处是基岩,可先修浆砌石或堆石坝,等淤平后,在其上修均质土坝。

(3)溢洪道应布设在完整、坚硬的基岩或土基上,避开破碎面、滑坡体和断层,进水口距坝肩应不小于 10 m,出水口距下游坝脚不小于 20 m,以保证坝体安全。

(4)泄水洞应布设在基岩或坚实土基上,泄水洞方向应与坝轴线垂直,布设在灌溉用水一侧,出口处的消力池应布设在坝体以外,以保证坝体安全。泄水洞进口一般应采用卧管式,并尽可能布设在溢洪道同侧,以保证暴雨洪水中放水安全、方便。

3. 水文计算

(1)设计洪水标准与淤积年限计算:根据坝型确定设计洪水标准与淤积年限,见表 7-2-7。

表 7-2-7　　淤地坝设计洪水标准与淤积年限

| 项目 | | 单位 | 淤地坝类型 | | | |
|---|---|---|---|---|---|---|
| | | | 小型 | 中型 | 大(二)型 | 大(一)型 |
| 库容 | | $10^4$ m³ | < 10 | 10 ~ < 50 | 50 ~ < 100 | 100 ~ < 500 |
| 洪水重现期 | 设计 | 年 | 10 ~ 20 | 20 ~ 30 | 30 ~ 50 | 30 ~ 50 |
| | 校核 | 年 | 30 | 50 | 50 ~ 100 | 100 ~ 300 |
| 淤积年限 | | 年 | 5 | 5 ~ 10 | 10 ~ 20 | 20 ~ 30 |

注:大型淤地坝下游如有重要经济建设、交通干线或居民密集区,应根据实际情况,适当提高设计洪水标准。

(2)设计洪水计算:洪峰流量、洪水总量、洪水过程线的推算按《水土保持综合治理技术规范 沟壑治理技术》(GB/T16453.3—2008)要求查算。

4. 建筑物设计

1)土坝设计

土坝设计主要包括坝高确定、坝体断面的确定、坝体土方计算和坝体分期加高设计等几部分。

(1)坝高确定:淤地坝坝体总高由拦泥坝高、滞洪坝高、安全超高三部分组成。淤地坝总库容由拦泥库容和滞洪库容组成(见图 7-2-7)。

$$H = H_1 + H_2 + H_3 \tag{7-2-13}$$

式中　　$H$——坝体总高,m;

　　　　$H_1$——拦泥坝高,m

　　　　$H_2$——滞洪坝高,m;

　　　　$H_3$——安全超高,m。

拦泥坝高,可根据年淤量和设计淤积年限确定拦泥库容,然后从坝高—库容曲线上查

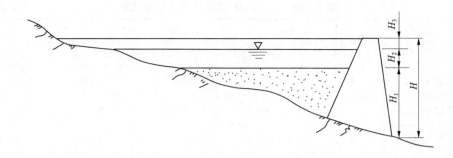

**图 7-2-7　淤地坝坝高组成示意图**

得拦泥坝高。滞洪坝高,根据确定的洪水总量与洪峰流量,设计溢洪道最大排洪量,与之对应的溢洪道最大过水深即为滞洪坝高。安全超高的确定,坝高为 10 m 时,安全超高取 0.5 ~ 1.0 m;坝高为 10 ~ 20 m 时,安全超高取 1.0 ~ 1.5 m;坝高 >20 m 时,安全超高取 1.5 ~ 2.0 m。

(2)坝体断面的确定:包括坝顶宽度、上下游坝坡、水坠坝施工边埂断面等(见表 7-2-8 ~ 表 7-2-10)。

**表 7-2-8　不同施工方法与不同坝高的坝顶宽度**　　　　　　(单位:m)

| 施工方法 | 坝高(m) | | | |
|---|---|---|---|---|
| | < 10 | 10 ~ < 20 | 20 ~ < 30 | 30 ~ 40 |
| 碾压施工 | 2 ~ 3 | 3 ~ 4 | 4 ~ 5 | 5 ~ 6 |
| 水坠施工 | 3 ~ 4 | 4 ~ 5 | 5 ~ 6 | 6 ~ 7 |

注:坝顶宽度不得小于 2 m,如因交通需要,坝顶宽度可适当增加。

**表 7-2-9　不同坝高与不同施工方法的坝坡比**

| 施工方法 | 坝坡类别与坝体土质 | 坝高 | | | |
|---|---|---|---|---|---|
| | | 10 m | 20 m | 30 m | 40 m |
| 碾压施工 | 上游坝坡 | 1:1.50 | 1:2.00 | 1:2.50 | 1:3.00 |
| | 下游坝坡 | 1:1.25 | 1:1.50 | 1:2.00 | 1:2.00 |
| 水坠施工 | 沙壤土 | 1:2.00 | 1:2.25 | 1:2.50 | 1:3.00 |
| | 轻粉质壤土 | 1:2.25 | 1:2.50 | 1:2.75 | 1:3.25 |
| | 中粉质壤土 | 1:2.50 | 1:2.75 | 1:3.00 | 1:3.50 |
| | 重粉质壤土 | 1:2.75 | 1:3.00 | 1:3.50 | 1:3.75 |

注:水坠施工上下游坡比相同,根据坝体土质不同而取不同坡比。

表 7-2-10　不同坝高、不同土质的边埂宽度　　　　　　（单位:m）

| 坝体土质 | 坝高 | | | | |
|---|---|---|---|---|---|
| | <15 | 15 ~ <20 | 20 ~ <25 | 25 ~ <30 | 30 ~ 40 |
| 沙壤土 | 2 ~ 3 | 3 ~ 4 | 4 ~ 5 | 5 ~ 6 | 6 ~ 7 |
| 轻粉质壤土 | 3 ~ 4 | 4 ~ 5 | 5 ~ 6 | 6 ~ 7 | 6 ~ 9 |
| 中粉质壤土 | 4 ~ 5 | 5 ~ 6 | 6 ~ 7 | 7 ~ 8 | 8 ~ 10 |
| 重粉质壤土 | 5 ~ 6 | 6 ~ 7 | 7 ~ 8 | 8 ~ 9 | 9 ~ 11 |

（3）坝体土方计算:小型坝一般采用简易长宽相乘法计算坝体土方量,大中型坝采用等高线包围面积法计算坝体土方量。参见《水土保持综合治理　技术规范　沟壑治理技术》（GB/T 16453.3—2008）附录 C。

（4）坝体分期加高设计:坝体分期加高可分为新建土坝一次设计分期加高和旧坝加高两种情况。参见《水土保持综合治理　技术规范　沟壑治理技术》（GB/T 16453.3—2008）的不同要求。

2）溢洪道设计

中小型淤地坝一般采用明渠式溢洪道。不同地基采用不同的断面形式:岩石或黏重的地基,采用矩形断面;壤土地基采用梯形断面,中型淤地坝可做成复式断面。溢洪道断面尺寸,根据设计洪峰流量和溢洪道明渠比降、糙率系数等有关因素确定。

大中型淤地坝及骨干坝一般采取陡坡式溢洪道。陡坡式溢洪道由进口段、陡坡段、出口段三部分组成;进口段包括引水渠、渐变段、溢流堰;出口段包括消力池、渐变段和尾水渠,见图 7-2-8。溢洪道断面规格可按照《水土保持治沟骨干工程技术规范》（SL 289—2003）有关规定执行。

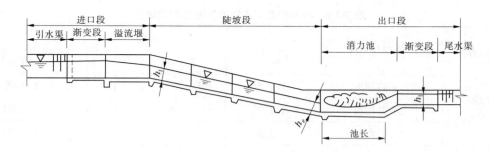

图 7-2-8　陡坡式溢洪道剖面图

3）泄水建筑物设计

泄水建筑物由进口段、输水段、出口消能段三部分组成（见图 7-2-9）。

进口段一般采用分级卧管形式,管顶高度应超出库内最高洪水位,采用浆砌料石台阶形式,每个台阶高差 0.4 ~ 0.5 m,每台阶设 1 ~ 2 个放水孔。卧管末端与涵管或涵洞连接

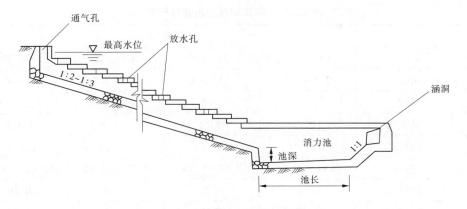

图 7-2-9　泄水建筑物剖面图

处设消力池。

输水段采用涵洞输水,位置应与坝轴线正交,由浆砌料石或预制混凝土管做成。沿涵洞每 10~15 m 砌筑一道截水环,突出管壁 0.4~0.5 m。

出口消能段,如涵洞出口位置较低,可直接下连消力池;如涵洞出口位置较高,则需修一段引水渠,连接陡坡,陡坡末端连接消力池。

泄水建筑物各部分具体设计技术要求可按照《水土保持治沟骨干工程技术规范》(SL 289—2003)有关规定执行。

4)反滤体设计

一般小型淤地坝淤积快,蓄水时间短,可不设反滤体。大中型淤地坝和骨干坝,应设反滤体排水。反滤体的形式可分为棱体式和斜卧式(见图 7-2-10)。

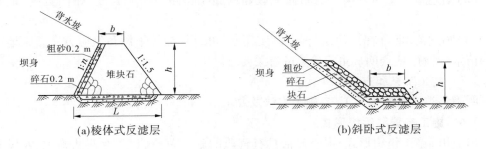

(a)棱体式反滤层　　　　　　　　　　(b)斜卧式反滤层

图 7-2-10　反滤体的形式示意图

反滤体由三层材料组成,最里层为粗砂,中间层为砾石,最外层为干砌块石。不同坝高的反滤体尺寸设计见表 7-2-11。

## 2.4.3　小流域施工组织设计和分年度实施计划编制方法

《水土保持工程项目初步设计报告编制规程》(SL 449—2009)规定,小流域施工组织设计包括确定各项水土保持措施工程量、明确施工条件、施工工艺与方法、提出施工布置与组织形式、施工进度(年度实施计划)等。各部分内容如下。

表 7-2-11　不同坝高的反滤体尺寸

| 项目 | | 坝高(m) | | | |
|---|---|---|---|---|---|
| | | 10 ~ <15 | 15 ~ <20 | 20 ~ <25 | 25 ~ 30 |
| 反滤体高度 | | 2.0 ~ 2.5 | 2.5 ~ 3.0 | 3.0 ~ 3.5 | 3.5 ~ 4.0 |
| 棱体式 | 顶宽 | 1.0 ~ 1.2 | 1.2 ~ 1.8 | 1.8 ~ 2.0 | 3.5 ~ 4.0 |
| | 外坡比 | 1:1.5 | 1:1.5 | 1:1.5 | 1:1.5 |
| | 内坡比 | 1:1.00 | 1:1.25 | 1:1.25 | 1:1.25 |
| | 底宽 | 6.00 ~ 8.01 | 8.01 ~ 9.75 | 9.75 ~ 11.62 | 11.62 ~ 13.00 |
| 斜卧式 | 砂层厚 | 0.20 | 0.25 | 0.30 | 0.30 |
| | 碎石层厚 | 0.20 | 0.25 | 0.30 | 0.30 |
| | 块石层厚 | 0.50 | 0.60 | 0.70 | 0.80 |
| | 顶宽 | 1.00 | 1.50 | 2.00 | 2.00 |

**2.4.3.1　工程量**

(1)汇总各类措施的数量及工程量。按《水土保持工程项目初步设计报告编制规程》(SL 449—2009)中表 B.0.2 – 8 格式编制。

(2)工程措施的工程量调整系数按《水利工程设计工程量计算规定》(SL 328—2005)执行,林草措施的工程量调整系数取 1.03。

**2.4.3.2　施工条件**

(1)阐述工程区气候和水文条件对工程施工的影响。

(2)阐述施工交通方案。需新修或改建的施工道路应明确长度、路面宽度、结构型式。

(3)阐述苗木(种籽)、建筑材料,施工用水、电、风、油等来源和供应方案。跨地区调运的苗木(种籽)应说明病虫害检疫的有关要求。

**2.4.3.3　施工工艺和方法**

明确各类措施的施工工艺、施工方法及要求。

**2.4.3.4　施工布置和组织形式**

(1)明确施工组织形式,主要包括具有资质的施工单位施工、专业队施工、农民施工或多种形式结合。

(2)对于治沟骨干工程以及较大的拦沙坝、塘坝、泥石流排导工程等应提出施工总布置,主要包括土石方平衡、取料场、弃渣场、场内道路、施工场地等。

**2.4.3.5　施工进度**

(1)工程施工进度安排的原则:根据项目建设所需劳力、工程物料和投资要求,结合项目区现有条件下的人、财、物的供应能力,以及机械调配情况等,提出分年度施工进度安排。对关系流域生态全局的重点项目、基础项目应优先安排。

(2)编制水土保持措施进度安排表。按《水土保持工程项目初步设计报告编制规程》(SL 449—2009)中表 B.0.2 – 7 格式编制,水土保持单项工程的施工进度表应按水利工程的施工进度表要求编制。

## 2.4.4　项目初步设计阶段水土保持措施设计要求

《水土保持工程项目初步设计报告编制规程》(SL 449—2009)规定,项目初步设计阶段水土保持措施设计包括工程措施设计、植物措施设计、封禁治理措施设计等内容,各部分设计要求如下。

### 2.4.4.1　工程措施

1. 梯田工程

(1)结合田间道路、蓄灌设施、截排水沟等确定梯田区的布设。

(2)根据总体布置,拟定修筑梯田小班的面积、降水、土壤(主要是厚度)、地形、建筑材料来源等情况,选定梯田的型式,确定田块布置。

(3)确定梯田的设计标准、断面尺寸,明确施工方法和技术要求。

(4)选定田坎防护利用的林草措施。

(5)需要进行机耕道整治的还应明确道路布局,路面结构形式。

2. 引洪漫地(或治滩造田)工程

(1)根据河流或沟道治导线规划,计算河流(或沟道)洪水水位、流量,查明滩岸冲刷情况,选定引洪漫地的具体位置,确定淤漫面积和引洪形式。

(2)计算确定引洪量,布设引洪渠首建筑物、引洪渠系并确定其断面尺寸。

(3)划分淤漫地块,选定地块围堰(格子坝)、进退水口的位置和断面尺寸。

(4)明确引洪含沙量要求、淤漫定额、时间和厚度以及施工方法和技术要求。

(5)需运土垫滩造地的应明确土源、爆破方式、运输道路等。

3. 淤地坝工程

(1)以小流域为单元的坝系工程应确定建坝密度、治沟骨干工程和淤地坝的数量与位置、建坝顺序、布设方式。

(2)治沟骨干工程应按《治沟骨干工程技术规范》的要求,淤地坝设计应按《水土保持综合治理技术规范》中关于淤地坝的技术要求,参照《治沟骨干工程技术规范》的要求,确定淤地坝的设计标准和规模,比选确定坝址、坝型、建筑物组成与布置,计算并确定建筑物断面尺寸、基础处理等,提出施工总布置、方法和技术要求、进度安排等。治沟骨干工程设计应单列附件。

(3)治沟骨干工程采用水力冲填(水坠坝)施工的应按《水坠坝技术规范》执行。

4. 拦沙坝工程

(1)确定坝址位置、坝型,计算确定拦沙量、坝高及坝体断面尺寸。

(2)明确建筑材料来源、运输道路、施工组织形式、施工方法和技术要求等。

5. 沟头防护和谷坊工程

(1)确定沟头防护工程的设计标准、形式、位置和断面尺寸,提出施工方法和技术要求。

(2)查勘沟道比降,绘制纵断面图,根据沟道洪水等情况确定谷坊的设计标准、谷坊数量、位址及断面尺寸,提出施工方法和技术要求。

6. 小型拦蓄引排水工程

（1）小型拦蓄引排水工程包括截水沟、排水沟、水窖、涝池、蓄水池、滚水坝、人字闸、塘坝等，本阶段应确定小型拦蓄引排水工程的设计标准、形式、位置和断面尺寸。

（2）滚水坝应按《水土保持综合治理技术规范》的要求并参照小型水利工程有关规范执行；人字闸、塘坝设计参照小型水利工程有关规范执行。

（3）引水灌溉工程设计应按农田水利工程的有关规范执行。

（4）小型蓄水工程涉及人畜饮用水的，应查明汇集水区基本情况，计算确定需水量、汇集水区的面积、蓄水工程的数量、引水渠的位置，明确水质保护的要求。

7. 护岸工程

护岸工程包括坡式护岸、坝式护岸、墙式护岸等形式。应明确防洪设计标准，查明工程地质条件，合理确定护岸型式，参照堤防工程设计规范进行设计。

8. 泥石流排导和停淤、抗滑桩、挡墙等工程

泥石流排导和停淤、抗滑桩、挡墙等工程应按水工、挡墙工程设计规范进行设计。

### 2.4.4.2　林草措施

1. 水土保持造林

（1）应划分立地类型，按立地类型选定树种以及确定造林季节、整地方式和规格、造林密度、栽植方法、抚育管理，作出典型设计并落实到小班上。

（2）在荒山荒坡上布设的经济林，还应明确选择的品种、苗源、整地、施肥、浇水等特殊要求。

2. 果园和经济林栽培园

（1）结合田间道路、蓄灌设施、截排水沟等，确定栽培区的布设。需要进行机耕道整治的还应明确道路布局，确定路面结构形式。

（2）选定栽培品种，明确栽植密度、整地方式及规格、施肥和灌溉等。

3. 种草

划分立地类型，按立地类型选定草种以及确定整地方式、需种（苗）量、种植方法、抚育管理，作出典型设计并落实到小班上。

### 2.4.4.3　封禁治理措施

（1）明确封禁方式、封禁制度，明确标志位置及断面设计。

（2）沼气池、节柴灶、舍饲养畜、生态移民等封禁治理配套措施，按国家有关规范进行设计。

## 2.4.5　各类措施典型设计图绘制技术

《水土保持工程项目初步设计报告编制规程》（SL 449—2009）规定，各类措施典型设计图包括水土保持林草措施典型设计图和工程措施典型设计图。对于淤地坝、治沟骨干工程、拦沙坝、塘坝等则需要绘制水土保持单项工程设计图。

### 2.4.5.1　水土保持林草措施典型设计图

水土保持林草措施典型设计图应按《水利水电工程制图标准 水土保持图》（SL 73.6—2001）规定的要求绘制。

水土保持林草措施典型设计图包括各类整地方式典型设计图和栽植配置设计图。

1.典型设计图图式

(1)造林典型设计图:整地样式设计图主要反映整地穴的大小和形状,采用平面和纵断面(剖面)图表示。

栽植配置设计图采用平面图、立面图、透视图和鸟瞰图(效果图)。栽植平面图表示水平方向上乔灌木、草本与藤本植物在地面上的配置关系,栽植植物的水平投影以成林后其树冠或丛植状态为准进行图示表示。栽植立面图表示成林后与行带走向相垂直的剖面结构。行带走向与等高线垂直,断面(剖面)图不能同时表示行带的垂直结构与地形关系时,应采用三维立体透视图表示。

(2)种草典型设计图:水土保持种草典型设计图一般包括整地图式和播种图式。

水土保持种草工程整地,必须绘制整地典型设计图,如水平阶整地。播种图式主要反映草种在地面上的栽种位置和形式及草种组成、配置形式等。播种图式应明确注记草种的名称、行距(或穴距)及草带配置的宽度和间隔等内容。

(3)其他要求:水土保持林草各类典型设计图,均注记有明确的反映空间关系的尺寸,如整地工程各部分尺寸、株行距等,以 m 或 cm 计。

水土保持林草典型设计图的图式中还应注明立地类型号、用表格形式明确种植密度及需苗量、种植技术措施。

水土保持林草典型设计图图式示例见图 7-2-11。

2.典型设计图图例

树(或草)种种植典型设计图中的平面设计图例应采用《水利水电工程制图标准 水土保持图》(SL 73.6—2001)中"表 4.5.3.2 – 2"中平面设计树种图例和"表 4.5.3.2 – 4"中平面设计草种图例,但均不应加脚注符号;剖面设计则采用"4.5.3.2 – 3"中的树(或草)种剖面图例。

### 2.4.5.2　水土保持工程措施典型设计图

水土保持工程措施典型设计图是指梯田、谷坊、沟头防护、蓄水池、水窖、截排水沟等小型工程的典型设计图,应包括平面图、横断面图、局部放大图、比例尺、填充内容和标注等,应按《水利水电工程制图标准 水土保持图》(SL 73.6—2001)规定的要求绘制。

1.典型设计图图式

水土保持工程措施典型设计图图式中,一般包括平面图、横断面图、局部放大图。其中平面图反映主要建筑物的布置情况,横断面图反映建筑物结构,局部放大图反映细部结构(根据实际需要绘制)。

2.比例尺要求

参照《水利水电工程制图标准 水土保持图》(SL 73.6—2001)中对水土保持工程措施的比例尺的规定,在实际生产建设中,水土保持工程措施典型设计图中平面图的比例尺一般不小于1:2 000,横断面图的比例尺不小于1:500,局部放大图的比例尺不小于1:50。

水土保持工程措施的典型设计图可参见"2.4.2 《水土保持综合治理 技术规范》规划设计知识要点"中的示例。

××树(或草)种植典型设计

1　林地类型

2　造林或种草图式

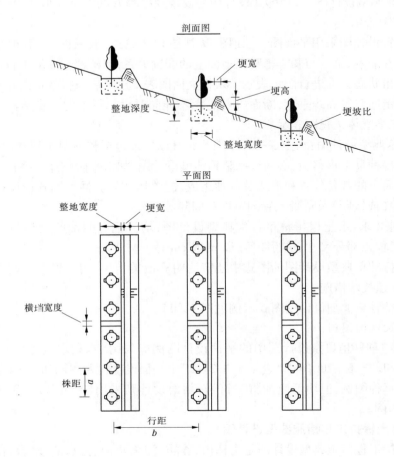

3　种植密度及需苗量

| 林种 | 树(或草)种 | 株距 | 行距 | 单位面积定植点数量 | 苗龄及等级 | 种植方法 | 需苗量 |
|---|---|---|---|---|---|---|---|
| | 针叶树 | | | | | | |

4　种植技术措施

| 项目 | 时间 | 方式 | 规格与要求 |
|---|---|---|---|
| 整地 | | 水平阶 | |
| 种植 | | | |
| 抚育 | | | |

图 7-2-11　××树(或草)种植典型设计图式示例

# 模块 3　水土保持施工

## 3.1　沟道工程施工

### 3.1.1　坝体滑坡、岸坡塌方及滑坡处理基本方法

#### 3.1.1.1　坝体滑坡的处理基本方法

按照水利行业标准《土石坝养护修理规程》（SL 210—98）的规定，坝体的滑坡应根据滑坡产生的原因和具体情况，采取开挖回填、加培缓坡、压重固脚、导渗排水等多种方法进行综合处理。

滑坡处理前，应严防雨水渗入裂缝内，可用塑料薄膜等覆盖封闭滑坡裂缝，同时应在裂缝上方开挖截水沟，拦截和引走坝面的雨水。

（1）开挖回填。应彻底清挖滑坡体上部已松动的土体，再按设计边坡线分层回填夯实；若滑坡体方量很大，不能全部挖除时，可将滑坡体上部能利用的松动土体移做下部回填土方，回填时由下至上分层回填夯实。开挖时，对未滑动的坡面，要按边坡稳定要求放足开口线；回填时，应将开挖坑槽时的阶梯逐层削成斜坡，做好新老土的结合。恢复或修好坝坡的护坡和排水设施。

（2）加培缓坡。适用于坝身单薄、坝坡过陡引起的滑坡。应按边坡稳定分析确定放缓坝坡的坡比。处理时应将滑动土体上部进行削坡，按放缓的坝坡加大断面，分层回填夯实。回填前，应先将坝趾排水设施向外延伸或接通新的排水体。回填后，应恢复和接长坡面排水设施和护坡。

（3）压重固脚。适用于滑坡体底部脱离坝脚的深层滑动情况。压重固脚常用的有镇压台和压坡体两种形式，应根据当地土料、石料资源和滑坡的实际情况采用。镇压台或压坡体应沿滑坡体全面铺筑，并伸出滑坡段两端 5 ~ 10 m，其高度和长度应通过稳定分析确定。一般石料镇压台的高度为 3 ~ 5 m，压坡体的高度一般为滑坡体高度的 1/2 左右，边坡为 1:3.5 ~ 1:5。当采用土料压坡体时，应先满铺一层厚 0.5 ~ 0.8 m 的砂砾石滤层，再回填压坡体土料。镇压台和压坡体的布置不得影响坝容坝貌，并应恢复或修好原有排水设施。

（4）导渗排水。适用于排水体失效、边坡土体饱和而引起的滑坡。导渗沟可采用"Y"、"W"、"I"等形状，但不允许采用平行于坝轴线的纵向沟。导渗沟的下部必须伸到坝坡稳定的部位或坝脚，并与排水设施相通。导渗沟之间滑坡体的裂缝，必须进行表层开挖、回填封闭处理。

#### 3.1.1.2　岸坡塌方、滑坡处理基本方法

对于库坝区的崩岸如岸坡塌方、滑坡处理基本方法如下：

（1）首先要稳定坡脚，固基防冲。

（2）待崩岸险情稳定后，再处理岸坡。可采用开挖回填、加培缓坡、压重固脚等措施。

（3）为减缓崩岸险情的发展，必须采取措施防止急流顶冲的破坏。

## 3.1.2　沟道工程施工组织设计

建设项目施工组织设计通常分为三个类型，即施工组织总设计、单位工程施工设计和分部工程施工设计。水土保持项目视其规模，一般以小流域或单项工程（单位工程）为对象编制施工组织总设计或单项（单位工程）施工组织设计。

对水土保持沟道工程如治沟骨干工程或大型淤地坝，宜以每座工程为对象编制施工组织设计，中小型淤地坝和其他沟道工程（如谷坊、沟头防护等）宜以单项工程（坝系）为对象编制施工组织设计。在编制深度上，通常应达到建设项目单位工程施工组织设计的深度，用以直接指导工程施工。在水土保持综合治理项目施工组织总设计和施工单位总的施工部署的指导下，具体地确定施工方案，安排人力、物力、财力，它是施工单位编制作业计划和进行现场布置的重要依据，也是指导现场施工的纲领性的技术文件。沟道工程施工组织设计在初步（扩大）设计批准后或施工图设计完成后，由施工单位负责编制。

### 3.1.2.1　施工组织设计的原则

（1）应采用新技术和新工艺，节约人力、物力和财力。

（2）应合理安排施工期，尽量避免临汛坝体开工。

（3）工程施工布局应尽量少占地，减少对原有植被的破坏。

（4）道路、供电、供水应满足施工要求。

（5）施工进度安排应确保工程按期完成。

### 3.1.2.2　施工组织设计的内容

施工组织设计的内容一般包括工程概况及施工特点；施工部署与施工方案；开工前施工准备工作计划；施工进度计划；施工现场平面布置图；资源需要量计划；质量、安全、节约及冬雨期施工的技术保证措施；主要技术经济指标的确定。其中施工部署与施工方案、施工进度计划、施工现场平面布置图是施工组织设计的核心部分。

（1）工程概况及施工特点。包括所建沟道工程的技术特征、小流域沟道坝址特征、施工条件等三个方面。

（2）施工部署与施工方案。包括施工任务的组织分工和安排、工程施工方案、主要施工方法及"三通一平"规划。其中工程施工方案的内容主要包括确定施工程序、划分施工段、主要分部工程施工方法和施工机械的选择等。

（3）开工前施工准备工作计划。包括现场测量；临时设施的准备；施工用水、电、路及场地平整的作业安排；劳动力、机具、材料、构件、加工品等的准备工作。

（4）施工进度计划。包括确定施工过程、计算工程量、确定劳动量和机械台班数、确定各施工过程的作业天数、安排施工进度并绘制进度计划图。参见技师"3.1.3　沟道工程施工进度计划和资源量需求计划编制方法"。

（5）施工现场平面布置图。对建设空间（平面）的合理利用进行设计和布置。包括建筑总平面上已建和拟建的地上与地下的一切房屋、构筑物及其他设施的位置和尺寸；各种材料、半成品、构件以及工业设备等的仓库和堆场;为施工服务的一切临时设施的布置(包括搅拌站、加工棚、仓库、办公室、供水供电线路、施工道路等);测量放线标桩,地形等高线,土方取弃场地;安全、防汛设施。

(6)资源需要量计划。包括劳动力、机械设备、材料和构件等供应计划。

(7)质量、安全、节约及冬雨期施工的技术保证措施。包括为保证施工质量、安全,冬、雨季施工等制定的相关技术措施。

(8)主要技术经济指标的分析。目的是分析论证和评价施工组织设计的技术经济效果,并作为考核的依据。重点包括施工方案技术经济分析、施工进度计划分析、施工平面图分析。评价施工方案优劣的指标有施工周期、成本、劳动消耗量,投资额等。施工进度计划的质量通常采用工期、资源消耗的均衡性、主要施工机械的利用程度等指标分析。施工平面图设计的优劣,可参考以下技术经济指标:施工场地面积、场内运距、临时设施数量、施工安全可靠性、施工文明及生态化程度等。

## 3.1.3　沟道工程施工中滑坡、塌方的事故处理预案制定

### 3.1.3.1　制定沟道工程施工中滑坡、塌方的事故处理预案的目的和作用

1. 目的

(1)在水土保持沟道工程施工过程中,对可能发生的滑坡、塌方等突发事故危害等紧急情况作出应对措施。

(2)确保突发事故发生后能及时正确有序开展救援活动,并确保不产生新的危害和损失。

2. 作用

(1)明确了应急救援的范围和体系,使应急准备和应急管理有据可依、有章可循。

(2)有利于作出及时的应急响应,减轻事故危害程度。

(3)通过编制沟道工程施工中滑坡、塌方的事故处理预案,也可以起到基本的应急指导作用;有针对性制定应急措施、进行专项应急准备和演习。

(4)当发生超过应急能力的重大事故时,便于与上级应急部门协调。

(5)有利于提高施工单位和施工人员的风险防范意识。

### 3.1.3.2　沟道工程施工中滑坡、塌方的事故处理预案的内容

沟道工程施工中滑坡、塌方的事故处理预案属于专项应急预案,应当包括可能发生的事故特征及危险性分析、应急组织机构与职责、预防与预警、应急处置程序、处置措施和应急保障等内容。

1. 可能发生的事故特征及危险性分析

沟道工程施工中,因基坑、高边坡土石方开挖、地下洞室开挖、坝体修筑等可能产生滑坡、坍塌、涌水、流沙等,而引发事故,不仅会给企业带来经济损失,而且极易造成人员伤亡。应针对具体项目进行分析。

2. 应急组织机构与职责

应急组织机构包括:应急救援指挥、技术支持、后勤保障、现场抢险、医疗救护、警戒保卫、通信联络等机构、职责分工。

3. 预防与预警

（1）预防措施：主要包括土方施工、石方明（暗）挖、竖井及涵洞施工中的安全要点制定、危险源监控。

（2）预警行动：应急救援机构根据预测结果，一旦发现有突降大雨、暴雨或因其他原因，施工中有滑坡、塌方紧急突发事件的可能性时，要立即启动应急预案。

4. 应急处置程序

应急处置程序主要包括应急报警机制、应急处置程序。

（1）应急报警机制：应急报警机制由应急上报机制、内部应急报警机制、外部应急报警机制和汇报程序四部分组成。其形式为由下而上、由内到外，形成有序的网络应急报警机制。

（2）应急处置程序：包括响应分级、响应程序。

事故事件和紧急情况分级：按突发事故事件及紧急情况的性质、严重程度、可控制性和影响范围，方法上可分为一般（Ⅰ级）、较大（Ⅱ级）、重大（Ⅲ级）、特别重大（Ⅳ级）四级。

响应程序：针对不同的潜在事故和紧急情况，制定有针对性的抢险救援措施，确保在紧急情况发生时，能按照所制定的措施展开救援行动，应急响应程序按过程可分为接警、响应级别确定、应急启动、救援行动、应急恢复和应急结束等。

5. 处置措施

制定施工中一旦发生滑坡、塌方等险情时的紧急处置措施，包括应急处置措施、应急路线及标识。

（1）应急处置措施：包括监测人员、安全员或第一目击者报告"在哪里"、"什么事"，尤其要说明坍塌时是否造成人员受伤或掩埋；现场指挥人员决定停止施工所有作业活动、人员撤离、对坍塌区域进行封闭隔离、禁止无关人员进入等；应急领导组长应向第一报告者和作业现场人员询问人员受伤情况及具体位置，粗略估计伤害程度，组织医疗救护队就位，抢救伤员，医疗救护等；组织专业队伍实施加固，防止边坡不断失稳，造成救援人员二次伤害。

（2）应急路线及标志：为保证抢救人员，车辆通行顺利畅通，现场利用原有道路及应急道路作为抢救路线。施工期间，材料按照平面布置堆放，并保证道路上不堆放材料，车辆按照指定位置停放，不得影响道路畅通。发生安全事故向外部求救时，应说明事故发生的详细地址、事故性质、大致情况、严重程度及电话号码等，为保证外部抢救力量顺利到达抢救地点，主要路口或有明显标志处应有专人迎接。

6. 应急保障

应急保障包括应急物资与装备保障。明确应急救援需要使用的应急设备、设施、物品和装备的类型、数量、性能、存放位置、管理责任人及其联系方式。

主要大型设施设备的准备包括运输车辆、挖掘机、推土机、自卸汽车、汽车吊等。

主要应急常用工具和器材包括安全帽、安全带、卷扬机、电动葫芦、污水泵、高压水泵、应急灯、防毒面具、手电筒、对讲机等。

主要应急救护工具和急救物品包括临时救护担架，创可贴、止血胶带、绷带、无菌敷料、棉纱布、棉棒、碘酒、酒精和各种常用小夹板、担架、止血袋、氧气袋及常用的救护药品等。

## 3.1.4 沟道工程质量评定项目划分及工程质量检验知识要点

### 3.1.4.1 沟道工程单位工程、分部工程、单元工程的划分规定

根据《水土保持工程质量评定规程》(SL 336—2006)规定,水土保持沟道工程质量评定项目划分见表7-3-1。

质量评定时工程项目划分应在工程开工前完成,由工程监理单位、设计与施工单位、建设单位等共同研究确定。

(1)单位工程划分。大型淤地坝或骨干坝,以每座工程作为一个单位工程。小型水利水土保持工程如沟头防护、谷坊、拦沙坝等,统一划归为小型水利水保工程,作为一个单位工程。

(2)分部工程划分。大型淤地坝或骨干坝划分为地基开挖与处理、坝体填筑、坝体与坝坡排水防护、溢洪道砌护、放水工程等分部工程。小型水利水保工程划分为沟头防护、谷坊、拦沙坝、小型淤地坝等分部工程。

(3)单元工程划分。具体见表7-3-1。

### 3.1.4.2 工程质量检验程序、内容和方法

1. 工程质量检验的程序

工程质量检验包括施工准备检查、中间产品及原材料质量检验、单元工程质量检验、质量事故检查及工程外观质量检验等程序。

工程开工前,施工单位应对施工准备工作进行全面检查,并经监理单位确认合格后才能进行施工。

施工单位应及时将中间产品及原材料质量、单元工程质量等级自评结果报监理单位,由监理单位核定后报建设单位。

大中型工程完工后,由项目法人单位组织质量监督机构、监理、设计、施工单位进行现场检验评定。参加外观质量评定的人员应具有工程师及以上技术职称。评定组人数不应少于5人。

表 7-3-1 水土保持沟道工程质量评定项目划分表

| 单位工程 | 分部工程 | 单元工程划分 |
|---|---|---|
| 大型淤地坝和骨干坝 | △地基开挖与处理 | 1. 土质坝基及岸坡清理:将坝左岸坡、右岸坡及坝基作为基本单元工程,每个单元工程长度为50~100 m,不足50 m的可单独作为一个单元工程;大于100 m的可划分为两个以上单元工程<br>2. 石质坝基及岸坡清理:同土质坝基及岸坡清理<br>3. 土沟槽开挖及基础处理:按开挖长度每50~100 m划分为一个单元工程,不足50 m的可单独作为一个单元工程<br>4. 石质沟槽开挖及基础处理:同土沟槽开挖及基础处理<br>5. 石质平洞开挖:按开挖长度每30~50 m划分为一个单元工程,不足30 m的可单独作为一个单元工程 |

续表 7-3-1

| 单位工程 | 分部工程 | 单元工程划分 |
|---|---|---|
| 大型淤地坝和骨干坝 | △坝体填筑 | 1. 土坝机械碾压:按每一碾压层和作业面积划分单元工程,每一单元工程作业面积不超过 2 000 m²<br>2. 水坠法填土:同土坝机械碾压 |
| | 坝体与坝坡排水防护 | 1. 反滤体铺设:按铺设长度每 30～50 m 划分为一个单元工程,不足 30 m 的可单独作为一个单元工程<br>2. 干砌石:按施工部位划分单元工程,每个单元工程量为 30～50 m,不足 30 m 的可单独作为一个单元工程<br>3. 坝坡修整与排水:将上、下游坝坡作为基本单元工程,每个单元工程长 30～50 m,不足 30 m 的可单独作为一个单元工程 |
| | 溢洪道砌护 | 浆砌石防护,划分方法同上(干砌石) |
| | △放水工程 | 1. 浆砌混凝土预制件:按施工面长度划分单元工程,每 30～50 m 划分为一个单元工程,不足 30 m 的可单独作为一个单元工程<br>2. 预制管安装:按施工面的长度划分单元工程,每 50～100 m 划分为一个单元工程,不足 50 m 的可单独作为一个单元工程<br>3. 现浇混凝土:按施工部位划分单元工程,每个单元工程量为 10～20 m³,不足 10 m³ 的可单独作为一个单元工程 |
| 小型水利水保工程 | 沟头防护 | 以每条侵蚀沟作为一个单元工程 |
| | △小型淤地坝 | 将每座淤地坝的地基开挖与处理、坝体填筑、排水与放水工程分别作为一个单元工程 |
| | △拦沙坝 | 以每座拦沙坝工程作为一个单元工程 |
| | △谷坊 | 以每座谷坊工程作为一个单元工程 |
| | 塘堰 | 以每个塘堰作为一个单元工程 |

**注:**带△符号者为主要分部工程。

2. 对中间产品及原材料检验的规定

施工单位应按相关技术标准对中间产品及原材料质量进行全面检验,并报监理单位复核。不合格产品,不得使用。

3. 对单元工程检验的规定

施工单位应按相关技术标准检验单元工程质量,作好施工记录,并填写《水土保持工程单元工程质量评定表》(见表 7-3-2)。监理单位根据自己抽检的资料,核定单元工程质量等级。发现不合格单元工程,应按设计要求及时进行处理,合格后才能进行后续单元工程施工。对施工中的质量缺陷要记录备案,进行统计分析,并记入《水土保持工程单元工程质量评定表》"监理单位质量认证等级"栏内。

表 7-3-2　水土保持工程单元工程质量评定表

工程名称：　　　　　　　　　　　　　　编号：

| 单位工程名称 | | 分部工程名称 | |
|---|---|---|---|
| 单元工程名称 | | 施工时段 | |

| 序号 | 检查、检测项目 | 测点数 | 合格数 |
|---|---|---|---|
| 1 | | | |
| 2 | | | |
| … | | | |
| 检验结果 | | | |

| 施工单位质量评定等级 | 质检员：<br>质检部门负责人：<br>日期：　　年　　月　　日 |
|---|---|
| 监理单位质量认证等级 | 工程监理处：<br>认证人：<br>　　　　　日期：　　年　　月　　日 |

## 3.1.5　沟道工程施工技术总结报告编写

水土保持沟道工程施工技术总结作为一项技术性报告，是项目验收的重要技术档案资料。

### 3.1.5.1　施工技术总结报告编写要求

(1)施工技术总结的编写应以实施计划、年度工作总结、施工日志等为依据，必要时应进行施工调查，如深入现场进行抽样检查、总结访谈等。

(2)施工技术总结应能反映出施工中重要技术环节。关键处要叙述清楚，必要时应附图表、照片。

(3)统计数字力求准确，反复核实，并与竣工数量一致。

(4)施工技术总结在开工时应指定专人注意收集、编写资料，竣工后在规定期限内整理完成。

### 3.1.5.2　水土保持沟道工程施工技术总结报告的内容

水土保持沟道工程施工技术总结的具体内容可分为：工程概况；施工特点；主要技术条件和标准；施工技术；施工质量管理；主要经验、问题及建议。

1. 工程概况

简要说明工程在整个项目中的位置、工程布置、主要技术经济指标、主要建设内容。

2. 施工特点

施工特点包括施工环境特点及施工条件、技术特点、机械化程度等。

3. 主要技术条件和标准

主要技术条件和标准主要包括水土保持沟道工程施工主要技术参数、技术要求、标准依据等。

4. 施工部署及施工保障

施工部署及施工保障主要包括阐明施工总体布置、施工组织安排、工序、机械工具、时间、劳力安排、经费预算等。

5. 施工技术

(1)施工测量:介绍水土保持沟道工程施工前及施工中,根据设计图在现场进行测量放样的作业,是否严格按照设计的要求进行。

(2)施工关键技术问题及采取的措施:包括基础处理、主体工程、附属工程施工技术、施工工艺、方法等。

(3)技术攻关及新技术、新工艺、新材料、新方法应用情况:阐明工程施工过程中遇到的主要技术难题及解决情况;水土保持沟道工程施工中,新技术、新工艺、新材料、新方法应用情况。

6. 施工质量管理

阐明本工程的施工质量保证体系及实施情况,质量事故及处理,工程施工质量自检情况等。

7. 主要经验、问题及建议

水土保持沟道工程施工主要经验、问题及建议包括施工技术、施工组织、工程质量、施工保障、施工安全等方面的经验总结、存在问题及建议。

8. 附件

附件主要包括有关图、表、照片及有关专题技术报告等。

# 3.2　坡面治理工程施工

## 3.2.1　坡面治理工程的施工组织设计

参见沟道工程的施工组织设计。

## 3.2.2　坡面治理工程质量评定项目划分及工程质量评定知识要点

### 3.2.2.1　坡面治理工程质量评定项目划分

根据《水土保持工程质量评定规程》(SL 336—2006)的规定,水土保持工程质量评定应划分为单位工程、分部工程、单元工程三个等级。坡面治理工程质量评定项目划分见表7-3-3。

表 7-3-3　水土保持坡面治理工程质量评定项目划分表

| 单位工程 | 分部工程 | 单元工程划分 |
|---|---|---|
| 基本农田 | △水平梯（条）田 | 以设计的每一图班作为一个单元工程,每个单元工程面积 5～10 hm²,不足 5 hm² 的可单独作为一个单元工程,大于 10 hm² 的可划分为两个以上单元工程 |
| | 水浇地、水田 | 同水平梯（条）田 |
| | 引洪漫地 | 以一个完整引洪区作为一个单元工程,面积大于 40 hm² 的可划分为两个以上单元工程 |
| 小型水利水保工程 | 水窖 | 以每眼水窖作为一个单元工程 |
| 南方坡面水系工程 | 截（排）水沟 | 按长度划分单元工程,每 50～100 m 划分为一个单元工程。不足 50 m 的可单独作为一个单元工程,大于 100 m 的可划分为两个以上单元工程 |
| | 蓄水池 | 以每座蓄水池作为一个单元工程 |
| | 沉沙池 | 以每个沉沙池作为一个单元工程 |
| | 引（灌）水渠 | 按长度划分单元工程,每 50～100 m 划分为一个单元工程。不足 50 m 的可单独作为一个单元工程,大于 100 m 的可划分为两个以上单元工程 |

**注**:带 △ 符号者为主要分部工程。

### 3.2.2.2　工程质量评定知识要点

1. 单元工程质量评定

单元工程质量达不到合格标准时,必须及时处理。处理后其质量等级应按下列规定确定:

(1)全部返工重做的,可重新评定质量等级。

(2)经加固补强并经鉴定能达到设计要求的,其质量可按合格处理。

(3)经鉴定达不到设计要求,但建设单位、监理单位认为能基本满足防御标准和使用功能要求的,可不加固补强,其质量可按合格处理,所在分部工程、单位工程不应评优;或经加固补强后,改变断面尺寸或造成永久性缺陷的,经建设单位、监理单位认为基本满足设计要求,其质量可按合格处理,所在分部工程、单位工程不应评优。

建设单位或监理单位在核定单元工程质量时,除应检查工程现场外,还应对该单元工程的施工原始记录、质量检验记录等资料进行查验,确认单元工程质量评定表所填写的数据、内容的真实和完整性,必要时可进行抽检。同时,应在单元工程质量评定表中明确记载质量等级的核定意见。

2. 分部工程质量评定

同时符合下列条件的分部工程可确定为合格:

(1)单元工程质量全部合格。

(2)中间产品质量及原材料质量全部合格。

同时符合下列条件的分部工程可确定为优良：

（1）单元工程质量全部合格，其中有50%以上达到优良，主要单元工程、重要隐蔽工程及关键部位的单元工程质量优良，且未发生过质量事故。

（2）中间产品和原材料质量全部合格。

3．单位工程质量评定

同时符合下列条件的单位工程可确定为合格：

（1）分部工程质量全部合格。

（2）中间产品质量及原材料质量全部合格。

（3）大中型工程外观质量得分率达到70%以上。

（4）施工质量检验资料基本齐全。

同时符合下列条件的单位工程可确定为优良：

（1）分部工程质量全部合格，其中有50%以上达到优良，主要分部工程质量优良，且施工中未发生过重大质量事故。

（2）中间产品和原材料质量全部合格。

（3）大中型工程外观质量得分率达到85%以上。

（4）施工质量检验资料齐全。

4．工程项目质量评定

单位工程质量全部合格的工程可评为合格。

符合以下标准的工程可评为优良：单位工程质量全部合格，其中有50%以上的单位工程质量优良，且主要单位工程质量优良。

## 3.2.3　坡面治理工程质量评估报告编写

根据《水土保持工程质量评定规程》（SL 336—2006）的规定，工程质量评估（定）报告是单元工程、分部工程及单位工程完工后，在施工单位自评的基础上，经监理单位、建设单位、项目质量监督机构复核或核定，编写的对工程质量予以正确评定的报告。它是对工程质量客观、真实的评价，是质量监督机构评定工程质量等级的重要文件。

### 3.2.3.1　工程质量评定组织与管理的有关要求

根据《水土保持工程质量评定规程》（SL 336—2006）的规定，单元工程质量应由施工单位质检部门组织自评，监理单位核定；重要隐蔽工程及工程关键部位的质量应在施工单位自评合格后，由监理单位复核，建设单位核定；分部工程质量评定应在施工单位质检部门自评的基础上，由监理单位复核，建设单位核定；单位工程质量评定应在施工单位自评的基础上，由建设单位、监理单位复核，报质量监督单位核定；工程项目的质量等级应由该项目质量监督机构在单位工程质量评定的基础上进行核定，编写工程质量评定报告；质量事故处理后，应按处理方案的质量要求，重新进行工程质量的检验和评定。

### 3.2.3.2　工程质量评估（定）报告的总体要求

工程质量评估报告应能客观、公正、真实地反映所评估的单位工程、分部工程、单元工程的施工质量状况，能反映工程的主要质量状况，反映出工程的结构安全、重要使用功能及观感质量等方面的情况。

### 3.2.3.3　水土保持坡面治理工程质量评估(定)报告编写方法及主要依据

可按实际情况编写分部工程或单位工程水土保持坡面治理工程质量评估(定)报告。施工单位在组织自评时,应随工程进展阶段编写分部工程质量评定报告、单位工程质量评定报告。

水土保持坡面治理工程质量评估(定)报告编写的主要依据是施工单位自检填写的,经监理单位复核的"水土保持工程单元工程质量评定表",以及各分部工程、单位工程质量评定情况及中间产品质量分析情况。

### 3.2.3.4　工程质量评定(估)报告的内容

参照《水土保持工程质量评定规程》(SL 336—2006)的规定,评估报告内容一般应包括工程概况、工程设计及批复情况、质量监督情况、质量数据分析、质量事故及处理情况、遗留问题的说明、报告附件目录、工程质量等级意见。

(1)工程概况。说明工程名称、建设地点、工程规模、所在流域、开工(完工)日期,建设、设计、施工、监理单位等。

(2)工程设计及批复情况。简述工程主要指标、效益及主管部门的批复意见。

(3)质量监督情况。简述人员配备、办法及手段。

(4)质量数据分析。简述工程质量评定项目的划分,分部工程、单位工程优良率、合格率及中间产品质量分析计算结果。

(5)质量事故及处理情况。

(6)遗留问题的说明。

(7)报告附件目录。

(8)工程质量等级意见。

## 3.2.4　坡面工程施工技术总结报告编写

参见"3.1.5　沟道工程施工技术总结报告编写"。

# 3.3　护岸工程施工

## 3.3.1　综合措施护岸工程设计与施工

### 3.3.1.1　综合措施护岸工程设计知识

综合措施护岸是工程措施护岸与植物措施护岸的综合应用,设计时既要满足工程措施的稳定及结构要求,又要满足植物措施典型设计要求。

#### 1.砌石草皮护坡

在坡度小于1:1、高度小于4 m、坡面有涌水的坡段,采用砌石草皮护坡。

砌石草皮护坡有两种形式:①坡面下部1/2～2/3采取浆砌石护坡,上部采取草皮护坡。②在坡面从上到下,每隔3～5 m沿等高线修一条宽30～50 cm的砌石条带,条带间的坡面种植草皮。砌石部位一般在坡面下部的涌水处或松散地层显露处,在涌水较大处设反滤层。

### 2. 格状框条护坡

框格护坡可采用混凝土、浆砌片块石、卵(砾)石等材料做骨架,框格内宜采用植物防护或其他辅助防护措施。这种形式适用于土质或风化岩石边坡防护,能有效地防止路基边坡在坡面水冲刷下形成冲沟,提高边坡表面地表粗糙度系数,减缓水流速度,并且与植草等生物防护相结合,能取得很好的景观效果。

框格的骨架宽度宜采用 20 ~ 30 cm,嵌入坡面深度应视边坡土质和当地气候条件来确定,一般为 15 ~ 20 cm。框格的大小应视边坡坡度、边坡土质来确定,并应考虑与景观的协调;骨架一般采用方格形,与边坡水平线成 45°夹角,方形框格尺寸宜为 1.0 m × 1.0 m ~ 3.0 m × 3.0 m。如做成拱形骨架的形式,拱圈的直径宜为 2 ~ 3 m。采用框格的边坡坡顶(0.5 m)及坡脚(1.0 m)应采用与骨架部分相同的材料镶边加固,加固条带的宽度宜为 40 ~ 50 cm。

### 3. 挂网喷草护坡

挂网喷草护坡,是指在坡面上铺设尼龙网或其他纤维织物网等土工格栅,并喷播草籽或草籽营养物混合体,以预防和治理水土流失、保护坡面稳定的一种草被种植方法。

土工格栅的网孔尺寸一般不小于 40 mm × 40 mm,每延米极限抗拉强度不小于 30 kN/m$^3$,延伸率不大于 10%;根据项目区气候条件和土壤情况,选择抗旱性强、根系发达的植物种类,采用混播的方式,以利于形成坡面稳定植物群落。

#### 3.3.1.2 综合措施护岸工程施工

综合措施护岸工程是工程措施与植物措施的结合,针对不同的综合措施护岸工程施工要点如下:

### 1. 砌石草皮护坡

(1)根据坡面的坡度、块地大小及植物的配置方案确定每一种植条带的宽度和高差。

(2)整地时,确保每一级种植条内形成下凹深度 10 cm 左右地形,有利于就地拦截雨水和避免初期产生的水土流失,减少上层径流对种植条带造成的冲刷。

(3)斜种草,竖码石,平种乔、灌、草。两种植条带间的坡面撒播草籽,覆盖无纺布或草帘;种植条带至上一层条带的陡坎部分,用块石顺坡码放并压实;土壤立地条件较差的坡面,在乔、灌木栽植时可采用穴状整地,并对植物生长的土壤进行改良,栽植穴内应施以底肥、浇足水。

(4)整地过程中应合理调度土方,避免因整地而造成新的水土流失。

### 2. 格状框条护坡

格状框条护坡施工主要是指混凝土、浆砌片块石、卵(砾)石等材料骨架的施工和框格内植物防护或其他辅助防护措施施工。施工时要注意以下各点:

(1)待坡面沉降稳定后,按设计要求平整坡面,清理坡面危石、松土,填补凹凸等。

(2)按图纸要求在已平整的边坡上放线,并根据设计进行基础开槽。

(3)自下而上砌筑骨架,骨架应紧贴坡面。为了保证骨架的稳定,骨架埋深不小于 15 cm。现浇混凝土骨架,需洒水养护 2 ~ 3 d。

(4)骨架砌筑完工后,及时回填种植土,并平整、拍实,回填土表面低于骨架顶面 2 ~ 3 cm,以便于蓄水并防止土壤、种子流失。

　　(5)播种作业可采用人工穴播、点播、撒播,播种后表面采用无纺布、稻草或草片等进行覆盖,以达到保墒、防冲刷的作用。铺植草皮作业中,草皮在骨架内从下向上错缝铺设压实,并用木桩或竹桩固定于边坡上。

　　3. 挂网喷草护坡

　　挂网喷草护坡施工应在春季、夏季或秋季进行,尽量避开雨天。施工流程为:清理坡面、开挖水平沟、客土填平、挂土工格栅、U 形钉固网、回填土、播种、盖无纺布和前、中、后期养护。施工时要注意以下各点:

　　(1)土工格栅下承层平整度小于 15 mm,表面严禁有可能损坏格栅的碎石、块石等坚硬凸出物。

　　(2)土工格栅铺设时应拉直、平顺、紧贴下承层,相邻两幅土工格栅叠合宽度不小于 10 cm,搭接位置用 U 形钉固定,间距 1.0 m,坡顶固定间距为 50 cm。地形局部有变化处应注意保持格栅平整,并增加 U 形钉密度。U 型钉用直径 8 mm 以上的钢筋制作。

　　(3)土工格栅在坡面铺设后坡顶及坡脚必须锚固。坡顶锚固可采用挖槽嵌固或深埋的方式,坡脚锚固可采取压于护脚下或深埋的方式。

　　(4)为免受阳光长时间暴晒,土工格栅材料摊铺到位后应及时覆种植土,覆土厚度一般为 8 ~ 10 cm。

　　(5)灌草种植时以播种为宜。播种后表面应加盖无纺布或稻草、草片等。

## 3.3.2　护岸工程的施工组织设计

　　护岸工程施工组织设计是以护岸工程为编制对象,用以指导其施工过程的各项施工活动的综合性技术经济文件。施工组织设计一般在施工图设计完成后,在拟建工程开工之前。由施工单位的技术负责人主持进行编制。

　　护岸工程施工组织设计的主要内容包括:

　　(1)工程概况及施工特点;

　　(2)施工方案与施工方法;

　　(3)单位工程施工准备工作计划;

　　(4)单位工程施工进度计划;

　　(5)各项资源需要量计划;

　　(6)施工平面图;

　　(7)质量、安全、节约及冬雨期施工的技术保证措施;

　　(8)主要技术经济指标的分析。

　　由于施工组织设计是指导护岸工程施工的纲领性文件,对搞好建筑施工起着重要的作用,必须重视和做好此项工作。

　　各项具体内容可参见"沟道工程施工组织设计"。

## 3.3.3　护岸工程质量评估(定)报告编写

　　参照《水土保持工程质量评定规程》(SL 336—2006)的规定,在水土保持生态建设工程中,小型护岸工程可与谷坊、拦沙坝等小型水利水土保持工程等,统一作为一个单位工程,参照沟道整治分部工程,划分单元工程;在开发建设水土保持工程中,护岸工程可参照斜坡防护或防洪排导单位工程,划分分部工程和单元工程。

护岸工程质量评估(定)报告编写参照"3.2.3　坡面治理工程质量评估报告编写"。

### 3.3.4　护岸工程施工技术总结报告编写

参见沟道工程施工技术总结报告编写。

# 3.4　生产建设项目水土流失防治措施施工

### 3.4.1　水土保持方案报告书附图、附表、水土保持方案报告表等内容规定

《开发建设项目水土保持技术规范》(GB 50433—2008)中,水土保持方案报告书附图、水土保持方案特性表、水土保持方案报告表等内容规定如下。

#### 3.4.1.1　水土保持方案报告书附图

水土保持方案报告书附图应包括以下内容:

(1)项目所在(经)地的地理位置图。

(2)项目区地貌及水系图。

(3)项目总平面布置图。

(4)项目区土壤侵蚀强度分布图、土地利用现状图、水土保持防治区划分图。

(5)水土流失防治责任范围图。

(6)水土流失防治分区及水土保持措施总体布局图。

(7)水土保持措施典型设计图。

(8)水土保持监测点位布局图。

#### 3.4.1.2　水土保持方案特性表

水土保持方案报告书一般应附水土保持方案特性表,其格式如表7-3-4所示。

#### 3.4.1.3　水土保持方案报告表

《开发建设项目水土保持技术规范》(GB 50433—2008)中,水土保持方案报告表见"附录B 水土保持方案报告表内容规定"。

建设项目水土保持方案报告表和水土保持方案报告书均为《开发建设项目水土保持技术规范》(GB 50433—2008)中规定的重要文件。水土保持方案报告表应注明项目编号、项目类别并辅以简要说明(项目简述、项目区概述、产生水土流失的环节分析、防治责任范围、措施设计及图纸、工程量及进度、投资、实施意见等)。报告表参考格式见表7-3-5。

### 3.4.2　《开发建设项目水土流失防治标准》中有关防治标准的知识

#### 3.4.2.1　建设项目水土流失防治指标

生产建设项目水土流失防治指标包括扰动土地整治率、水土流失总治理度、土壤流失控制比、拦渣率、林草植被恢复率、林草覆盖率等六项。

（1）扰动土地整治率：项目建设区内扰动土地的整治面积占扰动土地总面积的百分比。

（2）水土流失总治理度：项目建设区内水土流失治理达标面积占水土流失总面积的百分比。

（3）土壤流失控制比：项目建设区内，容许土壤流失量与治理后的平均土壤流失强度之比。

（4）拦渣率：项目建设区内采取措施实际拦挡的弃土（石、渣）量与工程弃土（石、渣）总量的百分比。

（5）林草植被恢复率：项目建设区内，林草类植被面积占可恢复林草植被（在目前经济、技术条件下适宜于恢复林草植被）面积的百分比。

（6）林草覆盖率：林草类植被面积占项目建设区面积的百分比。

### 表 7-3-4　水土保持方案特性表样式

| 项目名称 | | | 流域管理机构 | | |
|---|---|---|---|---|---|
| 涉及省区 | | 涉及地市或个数 | | 涉及县或个数 | |
| 项目规模 | | 总投资（万元） | | 土建投资（万元） | |
| 动工时间 | | 完工时间 | | 方案设计水平年 | |
| 项目组成 | 建设区域 | 长度/面积（m/hm²） | | 挖方量（万 m³） | 填方量（万 m³） |
| | | | | | |
| 国家或省级重点防治区类型 | | | 地貌类型 | | |
| 土壤类型 | | | 气候类型 | | |
| 植被类型 | | | 原地貌土壤侵蚀模数（t/(km²·a)） | | |
| 防治责任范围面积（hm²） | | | 土壤容许流失量（t/(km²·a)） | | |
| 项目建设区（hm²） | | | 扰动地表面积（hm²） | | |
| 直接影响区（hm²） | | | 损坏水保设施面积 | | |
| 建设期水土流失预测总量 | | | 新增水土流失量（t） | | |
| 防治目标 | 扰动土地整治率 | | 水土流失总治理度（%） | | |
| | 土壤流失控制比 | | 拦渣率（%） | | |
| | 植被恢复系数（%） | | 林草覆盖度（%） | | |

续表 7-3-4

| 项目名称 | | | 流域管理机构 | | |
|---|---|---|---|---|---|
| 防治措施 | 分区 | 工程措施 | | 植物措施 | 临时措施 |
| | | | | | |
| | | | | | |
| | | | | | |
| | 投资(万元) | | | | |
| 水土保持总投资(万元) | | | 独立费用(万元) | | |
| 水土保持监理费(万元) | | | 监测费<br>(万元) | | 补偿费<br>(万元) |
| 方案编制单位 | | | 建设单位 | | |
| 法定代表人及电话 | | | 法定代表人及电话 | | |
| 地址 | | | 地址 | | |
| 邮编 | | | 邮编 | | |
| 联系人及电话 | | | 联系人及电话 | | |
| 传真 | | | 传真 | | |
| 电子信箱 | | | 电子信箱 | | |

**填表说明**：①动工时间为施工准备期开始时间；②重点防治区类型指项目所在地归属于各级水土流失重点预防保护区、重点监督区和重点治理区的情况；③防治目标填写设计水平年时规划的综合目标值；④防治措施指汇总的建设期各类防治措施的数量，如工程措施中填写浆砌石挡墙(措施名称)及长度(措施量)；⑤水土保持总投资不包括运行期的各类费用。

表 7-3-5　水土保持方案报告表参考格式

| 项目名称 | | | | |
|---|---|---|---|---|
| 送审单位(个人) | | | | |
| 法定代表人 | | | | |
| 地址 | | | | |
| 联系人 | | | | |
| 电话 | | | | |
| 报送时间 | | | | |
| 项目概况 | 项目名称 | | | |
| | 项目负责人 | | 地点 | |
| | 占地面积 | | 工程投资 | (万元) |
| | 开工时间 | | 完工时间 | |
| | 生产能力 | | 生产年限 | |

续表 7-3-5

| 可能造成水土流失 | 弃土(石、渣)量 | | | |
|---|---|---|---|---|
| | 造成水土流失面积 | | | |
| | 损坏水保设施 | | | |
| | 估算的水土流失量 | | | |
| | 预测水土流失危害 | | | |
| 水土保持措施及投资 | 工程措施 | | 投资(万元) | |
| | 植物措施 | | 投资(万元) | |
| | 临时工程 | | 投资(万元) | |
| | 其他 | | 投资(万元) | |
| | 补偿费 | (万元) | | |
| | 水土保持总投资 | (万元) | | |
| 分年度实施计划 | 年度 | 措施工程量 | 投资(万元) | |
| | | | | |
| | | | | |
| | | | | |
| 编制单位 | | | | |
| 资格证书编号 | | | | |
| 编制人员 | | | | |
| 岗位证书号 | | | | |

**注:**①附生产建设项目地理位置平面图、设计总图各一份。②本表一式三份,经水行政主管部门审查批准后,一份留水行政主管部门作为监督检查依据,一份送项目审批部门作为审批项目依据,一份留本单位(或个人)作为实施依据。③在生产建设项目施工过程中,必须按"水土保持方案报告表"中的内容实施各项水土保持措施,并接受水行政主管部门监督检查。④用此表表达不清的事项,可用附件表述。

### 3.4.2.2 项目类型及时段划分

生产建设项目按建设和生产运行情况可划分为建设类和建设生产类,并按类别划分时段。

建设类项目可包括公路、铁路、机场、港口码头、水工程、电力工程(水电、核电、风电、输变电)、通信工程、输油输气管道、国防工程、城镇建设、开发区建设、地质勘探等水土流失主要发生在建设期的项目,其时段标准划分为施工期、试运行期。

建设生产类项目可包括矿产和石油天然气开采及冶炼、建材、火力发电、考古、滩涂开发、生态移民、荒地开发、林木采伐等水土流失发生在建设期和生产运行期的项目,其时段标准划分为施工期、试运行期、生产运行期。生产运行期应为从投产使用始至终止服务年,不同类型项目可根据生产运行期的长短再划分不同的时段,但标准不得降低。

### 3.4.2.3　防治标准等级与适用范围

生产建设项目水土流失防治标准的等级应按项目所处水土流失防治区和区域水土保持生态功能重要性确定。

1. 按生产建设项目所处水土流失防治区确定水土流失防治标准执行等级时规定

(1)一级标准:依法划定的国家级水土流失重点预防保护区、重点监督区和重点治理区及省级重点预防保护区。

(2)二级标准:依法划定的省级水土流失重点治理区和重点监督区。

(3)三级标准:一级标准和二级标准未涉及的其他区域。

2. 按生产建设项目所处地理位置、水系、河道、水资源及水功能、防洪功能等确定水土流失防治标准执行等级时规定

(1)一级标准:生产建设项目生产建设活动对国家和省级人民政府依法确定的重要江河、湖泊的防洪河段、水源保护区、水库周边、生态功能保护区、景观保护区、经济开发区等直接产生重大水土流失影响,并经水土保持方案论证确认作为一级标准防治的区域。

(2)二级标准:生产建设项目生产建设活动对国家和省、地级人民政府依法确定的重要江河、湖泊的防洪河段、水源保护区、水库周边、生态功能保护区、景观保护区、经济开发区等直接产生较大水土流失影响,并经水土保持方案论证确认作为二级标准防治的区域。

(3)三级标准:一、二级标准未涉及的区域。

3. 按上述的规定确定防治标准执行等级出现交叉时规定

(1)同一项目所处区域出现两个标准时,采用高一级标准。

(2)线型工程项目应根据 1.、2. 的规定分别采用不同的标准。

### 3.4.2.4　防治标准

生产建设项目水土流失防治标准应分类、分级、分时段确定,其指标值必须达到表 7-3-6 和表 7-3-7 的规定。

**表 7-3-6　建设类项目水土流失防治标准**

| 分类 | 一级标准 | | 二级标准 | | 三级标准 | |
|---|---|---|---|---|---|---|
| | 施工期 | 试运行期 | 施工期 | 试运行期 | 施工期 | 试运行期 |
| 1 扰动土地整治率(%) | * | 95 | * | 95 | * | 90 |
| 2 水土流失总治理度(%) | * | 95 | * | 87 | * | 80 |
| 3 土壤流失控制比 | 0.7 | 0.8 | 0.5 | 0.7 | 0.4 | 0.4 |
| 4 拦渣率(%) | 95 | 95 | 90 | 95 | 85 | 90 |
| 5 林草植被恢复率(%) | * | 97 | * | 95 | * | 90 |
| 6 林草覆盖率(%) | * | 25 | * | 20 | * | 15 |

注:"＊"表示指标值应根据批准的水土保持方案措施实施进度,通过动态监测获得,并作为竣工验收的依据之一。

**表 7-3-7　建设生产类项目水土流失防治标准**

| 分类 | 一级标准 | | | 二级标准 | | | 三级标准 | | |
|---|---|---|---|---|---|---|---|---|---|
| | 施工期 | 试运行期 | 生产运行期 | 施工期 | 试运行期 | 生产运行期 | 施工期 | 试运行期 | 生产运行期 |
| 1 扰动土地整治率(%) | * | 95 | >95 | * | 98 | >95 | * | 90 | >90 |
| 2 水土流失总治理度(%) | * | 90 | >90 | * | 85 | >85 | * | 80 | >80 |
| 3 土壤流失控制比 | 0.7 | 0.8 | 0.7 | 0.5 | 0.7 | 0.5 | 0.4 | 0.5 | 0.4 |
| 4 拦渣率(%) | 95 | 98 | 98 | 90 | 95 | 95 | 85 | 95 | 85 |
| 5 林草植被恢复率(%) | * | 97 | 97 | * | 95 | >95 | * | 90 | >90 |
| 6 林草覆盖率(%) | * | 25 | >25 | * | 20 | >20 | * | 15 | >15 |

注:"＊"表示指标值应根据批准的水土保持方案措施实施进度,通过动态监测获得,并作为竣工验收的依据之一。

### 3.4.3　生产建设项目水土流失防治措施竣工图的内容和要求

生产建设项目水土流失防治包含各类工程和生物防治措施,要求在施工前必须有详细的施工图作为参照标准进行各项防治工程的施工。建设项目水土流失防治措施的竣工图在内容上应包含各项单位工程的竣工图,即拦渣工程、斜坡防护工程、土地整治工程、防洪排导工程、降水蓄渗工程、临时防护工程、植被建设工程、防风固沙工程等单位工程竣工图。

水土流失防治措施竣工图的编制依据、编制步骤、编制基本要求等参见水土保持沟道工程竣工图编制。

### 3.4.4　生产建设项目水土流失防治措施单项工程施工总结的主要内容

单项工程是指具有单独设计文件的,建成后可以独立发挥生产能力或效益的一组配套齐全的工程项目。单项工程从施工的角度看是一个独立的系统,在工程项目总体施工部署和管理目标的指导下,形成自身的项目管理方案和目标,依照其投资和质量要求,如期建成并交付使用。

水土流失防治措施单项工程的施工应与生产建设项目主体工程的施工紧密结合,并相互协调。但作为主体工程的附属项目,在设计、施工和管理上又具有其相对的独立性。因此,其施工总结的主要内容可以主要围绕具体防治措施工程的设计标准、适用范围、施工管理与技术要求等进行分析和综述。

不同类型的水土流失防治措施单项工程,其施工总结的内涵和方式不尽相同,一般应从施工组织、施工条件、施工材料、施工方法、施工质量及施工进度等方面进行总结。施工总结应根据单项工程的特点结合文字说明附以必要的表格和竣工图。

### 3.4.5　弃渣场施工过程中崩塌、垮塌防治预案的主要内容

为保证弃渣场的稳定和安全,防止滑塌、垮塌现象的发生,弃渣场在施工过程中不能过分强调经济条件的可行性,应综合地区气候、渣场地形、水文地质、工程地质等自然地理条件进行全面考虑,制定切实可行的施工防治预案。

制定弃渣场施工防治预案时应从以下几个方面进行分析,并提出相应的防治措施。

#### 3.4.5.1　弃渣场位置的选择

弃渣场作为项目工程的附属工程,其位置选址具有一定的局限性,即受主体工程位置的牵制。一般情况下,选择运输距离短、占地面积小、生态破坏程度低的地方设置弃渣场。

#### 3.4.5.2　弃渣场小地形的选择

弃渣场的自稳能力与堆放地的小地形有密切关系。在重力作用下,自稳能力的大小排序为凹地 > 平地 > 沟谷 > 坡地。因此,小地形选择尽量选择凹地和平地,避免沟谷和坡地弃渣。

#### 3.4.5.3　渣体地表水处理措施

降雨雨滴动能作用于地表,将导致渣体中的微小颗粒飞溅并沿坡面向下移动,或弃渣场周边存在着面积大小不等的汇水区,降雨汇集后形成水流,造成水土流失,并直接冲刷渣体。因此,应采取径流引导和排放措施,并对渣体进行植被恢复,防治因水土流失而导致的渣体不稳。

#### 3.4.5.4　渣体地下水处理措施

渣体地下水位较高时,会降低渣体及地基的抗剪强度,增加渣体容重,降低自稳能力。因此,渣场施工应考虑保证地下水流出通道的通畅。同时,通过恢复植被,设置隔水层,防止地表水下渗。

#### 3.4.5.5　渣体地基基岩选择方案

当渣体抗剪能力大于基岩时,很容易发生渣体边坡整体稳定性破坏。因此,除在弃渣时考虑严格控制渣体高度外,应对渣体及弃渣区的地质情况作深入细致的调查,并采取相应的边坡稳定措施。

#### 3.4.5.6　坡地弃渣场安全处理措施

对于坡地地形,一般应尽量避免设置弃渣场。必须选择时应科学估算弃渣量,并选择合适位置设置挡墙对渣体拦截防护,防护工程完毕后再进行弃渣。

# 模块4　水土保持管护

## 4.1　工程措施管护

### 4.1.1　《水土保持工程运行技术管理规程》中淤地坝、拦沙坝的技术管理要求

#### 4.1.1.1　淤地坝技术管理要求

（1）应以落实管护责任主体，加强检查维护，做好坝区及上游水土保持，保证安全运用为管护重点。

（2）单坝或坝系建成后，落实工程管护的责任主体，健全技术管理制度。

（3）搞好库区及上游水土保持，开展坝系工程安全和效益监测。

（4）汛前和暴雨后应对工程设施进行全面检查。

（5）加强工程日常维护和岁修，做好工程的维修养护工作。

对于土坝的维修养护：①严禁在坝体上和坝体四周3 m以内种地、挖坑、打井、爆破和进行其他对工程有害的活动。②发现坝体滑坡、裂缝及洞穴等，应及时处理。保护各种观测设施的完好。清除排水沟内的淤泥和杂物。③土坝蓄水后，应检查背水坡脚有无渗流、管涌及两岸渗漏现象。如出现浑水或流土，应查明原因，填铺滤料，妥善处理。④坝轴线两端山坡如有天然集流槽，应及时在坡面修截流沟、排水沟。⑤对较浅的龟裂缝，可在表面铺厚约30 cm的保护土层；对较深的裂缝，采取上部开挖回填，下部灌浆处理。灌浆时按先稀后稠的原则，泥浆稠度以水土比1∶（1.2~2.5）为宜。

根据石坝运用中出现的漏水、裂缝等情况，采取相应的处理办法，如水泥砂浆灌注或环氧树脂砂浆填塞。

溢洪道两侧如有松动土石体坍塌、滑动的危险时，应采取排水、削坡或设抗滑桩等处理措施。

发现泄水涵管漏水时，应在空库时将迎水坡开挖一段，进行翻修，加筑截水环或修补破损涵管。竖井、卧管的裂缝应及时处理。

对排洪沟渠在使用中出现裂缝、漏水的情况，应查明原因并及时处理。

（6）坝系工程运行控制应符合以下规定要求：

编制工程调蓄运用计划，通过拦、蓄、淤、排相结合的方法，将生产坝、拦洪坝、蓄水坝等管理统一起来。

当淤地坝防洪库容被淤积至不能满足防洪要求时，应及时加高坝体或增设溢洪道或在上游建新坝。

大型淤地坝工程淤满前，应采取缓洪拦泥、淤地运用的方式，汛期经常保持滞洪库容。前期用于蓄水的，在汛期水位不应超过防洪限制水位。

坝系的工程运用时,集水面积小的沟道,可采取上淤下种,淤种结合的方法;集水面积大的沟道,可采取支沟滞洪,干沟淤地生产或轮淤轮种的方法;对已形成川台化的坝系工程,部分洪水可引到坝地里,另一部分洪水可通过排水渠排到坝外漫淤台地、滩地等。

淤地坝按设计淤满后,应及时修建引水渠、防洪堤、排洪渠及道路等配套工程。

(7)根据"碱从水来,碱随水去"的规律,因地制宜地选取坝地盐碱化防治措施。

铺设黏土隔层,布设截流防渗墙,开沟,打井,排除积水,降低地下水位;放淤、冲填,垫土抬高地面;对下湿坝地、沼泽化坝地可采取种水稻、莲藕、芦苇等作物的措施。

### 4.1.1.2　拦沙坝技术管理要求

(1)应以落实管护责任主体、保证坝体稳固、汛期安全为管护重点。

(2)拦沙坝建成后,应落实管护责任主体,明确管护责任,制定管护制度。

(3)汛前和暴雨后应对拦沙坝各部位进行全面检查,如有裂缝、变形、位移、渗漏、滑坡、破坏等现象,应及时维修加固。

(4)坝体周边严禁取土、挖坑、爆破等有损工程安全的行为。

(5)拦沙坝未淤满之前,应维护坝后下游沟道稳定。

(6)对于治理滑坡、泥石流的拦沙坝,在坝区内有潜在危险的地段,应设置预警措施,并树立警告标志,排洪槽应及时疏通。

(7)拦沙坝按设计淤平后,应修建引水渠、排洪渠、道路等配套工程。排洪渠防御暴雨标准应按下游保护对象和有关技术规程确定,保证拦沙坝安全度汛。对拦沙坝淤积的土地,可根据土地条件进行合理开发利用。

## 4.1.2　淤地坝、拦沙坝、塘坝(堰)等工程运行管护技术方案的编制

为加强工程建成后的管护工作,促进管护工作规范化、制度化,确保建成项目正常运行、长期发挥效益,必须编制工程运行管护技术方案。

各省区都根据《中华人民共和国水土保持法》等国家或地方有关法律法规文件、《水土保持工程运行技术管理规程》、《水土保持综合治理技术规范》等技术文件制订了淤地坝、拦沙坝、塘坝(堰)等工程的运行管护的管理办法,一般包括工程管护目标(管护范围、管护标准)、组织管理、资金管理、技术管理等几个方面。

淤地坝、拦沙坝、塘坝(堰)等工程运行管护技术方案则应在以上管理办法的指导下针对具体工程项目进行编制。重点内容包括工程运行管护的范围和内容、技术要求、管护措施。

## 4.1.3　淤地坝、拦沙坝、塘坝(堰)坝体滑坡、渗漏的处理方案的制定

淤地坝、拦沙坝、塘坝(堰)挡水部分建筑多采用土坝,由于筑坝材料多采用透水材料,在使用中出现正常渗漏现象,一般不必采取处置措施。但若出现异常渗漏现象,需要根据渗漏原因,采取相应措施。土坝在使用中,地质、施工渗漏等原因极易造成上下游坝坡滑坡,进而造成整个建筑物的损毁。

制定坝体渗漏、滑坡的处理方案首先要分析清楚渗漏、滑坡产生的原因,再确定处置措施,并做好人员、材料及施工的组织工作。同时还要考虑技术的可行性。处理方案一般

包括以下内容：

（1）工程概况：包括工程地理位置，工程的组成、建设及运行情况。

（2）描述渗漏、滑坡的特征与形式：渗漏、滑坡发生的位置；渗流量；渗透水流的浑浊度；滑坡位移观测值等情况。

（3）分析渗漏、滑坡产生的原因：通过观测渗流量、渗透水流的形态，对比分析观测资料，判断产生渗漏的原因；通过建筑物位移的观测、对比，查看原施工资料，对滑坡产生的原因进行分析。

（4）提出渗漏、滑坡处置方法、施工程序、施工控制重点和质量检验验收要求等。

（5）制定进度及资源需求计划：包括施工进度安排，人工、机械、材料及资金的需求计划等。

（6）附图、附表：包括处理措施施工图、概（预）算表等。

## 4.1.4　沟道工程安全度汛方案编制

沟道工程安全度汛方案是指导工程汛期控制运用、防汛值班、工程巡查、工程抢险、人员转移等工作的基本依据。

### 4.1.4.1　安全度汛方案的编制要求

（1）调查摸底，全面掌握工程基本情况，包括已建、在建工程的基本情况和度汛要求。

（2）严格按照有关法律、法规、技术规范要求和防汛抗灾的要求编制，确保预案的科学性和可操作性。

### 4.1.4.2　沟道工程安全度汛方案的内容

沟道工程安全度汛方案一般包括以下内容：工程概况；水文气象及水情监测；度汛组织管理机制；在建、已建加固工程安全度汛设计及度汛计划；抢险技术方案；度汛工作相关制度；预警预报与应急行动方案；供电、交通、通信保障措施；防汛抢险设备、物资的组织储备方案；运行机制与流程；监督管理机制等。

（1）工程概况。简述沟道工程特点、建筑物的组成及其主要指标；包括已建、在建工程的基本情况和度汛要求。

（2）水文气象及水情监测。流域及水文站、雨量站点的分布，水情测报手段、洪水预报作业、气象信息利用等。

（3）度汛组织管理机制。工程安全度汛领导机构、责任人及其安全管理、工程施工、防洪调度、查险抢护、应急处置等各环节的职责。

（4）在建、已建加固工程安全度汛设计及度汛计划。在建、已建加固工程主要项目内容、计划工期、度汛方式、形象进度、施工期防御洪水标准、施工保护措施以及遇超标准洪水应急抢险的工程措施和非工程措施等情况。

（5）抢险技术方案。针对影响安全度汛的主要问题和可能出现的险情，提出切实可行的度汛措施和抢险对策方案。

（6）度汛工作相关制度。工程巡视检查制度；安全观测制度；汛期值班盯守制度等。

（7）预警预报与应急行动方案。预警预报及群众转移的组织方式、避险方案、报警信号方式、责任人名单；并根据不同频率的设计洪水位，分级合理划定相应转移范围，同时要制订临时安置及善后措施和组织实施保障措施。一般险情常备队、抢险队的组织落实情况与应急行动方案、联络方式等。

（8）供电、交通、通信保障措施。供电、交通、通信联络设施情况及保障措施。

（9）防汛抢险设备、物资的组织储备方案。防汛抢险物料的储备情况及安排计划；财政部门支持防汛岁修资金、运行管理费用的情况。

（10）运行机制与流程。说明各项工作的基本运作程序或工作流程，如汛情上报、险情处理要求及流程图；安全转移工作程序及流程、责任人等。

（11）监督管理机制。说明安全度汛监督管理机构、监督管理程序等。

（12）附图、附表。流域图（图中标绘雨、水情测报站的名称、报汛方式、控制面积权重等）；工程平面布置图（图中标绘出险工险点、防汛物料的储备数量、地点；防汛道路、供电线路、备用电源的位置；通信设施方式、地点等）；防洪调度图、防洪调度简表；对外联系号码表等。

# 4.2　植物措施管护

## 4.2.1　《水土保持工程运行技术管理规程》中植物措施的技术管理要求

### 4.2.1.1　水土保持林林地管理的规定

1. 幼林管理规定

（1）新造幼林地应树立明显的警示牌，严格封禁管护，落实管护制度和管护人员。

（2）防治人畜破坏，防治火灾，防治病、虫、鼠害。

（3）退耕地幼林期可种植绿肥、牧草，以提高地面植被覆盖率。

（4）定苗间苗。对于播种造林的幼苗，播种后 1~2 年内，应分次进行间苗，最后每穴保持 2~3 株健壮苗木。

（5）松土除草。适宜在整地工程内进行，并对整地工程进行维修养护。防风固沙林、农田防护林不宜松土除草。

（6）水土保持纯林郁闭前，不宜修枝，但对于局部稠密的幼树可以适当进行修枝整形，剪除过密枝条、枯死枝和病虫枝。

2. 幼林检查与补植规定

（1）每年秋冬季节应对当年春季、前一年秋季造林进行成活率检查，并填写幼林检查报告表。每隔 3 年还应对历年造林的成活情况、成林情况进行一次综合性普查。

（2）造林成活率调查应采取标准地法标准行法。造林面积在 7 hm² 以下，标准地（行）应占 5%；造林面积在 7~32 hm²，标准地（行）应占 3%；造林地 32 hm² 以上，标准地（行）应占 1%。标准地选择应随机抽样。山地幼林成活率检查应包括不同地形和坡向。

（3）成活率不足 40% 的造林地，不计入造林面积，应当重新进行整地造林，并保留成活的幼树。除成活率在 85% 以上，且林木分布均匀的地块外，其他都应在当年冬季或第二年春季进行补植。幼林补植需用同龄苗或同一树种的大苗。

3.成林抚育间伐

(1)抚育间伐后林木应保持均匀。

(2)抚育间伐强度不应过大,每次间伐后林木疏密度不得低于0.7,陡坡处林木疏密度不得低于0.8,但混交林可以达到0.6。

(3)抚育间伐前应进行林分调查,确定抚育间伐的范围,选择砍伐木,并在砍伐木的胸高处做上标记。

4.低效水土保持林的的抚育改造基本要求

(1)对于树种选择不当的林分,在地势平坦或植被恢复较快的地方应进行全面更新改造;在水土流失或有潜在水土流失危险的坡地应进行带状、块状的更新改造,保留原树种50%,以后逐年更新。

(2)对于生长不良的林分,应采取复壮措施,每隔3~4年进行一次深垦,每年进行1~2次浅垦除草,萌发性强的树种可进行平茬复壮,密度小的应在林中空地补植大苗。

(3)对生长迅速衰退的林分,应通过抚育间伐进行复壮。

#### 4.2.1.2　水土保持经济林果技术管理规定

1.经济林果幼林管护

(1)扩穴培土与间作:采取水平梯田、水平阶、鱼鳞坑等水土保持工程措施的经济林果地,可在冬季进行深垦扩穴,并增施有机肥料,改良土壤。深垦深度为20~25 cm。在不影响苗木生长时,可实行林农间作、林草间作。间作应采用豆科及矮秆作物,禁种高秆、木本和块根作物,并应距离苗木30 cm以上。

(2)灌溉与施肥:对于当年营造的果苗,应经常灌溉。当土壤水分低于田间持水量60%时,应及时灌溉。每年应施一次基肥和三次追肥,并以有机肥为主,配合施用氮、磷、钾肥。肥料施用量应根据具体的林果栽培技术要求进行。

(3)修剪整形:根据林果的具体种类和品种,进行适时修剪整形。

(4)病虫害防治:根据不同林果及品种常见病虫危害规律,按照具体的技术规范要求,采取预防为主、防治结合的方法防治各类病虫对幼林的危害。

2.经济林果产果期管理

不同林果产果期对水、肥条件的要求及病虫害发生的种类和规律不同,应按照具体的林果栽培技术要求进行管理。

#### 4.2.1.3　水土保持种草技术管理

1.人工草地管理技术规定

(1)以农户管理为主体,实行联户承包、业主承包等多种经营管理形式,落实管护责任制,加强技术培训,健全技术管护制度。

(2)有条件的地方应设置围栏。

(3)幼苗期应加强田间管理,清除杂草,及时补种漏播或缺苗的地块。

(4)根据草地土壤肥力和草种生长情况,适时施用适量的氮肥、磷肥和钾肥。

(5)有水源条件的地方应根据需要及时进行灌溉,并将灌溉和施肥结合起来。无水源条件的地方应修建集雨工程或引洪漫地工程,进行灌溉。

(6)及时防治病、虫、鼠害。

（7）退化的草地应在春末夏初及时进行松耙补种,灌水施肥,消灭杂草和刈割老龄植株。松耙补种效果不佳的,应全部翻耕,重新种植其他牧草。

（8）凡有较好残存草被的荒山、荒坡、荒沟或沙地,应进行封禁治理,辅以必要的人工培育措施（包括松耙、补种、施肥、清除杂草等）,使其自然恢复到草地标准。

2.草地利用规定

1）防蚀草地

凡是用做水土保持用途的草地,在一年的生长期中,尤其是雨季,应禁止刈割和放牧,但在秋季停止生长后高留茬刈割。

2）放牧草地

（1）实行轮牧,禁止自由放牧。

（2）开始放牧的时间应在草层高度达到 12～15 cm 时为宜。

（3）牲畜对牧草的采食量不应超过牧草生长量的 50%～60%,草层高度低于 5 cm 时应转移畜群。

（4）雨天应轻牧（6 只羊/hm²）,防止畜群密度过大,造成草场践踏损失和破坏土壤结构。

3）刈割草地

（1）刈割时期宜选在牧草抽穗开花期（豆科牧草以初花期为宜,禾本科牧草以抽穗期为宜）。

（2）刈割高度,上繁草可留 5～6 cm,下繁草为主的稠密低草可留 4～5 cm,再生枝条由分蘖节和根茎形成的草类可留 4～5 cm,再生枝条由叶腋形成的高大牧草可留 15～30 cm。

（3）水分条件好、管理水平高、再生能力强的草地每年可刈割 2～3 次,水分条件和再生能力差的草地每年刈割 1 次。

4）特种草地

对有食用、医用和其他经济价值的草种,应根据草种特性和利用时期及时采收晒制。

5）采种草地

实行严格封禁,不得放牧。

#### 4.2.1.4　封禁治理管理规定

1.封禁管护管理规定

（1）封山育林:连续封禁 3～5 年以上。南方地区,植被覆盖率达到 90% 以上,形成乔、灌、草结合的良好植被结构;北方干旱地区植被覆盖率达到 70%,初步形成草、灌结合的植被结构。

（2）封坡育草:南方地区,草地覆盖率达到 90% 以上;北方干旱地区草地覆盖率达到 70% 以上。

2.开封利用管理规定

（1）植被达到封禁治理的标准规定后,依照有关的法律法规,在不造成新的水土流失的前提下,有组织、有计划地进行开封利用。

（2）对于林地进行科学的间伐利用,间伐的强度、对象、方法等技术环节按照相关技术规范的规定标准执行。

（3）林地的开封时间宜在秋冬季节，草地的开封时间根据轮封轮牧草的放牧期及牧草的生长状况确定。

## 4.2.2　经济林常见病虫害防治方案制定

经济林果病虫害防治的目的是通过各项综合性措施，促进林木健康生长，提高果品的产量和质量。其病虫害防治方案的制定应综合经济、技术和管理等各方面因素，因地制宜。

经济林常见病虫害防治方案制定主要包括三个方面的内容，即防治目标与任务、防治技术和保障措施。

（1）防治目标与任务。防治目标是经济林果病虫害防治应全面加强测报、防治和检疫工作，全力控制病虫害的发生和蔓延，做到早发现，早防治。防治任务是查明病虫害类型，明确防治的关键期。

（2）防治技术。防治技术方案的制定应针对不同地域及各类经济林果生物学特征，采用化学防治、物理防治和生物防治相结合的综合防治措施。

（3）保障措施。保障措施主要包括技术与管理人员组织情况、资金落实情况及各类药剂和器械的准备情况等。

## 4.2.3　水土保持植物措施管护的技术方案制定

水土保持植物措施管护包括水土保持林和水土保持草的管护和利用。我国水土流失严重的地区，通常也是人口相对密集、社会经济条件相对贫困的地区。各项水土保持治理措施的实施，不仅要考虑其生态防护效益，同时必须兼顾其经济效益。如通过实施水土保持林草措施，在防治水土流失的基础上，如何通过合理的管护和利用解决当地群众的三料需求和林草生物产品的需求问题，以最大限度地满足当地农林牧生产结构的调整和提高经济收入的需要。因此，林草管护方案的制定必须兼顾生态效益、经济效益的平衡与协调。

水土保持植物措施管护技术方案的制定，主要包括以下内容：

（1）林草地防火，防病、虫、鼠害的方案制定，主要依据国家森林法和草原法的基本要求，结合实际管护林草的范围大小、林草种类、自然与社会经济条件等制定严格有效的综合性防治措施。

（2）以用材为目的的林地管护，应根据不同林种的生长特性制定合理的间伐利用方案，以保证在不降低其水土保持效益的同时，获得更多的、不同茎级的材质。

（3）灌木林管护方案的制定，主要考虑如何通过合理的平茬复壮，在获得部分产品的同时，保持灌木林的持续旺盛生长。

（4）经济林果管护方案的制定，重点考虑如何通过集约经营，改善经济林果生长环境，提高其果品产量和质量，保证经济效益的不断提高。

（5）草地管护方案的制定，重点考虑如何通过合理的封禁与轮放，保持人工草地和天然草地的持续利用，避免因管护不当导致草场退化。

### 4.2.4　封育管护措施的实施方案制定

封育管护包括封山育林和封坡育草。封育管护的措施要求在组织上建立管护队伍，制定管护公约。在技术措施上，确定适宜的封育对象和形式；在物质保障上，配备必需的设备等。各项措施实施方案的制定应重点考虑技术上、经济上的可行性和不同封禁管护措施的实际效果。

封育管护措施的实施方案制定，主要包括以下内容。

#### 4.2.4.1　封育管护对象的确定

封育管护适宜于水土流失严重的荒地、残林地、疏林地和退化严重的天然草地。作为封山育林地的条件是：地面有残林、疏林(含灌木)，以及各种灾害造成的森林迹地或采伐迹地，在当地水热条件下，通过封禁可以自然更新，恢复植被。作为封坡育草地的条件是：虽然因过多放牧或各种侵蚀加剧导致草场退化，但尚有草根及种籽残留，在当地水热条件下，通过封禁管理可以在短期内恢复草被。

#### 4.2.4.2　林地封育管护措施的确定

封山育林管护措施的实施，应根据现有林地的植被状况，采取不同的封育方式。主要分全年禁封、季节禁封和轮封轮放。破坏严重的林地，实行全年禁封。破坏较轻、水热条件较好的林地实行季节禁封。面积较大、保存林木较多、"三料"缺乏的地区，可以将封禁范围分成几个区域，实行轮封轮放。

#### 4.2.4.3　草地封育管护措施的确定

草地管护措施的实施方案应根据草地类型及草地立地条件的好坏采取不同的封禁措施和改良措施。条件较好的人工草地可以实行封育割草措施，条件较差的草地一般采用轮放轮牧，并制定严格的措施控制放牧强度。坡度平缓的天然草地，可以考虑制定引水灌溉措施；坡度较大的天然草地，应采取水土保持耕作措施。

#### 4.2.4.4　林、草地防火，防病、虫、鼠害措施的确定

林草地防火，防病、虫、鼠害是封禁管护措施的重要内容。封禁管护应通过建立管护组织，制定乡规民约，加强监督检查和宣传，消除林草地火灾隐患等措施，防治各类病、虫、鼠害。

# 模块 5　培训指导与管理

## 5.1　培训

### 5.1.1　培训讲义编写

培训讲义编写参见技师部分。

### 5.1.2　培训教案编写

培训教案的编写参见技师部分。

### 5.1.3　对水土保持治理高级工、技师的培训考核要求

水土保持治理工国家职业技能标准中规定,高级技师具备对技师以下职业等级人员的培训资格。并规定,高级技师应能编写高级工、技师培训讲义,能对高级工、技师进行现场指导和授课,能对高级工、技师进行培训和考核。

#### 5.1.3.1　培训要求

(1)培训期限:高级工不少于 200 标准学时,技师不少于 150 标准学时。

(2)培训场地设备:理论培训场地应具有可容纳 30 名以上学员的标准教室,并配备多媒体播放设备。实际操作培训场所应至少有一条面积不低于 1 km² 、能满足培训要求的典型小流域(区域);应具有小型实验室,且配备相应的设备、仪器仪表及必要的工具、机具、量具、容器等。

#### 5.1.3.2　鉴定考核要求

(1)鉴定考核方式:分为理论知识考试和技能操作考核。理论知识考试采用闭卷笔试、计算机考试等方式,技能操作考核采用现场实际操作、口试等方式。理论知识考试和技能操作考核均实行百分制,成绩皆达到 60 分及以上者为合格。技师、高级技师还须进行综合评审。

(2)鉴定时间:理论知识考试时间不少于 120 min;技能操作考核时间不少于 90 min,综合评审时间不少于 30 min。

(3)鉴定场所设备:理论知识考试在标准教室进行。技能操作考核应在能满足考核要求的小流域(区域)内进行,且配备相应的设备、仪器仪表及必要的工具、机具、量具、容器等。

## 5.2　管理

水土保持治理工国家职业技能标准中规定了高级技师应具备技术性管理的技能要

求。在水土保持职业实践中,参与小流域施工管理和小流域综合治理验收,较为全面地体现了技术性管理的职业功能。因此,小流域综合治理施工管理办法编写和小流域综合治理竣工总结报告编写是高级技师在融会贯通相关知识的基础上,应具备的两个(文字表达)基本功,也是必须掌握的技能。

## 5.2.1　小流域综合治理施工管理办法编写

### 5.2.1.1　小流域综合治理施工管理相关知识

1. 工程建设项目管理"三项制度"

工程建设项目管理"三项制度"是指项目法人制、招标投标制、建设监理制。

2. 施工组织管理

施工组织管理主要包括技术和工艺,施工期安排,道路、供电、供水,施工进度安排,施工场地的处理等方面。

3. 施工质量管理

水土保持施工质量管理主要包括施工质量控制、工程质量检测与评定两个方面。

1)施工质量控制

施工质量控制包括质量控制过程、质量控制的主要依据、质量控制方法、质量控制程序、施工工序质量分析及控制等5个方面。

(1)质量控制过程:施工阶段的质量控制分为事前控制、事中控制和事后控制3个过程。

(2)质量控制的主要依据:有关设计文件和图纸、施工组织设计文件及合同中规定的其他质量依据。

(3)质量控制方法:分为旁站式检查、试验与检验控制、指令性控制和抽样检验控制。

①旁站式检查:在关键工序和关键工程点进行现场质量控制,对浆砌石、混凝土工程的原料配比进行现场检查。②试验与检验控制:主要是对水泥、砂、粗骨料等材料的性能做试验,经试验各项指标未达到设计要求的,施工中不能使用。对植物措施的材料要进行抽检,达不到设计规格的,施工中不能使用。③指令性控制:对发现质量问题的,由监理工程师以书面形式及时通知施工方,并要求其改正。④抽验检验控制:对大多数治理工程,如整地工程、造林工程、种草工程及一般的土石方工程等,都要用抽验方法,检验其施工质量。

(4)质量控制程序:一般为3个,即开工条件的审核、施工过程中的检查和检验及工程完工后的中间交工签认。

(5)施工工序质量分析及控制:①对经常会发生质量问题的工序进行调查,进而采取对策措施。②建立工序质量控制流程,明确工序质量控制的重点和难点。③对工程质量出现的问题,分析规律,找出原因,进行改进试验,落实整改技术措施。④对影响工序质量的因素,在实现或过程中进行有效控制。

2)工程质量检测与评定

(1)工程质量检测的内容及施工质量要求:工程质量检测的内容包括施工准备检查、中间产品及原材料质量检验、单元工程质量检验、质量事故检查及工程外观质量检验等。

水土保持生态工程坡面各项措施工程、沟道各项措施工程、风沙治理各项措施工程等,各项措施质量要求,参见水土保持综合治理验收规范(附录 A　各项治理措施验收质量要求),以最新颁布的为准。

(2)工程质量评定:水土保持工程质量评定的标准依据是《水土保持工程质量评定规程》(SL 336—2006)。本标准共 5 章和 2 个附录,主要技术内容包括:工程质量评定的项目划分、工程质量检验、工程质量评定。水土保持工程质量等级划分为"合格"、"优良"两级。水土保持工程质量评定项目应划分为单位工程、分部工程、单元工程三个等级。

水土保持工程项目质量评定标准:①合格标准:单位工程质量全部合格。②优良标准:单位工程质量全部合格,其中有 50% 以上的单位工程质量优良,且主要单位工程质量优良。

按建设程序单独批准立项的水土保持生态建设工程,可将一条小流域或若干条小流域的综合治理工程视为一个工程项目。在单位工程、分部工程、单元工程质量评定的基础上,对只有一个小流域的工程项目应直接进行项目质量评定;对于包括若干条小流域的工程项目,应在各条小流域质量评定的基础上,进行项目的质量评定。开发建设项目水土保持工程应与主体工程同步设施,单独进行质量评定,以作为水土保持设施竣工验收的重要依据。

### 5.2.1.2　小流域综合治理施工管理办法编写要点

小流域综合治理施工管理的主要内容是施工组织管理和工程质量管理。因此,小流域综合治理施工管理办法编写可分为施工组织管理和施工工程质量管理两大部分。

1. 施工组织管理

(1)技术和工艺;

(2)施工期安排;

(3)道路、供电、供水;

(4)施工进度安排;

(5)施工场地的处理。

2. 施工工程质量管理

(1)施工质量控制:包括施工质量控制过程;质量控制方法;质量控制程序;施工工序质量分析及控制。

(2)工程质量检验与评定:包括工程质量检验的内容及施工质量要求;工程质量评定。

## 5.2.2　小流域综合治理竣工总结报告编写

### 5.2.2.1　小流域综合治理验收有关知识

水土保持综合治理验收标准依据是《水土保持综合治理 验收规范》(GB/T 15773—2008)。本标准规定了水土保持综合治理验收的分类,各类验收的条件、组织、内容、程序、成果要求、成果评价和建立技术档案,包括 4 个附录。本标准适用于由中央投资、地方投资和利用外资的以小流域为单元的水土保持综合治理以及专项工程等水土保持工程的验收。其他水土保持治理或重点项目区的验收可参照此标准。

1. 小流域综合治理验收分类

小流域综合治理验收分单项措施验收、阶段验收和竣工验收三类。三类验收的重点都应是各项治理措施的质量和数量(质量不符合标准的不计其数量)。在竣工验收中,还应着重于治理措施的单项效益与综合效益。

2. 验收内容

一般在以下 5 个方面治理措施项目范围内,逐项进行验收:

(1)坡耕地治理措施,包括各类梯田(梯地)与保土耕作;

(2)荒地治理措施,包括造林(含经济林、果园)、种草、封禁治理(育林、育草);

(3)沟壑治理措施,包括沟头防护工程、谷坊、淤地坝、治沟骨干工程、崩岗治理等;

(4)风沙治理措施,包括沙障、林带、林网、成片林、草、引水拉沙造田等;

(5)小型蓄排引水工程,包括坡面截水沟、蓄水池、排水沟、水窖、塘坝、引洪漫地等。

3. 竣工验收的条件

竣工验收指一届治理期(一般为 5 年)末,项目主管单位按水土保持治理规划全面完成了治理任务时,应由项目提出部门组织全面的竣工验收,并评价治理成果等级。

竣工验收的条件如下:

(1)项目主管单位全面完成了规划期内的治理任务,经自查初验,认为数量、质量达到规划、设计与合同要求。

(2)各项治理措施经过规划期内多次汛期暴雨考验,基本完好;造林、种草的成活率和保存率符合规定要求;各项治理措施获得了规划期内应有的各类效益。

(3)项目主管单位提出"竣工验收申请报告",附"小流域综合治理竣工总结报告",并有工程监理单位的监理报告。

4. 竣工验收成果

竣工验收成果包括:

(1)"小流域综合治理竣工验收报告",包括竣工验收图和各项竣工验收表。

(2)项目主管单位上报的"小流域综合治理竣工总结报告"及其附表、附图、附件。

5. 验收评价标准

水土保持综合治理验收评价标准分为一级标准和二级标准。列入国家重点和各级重点治理的小流域或村,都应达到一级标准;一般治理小流域或村,都应达到二级标准,达不到的为不合格。

(1)一级标准:按规划目标全面完成治理任务,各项治理措施质量符合验收质量要求,治理程度达到70%以上,林草保存面积占宜林宜草面积80%以上(经济林草面积占林草总面积的20%~50%),综合治理措施保存率80%以上,人为水土流失得到控制并有良好的管理,基本上制止了新的水土流失产生。各项治理措施配置合理,建成了完整的水土流失防御体系;各项措施充分发挥了保水、保土效益,实施期末与实施前比较,流域泥沙减少70%以上,生态环境有明显的改善。通过治理调整了不合理的土地利用结构,做到农、林、牧、副、渔各业用地比例合理,布局恰当,治理保护与开发利用相结合,建成了能满足群众粮食需要的基本农田和能适应市场经济发展的林、果、牧、副等商品生产基地。土地利用率80%以上,小流域经济初具规模,土地产出增长率50%以上,商品率达50%以上。

到实施期末人均粮食达到自给有余(400～500 kg),现金收入比当地平均增长水平高30%以上(扣除物价变动因素)。

(2)二级标准:全面完成规划治理任务,各项治理措施质量符合验收质量标准,治理程度达到60%以上,林草保存面积占宜林宜草面积的70%以上。各项治理措施配置合理,建成了有效的水土流失防御体系;实施期末与实施前比较,流域泥沙减少60%以上。合理利用土地,建成了能满足群众粮食需要的基本农田,解决群众所需燃料、饲料、肥料,增加经济收入的林、果、饲草基地。到期末达到人均粮食400 kg左右,现金收入比实施前提高30%以上。

#### 5.2.2.2 小流域综合治理竣工总结报告主要内容

小流域综合治理竣工总结报告主要内容包括文字部分、附表、附图和相关附件。

1.文字部分

小流域综合治理竣工总结报告文字部分应说明以下5方面的内容:

(1)规划期内完成各项治理措施的质量、数量、工程量(土、石方量);

(2)累计完成的治理面积、年均治理进度等;

(3)规划期内共计投入的劳工、物资、经费;

(4)效益情况;

(5)工作中的经验、教训等。

2.附表

附表包括"小流域综合治理措施竣工验收表"、"小流域综合治理经费使用情况表"、"小流域综合治理主要效益统计表"等。

3.附图

小流域综合治理竣工验收图。

4.相关附件

相关附件应包括以下几方面:

(1)水土保持综合治理规划任务书与综合治理承包合同;

(2)水土保持综合治理规划报告及其附表、附图;

(3)重点工程的专项规划、设计;

(4)效益计算的专项报告(含计算过程表);

(5)历年阶段验收表;

(6)财务决算及审计报告。

# 参 考 文 献

[1]中华人民共和国水土保持法(2010年12月修订)

[2]中华人民共和国水法(2002年8月)

[3]中华人民共和国合同法(1999年3月)

[4]中华人民共和国劳动合同法(2007年6月)

[5]中华人民共和国劳动法(1994年7月)

[6]中华人民共和国国家标准 GB/T 20465—2006 水土保持术语《水土保持术语》(GB/T 20465—2006)

[7]中华人民共和国国家标准 GB/T 20465—2006 水土保持术语《水土保持综合治理 技术规范》(GB/T 16453.1～16453—2008)

[8]中华人民共和国国家标准 GB/T 20465—2006 水土保持术语《水土保持综合治理 规划通则》(GB/T 15772—2008)

[9]中华人民共和国国家标准 GB/T 20465—2006 水土保持术语《水土保持综合治理验收规范》(GB/T 15773—2008)

[10]中华人民共和国国家标准 GB/T 20465—2006 水土保持术语《开发建设项目水土保持技术规范》(GB 50433—2008)

[11]中华人民共和国国家标准 GB/T 20465—2006 水土保持术语《开发建设项目水土流失防治标准》(GB 50434—2008)

[12]中华人民共和国国家标准 GB/T 20465—2006 水土保持术语《土地利用现状分类》(GB/T 21010—2007)

[13]中华人民共和国水利行业标准 GB/T 20465—2006 水土保持术语《水土保持治沟骨干工程技术规范》(SL 289—2003)

[14]中华人民共和国水利行业标准 GB/T 20465—2006 水土保持术语《土壤侵蚀分类分级标准》(SL 190—2007)

[15]中华人民共和国水利行业标准 GB/T 20465—2006 水土保持术语《水土保持工程质量评定规程》(SL 336—2006)

[16]中华人民共和国水利行业标准 GB/T 20465—2006 水土保持术语《水土保持工程运行技术管理规程》(SL 312—2005)

[17]中华人民共和国水利行业标准 GB/T 20465—2006 水土保持术语《水利水电工程制图标准 水土保持图》(SL 73.6—2001)

[18]中华人民共和国水利行业标准 GB/T 20465—2006 水土保持术语《水土保持规划编制规程》(SL 335—2006)

[19]中华人民共和国水利行业标准 GB/T 20465—2006 水土保持术语《水土保持工程项目建议书编制规程》(SL 447—2009)

[20]中华人民共和国水利行业标准 GB/T 20465—2006 水土保持术语《水土保持工程可行性研究报告编制规程》(SL 448—2009)

[21]中华人民共和国水利行业标准 GB/T 20465—2006 水土保持术语《水土保持工程初步设计报告编制规程》(SL 449—2009)

[22]中华人民共和国水利行业标准 GB/T 20465—2006 水土保持术语《水文调查规范》(SL 196—97)

[23]中华人民共和国土地管理行业标准 GB/T 20465—2006 水土保持术语《第二次全国土地调查技术规程》(TD/T 1014—2007)

[24]全国勘察设计注册工程师水利水电工程专业管理委员会,中国水利水电勘测设计协会.水利水电工程专业案例(水土保持篇)(2009 年版)[M].郑州:黄河水利出版社,2009.

[25]周月鲁.黄河上中游管理局.淤地坝施工[M].北京:中国计划出版社,2004.

[26]李中兴.水土保持工程设计施工技术规范与质量验收评定规程实施手册[M].北京:中国知识出版社,2006.

[27]李洁明,祁新娥.统计学原理[M].上海:复旦大学出版社,1998.

[28]杨昌龄,童正心.水利工程制图[M].北京:水利水电出版社,1990.

[29]胡乃一,陈梦玉.小型水工建筑物[M].北京:水利水电出版社,1990.

[30]王正秋.水土保持防治工——水利工人技术考核培训教材[M].郑州:黄河水利出版社,1997.

[31]郭廷辅,刘万铨,周录随,等.水土保持综合治理 规划通则[M].北京:中国标准出版社,2009.

[32]中国科学院南京土壤研究所.土壤理化分析[M].上海:上海科学技术出版社,1980.

[33]靳祥升.测量学(高等职业、专科学校教材)[M].郑州:黄河水利出版社,2003.

[34]钱伯海,黄良文.统计学(高等学校财经类专业核心课程教材)[M].成都:四川人民出版社,1992.

[35]刘震,张学俭,曾大林,等.水土保持监测技术[M].北京:中国大地出版社,2003.

[36]熊铁,胡玉法,蒲朝勇,等.水土保持工程运行技术管理规程[M].北京:中国水利水电出版社,2005.

[37]郭廷辅,段巧甫,华绍祖,等.土壤侵蚀分类分级标准[M].北京:中国水利水电出版社,2008.

[38]王礼先.水土保持工程学[M].北京:中国林业出版社,2000.

[39]王礼先,朱金兆.水土保持学[M].2 版.北京:中国林业出版社,2005.

[40]王礼先.中国水利百科全书·水土保持分册[M].北京:中国水利水电出版社,2004.

[41]赵明阶,何春光,等.边坡工程处治技术[M].北京:人民交通出版社,2004.

[42]朱金兆.发展水土保持科技实现人与自然和谐(中国水土保持学会第三次全国会员代表大会学术论文集)[C].北京:中国农业科学技术出版社,2006.

[43]焦居仁.开发建设项目水土保持[M].北京:中国法制出版社,1998.

[44]辛永隆.水土保持林学[M].北京:水利电力出版社,1992.

[45]李还甫.小流域治理理论与方法[M].北京:中国水利水电出版社,1999.

[46]李焕章.小型水利工程管理[M].北京:中国水利水电出版社,2000.

[47]王秀茹.水土保持工程学[M].北京:中国林业出版社,2009.

# 附录 1　水土保持治理工国家职业技能标准

## （2009 年修订）

　　根据《中华人民共和国劳动法》的有关规定,为了进一步完善国家职业技能标准体系,为职业教育、职业培训和职业技能鉴定提供科学、规范的依据,人力资源和社会保障部、水利部共同组织有关专家,制定了《水土保持治理工国家职业技能标准（2009 年修订）》（以下简称《标准》）。

　　一、本《标准》以《中华人民共和国职业分类大典》为依据,以客观反映现阶段本职业的水平和对从业人员的要求为目标,在充分考虑经济发展、科技进步和产业结构变化对本职业影响的基础上,对职业的活动范围、工作内容、技能要求和知识水平都作了明确规定。

　　二、本《标准》的制定遵循了有关技术规程的要求,既保证了《标准》体例的规范化,又体现了以职业活动为导向、以职业能力为核心的特点,同时也使其具有根据科技发展进行调整的灵活性和实用性,符合培训、鉴定和就业工作的需要。

　　三、本《标准》依据有关规定将本职业分为五个等级,包括职业概况、基本要求、工作要求和比重表四个方面的内容。

　　四、本《标准》是在各有关专家和实际工作者的共同努力下完成的。参加编写的主要人员有:宁堆虎、张长印、赵力毅、温是、胡玉法、王莹,参加审定的主要人员有:曾大林、陈楚、陈蕾、齐悦臣、周庆华、曾信波、王卫东、孙晶辉、史明瑾、骆莉、童志明、王新义、张榕红、马永祥、陈东、崔洁。本《标准》在制定过程中,得到水利部长江水利委员会、水利部黄河水利委员会、水利部水土保持监测中心、河北省水利厅、黑龙江省水利厅、贵州省水利厅等有关单位的大力支持,在此一并致谢。

　　五、本《标准》业经人力资源和社会保障部批准,自 2009 年 5 月 26 日起施行。

## 1　职业概况

### 1.1　职业名称

　　水土保持治理工。

### 1.2　职业定义

　　从事水土保持调查、规划设计、施工和管护的人员。

### 1.3　职业等级

　　本职业共设五个等级,分别为:初级（国家职业资格五级）、中级（国家职业资格四级）、高级（国家职业资格三级）、技师（国家职业资格二级）、高级技师（国家职业资格一级）。

### 1.4　职业环境

　　室内、外,常温。

## 1.5　职业能力特征

具有观察和判断、交流和表达、学习和计算能力;具有正常的空间感和形体知觉。

## 1.6　基本文化程度

初中毕业(或同等学历)。

## 1.7　培训要求

### 1.7.1　培训期限

全日制职业学校教育,根据其培养目标和教学计划确定。晋级培训期限:初级不少于400标准学时;中级不少于300标准学时;高级不少于200标准学时;技师不少于150标准学时;高级技师不少于100标准学时。

### 1.7.2　培训教师

培训初、中、高级人员的教师应具有本职业技师及以上职业资格证书或相关专业中级及以上专业技术职务任职资格;培训技师的教师应具有本职业高级技师职业资格证书或相关专业高级专业技术职务任职资格;培训高级技师的教师应具有本职业高级技师职业资格证书2年以上或相关专业高级专业技术职务任职资格。

### 1.7.3　培训场地设备

理论培训场地应具有可容纳30名以上学员的标准教室,并配备多媒体播放设备。实际操作培训场所应至少有一条面积不低于$1 km^2$、能满足培训要求的典型小流域(区域);应具有小型实验室,且配备相应的设备、仪器仪表及必要的工具、机具、量具、容器等。

## 1.8　鉴定要求

### 1.8.1　适用对象

从事或准备从事本职业的人员。

### 1.8.2　申报条件

——初级(具备以下条件之一者)

(1)经本职业初级正规培训达到规定的标准学时数,并取得结业证书。

(2)在本职业连续见习工作2年以上。

——中级(具备以下条件之一者)

(1)取得本职业初级职业资格证书后,连续从事本职业工作3年以上,经本职业中级正规培训,达到规定的标准学时数,并取得结业证书。

(2)取得本职业初级职业资格证书后,连续从事本职业工作5年以上。

(3)连续从事本职业工作7年以上。

(4)取得经劳动和社会保障行政部门审核认定的、以本职业(专业)中级技能为培养目标的中等以上职业学校本职业(专业)毕业证书。

(5)取得经劳动和社会保障行政部门审核认定的、以其他职业(专业)中级技能为培养目标的中等以上职业学校毕业证书,在本职业从事工作1年以上。

——高级(具备以下条件之一者)

(1)取得本职业中级职业资格证书后,连续从事本职业工作4年以上,经本职业高级正规培训,达到规定的标准学时数,并取得结业证书。

(2)取得本职业中级职业资格证书后,连续从事本职业工作6年以上。

(3)连续从事本职业工作 15 年以上。

(4)取得高级技工学校或经劳动和社会保障行政部门审核认定的、以本职业(专业)高级技能为培养目标的高等职业学校本职业(专业)毕业证书。

(5)取得本职业中级职业资格证书的大专及以上相关专业毕业生,连续从事本职业工作 2 年以上。

——技师(具备以下条件之一者)

(1)取得本职业高级职业资格证书后,连续从事本职业工作 5 年以上,经本职业技师正规培训,达到规定的标准学时数,并取得毕结业证书。

(2)取得本职业高级职业资格证书后,连续从事本职业工作 7 年以上。

(3)取得本职业高级职业资格证书的高级技工学校本职业(专业)毕业生和大专以上本专业或相关专业的毕业生,连续从事本职业工作 2 年以上。

——高级技师(具备以下条件之一者)

(1)取得本职业技师职业资格证书后,连续从事本职业工作 3 年以上,经本职业高级技师正规培训,达到规定的标准学时数,并取得毕结业证书。

(2)取得本职业技师职业资格证书后,连续从事本职业工作 5 年以上。

### 1.8.3　鉴定方式

分为理论知识考试和技能操作考核。理论知识考试采用闭卷笔试、计算机考试等方式,技能操作考核采用现场实际操作、口试等方式。理论知识考试和技能操作考核均实行百分制,成绩皆达到 60 分及以上者为合格。技师、高级技师还须进行综合评审。

### 1.8.4　考评人员与考生配比

理论知识考试考评人员与考生配比为 1∶20,每个标准教室不少于 2 名考评人员;技能操作考核考评员与考生配比为 1∶5,且不少于 3 名考评员;综合评审委员不少于 5 人。

### 1.8.5　鉴定时间

理论知识考试时间不少于 120 min;技能操作考核时间不少于 90 min,综合评审时间不少于 30 min。

### 1.8.6　鉴定场所设备

理论知识考试在标准教室进行。技能操作考核应在能满足考核要求的小流域(区域)内进行,且配备相应的设备、仪器仪表及必要的工具、机具、量具、容器等。

# 2　基本要求

## 2.1　职业道德

### 2.1.1　职业道德基本知识

### 2.1.2　职业守则

(1)遵守法律、法规和有关规定;

(2)爱岗敬业,忠于职守,自觉履行各项职责;

(3)工作认真负责,严于律己,吃苦耐劳;

(4)刻苦学习,钻研业务,努力提高思想和科学文化素质;

(5)谦虚谨慎,团结协作,有较强的集体意识;

(6)严格执行各项技术标准,保证工作质量;

(7)重视安全生产,坚持文明管护。

## 2.2 基础知识

### 2.2.1 水土流失及背景知识

(1)水土流失的定义、类型、主要侵蚀形式、主要危害;

(2)水力侵蚀、重力侵蚀、风力侵蚀等常见的侵蚀形式;

(3)土壤侵蚀类型区划分、土壤侵蚀强度分级知识;

(4)影响土壤侵蚀的因素;

(5)地形、地貌、土壤、植被基本知识;

(6)降雨、径流、泥沙基本知识;

(7)人为水土流失基本知识;

(8)社会经济状况主要指标;

(9)我国主要河流的分布、流域的概念;

(10)小流域的概念、小流域地貌单元基本知识。

### 2.2.2 水土流失治理及水土保持措施基本知识

(1)水土保持定义、方针、作用;

(2)小流域综合治理基本知识;

(3)水土保持措施的种类;

(4)水土保持工程措施的基本类型;

(5)沟道工程分类、作用;

(6)坡面治理工程分类、作用;

(7)护岸工程分类、作用;

(8)水土保持林作用;

(9)水土保持草作用;

(10)水土保持耕作措施类型、作用;

(11)人为水土流失防治基本知识。

### 2.2.3 水土保持调查

(1)水土保持调查的主要内容和方法;

(2)水土流失、土地利用等专项调查基本知识;

(3)统计调查知识;

(4)人为水土流失调查知识。

### 2.2.4 水土保持前期工作

(1)水土保持建设工程项目前期工作程序、工作阶段;

(2)项目规划的作用和意义;

(3)项目建议书的目的意义;

(4)项目可行性研究的主要工作;

(5)项目初步设计报告主要工作。

2.2.5　水土保持工程施工

(1)水土保持沟道工程的施工程序、方法;

(2)水土保持坡面工程的施工程序、方法;

(3)梯田施工程序、方法;

(4)水土保持护岸工程的施工程序、方法;

(5)水土保持林的育苗知识、整地工程技术、造林技术、生态修复知识;

(6)水土保持草的施工方法;

(7)开发建设项目人为水土流失防治措施的施工程序、方法。

2.2.6　测量、量测、取样基本知识

(1)常用测量仪器的用途;

(2)放线、记录、计算、测绘图等基本知识;

(3)维护仪器的基本知识;

(4)土样、水样、植物标本等的采集知识。

2.2.7　识图知识

(1)地形图基础知识;

(2)水土保持制图基本知识。

2.2.8　水土保持管护

(1)水土保持措施的管护责任、管护原则;

(2)水土保持工程措施维护的内容、方法;

(3)水土保持植物措施管护的内容、方法。

2.2.9　计算机及其应用

(1)Word 输入、编辑文档操作技术;

(2)Excel 输入、编辑、统计、计算、制表技术。

2.2.10　相关法律法规知识

(1)《中华人民共和国水土保持法》的相关知识;

(2)《中华人民共和国水法》的相关知识;

(3)《中华人民共和国防洪法》的相关知识;

(4)《中华人民共和国水土保持法实施条例》的相关知识;

(5)《土壤侵蚀分类分级标准》的相关知识;

(6)《水土保持综合治理 技术规范》的相关知识;

(7)《开发建设项目水土保持技术规范》的相关知识;

(8)《水利水电工程制图标准水土保持图》的相关知识;

(9)《中华人民共和国劳动法》的相关知识;

(10)《中华人民共和国合同法》的相关知识。

# 3　工作要求

本标准对初级工、中级工、高级工、技师和高级技师的技能要求依次递进,高级别涵盖低级别的要求。

## 3.1　初级工

| 职业功能 | 工作内容 | 技能要求 | 相关知识 |
|---|---|---|---|
| 一、水土保持调查 | （一）野外调查 | 1. 能在野外辨识小流域分水岭、阴坡、阳坡、沟道<br>2. 能在野外辨识发育在坡面上的水力侵蚀沟形态特征<br>3. 能在野外辨识陷穴、泻溜、崩塌、滑坡等重力侵蚀形态特征<br>4. 能在野外识别水土保持坡面措施（梯田、造林、种草、蓄水、截排水工程等）和沟道措施（淤地坝、拦沙坝、塘坝(堰)、谷坊、沟头防护等）<br>5. 能借助皮尺、卷尺、钢尺、天平等常规器具进行几何尺寸、面积及重量的量算 | 1. 小流域地形地貌基本知识<br>2. 土壤侵蚀类型、方式、特征等常识<br>3. 水土保持措施的种类 |
| | （二）统计调查 | 1. 能进行实地询问、记录<br>2. 能进行治理区域内各级行政区的人口、劳力、人均纯收入、作物产量等社会经济数据收集,填写调查表格 | 1. 统计调查的种类、一般方法<br>2. 社会经济状况的基本指标<br>3. 统计报表的种类 |
| 二、水土保持施工 | （一）沟道工程施工 | 1. 能进行沟头防护工程（围埝式、围埝蓄水池式、跌水式）基础开挖,谷坊的清基、结合槽开挖<br>2. 能进行植物谷坊、柔性坝（柳、沙棘谷坊、柳桩、沙棘块石谷坊、柴草谷坊等）的选材、桩排划定、打(钉)桩、编篱笆、扎柴捆、填(压)石土<br>3. 能进行淤地坝、拦沙坝、塘坝(堰)工程基础处理中截水槽开挖<br>4. 能进行浆砌石施工中石料表面的清扫、砌石勾缝<br>5. 能进行混凝土砌体的洒水养护 | 1. 谷坊工程、沟头防护工程的种类<br>2. 土谷坊、植物谷坊施工方法<br>3. 清基、截水槽开挖注意事项<br>4. 浆砌石施工、混凝土施工基本知识<br>5. 混凝土养护基础知识 |
| | （二）坡面治理工程施工 | 1. 能进行截、排水沟修建中的沟槽开挖、沟沿填土<br>2. 能进行土坎梯田坎、埝修整<br>3. 能进行蓄水池池体开挖 | 1. 梯田的功能、种类、修筑方法<br>2. 坡面截、引、排水工程的功能、修筑方法<br>3. 常见蓄水池的功能、种类 |
| | （三）护岸工程施工 | 1. 能开挖导流渠<br>2. 能填筑施工围堰 | 1. 小型护岸工程的作用与种类<br>2. 护岸工程施工的一般方法 |

续表

| 职业功能 | 工作内容 | 技能要求 | 相关知识 |
|---|---|---|---|
| 二、水土保持施工 | （四）水土保持造林 | 1.能修筑水平阶、水平沟、鱼鳞坑<br>2.能进行植苗、播种 | 1.造林整地的功能与方式<br>2.造林方法 |
| | （五）水土保持种草 | 1.能按照要求进行条播、撒播、穴播的整地<br>2.能铺设草皮 | 1.种草整地的方法<br>2.种草、植草方法 |
| 三、水土保持管护 | （一）工程措施管护 | 1.能对沟头防护工程、谷坊工程进行汛前和暴雨后的检查并记录<br>2.能修复土谷坊坝体裂缝、沉陷<br>3.能对植物谷坊及两侧沟坡植物进行抚育管理，能清除溢水口堵塞物<br>4.能清除淤地坝排水沟内的淤泥和杂物<br>5.能检查并记录梯田的田埂、田坎损毁、水毁情况<br>6.能检查并记录蓄水工程的坍塌、裂缝 | 1.沟道工程管护的主要内容、检查的重点和记录方法<br>2.坡面工程管护的主要内容、检查的重点和记录方法 |
| | （二）植物措施管护 | 1.能对新造林地进行浇灌、施肥、补植等抚育管理<br>2.能进行人工草地的杂草清除、补种等田间管理 | 1.水土保持林草管护的主要内容<br>2.经济林果管护的一般知识 |

## 3.2　中级工

| 职业功能 | 工作内容 | 技能要求 | 相关知识 |
|---|---|---|---|
| 一、水土保持调查 | （一）野外调查 | 1.能在野外利用地形图识别地貌形态、地物,会利用地形图进行野外定点、填写记录<br>2.能量测坡面侵蚀沟的数量、形状、几何尺寸<br>3.能够利用小流域现状图、规划图核查水土保持措施<br>4.能进行测量的跑尺,水准仪的整平、观测、记录<br>5.能进行土样、水样的采集 | 1.地形图基础知识,目估、交会等野外定点方法<br>2.水土保持现状图测绘基本知识<br>3.测量基础知识、罗盘、水准仪的使用<br>4.野外调查、观察记录方法 |

续表

| 职业功能 | 工作内容 | 技能要求 | 相关知识 |
|---|---|---|---|
| 一、水土保持调查 | （二）统计调查 | 1.能根据统计数据计算治理程度<br>2.能按要求摘录统计水文年鉴、水土流失监测成果表中的次、年（汛）降水量,次降水强度,径流量、平均流量、输沙量、输沙率、含沙量等特征值 | 1.普查、典型调查基本知识<br>2.水土流失治理程度的概念、计算方法<br>3.土壤侵蚀总量、强度的概念、计算方法<br>4.降水量、降水强度、径流量、输沙率、含沙量的概念 |
| 二、水土保持施工 | （一）沟道工程施工 | 1.能识别淤地坝、谷坊、拦沙坝、塘坝（堰）等沟道工程的类型<br>2.能进行石谷坊坝体及溢水口（干砌块石、干砌卵石、浆砌石）砌筑<br>3.能进行谷坊、沟头防护工程尺寸控制<br>4.能进行施工放线中的立尺、拉尺、立桩 | 1.淤地坝、谷坊、拦沙坝、塘坝（堰）等沟道工程的作用、分类、施工程序<br>2.石谷坊（干砌块石、干砌卵石、浆砌石等）的施工方法<br>3.工程施工尺寸控制的基本方法<br>4.沟道工程基础处理基本知识<br>5.混凝土材料的基本知识 |
| | （二）坡面治理工程施工 | 1.能进行蓄水池的池体砌筑<br>2.能进行石坎梯田清基、修筑田坎、田面整平<br>3.能进行表土剥离、回填 | 1.石坎、土坎梯田施工的技术要点<br>2.坡面截排水工程施工的一般性技术要求<br>3.蓄水池的修筑方法及技术要求<br>4.中间推土法、分带推土法、蛇脱皮法进行保留表土施工技术要点 |
| | （三）护岸工程施工 | 1.能进行岸坡干砌石砌筑<br>2.能进行护岸工程（重力式、贴坡式、网格式、复合式）施工中块石和料石的选择、砂浆拌和 | 1.干砌石护岸工程施工技术要点<br>2.植物措施护岸工程施工技术要点<br>3.混凝土浆砌石护岸工程一般施工方法 |
| | （四）水土保持造林 | 1.能辨识当地常见水土保持乔、灌木苗木品种,并能判别苗木质量<br>2.能进行播种造林的种子去杂、精选和消毒处理<br>3.能进行苗木的假植、保湿 | 1.水土保持林的作用、种类<br>2.林种、树种基础知识<br>3.植苗造林的技术要点 |

续表

| 职业功能 | 工作内容 | 技能要求 | 相关知识 |
|---|---|---|---|
| 二、水土保持施工 | （五）水土保持种草 | 1. 能辨识当地常见水土保持草的品种<br>2. 能进行穴播、条播种草 | 1. 水土保持草的作用<br>2. 主要水土保持草种的特性<br>3. 水土保持草的播种方法及技术要点 |
| 三、水土保持管护 | （一）工程措施管护 | 1. 能修复石谷坊的局部损毁<br>2. 能检查并记录土坝体的滑坡、裂缝及洞穴，能处理土坝洞穴<br>3. 能检查并记录蓄水工程的管涌、流土及坝肩绕渗<br>4. 能检查出坡面治理工程冲刷、裂缝、崩塌、沉陷、渗漏等，并能进行加固、修复处理 | 1. 谷坊维护要点<br>2. 淤地坝、拦沙坝、塘坝（堰）工程维修管护的要点<br>3. 淤地坝、拦沙坝、塘坝（堰）及其附属建筑物易损毁部位、常见形态、处理的一般方法<br>4. 坡面治理工程损毁的常见形态、处理的一般方法<br>5. 护岸工程损毁的常见形态、处理的一般方法 |
| | （二）植物措施管护 | 1. 能进行播种造林的间苗、定苗<br>2. 能进行林木的间伐<br>3. 能进行经济林果地灌溉施肥<br>4. 能进行当地两种常用草种种籽的采集、晒制<br>5. 能进行封禁治理区主要灌木平茬复壮 | 1. 水保林抚育管理基础知识<br>2. 经果林管护基础知识<br>3. 封禁治理技术<br>4. 草籽采集知识 |

## 3.3　高级工

| 职业功能 | 工作内容 | 技能要求 | 相关知识 |
|---|---|---|---|
| 一、水土保持调查 | （一）野外调查 | 1. 能在野外识别当地主要土壤种类、植被类型并记录<br>2. 能在野外对侵蚀的沟头前进、沟岸扩张、沟底下切的特征进行描述<br>3. 能进行小流域土地利用现状、水土保持现状的野外调绘<br>4. 能测定植物样地郁闭度、覆盖度 | 1. 土壤、植物分类的基本知识<br>2. 土壤侵蚀强度分级的基本知识<br>3. 小流域土地利用现状图测绘知识<br>4. 样地郁闭度、覆盖度测定方法 |
| | （二）统计调查 | 1. 能根据水土保持措施调查表，分析措施结构、措施保存率<br>2. 能进行调查区的土地利用结构、土地生产率、劳动生产率的统计分析 | 1. 抽样调查技术知识<br>2. 水土保持措施结构、措施保存率概念<br>3. 土地利用结构、土地生产率、劳动生产率的概念，统计分析的基本方法<br>4. 统计年报基本知识 |

**续表**

| 职业功能 | 工作内容 | 技能要求 | 相关知识 |
|---|---|---|---|
| 二、水土保持施工 | （一）沟道工程施工 | 1. 能识读沟道工程的施工设计图<br>2. 能进行淤地坝、拦沙坝、塘坝（堰）、坝坡、马道施工尺寸控制<br>3. 能填写沟道工程施工日志<br>4. 能进行坝体工程反滤体施工中棱式和贴坡式反滤体铺设<br>5. 能撰写沟道工程施工总结<br>6. 能进行放（泄）水建筑物施工中卧管（竖井）、溢洪道开挖、砌筑、回填<br>7. 能进行混凝土施工中粗、细骨料的筛选 | 1. 淤地坝、拦沙坝、塘坝（堰）的坝体基础处理技术要点<br>2. 淤地坝、拦沙坝、塘坝（堰）施工程序、方法<br>3. 施工日志记载方法<br>4. 施工图识图知识<br>5. 土料含水量、土体干容重测定方法<br>6. 反滤体施工基本知识<br>7. 建筑物施工总结撰写方法 |
| | （二）坡面治理工程施工 | 1. 能识读坡面治理工程的施工设计图<br>2. 能进行梯田施工放线<br>3. 能进行水窖的窖体开挖<br>4. 能填写坡面工程施工日志<br>5. 能编写坡面工程施工工作总结 | 1. 梯田施工定线、放线初步知识<br>2. 水窖施工技术<br>3. 施工日志记载方法<br>4. 施工图识图知识<br>5. 施工工作总结编写方法 |
| | （三）护岸工程施工 | 1. 能识读护岸工程施工设计图<br>2. 能进行浆砌石护岸工程施工中不同强度等级砂浆的配制、砌筑<br>3. 能填写护岸施工日志<br>4. 能编写护岸施工工作总结 | 1. 工程措施护岸、植物措施护岸工程等施工的技术要点<br>2. 混凝土拌和的基本知识<br>3. 施工日志记载方法<br>4. 施工图识图知识<br>5. 施工工作总结编写方法 |
| | （四）水土保持造林 | 1. 能识读水土保持造林施工设计图<br>2. 能按照设计图，针对不同的水土保持林，运用测量仪器进行现场规划、放线<br>3. 能填写水土保持林施工日志<br>4. 能填写造林统计表格<br>5. 能编写造林施工工作总结 | 1. 水土保持林施工放线技术<br>2. 水土保持林配置知识<br>3. 施工日志记载方法<br>4. 施工图识图知识<br>5. 施工工作总结编写方法 |
| | （五）水土保持种草 | 1. 能进行种子的去杂、精选、消毒处理<br>2. 能识读种草施工设计图<br>3. 能填写水土保持种草施工日志<br>4. 能编写种草施工工作总结 | 1. 种子的处理技术<br>2. 施工日志记载方法<br>3. 施工图识图知识<br>4. 施工工作总结编写方法 |

**续表**

| 职业功能 | 工作内容 | 技能要求 | 相关知识 |
|---|---|---|---|
| 三、水土保持管护 | （一）工程措施管护 | 1. 能处理淤地坝、拦沙坝、塘坝（堰）坝体裂缝<br>2. 能处理坝体渗漏<br>3. 能制定坡面治理工程加固、修复的措施<br>4. 能处理水窖的渗漏 | 1. 坝体裂缝的处理技术<br>2. 坝体渗漏的处理技术<br>3. 水窖防渗技术<br>4. 淤地坝及其附属建筑物、拦沙坝、塘坝（堰）较大损毁的部位、形态、处理措施 |
| | （二）植物措施管护 | 1. 能提出林草地火灾、鼠害的防治措施<br>2. 能采用标准地法或标准行法检查计算造林成活率<br>3. 能制定乔木林间伐方案 | 1. 林草地火灾,防治病、虫、鼠害的措施技术<br>2. 造林成活率检查方法 |

## 3.4 技师

| 职业功能 | 工作内容 | 技能要求 | 相关知识 |
|---|---|---|---|
| 一、水土保持调查 | （一）野外调查 | 1. 能计算小流域沟壑密度、沟道比降<br>2. 能使用经纬仪进行控制测量和碎部点测量<br>3. 能根据坡度、植被、土壤类型等判别水土流失强度<br>4. 能进行中小型坝址选择 | 1. 区域地形、地貌的基本知识<br>2. 区域水土保持分区知识<br>3.《土壤侵蚀分类分级标准》（SL 190—2007）沟蚀分级指标知识<br>4. 经纬仪的使用及地形测量知识 |
| | （二）统计调查 | 1. 能根据调查的目的、对象、调查单位、调查项目、调查内容,设计调查表格<br>2. 能确定抽样方法和抽样数量<br>3. 能根据当地典型暴雨特征值、经验公式推算小流域洪峰流量、洪水总量 | 1. 抽样调查的基本知识<br>2. 暴雨洪水调查方法<br>3. 小流域坝系的基本知识<br>4. 水土保持调查报告写作知识 |
| 二、水土保持规划设计 | （一）项目规划 | 1. 能编制和填写规划阶段所需基本情况表、土地利用现状表、农业产值结构现状表、水土流失情况表、水土保持措施建设现状表<br>2. 能绘制项目规划阶段土壤侵蚀类型图、水土流失现状图、水土保持现状图 | 1.《水土保持规划编制规程》（SL 335—2006）附表、附图知识<br>2. 规划主要内容及要求 |

续表

| 职业功能 | 工作内容 | 技能要求 | 相关知识 |
|---|---|---|---|
| 二、水土保持规划设计 | （二）项目建议书编制 | 1. 能编制和填写项目建议书阶段所需基本情况表、土地利用现状表、农业产值结构现状表、水土流失情况表、水土保持措施建设现状表、项目特性表<br>2. 能绘制项目建议书阶段位置示意图、水系图、水土流失类型及现状图、水土保持现状图、水土保持工程总体布置示意图、水土保持工程分期建设示意图 | 1. 水土保持工程项目建议书编制暂行规定附表、附图知识<br>2.《水土保持建设项目前期工作暂行规定》水土保持工程项目建议书编制方法 |
| | （三）项目可行性研究 | 1. 能编制和填写项目区可行性研究阶段所需基本情况表、土地利用现状表、农业产值结构现状表、水土流失情况表、水土保持措施建设现状表、项目特性表<br>2. 能绘制项目可行性研究阶段位置示意图、土壤侵蚀类型图、水土流失现状图、水土保持现状图、水土保持规划图、土地利用现状图、土地利用规划图<br>3. 能进行水土保持措施典型设计 | 1. 水土保持工程可行性研究报告编制暂行规定附表、附图知识<br>2.《水土保持建设项目前期工作暂行规定》水土保持工程可行性研究报告编制方法<br>3. 水土保持措施典型设计知识 |
| | （四）项目初步设计 | 1. 能编制小流域工程量汇总表、工程特性表<br>2. 能编制小流域地理位置图、土壤侵蚀类型和水土流失程度分布图、土地利用和水土保持措施现状图、水土保持工程总体布置图<br>3. 能进行小流域坡面工程（梯田、造林、种草等）的布局，并确定沟道工程（淤地坝、拦沙坝、塘坝（堰）、谷坊等）位置 | 1.《水土保持建设项目前期工作暂行规定》水土保持工程初步设计报告编制暂行规定知识<br>2. 水土保持措施设计知识 |
| 三、水土保持施工 | （一）沟道工程施工 | 1. 能进行淤地坝、拦沙坝、塘坝（堰）施工放线<br>2. 能制定沟道工程施工实施计划<br>3. 能绘制沟道工程竣工图 | 1. 施工放线、施工测量控制点布设方法<br>2. 淤地坝、拦沙坝、塘坝（堰）施工技术要点及注意事项<br>3. 反滤体施工技术要点及注意事项<br>4. 沟道工程竣工图绘制方法<br>5. 沟道工程施工实施计划编制方法<br>6. 沟道工程施工技术总结报告编写方法 |

续表

| 职业功能 | 工作内容 | 技能要求 | 相关知识 |
|---|---|---|---|
| 三、水土保持施工 | （二）坡面工程施工 | 1. 能制定坡面工程施工实施计划<br>2. 能绘制坡面工程竣工图 | 1. 坡面工程竣工图绘制方法<br>2. 坡面工程施工技术总结报告编写方法 |
| | （三）护岸工程施工 | 1. 能进行各类护岸工程施工放线<br>2. 能绘制护岸工程竣工图<br>3. 能制定护岸工程施工实施计划 | 1. 护岸工程竣工图绘制方法<br>2. 护岸工程施工技术总结报告编写方法 |
| | （四）水土保持造林 | 1. 能制定水土保持林施工实施计划<br>2. 能绘制水土保持林竣工图<br>3. 能编写水土保持造林施工技术总结报告 | 1. 适地适树的原则<br>2. 水土保持图规范造林竣工图绘制方法<br>3. 水土保持造林施工技术总结报告编写方法 |
| | （五）水土保持种草 | 1. 能绘制水土保持种草竣工图<br>2. 能编写水土保持种草施工总结技术报告 | 1. 种子发芽率、纯净度、千粒重测定方法<br>2. 水土保持种草竣工图绘制方法<br>3. 水土保持种草施工技术总结报告编写方法 |
| | （六）开发建设项目水土流失防治措施施工 | 1. 能制定临时拦挡和排水措施的施工方案<br>2. 能进行高陡边坡的削坡开阶 | 1. 开发建设项目人为水土流失防治工程的措施种类和作用<br>2. 水土保持工程质量评定规程（开发建设项目） |
| 四、水土保持管护 | （一）工程措施管护 | 1. 能根据泄水建筑物存在的安全隐患，制定相应的处理措施<br>2. 能检测并记录淤地坝的库容的淤积情况 | 1. 工程安全运行知识<br>2. 沟道工程重大损毁、险情的发生部位、形式、原因、处理措施、排除方法<br>3. 沟道工程防洪要求 |
| | （二）植物措施管护 | 1. 能进行当地常见经济林果的整形、修剪<br>2. 能确定当地常见经济林果施肥的种类、方法和时间 | 1. 林地管理、幼林抚育、间伐、三低林（低产、低质、低效）改造的技术<br>2. 人工草地管理、封禁治理、草地利用的技术<br>3. 经济林果管理基本知识 |

续表

| 职业功能 | 工作内容 | 技能要求 | 相关知识 |
|---|---|---|---|
| 五、培训指导与管理 | （一）指导操作 | 1. 能编写小流域调查细则<br>2. 能编写坡面工程施工手册 | 1. 操作规程编写知识<br>2. 水土保持调查、前期工作实施、工程施工、工程管护技术有关规程、规范 |
| | （二）技术培训 | 1. 能编写培训教材和培训计划<br>2. 能对初、中、高级人员进行业务培训 | 1. 培训教材编写知识<br>2. 水土保持项目工程规划、设计、施工、管护技术有关规程、规范 |

## 3.5　高级技师

| 职业功能 | 工作内容 | 技能要求 | 相关知识 |
|---|---|---|---|
| 一、水土保持调查 | （一）野外调查 | 1. 能使用全站仪测绘小流域地形图<br>2. 能编制小流域调查的技术大纲 | 1. 全站仪的使用<br>2. 流域调查技术方法 |
| | （二）统计调查 | 1. 能进行中小流域水土保持调查方案的设计<br>2. 能撰写小流域水土保持调查报告 | 1. 水土保持调查方案的设计方法<br>2. 统计分析基础 |
| 二、水土保持规划设计 | （一）项目规划 | 1. 能拟定项目规划阶段自然环境、自然资源、社会经济、水土流失状况、水土流失治理与水土保持工程建设现状等基本资料收集整理的提纲和方案<br>2. 能编制水土保持分区图 | 1.《水土保持综合治理 规划通则》（GB/T 15772—1995）规划成果整理知识<br>2.《水土保持规划编制规程》（SL 335—2006）规划编制的主要内容、方法和要点<br>3.《水利水电工程制图标准水土保持图》（SL 73.6—2001）符号、图式、综合图式等知识 |
| | （二）项目建议书编制 | 1. 能拟定项目建议书阶段自然环境、自然资源、社会经济、水土流失状况、水土流失治理与水土保持工程建设现状等基本资料收集整理的提纲和方案<br>2. 能确定项目主要防治措施的类型、估算建设规模和工程量 | 1.《水土保持建设项目前期工作暂行规定》水土保持工程项目建议书编制的主要内容、方法和要点<br>2.《水土保持工程概（估）算编制规定》基础（水总［2003］67号）工程项目划分知识 |

续表

| 职业功能 | 工作内容 | 技能要求 | 相关知识 |
|---|---|---|---|
| 二、水土保持规划设计 | （三）项目可行性研究 | 1. 能拟定项目可行性研究阶段自然环境、自然资源、社会经济、水土流失状况、水土流失治理与水土保持工程建设现状等基本资料收集整理的提纲和方案<br>2. 能选择典型小流域并进行典型小流域设计 | 1.《水土保持建设项目前期工作暂行规定》水土保持工程可行性研究报告编制的主要内容、方法和要点<br>2.《水土保持综合治理 效益计算方法》（GB/T 15774—2008）水土保持效益计算方法基础知识<br>3. 典型小流域设计知识 |
| | （四）项目初步设计 | 1. 能拟定小流域施工组织设计和分年度实施计划<br>2. 能进行项目初步设计阶段水土保持措施设计<br>3. 能绘制各类措施典型设计图 | 1.《水土保持建设项目前期工作暂行规定》水土保持工程初步设计报告编制暂行规定工程设计知识<br>2.《水土保持综合治理 技术规范》（GB/T 16453.1～16453.6—2008）规划设计知识 |
| 三、水土保持施工 | （一）沟道工程施工 | 1. 能进行沟道工程施工组织设计<br>2. 能制定沟道工程施工中滑坡、塌方的事故处理预案<br>3. 能编写沟道工程施工技术总结报告 | 1. 坝体滑坡、岸坡塌方、滑坡处理基本方法<br>2. 建筑物施工的尺寸控制<br>3.《水土保持工程质量评定规程》（SL 336—2006）工程质量检验知识<br>4.《水土保持综合治理 技术规范》（GB/T 16453.3—2008）沟道工程设计、施工知识 |
| | （二）坡面治理工程施工 | 1. 能进行坡面治理工程的施工组织设计<br>2. 能编写坡面治理工程质量评估报告<br>3. 能编写坡面工程施工技术总结报告 | 1. 工程进度控制、质量控制方法<br>2. 单项措施施工技术要点<br>3.《水土保持工程质量评定规程》（SL 336—2006）工程质量评定的项目划分、工程质量评定知识<br>4.《水土保持综合治理 技术规范》（GB/T 16453.1—2008）坡面治理工程的设计、施工知识 |

续表

| 职业功能 | 工作内容 | 技能要求 | 相关知识 |
|---|---|---|---|
| 三、水土保持施工 | （三）护岸工程施工 | 1. 能进行护岸工程的施工组织设计<br>2. 能编写护岸治理工程质量评估报告<br>3. 能编写护岸工程施工技术总结报告 | 1. 护岸工程种类、设计、施工知识<br>2. 护岸工程施工进度控制基础知识 |
| | （四）生产建设项目水土流失防治措施施工 | 1. 能绘制开发建设项目水土流失防治措施竣工图<br>2. 能编写开发建设项目水土流失防治措施单项工程施工总结<br>3. 能制定弃渣场施工过程中崩塌、垮塌防治预案 | 1.《开发建设项目水土保持技术规范》（GB 50433—2008）水土保持方案报告表内容规定知识<br>2.《开发建设项目水土流失防治标准》（GB 50434—2008）防护措施设计标准知识 |
| 四、水土保持管护 | （一）工程措施管护 | 1. 能制定淤地坝、拦沙坝、塘坝（堰）等工程运行管护方案<br>2. 能制定淤地坝、拦沙坝、塘坝（堰）坝体滑坡、渗漏的处理方案<br>3. 能制定沟道工程安全度汛方案 | 1.《水土保持工程运行技术管理规程》（SL 312—2005）淤地坝、拦沙坝的技术管理知识<br>2. 工程防渗、漏知识 |
| | （二）植物措施管护 | 1. 能制定当地一种经济林常见病虫害防治方案<br>2. 能制定水土保持植物措施管护的技术方案<br>3. 能制定封育管护措施的实施方案 | 1. 水土保持植物措施管护的技术要点<br>2.《水土保持工程运行技术管理规程》（SL 312—2005）水土保持植物措施的技术管理知识 |
| 五、培训指导与管理 | （一）培训 | 1. 能编写水土保持治理高级工、技师培训讲义<br>2. 能对水土保持治理高级工、技师进行现场指导和授课<br>3. 能对水土保持治理高级工、技师的培训进行考核 | 1. 教学基本知识<br>2. 培训讲义的编写知识 |
| | （二）管理 | 1. 能编写小流域施工管理办法<br>2. 能编写小流域竣工验收报告 | 1. 小流域管理基础知识<br>2. 小流域竣工验收基础知识 |

# 4  比重表

## 4.1  理论知识

| 项目 | | 初级（%） | 中级（%） | 高级（%） | 技师（%） | 高级技师（%） |
|---|---|---|---|---|---|---|
| 基本要求 | 职业道德 | 5 | 5 | 5 | 5 | 5 |
| | 基本知识 | 30 | 25 | 20 | 15 | 10 |
| 相关知识 | 水土保持调查 | 25 | 25 | 20 | 15 | 15 |
| | 水土保持规划设计 | — | — | — | 20 | 30 |
| | 水土保持施工 | 25 | 30 | 35 | 25 | 20 |
| | 水土保持管护 | 15 | 15 | 20 | 10 | 5 |
| | 培训指导与管理 | — | — | — | 10 | 15 |
| 合计 | | 100 | 100 | 100 | 100 | 100 |

## 4.2  技能操作

| 项目 | | 初级（%） | 中级（%） | 高级（%） | 技师（%） | 高级技师（%） |
|---|---|---|---|---|---|---|
| 技能要求 | 水土保持调查 | 30 | 35 | 35 | 25 | 20 |
| | 水土保持规划设计 | — | — | — | 20 | 30 |
| | 水土保持施工 | 40 | 40 | 40 | 35 | 30 |
| | 水土保持管护 | 30 | 25 | 25 | 10 | 5 |
| | 培训指导与管理 | — | — | — | 10 | 15 |
| 合计 | | 100 | 100 | 100 | 100 | 100 |

注：比重表中不配分的地方，请划"—"。

# 附录 2　水土保持治理工国家职业技能鉴定理论知识模拟试卷(高级工)

**注意事项**

1. 考试时间:120 分钟。

2. 请首先按要求在试卷的标封处填写您的姓名、准考证号和所在单位的名称。

3. 请仔细阅读各种题目的回答要求,在规定的位置填写您的答案。

4. 不要在试卷上乱写乱画,不要在标封区填写无关的内容。

一、单项选择题(第 1~50 题。请选择一个正确答案,将相应字母填入括号内。每题 1 分,共 50 分。)

1. 职业道德是所有从业人员在(　　)中应该遵守的行为准则。

(A)职业活动　　　(B)家庭生活　　　(C)社会活动　　　(D)人际交往

2. (　　),忠于职守,自觉履行各项职责,是水土保持治理工职业道德守则的基本内容之一。

(A)艰苦奋斗　　　(B)爱岗敬业　　　(C)勤俭节约　　　(D)助人为乐

3. 水土流失是指在水力、风力、重力及冻融等自然营力和人类活动作用下,水土资源和土地生产能力的破坏和损失,包括土地表层侵蚀和(　　)。

(A)水的损失　　　(B)水力侵蚀　　　(C)植被损失　　　(D)土壤损失

4. 黄土高原位于我国地形的(　　)上。

(A)第一级阶梯　　　(B)第二级阶梯　　　(C)第三级阶梯　　　(D)第四级阶梯

5. 沟间地指从分水岭至(　　)之间的区域。

(A)沟谷　　　(B)峁　　　(C)沟缘线　　　(D)梁

6.《中华人民共和国水土保持法》规定国家对水土保持实行(　　)、保护优先、全面规划、综合治理、因地制宜、突出重点、科学管理、注重效益的方针。

(A)预防为主　　　(B)标本兼治　　　(C)防治结合　　　(D)合理利用

7. 生态清洁小流域建设是小流域治理与水资源保护、(　　)结合的一种创新模式。

(A)土壤保持　　　(B)水土保持　　　(C)土壤侵蚀控制　　　(D)水污染治理

8. 常见的水土保持工程措施按修建目的及其应用条件分为(　　)、沟道治理工程和护岸工程 3 大类。

(A)导流堤　　　(B)淤地坝　　　(C)沟头防护工程　　　(D)坡面治理工程

9. 对 2010 年 11 月 1 日 0 时的全国人口进行逐一调查,这种调查方式是(　　)。

(A)抽样调查　　　(B)重点调查　　　(C)普查　　　(D)典型调查

10. 项目建议书经批准后,将作为(　　)和开展可行性研究的依据。

(A)工程建设　　　(B)工程立项　　　(C)工程验收　　　(D)工程设计

11. 淤地坝施工的主要程序有下列几个方面:施工准备、基础处理、( )、溢洪道施工、放水建筑物施工等。

(A)坝体施工　　　　(B)施工整理　　　　(C)削坡处理　　　　(D)土方回填

12. 梯田的结构包括田坎、( )、田面三部分。

(A)表土　　　　(B)田埂　　　　(C)排水渠　　　　(D)反坡

13. 在造林整地工程中,鱼鳞坑整地适宜于( )。

(A)地势平缓的坡地　　　　　　(B)土层深厚的坡地

(C)土壤瘠薄的石质山地　　　　(D)地形破碎及坡度较大的沟坡地段

14. 水准仪是用来测量( )的仪器。

(A)两点间距离　　　(B)两点间高差　　　(C)方位　　　(D)水平角和竖直角

15. 地形图上0.1 mm的长度,在1:1万图上实地距离为( )。

(A)100 m　　　　(B)10 m　　　　(C)1 m　　　　(D)0.1 m

16. 两条不同高程的等高线在( )部位可相交。

(A)悬崖　　　　(B)平原　　　　(C)湖泊　　　　(D)山峰

17. 水土保持措施管护应遵循( )的原则,坚持日常维护管理和重点检查维护相结合的原则和注重对水土保持工程进行合理开发利用,并与水土保持工程监测紧密结合的原则。

(A)谁建设、谁管护　　　　　　(B)谁施工、谁管护

(C)谁受益、谁管护　　　　　　(D)谁验收、谁管护

18. 水保法规定,禁止在( )以上陡坡地开垦种植农作物。

(A)30°　　　　(B)25°　　　　(C)20°　　　　(D)15°

19. 《中华人民共和国合同法》规定,建设工程合同应当采用( )。

(A)书面形式　　　　　　　　　(B)口头形式

(C)书面形式或口头形式　　　　(D)书面形式或其他形式

20. 根据我国土壤质地分类标准,将土壤分为沙土、( )和黏土三大质地类型。

(A)粉土　　　　(B)沙壤土　　　　(C)壤土　　　　(D)轻沙土

21. 根据植物茎的形态将植物分为乔木、灌木、草本植物和( )。

(A)单子叶植物　　(B)双子叶植物　　(C)被子植物　　(D)藤本植物

22. 《土壤侵蚀分类分级标准》(SL 190—2007)规定,重力侵蚀强度以崩塌面积占坡面面积比为指标进行分级,当崩塌面积占坡面面积比15%~20%时,侵蚀强度为( )。

(A)轻度　　　　(B)中度　　　　(C)强烈　　　　(D)剧烈

23. 郁闭度是指森林中乔木树冠彼此相接而遮蔽地面的程度,它是反映( )的指标。

(A)树冠大小　　(B)林分密度　　(C)林木适应性　　(D)生长情况

24. 在被调查对象总体中,抽取一定数量的样本,对样本指标进行量测和调查,以样本统计特征值对总体的相应特征值作出具有一定可靠性的估计和推断的调查方法称为( )。

(A)典型调查　　(B)重点调查　　(C)抽样调查　　(D)普查

25.水土保持措施保存率是指在一定区域内(　　)占原统计实施水保措施数量的百分比。

(A)符合规定标准的水保措施数量　　　　(B)调查水保措施数量

(C)统计水保措施数量　　　　　　　　　(D)规划水保措施数量

26.(　　)是指在一定时期内,区域内投入单位劳动的产量(或产值)。

(A)土地利用率　　(B)劳动生产量　　(C)土地生产率　　(D)劳动生产率

27.淤地坝施工总平面布置图以(　　)的形式表示。反映施工场地(堆场、取土场)及施工用房等的平面布置、形式及主要尺寸,施工现场的水、电、道路布置等,用于工程施工测量放样的标桩位置及高程等。

(A)剖视图　　　　(B)剖面图　　　　(C)平面图　　　　(D)立体图

28.采用分析视图、形体分析等方法识读水土保持沟道工程施工设计图建筑物详细结构与构造的顺序,正确的选项是(　　)。

(A)先从枢纽(主要建筑物)布置图入手,再看建筑物结构图,同时结合看细部详图

(B)先从建筑物结构图入手,再看枢纽(主要建筑物)布置图,同时结合看细部详图

(C)先从细部详图入手,再看建筑物结构图,同时结合看枢纽(主要建筑物)布置图

(D)先从枢纽(主要建筑物)布置图入手,再看细部详图,同时结合看建筑物结构图

29.下列说法不正确的是(　　)。

(A)碾压施工上游坝坡较下游坝坡缓　　(B)碾压施工上游坝坡较下游坝坡陡

(C)水坠施工上下游坝坡比相同　　　　(D)水坠施工根据坝体土质不同而取不同坡比

30.关于工程施工日志的填写要求,下列错误的选项是(　　)。

(A)填写内容须真实反映现场施工情况

(B)铅笔或黑中性笔填写,字迹工整,表述简洁、清楚,妥善保管

(C)记载时间必须连续

(D)记载人如有变动,应移交本簿并有记录

31.梯田施工定基线时,各基点的距离为梯田断面设计的(　　)。

(A)田面净宽　　　(B)田面斜宽　　　(C)田坎宽　　　　(D)田埂宽

32.水窖(旱井)施工工序包括窖体开挖、(　　)和地面部分施工。

(A)窖体防渗　　　(B)窖体安砌　　　(C)基础处理　　　(D)窖身校正

33.人工拌和混凝土时,干拌的程序和方法正确的是(　　)。

(A)先倒入砂子,后倒入水泥,用铁锹反复干拌至少三遍,直到颜色均匀为止

(B)先倒入水泥,后倒入砂子,用铁锹反复干拌至少三遍,直到颜色均匀为止

(C)砂子和水泥同时倒入,加少量水用铁锹反复干拌至少三遍,直到颜色均匀为止

(D)砂子和水泥同时倒入,用铁锹反复干拌至少三遍,直到颜色均匀为止

34.淤地坝施工中,棱体式反滤层与坝体开始填筑时(　　)进行修筑。

(A)提前　　　　　(B)推后　　　　　(C)同步　　　　　(D)单独

35.下列选项中不反映在梯田平面布置图中的是(　　)。

(A)梯田区的布设　　　　　　　　　　(B)修筑梯田小班(地块)面积

(C)田间道路　　　　　　　　　　　　(D)田坎高度

36.砂浆系浆砌石护岸工程中使用的主要胶结材料,常用的有(　　)。

(A)水泥砂浆、白灰砂浆　　　　　(B)水泥砂浆、混合砂浆和白灰砂浆

(C)水泥砂浆、混合砂浆　　　　　(D)混合砂浆、白灰砂浆

37.在立地条件很差的地区造林,林木种植点配置一般采用(　　)。

(A)长方形配置　　(B)正方形配置　　(C)群簇状配置　　(D)三角形配置

38.水利水保工程混凝土细骨料常用(　　)。

(A)卵石　　　　　(B)碎石　　　　　(C)碎卵石　　　　(D)普通河砂

39.阴性树种和阳性树种的混交常采用(　　)的方式。

(A)带状混交　　　(B)行间混交　　　(C)株间混交　　　(D)块状混交

40.牧草播种前药物拌种一般使用(　　)进行。

(A)液剂药物　　　(B)颗粒药剂　　　(C)粉剂药物　　　(D)乳剂药物

41.水土保持草种子精选去杂的主要目的是(　　)。

(A)获得品质优良,发芽力强的种子　　(B)获得籽粒饱满,纯净度高的种子

(C)获得等级优良,价格较高的种子　　(D)获得不同等级,不同用途的种子

42.处理水土保持草种硬实种子的正确方式是(　　)。

(A)机械法摩擦种皮或变温浸种　　　　(B)用强酸腐蚀种皮

(C)用强碱腐蚀种皮　　　　　　　　　(D)用开水烫破种皮

43.对于土坝宽度和深度较大的纵向裂缝,处理方法应采用(　　)。

(A)只封闭缝口,防止雨水渗入　　　　(B)开挖回填处理

(C)先封缝口,待沉降趋于稳定再处理　(D)灌浆法处理

44.以下选项中不属于造林统计表格必填内容的是(　　)。

(A)造林面积、造林时间　　　　　　　(B)整地方式、造林树种

(C)造林方式、成活率　　　　　　　　(D)造林费用

45.当土坝坝后地基发生翻砂冒水或涌水带沙现象时,多属(　　)所致。

(A)坝面渗漏　　　(B)坝身渗漏　　　(C)坝基渗漏　　　(D)绕坝渗漏

46.(　　)是利用钻机在土坝下游地基上每隔一定距离钻孔穿过弱透水层、强渗水层,把地基深层的承压水导出地面,以降低浸润线和防止坝基土渗透变形,是处理坝基渗透破坏的较好方法之一。

(A)减压井　　　　(B)黏土截水槽　　(C)坝后导渗法　　(D)灌浆帷幕

47.由于基础处理不好,地基承压力不够或防渗处理达不到设计要求,导致水窖窖底渗漏,正确的处理方法是(　　)。

(A)直接堵塞孔洞和裂缝

(B)在原窖底混凝土基础上进行水泥抹面

(C)将原窖底混凝土拆除,加固夯实基础,按设计要求进行混凝土浇筑和防渗处理

(D)在原窖底混凝土基础上重新浇筑

48.下列选项中不符合林地病虫害预防措施的选项是(　　)。

(A)适地适树　　(B)采用混交林型　(C)选用林木良种　(D)采用纯林经营

49.根据我国造林技术规范规定,成活率不足(　　)的造林地,不计入造林面积,应

当重新进行整地造林,并保留成活的幼树。

(A)20%　　　　(B)30%　　　　(C)40%　　　　(D)50%

50.下列牧草种病虫害相对较少的是(　　)。

(A)苜蓿　　　　(B)沙打旺　　　　(C)鲁梅克斯　　　　(D)羊草

二、判断题(第51~100题。请将判断结果填入括号中,正确的填"√",错误的填"×"。每题1分,共50分。)

(　　)51.根据职业活动的具体要求,对人们在职业活动中的行为用条例、章程、守则、制度、公约等形式作出规定,这体现了职业道德的实用性及规范性特点。

(　　)52.当地图幅面大小一样时,比例尺大,所包括的实地范围就大;反之,比例尺小,所包括的实地范围就小。

(　　)53.水保法规定,生产建设项目竣工验收,应当验收水土保持设施。

(　　)54.抽样调查的特点是按随机原则抽取样本,比较科学,不会产生抽样误差。

(　　)55.职业道德是所有从业人员在社会活动中应该遵守的行为准则。

(　　)56.测量记录应在现场填写到草稿纸上,然后在室内正式转抄到正表上。

(　　)57.淤地坝一般由坝体、溢洪道、放水建筑物三个部分组成,通常称为"三大件"。

(　　)58.土壤侵蚀主要类型有水力侵蚀、重力侵蚀、风力侵蚀、冻融侵蚀和混合侵蚀等。

(　　)59.水力侵蚀是土壤及其母质或其他地面组成物质在降雨、径流等水体作用下,发生泻溜、崩塌和滑塌的过程,包括面蚀、沟蚀等。

(　　)60.我国以水力侵蚀为主的类型区分为西北黄土高原区、东北黑土区、北方土石山区、南方红壤丘陵区和西南土石山区等五个二级类型区。

(　　)61.从大气中降落的雨、雪、冰雹等,统称为降水。

(　　)62.淮河位于长江与黄河两条大河之间,是中国南部的一条重要河流。

(　　)63.常见的泄水式沟头防护工程有跌水式和悬臂式两种形式。

(　　)64.《水土保持综合治理　技术规范》(GB/T 16453—2008)共包括6个部分,即坡耕地治理技术、荒地治理技术、沟壑治理技术、小型蓄排引水工程、风沙治理技术和崩岗治理技术。

(　　)65.重点调查单位的选择不具有客观性,典型调查单位的选择具有客观性。

(　　)66.水土保持方案是针对生态建设项目水土流失而编制的水土保持专项治理方案。

(　　)67.水泥储存时间一般不应超过3个月。

(　　)68.水坠坝又称水力冲填坝。

(　　)69.浆砌石是指用石料与水泥砌筑而成浆砌石体。

(　　)70.播种育苗分为苗床育苗和大田育苗。

(　　)71.任何草种根据条件都可以选择直播、栽植和埋植等方式。

(　　)72.建设项目水土保持各项工程设施的施工在程序上的"三同时"制度指同时

设计、同时施工、同时使用。

（　　）73. 在量测两点间的距离时，精度最高的常用量测工具是钢尺。

（　　）74. 水土保持工程总体布置图属于水土保持综合图。

（　　）75. 常用的植物分类等级单位主要有界、门、纲、目、科、属和种，其中种是基本的分类单位。

（　　）76. 沟头前进主要是描述沟壑加长的侵蚀方式，也称溯源侵蚀。

（　　）77. 进行土地利用现状、水土保持措施现状野外地类调绘图斑勾绘时，根据有关技术规程要求，线状地物宽度大于等于图上 2 mm 的，按图斑调查。

（　　）78. 在干旱地区，受干旱影响，林草措施的保存率则波动较大。

（　　）79. 细部构造图通常用来表达建筑物中钢筋配置、用量、尺寸及其连接。

（　　）80. 土体干容重是环刀中土体的干土重与湿土重的比值。

（　　）81. 树种之间竞争激烈或地形条件破碎的林地适宜的混交方式为带状混交。

（　　）82. 放牧草地一般选在距离村庄较近的地方，以便于放牧控制。

（　　）83. 整地图式和播种图式是水土保持草施工设计图的基本类型。

（　　）84. 当土坝裂缝很深或很多，开挖困难或会危及坝坡稳定时，则以采用灌浆法处理为宜。

（　　）85. 根据渗漏观测资料的分析，在同样库水位情况下，渗漏量没有变化或逐年减少，属正常渗漏。

（　　）86. 灌浆加固法是浆砌石坝渗漏处理最常用的方法。

（　　）87. 接受职业技能培训的权利是《中华人民共和国劳动法》第三条规定的劳动者享有权利之一。

（　　）88. 我国林地病虫害防治原则是"以药物防治为主，生物防治为辅"的综合治理方针。

（　　）89. 基础开挖图和基础处理图主要反映地质情况，地基开挖范围、形状、深度，开挖处理措施、主要要求等。

（　　）90.《水土保持综合治理技术规范　沟壑治理技术》（GB/T 16453.3—2008）规定：坝高超过 20 m 时，从下向上每 10 m 坝高应设置一条马道。

（　　）91. 浆砌石或预制涵管完工，即可回填土方。

（　　）92. 梯田施工设计图包括平面布置图和梯田断面图。

（　　）93. 土坎梯田定线的顺序一般是从顶部开始，逐台往台下定线。

（　　）94. 蓄水池（涝池）池体完成后一般采用泥浆抹面进行防渗处理。

（　　）95. 施工导流图是护岸工程施工图的一部分。

（　　）96. 人工拌和只适宜于施工条件困难、工作量小，强度不高的混凝土。

（　　）97. 浆砌石工程勾缝砂浆强度等级不低于砌筑砂浆的强度等级。

（　　）98. 水土保持造林施工的依据是造林用地规划图。

（　　）99. 牧草播种前种子消毒处理的目的是防治各类病原菌及有害昆虫对种子的危害。

（　　）100. 一般禾本科牧草病害较少，豆科牧草及叶菜类饲料作物病虫害较易发生。

# 水土保持治理工国家职业技能鉴定理论知识
# 模拟试卷(高级工)答案及评分标准

## 一、单项选择题

评分标准:每题答对给1分,答错或不答不给分,也不倒扣分;每题1分,共50分。

| 1 | 2 | 3 | 4 | 5 | 6 | 7 | 8 | 9 | 10 |
|---|---|---|---|---|---|---|---|---|---|
| A | B | A | B | C | A | D | D | C | B |
| 11 | 12 | 13 | 14 | 15 | 16 | 17 | 18 | 19 | 20 |
| A | B | D | B | C | A | C | B | A | C |
| 21 | 22 | 23 | 24 | 25 | 26 | 27 | 28 | 29 | 30 |
| D | C | B | C | A | D | C | A | B | B |
| 31 | 32 | 33 | 34 | 35 | 36 | 37 | 38 | 39 | 40 |
| B | A | A | C | D | B | C | D | B | C |
| 41 | 42 | 43 | 44 | 45 | 46 | 47 | 48 | 49 | 50 |
| B | A | B | D | C | A | C | D | C | D |

## 二、判断题

评分标准:每题答对给1分,答错或不答不给分,也不倒扣分;每题1分,共50分。

| 1 | 2 | 3 | 4 | 5 | 6 | 7 | 8 | 9 | 10 |
|---|---|---|---|---|---|---|---|---|---|
| √ | × | √ | × | × | × | √ | √ | × | √ |
| 11 | 12 | 13 | 14 | 15 | 16 | 17 | 18 | 19 | 20 |
| √ | × | √ | √ | × | × | √ | √ | × | √ |
| 21 | 22 | 23 | 24 | 25 | 26 | 27 | 28 | 29 | 30 |
| × | √ | √ | √ | √ | √ | √ | √ | × | × |
| 31 | 32 | 33 | 34 | 35 | 36 | 37 | 38 | 39 | 40 |
| × | × | √ | √ | × | √ | √ | × | √ | √ |
| 41 | 42 | 43 | 44 | 45 | 46 | 47 | 48 | 49 | 50 |
| × | √ | √ | × | √ | √ | √ | × | × | √ |

# 附录 3　水土保持治理工国家职业技能鉴定理论知识模拟试卷(技师)

**注意事项**

1. 考试时间:120 分钟。

2. 请首先按要求在试卷的标封处填写您的姓名、准考证号和所在单位的名称。

3. 请仔细阅读各种题目的回答要求,在规定的位置填写您的答案。

4. 不要在试卷上乱写乱画,不要在标封区填写无关的内容。

一、单项选择题(第 1~20 题。请选择一个正确答案,将相应字母填入括号内。每题 1 分,共 20 分。)

1. 职业道德是所有从业人员在(　　　)中应该遵守的行为准则。

(A)职业活动　　　　(B)家庭生活　　　　(C)社会活动　　　　(D)人际交往

2. 我国的七大江河水系指的是长江、黄河、淮河、海河、(　　　)、松花江、辽河。

(A)湘江　　　　(B)珠江　　　　(C)怒江　　　　(D)澜沧江

3. 广泛分布于黄土高原的各级沟道中的淤地坝,基本上都是采用碾压或水坠施工的(　　　)。

(A)堆石坝　　　　(B)斜墙坝　　　　(C)心墙坝　　　　(D)均质土坝

4. 水土保持野外调查的目的是直接取得第一手资料、印证已有资料和发现新问题。其中(　　　)是野外调查最重要的目的。

(A)直接取得第一手资料　　　　　　　(B)印证已有资料

(C)发现新问题　　　　　　　　　　　(D)印证历史资料

5. 碎部测量的任务是根据已建立的测区控制网,把地面上的碎部点(即地貌、地物点)的(　　　),按一定比例尺和精度测绘在图纸上,根据碎部点勾绘成地形图。

(A)平面位置　　　　(B)高程　　　　(C)平面位置和高程　　　　(D)高差

6. 小流域单位面积上沟道的总长度,称为(　　　)。

(A)切割裂度　　　　(B)沟壑密度　　　　(C)沟道系数　　　　(D)沟道比降

7. 在抽样调查中,从总体中按预先设计的方法抽取一部分单元,这部分单元称为样本,组成样本的每个单元称为(　　　)。

(A)样本量　　　　(B)总体单元数　　　　(C)样本单元数　　　　(D)样本单元

8. 中华人民共和国水利行业标准《水土保持规划编制规程》(SL 335—2006)规定,省级以上水土保持规划编制的规划期为(　　　)。

(A)5~10 年　　　　(B)10~20 年　　　　(C)20~30 年　　　　(D)30~40 年

9. 下列不属于《水土保持工程项目建议书编制规程》(SL 447—2009)规定的项目建

议书阶段现状表的是(　　　)。

(A)社会经济情况表　　　　　　(B)土地利用现状表

(C)农田水利设施现状表　　　　(D)水土保持治理措施现状表

10.《水土保持工程项目可行性研究报告编制规程》(SL 448—2009)规定,水土保持工程可行性研究报告附图不包括(　　　)。

(A)典型小流域水土流失现状图　(B)项目区土壤分布图

(C)典型小流域土地利用现状图　(D)水土保持分区及总体布局图

11.《水土保持工程项目初步设计报告编制规程》(SL 449—2009)规定,下列不属于水土保持专项工程的是(　　　)。

(A)淤地坝　　　　　　　　　　(B)水土保持泥石流预警

(C)水土保持监测　　　　　　　(D)坡耕地治理工程

12.下列选项中不属于淤地坝、拦沙坝等施工测设(放样)内容的是(　　　)。

(A)坝轴线的测设　　　　　　　(B)坝身控制线的测设

(C)坝址测量　　　　　　　　　(D)坝体边坡放样

13.关于反滤体施工技术要求,不正确的说法是(　　　)。

(A)反滤层应在清基平整后铺筑　(B)细粒料铺筑应预留相当于层厚5%的沉陷量

(C)反滤体施工时间应选在冬季　(D)反滤体施工时间应选在非冻期

14.竣工图绘制方法及要求一般分为按图施工没有变动的情况、利用施工图改绘竣工图和重新绘制竣工图。重新绘制的条件是(　　　)。

(A)施工单位发生变更　　　　　(B)管理单位发生变更

(C)验收单位及验收形式发生变化　(D)施工形式及工艺发生重大变更

15.关于草种种子发芽试验的可选方法中,不确切的选项是(　　　)。

(A)在发芽箱内进行　　　　　　(B)在发芽室内进行

(C)在发芽皿内进行　　　　　　(D)在野外田间进行

16.《水土保持工程质量评定规程》中规定,开发建设项目水土保持工程质量评定的项目划分,由大到小的等级序列为(　　　)。

(A)单位工程、分部工程、单元工程　(B)单位工程、单元工程、分部工程

(C)单元工程、分部工程、单位工程　(D)分部工程、单元工程、单位工程

17.根据淤地坝坝内泥沙淤积体的形状,通常概化为规则断面的锥体或拟台(楔)体,然后测算特征要素,计算泥沙淤积体体积的坝淤积量计算方法是(　　　)。

(A)平均淤积高程法　　　　　　(B)概化公式法

(C)校正因数法　　　　　　　　(D)部分表面面积法

18.下列不符合《水土保持工程运行技术管理规程》(SL 312—2005)幼林管理规定的选项是(　　　)。

(A)严格封禁管护　　　　　　　(B)合理间伐利用

(C)防止人畜破坏及防治病虫危害　(D)适时定苗间苗

19.关于操作规程,下列比较确切的选项是(　　　)。

(A)不宜执行作废的操作规程　　(B)不应执行作废的操作规程

(C)不得执行作废的操作规程　　　　(D)严禁执行作废的操作规程

20.关于培训讲义与培训教案的区别与联系,下列正确的选项是(　　)。

(A)培训教案形成在先,培训讲义形成在后　　(B)二者同时形成

(C)培训讲义形成在先,培训教案形成在后　　(D)二者没有关联

二、多项选择题(第21~30题。请选择两个及以上正确答案,将相应字母填入括号内。每题错选或多选、少选均不得分,也不倒扣分。每题2分,共20分。)

21.农村面源污染主要的来源是(　　)。

(A)农田施肥　　　　　　　(B)农药　　　　　　　(C)畜禽及水产养殖

(D)农村居民生活垃圾　　　(E)植物的落叶

22.我国土壤侵蚀类型区分为(　　)等一级类型区。

(A)重力侵蚀　　　　　　　(B)风力侵蚀　　　　　　(C)冻融侵蚀

(D)水力侵蚀　　　　　　　(E)混合侵蚀

23.通常讲的混凝土是指用(　　)作材料,按一定比例配合,经搅拌、成型、养护而得,也称普通混凝土,它广泛应用于水利水保工程。

(A)石灰　　　(B)水泥　　　(C)砂　　　(D)石子　　　(E)水

24.《土壤侵蚀分类分级标准》(SL 190—2007)规定,沟蚀强度以(　　)为判别指标进行分级。

(A)侵蚀模数　　　　　　　(B)沟道比降　　　　　　(C)沟壑密度

(D)沟谷占坡面面积比　　　(E)林草盖度

25.降雨量的等级主要有小雨、中雨、大雨、暴雨、大暴雨、特大暴雨。常用(　　)内的雨量作为降雨强度来划分。

(A)1 h　　　(B)3 h　　　(C)6 h　　　(D)12 h　　　(E)24 h

26.《水土保持工程项目建议书编制规程》(SL 447—2009)规定,项目建议书阶段工程特性表中"建设目标"的填写指标包括(　　)。

(A)水土流失治理度　　　　(B)人均收入　　　　　　(C)林草覆盖率

(D)土壤流失控制量　　　　(E)人均基本农田

27.《水土保持工程项目可行性研究报告编制规程》(SL 448—2009)规定,项目可行性研究阶段土地坡度组成表中坡度分级有(　　)。

(A)<5°　　(B)5°~15°　　(C)15°~25°　　(D)25°~35°　　(E)≥35°

28.沟道工程施工进度计划编制的一般步骤为(　　)。

(A)确定施工过程　　(B)计算工程量　　　　(C)确定劳动量和机械台班数

(D)确定各施工过程的作业天数　　　　　　(E)安排施工进度

29.小流域水土保持造林竣工图反映信息选项包括(　　)。

(A)造林位置　　　　　　　(B)整地方式　　　　　　(C)造林面积

(D)林地权属　　　　　　　(E)林草配置

30.开发建设项目临时拦挡工程的型式,实际应用时应结合具体情况选择(　　)。

(A)袋装土(石渣)　　　　　(B)砌石　　　　　　　　(C)砌砖墙

(D)修筑土埂　　　　　　(E)钢围挡

三、判断题(第 31 ~ 40 题。请将判断结果填入括号中,正确的填"√",错误的填"×"。每题 1 分,共 10 分。)

(　　)31. 测量记录应在现场填写到草稿纸上,然后在室内正式转抄到正表上。

(　　)32. 当地图幅面大小一样时,比例尺大,所包括的实地范围就大;反之,比例尺小,所包括的实地范围就小。

(　　)33. 水保法规定,生产建设项目竣工验收,应当验收水土保持设施。

(　　)34. 抽样调查的特点是按随机原则抽取样本,比较科学,不会产生抽样误差。

(　　)35. 水土保持规划编制规程》(SL 335—2006)中关于规划附图的比例尺要求中,县级规划附图比例尺为 1/5 万 ~1/20 万。

(　　)36. 初步设计阶段水土保持措施总体布置图的点式工程应采用符号标出位置,面式工程应按小班(地块)勾绘在地形图上。

(　　)37. 淤地坝一般由坝体、溢洪道、放水建筑物三个部分组成,通常称为"三大件"。

(　　)38. 种子千粒重指 1 000 粒种子在充分干燥状态时的重量。

(　　)39. 高陡边坡削坡与开阶技术,一般单独使用,不合并使用。

(　　)40. 沿管(洞)身长度方向荷载作用不均匀以及地基处理不良,产生过大的不均匀沉陷,会导致淤地坝工程涵管(洞)裂缝。

四、简答(或计算、绘图)题(第 41 ~ 44 题。每题 5 分,共 20 分。)

41. 某沟道沟底上游高程 $H_1$ 为 1 000 m,沟道比降 $J$ 为 3% ,沟道长度 $L$ 为 10 km,请问出口高程 $H_2$ 为多少米? (本题满分 5 分)

42. 简述水土保持林施工实施计划的主要内容有哪些? (本题满分 5 分)

43. 护坡砌石放样过程如下:土坡削平后,沿建筑物轴线方向每隔 5 m 钉立坡脚、坡中和坡顶木桩(样桩)各一排,测出高程,在木桩上划出铺反滤料(铺砾石线、铺砂线)和砌石线。铺砂砌石即以此线为准(见示意图)。请根据上述表述,说明示意图中标注 1、2、3、4

各表示什么？（本题满分5分）

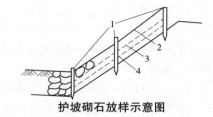

**护坡砌石放样示意图**

44. 培训计划编写的主要内容有几部分？分别是什么？（本题满分5分）

五、综合（或论述）题（第 45～47 题。第 45 题必答，46、47 题任选一题，若三题都作答，只按前两题计分。每题 15 分，共 30 分。）

45. 黄土丘陵沟壑区某小流域要修建一座骨干坝，已完成了施工设计，要求施工人员做好测设放线、进度计划和竣工图的编制工作。试回答：

(1) 淤地坝施工放样内容。（本小题5分）

(2) 施工进度计划编制的一般步骤。（本小题5分）

(3) 水土保持沟道工程竣工图的编制依据。（本小题5分）

（本题满分15分）

46. 某地区在编制水土保持规划中，现状水平年社会经济情况如下：区域总人口 11 800人，其中 10 岁以下 1 400人，10 岁到 16 岁之间的 2 200人，16 岁到 40 岁之间的

5 500人,40到60岁之间的2 000人,大于60岁的700人。区域总土地面积118 km²,其中林草地5 000 hm²、水田600 hm²、水平梯田1 400 hm²、沟川(台)地300 hm²、坝地100 hm²、坡耕地3 000 hm²、水域120 hm²、未利用地和难利用地1 280 hm²。现状水平农业收入0.389 4亿元,其他收入0.259 6亿元。

根据以上资料试回答并计算:

(1)上述数据一般通过什么资料获得?(本小题6分)

(2)根据上述资料,统计计算下表的各项指标。(本小题9分)

| 人口密度 | 劳动力 | 基本农田 | 土地利用率 | 林草覆盖率 | 人均收入 | 人均基本农田 | 人均耕地 | 人均土地 |
|---|---|---|---|---|---|---|---|---|
| 人/km² | 人 | hm² | % | % | 元/人 | hm²/人 | hm²/人 | hm²/人 |

(本题满分15分)

47.某流域水土保持综合治理需要编制水土保持项目建议书。治理措施中除梯田、林草外,共设计建造库容10万~30万m³的淤地坝12座,库容80万m³的淤地坝8座,库容120万m³的淤地坝3座。试回答:

(1)水土保持项目建议书的附图包括哪些?(本小题4分)

(2)该流域的治沟骨干工程有几座?在项目分布图上对上述的治沟骨干工程应标注哪些信息?(本小题4分)

(3)若项目建议书批准后需要编制水土保持项目可行性研究报告,编制依据是什么?可行性研究阶段现状表以什么为基本填写单元?项目可行性研究阶段工程特性表中"项目区概况"栏的内容有哪几项?(本小题7分)

(本题满分15分)

# 水土保持治理工国家职业技能鉴定
# 理论知识模拟试卷(技师)答案及评分标准

## 一、单项选择题

评分标准:每题答对给 1 分,答错或不答不给分,也不倒扣分;每题 1 分,共 20 分。

| 1 | 2 | 3 | 4 | 5 | 6 | 7 | 8 | 9 | 10 |
|---|---|---|---|---|---|---|---|---|----|
| A | B | D | A | C | B | D | B | C | B |
| 11 | 12 | 13 | 14 | 15 | 16 | 17 | 18 | 19 | 20 |
| A | C | C | D | D | A | B | B | D | C |

## 二、多项选择题

评分标准:每题全部答对给分,错选或多选、少选均不给分,也不倒扣分;每题 2 分,共 20 分。

| 21 | 22 | 23 | 24 | 25 | 26 | 27 | 28 | 29 | 30 |
|----|----|----|----|----|----|----|----|----|----|
| ABCD | BCD | BCDE | CD | DE | ACDE | ABCDE | ABCDE | ABCE | ABCDE |

## 三、判断题

评分标准:每题答对给 1 分,答错或不答不给分,也不倒扣分;每题 1 分,共 10 分。

| 31 | 32 | 33 | 34 | 35 | 36 | 37 | 38 | 39 | 40 |
|----|----|----|----|----|----|----|----|----|----|
| × | × | √ | × | √ | √ | √ | × | × | √ |

## 四、简答(或计算、绘图)题(每题 5 分,共 20 分)

41. 某沟道沟底上游高程 $H_1$ 为 1 000 m,沟道比降 $J$ 为 3‰,沟道长度 $L$ 为 10 km,请问出口高程 $H_2$ 为多少米? (本题满分 5 分)

答题要点及评分标准:

(1)沟道比降公式:$3‰ = \dfrac{1\ 000 - H_2}{10 \times 1\ 000}$ (3 分)

(2)出口高程:$H_2 = 700$ m (2 分)

42. 简述水土保持林施工实施计划的主要内容有哪些? (本题满分 5 分)

答题要点及评分标准:

水土保持林施工实施计划是造林施工工作的控制依据,其内容主要有三个方面:

(1)造林施工任务(1.5 分)

施工任务应具体明确施工的类型、位置、范围及总体要求等要素。

(2)施工时间安排(2 分)

包括整地时间安排和造林季节安排。

(3)施工质量要求(1.5 分)

包括整地工程施工的质量要求、苗木规格及质量要求、植苗造林质量要求、播种造林质量要求、插条造林质量要求等。

43. 护坡砌石放样过程如下:土坡削平后,沿建筑物轴线方向每隔 5 m 钉立坡脚、坡中和坡顶木桩(样桩)各一排,测出高程,在木桩上画出铺反滤料线(铺砾石线、铺砂线)和砌石线。铺砂砌石即以此线为准(见示意图)。请根据上述表述,说明示意图中标注 1、2、3、4 各表示什么? (本题满分 5 分)

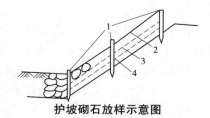

**护坡砌石放样示意图**

答题要点及评分标准:

1—样桩(2 分)

2—砌石线(1 分)

3—铺砾石线(1 分)

4—铺砂线(1 分)

44. 培训计划编写的主要内容有几部分? 分别是什么? (本题满分 5 分)

答题要点及评分标准:

(1)培训计划编写有 6 部分内容。(2 分)

(2)分别是:培训目的、培训对象、培训课程安排和培训内容、培训形式、培训期限与时间安排、培训费用。(共 3 分,每项 0.5 分)

## 五、综合(或论述)题(每题 15 分,共 30 分,其中 45 题必答,46、47 题任选一题)

45. 黄土丘陵沟壑区某小流域要修建一座骨干坝,已完成了施工设计,要求施工人员做好测设放线、进度计划和竣工图的编制工作。试回答:

(1)淤地坝施工放样内容。(本小题 5 分)

(2)施工进度计划编制的一般步骤。(本小题 5 分)

(3)水土保持沟道工程竣工图的编制依据。(本小题 5 分)

(本题满分 15 分)

答题要点及评分标准:

(1)淤地坝施工放样内容

1)坝轴线的测定(1 分)

2)坝身控制线的测设(1 分)

3)清基开挖线和起坡线的放样(1 分)

4)坝体边坡放样(1 分)

5)溢洪道及输水洞的测设(1分)

(2)施工进度计划编制步骤

1)确定施工过程(1分)

2)计算工程量(1分)

3)确定劳动量和机械台班数(1分)

4)确定各施工过程的作业天数(1分)

5)安排施工进度(1分)

(3)水土保持沟道工程竣工图的编制依据(本小题1)、2)必答,其他答出任意3个方面,得满分5分)

1)水土保持沟道工程设计施工图:建设单位提供的作为水土保持沟道工程施工的全部施工图,包括所附的文字说明,以及有关的通用图集、标准图集或施工图册。

2)会审或交底记录:水土保持沟道工程施工图纸会审记录或交底记录。

3)水土保持沟道工程设计变更通知单:即设计单位提出的变更图纸和变更通知单。

4)技术联系核定单:即在施工过程中由建设单位和施工单位提出的设计修改,增减项目内容的技术核定文件。

5)验收签证记录及历年的阶段验收图:隐蔽工程验收记录,以及材料代换等签证记录;历年的阶段验收图。

6)质量事故报告及处理记录:即施工单位向上级和建设单位反映工程质量事故情况报告,鉴定处理意见,措施和验证书。

7)测量资料:包括定位测量资料,施工检查测量及竣工测量资料。

46.某地区在编制水土保持规划中,现状水平年社会经济情况如下:区域总人口11 800人,其中10岁以下1 400人,10岁到16岁之间的2 200人,16岁到40岁之间的5 500人,40岁到60岁之间的2 000人,大于60岁的700人。区域总土地面积118 km²,其中林草地5 000 hm²、水田600 hm²、水平梯田1 400 hm²、沟川(台)地300 hm²、坝地100 hm²、坡耕地3 000 hm²、水域120 hm²、未利用地和难利用地1 280 hm²。

现状水平农业收入0.389 4亿元,其他收入0.259 6亿元。

根据以上资料试回答并计算:

(1)上述数据一般通过什么资料获得?(本小题6分)

(2)根据上述资料,统计计算下表的各项指标。(本小题9分)

| 人口密度 | 劳动力 | 基本农田 | 土地利用率 | 林草覆盖率 | 人均收入 | 人均基本农田 | 人均耕地 | 人均土地 |
|---|---|---|---|---|---|---|---|---|
| 人/km² | 人 | hm² | % | % | 元/人 | hm²/人 | hm²/人 | hm²/人 |

(本题满分15分)

答题要点及评分标准:

(1)上述一般通过当地的《统计年鉴》获得。(6分)

(2)根据上述资料,统计计算下表的各项指标: (9分,其中每个指标1分)

| 人口密度 | 劳动力 | 基本农田 | 土地利用率 | 林草覆盖率 | 人均收入 | 人均基本农田 | 人均耕地 | 人均土地 |
|---|---|---|---|---|---|---|---|---|
| 人/km² | 人 | hm² | % | % | 元/人 | hm²/人 | hm²/人 | hm²/人 |
| 100 | 7 500 | 2 400 | 88.1 | 42.4 | 5 500 | 0.2 | 0.46 | 1.0 |

47. 某流域水土保持综合治理需要编制水土保持项目建议书。治理措施中除梯田、林草外,共设计建造库容10万~30万 $m^3$ 的淤地坝12座,库容80万 $m^3$ 的淤地坝8座,库容120万 $m^3$ 的淤地坝3座。试回答:

(1)水土保持项目建议书的附图包括哪些?(本小题4分)

(2)该流域的治沟骨干工程有几座?在项目分布图上对上述的治沟骨干工程应标注哪些信息?(本小题4分)

(3)若项目建议书批准后需要编制水土保持项目可行性研究报告,编制依据是什么?可行性研究阶段现状表以什么为基本填写单元?项目可行性研究阶段工程特性表中"项目区概况"栏的内容有哪几项?(本小题7分)

(本题满分15分)

答题要点及评分标准:

(1)《水土保持工程项目建议书编制规程》(SL 447—2009)规定,项目建议书阶段附图包括项目区地理位置示意图、水土流失类型划分及项目分布图。(4分)

(2)该流域的治沟骨干工程有11座。在项目分布图上对治沟骨干工程应标注位置和名称。(4分)

(3)编制水土保持项目可行性研究报告,编制依据是批准的项目建议书。(1分)

可行性研究阶段现状表以项目区各水土保持防治分区相应的典型小流域为基本填写单元。(3分)

项目可行性研究阶段工程特性表中"项目区概况"栏的内容有4项,分别是项目区涉及行政区域、所属流域、项目区面积、所涉及小流域(或片区)数量。(3分)